高等学校计算机应用规划教材

计算机体系结构设计

蔡政英　刘势　张上　肖明　编著

清华大学出版社

北　京

内 容 简 介

本书全面透彻地讲解经典计算机以及生物、光、量子等非经典计算机的体系结构设计方法，并融入大量新知识点，技术底蕴深厚。全书共分 10 章，清晰阐释重要概念，详述计算机体系结构的分析、设计和计算方法，注重培养读者的体系结构思维和创新能力，帮助读者建立起完整的知识体系。为方便读者自我检测，并扎实掌握所学的知识点，全书共列出 200 多道精选例题和习题。

本书提供的配套资源包含 PPT、例题等学习资源，便于读者学习、参考，读者可在 http://www.tupwk.com.cn/downpage 免费下载。任课教师可免费获取教学资源。

本书层次清晰、图文并茂、实例丰富、讲述详细，可作为高等院校计算机相关专业的本科生、研究生教材，可作为计算机资格考试培训机构用书，也可供计算机工程技术人员参考。

图书在版编目(CIP)数据

计算机体系结构设计 / 蔡政英　等编著. —北京：清华大学出版社，2018（2021.8重印）

(高等学校计算机应用规划教材)

ISBN 978-7-302-49078-4

Ⅰ. ①计…　Ⅱ. ①蔡…　Ⅲ. ①计算机体系结构－高等学校－教材　Ⅳ. ①TP303

中国版本图书馆 CIP 数据核字(2017)第 296174 号

责任编辑：刘金喜　韩宏志

封面设计：孔祥峰

版式设计：思创景点

责任校对：曹　阳

责任印制：沈　露

出版发行：清华大学出版社

网　　址：http://www.tup.com.cn，http://www.wqbook.com

地　　址：北京清华大学学研大厦 A 座　　　邮　　编：100084

社 总 机：010-62770175　　　邮　　购：010-62786544

投稿与读者服务：010-62776969，c-service@tup.tsinghua.edu.cn

质 量 反 馈：010-62772015，zhiliang@tup.tsinghua.edu.cn

印 装 者：三河市金元印装有限公司

经　　销：全国新华书店

开　　本：185mm×260mm　　**印　　张：**24.25　　**字　　数：**636 千字

版　　次：2018 年 5 月第 1 版　　**印　　次：**2021 年 8 月第 2 次印刷

定　　价：69.00 元

产品编号：071993-02

前　言

本书可作为普通高等院校“计算机组成原理”“计算机组织与结构”“计算机系统结构”等相关课程的教材。面向高等院校的计算机、自动化以及电子工程等相关专业的本科生及研究生，并可作为参加研究生入学考试、全国计算机软件资格(水平)考试的备考书籍，也可供科研人员参考。

本书借鉴了国内外经典的相关教材和资料，汲取了它们各自的优点，并具有以下特点。

一是本书知识点全面，内容丰富，不同院校可以根据不同的教学目标适当选取教学内容，不同层次的读者也可以根据自己学习、考试、研究等的不同需要选择本书相关章节进行阅读。

二是本书避免过多地纠结于理论讲述和概念背诵，着重于对读者分析能力和设计能力的培养，全书各章节均穿插了大量图表、例题、习题，全书共计 200 多道例题及习题，均精选于研究生入学考试、全国计算机软件资格(水平)考试等中的典型分析题、设计题，主要参数均与市场主流产品的性能参数相当，尽量让读者学完了觉得“有用”。

三是本书包含大量的较新的知识点和题型，与新技术、实际应用的结合较为紧密，比如固态硬盘、脑波、移动计算、生物计算机、光计算机、量子计算机等，让读者在掌握经典计算机体系结构的基础上，对相关新技术与应用有所了解，引导和培养读者的体系结构思维和创新能力。

本书共分 10 章，全面系统地介绍计算机体系结构的相关知识。第 1 章简述计算机的发展和体系结构的演化；第 2 章主要介绍数的表示与计算体系，进而讨论运算器的设计；第 3 章主要讨论指令体系设计，从指令概念到指令体系设计与优化均做了详细介绍；第 4 章主要讨论中央处理器体系结构设计，包括组合逻辑控制器设计与微程序控制器设计，以及多核处理器和国产处理器的相关技术；第 5 章主要讨论存储器体系结构设计；第 6 章主要讨论输入/输出系统设计，以及常见外设与接口技术；第 7 章全面讨论在高速计算要求下的并行处理与普适计算技术；第 8 章、第 9 章、第 10 章分别介绍生物计算机与纳米机器人、光计算机、量子计算机的体系结构设计和发展演变。

本书内容通俗易懂，语言简练，深入浅出，图文并茂，共包含图表 420 多幅。本书按层次和模块化结构组织教学内容，授课教师可以根据需要对内容进行灵活的取舍。

本书主要由蔡政英、刘势、张上、肖明编写，蔡政英主要负责 1、5、10 章，刘势主要负责 2、6、8 章，张上主要负责 4、9 章，肖明主要负责 3、7 章。此外，张余、刘辉、卢晓燕、屈静、吴玥、胡绍齐等也参加了文字录入和绘图工作，在此表示感谢。

为说明问题，本书引用了大量原理、概念、定理、数据、公式、通用代码、试题等属于公有领域的非独创性内容，直接或间接引用了许多专家和学者已经发表的论文、文献或著作，在此向他们表示衷心的感谢，有兴趣的读者可以进一步查阅所附的主要参考文献。未能标出的参考文献，请作者通过出版社与本书编者联系。

本书配套的 PPT 讲稿可从 http://www.tupwk.com.cn/downpage 下载。

由于作者水平有限，书中难免有错误和不妥之处，敬请读者批评指正。

编　者

2018 年 1 月

目　　录

第 1 章　绪论 …… 1

1.1　计算机体系结构的基本概念 …… 1

1.2　计算机的发展简史 …… 2

1.2.1　机械式计算机的发展 …… 2

1.2.2　电子计算机硬件结构的发展 …… 3

1.2.3　微处理器的发展 …… 7

1.2.4　从模拟计算机到数字计算机 …… 8

1.2.5　计算机软件的发展 …… 9

1.3　计算机体系结构的分类 …… 13

1.3.1　冯·诺依曼体系结构 …… 13

1.3.2　哈佛体系结构 …… 14

1.3.3　Flynn 计算机体系结构的分类 …… 15

1.3.4　冯泽云分类法 …… 16

1.3.5　计算机的语言层次结构 …… 16

1.3.6　计算机的总线组织结构 …… 17

1.3.7　计算机的软件系统 …… 19

1.4　计算机系统的性能指标 …… 19

1.4.1　摩尔定律 …… 19

1.4.2　性能测试程序 …… 19

1.4.3　基本性能指标 …… 20

1.4.4　Amdahl 定律 …… 23

1.5　计算机的应用 …… 24

习题 1 …… 25

第 2 章　数的表示与计算体系 …… 27

2.1　进位计数制与数制转换 …… 27

2.1.1　进位计数制 …… 27

2.1.2　数制间的转换 …… 30

2.2　无符号数与文字的表示 …… 32

2.2.1　无符号数的表示 …… 32

2.2.2　十进制数串的表示 …… 33

2.2.3　西文字符在计算机中的表示 …… 33

2.2.4　中文字符在计算机中的表示 …… 34

2.2.5　布尔代数与布尔逻辑 …… 35

2.3　带符号数的表示 …… 38

2.3.1　机器数与真值 …… 38

2.3.2　原码表示 …… 39

2.3.3　补码表示 …… 40

2.3.4　反码表示 …… 41

2.3.5　移码表示 …… 42

2.4　定点数与定点运算 …… 43

2.4.1　定点表示 …… 43

2.4.2　加法与减法运算 …… 43

2.4.3　原码乘法运算 …… 45

2.4.4　原码除法运算 …… 47

2.4.5　补码乘法运算 …… 47

2.4.6　补码除法运算 …… 50

2.4.7　移位运算 …… 50

2.4.8　运算器的基本结构 …… 52

2.5　浮点数与浮点运算 …… 55

2.5.1　浮点表示 …… 55

2.5.2　IEEE754 浮点数标准 …… 57

2.5.3　浮点加减运算 …… 59

2.5.4　浮点乘除运算 …… 61

2.5.5　浮点运算流水线 …… 62

2.6　BCD 码 …… 63

2.6.1　BCD 码的格式 …… 63

2.6.2　BCD 码加减法 …… 64

2.6.3　BCD 码乘除法 …… 65

2.7　数据校验码 …… 65

2.7.1　码距与数据校验码 …… 65

2.7.2　奇偶校验码 …… 66

2.7.3　循环冗余校验码 …… 67

2.7.4　海明校验码 …… 70

2.8 时序逻辑电路 ························ 72
2.8.1 触发器 ························ 72
2.8.2 寄存器 ························ 73
2.8.3 计数器 ························ 74
2.9 组合逻辑电路 ························ 74
2.9.1 三态电路 ························ 74
2.9.2 比较器 ························ 74
2.9.3 加法器 ························ 75
2.9.4 编码器 ························ 75
2.9.5 译码器 ························ 76
2.9.6 数据选择器 ························ 76
2.9.7 总线 ························ 76
2.10 阵列逻辑电路 ························ 77
2.10.1 阵列乘法器 ························ 77
2.10.2 阵列除法器 ························ 79
2.10.3 可编程逻辑阵列(PLA) ························ 79
2.10.4 可编程阵列逻辑(PAL) ························ 80
习题 2 ························ 80
第 3 章 指令系统设计 ························ 82
3.1 指令类型与功能 ························ 82
3.1.1 数据传送指令 ························ 84
3.1.2 算术运算指令 ························ 85
3.1.3 逻辑运算指令 ························ 85
3.1.4 算术移位指令 ························ 86
3.1.5 逻辑移位指令 ························ 87
3.1.6 堆栈操作指令 ························ 88
3.1.7 程序控制指令 ························ 88
3.1.8 输入输出指令 ························ 90
3.1.9 其他指令 ························ 91
3.2 数据类型 ························ 91
3.2.1 数值数据类型 ························ 91
3.2.2 字符类型 ························ 92
3.2.3 逻辑数据类型 ························ 92
3.3 寻址方式 ························ 92
3.3.1 指令寻址 ························ 93
3.3.2 操作数寻址 ························ 94
3.4 指令系统设计方法 ························ 101
3.4.1 地址结构划分方法 ························ 101
3.4.2 指令系统设计的步骤 ························ 103
3.4.3 指令的操作码编码 ························ 103
3.4.4 指令的地址码编址 ························ 105
3.4.5 Huffman 优化编码方法 ························ 106
3.5 CISC 与 RISC 指令系统设计 ························ 107
3.5.1 复杂指令集计算机(CISC) ························ 107
3.5.2 精简指令集计算机(RISC) ························ 108
3.6 80x86/Pentium 指令系统 ························ 109
3.6.1 80x86 指令系统主要特征 ························ 109
3.6.2 80x86 寻址方式 ························ 109
3.6.3 8088/8086 CPU 的指令系统分类 ························ 111
3.6.4 Pentium 指令系统 ························ 116
3.6.5 80x86/Pentium 常用伪指令 ························ 117
3.7 ARM 指令系统 ························ 118
3.7.1 ARM 指令系统主要特征 ························ 118
3.7.2 ARM 寻址方式 ························ 119
3.7.3 ARM 指令系统分类 ························ 120
3.7.4 Thumb 指令及应用 ························ 121
3.7.5 ARM 汇编语言的伪操作 ························ 122
3.7.6 ARM 汇编语言的程序结构 ························ 122
3.8 MIPS 指令系统设计 ························ 123
3.8.1 MIPS 概述 ························ 123
3.8.2 MIPS 指令格式 ························ 124
习题 3 ························ 127
第 4 章 中央处理器体系结构设计 ························ 129
4.1 CPU 的基本结构 ························ 129
4.2 CPU 中的主要寄存器 ························ 130
4.2.1 用户可见寄存器 ························ 130
4.2.2 控制和状态寄存器 ························ 131
4.3 控制器的结构 ························ 132
4.3.1 指令执行的基本步骤 ························ 132
4.3.2 控制器的组成 ························ 133

4.3.3 时序产生器和控制方式……135
4.4 组合逻辑控制器设计……138
4.4.1 组合逻辑控制器的设计原理……138
4.4.2 方框图语言与指令流程分析/数据通路分析……139
4.4.3 MIPS 的单周期设计方案……143
4.4.4 MIPS 的多周期设计方案……146
4.4.5 MIPS 控制器的设计……148
4.5 微程序控制器设计……150
4.5.1 微程序控制器的设计原理……150
4.5.2 微程序控制器的组成……152
4.5.3 微程序控制器设计步骤……153
4.5.4 微指令的编译方法……154
4.5.5 微程序的顺序控制方式……155
4.5.6 微指令的执行方式……158
4.5.7 微指令格式的设计方法……159
4.5.8 微程序设计技术的应用……161
4.6 流水线工作原理……163
4.6.1 指令的执行方式……163
4.6.2 流水线的分类……166
4.6.3 线性流水线的性能……167
4.6.4 流水线的相关问题……169
4.7 典型的处理器设计……170
4.7.1 Intel 的 Pentium 处理器结构与设计……170
4.7.2 ARM 系列处理器结构与设计……171
4.7.3 SUN 的 SPARC 系统……172
4.7.4 多核处理器的结构与设计……172
4.7.5 龙芯系列处理器的结构与设计……175
习题 4……175
第 5 章 存储器体系结构设计……178
5.1 存储器概述……178
5.1.1 存储器分类……178
5.1.2 存储器的性能指标……180
5.1.3 存储器的层次体系结构……181
5.2 Cache 存储器……181
5.2.1 Cache 的基本结构……181
5.2.2 Cache-主存地址映射……183
5.2.3 Cache 替换策略……186
5.3 随机存储器与只读存储器……188
5.3.1 随机存储器……188
5.3.2 只读存储器 ROM……192
5.3.3 并行存储器……194
5.4 外部存储器和 RAID……198
5.4.1 磁表面存储器的原理……198
5.4.2 磁盘存储器……200
5.4.3 磁带存储器……203
5.4.4 光盘存储器……204
5.4.5 固态盘存储器……206
5.4.6 RAID……207
5.5 虚拟存储器技术……208
5.5.1 程序运行的局部性原理……208
5.5.2 请求分页式存储管理方式……209
5.5.3 请求分段存储管理方式……215
5.5.4 请求段页式虚拟存储器……217
5.5.5 快表与慢表……217
5.5.6 存储共享与保护……218
5.6 网络存储与容灾备份……219
5.6.1 网络存储技术架构……219
5.6.2 备份与容灾……220
习题 5……221
第 6 章 I/O 系统设计……223
6.1 输入输出(I/O)系统概述……223
6.1.1 I/O 系统需要解决的主要问题……223
6.1.2 I/O 接口的结构与功能……224
6.1.3 I/O 接口的类型……225
6.1.4 输入输出设备的编址……226
6.2 程序查询方式……227
6.2.1 程序查询流程……227
6.2.2 程序查询方式的接口电路……228
6.3 中断输入输出方式……229
6.3.1 中断的作用、产生和响应……229

6.3.2 中断处理流程……230
6.3.3 程序中断设备接口的组成和工作原理……231
6.4 DMA 输入输出方式……233
6.4.1 DMA 方式的特点与应用场合……233
6.4.2 DMA 控制器组成……234
6.4.3 DMA 的数据传送过程……236
6.5 I/O 通道和处理机……238
6.5.1 通道概述……238
6.5.2 通道的类型……239
6.5.3 通道的组成结构……240
6.5.4 通道工作过程……241
6.5.5 I/O 处理机……242
6.6 总线结构……242
6.6.1 总线的概念和结构形态……242
6.6.2 总线规范与性能……243
6.6.3 总线的组成与结构……244
6.6.4 总线的设计与仲裁……245
6.6.5 总线的定时和数据传送模式……248
6.7 外部设备……249
6.7.1 输入——键盘……249
6.7.2 输入——鼠标、跟踪球和操作杆输入……251
6.7.3 输入——图像输入设备(数码相机、摄像机和摄像头)……251
6.7.4 输入——语音录入系统……252
6.7.5 输入——光笔、手写板、绘图板……253
6.7.6 输入——条形码与二维码……253
6.7.7 输入—— OCR 技术和文字输入系统……255
6.7.8 输出——显示技术……256
6.7.9 输出——打印机、绘图仪……260
6.7.10 输出——声音输出设备……262
6.7.11 交互式输入/输出——触摸屏……263
6.7.12 交互式输入/输出——虚拟现实 VR……264
6.7.13 交互式输入/输出——脑波读取和意念控制……265
6.8 外设接口……266
6.8.1 ISA/EISA……266
6.8.2 PCI/PCI-E……266
6.8.3 ATA (IDE)/PATA/SATA 接口……267
6.8.4 并行 I/O 标准接口 SCSI 和 SAS……267
6.8.5 光纤通道和 InfiniBand……268
6.8.6 PCMCIA……268
6.8.7 DVI/HDMI……268
6.8.8 串行通信接口和 USB……269
6.8.9 IEEE 1394/Firewire……270
习题 6……271
第 7 章 并行处理与普适计算……272
7.1 并行计算机系统结构……272
7.1.1 指令级并行和机器并行……272
7.1.2 并行计算机系统结构……275
7.2 单处理机系统中的并行机制……278
7.2.1 超线程和同时多线程 SMT……278
7.2.2 单芯片多核处理器 CMP……280
7.2.3 协处理器……280
7.2.4 超标量与超流水线……281
7.3 多处理机系统的组织结构……283
7.3.1 系统拓扑结构……283
7.3.2 多处理机系统中的存储器管理……286
7.3.3 多处理机系统中的通信……287
7.3.4 多处理机高速缓冲存储器一致性……289
7.3.5 多处理机的同步……295
7.3.6 多处理机实例……298
7.4 多处理机操作系统和算法……302

7.4.1 多处理机操作系统 302
7.4.2 并行处理机算法 303
7.5 从计算机到网络 304
7.5.1 计算机网络 304
7.5.2 物联网 305
7.5.3 无线传感器网络 306
7.5.4 网格计算 306
7.5.5 云计算 307
7.6 普适计算和移动计算 308
7.6.1 普适计算 308
7.6.2 分布式计算 309
7.6.3 移动计算和超移动计算 309
7.6.4 迅驰技术 310
7.6.5 智能手机 310
7.6.6 笔记本电脑/平板电脑 311
7.6.7 PDA 智能终端 311
7.6.8 车载智能终端 312
习题 7 312
第 8 章 生物计算机 314
8.1 生物计算机概述 314
8.1.1 生物计算机的特点 314
8.1.2 生物计算机种类 315
8.2 基因调控开关和生物芯片 316
8.2.1 转换开关 316
8.2.2 Riboswitch 316
8.2.3 双稳态开关 316
8.2.4 生物芯片 317
8.3 神经(元)计算机 318
8.3.1 神经(元)计算机的概述 318
8.3.2 神经网络的结构与算法 319
8.3.3 神经网络的学习方式 320
8.4 DNA 计算机 323
8.4.1 DNA 计算机概述 323
8.4.2 DNA 计算机的模型 324
8.4.3 DNA 计算机的体系结构 325
8.5 细胞计算机 326
8.5.1 细胞计算机概述 326
8.5.2 细胞自动机的结构 327
8.6 纳米机器人 330
8.6.1 纳米机器人概述 330
8.6.2 纳米机器人结构 331
习题 8 334
第 9 章 光计算机 335
9.1 光计算机概述 335
9.2 光计算机基本原理 336
9.2.1 数字光计算 336
9.2.2 光学傅里叶变换 337
9.2.3 光学计算机实现 339
9.3 激光通信 340
9.3.1 激光通信概述 340
9.3.2 激光通信的基本架构 341
9.3.3 光发射机 342
9.3.4 光纤 343
9.3.5 光接收机 344
9.3.6 光放大器 345
9.3.7 光纤通信系统的主要性能指标 345
9.3.8 FDDI 协议 347
9.3.9 光纤传输的波动理论 347
9.4 光量子计算机 348
9.4.1 普朗克黑体辐射理论 348
9.4.2 爱因斯坦光电效应方程 349
9.4.3 康普顿散射 350
9.4.4 光的波粒二象性 351
9.4.5 光量子计算机的实现 352
习题 9 353
第 10 章 量子计算机 354
10.1 量子计算机概述 354
10.2 量子态和量子编码非经典特性 355
10.2.1 量子态的描述——波函数和量子态叠加原理 355
10.2.2 量子态时间演化和计算操作 356
10.2.3 量子纠缠现象 356

10.2.4 量子非克隆定理 …… 357

10.3 量子位与量子逻辑门 …… 357

10.3.1 量子位 …… 357

10.3.2 量子逻辑门 …… 359

10.4 量子算法 …… 363

10.4.1 Shor 算法 …… 363

10.4.2 Grover 算法 …… 365

10.5 量子通信 …… 367

10.6 量子加密 …… 368

10.6.1 量子密钥分配 …… 368

10.6.2 无噪信道下的 BB84 协议 …… 368

10.6.3 有噪信道下的 BB84 协议 …… 369

10.7 量子计算机的物理实现 …… 370

10.7.1 光学量子计算机 …… 370

10.7.2 离子阱量子计算机 …… 371

10.7.3 中性原子量子计算机 …… 371

10.7.4 超导量子计算机 …… 372

10.7.5 腔量子电动力学量子计算机 …… 372

10.7.6 量子点体系的量子计算机 …… 373

习题 10 …… 373

主要参考文献 …… 374

第1章　绪　　论

内容提要：本章简要介绍计算机体系结构的基本概念、计算机的发展简史、计算机体系结构的分类、计算机系统的性能指标、计算机的应用。

本章重点：计算机体系结构的分类、计算机系统的性能指标。

1.1　计算机体系结构的基本概念

计算机体系结构(Computer Architecture)：又称为**计算机系统结构**，指机器语言程序员看到的传统机器级具有的属性结构，包括概念性结构和功能性结构两方面。为确保其所设计或生成的程序在机器上能正确运行，机器语言程序设计者或编译程序生成系统必须遵循这些计算机属性。对通用寄存器型机器来说，主要属性包括：数据表示、指令集、寻址规则、寄存器定义、存储系统、输入/输出结构、终端系统、信息保护等。

计算机组织(Computer Organization)：也称为**计算机组成**，指计算机体系结构的逻辑实现或逻辑结构，即物理机器级内各部件的功能及各部件的联系，各事件的控制方式与排序方式，包括物理机器级内数据流和控制流的组成及逻辑设计等。

计算机实现(Computer Implementation)：指计算机组成的物理实现或物理结构，即器件技术(占主导作用)和微组装技术，包括处理机、主存、外设等器件的物理结构与器件集成，信号传输技术，模块、插件、底板的划分与连接，电源、冷却及整机装配技术等。

上述三个术语具有不同的概念和不同的内容，但又互相紧密联系。具有相同计算机体系结构(如相同指令系统)的计算机根据速度要求不同等可采用不同的组成方式(逻辑结构)。与此类似，一种计算机组成也可采用不同的计算机实现(物理结构)。

计算机系统(Computer System)包括硬件和软件两大部分，两者缺一不可。硬件是计算机系统的物质基础，缺少硬件，再好的软件也无法运行；软件是计算机系统的灵魂，缺少软件，再好的硬件也毫无用处。硬件和软件密切配合，计算机才能正常工作和发挥作用。

计算机硬件(Computer Hardware)又称**硬件系统**，指计算机系统的实体部分，即计算机系统中电子、机械、光电等元件组成的各种物理器件的总称。计算机硬件的功能是输入并存储程序及数据，并将数据加工成可被利用的形式。各类物理硬件按系统结构的要求组成一个有机整体，为计算机软件提供运行的物质基础。中央处理器(Central Processing Unit，CPU)是计算机硬件的运算核心和控制核心，包括运算器(Arithmetic Unit，AU)、控制器(Control Unit，CU)和寄存器(Register)。运算器的核心是算术逻辑运算单元(Arithmetic Logic Unit，ALU)。

计算机软件(Computer Software)又称**软件系统**，指计算机系统中的软体部件，即计算机程序及其文档。程序是为了完成计算任务而组织起来的处理对象和处理规则的描述；文档是为了说明任务或程序而使用的文本式资料。程序只有装入机器内部才能工作；文档不一定装入机器内部，一般用于给人看。计算机软件一般分为系统软件和应用软件两大类。计算机系统如图 1.1 所示。

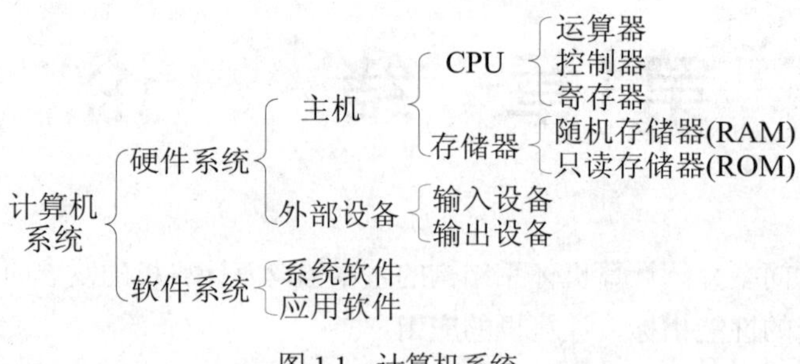

图 1.1　计算机系统

理论上，硬件和软件具有逻辑功能等效性，即计算机系统的某一具体功能既可以由硬件实现，也可以由软件实现。但两种实现方式具有不同的成本和速度。在设计一个计算机系统时，应当根据设计要求、当前的技术水平和现实条件，合理确定哪些功能由硬件实现或由软件实现，即硬件和软件的功能分配。而硬件与软件的交界面则称为计算机体系结构。

1.2　计算机的发展简史

1.2.1　机械式计算机的发展

经典计算机的发展经历了机械式计算机、机电式计算机、电子计算机几个阶段，之后又出现了生物计算机、光学计算机、量子计算机等超经典的计算机。

算盘是人类最早的计算工具，包括起源于中国的(穿)珠算盘、日本的十露盘、俄罗斯算盘、古希腊算板、演算沙盘等。在阿拉伯数字广泛使用之后，通过机械技术实现数字运算的机械式计算机开始出现。17 世纪时，一批欧洲数学家开始设计和制造数字计算机以实现数字形式基本运算。1642 年，法国数学家帕斯卡(Blaise Pascal)采用齿轮传动装置制作了最早的十进制加法器，也是世界公认的第一台机械式计算机，如图 1.2 所示。这台加法机利用类似钟表的齿轮传动原理，通过手工操作来完成加、减运算。

图 1.2　帕斯卡的加法机

1674 年，德国数学家和哲学家莱布尼茨(Gottfried Wilhelm Leibniz)设计了可手动进行完整四则运算的通用计算机，并提出了一个重要思想“用机械替代人完成繁杂重复的计算工作”。

1822 年，英国数学家巴贝奇(Charles Babbage)设计了一台能够代替人来编制数表的差分机。1834 年，他在差分机的基础上做了较大改进，设计了既能进行数字运算、又能进行逻辑运算的分析机。其设计思想已具备了现代计算机的概念，但当时的技术水平是无法实现的。

巴贝奇的思想提出之后的一百多年间，电子学、电磁学、电工学蓬勃发展。在元器件方面，相继发明了真空二极管和真空三极管；在系统技术方面，接连发明了无线电报、电视、雷达等，为现代计算机的发展准备了技术基础和物质条件。

同时，数学、物理也发展迅速。至20世纪30年代，物理学的所有领域都进入了定量化阶段，描述物理过程的各种数学方程层出不穷，很多方程已经很难用经典的分析方法解决。数值分析(Numerical Analysis)应运而生，奠定了现代计算机的数值算法基础，通过各种数值积分、数值微分、微分方程数值解法，从而把计算过程归结为基本的数值运算。

另外，现代计算机诞生的根本动力还是社会上对先进计算工具的迫切渴望。20世纪以后，几乎各个领域都遇到了巨量计算困难，严重阻碍了科学的顺利发展。20世纪上半叶两次世界大战的爆发，使得军事领域对高速计算工具的需求更为迫切，促使德、美、英等国几乎同时开始了机电式计算机和电子计算机的研究。

机电式计算机使用机械电子一体化技术实现数字运算，主要器件是机电式继电器，有时也称为继电器计算机。1938年，德国科学家朱斯(Konrad Zuse)研制成功第一台机电式二进制可编程计算机Z-1。1941年，又研制成功机电式全自动计算机Z-3，具备二进制运算、浮点记数、数字存储地址的指令等现代计算机的特征。1940~1947年间，美国也相继制成了机电式计算机MARK-I、MARK-Ⅱ、Model-1、Model-5等。由于继电器的开关速度比较慢(大约为百分之一秒)，大大限制了计算机的运算速度。

1937年，美国哈佛大学教授艾肯(Howard Aiken)在撰写博士论文时因需要求解非线性常微分方程，研究了巴贝奇的工作之后，提出了第一份自动计算机建议书(Proposed Automatic Calculating Machine)。经艾肯和IBM公司的合作与努力，在1944年制成了哈佛MARK-I，IBM将其命名为ASCC(Automatic Sequence Controlled Calculator，自动时序控制计算机)，如图1.3所示。

MARK-I是世界上最早的通用型自动机电式计算机之一，是计算机技术史上的一个重大突破。其核心是72个循环寄存器，每个可存放一个正或负的23bit数字，使用了3000多个继电器，加法速度是300ms，乘法速度是6s，除法速度是11.4s。它长15米，高2.4米，有15万个元件，800千米导线，重量达5吨。由穿孔卡片机实现数据和指令的输入，并由电传打字机实现数据输出。1947年，艾肯又研制出机电式计算机MARK-Ⅱ。1949年，由于电子管技术的重大进步，艾肯研制的MARK-Ⅲ是采用电子管的计算机。

图1.3 哈佛MARK-I

1.2.2 电子计算机硬件结构的发展

电子计算机的发展过程，经历了从器件制作到整机、从专用机到通用机、从外加式程序到存储程序的演变。一般将电子计算机的发展划分为五个时代。

1. 电子管时代(1946～1959年)

在第一代电子管时代，电子计算机以电子管为基本逻辑单元，由汞延迟线、磁鼓等构成主存储器，用定点表示数据。图1.4和图1.5分别显示电子管和磁鼓存储器。

1938年，美国爱荷华州立大学物理学家阿塔纳索夫(John Vincent Atanasoff)首先制成了电子计算机ABC(Atanasoff-Berry Computer)，也是第一台能做加法和减法运算、有再生存储功能并以电子管为元件的数字计算机。

图 1.4　电子管

图 1.5　磁鼓存储器

二次大战期间，英国数学家、逻辑学家图灵(Alan Mathison Turing，见图 1.6)研制出一台译码计算机“图灵甜点”(Turing Bombe)。1944 年 2 月，巨人(Colossus Computer)计算机(如图 1.7 所示)正式启用，也是世界上最早的电子数字计算机，依靠该计算机英国在二战期间破解了大量德军通信密码。图灵也被誉为计算机科学之父、人工智能之父。

图 1.6　图灵

图 1.7　“巨人”计算机

1946 年 2 月 14 日，美国宾夕法尼亚大学莫尔学院研制的大型电子数值积分计算机 ENIAC (Electronic Numerical Integrator And Calculator)通过验收，这就是公认的世界上第一台电子计算机，如图 1.8 所示。该计算机完全采用电子线路实现算术、逻辑运算和信息存储，包含 18 000 多只电子管、1500 多个继电器、10 000 多只电容器、70 000 只电阻，运算速度比继电器计算机快 1000 倍。它占地 160 多平方米，重达 30 吨，功率 150 千瓦，有 5 种功能(每秒 5000 次加法运算，每秒 385 次乘法运算，平方和立方计算，sin 和 cos 函数数值运算，及其他更复杂的计算)。ENIAC 最初专门用于火炮弹道计算，后经多次改进而能用于各种科学计算，包括弹道计算、天气预报、原子能、热能点火、风洞试验设计等。但是，ENIAC 采用十进制计算和外加式程序，存储容量也太小，未完全具备现代计算机的主要特征。

新的重大突破是由美国普林斯顿大学教授冯·诺伊曼(John von Neumann，见图 1.9)的研究小组完成的。冯·诺依曼是 20 世纪最重要的科学家之一，在现代计算机、博弈论、核生化武器等多个领域内均有杰出建树的科学全才之一，1931 年成为美国普林斯顿大学的第一批终身教授时还不满 30 岁，被后人誉为计算机之父和博弈论之父。1945 年 3 月，该小组研制了一个全新的存储程序式通用电子计算机方案，即电子离散变量自动计算机(Electronic Discrete Variable Automatic Computer，EDVAC)，首次使用二进制而不是十进制。

本阶段的代表性机器有：冯·诺依曼的 IAS(1946 年)、UNIVAC 公司的 UNIVAC-1(1951 年)、IBM 公司的 IBM701(1953 年)和 IBM704(1956 年)。中国的有 103 机、104 机、119 机等。

图 1.8　ENIAC

图 1.9　冯·诺依曼

2. 晶体管时代(1959～1964 年)

在第二代晶体管时代，电子计算机主要以晶体管作为基本逻辑单元，由磁芯构成主存储器，引入浮点运算硬件提高科学计算能力。图 1.10 和图 1.11 显示了晶体管和磁芯存储器。

图 1.10　晶体管

图 1.11　磁芯存储器

相比电子管计算机，晶体管计算机体积小、功耗低、速度快和可靠性高。代表性的机器有：IBM 公司的 IBM7090(1959 年)、IBM7094(1962 年)。中国的第一台晶体管计算机是 1965 年的 DJS-5 机，后继机有 DJS-121 机、DJS-108 机等。

3. 中、小规模集成电路时代(1964～1975 年)

在第三个发展时代，半导体技术的高速发展催生了集成电路和以集成电路器件为主要逻辑单元的电子计算机，进入了中、小规模集成电路(MSI、SSI)时代。主存储器也由半导体存储器构成(如图 1.12 所示)，出现了小型机，以及采用多处理器并行结构的大型机、巨型机。

代表性的计算机有：1964 年 IBM 公司的 IBM360 系列(图 1.13)、CDC 公司的 CDC6600(1964 年)、美国数字设备公司(Digital Equipment Corporation，DEC)的 PDP-8(1964 年)。中国的有 150 机(1973 年)、DJS-130 机(1974 年，100 系列机)、220 机(1973～1981 年，200 系列机)和 182 机(1976 年，180 系列机)。

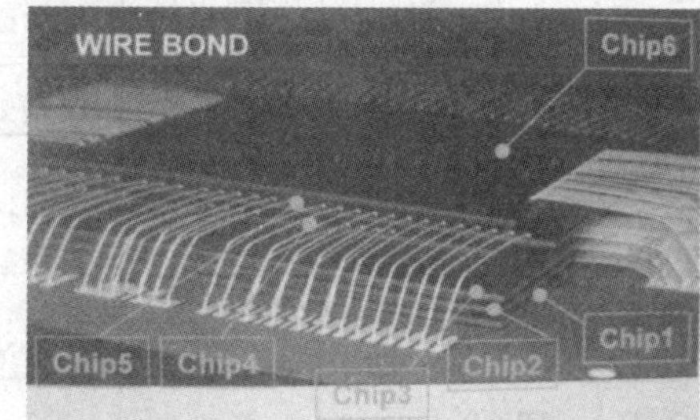

图 1.12　半导体存储器显微照片

图 1.13　IBM S/360-20

4. 大规模集成电路时代(1975 ~ 1990 年)

在第四个时代，集成电路的集成度不断提高，进入了大规模集成电路(LSI)时代。半导体存储器已完全取代了磁芯存储器，RISC 指令集出现。在该阶段，并行系统、多机系统、分布式系统、巨型向量机、阵列机等体系结构得到了发展，如美国的 Gray-1、中国的 HY-1 等，也出现了低档的微处理器。

1973 年，Intel 8080 微处理器的研制成功标志着 8 位微机的诞生，如 Apple Ⅱ、Z80 等。1978 年，采用 Intel 8086 微处理器构成的 16 位微机 IBM-PC/XT(如图 1.14 所示)面世，标志着台式个人计算机(Personal Computer，PC)开始走进办公室和家庭。诞生于 1977 年的苹果Ⅱ(如图 1.15 所示)是世界最早为个人用户量产的 PC 设备，同样也是最畅销的一款产品。

图 1.14　IBM PC

图 1.15　苹果Ⅱ

低端微机发展的另一方面是以单片机(Microcontrollers)为核心的工业控制、智能仪器仪表。计算机网络也由实验室走向了商业市场，推动并形成了信息技术(Information Technology，IT)产业。

5. 超大规模集成电路时代(1990 年至今)

第五个时代，出现了纳米科技和超大规模集成电路(VLSI)，大规模并行计算和高性能机群开始涌现，如 IBM 公司的“深蓝”RS/6000 SP2 是一台有 256 块处理芯片的超级并行计算机。中国的有 HY-III(1997 年，128 个 CPU 大规模并行处理)、HY-IV(机群技术)巨型机，而在 1999 年，“神威-I”超级并行处理计算机的成功研制使中国成为继美、日之后第三个具备高性能计算机研制能力的国家。

同一时期的微处理器技术也在高速发展，32 位、64 位的处理器芯片相继出现，如 Pentium IV、Itanium II 等。中国也推出了“龙芯”系列微处理器芯片。除了用作微机的主要处理部件外，微处理器芯片也可用作大规模巨型机的处理阵列。表 1.1 列出了电子计算机发展的五个时代。

表 1.1　电子计算机发展的五个时代

时代	年份	硬件	软件	应用
一	1946 ~ 1959	电子管	机器语言 汇编语言	科学计算
二	1959 ~ 1964	晶体管	高级语言	数据处理
三	1964 ~ 1975	小规模集成电路(Small-Scale Integration，SSI) 中规模集成电路(Medium-Scale Integration，MSI)	操作系统	工业控制
四	1975 ~ 1990	大规模集成电路(Large-Scale Integration，LSI)	数据库 网络	商业领域
五	1990 年至今	超大规模集成电路(Very-Large-Scale Integration，VLSI) 特大规模集成电路(Ultra-Large-Scale Integration，ULSI)	人工智能	各个领域

1.2.3　微处理器的发展

随着半导体和集成电路技术的进步，各大芯片厂商开始用微米级制程、甚至纳米制程生产处理器芯片，体积大大缩小。1971 年 11 月 15 日，全球第一款微处理器 Intel 4004 在 Intel 公司诞生。

微处理器(Microprocessor，μP 或 MPU)：即微型 CPU，是由一片或多片大规模集成电路组成的可编程中央处理部件，包括运算器、控制器和寄存器。

微型计算机(Microcomputer)：即微机，以微处理器为核心，配置了内存储器、输入输出接口电路及辅助电路的具有独立功能的计算机系统。将一台计算机的主要功能部件集成到一块芯片上也称为单片机(Microcontroller)，将一台计算机的主要功能部件都集成在一块电路板上也称为单板机(mono-plate processor)。

微型计算机系统(Microcomputer System)：以微型计算机为核心，配置了相应的外围设备(如键盘、鼠标、显示器、硬盘等)和电源等硬件系统，并安装必要的软件系统。

按单次处理数据位宽的不同，微处理器的发展大致可分为 6 个阶段。

(1) 第一代微处理器(1971～1973 年)

4 位或 8 位的微处理器阶段，典型的有 Intel 4004(4 位)和 Intel 8008(8 位)微处理器。Intel 4004 微处理器可进行 4 位二进制的并行运算，有 45 条指令，速度 0.05MIPS(Million Instruction Per Second，每秒百万条指令)。Intel 8008 是世界上第一款 8 位的微处理器，存储器采用 PMOS(Positive-channel Metal Oxide Semiconductor，P 沟道金属氧化物半导体)工艺。

该阶段微处理器工作速度较慢，指令系统不完整，存储器容量很小(仅几百字节)，只有汇编语言，没有操作系统，主要用于工业仪表、过程控制。

(2) 第二代微处理器(1974～1977 年)

8 位微处理器阶段，比第一代集成度提高了 1～4 倍，运算速度提高了 10～15 倍，指令系统更加完善，具备中断、直接存储器存取等功能，形成了典型的计算机体系结构。

由于微处理器性能强大却价格便宜，各大半导体公司都开始生产微处理器芯片。Intel 公司生产了 8080 和增强型 8085，Zilog 公司生产了 8080 的增强型 Z80，Motorola 公司生产了 M6800。但这些芯片基本没有改变 8080 的基本特点，均采用 NMOS(Negative-channel Metal Oxide Semiconductor，N 沟道金属氧化物半导体)工艺，集成度约 9000 只晶体管，平均指令执行时间为 1μs～2μs，采用汇编语言、BASIC、Fortran 编程，使用单用户操作系统。

(3) 第三代微处理器(1978～1984 年)

16 位微处理器阶段。1978 年，Intel 公司率先推出 16 位微处理器 8086(见图 1.16)以及准 16 位微处理器 8088。8086 和 8088 均采用 16 位数据传输，8086 每周期能接收或传送 16 位数据，而 8088 每周期只有 8 位。1981 年，美国 IBM 公司将 8088 芯片用于其研制的 IBM PC 机中。其他公司的同类产品，有 Zilog 公司的 Z8000 和 Motorola 公司的 M68000 等。

(4) 第四代微处理器(1985～1992 年)

32 位微处理器阶段。1985 年 10 月 17 日，Intel 正式发布了 80386DX，内含 27.5 万个晶体管，时钟频率为 12.5MHz，之后提高到 33MHz 至 40MHz。得益于 32 位微处理器的强大运算能力，PC 的应用领域迅速扩大到商业办公、工程设计、数据中心、个人娱乐等。1989 年，Intel 推出了 80486 芯片。

(5) 第五代微处理器(1993～2005 年)

准 64 位阶段，典型产品是 Intel 公司的奔腾(Pentium)系列芯片及 AMD 的 K6 系列微处理器芯片。内部采用了超标量指令流水线结构和多媒体扩展(Multi Media eXtension，MMX)，并具有相互独立的指令和数据高速缓存。奔腾使用扩展 64bit 内存技术(Extended Memory 64 Technology，EM64T)，这并不是说奔腾可以直接执行 64 位应用程序，其寄存器仍然是 32 位。

1997 年，AMD 推出了 32 位的处理器 K6，0.35 微米制程，拥有全新的 MMX 指令。2000 年，Intel 推出的 Pentium 4 处理器(见图 1.17)采用 0.18 微米制程，内建 4200 万个晶体管，初期版本主频 1.5GHz，次年 8 月达到 2GHz。2002 年又推出内含超线程技术(Hyper-Threading，HT)的 Pentium 4 处理器。

图 1.16　Intel 8086

图 1.17　Intel Pentium 4

(6) 第六代微处理器(2005 年至今)

64 位多核处理器阶段。2006 年 7 月 27 日，Intel 发布的酷睿 2(Core 2 Duo)是一个跨平台的构架体系，即基于 Core 微架构的产品体系的统称，包括服务器版(开发代号 Woodcrest)、桌面版(开发代号 Conroe)、移动版(开发代号 Merom)三大类，标志着进入 64 位双核技术时代。2008 年，Intel 推出 64 位四核处理器 Core i7(酷睿 i7，内核代号 Bloomfield)。在 2011 年初，Intel 发布沙桥(Sandy Bridge，SNB)处理器微架构，与处理器无缝融合的核芯显卡终结了集成显卡时代。AMD 也推出了 Athlon 系列 64 位多核微处理器，使用了超传输(Hyper Transport，HT)总线技术。

表 1.2 总结了微处理器发展的六个时代。

表 1.2　微处理器的六代

时代	年份	位数	典型处理器	典型制程
一	1971～1973	4 位	Intel 4004(4 位)、Intel 8008(8 位)等	10μm
二	1974～1977	8 位	Intel 8080/8085、Z80、M6800 等	6μm
三	1978～1984	16 位	Intel 8086、8088、Z8000、M68000 等	3μm
四	1985～1992	32 位	Intel 80386、80486 等	1.2μm
五	1993～2004	准 64 位	Intel Pentium 系列、AMD K6 等	0.18μm
六	2005 年至今	64 位多核	Intel 酷睿系列、AMD 速龙等	32nm

1.2.4　从模拟计算机到数字计算机

电子计算机还可以分为模拟式电子计算机和数字式电子计算机。

模拟式电子计算机(Analog Computer)，即模拟计算机，问世较早，是用电流、电压等连续变化的物理量直接进行运算的计算机。**模拟量**是在时间上或数值上都连续的物理量，**模拟信号**是表示连续的模拟量的信号，**模拟电路**是工作在模拟信号下的电子电路。

全电子化模拟计算机的研制开始于 20 世纪 30 年代。美国 Bell 实验室在二战期间研制出 M-9

火炮指挥仪。1947 年，以 M-9 火炮指挥仪中的运算放大器为基础，研制出全电子直流模拟计算机和高增益直流运算放大器。1948 年，第一台商品化模拟计算机研制成功。20 世纪 50 年代中后期，中国也研制出模拟计算机产品，如 M-2、M-6 等大型混合模拟计算机。

模拟计算机结构包括若干个加法器、乘法器、积分器、函数产生器等部件。根据待研究问题的数学模型，将一个(或几个)部件的输出端与另一个(或几个)部件的输入端互连起来，使整个计算机的输出量与输入量之间满足所研究问题的数学关系，在输出端得到问题的解。因而，模拟计算机部件之间的互连关系因问题而异。

模拟计算机可用于求解各种常微分方程和偏微分方程，也就是能模拟和仿真用这些方程描述的所有动力学物理系统。模拟计算机应用范围包括三个方面：作为计算工具、作为实物的数学模型和仿真设备、作为教学和训练工具。使用模拟计算机，其目的不是获得数学问题的精确解，更多的是提供实验研究的电子模型。

模拟电子计算机求解问题的精度不高，靠模拟电路来实现所有处理过程，电路结构复杂，可靠性极差。随着数字电路和处理技术的发展，逐渐被数字计算机所取代。

数字式电子计算机(Digital Electronic Computer)，即**数字计算机**，是现代电子计算机的主流，内部处理过程使用非连续的 0/1 数字信号或符号信号。**数字量**是时间上和数量上都离散的物理量，**数字信号**是表示离散的数字量的信号，**数字电路**是工作在数字信号下的电子电路。数字计算机的主要特征是离散性，即相邻两个符号之间不存在第三种符号，因此其结构和可靠性明显优于模拟计算机。

数字式电子计算机包括模数转换器和数模转换器。模数转换器(Analog-to-Digital Converter，ADC)是将模拟信号转换成数字信号的系统。模拟信号经带限滤波、采样保持电路转换成阶梯形状信号，再通过编码器将阶梯状信号中的电平变为二进制码，即数字信号。数模转换器(Digital -to-Analog Converter，DAC)是将数字信号转换为模拟信号的系统，一般用低通滤波器实现。数字信号先进行解码，把数字码转换成阶梯状的电平信号，然后通过低通滤波转换成模拟信号。

模拟计算机与数字计算机的比较如表 1.3 所示。

表 1.3 模拟计算机与数字计算机的比较

项目	模拟计算机	数字计算机
信号量	主要是模拟信号	主要是数字信号
电路	主要是模拟电路	主要是数字电路
精度	较低	较高
电路结构	较简单	较复杂
抗干扰性	较差，可靠性差	较强，可靠性好

1.2.5 计算机软件的发展

软件系统是计算机系统的重要组成部分，其发展与计算机硬件的发展密切相关，能在计算机硬件系统的基础上，更好地发挥计算机系统的性能。

1. 机器语言阶段

即早期的手编程序阶段。**机器语言**(machine language)又称**机器指令代码**(machine code)或原生码(native code)，是计算机完全可以识别并执行的、由 0/1 串组成的低级语言。用这种机器语言来编写的程序称为目标程序。但是，机器语言非常难懂又容易出错，需要面向具体的机器，编写程序是非常困难，往往消耗大量的时间和人力，而且出错后也很难查找错误。

例如，在某种计算机上计算 2+6 的机器语言指令如下：

10110000 00000110

00000100 00000010

10100010 01010000

第一条指令功能是将“6”送到寄存器 AL 中；第二条指令功能是将“2”与寄存器 AL 中的内容“6”相加，结果仍在 AL 中；第三条指令功能是将 AL 中的内容送到地址为 5 的单元中。

这一阶段基本没有软件，更没有系统软件，编程使用机器语言，计算机只有专业人员才能操作。没有程序控制流的概念，每当插入一条新指令时，只能由编程人员手工移动数据及程序，操作相当困难。

2. 汇编语言阶段(20 世纪 50 年代)

即中级的半自动编程阶段。**汇编语言**(assembly language)又称**符号语言**(symbolic machine code)，用规定格式的数字、符号和文字来实现各种不同的指令，然后用这些特殊的符号指令(指令助记符)来编写程序，以提高编程效率。汇编语言程序代表了机器语言的第一层抽象，也是最早的软件设计抽象形式，从而实现了半自动化程序设计。

例如，用 ADD、SUB、MOV 分别表示加、减、移动数据的汇编语言指令，则计算 2+6 如下：

```
MOV   AL，6
ADD   AL，2
MOV   #5，AL
```

由于只有机器语言才可以在计算机上执行，因此需要将汇编语言源程序翻译成可执行的机器语言。其工作过程如图 1.18 所示。

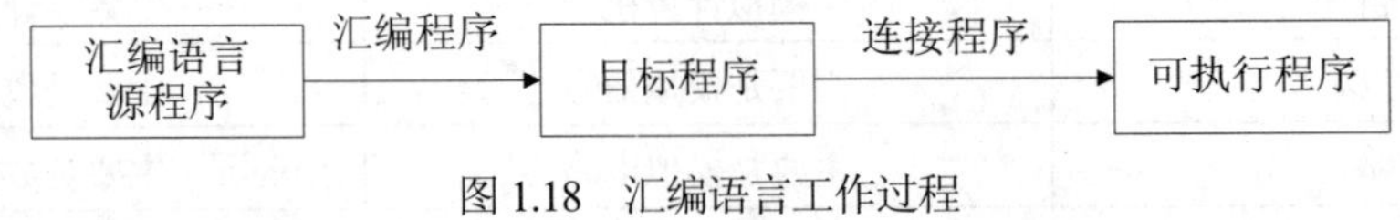

图 1.18　汇编语言工作过程

汇编程序(assembler，或**汇编器**)将汇编语言编制的程序(称为**源程序**，如.asm)翻译成机器语言程序(称为**目标程序**，如.obj)的工具，并经过**连接程序**(linker，**链接程序或链接器**)进一步连接(链接)成为**可执行程序**(如.exe)。符号语言仍然是低级语言，需要面对具体的机器硬件。一般把汇编程序和连接程序合称为**汇编系统**(assembly system)，

3. 高级语言阶段

即高级编程阶段。**高级语言**(high-level programming language)又称**算法语言**(algorithmic language)，包括一套规定的基本符号及其构成程序的规则。相对低级语言(机器语言和汇编语言)，高级语言的指令形式接近于自然语言和数学语言，易于学习和编程，也提高了程序的可读性，减少了出错的可能。例如，高级语言指令允许直接使用 2+6 进行计算。

1954 年，IBM 公司发明了第一个用于科学与工程计算的高级语言 FORTRAN(Formula Translation，公式翻译器)。20 世纪 50 年代出现了首批清晰定义的高级语言 ALGOL(ALGOrithmic Language，算法语言)。1958 年，美国麻省理工学院的麦卡锡(John Macarthy)发明了第一个用于人工智能的语言 LISP(LISt Processing，表处理)。1959 年，美国宾夕法尼亚大学的霍普(Grace Hopper)发明了第一个用于商业应用程序设计的 COBOL(Common Business Oriented Language，面向商业通用语言)。1962 年，美国哈佛大学的艾弗森(Kenneth E. Iverson)设计了 APL(A Programming Language，编程语言；或 Array Processing Language，阵列处理语言)。1964 年，美国达特茅斯学院的凯梅尼(John Kemeny)和卡茨(Thomas Kurtz)发明了 BASIC(Beginners' All-purpose Symbolic Instruction Code，初学者通用符号指令代码)。1967 年，英国剑桥大学的理察德(Martin Richards)设计了 BCPL(Basic Combined Programming Language，基本组合编程语言)。苏黎世工学院的沃斯(Nicklaus Wirth)于 1968 年创建了 Pascal 语言(以数学家 Pascal 命名)，并提出了“算法+数据结构=程序”(Algorithm+Data Structures=Programs)。1970 年，美国 Bell 实验室的汤普森(Ken Thompson)设计出 B 语言(取 BCPL 的首字母)，并用其写了第一个 UNIX 操作系统。1972 年，美国 Bell 实验室的里奇(Dennis M. Ritchie)设计出了 C 语言(取 BCPL 的第二个字母)。

在这一阶段出现了编译器、算法和数据结构，应用了控制流概念、数据类型、子程序、函数、模块等概念，并建立了子程序库和批处理的管理程序用于软件调度及管理。

通常采用以下两种语言处理程序把算法语言编写的源程序翻译为机器语言：

- 编译方式

编译方式需要给计算机配置一套能把源程序翻译成目标程序的**编译程序**，一般由机器语言编写，然后由机器执行目标程序得出运算结果。编译方式包括词法分析、语法分析、语义分析、中间代码生成、代码优化和目标代码生成等过程，以及符号表管理和出错处理模块。但目标程序通常不能独立运行，还需要配置**连接程序**(linker，**链接程序**或**链接器**)来帮助。一般把编译程序和连接程序合称为**编译系统**(compiling system)，如图 1.19 所示。

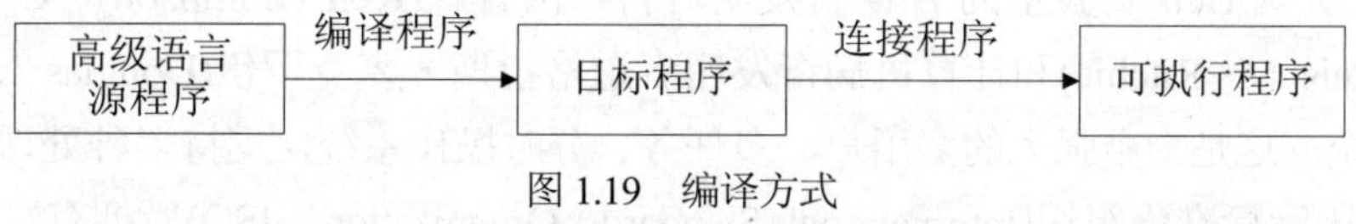

图 1.19　编译方式

编译型语言写的源程序需要专门的编译过程才能执行，将其翻译成目标程序(比如.obj)和机器语言的文件(比如.exe)，以后再运行时就不需重新翻译了，直接运行编译结果即可。由于只需要翻译一次，运行时不再需要翻译，因此编译型语言的程序执行效率高、执行速度快，因此常用于开发大型应用程序、操作系统、数据库系统等。C/C++、Pascal 等都是编译语言。

- 解释方式

解释方式通过**解释系统**(interpretive system)对源程序的语句进行逐个解释并立即执行，不产生目标代码。**解释程序**(interpreter，或**解释器**)用于对源程序进行逐句分析，和源程序一起参加运行。若解释过程中没有错误，将该语句翻译成一条或多条机器语言指令并立即执行；若解释过程中发现错误，则会立即停止并向用户报错。解释方式在词法、语法和语义分析方面与编译方式基本相同，但在运行用户程序时，它直接执行源程序或源程序内部形式。工作过程如图 1.20 所示。

按照解释过程中产生中间代码的情况，解释程序又可分为三种方式(图 1.21)。

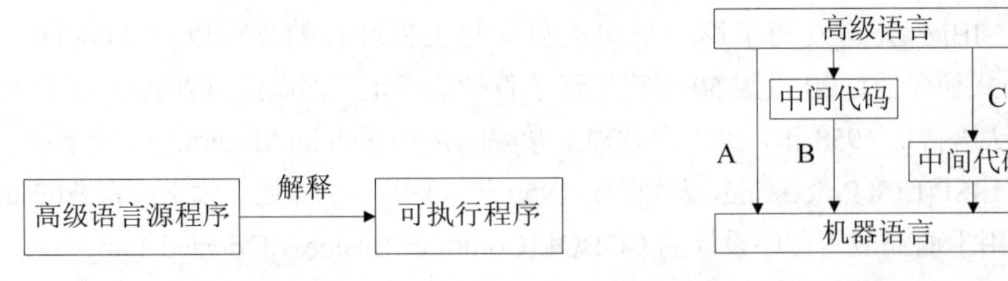

图 1.20　解释方式　　图 1.21　解释程序实现高级语言的三种方式

早期高级语言多采用这种方式，如 BASIC、dBASE、APL；需要兼容不同系统平台的网页脚本、服务器脚本及辅助开发接口也经常使用这种方式，如 Java、JavaScript、VBScript、Perl、Python、Ruby、美国 Mathworks 公司发布的 MATLAB(MATrix&LABoratory，即矩阵工厂/矩阵实验室)等。

编译和解释是高级语言处理的两种基本方式，两者的根本区别是：在编译方式下，源程序和编译程序都不参与目标程序的执行过程，编译程序将源程序翻译成独立的目标程序，机器上运行的是与源程序等价的目标程序；而在解释方式下，源程序(或其等价表示)和解释程序都要参与到程序的执行过程，翻译源程序时不产生独立的目标程序，运行程序的控制权在解释程序。

4. 操作系统阶段

操作系统(Operating System，OS)是直接运行在裸机上的最基本系统软件，用于管理和控制计算机硬件与软件资源。操作系统是计算机系统和用户的接口，也是硬件和其他软件的接口，其他任何软件都必须在操作系统的支持下才能运行。

1979 年，美国 Microsoft 公司为 IBM 个人计算机开发的磁盘操作系统 MS-DOS(Disk Operating System)是一个单用户单任务的操作系统。

1985 年，Microsoft 公司开发的 Microsoft Windows 采用了图形用户界面(Graphical User Interface，GUI)，交互方式更为人性化。

1969 年，美国 Bell 实验室的 B 语言发明者肯 • 汤普森(Ken Thompson)、C 语言之父丹尼斯 • 里奇(Dennis M. Ritchie)和计算机病毒发明者道格拉斯 • 麦克罗伊(Douglas Mcllroy)开发了 UNIX 操作系统，这是一个强大的多用户、多任务、分时操作系统，支持多种处理器架构。目前它的商标权由国际标准化组织(International Standards Organization，ISO)所拥有，只有符合单一 UNIX 规范的系统才能使用 UNIX 这个名称，否则只能称为类 UNIX(UNIX-like)。

1991 年 10 月正式公布的 Linux 操作系统是一套免费使用和自由传播的类 UNIX 的嵌入式操作系统，支持多用户、多任务、多线程和多 CPU，可运行于多种硬件平台上，包括 80x86、680x0、SPARC、Alpha 等。

Android(机器人)操作系统最初由美国计算机科学家安迪 • 鲁宾(Andy Rubin)开发，主要支持手机，2005 年 8 月由 Google 收购。Android 的系统架构是分层架构，从高到低分为四个层，分别是应用程序层、应用程序框架层、系统运行库层和 Linux 内核层。

2007 年 1 月 9 日，Apple 公司公布了移动操作系统 iOS，由 Apple 公司的 Mac OS X 核心演变而来，两者都属于类 UNIX 的商业操作系统，支持多任务处理。

该阶段还出现了数据库管理系统(Database Management System，DBMS)，比较流行模型有三种，即树结构的层次模型、图结构的网状模型和表结构的关系模型。1961 年，通用电气公司的查理斯 • 巴克曼(Charles Bachman)成功地开发出世界上第一个 DBMS，采用网状结构模型的集成数据存储(Integrated Data Store，IDS)。dBASE 是第一个在微型计算机上被广泛使用的关系型 DBMS。数据库(Data base，DB)和 DBMS 一起，组成了数据库系统(Data base System，DBS)。常见的有 SYBASE、DB2、ORACLE、MySQL、ACCESS、Visual Foxpro、MS SQL Server、Informix、PostgreSQL。

5. Web 服务阶段

在这个阶段，形成了以 Web 应用服务为核心的多层开发体系架构，包括 J2EE(Java 2 Platform Enterprise Edition)编程技术规范和 Web Service 协议架构，出现了软件工程思想。

该阶段还出现了面向对象程序设计(Object-Oriented Programming，OOP)和面向对象语言(Object-Oriented Language，OOL)。1967 年 5 月 20 日，挪威科学家奥利-约翰·达尔(Ole-Johan Dahl)和克利斯登·奈加特(Kristen Nygaard)发布了最早的面向对象的程序设计语言 Simula 67。20 世纪 70 年代初 Xerox PARC 的艾伦·凯(Alan Kay)、丹·英戈尔斯(Dan Ingalls)、特德·凯勒(Ted Kaehler)和阿黛勒·戈德堡(Adele Goldberg)等开发了 Smalltalk，被公认为历史上第二个面向对象的程序设计语言和第一个真正的集成开发环境(Integrated Development Environment，IDE)。1983 年，美国 Bell 实验室的 Bjame Sgoustrup 改良了 C 语言并命名为 C++。1985 年，ISE 公司专家贝特朗·梅耶(Bertrand Meyer)等人开发了 Eiffel 语言。1989 年，荷兰人吉多·范罗苏姆(Guido van Rossum)发明了 Python，并于 1991 年公开发行。1996 年 1 月，Sun 公司发布了 Java 的第一个开发工具包(JDK 1.0)。1998 年，美国国家标准学会(American National Standards Institute，ANSI)和 ISO 组织共同制订了 C++的 ANSI/ISO 标准，包括 Microsoft 的 Visual C++和 Borland 公司的 C++ Builder 都支持这个标准。2000 年 6 月，Microsoft 的安德斯·海尔斯伯格(Anders Hejlsberg)发布了第一个面向组件的编程语言 C#(C Sharp)。

该阶段还形成了以面向对象为基础的概念和模型，包括 CORBA(Common Object Request Broker Architecture，公共对象请求代理体系结构)、DLL(Dynamic Link Library，动态链接库)、JavaBean(咖啡豆)、ODBC(Open Database Connectivity，开放数据库连接)、OLE(Object Linking and Embedding，对象链接与嵌入)等。

1.3 计算机体系结构的分类

1.3.1 冯·诺依曼体系结构

冯·诺依曼体系结构也称**普林斯顿结构**，将指令存储器和数据存储器合并在一起，并使用同一个总线传输。1946 年 6 月，冯·诺依曼在研究 EDVAC 计算机时提出了存储程序的概念。现代计算机很多都是以冯·诺依曼的体系结构为基础的，如 Intel 8086、ARM7、MIPS 处理器等。

冯·诺依曼机：由一个中央处理器和一个存储器组成，将指令和数据都存储在同一个存储器中，指令和数据的宽度相同。存储器存有指令和数据，可根据所给的地址进行读或写。

冯·诺依曼思想的基本要点可归纳如下：

(1) 计算机由运算器、控制器、存储器、输入设备和输出设备五大部件组成。

图 1.22 所示为冯·诺依曼结构计算机的基本硬件组成。通常把运算器和控制器统称为**中央处理单元** CPU，把 CPU 与主存储器(内存)统称为**计算机主机**，而把输入设备、输出设备、外存储

器称为计算机的**外部设备**或 **I/O 设备**。

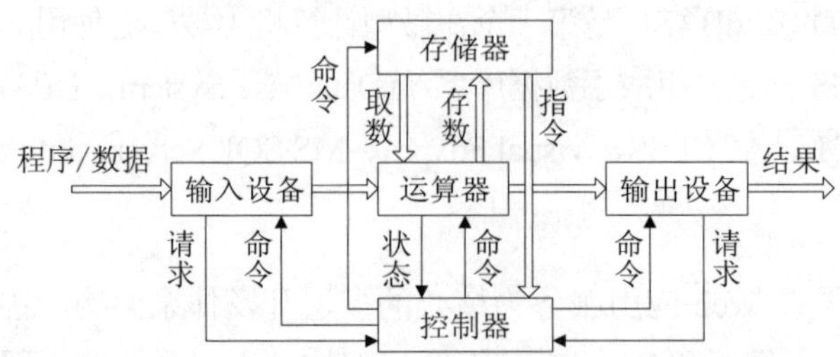

图 1.22　典型的冯·诺依曼计算机体系结构图

(2) 采用二进制形式表示数据和指令

程序是由完成一定功能的若干指令组成的有序集合。指令是程序的基本单位，包括操作码和地址码两部分，操作码说明操作的功能，地址码指出数据所在存储单元。冯·诺依曼机中，指令与数据均以二进制代码的形式共同存于存储器中按地址访问，两者地位相等。

(3) 采用存储程序方式

这是冯·诺依曼思想的核心，是计算机自动、高速运行的基础。**存储程序**是指预先编制好解题程序，并在运行前与所需的数据一起存入存储器中。在程序运行(解题)时，按照存储器中预先编制好的程序，控制器从存储器中自动、连续地依次取出指令并执行，直到求解出所要求的结果。

通常，完成一条指令需要 3 个步骤，即：取指令、指令译码(分析指令)和执行指令。冯·诺依曼结构的处理器对存储器进行读写操作的指令如图 1.23 所示：

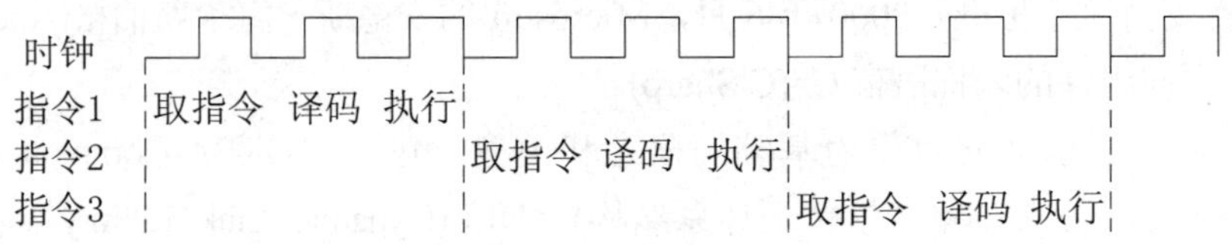

图 1.23　冯·诺依曼结构的处理器对存储器进行读写操作

在冯·诺依曼结构中，指令和数据从同一个存储空间存取，并使用同一总线传输，所以只能串行执行，而无法重叠执行。如图 1.23 所示，一条指令需要 3 个指令周期，3 条指令至少需要 9 个指令周期。因为 CPU 与内存之间的信息流量(资料传输率)比内存容量小太多，将 CPU 与内存分开会导致所谓的“**冯·诺伊曼瓶颈**”(von Neumann bottleneck)，如 CPU 需要对大量数据执行简单操作，信息流量将成为限制计算机性能的瓶颈。

1.3.2　哈佛体系结构

在数字信号处理(Digital Signal Processing，DSP)中，最大的工作量是与存储器交换数据，包括输入信号的采样数据、滤波器参数和程序指令。为此，哈佛大学提出了与普林斯顿体系结构完全不同的哈佛结构。

哈佛结构是将程序和数据存储在不同的存储空间中的并行体系结构，即程序存储器(Program Memory，PM)和数据存储器(Data Memory，DM)分开，两者独立编址、独立访问。相应使用 4 条系统总线，程序和数据各有一条地址总线与一条数据总线。程序和数据的存储器及总线全部分离的结构允许在一个机器周期内同时获得指令字和操作数，执行和取址能完全重叠，大大提高了执行速度和数据吞吐率。典型处理器有 AVR、ARM9、ARM10、ARM11，以及众多的数字信号处理器(Digital Signal Processor，DSP)等。美国德州仪器公司在 1982 年成功推出了第一代 DSP 芯片 TMS32010。之后，Motorola 公司在 1986 年推出了定点 DSP 芯片 MC56001，1990 年推出了兼容 IEEE 浮点格式的浮点 DSP 芯片 MC96002。另外，ADI 公司也推出了 ADSP 系列 DSP。

哈佛机：为程序和数据提供了各自独立的存储器和总线，指令和数据可以有不同的数据宽度，为数字信号处理提供了较高的效率。程序计数器只指向程序存储器而不指向数据存储器，但在哈佛机上很难编写出一个自修改的程序。

哈佛结构的计算机由中央处理器、程序存储器和数据存储器组成，其结构如图 1.24 所示。

中央处理器首先到程序存储器中读取指令内容，译码后得到数据地址，再到相应的数据存储器中读取数据，并进行下一步的操作，如图 1.25 所示。可见，在处理相同的 3 条存取数指令的时候，各条指令可以重叠地执行，虽然每条指令仍然需要 3 个指令周期，但 3 条指令总共只需要 5 个指令周期，克服了数据流传输过程中的瓶颈，提高了系统性能。

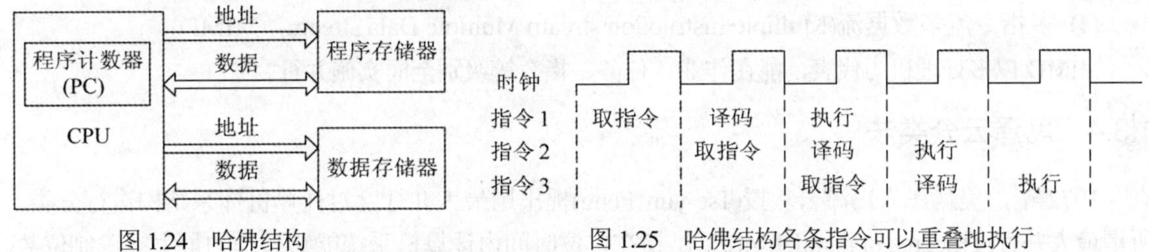

图 1.24　哈佛结构　　图 1.25　哈佛结构各条指令可以重叠地执行

普林斯顿结构处理器与哈佛结构处理器的对比如表 1.4 所示。

表 1.4　普林斯顿结构与哈佛结构对比

项目	普林斯顿结构	哈佛结构
编址方式	指令与数据统一编址	指令与数据独立编址
空间管理	程序空间与数据空间统一	程序空间与数据空间完全分开
总线	程序与数据总线不独立，速度较低	程序与数据总线独立，速度较高
代码位数	指令与数据宽度必须相同	指令与数据宽度可以不同
应用领域	主要应用于通用计算机领域	主要应用于嵌入式计算机领域
交互性	较强	较弱

超级哈佛结构(Super Harvard Architecture，SHARC)是美国 ADI 公司推出的 32 位浮点数字信号处理器系列产品，最早起源于浮点单指令单数据流(SISD)的 ADSP-21020，在标准哈佛架构基础增加指令缓存形成三总线架构。SHARC 处理器是一个不带嵌入式存储器或外设的独立计算内核，PM 和 DM 是通过连接 SRAM 的外部总线进行访问的，从新增加的指令缓存器能够执行所选的指令，同时进行数据和系数存取，提升了基于紧密循环的计算过程的吞吐性能。

1.3.3　Flynn 计算机体系结构的分类

1966 年，美国斯坦福大学教授弗林(Michael J. Flynn)提出根据指令流、数据流的多倍性(multiplicity)对计算机体系结构进行分类。

- **指令流**：计算机执行的指令序列。

- **数据流**：计算机指令调用的数据(包括输入数据、输出数据和中间结果)序列。
- **多倍性**：系统性能瓶颈部件上，处于同一执行阶段的指令或数据的最大可能个数。

根据不同的指令流-数据流组织方式，Flynn 把计算机系统分为四种。

(1) 单指令流单数据流(Single Instruction stream Single Data stream，SISD)

SISD 是顺序执行的传统单处理机，指令部件每次只译码一条指令，只对一个操作部件分配数据。

(2) 单指令流多数据流(Single Instruction stream Multiple Data stream，SIMD)

SIMD 以并行处理机为代表，由一个指令部件控制，包括多个重复的处理单元 $PU_1 \sim PU_n$，根据同一指令流为不同处理单元分配各自的数据。

(3) 多指令流单数据流(Multiple Instruction stream Single Data stream，MISD)

MISD 具有 n 个处理单元，根据 n 条不同指令的要求对同一数据流(包括其中间结果)进行不同处理，一个处理单元的输出又可作为另一个处理单元的输入。

(4) 多指令流多数据流(Multiple Instruction stream Multiple Data stream，MIMD)

MIMD 以多处理机为代表，能在作业、任务、指令等级别全面实施并行。

1.3.4　冯泽云分类法

1972 年，美籍华人冯泽云教授(Tse-yun Feng)提出用最大并行度对计算机体系结构进行分类。所谓**最大并行度**(degree of parallelism)P_m是指在单位时间内计算机系统能够处理的最大二进制位数。设每一个时钟周期 t_i 内处理的二进制位数为 P_i，则 T 个时钟周期内平均并行度为 $P_a=(\sum P_i)/T$(其中 $i=1,2,\ldots,T$)。平均并行度 P_a 与应用程序无关，完全取决于系统，则系统在周期 T 内的平均利用率为 $\mu=P_a/P_m=(\sum P_i)/(T\times P_m)$。

用平面直角坐标系中的一个点表示一个计算机系统，横坐标表示一个字中同时处理的二进制位数，即字宽(N 位)；纵坐标表示在一个位片中能同时处理的字数，即位片宽度(M 位)，则最大并行度 $P_m=N\times M$。由此得出四种不同的计算机结构：

(1) 字串行、位串行(Word-Serial and Bit-Serial，WSBS)，其中 $N=1$，$M=1$。

(2) 字并行、位串行(Word-Parallel and Bit-Serial，WPBS)，其中 $N=1$，$M>1$。

(3) 字串行、位并行(Word-Serial and Bit-Parallel，WSBP)，其中 $N>1$，$M=1$。

(4) 字并行、位并行(Word Parallel and Bit Parallel，WPBP)，其中 $N>1$，$M>1$。

1.3.5　计算机的语言层次结构

从计算机语言的角度出发，把计算机系统划分成 5 个层次级别，每一级能以一种不同的语言进行程序设计。计算机系统的语言层次结构如图 1.26 所示。

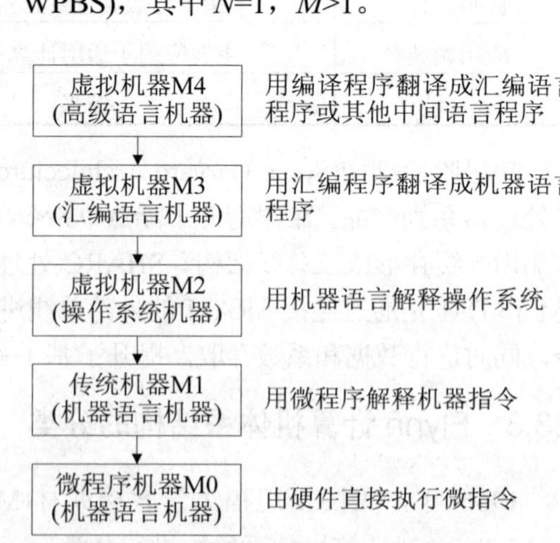

图 1.26　计算机系统的语言层次结构

各层次之间关系紧密，下层是上层的基础，上层是下层功能的扩展。计算机系统中 5 个层次级别的特点如表 1.5 所示。

表 1.5　计算机系统语言层次结构的特点

第 M4 级	高级语言级	由各种高级语言编译程序支持和执行	软件级	符号语言
第 M3 级	汇编语言级	由汇编程序支持和执行		
第 M2 级	操作系统级	由操作系统程序实现	混合级	二进制语言
第 M1 级	机器语言级	由微程序解释机器指令系统	硬件级	
第 M0 级	微程序设计级	由机器硬件直接执行微指令		

1.3.6　计算机的总线组织结构

总线是一组可被多个功能部件共享的信息传送公共线路。总线结构可灵活地组织、修改与扩充系统、连接一台计算机的不同部件(或多台不同的计算机)，大大减少传输线数，并简化硬件结构，如图 1.27 所示。

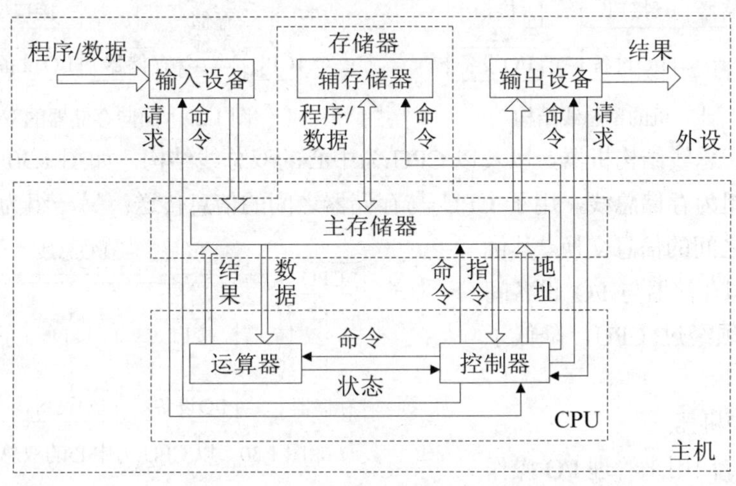

图 1.27　现代计算机总线组织结构

为防止总线上信息冲突，各个部件共享总线时必须分时使用总线，保证总线上传送的信息总是唯一的。但是总线上的信息可被各个部件同时接收。

按其任务，可把总线分为下面几种类型。

- **CPU 内部总线**：这一级属于数据总线，即(芯)片内总线。用于连接 CPU 内部算术逻辑单元和各寄存器。
- **部件内总线**：这一级属于芯片间的总线，即功能模块(板)内总线。计算机中经常将不同功能模块制作成插件，并用总线结构连接插件上的相关芯片。
- **系统总线**：这一级属于部件间或功能模块(板)间总线，是连接整机系统的基础，用于连接系统内各大部件(如 CPU、主存、I/O 设备等)。系统总线包括地址线(Address Bus，AB)、控制/状态信号线(Control Bus，CB)、数据线(Data Bus，DB)。
- **外总线**：这一级属于计算机间总线，用于计算机系统之间或与其他系统之间的连接。

根据不同的类型的总线组织架构，可将计算机的体系结构做如下分类。

(1) 单总线结构机器

单总线结构机器，通过一组系统总线(AB、CB、DB)把 CPU、主存及各种 I/O 接口连接起来，是微、小型机的典型结构。有时用接口泛指系统总线与外围设备间连接的逻辑部件。

在图 1.28 的单总线结构机器中，CPU 与存储器之间，CPU 与各 I/O 设备之间、I/O 设备与存储器之间、各 I/O 设备之间，都通过一条单总线交换信息。所以各 I/O 设备的寄存器与存储器可以统一编址，统称为总线地址。优点是 CPU 可以像访问存储器一样访问 I/O 设备的寄存器，控制简单，易于扩充。但单总线结构机器同一时刻只能在两个部件之间传送信息，系统速度受到限制。

(2) 双总线结构机器

双总线机器在 CPU 与存储器之间增加了一组存储总线，CPU 通过存储总线直接访存，如图 1.29 所示。这种结构保持了单总线结构控制简单、易于扩充的优点，也提高了 CPU 的访存速度和系统性能。

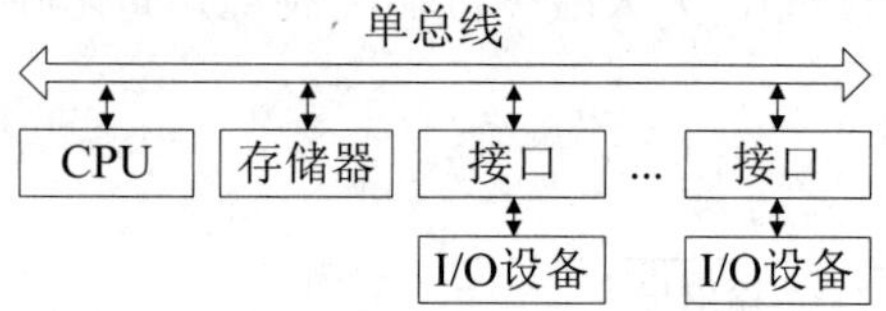

图 1.28　计算机的单总线结构

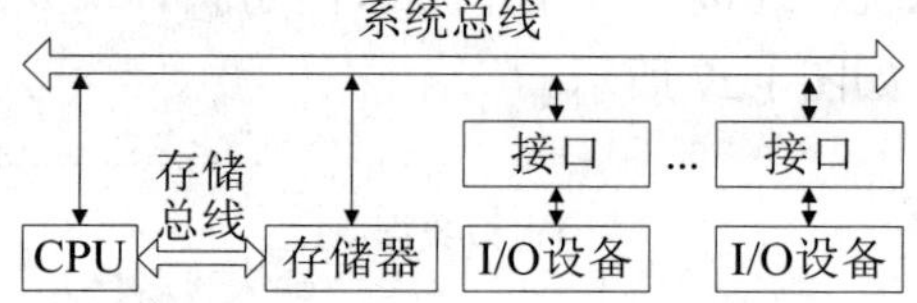

图 1.29　面向存储器的双总线结构

此外，还有三总线结构机器，以及以 CPU 为中心的双总线结构，如图 1.30 所示。图 1.30 中有两组总线，一组为存储总线，用于 CPU 与存储器之间的信息传送；另一组为 I/O 总线，用于 CPU 与 I/O 设备之间的信息交换。其优点是比较简单，但存储器与 I/O 设备间的信息交换都必须经过 CPU，降低了 CPU 的工作效率。

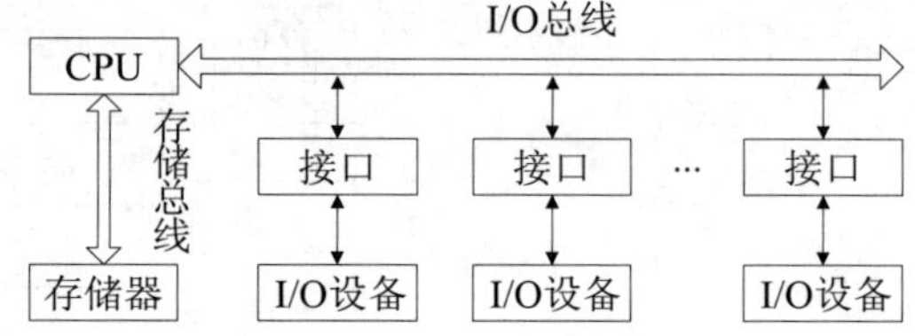

图 1.30　以 CPU 为中心的双总线结构

(3) 通道结构机器

通道是一种专门用来管理 I/O 操作的具有处理机功能的控制部件。通道结构机器通常采用主机、通道、I/O 控制器、外设四级连接方式，具有较强的扩充能力，是大、中型机的典型结构。

较小的系统可将 CPU 与通道合并一起，并将 I/O 控制器与外设合并一起。较大的系统可单独设置通道，如图 1.31 所示。对于更大的系统，通常使用专门的 I/O 处理机代替通道，甚至使用功能更强的前端机。

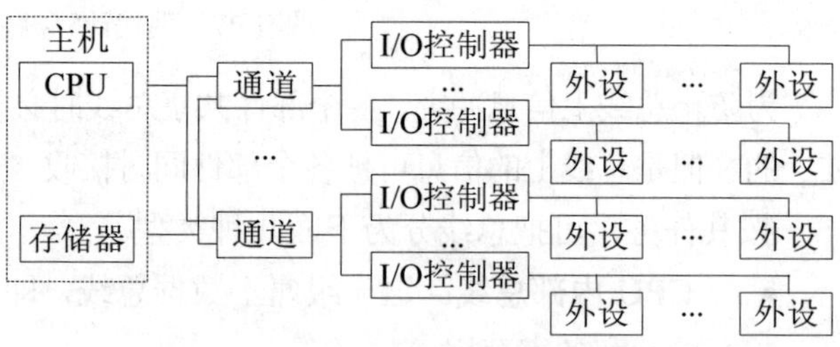

图 1.31　大、中型计算机系统的通道结构

【例 1.1】　图 1.32 为主机框图，根据要求回答存数指令的信息流程。

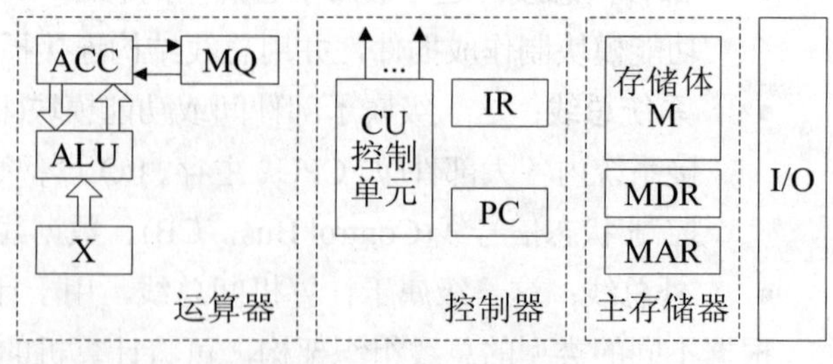

图 1.32　某主机框图

解：取指令：PC→MAR→M→MDR→IR

分析指令：OP(IR)→CU

执行指令：Ad(IR)→MAR→M

ACC→MDR→M

1.3.7 计算机的软件系统

在计算机系统中，基本的软件系统包括系统软件与应用软件两大类。

(1) 系统软件

系统软件是用于保证计算机系统正确、高效运行的基础软件，以系统资源的形式提供给用户使用。包括操作系统(如 DOS、Windows、UNIX、Android、iOS 等)、操作系统的补丁程序、硬件驱动程序、语言处理程序、DBMS、分布式软件、网络管理系统等。

(2) 应用软件

应用软件是为解决某个应用领域中的问题而编制的程序。目前应用软件正向标准化、集成化方向发展，很多通用的应用程序都可组成不同的应用软件包以共享使用。常见应用软件包括各类工具软件(科学计算类程序、工程设计类程序、数据统计与处理类程序、情报检索程序等)、应用管理软件(企业管理系统、购物支付系统、教学系统等)、游戏软件等。

【例 1.2】 环路复杂度可用于定量描述程序的拓扑结构复杂度或逻辑复杂度，常用 McCabe 方法度量。McCabe 方法最早由美国麻省理工学院的麦凯(Warren L. McCabe)和蒂勒(Ernest Thiele)于 1925 年提出。在程序控制流程图 G 中，程序代码的最小单元用节点表示，节点间的程序流用边表示。设流程图 G 有 n 个节点和 e 条边，其环路复杂度为：

$$V(G)=e-n+2 \tag{1.1}$$

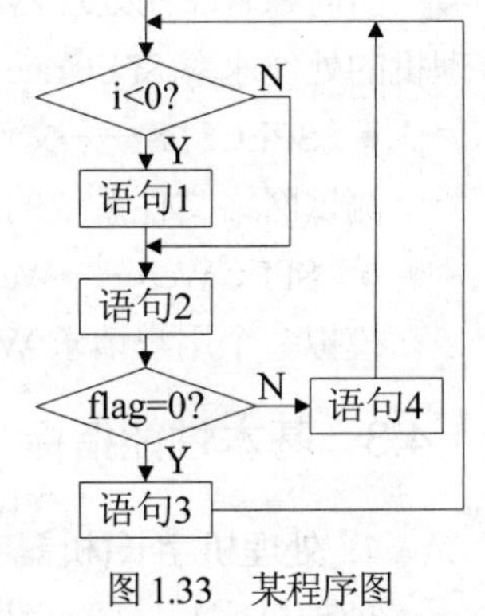

图 1.33　某程序图

环路复杂度值 $V(G)$越大，表示程序的控制路径越复杂。一般程序模块的环路复杂度为 10。试用 McCabe 度量法计算图 1.33 所示程序图的环路复杂度。

解：根据图 1.33 可知，e=8，n=6，根据式(1.1)，有：$V(G)=e-n+2=8-6+2=4$。

1.4 计算机系统的性能指标

1.4.1 摩尔定律

1964 年，Intel 公司创始人戈登·摩尔(Gordon Moore)在一篇短论文里提到：集成电路的性能每 18 个月将提高一倍，且价格降低一半。这就是半导体发展史上意义深远的**摩尔定律**。摩尔定律还有其他的表述，如计算机系统性能每过 10 年将会增加 100 倍，通信带宽也提高 100 倍，且成本不会增加。

1.4.2 性能测试程序

计算机性能评价指标通常用峰值性能和持续性能。**峰值性能**(peak performance)是计算机系统在理想情形下可获得的最高理论性能，但不一定是系统的实际性能。**持续性能**(sustained performance)又称**实际性能**，指计算机系统连续工作时的性能。由于实际运行时，程序会受到计算机系统硬件结构、操作系统、算法设计等因素的影响，持续性能往往只有峰值性能的5%～35%。

核心测试程序(kernel benchmark)：由实际程序中抽取的关键程序框架代码，其运行对程序总的执行时间有直接影响。如 Livermore Loops 和 Linpack。

基准测试程序集(benchmark)：也称为测试程序组件(benchmark suites)，将一组有代表性的、类型不同的应用程序集中起来，以准确测试计算机系统处理各种程序的性能。如 SPEC、TPC。

SPEC(Standard Performance Evaluation Corporation，标准性能评估组织)是一个开放性的非营利组织，1988 年由 DEC、HP、MIPS、SUN 共同发起，是最成功的性能测试标准化组织。SPEC CPU2006 是 SPEC 组织推出的 CPU 子系统评估软件，有 CINT2006 和 CFP2006 两个子项目，共 12 个整数基准测试程序集和 17 个浮点数基准测试程序集。CINT2006 包括 C 编译程序、量子计算机仿真、象棋程序等；CFP2006 包括有限元模型结构化网格法、分子动力学质点法、流体动力学稀疏线性代数法等。

由于服务器(Server)有不同的服务功能，因此有多类基准(benchmark)：

- SPECrate——多处理器的处理速率

面向 Server 的处理器吞吐量的基准，通过运行多个 SPEC CPU 基准测试程序副本来获取多处理机的处理速率(SPECrate)。

- SPECSFS——文件服务器基准

测试网络文件系统的性能，包括处理器、磁盘、I/O 的性能。

- SPECWeb——Web 服务器基准

模拟多个用户请求 Web 服务器的静态和动态页面以测试性能。

1.4.3　基本性能指标

1. 处理机字长(机器字长)

处理机字长(机器字长)指处理机一次能够完成二进制运算的位数，标志着运算精度，如 32 位、64 位；机器字长与系统数据总线宽度有一定的相关性，但并非完全相同。

当 i 位十进制数与 j 位二进制数进行比较时，有下列等式：

$$10^i = 2^j$$

两边取对数，可得：

$$\frac{j}{i} = \frac{\ln 10}{\ln 2} = 3.3$$

因此，若要保证 i 位十进制数的精度，至少要 3.3 倍 i 位二进制数的位数才能满足要求。

2. 主频/周期

CPU 的主时钟频率为主频(主振频率)，其倒数为 CPU 的时钟周期(T 周期)。

- **时钟周期**(clock cycle，也称为**振荡周期**)

时钟周期是计算机中最基本的、最小的时间单位，定义为时钟脉冲的倒数，通常是单片机外接晶振的倒数。例如外接 40MHz 的晶振，则时钟周期为 $1/2^{22}$μs。

时钟脉冲是计算机的基本工作脉冲，控制着系统的工作节奏，CPU 在一个时钟周期内仅完成一个最基本的动作。不同的计算机所需的时钟周期也不相同；对于同一机型计算机，时钟频率越高则其工作速度就越快。

- **机器周期**(machine cycle，也称为 **CPU 周期**)

机器周期是指令周期中的某一工作阶段所需的时间，一般包括若干个**时钟周期(振荡周期)**。通常把一条指令的执行过程划分为若干工作阶段，每阶段完成一项基本操作或工作。例如，取指令、译码、执行指令等。机器周期就是完成一个基本操作所需的时间。

- **指令周期**(instruction cycle)

指令周期是执行完一条指令所需的时间，一般包括若干个**机器周期(CPU 周期)**。不同指令需要的机器周期数有所不同。如某些单字节指令，指令在取指令阶段被取出到指令寄存器后，立即进行译码执行，不需要其他机器周期，称为单周期指令。而比较复杂的指令(如转移指令、乘法指令)往往需要两个以上的机器周期，称为双周期指令或多周期指令。

- **总线周期**(bus cycle)

总线周期是进行一个访问存储器或I/O设备所需的操作时间，一般包括若干个时钟周期。一个指令周期往往由若干个总线周期组成。一般情况下，一个总线周期包含4个T周期(时钟周期)：CPU 从内存读取指令、对内存存取数据、对外设读写数据、执行总线周期。

3. CPU 的运算速度

CPU 执行时间：CPU 执行一段程序所占用的 CPU 时间。

CPI(Cycle Per Instruction)：执行一条指令所需的平均时钟周期数。

MIPS(Million Instructions Per Second)：每秒百万条指令数，即单位时间内执行的指令条数，用于评估标量机(通常执行一条标量指令只得到一个运算结果)的平均指令执行速度，不适于评估向量机。CPU 性能评估一般采用合成测试程序，常用的有用于测试整数计算能力的 Dhrystone(计算单位 DMIPS)和测试浮点计算能力的 Whetstone(计算单位 MFLOPS)两种。

$$\text{MIPS}=\frac{\text{指令条数}}{\text{执行时间}}\times 10^{-6} \tag{1.2}$$

MFLOPS(Million FLoating-point Operations Per Second)：每秒百万次浮点操作数，即单位时间内浮点操作的次数，适于评估向量机(通常执行一条向量指令可得到多个运算结果)的平均操作执行速度。

$$\text{MFLOPS}=\frac{\text{浮点运算次数}}{\text{执行时间}}\times 10^{-6} \tag{1.3}$$

4. 一个程序的 CPU 时间

$$\text{CPU 时间}=\text{一个程序的 CPU 时钟周期数}\times\text{时钟周期长度} \tag{1.4}$$

或者：
$$\text{CPU时间}=\frac{\text{一个程序的CPU时钟周期数}}{\text{时钟频率}}$$

除了计算程序所需的时钟周期数，经常还需要计算程序执行的指令数(Instruction Count，IC)，可得到执行一条指令所需的平均时钟周期数(Cycles Per Instruction，CPI)：

$$\mathrm{CPI}=\frac{\text{一个程序的时钟周期数}}{\mathrm{IC}} \tag{1.5}$$

CPI 可直观地评估不同的指令集或不同实现方式的性能。在式(1.5)中，一个程序的时钟周期数可定义为 IC×CPI，则在 CPU 时间公式(1.4)中可使用 CPI 表示为：

$$\text{CPU 时间}=\mathrm{IC}\times\mathrm{CPI}\times\text{时钟周期的长度} \tag{1.6}$$

将式(1.4)展开成度量单位后，可得出不同指标的组合方式：

$$\frac{\text{指令}}{\text{程序}}\times\frac{\text{时钟周期}}{\text{指令}}\times\frac{\text{秒}}{\text{时钟周期}}=\frac{\text{秒}}{\text{程序}}=\text{CPU时间} \tag{1.7}$$

可见，CPU 时间与程序的指令数、执行每条指令所需的时钟周期数、时钟周期的长度均有关。而且这三个因素对 CPU 时间的影响程度是等同的，其中任何一个改进 10%，则 CPU 时间就改进 10%。实际上，很难孤立地改变一个因素，因为各因素存在相互关联：

- 指令数 IC 取决于指令集的结构和编译器的设计；
- 平均时钟周期数 CPI 取决于计算机组成结构和指令集结构；
- 时钟周期的长度取决于硬件技术和软件技术。

5. 吞吐量

吞吐量(throughput)指计算机在某一时间间隔内所处理的信息量多少，可根据测试周期内完成的事务数量计算得出，即每秒执行的事务数量(Transaction Per Second，TPS)。

6. 响应时间

响应时间指系统从输入有效到产生响应之间所需的时间，常用时间单位表示。

7. 利用率

利用率指在给定的时间范围内，实际使用系统的时间所占比率，用百分比表示。

8. 总线宽度

即主存储器带宽，指运算器与存储器之间的数据总线宽度，常用单位时间内从主存储器读出的二进制信息量来衡量，单位为字节数/秒。

9. 主存储器容量

主存储器容量指主存储器所能容纳最大信息量或所有主存储器单元的总数目，常用二进制数据的字节数表示。主存容量大，则可容纳更多信息，或运行更大、更复杂的程序。

【例 1.3】 某机 CPU 主频为 1.862GHz，平均指令执行速度为 200MIPS，若每个机器周期平均包含 4 个时钟周期，试问：(1) 时钟周期是多少？平均指令周期是多少？(2)平均指令周期包含多少个机器周期？(3)若改用时钟周期为 0.2ns 的 CPU，则平均指令执行速度又是多少？(4)若要达到 4 亿条/s 的平均指令执行速度，CPU 主频应为多少？

解：(1) 时钟周期=1÷1.862GHz≈0.5ns。

平均指令周期=1÷200MIPS=5ns。

(2) 由于每个机器周期平均包含 4 个时钟周期，机器周期=0.5ns×4=2.0ns。

平均指令周期包含的机器周期数=5ns÷2.0ns=2.5。

(3) 改用时钟周期为 0.2ns 的 CPU 芯片后，主频为 1/0.2ns≈4.657GHz，平均指令执行速度为(200MIPS×4.657GHz)/1.862GHz≈501MIPS。

(4) 若要达到 4 亿条/s 的指令执行速度=400MIPS，平均指令周期 1/400MIPS=2.5ns，时钟周期为 2.5ns/(4×2.5)=0.25ns，所以，主频=1/0.25ns≈3.725GHz。

【例 1.4】 主频 2GHz 的某机需要运行 500 000 条指令组成的程序，指令分为四种类型，程序中各类指令混合比及 CPI 值如表 1.6 所示。

表 1.6 四类指令的指令混合比及每类指令的 CPI 值

指令类型	指令混合比	CPI
算术和逻辑	55%	1
高速缓存命中的加载/存储	21%	2
转移	15%	4
高速缓存未命中时的存储器访问	9%	8

(1) 试计算执行该程序的平均 CPI；

(2) 计算相应的平均指令执行速度及程序的 CPU 时间。

解：

(1) $\mathrm{CPI}=\sum_{i=1}^{n}\left(\mathrm{CPI_i}+\frac{\mathrm{I_i}}{\mathrm{IC}}\right)$=1×0.55+2×0.21+4×0.15+8×0.09=2.29CPI

(2) $\mathrm{MIPS}=\frac{f}{\mathrm{CPI}\times10^6}=\frac{2.0\mathrm{G}}{2.29\times10^6}\approx937.766$

$$\text{CPU 时间}=\frac{\sum_{i=1}^{n}(\mathrm{CPI_i}\times\mathrm{IC})}{\text{时钟频率}}=500\,000\times\frac{1\times0.55+2\times0.21+4\times0.15+8\times0.09}{2.0\mathrm{G}}\approx533.18\mu\mathrm{s}$$

1.4.4 Amdahl 定律

1967 年，IBM360 机的主要设计者吉恩·迈伦·阿姆达尔(Gene Myron Amdahl)提出了 Amdahl 定律(Amdahl's law，或 Amdahl's argument)，是计算机系统设计的重要定量原理之一。该定律指出：系统中某一部件采用更快执行方式所获得的总体系统性能改进程度(加速比)，取决于该执行方式使用的频率或占总执行时间的比例(可改进比例)。因此，通过提高某部件性能来获得系统加速会受速度慢的部件限制。所以，Amdahl 定律表达了性能改进的递减规则：若仅改进某一部件性能，改进的越多，则提升系统总体性能就越有限。

Amdahl 定律定义了采取增强(加速)某部件的措施后，整个系统获得的性能改进程度或执行时间的**加速比**，记为 S_n。该加速比与两个因素有关。一个是在改进前的系统中，可改进部分的执行时间占总执行时间的比例，称为**可改进比例**，记为 F_e，F_e 总是小于 1 的。另一个是在改进后的系统中，可改进部件改进以后性能提高的倍数，称为**部件加速比**，记为 S_e，S_e 一般大于 1。假设改进前整个任务的执行时间为 T_0，改进后整个任务的执行时间为 T_n，则系统加速比 S_n 为：

$$S_n=\frac{T_0}{T_n}=\frac{1}{(1-F_e)+F_e/S_e} \tag{1.8}$$

其中，$(1-F_e)$表示不可改进部分。当 $F_e=0$ 时，即没有可改进部分，$S_n=1$；当 $F_e=1$ 时，即所有部分均可改进，$S_n=S_e$。当 $S_e\to\infty$时，则加速比不超过 $S_n=1/(1-F_e)$。假设改进前是单核处理器，改进后是 4 核处理器，且 $F_e=1$，则 $S_n=S_e=4$。

【例 1.5】 某机使用浮点运算部件后，浮点运算速度提高为 15 倍，运行某一程序时总体性能提高为 5 倍，试计算该程序中浮点运算的比例。

解：$S_e=15$，$S_n=5$，根据 Amdahl 定律：

$$S_n=\frac{T_0}{T_n}=\frac{1}{(1-F_e)+F_e/S_e}=5$$

可知，$F_e\approx85.71\%$。

【例 1.6】 某系统中有三个部件可以改进，且部件 1、2、3 的加速比分别为 10、5、2；(1)若系统加速比为 2，部件 1 和部件 2 的可改进比例均为 20%，求部件 3 的可改进比例为多少？(2)若部件 1、2、3 的可改进比例分别为 40%、25%、15%，三个部件同时改进，求改进后不可加速部分的执行时间占总执行时间的比例是多少？

解：(1) 当多个部件可同时改进时，Amdahl 定律扩展为：

$$S_n=\frac{T_0}{T_n}=\frac{1}{\left(1-\sum_i F_i\right)+\sum_i\frac{F_i}{S_i}}$$

已知 $S_1=10$，$S_2=5$，$S_3=2$，$S_n=2$，$F_1=0.2$，$F_2=0.2$，得：

$$2=\frac{1}{[1-(0.2+0.2+F_3)]+\left(\frac{0.2}{10}+\frac{0.2}{5}+\frac{F_3}{2}\right)}$$

得 $F_3=0.32$，即部件 3 的可改进比例为 32%。

(2) 设改进前系统的执行时间为 T，$F_1=0.4$，$F_2=0.25$，$F_3=0.15$，则改进前 3 个部件的执行时间为：$(0.4+0.25+0.15)T=0.8T$，不可改进部分的执行时间为 $0.2T$。

改进后，$S_1=10$，$S_2=5$，$S_3=2$，则 3 个部件执行时间为：$T_n'=\frac{0.4T}{10}+\frac{0.25T}{5}+\frac{0.15T}{2}=0.165T$

改进后，整个系统的执行时间为：$T_n=0.165T+0.2T=0.365T$

则改进后，系统中不可改进部分的执行时间占总执行时间的比例是：$\frac{0.2T}{0.365T}\approx0.5479$

1.5 计算机的应用

现代计算机的应用领域已经渗透到人类社会活动的方方面面，大致可划分为以下几类。

(1) 科学计算(scientific computing)

计算机起源于计算问题，科学计算是计算机应用最早且最重要的领域，主要利用计算机解决科学研究和工程技术中的各类数学问题。科学计算的特点是求解的问题复杂，计算量大，难以由人工完成，如空间探索、原子能、新材料新结构、基因编码等的计算和设计等。

(2) 数据处理(data processing)

数据处理(信息处理)是计算机应用最广泛的领域，主要是利用计算机处理各类非工程数据的采集、计算、管理等工作。数据处理的特点是数据量大，但计算比较简单(如逻辑运算与判断)，常用表格和数据库形式。如管理信息系统、办公自动化系统、银行储蓄系统、证券交易系统等。

(3) 自动控制(automatic control)

自动控制是相对人工控制(manual control)而言，主要是利用计算机设备或装置控制机器、设备或生产过程自动按照预定的规律运行。自动控制的特点是不需要人直接参与。以微处理器为核心的嵌入式系统是当今最热门的应用之一，能够对设备、设施和系统运行进行控制、监视、辅助等，有助于将人类从复杂、危险、繁重的工作环境中解放出来，并大大提高工作效率。如数控机床、无人机、智能机器人、导弹、卫星、物联网、无线传感器网络等。

(4) 计算机辅助设计(Computer Aided Design，CAD)

计算机辅助设计主要是利用计算机帮助设计人员完成工程、产品、服务等设计工作的过程和技术。20 世纪 60 年代，美国麻省理工学院提出的交互式图形学研究计划是最早的 CAD。CAD 技术的特点是，能够提高设计的自动化水平和设计质量，减轻设计人员的劳动强度，缩短设计周期。如飞机、汽车、轮船等的设计。CAD 技术的发展，也带动了计算机辅助制造(Computer Aided Manufacturing，CAM)、计算机辅助工程(Computer Aided Engineering，CAE)、计算机辅助教学(Computer Aided Instruction，CAI)等的进步。

(5) 人工智能(Artificial Intelligence，AI；或 Machine Intelligence，MI)

人工智能是相对自然智能(Natural Intelligence，NI)来说的，指利用计算机来模拟、延伸和扩展自然智能的技术。1956 年夏罗切斯特(Nathaniel Rochester)和香农(Claude Elwood Shannon)等人发起了达特茅斯会议，会上，美国工程院院士艾伦·纽厄尔(Allen Newell)、1978 年诺贝尔经济学奖得主赫伯特·西蒙(Herbert Alexander Simon)、斯坦福大学教授约翰·麦卡锡(John McCarthy)、哈佛大学的马文·明斯基(Marvin Lee Minsky)、IBM 公司的亚瑟·塞缪尔(Arthur Lee Samuel)等为首的一批科学家首次提出了“人工智能”这一术语，成为公认的人工智能之父。人工智能技术主要应用于模式识别、机器学习、自然语言翻译、博弈、虚拟仿真等方面。1997 年 5 月 12 日，IBM 公司的“深蓝”超级并行计算机战胜了国际象棋特级大师俄罗斯名将卡斯帕罗夫(Garry Kasparov)，实现了人机对决的首场胜利。2016 年 3 月，Google 旗下 DeepMind 的阿尔法围棋(AlphaGo)战胜了围棋世界冠军李世石，其主要工作原理是“深度学习”。2017 年 11 月 16 日，波士顿动力(Boston Dynamics)发布的双足机器人 SpotMini 已经能够顺利完成旋转、跳跃、后空翻等动作。

(6) 网络应用

Internet 网络前身是 20 世纪 60 年代美国的 ARPANET，但直到 20 世纪 80 年代中期才进入中国，以 1987 年通过中国学术网 CANET 向世界发出第一封 E-mail 为标志。经多年发展，Internet 网络的应用不断拓展，包括电子邮件、移动支付、各类 Web 应用、远程教学、社交应用、多媒体音视频点播等。

习　题　1

1.1　试用 McCabe 度量法计算图 1.34 中的程序流程图的环路复杂度。

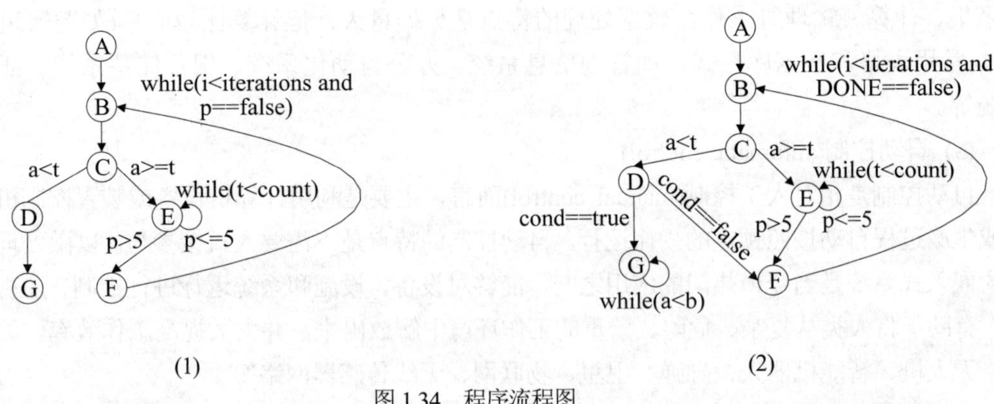

图 1.34　程序流程图

1.2　设某机主频为 2.0Hz，平均指令周期含 2.5 个机器周期，平均每个机器周期含 2 个时钟周期，试求：(1) 该机的 MIPS 为多少？(2) 若主频不变，平均指令周期含 5 个机器周期，但平均每个机器周期含 4 个时钟周期，则该机的 MIPS 又是多少？(3) 由此可得出什么结论？

1.3　某机的主频为 2.0GHz，不同指令的平均指令执行时间和使用频率如表 1.7 所示，试计算该机的 MIPS？若主频升为 4.0GHz，试计算该机的 MIPS？

表 1.7　各类指令的平均执行时间和使用频率

指令类别	存取	加、减、比较、转移	乘除	其他
平均指令执行时间	1.2ns	1.6ns	20ns	2.8ns
使用频率	40%	45%	5%	10%

1.4　在某机中，某功能部件的执行时间占整个系统执行时间的 60%。试求该功能部件的处理速度应提高多少倍，才将整个系统的性能提高 2.0 倍？

1.5　在某系统中，某一功能的处理时间占整个系统运行时间的 30%，若将该功能的处理速度加快 10 倍，问整个系统的性能提高多少？

第2章　数的表示与计算体系

内容提要：本章简要介绍进位计数制与数制转换、无符号数与文字的表示、带符号数的表示、定点数与定点运算、浮点数与浮点运算、BCD码、数据校验码、时序逻辑电路、组合逻辑电路、阵列逻辑电路。

本章重点：带符号数的表示、定点数与定点运算、数据校验码。

2.1　进位计数制与数制转换

2.1.1　进位计数制

数制也称**计数制**，是指用一组统一、固定的符号和规则来表示数值的方法。按进位的原则进行计数的方法，称为**进位计数制**。比如十进位计数制，古巴比伦人用的六十进位计数制，中国曾用的十六进位计数制。计算机内部并不使用人类常用的十进位计数制，而是只包含0和1两个数值的二进位计数制。

进位计数制常用**数的位置表示法**或**位值制**或**位置计数法**，用一组符号所表示的数值大小既与该符号所代表的值有关，也与该符号所在位置有关，每一个位置具有一定的数量级。常用的位值制有：十进制、二进制、八进制、十六进制数。基数和位权是进位计数制的两大要素。

基数，即进位计数制的每一位上可能拥有的数码个数。比如，十进制数每位上的数码，有0, 1, 2,…, 9共10个数码，所以其基数为10。

位权，即一个数值的每一位上的数字所具有的权值大小。

任何一种数制的数值都能用按基数和位权展开的多项式之和来表示。比如Y进制数：$a_{n-1}a_{n-2}\ldots a_1a_0.a_{-1}a_{-2}\ldots a_{-m}$，所表示的数值大小$N$为：

$$N=a_{n-1}Y^{n-1}+a_{n-2}Y^{n-2}+\ldots+a_1Y^1+a_0Y^0+a_{-1}Y^{-1}+a_{-2}Y^{-2}+\ldots+a_{-m}Y^{m} \tag{2.1}$$

其中：

a：为数码，即不同的数字符号。

Y：为基数，表示该计数制所拥有的数码个数，十进制基数为10，二进制基数为2。

Y^X：为位权，表示不同位置上数码所具有的数量级。

Y进制基数为Y，可在该数右下角用下标Y表示，共使用Y个符号作为数码来表示不同数值，数值中各位与小数点之间的距离关系为位权X，各位数量级就是Y^X，各位上的数码与所在位权的多项式之和就是所表示的数值大小N。

1. 十进制(Decimal System)

定义：十进制数按“逢十进一，借一当十”的原则进行计数，即每位上计满10时向高位进一。十进制数的基数是10，数码是：0、1、2、3、4、5、6、7、8、9。

特点：每个数的数位上只能是 0、1、2、3、4、5、6、7、8、9 十个数码之一，最小数码是 0，最大数码是 9。十进制数可使用下标 10 或字母 D 表示，默认为十进制数。比如，$(1234)_{10}$ 与(567.890)D 是两个十进制数。

十进制数的位权表示：

$$N=a_{n-1}10^{n-1}+a_{n-2}10^{n-2}+\ldots+a_1 10^1+a_0 10^0+a_{-1}10^{-1}+a_{-2}10^{-2}+\ldots+a_{-m}10^{-m} \tag{2.2}$$

例如，十进制数$(1234)_{10}$从低位到高位的位权分别为 10^0、10^1、10^2、10^3。有：

$$(1234)_{10}=1\times10^3+2\times10^2+3\times10^1+4\times10^0$$

十进制数也可以不需要标出基数 10 或 D，比如十进制数 567.890 为默认表示，即：

$$567.890=5\times10^2+6\times10^1+7\times10^0+8\times10^{-1}+9\times10^{-2}+0\times10^{-3}$$

2. 二进制(Binary System)

计算机一般采用二进制，因为二进制便于实现、运算简单、电路可靠、逻辑性强。

定义：二进制数按“逢二进一，借一当二”的原则进行计数，即每位上计满 2 时向高位进一。基数为 2，数码只有两个：0，1。

特点：每个数的数位上只能是 0、1 两个数码之一，最小数码是 0，最大数码是 1。二进制数可使用下标 2 或字母 B 表示。比如，$(10011010)_2$ 与(0010.1011)B 是两个二进制数。

二进制数的位权表示：

$$N=a_{n-1}2^{n-1}+a_{n-2}2^{n-2}+\ldots+a_1 2^1+a_0 2^0+a_{-1}2^{-1}+a_{-2}2^{-2}+\ldots+a_{-m}2^{-m} \tag{2.3}$$

例如，二进制数$(0010.1011)_2$的位权表示：

$$(0010.1011)_2=0\times2^3+0\times2^2+1\times2^1+0\times2^0+1\times2^{-1}+0\times2^{-2}+1\times2^{-3}+1\times2^{-4}$$

二进制数的运算规则：

- 加法运算

① 0+0=0，② 0+1=1+0=1，③ 1+1=0(进 1)

- 减法运算

① 0−0=0，② 1−1=0，③ 1−0=1，④ 0−1=1(借 1)

- 乘法运算

① 0×0=0，② 1×1=1，③ 0×1=1×0=0

【例 2.1】 有 1000 桶酒，其中 1 桶有毒，毒酒的毒性会在 1 周后发作。假设使用小白鼠做实验，要在 1 周后找出那桶毒酒，最少需要多少只小白鼠？

解：因为 2^{10}=1024，所以 10 个小白鼠可以确定 1024 桶酒中具体哪桶有毒。

第 1 步，把 1000 桶标号：1,2,3,4,5,6,...,1000。

第 2 步，所有小白鼠排列组成一个二进制队列，使用两个数码：0 表示不喝，1 表示喝。

第 3 步，0000000001B 表示第 1 桶酒只给小白鼠 1 喝；

0000000010B 表示第 2 桶酒只给小白鼠 2 喝；

0000000011B 表示第 3 桶酒只给小白鼠 1,2 喝；

…

1111101000B 表示第 1000 桶酒只给小白鼠 4,6,7,8,9,10 喝。

第 4 步，第 7 天，喝了毒酒的小白鼠都死了，用死去的小白鼠组成二进制队列就代表毒酒桶的十进制标号。比如第 1、2 只小白鼠死亡，其他小白鼠没死，队列为 0000000011B，即第 3 桶酒有毒。

3. 八进制(Octal System)

使用二进制表达一个数值需要较长的编码，为此，人们将三位二进制数为一组用一个符号表示，构成了八进制，可将数码长度缩短三分之二。

定义：八进制数按“逢八进一，借一当八”的原则进行计数，即每位上计满 8 时向高位进一。基数为 8，数码是 0、1、2、3、4、5、6、7。

特点：每个数的数位上只能是 0、1、2、3、4、5、6、7 八个数码之一，最小数码是 0，最大数码是 7。八进制数可使用下标 8 或字母 Q 表示。比如，$(1234)_8$ 与(567.012)Q 是两个八进制数。

八进制数的位权表示：

$$N=a_{n-1}8^{n-1}+a_{n-2}8^{n-2}+\ldots+a_1 8^1+a_0 8^0+a_{-1}8^{-1}+a_{-2}8^{-2}+\ldots+a_{-m}8^{-m} \quad (2.4)$$

例如，八进制数$(567.012)_8$的位权表示：

$$(567.012)_8=5\times8^2+6\times8^1+7\times8^0+0\times8^{-1}+1\times8^{-2}+2\times8^{-3}$$

4. 十六进制(Hexadecimal System)

八位二进制数转换成八进制数并不方便，一个二进制字节需要使用三位八进制符号表示。由此产生了十六进制，四位二进制数可以用一位十六进制数表示 2^4 种组合。

定义：十六进制数按“逢十六进一，借一当十六”的原则进行计数，即每位上计满 16 时向高位进一。基数为 16，数码是 0、1、2、3、4、5、6、7、8、9、A、B、C、D、E、F。

特点：每个数的数位上只能是 0、1、2、3、4、5、6、7、8、9、A、B、C、D、E、F 十六个数码，最小数码是 0，最大数码是 F(即 15)。十六进制数可使用下标 16 或字母 H 表示，有时也在前面加 0x 开头表示。比如，$(1234)_{16}$ 与(90AB.CDEF)H 是两个十六进制数。

十六进制数的位权表示：

$$N=a_{n-1}16^{n-1}+a_{n-2}16^{n-2}+\ldots+a_1 16^1+a_0 16^0+a_{-1}16^{-1}+a_{-2}16^{-2}+\ldots+a_{-m}16^{-m} \quad (2.5)$$

例如，十六进制数$(1234)_{16}$与$(90AB.CDEF)_{16}$的位权表示：

$$(1234)_{16}=1\times16^3+2\times16^2+3\times16^1+4\times16^0$$

$$(90AB.CDEF)_{16}=9\times16^3+0\times16^2+10\times16^1+11\times16^0+12\times16^{-1}+13\times16^{-2}+14\times16^{-3}+15\times16^{-4}$$

【例 2.2】　求(1) C3H+8AH=？(2) 3BH-2EH=？

解：

```
    C 3 H            3 B H
+   8 A H          - 2 E H
---------          -------
  1 4 D H            0 D H
```

5. 常用计数制间的对应关系

常用计数制之间的对应关系如表 2.1 所示。

表 2.1　常用计数制间的对应关系

十进制	二进制	八进制	十六进制
0 或 0D 或$(0)_{10}$	0000B 或$(0000)_2$	0Q 或$(0)_8$	0H 或$(0)_{16}$
1 或 1D 或$(1)_{10}$	0001B 或$(0001)_2$	1Q 或$(1)_8$	1H 或$(1)_{16}$
2 或 2D 或$(2)_{10}$	0010B 或$(0010)_2$	2Q 或$(2)_8$	2H 或$(2)_{16}$
3 或 3D 或$(3)_{10}$	0011B 或$(0011)_2$	3Q 或$(3)_8$	3H 或$(3)_{16}$
4 或 4D 或$(4)_{10}$	0100B 或$(0100)_2$	4Q 或$(4)_8$	4H 或$(4)_{16}$
5 或 5D 或$(5)_{10}$	0101B 或$(0101)_2$	5Q 或$(5)_8$	5H 或$(5)_{16}$
6 或 6D 或$(6)_{10}$	0110B 或$(0110)_2$	6Q 或$(6)_8$	6H 或$(6)_{16}$
7 或 7D 或$(7)_{10}$	0111B 或$(0111)_2$	7Q 或$(7)_8$	7H 或$(7)_{16}$
8 或 8D 或$(8)_{10}$	1000B 或$(1000)_2$	10Q 或$(10)_8$	8H 或$(8)_{16}$
9 或 9D 或$(9)_{10}$	1001B 或$(1001)_2$	11Q 或$(11)_8$	9H 或$(9)_{16}$
10 或 10D 或$(10)_{10}$	1010B 或$(1010)_2$	12Q 或$(12)_8$	AH 或$(A)_{16}$
11 或 11D 或$(11)_{10}$	1011B 或$(1011)_2$	13Q 或$(13)_8$	BH 或$(B)_{16}$
12 或 12D 或$(12)_{10}$	1100B 或$(1100)_2$	14Q 或$(14)_8$	CH 或$(C)_{16}$
13 或 13D 或$(13)_{10}$	1101B 或$(1101)_2$	15Q 或$(15)_8$	DH 或$(D)_{16}$
14 或 14D 或$(14)_{10}$	1110B 或$(1110)_2$	16Q 或$(16)_8$	EH 或$(E)_{16}$
15 或 15D 或$(15)_{10}$	1111B 或$(1111)_2$	17Q 或$(17)_8$	FH 或$(F)_{16}$

2.1.2　数制间的转换

1. 非十进制数转换成十进制数

非十进制数转换成十进制数采用“位权法”，即分别按式(2.2)、式(2.3)、式(2.4)、式(2.5)求和。

2. 二、八、十六进制数之间转换

- 把二进制数转换为八进制数时，按“三位并一位”的方法进行。

以小数点为界，整数部分从右向左每三位为一组，最高位不足三位时，前面添 0 补足三位；小数部分从左向右每三位为一组，最低有效位不足三位时，后面添 0 补足三位。然后，将各组的三位二进制数按权展开后相加，每组得到一位八进制数。

- 将八进制数转换成二进制数时，采用“一位拆三位”的方法进行。

即将八进制数每位上的数用相应的三位二进制数表示。

【例 2.3】　设有两个二进制数 1110101000B，0.1011101B，试将它们分别转换成八进制数。

解：

二进制数：　(1)001,110,101,000　　(2)0.101,110,100

八进制数：　　　1　6　5　0　　　0.　5　6　4

- 把二进制数转换为十六进制数时，按“四位并一位”的方法进行。

以小数点为界，整数部分从右向左每四位为一组，最高位不足四位时，前面添 0 补足四位；小数部分从左向右每四位一组，最低有效位不足四位时，后面添 0 补足四位。然后，将各组的四位二进制数按权展开后相加，每组得到一位十六进制数。

- 将十六进制数转换成二进数时，采用“一位拆四位”的方法进行。

即将十六进制数每位上的数用相应的四位二进制数表示。

【例 2.4】　设有两个二进制数 1110101000B，0.1011101B，试将它们分别转换成十六进制数。

解：

二进制数：	(1)0011,1010,1000	(2)0.1011,1010
十六进制数：	3　A　8	0.　B　A

3. 十进制数转换成非十进制数

生活中常用的是十进制数，而计算机使用的是二进制数，因此需要进制转换，这个过程由计算机自动完成。十进制数转换成非十进制数时，整数部分和小数部分转换方法不同。

- 整数部分

十进制整数化为非十进制整数采用余数法，又称除留余数法，即除基数取余数。把十进制整数逐次用非十进制数的基数去除，一直到商等于 0 为止，然后将所有余数按得到的顺序从低位到高位排列即可。

假设有十进制整数 X，若其对应的二进制数可表示为 $a_{n-1}a_{n-2}\ldots a_1a_0$，则有：

$X=a_{n-1}2^{n-1}+a_{n-2}2^{n-2}+\ldots+a_12^1+a_02^0$

该等式两边同时除以 2，得：

$X/2=a_{n-1}2^{n-2}+a_{n-2}2^{n-3}+\ldots+a_12^0$，余数为 a_0

再同时除以 2，得：

$(X/2)/2=a_{n-1}2^{n-3}+a_{n-2}2^{n-4}+\ldots+a_22^0$，余数为 a_1

依次类推，反复除以 2……，最后得 $X/2^n=0$……，余数为 a_{n-1}。

将所得余数从下往上依次排列就是十进制数 X 对应的二进制数 $a_{n-1}a_{n-2}\ldots a_1a_0$，又称为除 2 法。

【例 2.5】　将十进制数 115，用除 2 法转换成对应的二进制数。

解：

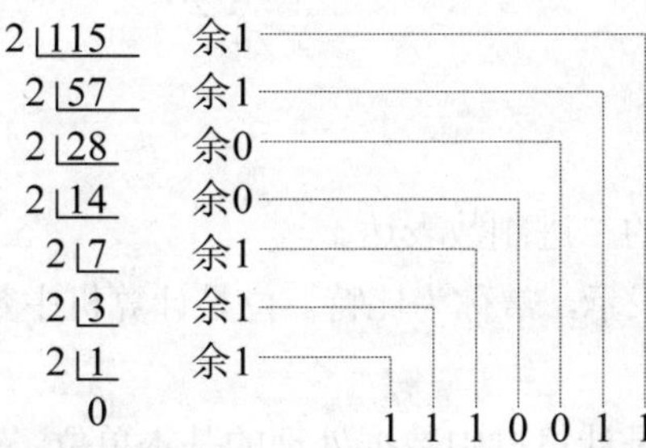

1110011B 即为 115D 对应的二进制数

- 小数部分

十进制小数转换成非十进制小数采用进位法，即乘非十进制基数并取整数。把十进制小数不断地用非十进制的基数去乘，直到小数的当前值等于 0 或满足所规定的精度为止，最后有积的整数部分按得到的顺序从高位到低位排列即为所求。

假设有十进制纯小数 $0.Y$，若其对应的二进制数为 $0.a_{-1}a_{-2}\ldots a_{-m}$，则有等式：

$0.Y=a_{-1}2^{-1}+a_{-2}2^{-2}+\ldots+a_{-m}2^{-m}$

如果将等式两边乘以 2，则有

$$(0.Y)\times2=(a_{-1}2^{-1}+a_{-2}2^{-2}+\ldots+a_{-m}2^{-m})\times2=a_{-1}+a_{-2}2^{-1}+\ldots+a_{-m}2^{-m+1}$$

取等式两边的整数部分，则有$[(0.Y)\times 2]_{取整}=a_{-1}$

将两边小数部分再乘以 2：

$$(0.Y\times 2-a_{-1})\times 2=(a_{-2}2^{-1}+\ldots+a_{-m}2^{-m+1})\times 2=a_{-2}+a_{-3}2^{-1}\ldots+a_{-m}2^{-m+2}$$

取等式两边的整数部分，则有$[(0.Y\times 2-a_{-1})\times 2]_{取整}=a_{-2}$

依此类推，反复乘以 2，最后得$[(0.Y\times 2-a_{-m+1})\times 2]_{取整}=a_{-m}$

然后将所有整数部分排列成 $0.a_{-1}a_{-2}\ldots a_{-m}$ 即可，又称为乘 2 取整法或乘 2 法。

【例 2.6】 将十进制数 0.375，采用乘 2 法转换成对应的二进制数。

解：

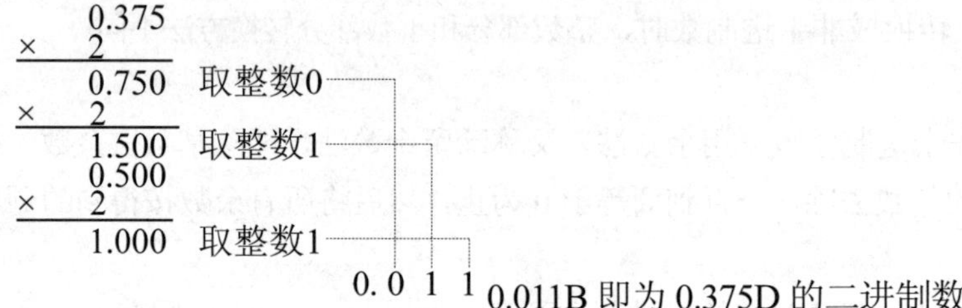

0.011B 即为 0.375D 的二进制数

注意：有些数可能无法通过乘 2 的方式变成整数，永远会有小数部分，当达到规定的精度后，就可不再做乘法操作了。如：0.225，0.725……。

从以上计算过程可以看出，十进制数转换成对应的二进制数需要分为两步进行：

(1) 将十进制数的整数部分采用除 2 法转换成对应的二进制整数；

(2) 将十进制数的小数部分采用乘 2 法转换成对应的二进制小数。

最后将转换的整数部分和小数部分合并，即可得到十进制数转换成的二进制数。例如，十进制数 115.375 转换成对应的二进制，可将例题 2.5 与例题 2.6 的结果合并，得到 1110011.011B。

2.2　无符号数与文字的表示

2.2.1　无符号数的表示

在计算机中所有数据和信息都采用一定长度的二进制数表达。

位(bit)表示二进制位，习惯上用小写的“b”表示，常称为比特。位是计算机中数据存储的最小单位，一个二进制位只能表示 0 和 1 两种状态。

字节(Byte)习惯上用大写的“B”表示。字节是计算机中数据处理的基本单位，1 个字节等于 8 个比特(1Byte=8bit)。

字(Word)是计算机中数据处理时，一次存取、加工和传送的数据长度。一个字通常由一个或多个字节构成(通常是字节的整数倍)。不同的计算机字长有所不同，例如 Intel 8086 字长为 16 位，Intel Pentium 字长为 32 位，Core i7 字长为 64 位。字长决定了 CPU 一次操作能够处理的实际位数，因此字长越大，计算机的性能越好。

80x86 系统中常用的数据长度单位还有：

双字：4 个字节(Double Words)，1 Double Words=4 Byte=32 bit

四字：4 个字(Quad Words)，1Quad Words=4 Word=8 Byte=64 bit

十字节：10 个字节(Ten Bytes)，1 Ten Bytes=10 Byte=80 bit

计算机常见容量的单位从小到大依次是：bit、Byte、KiloByte(KB)、MegaByte(MB)、GigaByte(GB)、TeraByte(TB)、PetaByte(PB)、ExaByte(EB)、ZetaByte(ZB)、YottaByte(YB)、BrontoByte(BB)、NonaByte(NB)、DoggaByte(DB)。关系如下：1Byte=8bit；1KB=2^{10}Bytes=1024Bytes；1MB=2^{20}Bytes=1024KB；1GB=2^{30}Bytes=1024MB；1TB=2^{40}Bytes=1024GB；1PB=2^{50}Bytes=1024TB；1EB=2^{60}Bytes=1024PB；1ZB=2^{70}Bytes=1024EB；1YB=2^{80}Bytes=1024ZB；1BB=2^{90}Bytes=1024YB；1NB=2^{100}Bytes=1024BB；1DB=2^{110}Bytes=1024NB。

在计算机中参与运算的数有两大类：无符号数和有符号数。**无符号数**是没有符号位的数，每一位数均是有效数值。**有符号数**将符号数字化，用“0”表示“正”，用“1”表示“负”，并且规定放在有效数字的前面。字符串是指连续的一串字符，通常在主存中占用连续的多个字节，一个字符用一个字节存储。

计算机为每一个字节存储空间均分配一个地址，多字节数据需要分配多个地址，使用两种数据存储方法，即大端存储法和小端存储法。所谓**大端存储法**将多个字节数据依次存放，并将较高字节数据存放到较低地址，将较低字节数据存放到较高地址。所谓**小端存储法**正好相反，将较高字节数据存放到较高地址，将较低字节数据存放到较低地址。如 32 位数据 1234 5678H 存放到起始地址为 100H 的存储器中，如图 2.1 所示：

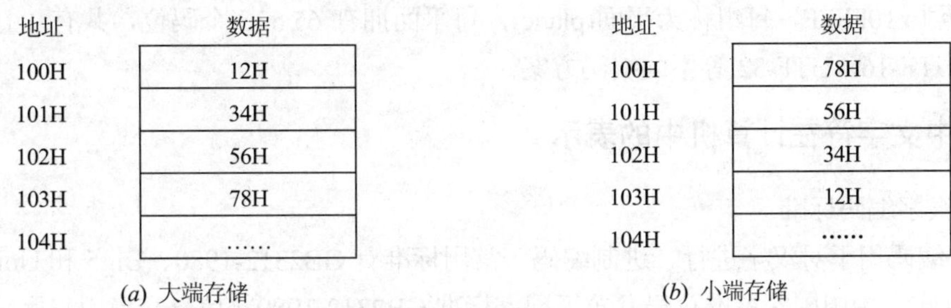

图 2.1　计算机中多字节数据的存储

80x86 系列 CPU 采用小端存储。现代的处理器大多为双端法，可配置为大端法或小端法。

2.2.2　十进制数串的表示

通用性较强的计算机大多数都能直接处理十进制形式的数据。常用的有两种：

- 字符串形式

一个十进制的数位或符号位当成字符以一个字节存储。一个十进制数占用多个连续的字节，使用时需要指出该数在主存储器中的首地址和位数(串的长度)。常用于非数值计算领域。

- 压缩的十进制数串形式

两个十进制的数位存储于同一个字节。一个十进制数占用多个连续的字节，但节省一半存储空间，且位长可变，还能够直接进行十进制数运算，应用比较广泛。同样，该方法也要给出该数在主存储器中的首地址和位数(位长，不含符号位)。位长为 0 的数其值为 0。

2.2.3　西文字符在计算机中的表示

广泛使用的西文字符编码方式是 ASCII、ANSI、EBCDIC 和 Unicode 等。

- ASCII(American Standard Code for Information Interchange，美国信息交换标准代码)

ASCII 是基于拉丁字母的一套计算机编码系统，是现今最通用的单字节编码系统，等同于国际标准 ISO/IEC646，主要用于现代英语及其他西欧语言。ASCII 使用 7 个二进制位(每个 1 个字节最高位为 0)来表示 2^7=128 个符号，包括英文大小写字母、数字、标点符号和特殊控制字符。

- ANSI(American National Standards Institute，美国国家标准码)

ANSI 码是一种字符代码，表示英文字符时用一个字节，表示中文字符时用两个或四个字节。通常使用 0x00～0x7F 范围的 1 个字节来表示 1 个英文字符，0x80～0xFFFF 为扩展的 ASCII 编码。不同的国家和地区有不同的 ANSI 标准，不同标准之间互不兼容，如简体中文 GBK 编码、繁体中文 Big5 编码、日文 Shift_JIS 编码。

- EBCDIC(Extended Binary Coded Decimal Interchange Code，扩展二进制码的十进制交换码)

EBCDIC 是 1963 年 IBM 公司按照早期打孔机式二进制编码的十进数(BCD，Binary Coded Decimal)推出的字符编码表。每个数字或字母都用一个 8 位的二进制数表示，共定义 2^8=256 个字符。英文字母没有连续排列，中间有多次断续。

- Unicode(统一码、万国码、单一码)

Unicode 是 ISO 和统一码联盟共同制定的可以容纳世界上所有文字和符号的编码方案，1994 年正式公布，为不同语言中的每个字符设定了统一的二进制编码。Unicode 字符共分为 17 组，从 0x0000 至 0x10FFFF，每组称为平面(plane)，每平面拥有 65 536 个码位，共有 1 114 112 个，有 UTF-8、UTF-16、UTF-32 等不同编码方案。

2.2.4　中文字符在计算机中的表示

(1) 汉字编码标准

汉字编码用于对汉字进行二进制编码，常用标准有 GB2312-1980、Big5 和 Unicode 等。

1980 年，中国国家标准总局发布了国家标准 GB2312-1980《信息交换用汉字编码字符集》，并于 1981 年 5 月 1 日开始实施，规定用两个字节二进制编码表示一个汉字，即汉字国标码。国标码共收录一级汉字 3755 个，二级汉字 3008 个，图形符号 682 个，三项总计 7445 个。

国标码保持与 ASCII 一致，编码范围 2121H～7E7EH。所有汉字及符号分配在一个 94 行、94 列的表格中，表格中每一行称为一个区，行编号为 01 区到 94 区；每一列称为一个位，列编号为 01 位到 94 位；因此也称为区位码(见图 2.2)。国标码是一个四位十六进制数，区位码是一个四位的十进制数，两者有换算关系：国标码=区位码+2020H。

输入码或**外码**是为汉字设计的键盘输入编码方法，以便直接使用西文标准键盘把汉字输入计算机(见图 2.3)。常用的输入码主要有以下三类：数字编码(常用国标码、区位码)、拼音码(常用汉语拼音)和字形编码(用汉字的形状来编码)。

(2) 机内码

汉字内码是用于存储、交换、检索汉字信息的机内代码，常用两个字节表示。英文字符的机内代码是 7 位的 ASCII 码，使用一个最高位为 0 的字节。相应地，汉字机内代码两个字节的最高位均为 1。有些系统中需要用字节最高位进行奇偶校验，此时用三个字节表示汉字内码。

国标码和机内码的换算关系是：机内码=国标码+8080H。区位码和机内码的换算关系是：机内码=区位码+A0A0H。如汉字“久”，国标码为 1E23H，机内码为 9EA3H。

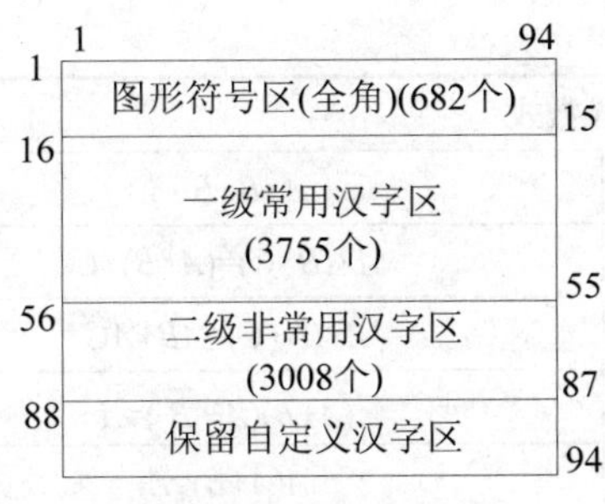

图 2.2　区位码

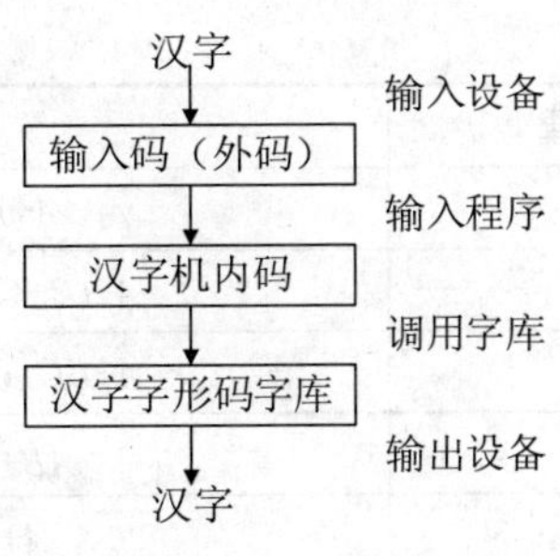

图 2.3　输入码

(3) 汉字字形码

汉字字形码是输出码，用于汉字显示输出，有点阵汉字和矢量汉字两种表示方法。

点阵汉字或字模码是用点阵表示的汉字字形代码，是汉字的输出码。字模点阵需要占用很大的存储空间，用于构建汉字库。字库中存储有每个汉字的点阵编码，用于显示输出或打印输出。简易型汉字为 16×16 点阵(如图 2.4 所示)，提高型汉字为 24×24 点阵、32×32 点阵，甚至更高。同一汉字，点阵越多，字越清晰，所需存储空间也越大。如：16 点阵=16×16/8=32 个字节。

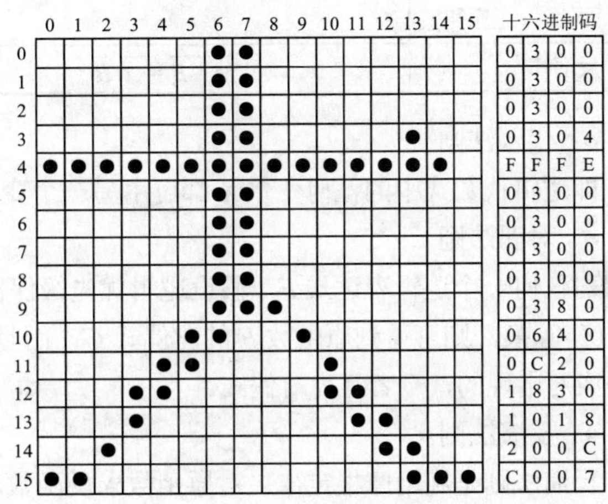

图 2.4　点阵式汉字示例

矢量汉字(vector font，outline font)是使用数学曲线来描述字形的输出码，包含了字形边界上的关键点、连线的导数信息等。矢量汉字一般使用贝塞尔曲线、绘图指令和数学公式来绘制，实际字体尺寸可以任意缩放而不变形、变色。矢量字体主要包括 Type1、TrueType、OpenType 等几类，它们都是与平台无关的。

2.2.5　布尔代数与布尔逻辑

1. 布尔代数

除了基本算术运算外，在计算机中对逻辑数进行逻辑运算(布尔运算)也是非常重要的。**逻辑数或逻辑变量**(logical variable)或**布尔型变量**(boolean variable)，指只有真值或假值的数。对于逻辑变量 A、B、C，有表 2.2 所示的运算律和布尔代数式。

表 2.2　布尔运算律和布尔代数式

运算律	布尔代数式	
1. 0-1 律	$A+1=1$	$A\times 0=0$
2. 自等律	$A+0=A$	$A\times 1=A$
3. 等幂律(重叠率)	$A+A=A$	$A\times A=A$
4. 互补律	$A+\overline{A}=1$	$A\times \overline{A}=0$

(续表)

运算律	布尔代数式	
5. 交换律	$A+B=B+A$	$A\times B=B\times A$
6. 结合律	$A+(B+C)=(A+B)+C$	$A\times(B\times C)=(A\times B)\times C$
7. 分配律	$A+BC=(A+B)(A+C)$	$A\times(B+C)=AB+AC$
8. 吸收律 1	$AB+A\overline{B}=A$	$(A+B)(A+\overline{B})=A$
9. 吸收律 2	$A+AB=A$	$A(A+B)=A$
10. 吸收律 3	$A+\overline{A}B=A+B$	$A(\overline{A}+B)=AB$
11. 多余项定律	$AB+\overline{A}C+BC=AB+\overline{A}C$	$(A+B)(\overline{A}+C)(B+C)=(A+B)(\overline{A}+C)$
12. 否否律(还原律)	–	$(\overline{\overline{A}})=A$
13. 反演律	$\overline{A+B}=\overline{A}\ \overline{B}$	$\overline{AB}=\overline{A}+\overline{B}$

- 代入法则

即逻辑代数式中的任何变量 A 都可用另一个变量 Z 代替，等式仍然成立。

- 对偶法则

对任何一个逻辑表达式 F，假设逻辑优先级保持不变，将其中的“+”与“×”互换、“1”与“0”互换，则可得到原函数 F 的对偶式 G，而且 F 与 G 互为对偶式。因此，逻辑运算基本公式是成对出现的，二者互为对偶式。

- 反演法则

反演法则是利用摩根定律，对原函数求反函数。

计算机中的逻辑运算，主要是指逻辑非(NOT)、逻辑乘(AND)、逻辑加(OR)、逻辑异(XOR)四种基本运算。A 与 B 的逻辑运算表如表 2.3 所示。

2. 逻辑非及非门

逻辑非(NOT)运算：也称求反，即对该数按位求反，常用变量前方加符号“～”或上方加一横来表示。有一个数 x 表示为：$x=x_0x_1x_2\ldots x_n$，则有逻辑非结果：$z=\sim x=z_0z_1z_2\ldots z_n(i=0,1,2,\ldots,n)$，非运算如表 2.4 所示。

表 2.3　A 与 B 的逻辑运算表

A	B	A AND B	A OR B	A XOR B
0	0	0	0	0
1	0	0	1	1
0	1	0	1	1
1	1	1	1	0

表 2.4　“非”运算(NOT)

A	$\sim A(\overline{A})$
0	1
1	0

非门(NOT gate)又称反相器、非电路、倒相器、逻辑否定电路，有一个输入端和一个输出端，且输出端总是和输入端的电平状态相反。非门是逻辑电路的基本单元，用于非运算，逻辑功能相当于逻辑非运算，电路功能相当于反相。非门(反相器)通常采用 CMOS 逻辑和 TTL 逻辑，也可用 NMOS 逻辑、PMOS 逻辑等来实现。非门共有 3 种逻辑符号，分别如图 2.5 所示。

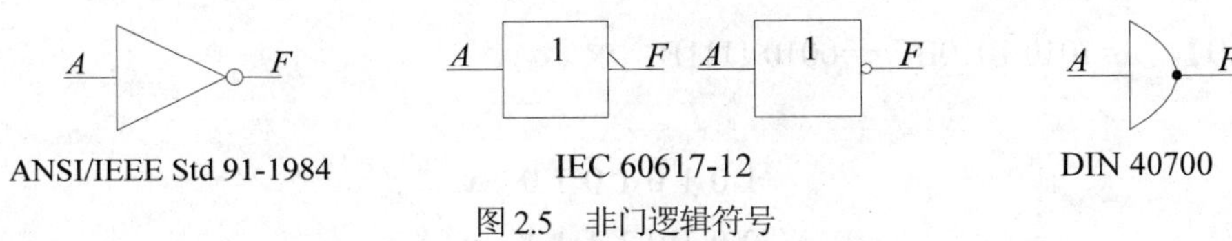

图 2.5　非门逻辑符号

【例 2.7】　x_1=1010 1010B，x_2=0010 1111B，求 x_1，x_2 的逻辑非。

解： 逻辑非 x_1=0101 0101B，逻辑非 x_2=1101 0000B。

3. 逻辑与及与门

逻辑乘(AND)运算：又称逻辑与，对两数按位求它们的与，常用符号“∧”或“&”来表示。假设有两数 x、y，分别表示为：$x=x_0x_1x_2\ldots x_n$，$y=y_0y_1y_2\ldots y_n$，则逻辑乘为：$z=x\wedge y=z_0z_1z_2\ldots z_n(i=0,1,2,\ldots,n)$，其中 $z_i=x_i\wedge y_i(i=0,1,2,\ldots,n)$。

与门(AND gate)又称逻辑积、逻辑与电路，有多个输入端，一个输出端。仅当所有输入端同时为高电平(逻辑 1)时，输出端才为高电平，否则输出为低电平(逻辑 0)。与门有 3 种逻辑符号，如图 2.6 所示。与门的实现方法包括 CMOS 逻辑、NMOS 逻辑、PMOS 逻辑以及二极管实现等。

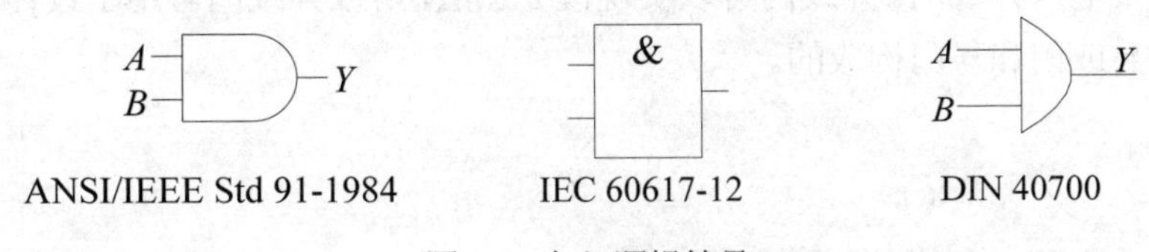

图 2.6　与门逻辑符号

【例 2.8】　x=1010 1010B，y=0010 1111B，求 $x\wedge y$。

解：

$$
\begin{array}{rl}
1\,0\,1\,0\,1\,0\,1\,0 & x \\
\wedge\ 0\,0\,1\,0\,1\,1\,1\,1 & y \\
\hline
0\,0\,1\,0\,1\,0\,1\,0 & z
\end{array}
$$

即 $x\wedge y$=0010 1010B

4. 逻辑或及或门

逻辑加(OR)运算：又称逻辑或，对两个数按位求它们的或，常用符号“∨”或“+”来表示。假设有两数 x、y，分别表示为：$x=x_0x_1x_2\ldots x_n$，$y=y_0y_1y_2\ldots y_n$，则逻辑加为：$z=x\vee y=z_0z_1z_2\ldots z_n(i=0,1,2,\ldots,n)$，其中 $z_i=x_i\vee y_i(i=0,1,2,\ldots,n)$。

或门(OR gate)，又称或电路、逻辑和电路，有多个输入端，一个输出端，只要一个输入端为高电平(逻辑 1)，输出端就为高电平(逻辑 1)；只有当所有的输入端全为低电平(逻辑 0)，输出端才为低电平(逻辑 0)。或门有 3 种逻辑符号，以二输入或门为例，如图 2.7 所示。或门的实现方法包括 CMOS 逻辑、二极管实现和开关实现等，将多个或门级联还可以实现多输入或门。

图 2.7　或门逻辑符号

【例 2.9】　x=1010 1010B，y=0010 1111B，求 $x \vee y$。

解：

$$
\begin{array}{rl}
1\,0\,1\,0\,1\,0\,1\,0 & x \\
\vee\ 0\,0\,1\,0\,1\,1\,1\,1 & y \\
\hline
1\,0\,1\,0\,1\,1\,1\,1 & z
\end{array}
$$

即 x∨y=1010 1111B

5. 逻辑异或及异或门

逻辑异或(XOR)运算：又称按位加，对两数按位求它们的模 2 和，常用符号“⊕”或“∀”表示。假设有两数 x、y 分别表示为：$x=x_0x_1x_2\ldots x_n$，$y=y_0y_1y_2\ldots y_n$，则逻辑异或为：$z=x \oplus y=z_0z_1z_2\ldots z_n(i=0,1,2,\ldots,n)$，其中 $z_i=x_i \oplus y_i(i=0,1,2,\ldots,n)$。

异或门(Exclusive-OR gate，XOR gate，EOR gate，ExOR gate)，又称逻辑异或门，有多个输入端、1 个输出端。若两个输入端电平相异，则输出端为高电平(逻辑 1)；若两个输入端电平相同，则输出端为低电平(逻辑 0)。异或门的等效符号如图 2.8 所示，以两输入异或门为例。两输入异或门还可级联构成多输入异或门。异或门可以实现模 2 加法，所以异或门可用于设计二进制加法器，如半加器就是由异或门和与门构成的。

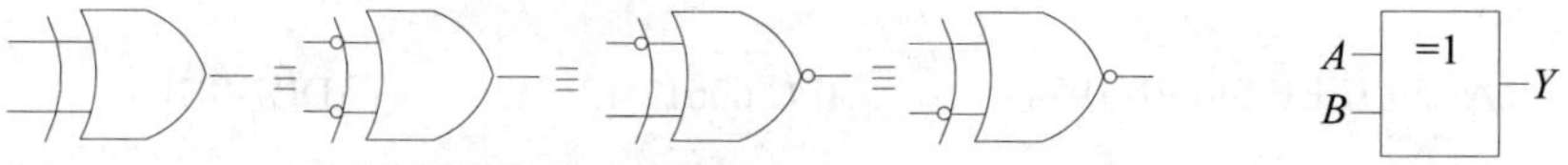

ANSI/IEE Std 91-1984　　A　B　=1　Y　IEC 60617-12

图 2.8　异或门逻辑符号

【例 2.10】　x=1010 1010B，y=0010 1111B，求 $x \oplus y$。

解：

$$
\begin{array}{rl}
1\,0\,1\,0\,1\,0\,1\,0 & x \\
\oplus\ 0\,0\,1\,0\,1\,1\,1\,1 & y \\
\hline
1\,0\,0\,0\,0\,1\,0\,1 & z
\end{array}
$$

即 $x \oplus y$=1000 0101B

2.3　带符号数的表示

2.3.1　机器数与真值

真值(natural number)是用正、负符号加绝对值来表示的实际数值。**机器数或机器码**(computer number)用 0、1 对数符和数据同时进行数字化，以便在计算机中表示有符号的数值数据。机器数可分为无符号数(unsigned number)和有符号数(signed number)两种。

【例 2.11】　设某机字长 8 位，无符号整数和有符号整数在机器中的表示形式如图 2.9 所示。

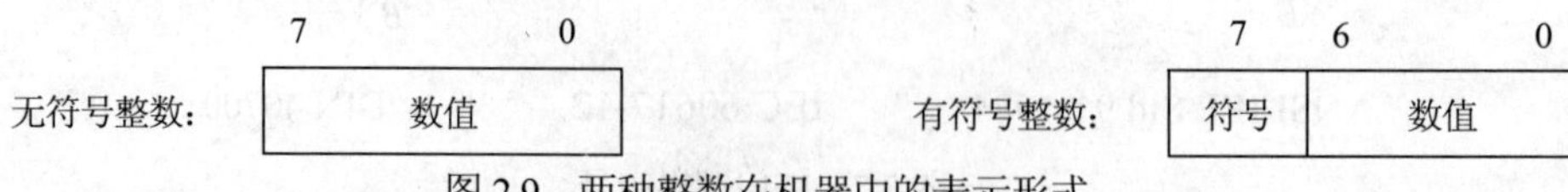

图 2.9　两种整数在机器中的表示形式

分别计算机器数 1010 1010B 作为无符号整数和有符号整数对应的真值。

解： 1010 1010B 作为无符号整数时，对应的真值是$(1010\ 1010)_2=(170)_{10}$。

1010 1010B 作为有符号整数时，其最高位的数码 1 代表符号“-”，所以与机器数 1010 1010B 对应的真值是$(-0010\ 1010)_2=(-42)_{10}$。

综上所述，可得机器数的特点为：

- 数的符号采用 0、1 代码化，0 代表“+”，1 代表“-”，通常放在数据最高位。
- 隐含小数点本身，不占用存储空间。
- 每个机器数所占的二进制位数与机器字长有关，超过机器字长的数据要舍去。

机器数表示的数值不是连续的。例如 8 位二进制无符号数可以表示 256 个整数，0~255 用 0000 0000B ~ 1111 1111B 表示；8 位二进制有符号数中，正整数 0 ~ 127 为 0000 0000B ~ 0111 1111B，负整数-127 ~ 0 为 1111 1111B ~ 1000 0000B，其中 0000 0000B 表示+0，1000 0000B 表示-0。

2.3.2 原码表示

原码(true code)表示是与真值形式最接近的机器数，规定机器数的最高位为符号位(0 表示正数，1 表示负数)，符号位后面是数值部分，以绝对值形式表示。

(1) 原码的定义

设二进制数 x 有 n 位数值部分为 $x_1x_2\ldots x_n$，x 为纯整数$\pm x_1x_2\ldots x_n$和 x 为纯小数$\pm 0.x_1x_2\ldots x_n$ 时的原码表示分别见式(2.6)和式(2.7)。

$$[x]_{原}=\begin{cases}x & 0\leqslant x<2^n\\ 2^n-x=2^n+|x| & -2^n<x\leqslant 0\end{cases}(x为纯整数) \tag{2.6}$$

$$[x]_{原}=\begin{cases}x & 0\leqslant x<1\\ 1-x=1+|x| & -1<x\leqslant 0\end{cases}(x为纯小数) \tag{2.7}$$

可见，x 的原码$[x]_{原}=x_0x_1x_2\ldots x_n$ 有 $n+1$ 位，其中 x_0 为符号位。

【例 2.12】 已知 x，求 x 的原码$[x]_{原}$。

(1) x=+010 1010B；(2) x=-010 1010B；(3) x=+0.010 1010B；(4) x=-0.010 1010B

解： 根据原码的定义，可得

(1) $[x]_{原}=x$=0010 1010B

(2) $[x]_{原}=2^7-x=2^7$+010 1010B=1000 0000B+010 1010B=1010 1010B

(3) $[x]_{原}=x$=0.010 1010B

(4) $[x]_{原}=1-x$=1+0.010 1010B=1.010 1010B

由例题的结果可知，$[x]_{原}$的表示形式 $x_0x_1x_2\ldots x_n$ 为符号位加上 x 的绝对值。

- 当 $x\geqslant 0$ 时，符号位 $x_0=0$；$x\leqslant 0$ 时，符号位 $x_0=1$。
- 当 x 为纯整数时，小数点默认在$[x]_{原}$数值最低位 x_n 之后；当 $x\geqslant 0$ 时，$[x]_{原}=x$；当 $x\leqslant 0$ 时，$[x]_{原}=2^n+|x|$，其中 2^n 是符号位的权值，$2^n+|x|$相当于使符号置 1。
- 当 x 为纯小数时，小数点默认在$[x]_{原}$符号位 x_0 和数值最高位 x_1 之间；当 $x\geqslant 0$ 时，$[x]_{原}=x$；当 $x\leqslant 0$ 时，$[x]_{原}=1+|x|$，即符号位加上 x 的小数部分的绝对值。
- 将$[x]_{原}$的符号取反，可得到$[-x]_{原}$。

(2) 原码中 0 的表示

根据式(2.6)和式(2.7)可知，原码表示中真值 0 有+0 和-0 两种不同的形式。

纯整数+0 和−0 的原码表示：$[+0]_{原}$=00…0，$[-0]_{原}$=10…0

纯小数+0 和−0 的原码表示：$[+0]_{原}$=0.00…0，$[-0]_{原}$=1.00…0

(3) 原码的特点

- 原码表示与真值的转换容易，形式直观。
- 原码表示中 0 有两种不同的表示形式，不便于运算。一般情况下，0 的原码用$[+0]_{原}$表示，若在计算中出现了$[-0]_{原}$，则需要用硬件将$[-0]_{原}$变为$[+0]_{原}$。
- 原码表示的运算复杂。当两个原码数相加时，首先要判断两数符号，如为同号则做加法，否则做减法。当两个原码数相减时，除了判断两数符号使同号相减、异号相加外，还要判断两数绝对值的大小。

2.3.3 补码表示

为简化运算，需要将符号位作为数值的一部分一起参加运算，则所有的加减运算均以加法运算方式实现，即补码表示。

1. 模的概念

补码表示是基于模概念的机器数，**模**(modulo)是指一个计数器的容量。例如钟表以 12 为一个计数循环，则其模为 12。

对于任意 x，在模 M 的条件下的**补数**$[x]_{补}$，可由式(2.8)给出：

$$[x]_{补}=m+x(\mathrm{mod}M) \tag{2.8}$$

根据式(2.8)可知：

(1) 当 $x\geqslant0$ 时，$m+x$ 大于 M，则舍弃 M，得$[x]_{补}=x$，即正数的补数等于其本身。

(2) 当 $x<0$ 时，$[x]_{补}=m+x=M-|x|$，即负数的补数等于模减去该数绝对值之差。

【例 2.13】　求模 M=2 时，二进制数 x 的补数。

(1) x =+0.010 1010B；　(2) x =−0.010 1010B。

解：

(1) 因为 $x\geqslant0$，把模 2 丢掉，所以$[x]_{补}=2+x$=0.010 1010B(mod2)。

(2) 因为 $x<0$，所以$[x]_{补}=2+x=2-|x|$=10.00000000B−0.010 1010B=1.101 0110B(mod2)。

2. 补码的定义

由于计算机硬件一次性能够处理的二进制位数是有限的，运算部件与寄存器都受到字长限制，因此计算机中的运算也是有模运算。例如一个 8 位的二进制计数器，其溢出量 1 0000 0000B 就是计数器的模。

补码(complemental code)就是计算机中某数对模的补数，二进制数 x 有 n 位数值部分为 $x_1x_2…x_n$，x 为纯整数$\pm x_1x_2…x_n$和 x 为纯小数$\pm0.x_1x_2…x_n$时的补码表示分别见式(2.9)和式(2.10)。

$$[x]_{补}=\begin{cases}x & 0\leqslant x<2^n\\ 2^{n+1}+x=2^{n+1}-|x| & -2^n\leqslant x<0\end{cases}(\mathrm{mod}\ 2^{n+1})(x为纯整数) \tag{2.9}$$

$$[x]_{补}=\begin{cases}x & 0\leqslant x<1\\ 2+x=2-|x| & -1\leqslant x<0\end{cases}(\bmod\ 2)(x\text{为纯小数})\tag{2.10}$$

根据式(2.9)和式(2.10)给出的定义可知，x 的补码$[x]_{补}=x_0x_1x_2\ldots x_n$有 $n+1$ 位，其中 x_0 为符号位，并且纯整数补码表示的模为 $M=2^{n+1}$，纯小数补码表示的模为 $M=2$。

【例 2.14】　已知 x，求 x 的补码$[x]_{补}$。

(1) x=+010 1010B；(2) x=−010 1010B；(3) x=+0.010 1010B；(4) x=−0.010 1010B。

解：根据补码的定义，可得

(1) $[x]_{补}=x$ =0010 1010B

(2) $[x]_{补}=2^7+x$=1000 0000B+(−010 1010)B=1101 0110B

(3) $[x]_{补}=x$ =0.010 1010B

(4) $[x]_{补}$=2−0.010 1010B=10.00000000B+(−0.010 1010)B=1.101 0110B

3. 补码的简便求法

对于一个二进制数 x，可以根据定义直接求其补码。但当 $x<0$ 时，需要做减法运算求其补码，此时可采用补码的简便求法：

- 若 $x\geqslant 0$，则$[x]_{补}=x$，符号位为 0。
- 若 $x<0$，则将 x 的各位取反，再在最低位加上 1，并置符号位为 1，即为$[x]_{补}$。

4. 补码的特点

- 在补码表示中，符号位 x_0 与原码表示相同都用于表示数值正负，即 0 为正，1 为负。但补码的符号位 x_0 可与数值部分一起参加运算。
- 在补码表示中，数值 0 只有一种表示方法，即 00...0。
- 在负数的表示范围上，补码表示比原码表示略宽。纯整数的补码可以表示到-2^n，纯小数的补码可以表示到−1。

由于补码表示中的符号位可以看成数值位的一部分参加运算，只有一个数值 0，减法运算也转换成加法运算，其运算过程比原码运算要简便，因此计算机中广泛使用补码进行运算。

2.3.4　反码表示

反码(ones-complement code)表示是一种特殊补码形式的机器数，其模比补码的模小一个最低位上的 1。在计算机中，反码表示往往用作数码变换的中间环节。

1. 反码的定义

假设二进制数 x 有 n 位数值部分为 $x_1x_2\ldots x_n$，其反码定义可根据补码的定义推出，纯整数反码和纯小数反码分别见式(2.11)和式(2.12)所示。

$$[x]_{反}=\begin{cases}x & 0\leqslant x<2^n\\ (2^{n+1}-1)+x & -2^n<x\leqslant 0\end{cases}(\bmod(2^{n+1}-1))(x\text{ 为纯整数})\tag{2.11}$$

$$[x]_{反}=\begin{cases}x & 0\leqslant x<1\\ (2-2^{-n})+x & -1<x\leqslant 0\end{cases}(\bmod(2-2^{-n}))(x\text{ 为纯小数})\tag{2.12}$$

根据反码的定义可得反码表示的求法：

- 若 $x \geqslant 0$，则$[x]_{反}=x$，符号位为 0。
- 若 $x \leqslant 0$，则将 x 的各位取反，并置符号位为 1。

【例 2.15】　已知 x，求$[x]_{反}$。

(1) x=+010 1010B；(2) x=−010 1010B；(3) x=+0.010 1010B；(4) x=−0.010 1010B。

解：根据反码的定义，可得

(1)$[x]_{反}$=0010 1010B；(2)$[x]_{反}$=1101 0101B；(3) $[x]_{反}$=0.010 1010B；(4)$[x]_{反}$=1.101 0101B。

设$[x]_{原}=x_0x_1x_2\ldots x_n$，根据原码表示和反码表示的特点，反码的简便求法如下：

- 若 $x \geqslant 0$，即 $x_0=0$，则$[x]_{反}=[x]_{原}=x_0x_1x_2\ldots x_n$。
- 若 $x \leqslant 0$，即 $x_0=1$，则$[x]_{反}=x_0.\overline{x}_1\overline{x}_2\ldots\overline{x}_n$，即符号位为 1，将$[x]_{原}$的其他位取反。

2. 反码的特点

- 在反码表示中，符号位 x_0 与原码表示相同，都用于表示数值正负，即 0 为正，1 为负。
- 在反码表示中，数值 0 有两种表示方法。

纯整数+0 和−0 的反码表示分别为：$[+0]_{反}$=000...0，$[-0]_{反}$=111...1

纯小数+0 和−0 的反码表示分别为：$[+0]_{反}$=0.00...0，$[-0]_{反}$=1.11...1

- 反码与原码的表示范围相同。**注意：**纯整数的反码不能表示-2^n，纯小数的反码不能表示−1。

2.3.5　移码表示

虽然补码便于计算机运算，但也可以看到，负数补码的值大于正数补码的值，这在比较大小时非常不直观，人们为此提出了移码表示。

1. 移码的定义

假设二进制数 x 有 n 位数值部分为 $x_1x_2\ldots x_n$，其移码(frame shift)定义也包括纯整数移码和纯小数移码，分别见式(2.13)、式(2.14)。

$$[x]_{移}=2^n+x，\ -2^n \leqslant x<2^n \tag{2.13}$$

$$[x]_{移}=1+x，\ -1 \leqslant x<1 \tag{2.14}$$

根据式(2.13)和式(2.14)可知，移码表示是将真值 x 在空间坐标轴上正向平移 2^n(纯整数)或 1(纯小数)后得到的，因此移码也称为增码或余码。

2. 移码与补码的关系

根据式(2.9)给出的纯整数补码定义和式(2.13)的纯整数移码定义，可知：

- 当 $0 \leqslant x<2^n$ 时，因为$[x]_{补}=x$，$[x]_{移}=2^n+x$，所以$[x]_{移}=2^n+[x]_{补}$。
- 当$-2^n \leqslant x<0$ 时，因为$[x]_{补}=2^{n+1}+x$，$[x]_{移}=2^n+x$，所以$[x]_{移}=2^n+[x]_{补}-2^{n+1}=[x]_{补}-2^n$。

3. 移码的特点

- 在移码表示中，设$[x]_{移}=x_0x_1x_2\ldots x_n$，符号位 x_0 与原码表示相同，都用于表示数值的正负，即 0 为正，1 为负。
- 真值 0 的移码表示只有一种形式：$[+0]_{移}=[-0]_{移}$=100…0。
- 移码与补码的表示范围相同。纯整数的移码可以表示到-2^n，纯小数的移码可以表示到−1，

$[-1]_{移}=0.0...0$，$[-2^n]_{移}=00...0$。

- 比补码适合比较大小。真值 x 大时，对应的移码也大；真值 x 小时，对应的移码也小。

2.4　定点数与定点运算

根据小数点所在位置不同，计算机中的数据表示格式可分为两种，即定点格式与浮点格式。**定点格式**(fixed point format)约定所有数据的小数点位置是固定不变的。**浮点格式**(floating-point format)正好相反，数据的小数点位置是浮动可变的。使用定点格式表示的数称为**定点数**(fixed-point number)，使用浮点格式表示的数称为**浮点数**(floating-point number)。当定点数与浮点数的位数相同时，浮点数的表示范围要远大于定点数，其相对精度也远高于定点数。但是浮点数运算要分阶码部分和尾数部分，且要求对运算结果规格化，故浮点运算步骤和运算线路比定点运算更复杂，运算速度更低。在判断溢出时，定点数是对数值本身进行判断，而浮点数是对规格化数的阶码进行判断；若要防止溢出，定点数需要选择比例因子，而浮点数表示范围更大，一般不需要选择比例因子。

2.4.1　定点表示

定点格式表示包括两种：定点整数和定点小数。**定点整数**，小数点在数值位之后，表示的数为**纯整数**。**定点小数**，小数点位于数符和第一数值位之间，表示的数为**纯小数**。图 2.10 显示定点数的两种格式。

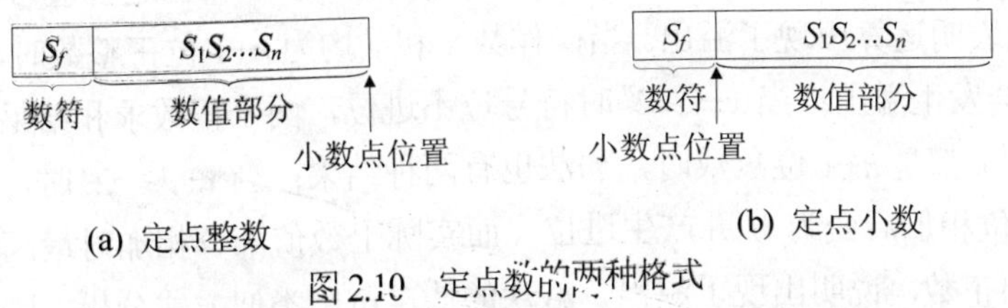

图 2.10　定点数的两种格式

定点机是采用定点数表示的机器，其数的表示范围取决于数值部分的位数 n。对于原码机器数，整数定点机中数的表示范围为$-(2^n-1)$ ~ (2^n-1)，小数定点机中数的表示范围为$-(1-2^{-n})$ ~ $(1-2^{-n})$。

2.4.2　加法与减法运算

定点运算包括移位、加、减、乘、除几种，其中加减法运算是计算机中最基本的运算，现代计算机一般采用补码进行加减法运算。由于减法运算可看成被减数加上减数的负值或负数的补码，所以和加法运算规律基本一致。

(1) 补码加减运算的基本公式

补码加法的基本公式为：

$$\text{整数：}[A+B]_{补}=[A]_{补}+[B]_{补}(\text{mod}2^{n+1}) \tag{2.15}$$

$$\text{小数：}[A+B]_{补}=[A]_{补}+[B]_{补}(\text{mod}2) \tag{2.16}$$

即补码加法运算求 $A+B$ 时，符号位与数值位将共同参与运算。只要结果不超出机器能表示的数值范围，整数运算后的结果按 2^{n+1} 取模，小数按 2 取模。

对于减法，因 $A-B=A+(-B)$，则$[A-B]_补=[A+(-B)]_补$，同样可推出补码减法基本公式：

$$整数：[A-B]_补=[A]_补+[-B]_补(\bmod 2^{n+1}) \tag{2.17}$$

$$小数：[A-B]_补=[A]_补+[-B]_补(\bmod 2) \tag{2.18}$$

即补码减法运算求 $A-B$ 时，只需要先计算求补后的减数$[-B]_补$，即可按补码加法完成运算。

(2) 溢出判断

- 用一位符号位判断溢出

对于加法，符号不同的两个数相加是不会产生溢出的，溢出只有两种情况，即正数加正数或负数加负数。与此类似，对于减法，符号相同的两个数相减是不会产生溢出的，溢出也只有两种情况，即正数减负数或负数减正数。

符号不同的两个数相加之所以不会出现溢出，因为数值部分为 n 位时，其最大绝对值为 2^n，原操作数 x 和 y 的绝对值都小于 2^n，则$(+x)+(-y)$和$(-x)+(+y)$的绝对值都不可能大于 2^n。但是符号相同的两数相加则有所不同，当$(+x)+(+y)$时，若 $x_0=0$ 且 $y_0=0$ 时，但 $z_0=1$，说明数据溢出；或当$(-x)+(-y)$时，若 $x_0=1$ 且 $y_0=1$ 时，但 $z_0=0$，说明数据溢出。则溢出判断的逻辑表达式为：

$$V=\overline{x_0 y_0} z_0+x_0 y_0 \overline{z_0} \tag{2.19}$$

这种溢出判断方法根据加法运算结果 z 的符号是否与原操作数 x 和 y 的符号相同来判断溢出。

- 利用最高位(符号位 c_0)和次高位(数值部分的最高位 c_1)的进位状况来判断

两个补码数进行加减运算时，比较最高数值位 c_1 向符号位 c_0 的进位值与符号位 c_0 产生的进位值，若不相同则表明运算出现了溢出。当操作数 x 和 y 均为 $n+1$ 位正整数时，加法有两种结果：当 $x+y<2^n$ 时，不会发生溢出；当 $x+y\geqslant 2^n$ 时符号位不进位，两个正数求和结果变成负数，说明出现了溢出。当 x 和 y 都是 $n+1$ 位负数时，加法也有两种结果：当 $x+y\geqslant -2^n$ 时，不会发生溢出；当 $x+y<-2^n$ 时，符号位相加后变为 0 并产生进位，而实际上数值部分相加时最高位并无进位，两个负数求和结果变为正数，说明出现了溢出。减法的情况可用类似方式分析。则溢出判断的逻辑表达式为：

$$V=c_0\overline{c_1}+\overline{c_0}c_1=c_1\oplus c_0 \tag{2.20}$$

【例 2.16】 设 $x=+1110B$，$y=+1010B$，求$[x+y]_补$。

解： $[x]_补=01110B$，$[y]_补=01010B$

$[x+y]_补=01110B+01010B=11000B$

两个正数相加，最高两位 c_0c_1 的进位为 01，说明出现了溢出。

【例 2.17】 设 $x=-1110B$，$y=-1010B$，求$[x+y]_补$。

解： $[x]_补=10010B$，$[y]_补=10110B$

$[x+y]_补=10010B+10110B=01000B$

两个负数相加，最高两位 c_0c_1 的进位为 10，说明出现了溢出。

- 采用双符号位补码进行判断。

双符号位补码又称为变形补码或模 4 补码，$[x]_补+[y]_补=[x+y]_补(\bmod 4)$，即对于任何小于 1 的正数，双符号位为 00，即 $00.x_1x_2\ldots x_n$；对于任何大于-1 的负数，双符号位为 11，即 $11.x_1x_2\ldots x_n$。

当两数相加的结果在符号位出现 01 或 10 两种组合时，说明出现了溢出。则溢出判断的逻辑表达式为：

$$V=Sf_1 \oplus Sf_2 \tag{2.21}$$

其中 Sf_1 和 Sf_2 分别为双符号位的最高符号位和第二符号位，该式可用异或门实现。

变形补码相加的结果，无论是否溢出，最高符号位始终为正确符号。两正数相加，双符号位为 00，数值位不应向符号位进位，即 00+00+00(进位)=00(mod4)。两负数相加，双符号位为 11，数值位应向符号位进位，即 11+11+01(进位)=11(mod4)。**上溢**(overflow)时，双符号位为 01，即两个正数相加的结果大于机器所能表示的最大正数；**下溢**(underflow)时，双符号位为 10，即两负数相加的结果小于机器所能表示的最小负数。

双符号位补码的正常数据始终有相同的两个符号位(00 或 11)，因此不需要重复存储，只有当数据送往运算部件时才复制符号位，以形成双符号位补码进行运算。

【例 2.18】　设 x=+1110B，y=+1010B，求双符号位补码之和$[x+y]_{补}$。

解：$[x]_{补}$=00 1110B，$[y]_{补}$=00 1010B

$[x+y]_{补}$=00 1110B+00 1010B=01 1000B

其中双符号位出现 01，说明出现了溢出(上溢)。

【例 2.19】　设 x=−1110B，y=−1010B，求双符号位补码之和$[x+y]_{补}$。

解：$[x]_{补}$=11 0010B，$[y]_{补}$=11 0110B

$[x+y]_{补}$=11 0010B+11 0110B=10 1000B

其中双符号位出现 10，说明出现了溢出(下溢)。

2.4.3　原码乘法运算

计算机中实现乘除运算通常采用以下三种方式：

- 利用乘除运算子程序

这是用软件方式实现乘除运算，通常是利用加减运算指令、移位指令及控制转移类指令组成乘除运算程序，得到乘除运算结果。该方式所需硬件简单，速度较慢，主要用于小、微型机上。

- 乘除运算逻辑部件

这是用硬件方式实现乘除运算，通常是利用加法器，并增加左、右移位及计数器等逻辑线路组成乘除运算部件。该方式的计算机中设置有乘除运算指令，用户只需要执行乘除运算指令即可，运算速度快于软件方式，但需要较复杂的乘除运算硬件线路。

- 设置专用的阵列乘除运算器

这也是用硬件方式实现乘除运算，通常是利用多个加减运算部件构成专门的阵列乘除运算器，通过重复设置的硬件资源同时进行多位乘除运算。该方式避免了乘除运算逻辑部件在一个加法器上多次串行运算，大大提高了运算速度。

(1) 原码一位乘法

在原码一位乘法中，被乘数和乘数均采用原码表示参加运算，将被乘数与乘数的绝对值相乘，符号位在运算时单独处理，所得乘积结果也用原码表示。

假设参加运算的被乘数为 $x=0.x_1x_2\ldots x_n$，乘数为 $y=0.y_1y_2\ldots y_n$，则有：

$$x\times y=x\times 0.y_1y_2\ldots y_n=x\times(2^{-1}y_1+2^{-2}y_2+\ldots+2^{-(n-1)}y_{n-1}+2^{-n}y_n)=2^{-1}xy_1+2^{-2}xy_2+\ldots+2^{-(n-1)}xy_{n-1}+2^{-n}xy_n$$
$$=2^{-1}\{2^{-1}[2^{-1}\ldots(2^{-1}(0+xy_n)+xy_{n-1})+\ldots+xy_2]+xy_1\} \tag{2.22}$$

可以用递推公式表示式(2.22)的运算过程，如式(2.23)所示：

$$\begin{aligned}
&z_0=0\\
&z_1=2^{-1}(z_0+xy_n)\\
&z_2=2^{-1}(z_1+xy_{n-1})\\
&\cdots\cdots\\
&z_i=2^{-1}(z_{i-1}+xy_{n-i+1})\\
&\cdots\cdots\\
&z_n=2^{-1}(z_{n-1}+xy_1)=x\times y
\end{aligned} \tag{2.23}$$

其中，z_0、z_1、z_2、…、z_n均为部分积。因此，可将乘法运算转换为一系列加法与移位运算。

(2) 原码两位乘法

原码两位乘法运算的思想是每次判断乘数的两位，并用一步替代原码一位乘法中的两步。设乘法判断位为$y_{n-1}y_n$，前次部分积为z_{i-1}，原码两位乘法的第i位部分积为z_i。根据递推式(2.23)，可以发现部分积z_i有如下规律：

$y_{n-1}y_n=00$，$z_i=\dfrac{1}{2}\left[\dfrac{1}{2}(z_{i-1}+0)+0\right]=\dfrac{1}{4}(z_{i-1}+0)$，即部分积$z_{i-1}$加0，再右移两位。

$y_{n-1}y_n=01$，$z_i=\dfrac{1}{2}\left[\dfrac{1}{2}(z_{i-1}+x)+0\right]=\dfrac{1}{4}(z_{i-1}+x)$，即部分积$z_{i-1}$加被乘数$x$，再右移两位。

$y_{n-1}y_n=10$，$z_i=\dfrac{1}{2}\left[\dfrac{1}{2}(z_{i-1}+0)+x\right]=\dfrac{1}{4}(z_{i-1}+2x)$，即部分积$z_{i-1}$加2倍被乘数$x$，再右移两位。

$y_{n-1}y_n=11$，$z_i=\dfrac{1}{2}\left[\dfrac{1}{2}(z_{i-1}+x)+x\right]=\dfrac{1}{4}(z_{i-1}+3x)$，即部分积$z_{i-1}$加3倍被乘数$x$，再右移两位。

由于：

$$\frac{1}{4}(z_{i-1}+3x)=\frac{1}{4}(z_{i-1}+4x-x)=\frac{1}{4}(z_{i-1}-x)+x$$

由此，计算$\dfrac{1}{4}(z_{i-1}+3x)$时，可以先计算$\dfrac{1}{4}(z_{i-1}-x)$，但不计算$+x$而是留到下次再计算。可以设置一个触发器C_j记录每次未计算的情况。$C_j=1$说明本次未计算$+x$，下次需要补$+x$；$C_j=0$说明本次没有$+x$未计算的情况。因此，原码两位乘法的运算规则取决于两位乘数判断位$y_{n-1}y_n$和触发器C_j的状态，如表2.5所示。

表 2.5　原码两位乘法的运算规则

$y_{n-1}y_n$C	操作		部分积右移
0 0 0	+0	$0\to C_j$	2位
0 0 1	$+x$	$0\to C_j$	2位
0 1 0	$+x$	$0\to C_j$	2位
0 1 1	$+2x$	$0\to C_j$	2位

(续表)

$y_{n-1}y_nC$	操作		部分积右移
1 0 0	+2x	$0\to C_j$	2 位
1 0 1	−x	$1\to C_j$	2 位
1 1 0	−x	$1\to C_j$	2 位
1 1 1	+0	$1\to C_j$	2 位

在运算过程中，$-x$ 运算采用加$[-|x|]_补$的方法实现，因此部分积右移 2 位的操作也要按补码右移的规则进行。原码两位乘法中的 $2x$ 一般通过 x 左移 1 位得到，此时可能出现数值位左移侵占符号位的情况，与此同时，也不应丢失加法结果的正常进位。因此在原码两位乘法运算时，部分积一般使用三个符号位。

部分积初始时为被乘数，使用三个符号位时，用 000 表示“+”，用 111 表示“−”；在运算过程中，最高符号位指出正确的符号，低两位符号位则记录左移和进位的数值。被乘数的符号位初始时一定为 000，以确保原码乘法的绝对值运算不出错。

2.4.4 原码除法运算

(1) 原码恢复余数法

在原码除法中，被除数和除数均采用原码形式参加运算，运算时对被除数和除数的绝对值相除，符号位单独处理，并采用原码表示所得的商和余数。在进行除法之前，要先判断被除数和除数是否满足定点整数除法或定点小数除法的要求，以保证运算结果不超过机器所能表示的范围。

当余数 $r_i>0$ 时，则左移一位→减除数，结果为 $2r_i-y$；当余数 $r_i<0$ 时，则加除数(恢复余数)→左移→减除数，结果为 $2(r_i+y)-y=2r_i+y$。

注意：在原码除法的运算中，是对被除数和除数的绝对值进行数值计算的；采用补码加减法来实现减法运算；加减运算时采用双符号位，以避免余数左移时数值位侵占符号位。

(2) 原码不恢复余数法

在恢复余数法的运算过程中，其实“加除数(恢复余数)→左移→减除数”的操作与“余数左移→加除数”的操作，两者所得结果是一样的。省去恢复余数的操作后得到了原码不恢复余数法。该方法运算时是交替进行除数的加减操作的，所以也称为原码加减交替除法。该方法步骤如下。先对被除数和除数进行比较，若|被除数|>|除数|，则除法将出现溢出，无法进行除法运算。运算时符号位单独处理，对被除数和除数符号进行异或操作求得商的符号，并使用被除数和除数的数值部分进行操作，用被除数减去除数。如得到的余数为正表示够减，则相应位上商为 1，将余数左移一位后再减去除数；如得到的余数为负表示不够减，则相应位上商为 0，将余数左移一位后再加上除数。如此循环，直到求得商的所有位为止。该方法大大简化了除法控制逻辑，并节省了恢复余数的时间，无论余数为正或负，余数的操作都是左移、加/减运算两步。

2.4.5 补码乘法运算

1. 补码一位乘法

补码乘法算法有多种，常见的有校正法和比较法。**校正法**是将$[x]_补$和$[y]_补$按原码乘法运算，再根据情况对所得结果校正而得到正确的$[x \times y]_补$，表达式：$[x \times y]_补=[x]_补 \times (0.y_1y_2...y_n)+[-x]_补 \times y_0$。

比较法是由英国伦敦大学伯克贝克学院安德鲁·唐纳德·布斯(Andrew Donald Booth)于1950年提出的，又称为 **Booth 乘法**(Booth's multiplication algorithm)，该方法从低位开始比较乘数，根据两个数据位情况决定进行加法、减法还是移位操作，从而完成补码数据的乘积运算。以定点小数为例，设参加运算的被乘数 x 的补码为$[x]_补=x_0.x_1x_2\ldots x_n$，乘数 y 的补码为$[y]_补=y_0.y_1y_2\ldots y_n$，乘积为$[z]_补=[x \times y]_补$。

(1) 若被乘数 x 的符号任意，乘数 y 为正数，即$[x]_补=x_0.x_1x_2\ldots x_n$，$[y]_补=0.y_1y_2\ldots y_n$。

由补码的定义及模2运算，有：$[x]_补=2+x=2^{n+1}+x(\mathrm{mod}2)$，$[y]_补=y$。则：

$$[x]_补 \times [y]_补=2^{n+1}y+x \times y=2 \times (y_1y_2\ldots y_n)+x \times y(\mathrm{mod}2) \tag{2.24}$$

其中，式(2.24)中 $y_1y_2\ldots y_n$ 为大于0的正整数，有：$2 \times (y_1y_2\ldots y_n)=2(\mathrm{mod}2)$

可得：$[x]_补 \times [y]_补=2+x \times y=[x \times y]_补(\mathrm{mod}2)$

由于 $y>0$，$[y]_补=y$，$y_0=0$，有：

$$[x \times y]_补=[x]_补 \times [y]_补=[x]_补 \times y=[x]_补 \times (0.y_1y_2\ldots y_n)=[x]_补 \times \left(\sum_{i=1}^{n} y_i 2^i\right) \tag{2.25}$$

(2) 若被乘数 x 的符号任意，乘数 y 为负数，即：$[x]_补=x_0.x_1x_2\ldots x_n$，$[y]_补=1.y_1y_2\ldots y_n=2+y(\mathrm{mod}2)$。

由于 $y=[y]_补-2=0.y_1y_2\ldots y_n-1$，有：

$x \times y=x \times (0.y_1y_2\ldots y_n)-x$，得$[x \times y]_补=[x \times (0.y_1y_2\ldots y_n)]_补-[x]_补$

根据 $0.y_1y_2\ldots y_n>0$　有：$[x \times (0.y_1y_2\ldots y_n)]_补=[x]_补 \times (0.y_1y_2\ldots y_n)$

可得：

$$[x \times y]_补=[x]_补 \times (0.y_1y_2\ldots y_n)-[x]_补 \tag{2.26}$$

(3) 更一般的，若被乘数 x 和乘数 y 的符号均为任意，可综合(1)、(2)的情况，得：

$$\begin{aligned}[x \times y]_补&=[x]_补 \times (0.y_1y_2\ldots y_n)-[x]_补 \times y_0=[x]_补 \times (0.y_1y_2\ldots y_n-y_0)=[x]_补 \times \left(-y_0+\sum_{i=1}^{n} y_i 2^{-i}\right)\\&=-y_0[x]_补+2^{-1}y_1[x]_补+2^{-2}y_2[x]_补+\ldots+2^{-n}y_n[x]_补\\&=(y_1-y_0)[x]_补+2^{-1}(y_2-y_1)[x]_补+2^{-2}(y_3-y_2)[x]_补+\ldots+2^{-(n-1)}(y_n-y_{n-1})[x]_补+2^{-n}(y_{n+1}-y_n)[x]_补\end{aligned} \tag{2.27}$$

令部分积的初始值$[z_0]_补=0$，可用部分积的递推形式改写式(2.27)，得：

$$\begin{aligned}&[z_0]_补=0(\text{初始部分积为 }0)\\&[z_1]_补=2^{-1}\{[z_0]_补+(y_{n+1}-y_n)[x]_补\}\\&\ldots\ldots.\\&[z_i]_补=2^{-1}\{[z_{i-1}]_补+(y_{n-i+2}-y_{n-i+1})[x]_补\}\\&\ldots\ldots\\&[z_n]_补=2^{-1}\{[z_{n-1}]_补+(y_2-y_1)[x]_补\}\\&[z_{n+1}]_补=\{[z_n]_补+(y_1-y_0)[x]_补\}=[x \times y]_补\end{aligned} \tag{2.28}$$

根据式(2.28)，可总结补码一位乘法的运算规则：乘数和被乘数均以补码表示参加运算，符号位 x_0、y_0 和数值位一起参加运算。为避免破坏符号位，部分积与被乘数均采用双符号位，以避免部分积的绝对值在运算过程中大于1(不属于溢出)。具体操作如表2.6所示。

表 2.6　补码一位乘法的操作

y_ny_{n+1}	操作	说明
00	$[z_{i+1}]_补=2^{-1}[z_i]_补$	本次部分积等于上次部分积加(或不加) 0 后连同乘数一起右移 1 位
11	$[z_{i+1}]_补=2^{-1}[z_i]_补$	本次部分积等于上次部分积加(或不加) 0 后连同乘数一起右移 1 位
01	$[z_{i+1}]_补=2^{-1}\{[z_i]_补+[x]_补\}$	本次部分积等于上次部分积加$[x]_补$后连同乘数右移 1 位
10	$[z_{i+1}]_补=2^{-1}\{[z_i]_补-[x]_补\}$	本次部分积等于上次部分积减$[x]_补$后连同乘数右移 1 位

注意：部分积初始值 z_0=0，按补码右移规则进行部分积右移，$-[x]_补$由加$[-x]_补$实现。

2. 补码两位乘法

对补码一位乘法分析可知，每次都由相邻两位乘数 y_ny_{n+1} 共同决定部分积的运算操作，将比较 y_ny_{n+1} 和比较 $y_{n-1}y_n$ 的操作合并为一步，可得到补码两位乘法，以提高运算速度，如表 2.7 所示。

表 2.7　补码两位乘法算法

$y_{n-1}\ y_n\ y_{n+1}$	递推过程	操作
000	$z_i=\frac{1}{2}\left[\frac{1}{2}(z_{i-1}+0)+0\right]=\frac{1}{4}z_{i-1}$	部分积右移 2 位
001	$z_i=\frac{1}{2}\left[\frac{1}{2}(z_{i-1}+x)+0\right]=\frac{1}{4}(z_{i-1}+x)$	部分积加$[x]_补$，再右移 2 位
010	$z_i=\frac{1}{2}\left[\frac{1}{2}(z_{i-1}-x)+x\right]=\frac{1}{4}(z_{i-1}+x)$	部分积加$[x]_补$，再右移 2 位
011	$z_i=\frac{1}{2}\left[\frac{1}{2}(z_{i-1}+0)+x\right]=\frac{1}{4}(z_{i-1}+2x)$	部分积加$[2x]_补$，再右移 2 位
100	$z_i=\frac{1}{2}\left[\frac{1}{2}(z_{i-1}+0)-x\right]=\frac{1}{4}(z_{i-1}-2x)$	部分积加$[-2x]_补$，再右移 2 位
101	$z_i=\frac{1}{2}\left[\frac{1}{2}(z_{i-1}+x)-x\right]=\frac{1}{4}(z_{i-1}-x)$	部分积加$[-x]_补$，再右移两位
110	$z_i=\frac{1}{2}\left[\frac{1}{2}(z_{i-1}-x)+0\right]=\frac{1}{4}(z_{i-1}-x)$	部分积加$[-x]_补$，再右移两位
111	$z_i=\frac{1}{2}\left[\frac{1}{2}(z_{i-1}+0)+0\right]=\frac{1}{4}z_{i-1}$	部分积右移两位

当数值部分的位数 n 为偶数时，乘数符号位采用 2 个，共执行 $n/2+1$ 次操作，最后一次不移位；当数值部分的位数 n 为奇数时，乘数符号位采用 1 个，共执行$(n+1)/2$ 次操作，最后一次仅移一位。为确保移位时符号部分和数值部分的正确性，实际上部分积与被乘数采用 3 个符号位。

【例 2.20】　设有三个 32 位寄存器 X、Y、Z，最高位为第 0 位。有指令寄存器 IR，程序计数器 PC，存储器地址寄存器 MAR，存储器数据寄存器 MDR，a 为主存地址，被乘数在乘法指令开始前已存于 X 中，使用 $Y//Z$ 存放乘积。请：(1) 画出补码 Booth 乘法的实现框图。(2) 假设 CU 为硬布线控制器，且采用中央控制和局部控制相结合的方式，写出指令“MUL　a”的全部微操作及节拍安排。(3) 指出哪些属于中央控制节拍、局部控制节拍？局部控制最多需要几拍？

解：

(1) 补码Booth乘法的运算器框图如图2.11所示(图中 n=31)：

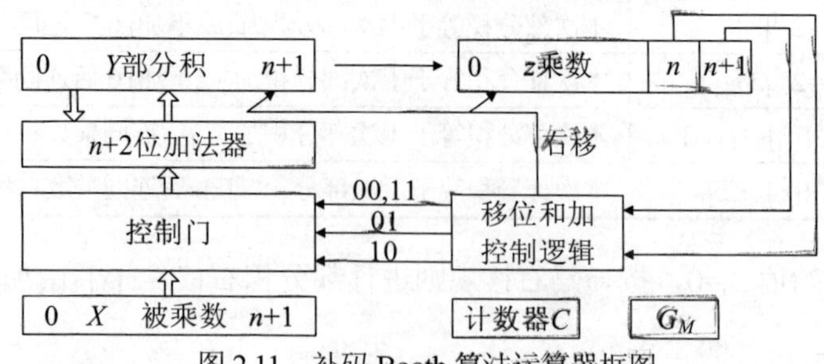

图2.11　补码Booth算法运算器框图

(2) 要经过以下几个周期。

① 取指周期：T1节拍→PCout和MARin有效→PC经CPU内部总线送至MAR；T2节拍→CU经控制总线向存储器发出读命令→存储器经数据总线将MAR所指单元的内容送至MDR；T3节拍→MDRout和IRin有效→将MDR的内容送到IR；T4节拍→PC+1→指令译码。

② 取数周期：T5节拍→IRout和MARin有效→将被乘数地址送到MAR；T6节拍→CU经控制总线向存储器发出读命令→存储器经数据总线将MAR所指单元的内容送至MDR；T7节拍→MDRout和Yin有效→将MDR内容送至寄存器Y。

③ 执行周期：T8节拍→Xout、Yout和ALUin有效→CU向ALU发MUL控制信号→X的内容和Y的内容相乘→结果送寄存器Y∥Z。

(3) T1~T7采用中央控制节拍；T8采用局部控制节拍，局部控制节拍最多需要的拍数等于乘法操作数的位数，共32拍。

2.4.6　补码除法运算

补码除法也可以分为恢复余数法和不恢复余数法。以补码不恢复余数除法为例，比较、上商和求新余数的运算规则如表2.8所示，表中 $i=0\sim n-1$，商采用末位置1的方法。

表2.8　补码不恢复余数除法

$x_{补}$,$y_{补}$符号	商符	第一步操作	$r_{i补}$,$y_{补}$符号	上商	下一步操作(共 n 步)
同号	0	减	同号(够减)	1	$2r_{i补}-y_{补}$
			异号(不够减)	0	$2r_{i补}+y_{补}$
异号	1	加	同号(不够减)	1	$2r_{i补}-y_{补}$
			异号(够减)	0	$2r_{i补}+y_{补}$

若想提高精度，可按上述规则多求一位，再按以下规则对商进行校正。

- 两数能除尽情况下，若除数为正，商不必加 2^{-n}；若除数为负，商加 2^{-n}。
- 两数除不尽情况下，若商为正，商不必加 2^{-n}；若商为负，商加 2^{-n}。

2.4.7　移位运算

移位运算又称移位操作。对于十进制数来说，左移 n 位相当于乘以 10^n，右移 n 位相当于除以 10^n。与此类似，二进制数作 n 位左移或右移时，相当于该数乘以或除以 2^n。当计算机没有乘(除)

运算线路时，结合移位和加法可实现乘(除)运算。由于计算机的字长是固定的，当机器数左移或右移 n 位时，必然导致其低 n 位或高 n 位出现空位。对空出的位添补 0 或是添 1 与机器数采用有符号数或是无符号数有关。

1. 算术移位

算术移位是有符号数的移位。对于正数，由于 $[x]_{\text{原}}=[x]_{\text{补}}=[x]_{\text{反}}$=真值，故其移位后空出的位一律添 0。对于负数，由于原码、补码和反码的格式不同，故知其移位时对空位的添补规则也不同。表 2.9 列出了不同码制的机器数(整数或小数)算术移位后的添补规则。**注意**：无论正数还是负数，算术移位后其符号位一律不变。

表 2.9　不同码制机器数算术移位后的空位添补规则

真值	码制	添补代码
正数	原码、补码、反码	0
负数	原码	0
	补码	左移添 0/右移添 1
	反码	1

可见，当对任意负数的补码由低位向高位找到第一个 1 时，在此 1 右边的各位(包括此 1 在内)均与对应的原码相同，即添 0；在此 1 左边的各位均与对应的反码相同，右移时高位出现空位，即添 1(与反码相同)。

【例 2.21】　某机器数字长为 8 位(最高位为 1 位符号位)，若 $A=\pm 25$，写出原码、补码、反码三种机器数左、右移一位和两位后的表示形式及对应的真值。

解：

(1) $A=+25=11001\text{B}$

则 $[A]_{\text{原}}=[A]_{\text{补}}=[A]_{\text{反}}=0{,}001\ 1001\text{B}$

移位结果如表 2.10 所示：

表 2.10　对 $A=+25$ 移位后的结果

移位操作	机器数 $[A]_{\text{原}}=[A]_{\text{补}}=[A]_{\text{反}}$	对应真值
移位前	0,001 1001B	+25
左移一位	0,011 0010B	+50
左移两位	0,110 0100B	+100
右移一位	0,000 1100B	+12
右移两位	0,000 0110B	+6

因此，对于正数，三种机器数移位后符号位不变(仍然为 0)，左移时最高数位丢 1 将导致结果出错，右移时最低数位丢 1 将影响精度。

(2) $A=-25=-11001\text{B}$

原码、补码、反码三种机器数移位结果及对应真值如表 2.11 所示。

表 2.11　对 A=−25 移位后的结果

移位操作	原码	原码真值	补码	补码真值	反码	反码真值
移位前	1,001 1001B	−25	1,110 0111B	−25	1,110 0110B	−25
左移一位	1,011 0010B	−50	1,100 1110B	−50	1,100 1101B	−50
左移两位	1,110 0100B	−100	1,001 1100B	−100	1,001 1011B	−100
右移一位	1,000 1100B	−12	1,111 0011B	−13	1,111 0011B	−12
右移两位	1,000 0110B	−6	1,111 1001B	−7	1,111 1001B	−6

因此，负数数移位后三种机器的符号位均不改变。负数的原码左移时，高位丢 1 导致结果出错，低位丢 1 将影响精度。负数的补码左移时，高位丢 0 导致结果出错，低位丢 1 将影响精度。负数的反码左移时，高位丢 0 导致结果出错，低位丢 0 将影响精度。

2. 逻辑移位

逻辑移位是无符号数的移位。逻辑移位的规则是：逻辑左移时，高位移出，低位添 0；逻辑右移时，低位移出，高位添 0。例如，某数为 0110 1010B，逻辑左移 1 位为 1101 0100B，算术左移 1 位为 0101 0100B(最高数位“1”移丢)。某数为 1010 0110B，逻辑右移 1 位为 0101 0011B；若将其视为补码，算术右移 1 位为 1101 0011B。可见，算术移位和逻辑移位会得到不同的结果。为避免移位时最高数位丢 1，可使用带进位(*CF*)的移位，将符号位移至 *CF*，可避免最高数位被移出。常见的移位运算如图 2.12 所示。

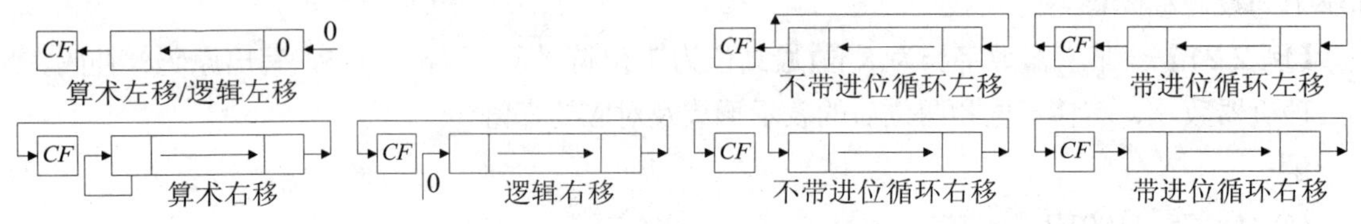

图 2.12　常见的算术移位和逻辑移位

2.4.8　运算器的基本结构

1. 半加器

半加只考虑对两个加数本身进行运算，而不考虑来自相邻低位的进位。实现半加运算功能的电路称为半加器(half adder)，可实现两个一位二进制数相加。半加器的真值表如表 2.12、电路图及符号见图 2.13。

表 2.12　半加器真值表

A_i	B_i	S_i	C_i
0	0	0	0
0	1	1	0
1	0	1	0
1	1	0	1

图 2.13　半加器电路图及符号

由真值表 2.12 可推导出半加器的逻辑表达式：$S_i = \overline{A_i}B_i + A_i\overline{B_i} = A_i \oplus B_i$，$C_i = A_iB_i$。

2. 一位全加器

考虑进位的全加运算：$A_i+B_i+C_i=S_i(C_{i+1})$，则一位全加器(full adder)真值表如表 2.13 所示，一位全加器逻辑符号与逻辑电路见图 2.14。一位全加器的逻辑方程如下：

$$S_i=\overline{A_i}\,\overline{B_i}C_i+\overline{A_i}B_i\overline{C_i}+A_i\overline{B_i}\,\overline{C_i}+A_iB_iC_i=A_i\oplus B_i\oplus C_i \tag{2.29}$$

$$C_{i+1}=\overline{A_i}B_iC_i+A_i\overline{B_i}C_i+A_iB_i=(A_i\oplus B_i)C_i+A_iB_i$$

表 2.13　一位全加器真值表

输入			输出	
A_i	B_i	C_i	S_i	C_{i+1}
0	0	0	0	0
0	0	1	1	0
0	1	0	1	0
0	1	1	0	1
1	0	0	1	0
1	0	1	0	1
1	1	0	0	1
1	1	1	1	1

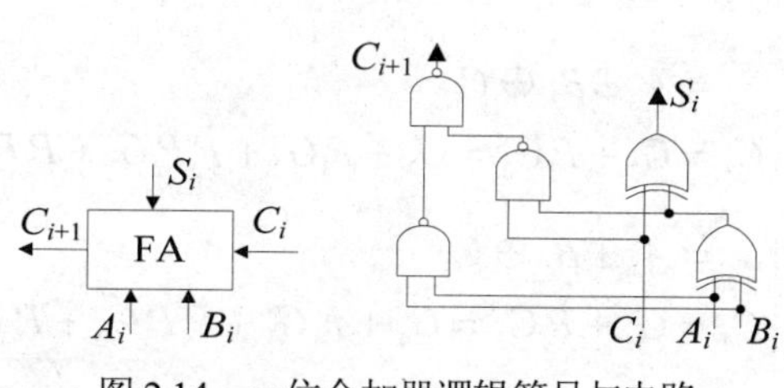

图 2.14　一位全加器逻辑符号与电路

3. n 位的行波进位加减器

功能更齐全的 n 位串行进位补码加法/减法器(行波进位加减器)可使用 n 个 1 位的全加器级联而成，如图 2.15 所示。

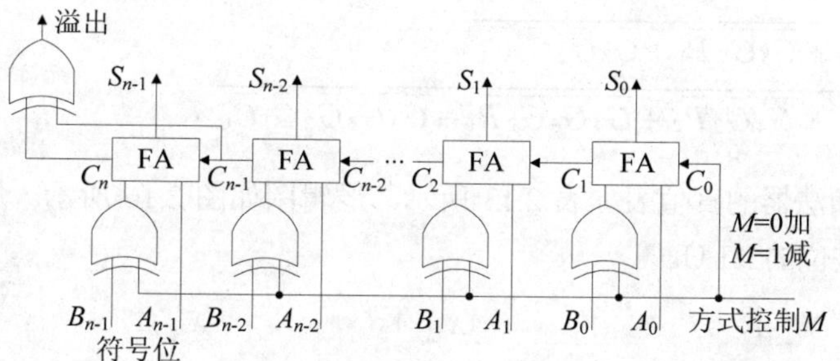

图 2.15　n 位的行波进位加减器

对一位全加器(FA)来说，每级异或门延迟 $3T$，S_i 的时间延迟为 $6T$，C_{i+1} 的时间延迟为 $5T$，每级进位链的延迟时间为 $2T$。假设 n 位行波进位加法器的延迟时间为 T_a，考虑溢出检测时，有：

$$T_a=n\cdot 2T+9T=(2n+9)T$$

其中，两级进位链共 $n\cdot 2T$，最低位上的两级异或门再加上溢出异或门的总时间为 $9T$。

不考虑溢出检测时，有：

$$T_a=(n-1)\cdot 2T+9T$$

T_a 表示从加法器的输入端输入加数和被加数开始，到加法器输出端得到稳定的求和输出为止，在最坏的情况下所需要的最长时间，因此 T_a 越小越好。行波进位加法器可将一位全加器(FA)用串行进位方式构成，运算时间比较长，只限于加法和减法两种操作而无法实现逻辑操作。

4. 先行(超前)进位加法器

对于 4 位先行进位加法器，先行进位将使进位位 C_1、C_2、C_3、C_4 同时产生而不是串行产生。$S_i = A_i \oplus B_i \oplus C_{i-1}$，$C_i = (A_i + B_i)C_{i-1} + A_iB_i$，令 $P_i = A_i + B_i$，$G_i = A_iB_i$ ，则 $C_i = A_iB_i + (A_i + B_i)C_i = G_{i-1} + P_iC_{i-1}$。

4 位先行进位加法器递推公式：

$$\begin{cases} S_1 = A_1 \oplus B_1 \oplus C_0 \\ C_1 = G_1 + P_1C_0 \end{cases}$$

$$\begin{cases} S_2 = A_2 \oplus B_2 \oplus C_1 \\ C_2 = G_2 + P_2C_1 = G_2 + P_2G_1 + P_2P_1C_0 \end{cases}$$

$$\begin{cases} S_3 = A_3 \oplus B_3 \oplus C_2 \\ C_3 = G_3 + P_3C_2 = G_3 + P_3G_2 + P_3P_2G_1 + P_3P_2P_1C_0 \end{cases}$$

$$\begin{cases} S_4 = A_4 \oplus B_4 \oplus \mathrm{C}_3 \\ C_4 = G_4 + P_4\mathrm{C}_3 = G_4 + P_4G_3 + P_4P_3G_2 + P_4P_3P_2G_1 + P_4P_3P_2P_1\mathrm{C}_0 \end{cases}$$

当全加器的输入端信号均取反码时，它的输出端信号也均取反码。

将上式改写成：

$$C_1 = \overline{\overline{P}_1 + \overline{G}_1\overline{C}_0}$$

$$C_2 = \overline{\overline{P}_2 + \overline{G}_2\overline{P}_1 + \overline{G}_2\overline{G}_1\overline{C}_0}$$

$$C_3 = \overline{\overline{P}_3 + \overline{G}_3\overline{P}_2 + \overline{G}_3\overline{G}_2\overline{P}_1 + \overline{G}_3\overline{G}_2\overline{G}_1\overline{C}_0}$$

$$C_4 = \overline{\overline{P}_4 + \overline{G}_4\overline{P}_3 + \overline{G}_4\overline{G}_3\overline{P}_2 + \overline{G}_4\overline{G}_3\overline{G}_2\overline{P}_1 + \overline{G}_4\overline{G}_3\overline{G}_2\overline{G}_1\overline{C}_0}$$

四位先行进位加法器的真值表如表 2.13 所示，逻辑图如图 2.16 所示。加法器还可以进一步级联构成两级先行进位的 ALU。

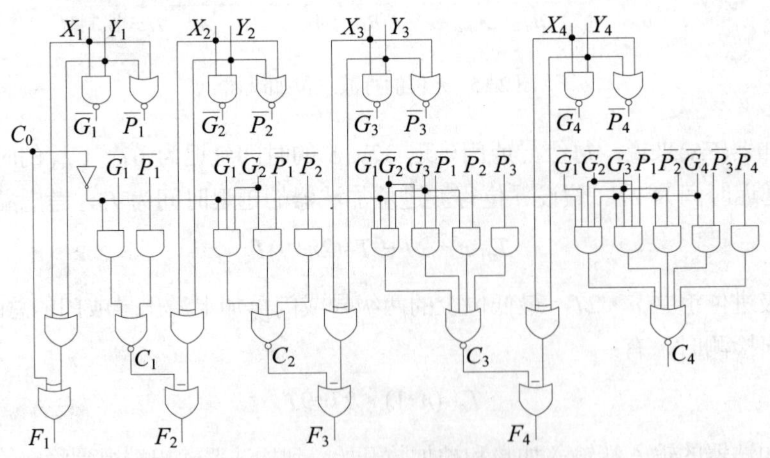

图 2.16 四位先行进位加法器的逻辑图

5. 运算器的结构设计

运算器一般包括：ALU、寄存器、阵列乘除器、三态缓冲器、多路开关、数据总线等逻辑部件。运算器的结构设计，其核心是 ALU 及寄存器如何与数据总线之间传送操作数和运算结果。运算器的结构形式常见的有如下三种：

- 单总线结构的运算器

单总线结构的运算器中所有部件都接到同一总线上，如图 2.17 所示。所有数据可在 ALU 和任一个寄存器之间，或者在任两个寄存器之间传送。为将两个操作数输入 ALU，需要 A、B 两个缓冲寄存器分两次来做。该结构的优点是控制电路比较简单，主要缺点是单总线上在同一时刻只能有一个操作数，操作速度较慢。如果两个操作数全都是 CPU 寄存器中的，时间损失就比较严重。

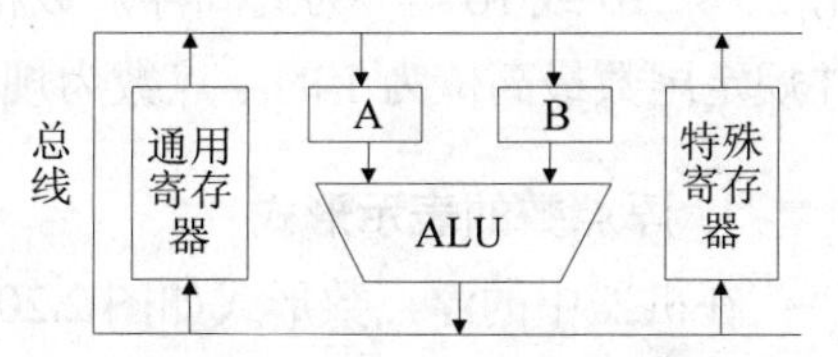

图 2.17　单总线结构的运算器

- 双总线结构的运算器

双总线结构的运算器使用了两根总线，如图 2.18 所示。因此，只需要一次操作控制，就可以将两个操作数同时输入 ALU 进行运算，操作速度很快。两组特殊寄存器分别与一条总线交换数据，通用寄存器中的数可放入任一组特殊寄存器中，数据传送比较灵活。在 ALU 形成操作结果时，两条总线分别被两个输入数据占用，所以在 ALU 输出端需要增设缓冲(寄存)器。算术逻辑操作分为两步：从 ALU 的两个输入端输入操作数，运算结果送入缓冲(寄存)器；把缓冲(寄存)器中的运算结果送入目的寄存器。

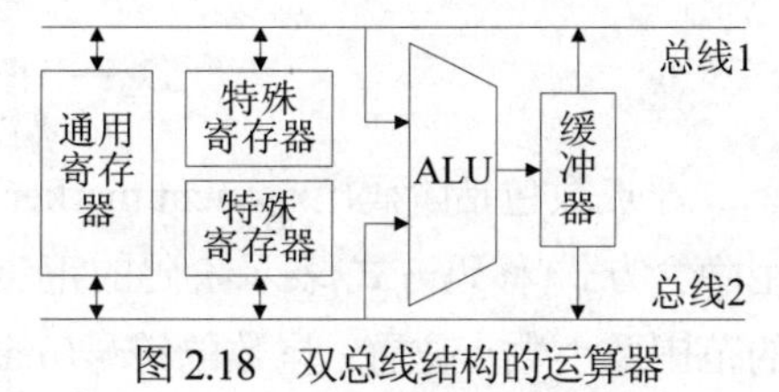

图 2.18　双总线结构的运算器

- 三总线结构的运算器

三总线结构的运算器使用了三根总线，如图 2.19 所示。其中，ALU 的两个输入端分别占用一根总线，而 ALU 的输出端则与第三根总线相连。因此，算术逻辑操作能在一步之内完成，运算速度进一步加快。另外增设了一个总线旁路器，如果一个数据传送时需要修改，就通过 ALU；如果一个数据不需要修改，并且从总线 2 传送到总线 3，就通过总线旁路器完成。

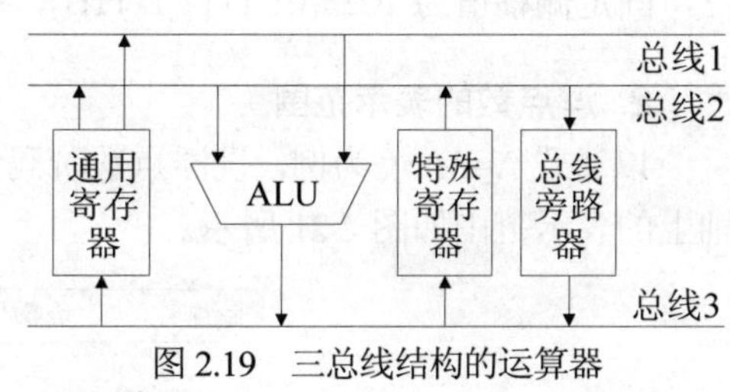

图 2.19　三总线结构的运算器

2.5　浮点数与浮点运算

2.5.1　浮点表示

计算机实际处理的数据不一定是纯整数或纯小数(如光速、万有引力常数)，而有些数据的数值相差很大(如光年，纳米机器人尺寸)，这些数都无法用定点整数或定点小数直接表示，只能使用浮点数表示。如光速：

$$299792.458=299.792458\times10^{3}=29.9792458\times10^{4}=299792458\times10^{-3}\text{km/s}$$

显然，浮点数的小数点位置是变化的，分别乘上 10 的不同幂，而值保持不变。

通常，浮点数被表示成：

$$N=M\times r^{E} \tag{2.30}$$

式中，M 为尾数(可正可负)，E 为阶码(可正可负)，r 是基数(或基值)。在计算机中，基数常用 2、8、10 或 16 等。为提高浮点数精度和便于比较，规定计算机中浮点数的尾数用纯小数形式，并规定尾数最高位为 1 的浮点数为**规格化数**(normalized number)。

1. 浮点数的表示形式

在机器中的浮点数形式如图 2.20 所示。采用这种数据格式的机器称为浮点机。

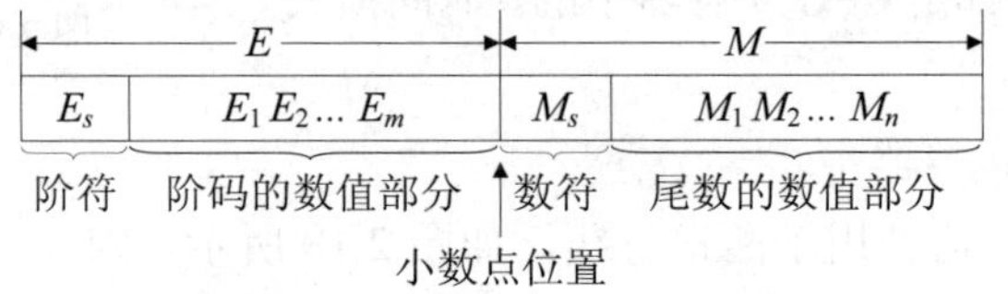

图 2.20　浮点数的表示形式

浮点数包括阶码(Exponent marker，E)和尾数(Mantissa，M)两部分。阶符(exponent sign)Es 采用隐含方式(移码方式)表示阶码的正负，阶码是整数形式，其位数 m 与阶符 Es 共同表示浮点数的范围及小数点位置；尾数的符号(mantissa sign)M_s 表示浮点数的正负，尾数是小数形式，其位数 n 反映了浮点数的精度。

移码形式的阶符便于对两个指数进行大小比较和对阶操作，阶码值大者其指数值也大。将浮点数的指数真值 e 转换为阶码 E 时，指数 e 应加上一个固定的偏移值。例如，在 IEEE754 标准中，32 位浮点数的 E 占 8 位，固定偏移值为 127(0111 1111B)，即 $E=e+127$；64 位浮点数的 E 占 11 位，固定偏移值为 1023(01 1111 1111B)，即 $E=e+1023$。

2. 浮点数的表示范围

以通式 $N=M\times r^{E}$ 为例，设浮点数阶码为 m 位，尾数为 n 位，当浮点数为非规格化数时，在数轴上的表示范围如图 2.21 所示。

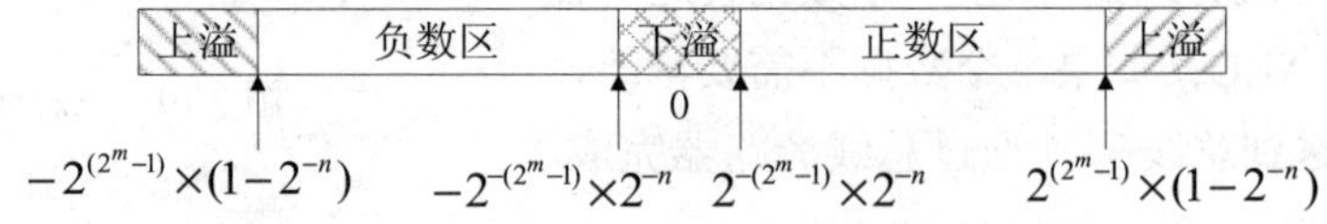

图 2.21　浮点数在数轴上的表示范围

由图 2.21 可见，非规格化数最大正数为 $2^{(2^m-1)}\times(1-2^{-n})$ ；最小正数为 $2^{-(2^m-1)}\times2^{-n}$；最大负数为 $-2^{-(2^m-1)}\times2^{-n}$；最小负数为 $-2^{(2^m-1)}\times(1-2^{-n})$。与定点数的上溢和下溢有所不同。浮点数的**上溢**(overflow)发生在数据阶码大于最大阶码时，此时机器停止运算，进行中断溢出处理；浮点数的**下溢**(underflow)发生在数据阶码小于最小阶码时，此时数据绝对值很小，按机器零处理，此时机器可以继续运算，并置尾数各位为零。

3. 浮点数的规格化

尾数规格化可以提高浮点数的精度，一般通过修改阶码并同时左右移尾数的办法，将非规格化数变成规格化数，这个过程称为**规格化**。浮点数采用不同的基数，规格化过程和规格化数的形式也不同。

基数为 2 的规格化数，其尾数最高位为 1。规格化过程有两种：向左规格化(简称左规)，将尾数左移一位，阶码减 1；向右规格化(简称右规)，将尾数右移一位，阶码加 1。图 2.20 所示的浮点数规格化后，其最大正数为 $2^{(2^m-1)}\times(1-2^{-n})$；最小正数为 $2^{-(2^m-1)}\times 2^{-1}$；最大负数为 $-2^{-(2^m-1)}\times 2^{-1}$；最小负数为 $-2^{(2^m-1)}\times(1-2^{-n})$。

基数为 4 的规格化数，其尾数的最高两位不全为零。基数为 8 的规格化数，尾数的最高三位不全为零；左规时尾数左移三位，阶码减 1；右规时尾数右移三位，阶码加 1。基数为 16 的规格化数，其尾数的最高 4 位不全为零；左规时尾数左移 4 位，阶码减 1；右规时尾数右移 4 位，阶码加 1。与此类似，还可以得到基数为 2^n 时的规格化过程。

浮点机中的基数是隐含的，一旦确定就不再改变了，故不同基数的浮点数在表示形式上完全相同，但它们的表示范围和精度等有所不同。通常，基数 r 越大，就可表示越大的浮点数范围和更多的数，但浮点数的精度越差。如 r=16 的规格化浮点数，尾数最高三位可能出现零，故精度不如与其尾数位数相同的 r=2 的浮点数。

【例 2.22】　设某机器数字长为 16 位，基值为 2，阶码 6 位(含 1 位阶符)，尾数 10 位(含 1 位数符)，则两个阶码相等的数完成补码浮点加法后，规格化操作导致的最大误差是多少？

解：右规时末位丢 1 可能导致误差，如：

设结果为：0,11110：1.********1(尾数 10 位，含 1 位数符)

右规后为：0,11111：0.1********1(末位丢 1)

6 位的阶码最大是 $2^{6-1}-1=31$，可得最大误差的绝对值为(100000B)=2^5=32。

2.5.2　IEEE754 浮点数标准

为了统一不同机器选用基数、尾数位长度和阶码位长度，提高软件在不同计算机上的兼容性，电气和电子工程师协会(Institute of Electrical and Electronics Engineers，IEEE)提出了二进位浮点数算术标准 ANSI/IEEE Std 754-1985(IEEE Standard for Floating-Point Arithmetic)，等同于国际标准 ISO/IEC/IEEE 60559。IEEE 754 标准中每个浮点数均由三部分组成：符号位 S、指数部分 E 和尾数部分 M，如图 2.22 所示。

符号位 S	指数 E	尾数 M

图 2.22　IEEE754 标准

IEEE754 标准的浮点数可采用以下四种基本格式。

- 单精度格式(32 位)：E=8 位，M=23 位。
- 扩展单精度格式：$E\geqslant$11 位，M=31 位。
- 双精度格式(64 位)：E=11 位，M=52 位。
- 扩展双精度格式：$E\geqslant$15 位，$M\geqslant$63 位。

1. IEEE754 标准 32 位单精度浮点数

IEEE754 浮点数据编码标准中，32 位单精度浮点数表示格式如图 2.23 所示。

符号位 S	指数 E	尾数 M
1 位	8 位	23 位

图 2.23　IEEE754 标准 32 位单精度浮点数表示格式

各部分的规定如下：

数符 S：0 表示"+"，1 表示"−"。

指数 E：即阶码部分。其中包括 1 位阶符和 7 位数值，采用移 127 码，移码值为 127。

移 127 码指阶码部分移码的值与实际数据指数的值满足关系：阶码=127+实际指数值。规定阶码的取值范围为 1~254，阶码值 0 和 255 表示特殊数值。

尾数 M：共 23 位，规格化表示。IEEE754 标准约定在小数点左边有一位隐含位为 1，因此尾数的实际有效位为 24 位，即尾数有效值 1.M。

因此，32 位单精度浮点数表示的数值 N 为：

$$N=(-1)^S\times 1.M\times 2^{E-127} \tag{2.31}$$

式(2.31)中 N 的意义如下：

若 $E=0$，且 $M=0$，则 N 为 0。

若 $E=0$，且 $M\neq 0$，则 $N=(-1)^S\times 2^{-126}\times(0.M)$，为非规格化数。

若 $1\leqslant E\leqslant 254$，则 $N=(-1)^S\times 2^{E-127}\times(1.M)$，为规格化数。

若 $E=255$，且 $M=0$ 则 $N=(-1)^S\times\infty$ (无穷大)，对应于 $x/0(x\neq 0)$。

若 $E=255$，且 $M\neq 0$ 则 N=NaN，表示一个非数值，对应于 0/0。

IEEE754 标准能够明确地表示 0 和无穷大。当 $x/0(x\neq 0)$时得到的结果为 $\pm\infty$；当 0/0 时得到的结果为 NaN。当遇到绝对值较小的数，为防止下溢置 0 而损失精度，可以使用比最小规格化数还要小的非规格化数。**注意**：正、负零和非规格化数的尾数 M 前的隐含值是 0 而不是 1。

【例 2.23】 若浮点数 x 的 IEEE754 标准存储格式为 409B0000H，求其浮点数的十进制值。

解：将十六进制数 409B0000H 展开后，可得如图 2.24 的二进制数格式。

0	100 0000 1	001 1011 0000 0000 0000 0000
数符 S	阶码 E(8 位)	尾数 M(23 位)

图 2.24　数字的二进制格式

指数 e=阶码−127=1000 0001B−0111 1111B=0000 0010B=$(2)_{10}$

尾数 1.M=1.001 1011 0000 0000 0000 0000B=1.001 1011B

于是有：$x=(-1)^S\times 1.M\times 2^e=+(1.001\ 1011)\times 2^2=+100.1\ 1011=(4.84375)_{10}$

2. IEEE754 标准 64 位双精度浮点数

64 位双精度浮点数表示格式如图 2.25 所示。

符号位 S	指数 E	尾数 M
1 位	11 位	52 位

图 2.25　IEEE754 标准 64 位双精度浮点数表示格式

64 位双精度浮点数所表示的数值 N 为：

$$N = (-1)^S \times 1.M \times 2^{E-1023} \tag{2.32}$$

【例 2.24】　将十进制数 10.296875 转换成 IEEE754 标准的 64 位浮点数二进制格式来存储。

解：首先分别将整数和小数部分转换成二进制数：

$(10.296875)_{10}$=1010.010011B

然后移动小数点，使其左边为一个 1：

1010.010011B =1.010010011B×2^3，e=3

于是得到：

S=0

E=3+1023=1026=100 0000 0010B

M=010010011B

最后得到 64 位浮点数的二进制存储格式为：

0100 0000 0010 0100 1001 1000 0000 0000…0000B=$(4024\ 9800\ 0000\ 0000)_{16}$

2.5.3　浮点加减运算

任意一个二进制数 N 在计算机中总可以表示成：$N=2^E\times M$，其中，E 为 N 的阶码，M 为 N 的尾数，通常为绝对值小于 1 的规格化数(补码则允许为-1)。设有两个浮点数 x 和 y，分别为 $x=2^{Ex}\cdot M_x$，$y=2^{Ey}\cdot M_y$，其中，E_x 和 E_y 分别为 x 和 y 的阶码，M_x 和 M_y 分别为 x 和 y 的尾数。则两浮点数相加减的运算规则为：

$$x\pm y=(M_x 2^{Ex-Ey}\pm M_y)2^{Ey}，E_x\leqslant E_y \tag{2.33}$$

两浮点数 X，Y 进行加减运算时，必须按以下几步执行：

1. 对阶

对阶是指对齐两个参加运算的浮点数的阶码，以便两个浮点数的尾数能够完成加减操作。当进行 $M_x\cdot 2^{Ex}$ 与 $M_y\cdot 2^{Ey}$ 加减运算时，只有在两浮点数的指数值相同的情况下，才可以将两者的指数值作为公因数提出来，再进行尾数的加减运算。对阶的原则是小阶对大阶，此时移出的是尾数的低位部分，误差损失小。对阶的方法是：首先求出两浮点数阶码的差，即 $\Delta E=|E_x-E_y|$；然后将小阶码加上 ΔE，使其与大阶码相等；并将小阶码对应的浮点数的尾数右移相应位数，以保持该数的大小不变。

2. 尾数运算

对阶后完成后，就可以进行尾数运算，即尾数加减，方法同前面章节的纯小数定点数加减运算。

3. 结果规格化

在机器中，浮点数通常都以规格化形式存储，以确保浮点数表示的唯一性，常用的 IEEE754 标准都使用 1.M 形式的尾数。在加减运算后，尾数有可能出现非规格化形式，这时必须进行规格化操作，包括左规操作和右规操作。

左规操作：将尾数左移 1 位，同时阶码减 1，直到尾数成为 1.M 的形式。例如，浮点数 $0.0101\cdot 2^6$ 是非规格化的形式，需要进行左规操作，变成 $1.0100\cdot 2^4$ 规格化形式。

右规操作：将尾数右移 1 位，同时阶码加 1。**注意**：右规操作仅需要将尾数右移 1 位即可。例如，$10.0101 \cdot 2^6$ 右规一位后便成为 $1.0010\underline{1} \cdot 2^7$ 的规格化形式了，但舍弃了最低位的 1。

4. 舍入处理

由上例可见，在对阶或右规时，被右移出去的数值低位会被舍弃，损失一定的运算精度。为此，可预先保留一定位数的移出位作为**保护位**。IEEE754 标准列出了四种可选的舍入处理方法：

(1) 就近舍入(round to nearest)，相当于四舍五入，作为默认的舍入方式。如 32 位单精度浮点数只可保存 23 位数值，若超出的多余位小于等于 011…11，则直接舍去；若多余位大于等于 100…01，则在尾数的最低位上加 1；若多余位为 100…00，则再判断尾数的最低位的值，若为 0 则直接舍去，若为 1 则再加 1。

(2) 朝+∞舍入(round toward +∞)，对于正数，只要超出的多余位不为全 0，则向尾数最低位进 1；对于负数，则直接舍去多余位。

(3) 朝−∞舍入(round toward −∞)，与朝+∞舍入方法正好相反，对于正数，则直接舍去多余位；对于负数，只要超出的多余位不为全 0，则向尾数最低位进 1。

(4) 朝 0 舍入(round toward 0)，不管超出的多余位是什么值一律截断舍去。这种方法最容易实现，但舍入后的值总是向下偏差，且容易形成积累误差。

5. 溢出判断

注意：补码表示的定点数的表示范围和浮点数的表示范围是不一样的，补码表示的定点数的表示范围是连续的，而浮点数的表示范围可能是不连续的。如图 2.26 所示。

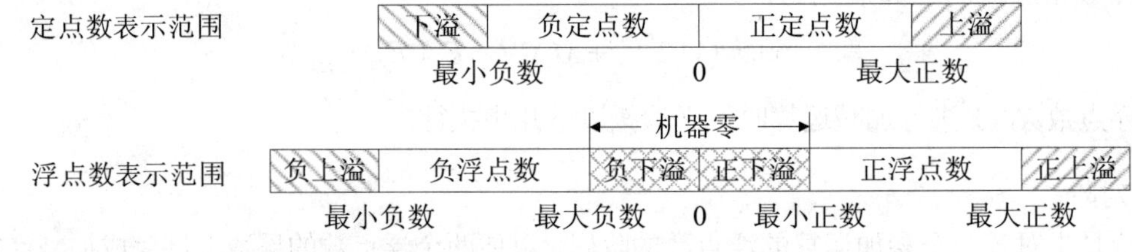

图 2.26　定点数与浮点数表示范围

因此，两者的溢出判断也有所不同，浮点数的溢出是以阶码值是否产生溢出来判断的。**上溢**是指阶码值超过了阶码区所能表示的最大正数，对于正数的浮点数称为**正上溢**(记为+∞)，对于负数的浮点数称为**负上溢**(记为-∞)。**下溢**是指阶码的值超过了阶码区所能表示的最小负数，对于正数的浮点数称为**正下溢**，对于负数的浮点数称为**负下溢**。正下溢和负下溢都按 0 处理。

【例 2.25】 设有两个浮点数 $x=2^{Ex}\times Sx$，$y=2^{Ey}\times Sy$，其中，$Ex=(-10)_2$，$Sx=(+0.1101)_2$，$Ey=(+10)_2$，$Sy=(+0.1001)_2$，若阶符 1 位，阶码 2 位，数符 1 位，尾数 4 位，求 $x+y$ 的值。

解：因为 $X+Y=2^{Ex}\times(Sx+Sy)\quad(Ex=Ey)$，运算步骤如下。

(1) 对阶：

$$\Delta E=|Ex-Ey|=|(-10)\text{B}-(+10)\text{B}|=(100)\text{B}=(4)_{10}$$

因此 $Ex<Ey$，Ex 按 Ey 对阶，$Ex+(100)\text{B}=(10)\text{B}=Ey$。

Sx 右移 4 位后 $Sx=0.0000\ 1101\text{B}$，按就近舍入处理后，$Sx=0.0001\text{B}$，则 $X=2^{(10)_2}\times(0.0001)\text{B}$

(2) 尾数求和：$Sx+Sy$

$$\begin{array}{rll} & 0.0001 & (Sx) \\ + & 0.1001 & (Sy) \\ \hline & 0.1010 & (Sx+Sy) \end{array}$$

结果为规格化数。所以：$X+Y=2^{(10)_2}\times(Sx+Sy)=2^{(10)_2}\times(0.1010)_2=(10.10)_2$

【例 2.26】　设两浮点数的 IEEE754 标准存储格式分别为 x=0 10000011 01011100000000000000000B，y=0 10000101 01101101100000000000000B，求 $x+y$，并给出结果的 IEEE754 标准存储格式。

解：对于浮点数 x：符号位 S_x=0

指数 $e_x=E_x-127$=1000 0011B−0111 1111B=0000 0100B=$(4)_{10}$

尾数 $m_x=1.M$=1.010 1110 0000 0000 0000 0000B=1.010111B

于是有 $x=(-1)^s\times m_x\times 2^{e_x}$=+1.010 1110 0000 0000 0000 0000B×2^4

对于浮点数 y：符号位 S_y=0

指数 $e_y=E_y-127$=1000 0101B−0111 1111B=0000 0110B=$(6)_{10}$

尾数 $m_y=1.M$=1.011 0110 1100 0000 0000 0000B=1.011 0110 11B

于是有 $y=(-1)^s\times m_y\times 2^{e_y}$=+1.011 0110 1100 0000 0000 0000B×2^6

(1) 对阶

$\Delta E=E_x-E_y=4-6=-2$

x=1.010 1110 0000 0000 0000 0000B×2^4=0.$\underline{01}$0 1011 1000 0000 0000 0000B×2^6

(2) 尾数相加

$x+y$=0.$\underline{01}$0 1011 1000 0000 0000 0000B×2^6+1.010 1110 1100 0000 0000 0000B×2^6

=1.101 1010 0100 0000 0000 0000B×2^6

结果的 IEEE754 标准存储格式为：0 10000101 10110100100000000000000B

2.5.4　浮点乘除运算

设有两个浮点数 x 和 y，分别为 $x=2^{Ex}\cdot M_x$，$y=2^{Ey}\cdot M_y$，其中，E_x 和 E_y 分别为 x 和 y 的阶码，M_x 和 M_y 为 x 和 y 的尾数。两浮点数进行乘法和除法的运算规则是：

$$x\times y=2^{Ex+Ey}(M_x\times M_y) \tag{2.34}$$

$$x\div y=2^{Ex-Ey}(M_x\div M_y) \tag{2.35}$$

浮点乘除运算的操作过程可分为四步：

- 0 操作数的检查，参照式(2.31)进行。
- 阶码加/减操作：运算时检查阶码是否溢出。移码操作使用双符号位的阶码加法器，且移码的第二个符号位(最高符号位)始终用 0 参加加减运算，结果的最高符号位为 1 表示溢出。溢出时，若低位符号位为 0 则是上溢，为 1 则是下溢。
- 尾数乘/除操作，完成 $M_x\times M_y$ 或 $M_x\div M_y$。

● 结果规格化，并作舍入处理。

2.5.5 浮点运算流水线

在流水线中，各个过程段的处理时间原则上应该相等，否则具有较长处理时间的过程段会导致其他过程段的空转等待。假定 n 个作业，每个作业 J 被分成 j 个子作业，即 $J=\{J_1, J_2, \cdots, J_j\}$，组成线性流水线。

线性流水线是指，其各个子作业间具有线性优先关系：若 $i<j$，则 J_j 必须在 J_i 完成以后才能开始工作。设处理子作业 J_i 的过程段 P_i 的处理时间为 τ_i，缓冲寄存器的延时为 τ_l，线性流水线的时钟周期 τ，流水线处理的频率为 $f=1/\tau$，有：

$$\tau=\max\{\tau_i\}+\tau_l \tag{2.36}$$

从理论上说，当作业饱满时，不论流水线处理中有多少级过程段，每隔一个时钟周期都能输出一个作业。因此，一个具有 j 级过程段的流水线处理 n 个作业所需时钟周期数为：

$$T_j=j\tau+(n-1)\tau \tag{2.37}$$

如用非流水线方式，只能串行处理这 n 个作业，则所需时钟周期数为：

$$T_n=n\bullet j\tau \tag{2.38}$$

则 j 级线性流水线的加速比为：$S_j=T_n/T_j=nj/(j+n-1)$

一种除 0 操作数检查之外的 3 段流水线浮点加法器框图如图 2.27 所示。

【例 2.27】 已知某浮点向量加法流水线由四段流水构成，包括阶码比较、对阶、尾数相加和规格化。假设每段所需的时间(包括缓存时间)分别为 15ns、12ns、27ns、25ns，请计算流水线的加速比。

解：采用流水线前一次运算时间为：15+12+27+25=79ns

采用流水线后一次运算时间为：max(*Ti*)=27ns

加速比为：79/27≈2.926

如果用字母 C、S、A、N 分别表示流水线的阶码比较、对阶操作、尾数相加、规格化四个阶段，则向量加法计算的流水时空图如图 2.28 所示。图中 X_i，Y_i 两个元素输入，求和结果 Z_i 输出。流水线装满后，每隔一个阶段便可输出一个运算结果。

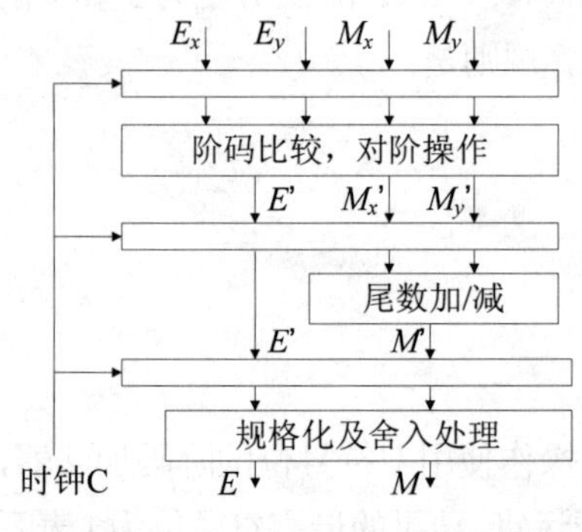

图 2.27　3 段流水线浮点加法器框图

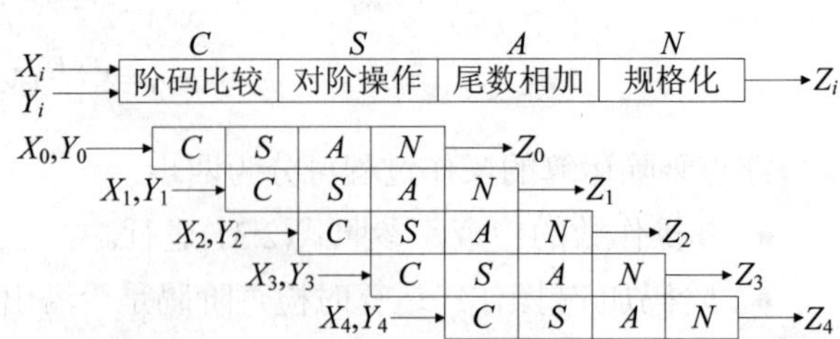

图 2.28　浮点向量加法流水线

2.6　BCD 码

2.6.1　BCD 码的格式

BCD 码(Binary-Coded Decimal)，即**二进码十进数或二-十进制代码**，使用 4 位二进制数来表示 1 位十进制数(数码 0～9)，是用二进制编码的十进制代码。这种编码技术在会计系统中很常用。与一般的浮点式记数法相比，BCD 码既可保证数值的精确度，又可省去浮点运算消耗的时间。

4 位二进制码共有 2^4=16 种码组，可在这 16 种代码中任选 10 种来表示 10 个十进制数码，编码方案共有 N=16!/[10!×(16−10)!]=8008 种，大致可分成有权码和无权码两种。最常用的 BCD 编码为 8421 码，即使用 0～9 这 10 个数值的二进码来编码。另外，还有满足不同需求的其他编码方法。有权 BCD 码有 8421、2421、5421 等；无权 BCD 码有余 3 码、格雷码(循环码)，如表 2.14 所示。

表 2.14　不同的码制

十进制数	8421 码	5421 码	2421 码	余 3 码	余 3 格雷码	格雷码
0	0000	0000	0000	0011	0010	0000
1	0001	0001	0001	0100	0110	0001
2	0010	0010	0010	0101	0111	0011
3	0011	0011	0011	0110	0101	0010
4	0100	0100	0100	0111	0100	0110
5	0101	1000	1011	1000	1100	0111
6	0110	1001	1100	1001	1101	0101
7	0111	1010	1101	1010	1111	0100
8	1000	1011	1110	1011	1110	1100
9	1001	1100	1111	1100	1010	1000

5421 码和 2421 码中，5 及 5 以上的数字都是高位为 1，比 5 小的高位为 0。余 3 码是 8421 码加上 3，有上溢和下溢空间。格雷码相邻两个数有三位相同，只有一位不同。

例题 2.5 中，十进制数 115 转换成二进制数，需要进行 7 次除 2 取余运算，得到 1110011B(73H)。而使用 BCD 编码，115 可直接表示为 0001,0001,1001B，大大方便了十进制数的表达和转换。

计算机中数据处理的基本单位是字节，因此每一个十进制数码由 8 位二进制编成 BCD 码，而不是 4 位，称为非压缩 BCD 码，显然空间浪费很大。如果用 4 位二进制编码一个十进制数码，则可减少一半存储空间，这种 BCD 码就是压缩 BCD 码。表 2.15 显示了两种 BCD 码。

表 2.15　非压缩 BCD 码与压缩 BCD 码

十进制	非压缩 BCD 码	压缩 BCD 码
0	0000 0000	0000
1	0000 0001	0001
2	0000 0010	0010

(续表)

十进制	非压缩 BCD 码	压缩 BCD 码
3	0000 0011	0011
4	0000 0100	0100
5	0000 0101	0101
6	0000 0110	0110
7	0000 0111	0111
8	0000 1000	1000
9	0000 1001	1001

2.6.2 BCD 码加减法

BCD 码(二-十进制码)可用来设计十进制加法器，需要在二进制加法器的基础上加上校正逻辑以将二进制的和改成 BCD 码格式。

【例 2.28】 将两个压缩的 BCD 码 27 和 56 相加，其 BCD 码直接相加如下：

0010 0111(BCD 码 27)+0101 0110(BCD 码 56)=0111 1101(BCD 码 7DH)

解： 正确的结果应该是 BCD 码 83！因此 BCD 直接加时必须采用“加 6 修正法”来修正。修正办法是检查每半个字节(4 位二进制)是否大于 9，或者进位标志位 *CF*、辅助进位标志位 *AF* 大于 1。如果高半字节大于 9 或 *CF*=1，则高半字节应加 6，并置 *CF*=1；如果低半字节大于 9 或 *AF*=1，则低半字节应加 6，并置 *AF*=1。

$X+Y+C<10$ 不调整：

```
      2          0010
     +7         +0111
   ----        ------
      9          1001
```

$X+Y+C>10$ 调整：

```
      5          0101
   +  7         +0111
   ----        ------
     12          1100   (= C)
               + 0110
               ------
                10010   (=12)
```

和数(低 4 位)有进位，调整：

```
     37          0011 0111
   +  9         +0000 1001
   ----        -----------
     46          0100 0000   (=40)
                +0000 0110
               -----------
                 0100 0110   (=46)
```

与此类似，两个 BCD 码进行减法运算，当低位向高位有借位时，是“借一作十六”而非“借一作十”，将导致结果多 6；因此有借位时，可采用“减 6 修正法”来修正。综合 BCD 加法和减法，当两个 BCD 码进行加减运算时，先按二进制加减运算进行，再进行 BCD 修正，就可得到正确结果。通常计算机中均配有组合 BCD 数和分离 BCD 数的调整指令。

采用二进制加法器和校正逻辑的一位 BCD 加法器单元如图 2.29 所示，构成的 n 位 BCD 码行波式进位加法器如图 2.30 所示。

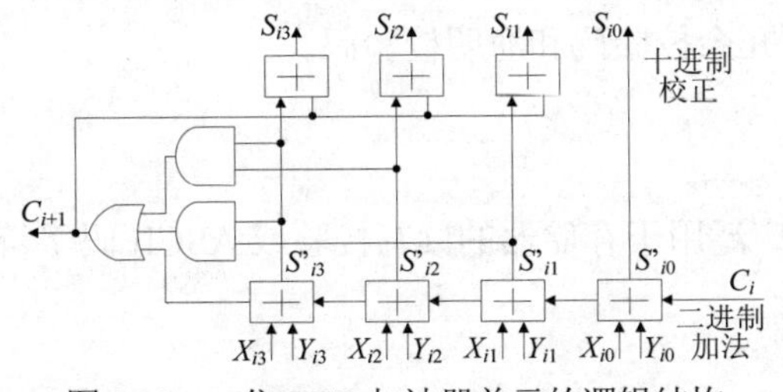

图 2.29　一位 BCD 加法器单元的逻辑结构

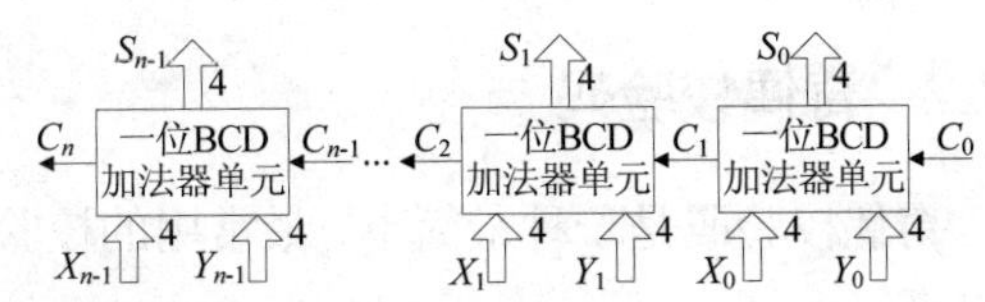

图 2.30　n 位数字的行波进位加法器

2.6.3　BCD 码乘除法

与 BCD 码的加减法相比，BCD 码的乘除法比较复杂，需要更多修改，也是基于前一节提到的 BCD 码加法器和加 6 修正法。二进制乘法使用的移位相加算法中，乘数的每一位非 0 即 1，即每次循环迭代最多只要加 0 或 1 倍的被乘数。但在 BCD 码乘法中，乘数的每一位为 0～9 中的数，即每次循环迭代可能要执行最多达 9 次加法。因此，要在 BCD 乘法中增加一个内循环来完成多次加法。另外，执行多次加法可能导致进位大于 1，因此进位标志位也不是 1 位二进制数，而是 1 位 BCD 码数。而且在移位时，二进制数的每一位为 1 位，而 BCD 码每一位为 4 位二进制。每次移 1 位需要改为每次移 4 位，即每次移 1 位 BCD 码数字，称为十进制移位。

2.7　数据校验码

2.7.1　码距与数据校验码

数据校验码是具有检测错误或自动纠正错误能力的一种数据编码，包括错检测码和错误纠正码。其实现原理是添加一些冗余位到正常编码中，从而正常编码组中增加了一些非法编码，一旦出现某些错误时，合法数据编码就会变成非法编码，通过检测编码是否合法就可以检测、定位和改正错误。

编码距离(code distance)或**海明距离**(hamming distance)，通常指一组编码中任意两个编码之间不同代码的位数。**最小码距**(minimum code distance)是指在一组编码中任意两个编码之间的最小距离。校验码通过增加一些附加的校验位来增大编码的码距，以便检测、定位和纠正错误。

例如，考虑一个只有四个合法编码的编码组：0000 0000B、0000 1111B、1111 0000B、1111 1111B。可知该编码组的码距为 4，即能纠正 1 位错。假设在数据传输过程中不出现 2 位以上的错误，接收方接收到一个编码 0000 0111B，便可知道正确编码应该是 0000 1111B。但如果错了 2 位，如出现了 0000 0011B，就无法确定是 0000 0000B 出现了错误，还是 0000 1111B 出现了错误，从而无法检测、纠正错误。

所以，校验位越多，码距越大，编码组的检错和纠错能力越强。设码距为 d，码距与校验码的检错和纠错能力的关系是：

$d \geqslant e+1$，可检测 e 个错。

$d \geqslant 2t+1$，可纠正 t 个错。

$d \geqslant e+t+1$，且 $e>t$，可检测 e 个错并能纠正 t 个错。

使用数据校验码所需要的二进制位数要多于正常数据编码，因此会增加数据存储容量或数据传送数量。常用的数据校验码有奇偶校验码、循环冗余校验码和海明校验码。

2.7.2 奇偶校验码

奇偶校验码是一种最简单、最常用的校验码，广泛用于存储器的读写校验或ASCII码字符传送检查。

1. 奇偶校验码的编码方法

奇偶校验码的编码方法是：在 n 位有效信息位上增加一位二进制位作为校验位 P，组成共 $n+1$ 位的奇偶校验码。校验位 P 一般在有效信息位的最高位之前或最低位之后。奇偶校验码包括奇校验和偶校验两种。

奇校验(Odd ECC)：使 $n+1$ 位的奇偶校验码中有奇数个1。

偶校验(Even ECC)：使 $n+1$ 位的奇偶校验码中有偶数个1。

例如，设 $D_7D_6D_5D_4D_3D_2D_1D_0$ 为8位有效信息，D_7 为最高信息位，加1位校验位 P 构成的9位奇偶校验码为 $D_7D_6D_5D_4D_3D_2D_1D_0P$ 或 $PD_7D_6D_5D_4D_3D_2D_1D_0$。

如果采用偶校验，则校验位 P 的确定方法如下：

$$P_{even}=D_7 \oplus D_6 \oplus D_5 \oplus D_4 \oplus D_3 \oplus D_2 \oplus D_1 \oplus D_0 \tag{2.39}$$

如果采用奇校验，则校验 P 的确定方法如下：

$$P_{odd}=\overline{P_{even}} \tag{2.40}$$

根据式(2.39)和式(2.40)，可建立奇偶校验码中校验位 P_{even} 与 P_{odd} 的形成电路，见图2.31。

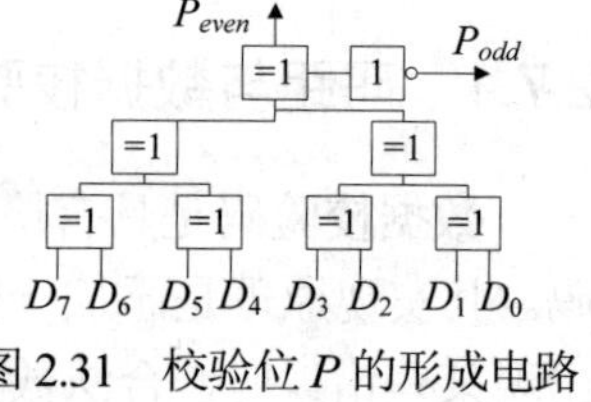

图2.31 校验位 P 的形成电路

【例2.29】 假设校验位 P 位于有效信息的最低位之后，分别写出以下有效信息的奇校验码和偶校验码：1011 1101B、1001 1011B、0111 1111B。

解：各有效信息对应的奇校验码和偶校验码如图2.32所示。

D_7 D_6 D_5 D_4 D_3 D_2 D_1 D_0	P_{odd}	P_{even}	奇校验码	偶校验码
1 0 1 1 1 1 0 1	1	0	1011 1101<u>1</u>B	1011 1101<u>0</u>B
1 0 0 1 1 0 1 1	0	1	1001 1011<u>0</u>B	1001 1011<u>1</u>B
0 1 1 1 1 1 1 1	0	1	0111 1111<u>0</u>B	0111 1111<u>1</u>B

图2.32 对应的校验码

【例2.30】 假设校验位 P 位于有效信息的最高位之前，字符“G”的ASCII码为47H，请写出它的奇校验码和偶校验码。

解：字符“G”的ASCII码为47H=0100 0111B，只用后7位，最高位为0。

奇校验码为 <u>1</u>100 0111B，即 C7H；偶校验码为 <u>0</u>100 0111B，即 47H。

2. 奇偶校验码的校验

采用奇偶校验编码的数据在传输中需要进行奇偶校验，以判断数据传输是否出错。若接收方接到一个奇校验码数据有偶数个 1，或接到一个偶校验码数据有奇数个 1，则确定接到的数据有一位出错。以式(2.39)、式(2.40)为例，出现偶校验错的标志是：$E = D_7 \oplus D_6 \oplus D_5 \oplus D_4 \oplus D_3 \oplus D_2 \oplus D_1 \oplus D_0 \oplus P_{even}$，奇校验可类推。如 E=0 表示无错，如 E=1 表示出错。奇偶校验码只能发现一位错或奇数位个错，但无法发现偶数位个错，并且没有错误定位功能，也无法自动纠正错误。

2.7.3　循环冗余校验码

循环冗余校验码(Cyclic Redundancy Check，CRC)是在 n 位有效信息位后拼接 k 位校验位形成的，又称为**(*n*,*k*)码**。CRC 广泛用于串行传送方式的领域中，包括计算机与磁介质存储器之间、计算机之间以及网络通信等。

1. CRC 码的编码思想

CRC 校验采用多项式编码方法，将 n 位有效信息编码成一个 n 阶的二进制信息多项式 $M(x)$。例如一个 8 位二进制数 1101 0011B 可以用信息多项式表示为：

$1\,x^7 + 1\,x^6 + 0\,x^5 + 1\,x^4 + 0\,x^3 + 0\,x^2 + 1\,x^1 + 1\,x^0 = x^7 + x^6 + x^4 + x^1 + 1$

再用另一个约定的生成多项式 $G(x)$去除信息多项式 $M(x)$，可得到如下关系：

$$\frac{M(x)}{G(x)} = Q(x) + \frac{R(x)}{G(x)} \tag{2.41}$$

其中，$Q(x)$为除得的商数，$R(x)$为除得的余数。由式(2.41)可得：

$$M(x) - R(x) = Q(x) \cdot G(x) \tag{2.42}$$

在数据传送中，发送方可将 $M(x)-R(x)$作为校验码来传送；接收方接收到编码后，用双方约定的多项式 $G(x)$去除；若余数为 0，即能够整除，则表示数据传送正确；否则表示数据传送有误。

2. 模 2 运算

根据式(2.42)可知，$M(x)-R(x)$是减法操作，可能产生借位运算，编码实现比较麻烦。为此，CRC 采用了不需要考虑进位和借位的模 2 运算，CRC 也称为基于模 2 运算的校验码。**模 2 运算**是以按位模 2 加为基础的二进制四则运算，规则如下。

- 模 2 加减

模 2 加减使用异或规则进行按位加，计算时不进位或借位。其运算规则为：

0±0=0；0±1=1±0=1；1±1=0。

- 模 2 乘

模 2 乘使用模 2 加的规则求部分积之和来实现乘法运算，计算时不进位。

- 模 2 除

模 2 除使用模 2 减求部分余数来实现除法运算，计算时不借位。若部分余数(首次为被除数)最高位为 1，则上商为 1；若为 0，则上商为 0。每求一位商后，减少一位部分余数(去掉部分余数的最高位)，再求下一位商。当部分余数的位数少于除数位数时运算结束，该余数为最终余数。

3. CRC 码的编码方法

(1) 将 n 位有效信息编码为信息多项式 $M(x)$：

$$M(x)=C_{n-1}x^{n-1}+C_{n-2}x^{n-2}+...+C_1x^1+C_0$$

其中 C_i=0 或 1，表示第 i 位的信息(i=0，1，2，…，n−1)。

(2) 选择一个 k+1 位的生成多项式 $G(x)$作为约定除数：

$$G(x)=G_jx^j+G_{j-1}x^{j-1}+...+G_1x^1+G_0$$

其中 G_j=0 或 1，对应 k+1 位的生成多项式中第 j 位的信息(j=0，1，2，…，k)。

(3) 把 $M(x)$左移 k 位，可得到 n+k 位的 $M(x)\cdot x^k$。然后用 $M(x)\cdot x^k$ 按模 2 除法除以 $G(x)$，得到 k 位余数 $R(x)$，即：

$$\frac{M(x)\bullet x^k}{G(x)}=Q(x)+\frac{R(x)}{G(x)} \tag{2.43}$$

(4) 将 $M(x)\cdot x^k$ 与余数 $R(x)$做模 2 加，得：

$$M(x)\cdot x^k+R(x)=Q(x)\cdot G(x)+R(x)+R(x)=Q(x)\cdot G(x) \tag{2.44}$$

注意：在模 2 加时，$R(x)$+$R(x)$=0。

在 $M(x)\cdot x^k$ 的后 k 位拼接 k 位的 $R(x)$，就得到了 n+k 位 CRC 码。

【例 2.31】 已知有效信息为 1010B，生成多项式为 $G(x)=x^3+x+1$，求 CRC 校验码，并求循环余数和出错模式。

解：

(1) 将 n 位有效信息编码为信息多项式 $M(x)$：$M(x)$=1010B=x^3+x^1

(2) 选择 k+1 位的生成多项式 $G(x)$作为约定除数：$G(x)=x^3+x+1$=1011B

(3) 把 $M(x)$左移 k 位，可得到 n+k 位的 $M(x)\cdot x^3$=1010000B。

$M(x)\cdot x^3$ 模 2 除以 $G(x)$得到余数 $R(x)$=011B，运算过程如下：

```
             1 0 0 1
        ┌─────────────
1 0 1 1 │1 0 1 0 0 0 0
         1 0 1 1
         ───────
               1 0 0 0
               1 0 1 1
               ───────
                 0 1 1
```

(4) 将 $M(x)\cdot x^3$ 与余数 $R(x)$做模 2 加，把 $R(x)$拼接到 $M(x)\cdot x^3$ 的后 3 位，得 CRC 校验码为：$M(x)\cdot x^3+R(x)$=1010000B+011B=1010011B。

(5) 在上述余数 011B 的基础上添 0 继续进行模 2 除法。余数循环如下：

011→110→111→101→001→010→100→011。

可见，若照此继续除下去，得到的余数依次为上面的余数循环，这就是循环码的来历。

(6) 对于不同的 4 位有效信息，$G(x)=x^3+x^1+1$ 的(7,4)码出错模式是相同的，如表 2.16 所示。

表 2.16　多项式 $G(x)=x^3+x^1+1$ 的(7,4)码的出错模式

D_7	D_6	D_5	D_4	D_3	D_2	D_1	余数	出错位
1	0	1	0	0	1	1	000	(正确码)
1	0	1	0	0	1	**0**	001	1
1	0	1	0	0	**0**	1	010	2
1	0	1	0	**1**	1	1	100	3
1	0	1	**1**	0	1	1	011	4
1	0	**0**	0	0	1	1	110	5
1	**1**	1	0	0	1	1	111	6
0	0	1	0	0	1	1	101	7

从表 2.16 所示的出错模式可知，余数与出错位的对应关系是不变的。如果信息多项式与生成多项式做模 2 除得到的余数为 010，表示信息中的 D_2 出错，从而实现错误定位功能。若将相应位取反，即可自动纠正错误。

4. 循环冗余校验的生成多项式

在 CRC 码的形成和校验中，不同的生成多项式可以得到不同的出错模式，也具有不同的码距和检错、纠错能力。并非所有 k+1 位的多项式都可作为生成多项式，生成多项式应符合以下要求：

- 任何一位发生错误，余数都不应为 0。
- 不同位发生错误，应当产生不同的余数。
- 在余数基础上添 0 继续进行模 2 除法，余数应当能够构成循环。

表 2.17 列出了最常用的生成多项式。其他不同码长的生成多项式请查阅有关资料。

表 2.17　常用的生成多项式

CRC 码长	有效信息位	码距	$G(x)$多项式	$G(x)$二进制
7	4	3	x^3+x+1	1011
7	4	3	x^3+x^2+1	1101
7	3	4	$x^4+x^3+x^2+1$	11101
7	3	4	x^4+x^2+x+1	10111
15	11	3	x^4+x+1	10011
15	7	5	$x^8+x^7+x^6+x^4+1$	111010001
31	26	3	x^5+x^2+1	100101
31	21	5	$x^{10}+x^9+x^8+x^6+x^5+x^3+1$	11101101001
63	57	3	x^6+x+1	1000011
63	51	5	$x^{12}+x^{10}+x^5+x^4+x^2+1$	1010000110101

在数据通信与网络传输中，通常信息多项式的 n 相当大，甚至由一千或数千个二进制数据位构成一帧。相应的生成多项式的次幂也比较高，常用的 k=16 和 k=32 的生成多项式有：

$$\mathrm{CRC}_{16}=x^{16}+x^{15}+x^2+1$$

$$\mathrm{CRC}_{32}=x^{32}+x^{26}+x^{23}+x^{16}+x^{12}+x^{11}+x^{10}+x^8+x^7+x^5+x^4+x^2+x+1$$

2.7.4 海明校验码

1. 海明校验码的编码思想

海明校验码(Hamming code)是美国数学家理查德 · 卫斯里 · 海明(Richard Wesley Hamming)于 1950 年提出的。其原理是在数据编码中加入若干个校验位，并将数据的每个二进制位分配到若干个奇偶校验组中，一旦某位出错就会导致相关的几个校验组的值变化。海明校验码不仅可以检错，还能定位一位错，具有自动纠错能力。

设有效信息为 n 位，校验位为 k 位，组成的海明校验码共为 $n+k$ 位。校验时，需要进行 k 组奇偶校验，并把每组的奇偶校验结果组合成一个 k 位的二进制数，共可表示 2^k 种状态。其中，只有一个状态表示校验信息是全部正确的，剩下的(2^k-1)种状态可以用于错误定位。所以有效信息的位数 n 与校验位的位数 k 应满足关系：

$$2^k-1 \geqslant n+k \tag{2.45}$$

如果定位错误，只需要将出错位的内容取反就可自动纠正错误。由式(2.45)可计算出海明校验码中 n 与 k 的具体对应关系，并具有检一位错并且纠一位错的能力，如表 2.18 所示。

表 2.18 信息码位数与校验码位数之间的关系

k(最小)	2	3	4	5	6	7	8
n	1	2～4	5～11	12～26	27～57	58～120	121～247

2. 海明校验码的编码方法

(1) n 位有效信息和 k 位校验位构成 $n+k$ 位的海明校验码。

设按从左向右(或从右向左)的顺序，将校验码各位编码的位号从 1 到 $n+k$ 排列，规定校验位所在的位号为 2^i(i=0，1，2，…，k−1)，有效信息按原编码的顺序排列在其他位号中。

例如，7 位 ASCII 码的有效信息位的排列为 $D_6D_5D_4D_3\,D_2D_1D_0$。根据表 2.18，应选择校验位位数 k=4，和 7 位信息构成 7+4=11 位海明校验码。将 4 个校验位分别位于位号为 2^i 的位置上，即 2^0、2^1、2^2、2^3，相应位命名为 P_1、P_2、P_4、P_8，下标指出校验位所在位号。再将有效信息 $D_6D_5D_4D_3D_2D_1D_0$ 按原顺序排列在其余位上。编码排列位置如图 2.33 所示。

位号	11	10	9	8	7	6	5	4	3	2	1
编号	D_6	D_5	D_4	P_8	D_3	D_2	D_1	P_4	D_0	P_2	P_1

图 2.33 编码排列位置

(2) 将 k 个校验位分成 k 组奇偶校验，每个有效信息位都被两个(或以上)的校验位校验。

有效信息位与校验位的对应规则是，被校验的位号等于校验它的校验位位号之和。图 2.33 中，有效信息 D_5 的位号为 10，10=2+8，所以 D_6 应被校验位 P_2、P_8 校验；由此类推，可确定形成 k 个校验位 P 的有效信息的分组情况，即校验位的分组情况，如图 2.34 所示。

位号	11	10	9	8	7	6	5	4	3	2	1
编码	D_6	D_5	D_4	P_8	D_3	D_2	D_1	P_4	D_0	P_2	P_1
校验位	$P_1P_2P_8$	P_2P_8	P_1P_8		$P_1P_2P_4$	P_2P_4	P_1P_4		P_1P_2		

图 2.34 海明校验码校验位与有效信息位的分组情况

(3) 根据校验位的分组情况，按奇偶校验原理计算各个校验位，形成海明校验码。

例如，按偶校验求出各个校验位的规则是：

$P_1=D_6 \oplus D_4 \oplus D_3 \oplus D_1 \oplus D_0$　　$P_2=D_6 \oplus D_5 \oplus D_3 \oplus D_2 \oplus D_0$

$P_4=D_3 \oplus D_2 \oplus D_1$　　$P_8=D_6 \oplus D_5 \oplus D_4$

按奇校验求出各个校验位的规则是：

$P_1=\overline{D_6 \oplus D_4 \oplus D_3 \oplus D_1 \oplus D_0}$　　$P_2=\overline{D_6 \oplus D_5 \oplus D_3 \oplus D_2 \oplus D_0}$

$P_4=\overline{D_3 \oplus D_2 \oplus D_1}$　　$P_8=\overline{D_6 \oplus D_5 \oplus D_4}$

3. 海明校验码的校验

在信息传输中，接收方需要对海明校验码中 k 个校验位分别进行 k 组奇偶校验，以确定信息传输是否出错(见图 2.35)。k 组奇偶校验后，形成 k 位的**指误字** $E_kE_{k-1}...E_2E_1$。若第 i 组校验结果正确，指误字中 E_i=0；若第 i 组校验结果错误，指误字中相应位 E_i=1。因此若接收方接收到的信息无错，指误字 $E_kE_{k-1}...E_2E_1$ 应全部为 0；否则表示有错，并且指误字 $E_kE_{k-1}...E_2E_1$ 所对应的十进制值指出出错位的位号。对该位取反可自动纠正错误。

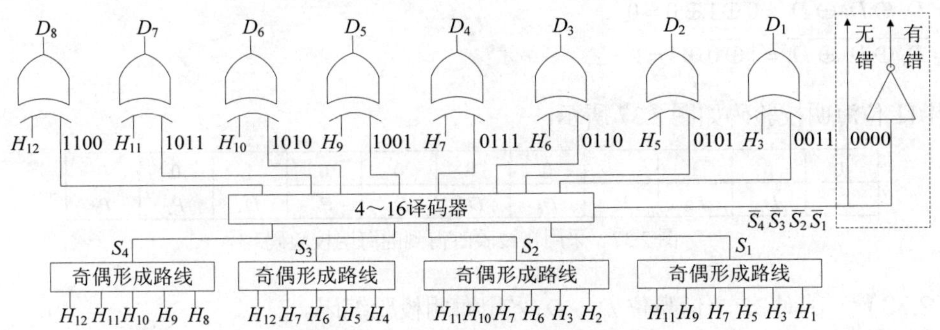

图 2.35　(12,8)分组码海明校验线路

例如，根据图 2.34 中 4 个校验位 P_1、P_2、P_4、P_8 的分组情况，分 4 组进行奇偶校验，得到指误字 $E_4E_3E_2E_1$：

$E_1=D_6 \oplus D_4 \oplus D_3 \oplus D_1 \oplus D_0 \oplus P_1$　　$E_2=D_6 \oplus D_5 \oplus D_3 \oplus D_2 \oplus D_0 \oplus P_2$

$E_3=D_3 \oplus D_2 \oplus D_1 \oplus P_4$　　$E_4=D_6 \oplus D_5 \oplus D_4 \oplus P_8$

以偶校验为例，若 $E_4E_3E_2E_1$=0000，表示无错；若 $E_4E_3E_2E_1 \neq 0000$，则 $E_4E_3E_2E_1$ 代码所对应的十进制值可以确定出错位的位号。若 $E_4E_3E_2E_1$=0110，表示第 6 位 D_2 出错。但是，只有在一个错误的情况下，指误字才能正确指示出错位的位置。如果信息中出现两个以上错误，就可能无法查出。因此，也称为“检一纠一错”海明校验码。

4. 扩展的海明校验码

若要实现更强大的检错纠错能力，可以考虑给海明校验码增加一位奇偶校验位对所有代码进行奇偶校验，就能再检测出一位错误，从而实现“检二纠一错”，称为**扩展的海明校验码**或**检二纠一错海明校验码**。扩展的海明校验码是在检一纠一错的海明校验码的基础上，增加奇偶校验位 P_0，构成 $n+k+1$ 位的校验编码。P_0 的取值是使长度为 $n+k+1$ 的编码中具有偶数(偶校验)或奇数(奇校验)个 1。

【例 2.32】　已知被校验的数据为 $D_6D_5D_4D_3D_2D_1D_0$=1010101B，求其海明校验码。

解：

(1)　假设采用偶校验

$P_1 = D_6 \oplus D_4 \oplus D_3 \oplus D_1 \oplus D_0 = 1 \oplus 1 \oplus 0 \oplus 0 \oplus 1 = 1$

$P_2 = D_6 \oplus D_5 \oplus D_3 \oplus D_2 \oplus D_0 = 1 \oplus 0 \oplus 0 \oplus 1 \oplus 1 = 1$

$P_4 = D_3 \oplus D_2 \oplus D_1 = 0 \oplus 1 \oplus 0 = 1$

$P_8 = D_6 \oplus D_5 \oplus D_4 = 1 \oplus 0 \oplus 1 = 0$

可得 11 位海明校验码如图 2.36 所示。

1	0	1	0	0	1	0	1	1	1	1
D_6	D_5	D_4	P_8	D_3	D_2	D_1	P_4	D_0	P_2	P_1

图 2.36　采用偶校验时得到的海明校验码

(2) 假设采用奇校验

$P_1 = \overline{D_6 \oplus D_4 \oplus D_3 \oplus D_1 \oplus D_0} = \overline{1 \oplus 1 \oplus 0 \oplus 0 \oplus 1} = 0$

$P_2 = \overline{D_6 \oplus D_5 \oplus D_3 \oplus D_2 \oplus D_0} = \overline{1 \oplus 0 \oplus 0 \oplus 1 \oplus 1} = 0$

$P_4 = \overline{D_3 \oplus D_2 \oplus D_1} = \overline{0 \oplus 1 \oplus 0} = 0$

$P_8 = \overline{D_6 \oplus D_5 \oplus D_4} = \overline{1 \oplus 0 \oplus 1} = 1$

可得 11 位海明校验码如图 2.37 所示。

1	0	1	1	0	1	0	0	1	0	0
D_6	D_5	D_4	P_8	D_3	D_2	D_1	P_4	D_0	P_2	P_1

图 2.37　采用奇校验时得到的海明校验码

【例 2.33】　试对 32 个信息位 D_{31}~D_0 采用海明校验编码。

解：根据式(2.45)，有 $2^k-1 \geqslant n+k$，n=32 时，有 k=6 使 $2^6-1 \geqslant 32+6$ 成立，则海明校验至少要 6 个校验位 P_6~P_1，编成 38 位海明校验编码 H_{38}~H_1。信息位 D_{31}~D_0 和校验位 P_6~P_1 的位置排列如图 2.38 所示。校验位 P_6~P_1 对应的海明码位号分别为 H_{32}、H_{16}、H_8、H_4、H_2、H_1。

H_{19}	H_{18}	H_{17}	H_{16}	H_{15}	H_{14}	H_{13}	H_{12}	H_{11}	H_{10}	H_9	H_8	H_7	H_6	H_5	H_4	H_3	H_2	H_1
D_{13}	D_{12}	D_{11}	P_5	D_{10}	D_9	D_8	D_7	D_6	D_5	D_4	P_4	D_3	D_2	D_1	P_3	D_0	P_2	P_1
H_{38}	H_{37}	H_{36}	H_{35}	H_{34}	H_{33}	H_{32}	H_{31}	H_{30}	H_{29}	H_{28}	H_{27}	H_{26}	H_{25}	H_{24}	H_{23}	H_{22}	H_{21}	H_{20}
D_{31}	D_{30}	D_{29}	D_{28}	D_{27}	D_{26}	P_6	D_{25}	D_{24}	D_{23}	D_{22}	D_{21}	D_{20}	D_{19}	D_{18}	D_{17}	D_{16}	D_{15}	D_{14}

图 2.38　32 个信息位的海明校验码

2.8　时序逻辑电路

2.8.1　触发器

在实际系统中，往往要求大量存储单元在同一时刻同步动作，为此，在每个存储单元电路上使用了触发器电路和一个时钟脉冲(CLK)信号。不同于没有时钟信号控制的锁存器，触发器是一种只有在时钟信号触发时才能动作的存储单元电路，并根据输入信号的不同而改变输出状态。

触发器的电路结构均由 R-S 锁存器派生而来(可将锁存器视为广义的触发器)，通过逻辑门组合而成，见图 2.39。触发器可以处理时钟信号和输入、输出信号之间的关系。

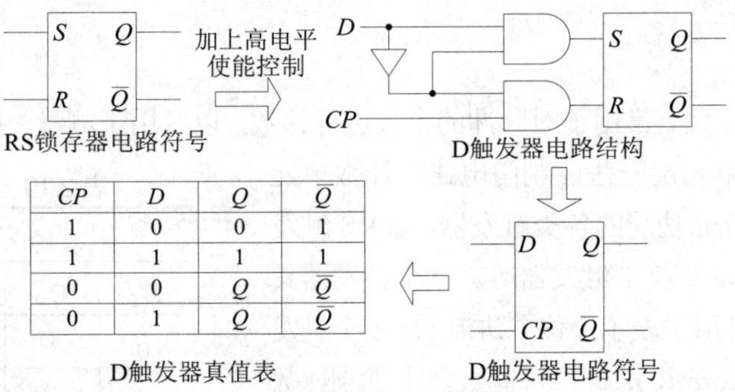

CP	D	Q	$\overline{Q}$
1	0	0	1
1	1	1	1
0	0	Q	$\overline{Q}$
0	1	Q	$\overline{Q}$

图 2.39　触发器

D 触发器由 R-S 锁存器的前面加一个由一个非门和两个与门构成的附加电路构成。当时钟脉冲 CP 为 1 时，从输入端读入数据 D 并传至输出端；当 CP 为 0 时，与门屏蔽输入端的数据 D，因为与门只要有一个输入端为 0 则输出为 0，只有等到下一个 CP 高电平才能送出当前的 D 值。从而实现了触发器的延迟输出功能，起到暂存数据的作用。

按触发器电路结构可分为：基本 RS 触发器和钟控触发器。

按触发器逻辑功能可分为：RS 触发器、D 触发器、JK 触发器、T 触发器。

按触发方式可分为：电平触发器、边沿触发器和主从触发器。

按触发器的数据存储原理可分为：静态触发器和动态触发器。

按触发器的制造工艺可分为：TTL 型触发器和 MOS 型触发器。

2.8.2　寄存器

按照用途，寄存器可分为内部寄存器和接口寄存器两类。内部寄存器主要用于为内部电路提供存储功能或满足电路的时序要求，无法被外部电路或软件访问。接口寄存器用于内外部接口，能够同时被内部和外部电路(或软件)访问，如 CPU 中的寄存器可作为软硬件接口使用。寄存器的基本单元是 D 触发器，按照其用途分为基本寄存器和移位寄存器。

基本寄存器(见图 2.40)由 D 触发器构成，每个 D 触发器能够在脉冲 CP 作用下寄存一位二进制码。在 D=0 时，寄存器寄存 0；在 D=1 时，寄存器寄存 1。在信号源与 D 之间连接一个反相器，就能实现数据的存储。**注意：**现代基于时钟运作的数字系统都使用时钟的边缘来触发寄存器，很少使用电平触发方式。

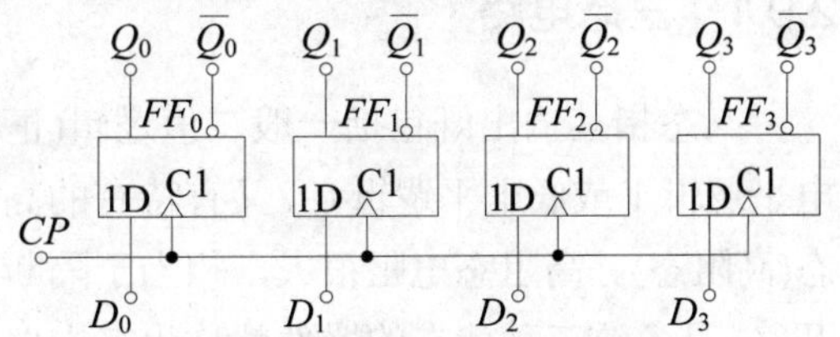

图 2.40　四位数码寄存器

按照移位方向，可将移位寄存器分为单向移位寄存器和双向移位寄存器。单向移位寄存器通过串接多个 D 触发器而成(见图 2.41)，要存储的数据从串口 D_i 输入，就能存储到触发器 FF_0 中。当发出一次时钟控制脉冲 CP 时，串口 D_i 就可输入第二个需要存储的数据，并将第一个

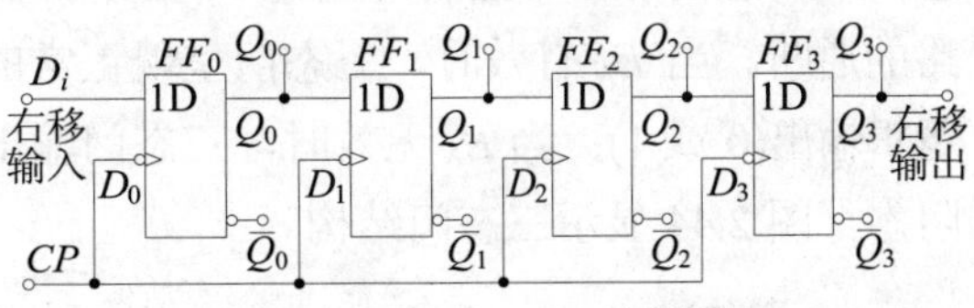

图 2.41　4 位右移移位寄存器

数据存储到触发器 FF_1 中，依次类推，从而完成右移移位。在此基础上增加控制电路可构成双向移位寄存器，使寄存器能够左移和右移。

2.8.3 计数器

在数字系统中，计数器常用于对脉冲的个数进行计数，以及用于测量、控制、分频等功能，计数器包括基本的计数单元及一些控制门电路。计数单元通常包括一系列具有存储功能的各类触发器，如 RS 触发器、D 触发器、JK 触发器及 T 触发器等。一个触发器具有 0 和 1 两种状态，可用于表示一位二进制数。*n* 个触发器串接起来后，还可以表示 *n* 位二进制数。十进制计数器要用 4 位二进制数来构成，因为需要 10 个数码状态。

D 触发器的其值表如表 2.19 所示，逻辑符号如图 2.42 所示。状态方程为 $Q^{n+1}=D^n$ 。图 2.43 是由 D 触发器组成的 4 位异步二进制加法计数器。

表 2.19　D 触发器的真值表

输入				输出	
$\overline{S}_D$	$\overline{R}_D$	CP	D	Q	$\overline{Q}$
0	1	×	×	1	0
1	0	×	×	0	1
0	0	×	×	1*	1*
1	1	↑	1	1	0
1	1	↑	0	0	1
1	1	0	×	Q_0	$\overline{Q}$

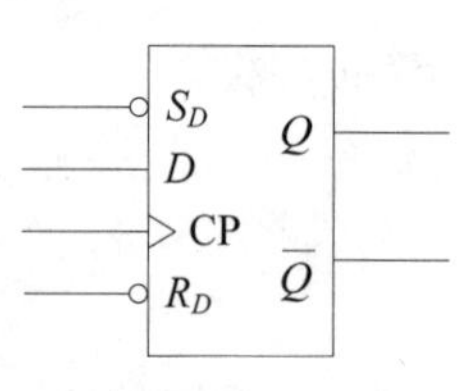

图 2.42　D 触发器的逻辑符号

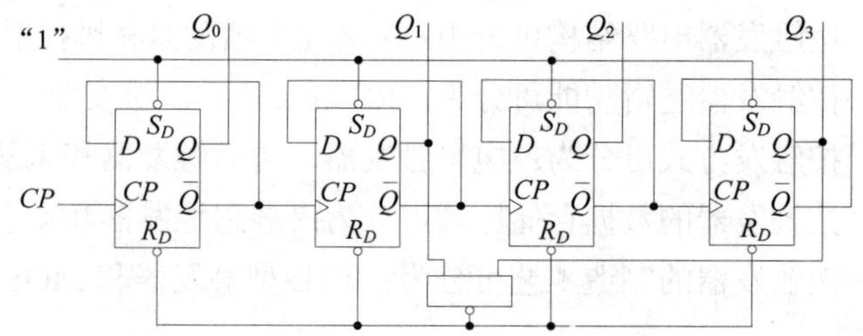

图 2.43　D 触发器组成的 4 位异步二进制加法计数器

2.9 组合逻辑电路

2.9.1 三态电路

三态指其输出既包括一般二值逻辑(正常的高电平逻辑 1 或低电平逻辑 0)，又有特有的高阻抗状态(高阻态)。高阻态电阻很大，相当于隔断状态或开路。具备这三种状态的器件就称为三态器件或三态门。三态门有一个控制使能端 E_N 用于控制门电路的通断。当 E_N 有效时，三态门呈现正常的二值逻辑输出(0 或 1)；当 E_N 无效时，三态门输出呈高阻态。图 2.44 显示三态门结构。

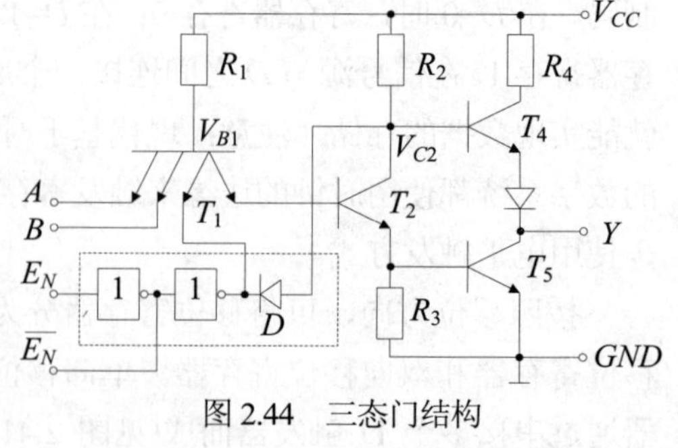

图 2.44　三态门结构

2.9.2 比较器

数字电路中经常使用比较，即对比两个或多个数据项以确定它们是否相等，或确定这些数据的大小关系及排列顺序。比较器就是能实现这种比较功能的电路或装置。比较器原则上相当一个 1 位模/数转换器(ADC)。比较器的阈值一般是确定的，阈值可以是一个也可以是两个。1 位数值比较器如图 2.45 所示。

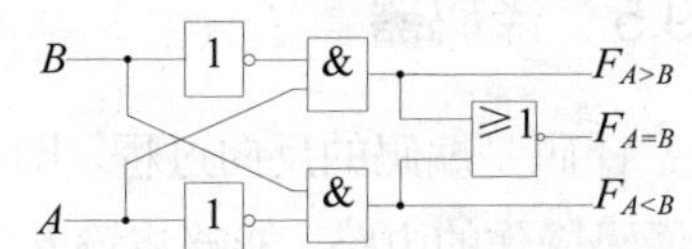

图 2.45　1 位数值比较器的逻辑图

该 1 位数值比较器能够比较两个 1 位二进制数 A、B。$F_{A>B}=A\overline{B}$，$F_{A=B}=\overline{A}\overline{B}+AB$，$F_{A<B}=\overline{A}B$。

类似地，可设计多位数值比较器。首先比较高位，高位不等时，则由高位确定各数值的大小关系；若高位相等，再继续比较低位，由低位确定比较结果。

2.9.3　加法器

两个二进制数字 A_i、B_i 和一个进位输入 C_i 可以构成全加器，产生一个和输出 S_i，以及一个进位输出 C_{i+1}。全加器真值表见表 2.13，输出逻辑表达式见式(2.29)，逻辑电路见图 2.14。

2.9.4　编码器

编码器(encoder)可对信号或数据进行编码，转换成存储、通信和传输所需的信号形式。**普通编码器**在任何时刻只能有一个编码信号输入，否则将发生混乱。**优先编码器**在任何时刻允许两个以上编码信号同时输入，并根据事先规定的优先级别，将优先级别最高的一个输入信号编码成约定格式。

74LS148 是常用的 8 线-3 线优先编码器，将 8 条输入数据线(0 ~ 7)进行 3 线(421 码)二进制优先编码，类似于二进制转换成八进制。八个输入为 $\overline{I}_0\sim\overline{I}_7$(八种状态)，三个输出为 $\overline{Y}_2$、$\overline{Y}_1$、$\overline{Y}_0$，输入选通端($\overline{EI}$)和输出选通端(EO)可用于八进制扩展。其真值表如表 2.20 所示。

表 2.20　74LS148 编码器真值表

输入									输出				
$\overline{EI}$	$\overline{I}_0$	$\overline{I}_1$	$\overline{I}_2$	$\overline{I}_3$	$\overline{I}_4$	$\overline{I}_5$	$\overline{I}_6$	$\overline{I}_7$	$\overline{Y}_2$	$\overline{Y}_1$	$\overline{Y}_0$	$\overline{GS}$	EO
H	×	×	×	×	×	×	×	×	H	H	H	H	H
L	H	H	H	H	H	H	H	H	H	H	H	H	L
L	×	×	×	×	×	×	×	L	L	L	L	L	H
L	×	×	×	×	×	×	L	H	L	L	H	L	H
L	×	×	×	×	×	L	H	H	L	H	L	L	H
L	×	×	×	×	L	H	H	H	L	H	H	L	H
L	×	×	×	L	H	H	H	H	H	L	L	L	H
L	×	×	L	H	H	H	H	H	H	L	H	L	H
L	×	L	H	H	H	H	H	H	H	H	L	L	H
L	L	H	H	H	H	H	H	H	H	H	H	L	H

注：H-高电平，L-低电平，×-任意

2.9.5　译码器

译码是编码的反向过程，即将代码状态的特定含义翻译成相应信息。译码器(decoder)是用于实现译码操作的电路，能够将输入二进制代码的状态翻译成其原来的含义进行输出。译码器的种类很多，但工作原理大同小异，常见的有二进制译码器、二–十进制译码器和显示译码器。

74LS138 为常见的 3 线-8 线译码器，三个输入为 A、B、C，八个输出为 $\overline{Y}_0 \sim \overline{Y}_7$ (八种状态)，类似于八进制转换为二进制。另外，还有 3 个附加的控制端 G_1、$\overline{G}_{2A}$、$\overline{G}_{2B}$，只有当 G_1=1、$\overline{G}_{2A}+\overline{G}_{2B}$=0 时，译码器才处于工作状态；否则译码器被禁止，八个输出端均被锁在高电平。真值表如表 2.21 所示。

表 2.21　74LS138 译码器真值表

输入						输出							
Enable			Select										
G_1	$\overline{G}_{2A}$	$\overline{G}_{2B}$	C	B	A	$\overline{Y}_0$	$\overline{Y}_1$	$\overline{Y}_2$	$\overline{Y}_3$	$\overline{Y}_4$	$\overline{Y}_5$	$\overline{Y}_6$	$\overline{Y}_7$
L	×	×	×	×	×	H	H	H	H	H	H	H	H
×	H	×	×	×	×	H	H	H	H	H	H	H	H
×	×	H	×	×	×	H	H	H	H	H	H	H	H
H	L	L	L	L	L	L	H	H	H	H	H	H	H
H	L	L	L	L	H	H	L	H	H	H	H	H	H
H	L	L	L	H	L	H	H	L	H	H	H	H	H
H	L	L	L	H	H	H	H	H	L	H	H	H	H
H	L	L	H	L	L	H	H	H	H	L	H	H	H
H	L	L	H	L	H	H	H	H	H	H	L	H	H
H	L	L	H	H	L	H	H	H	H	H	H	L	H
H	L	L	H	H	H	H	H	H	H	H	H	H	L

注：H-高电平，L-低电平，×-任意

2.9.6　数据选择器

数据选择器(data selector)能根据指定的输入地址代码，从一组输入信号中选择该地址代码所对应的端口并送至输出端，也称为多路选择器、多路调制器(multiplexer)或多路开关。四选一数据选择器的原理图如图 2.46 所示，共有四个数据输入端 D_0、D_1、D_2、D_3，一个输出端 Y，另有两个地址输入端 A_1、A_0。从表 2.22 可见，利用 A_1A_0 指定的地址代码，能够选择四个输入数据 D_0、D_1、D_2、D_3 中的任何一个并送到输出端。

工作原理是给定一组地址信号 A_1A_0，比如 01，就相当于选通了 D_1 这个输入端，信号 D_1 就从对应的输出端 Y 输出。

表 2.22　数据选择器控制表

控制		选择的输出源
A_1	A_0	Y
0	0	D_0
0	1	D_1
1	0	D_2
1	1	D_3

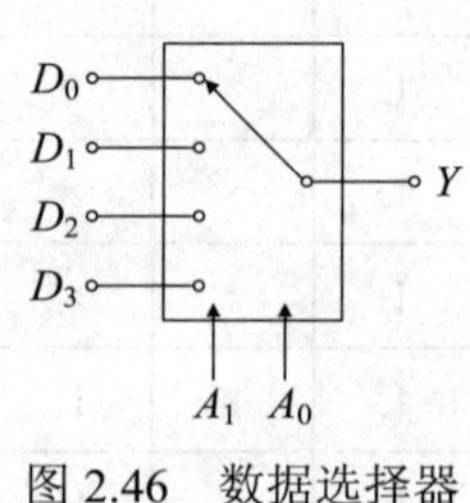

图 2.46　数据选择器

2.9.7　总线

从逻辑结构来看，总线可分为单向传送总线和双向传送总线。单向总线的信息只能朝一个方向传送，见图 2.47(a)。双向总线的信息可以朝两个方向传送，既可以接收数据，也可以发送数据，见图 2.47(b)。

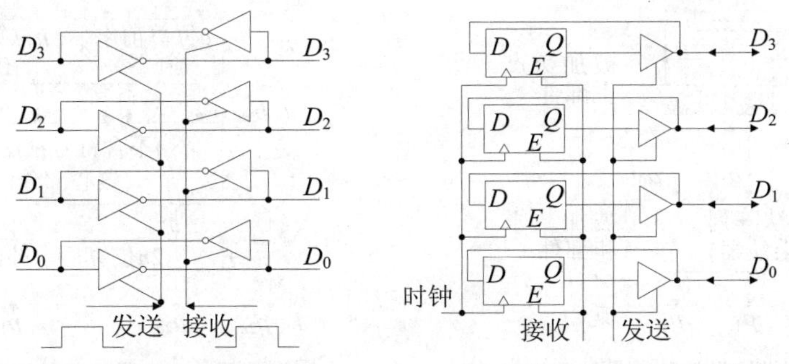

(a) 带有缓冲器的双向数据总线　　(b) 带有锁存器的双向数据总线

图 2.47　双向总线

2.10　阵列逻辑电路

2.10.1　阵列乘法器

1. 原码并行乘法

- 不带符号的阵列乘法器

设有两个不带符号的二进制整数：$A=a_{m-1}\ldots a_1a_0$，$B=b_{n-1}\ldots b_1b_0$；相乘后产生 $m+n$ 位乘积 P：$P=p_{m+n-1}\ldots p_1p_0$；每一个部分乘积项(位积)a_ib_j 为一个被加数，可以用 $m\times n$ 个“与”门并行地产生共 $m\times n$ 个被加数$\{a_ib_j|0\leqslant i\leqslant m-1$ 和 $0\leqslant j\leqslant n-1\}$。显然，$m$ 位乘 n 位不带符号整数的阵列乘法器包括两部分，即被加数产生部件和被加数求和部件。

假设与门的传输延迟时间为 T_a，全加器(FA)的进位传输延迟时间为 T_f，并且 FA 的进位链功能用 2 级与非逻辑来实现，即 $T_a=T_f=2T$。从图 2.48 可知，乘法器最坏情况下的传输延迟是沿着矩阵最右边的对角线和最下的一行。则 n 位×n 位不带符号的阵列乘法器总的乘法时间为：

$$T_m=T_a+[(n-1)+(n-1)]\times T_f=2T+(2n-2)\times 2T=(4n-2)T$$

- 带符号的阵列乘法器

设有两个定点表示的$(n+1)$位带符号的二进制整数：$A=a_{n-1}\ldots a_1a_0$，$B=b_{n-1}\ldots b_1b_0$，求补操作采用按位扫描技术来实现，再将求补后的 A 和 B 输入给 $n\times n$ 位不带符号的阵列乘法器，计算产生 $2n$ 位真值乘积：

$$A\cdot B=P=p_{2n-1}\ldots p_1p_0$$

$$p_{2n}=a_n\oplus b_n$$

其中 P_{2n} 为符号位。带求补器的阵列乘法器如图 2.49 所示，又称为带符号求补的阵列乘法器。由于新增求补操作，整个乘法运算时间大约比不带符号的原码阵列乘法增加 1 倍。

2. 补码并行乘法

设有定点补码整数$[N]_补=a_{n-1}a_{n-2}\ldots a_1a_0$，其中 a_{n-1} 是符号位，其真值 N 可表示为：

$$N=-a_{n-1}2^{n-1}+\sum_{i=0}^{n-2}a_i2^i$$

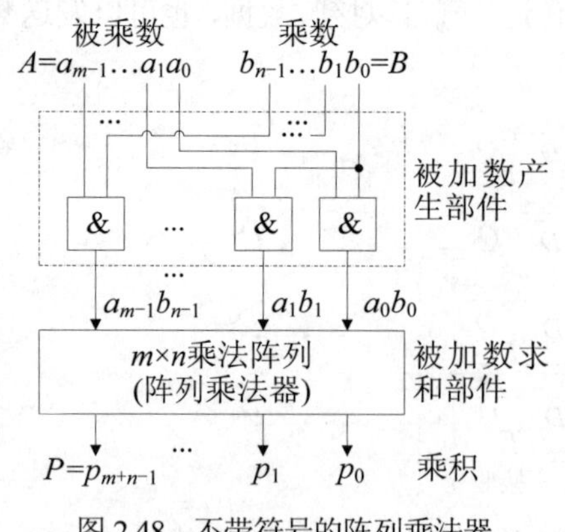

图 2.48　不带符号的阵列乘法器

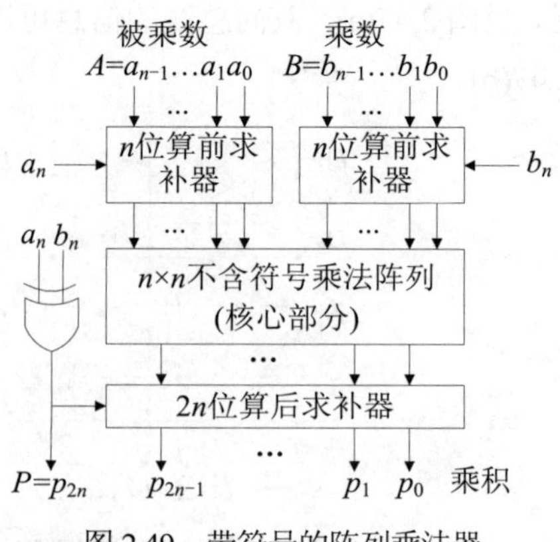

图 2.49　带符号的阵列乘法器

乘法运算使用的一般化的全加器如表 2.23 所示。

表 2.23　一般化的全加器形式

类型	0 类加法器	1 类加法器	2 类加法器	3 类加法器
逻辑符号	X Y Z 0 C S	X Y Z 1 C S	X Y Z 2 C S	X Y Z 3 C S
操作	X Y +) Z CS	X Y +) $-Z$ $C(-S)$	$-X$ $-Y$ +) Z $(-C)S$	$-X$ $-Y$ +) $-Z$ $(-C)(-S)$

如图 2.50 所示，直接补码数阵列乘法器可以利用表 2.23 所示的一般化全加器构成。假设有两个 5 位的二进制补码数表示的被乘数 A 和乘数 B，即 $A=(a_4)a_3a_2a_1a_0$，$B=(b_4)b_3b_2b_1b_0$，则 5 位×5 位直接补码操作如下，负的被加项用括号标注。

$$
\begin{array}{ccccccccccc}
 & & & & & (a_4) & a_3 & a_2 & a_1 & a_0 & =A \\
 & & & & \times & (b_4) & b_3 & b_2 & b_1 & b_0 & =B \\
\hline
 & & & & & (a_4b_0) & a_3b_0 & a_2b_0 & a_1b_0 & a_0b_0 & \\
 & & & & (a_4b_1) & a_3b_1 & a_2b_1 & a_1b_1 & a_0b_1 & & \\
 & & & (a_4b_2) & a_3b_2 & a_2b_2 & a_1b_2 & a_0b_2 & & & \\
 & & (a_4b_3) & a_3b_3 & a_2b_3 & a_1b_3 & a_0b_3 & & & & \\
+ & a_4b_4 & (a_3b_4) & (a_2b_4) & (a_1b_4) & (a_0b_4) & & & & & \\
\hline
p_9 & p_8 & p_7 & p_6 & p_5 & p_4 & p_3 & p_2 & p_1 & p_0 & =P
\end{array}
$$

图 2.50　直接补码数阵列乘法器

5 位×5 位直接补码阵列乘法器逻辑原理如图 2.51 所示，其中表 2.23 中 0 类、1 类、2 类、3 类全加器在图 2.51 中使用不同的逻辑符号来表示。在 n 位×n 位的一般情况下，该乘法器需要 0 类全加器$(n-2)^2$个，1 类全加器$(n-2)$个，2 类全加器$(2n-3)$个，3 类全加器 1 个，全加器总数是$n(n-1)$个。

设与门的传输延迟时间为 $T_a=T$，全加器(FA)的进位传输延迟时间为 $T_f=2T$，用 2 个异或门实现 FA 的求和输出，其所需时间为 T_s=6T。乘法器最坏情况下传输延迟发生在沿着 p_4 垂直线和从右到左的最后一行，故 n 位×n 位(此处是 5 位×5 位)所需的总乘法时间是：

$$T_m=T_a+(n-1)T_s+(n-1)T_f=T+(5-1)\times 6T+(5-1)\times 2T=33T$$

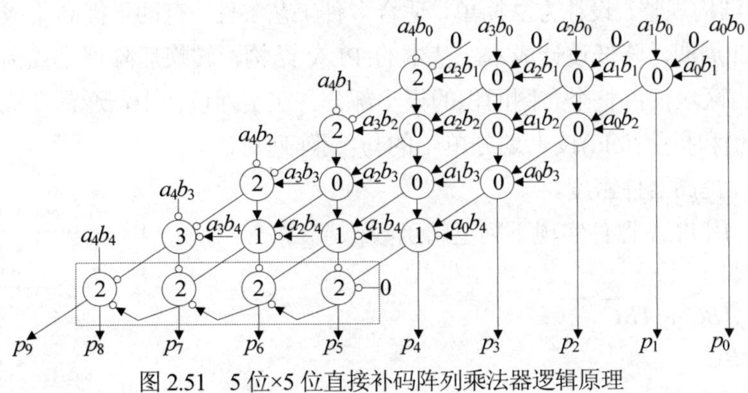

图 2.51　5 位×5 位直接补码阵列乘法器逻辑原理

2.10.2　阵列除法器

机器做除法必须先做减法，如果余数为正，才确定够减；如果余数为负，才确定不够减。不够减时，要继续往下运算必须先恢复原来的余数，该方法称为恢复余数法。恢复余数时，只需要将当前余数加上除数即可完成。但恢复余数过程导致除法运算的步骤数无法确定，因此控制逻辑比较复杂。实际中常用是不恢复余数法，又称为加减交替法，该方法在运算过程中发现不够减时，不再恢复余数，而是根据余数的符号继续往下运算，因此除法运算步数比较固定，控制逻辑相对简单。一种可控的加法/减法(Controllable Adder Subtracter，CAS)单元如图 2.52 所示。

多个 CAS 相联可以进一步组成不恢复余数的阵列除法器，如图 2.53 所示，字长 $n+1=4$，被除数(双倍长)$x=0.x_1x_2x_3x_4x_5x_6$，除数 $y=0.y_1y_2y_3$，商数 $q=0.q_1q_2q_3$，余数 $r=0.00r_3r_4r_5r_6$。

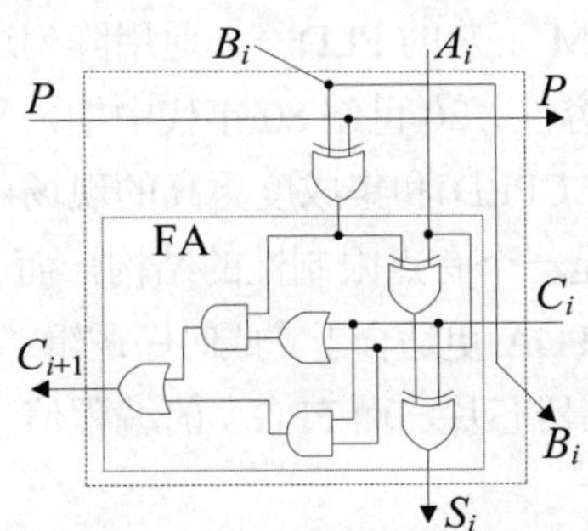

图 2.52　可控加法/减法(CAS)单元

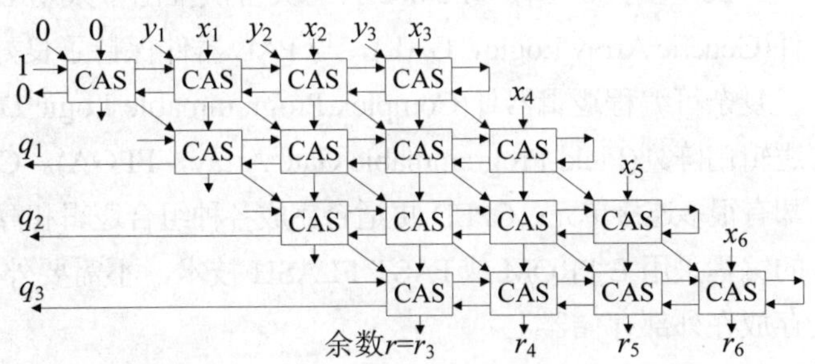

图 2.53 不恢复余数的 4 位除 4 位阵列除法器

2.10.3　可编程逻辑阵列(PLA)

逻辑器件可分为两大类：固定逻辑器件和可编程逻辑器件(Programmable Logic Device，PLD)，PLD 提供了更灵活的逻辑电路设计方式。可编程逻辑阵列(Programmable Logic Arrays，PLA)出现于 20 世纪 70 年代，是用来实现组合逻辑电路的一种可编程逻辑器件，相当于(晶片)系统内含的逻辑状态图(state diagram)。PLA 具有一组可编程的 AND 阶与阵列，AND 阶之后连接一组可编程的 OR 阶或阵列，只有合乎逻辑阵列设定的条件时才会产生信号输出。如果与阵列(AND array)和或阵列(OR array)均为可编程，而输出电路为不可组态，又称为现场可编程逻辑阵列(Field-Programmable Logic Array，FPLA)。PLA 的逻辑布局适合规划大量的逻辑函数，使用时必须先以积项或多个积项的原始形式对这些逻辑函数进行规整化。

PLA 的布图结构规整，设计方法简单，适合多种工艺条件，有助于提高集成电路开发的自动化水平，缩短设计周期，降低设计成本。基本的 PLA 结构，转换后阵列比较稀疏，芯片利用率比较低，器件所占区域仅占整个布图面积的极小部分。在实际设计中，通常要优化逻辑描述，并采用分段(segment)和折叠(fold)技术划分单一的与-或阵列对，并通过适当的归并提高器件密度。

【例 2.34】 用 PLA 器件实现下列逻辑函数

$$F_1 = A\overline{B} + AC$$

$$F_2 = \overline{A}BC + A\overline{B}C + \overline{ABC}$$

$$F_3 = \overline{A}\overline{B} + AB\overline{C}$$

$$F_4 = \overline{A}B\overline{C} + AB$$

解：PLA 器件的实现逻辑函数见图 2.54。

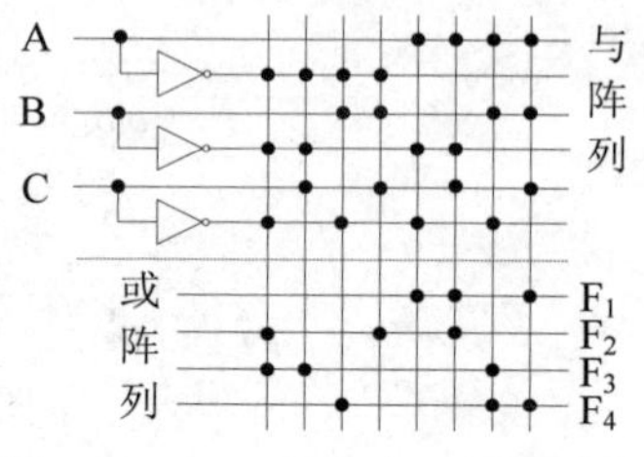

图 2.54 PLA 器件实现逻辑函数

2.10.4 可编程阵列逻辑(PAL)

可编程阵列逻辑(Programmable Arrays Logic，PAL)器件是 20 世纪 70 年代末由 AMD 公司推出的可编程逻辑器件。PAL 包括可编程的与阵列、固定的或阵列和输出反馈单元，速度快，功耗低，适合设计各种组合逻辑电路和时序逻辑电路。不同的 PAL 器件使用不同的反馈结构和可编程阵列逻辑输出。设计时主要考虑以下几个方面：一个 PAL 器件的输入/输出端口总数是有限的；每个 PAL 器件输出乘积项总数是有限的；有的 PAL 器件寄存器需要占用一个逻辑单元，以用作为内部反馈寄存器，不能再将其对应的输出端口用作其他用途；逻辑单元用作组合输出时会占用一个逻辑单元，也不能使用其内部寄存器。

20 世纪 80 年代，Lattice 公司又首次推出了采用 EEPROM 工艺的 PLD——通用阵列逻辑器件(Generic Array Logic，GAL)，与 PAL 器件保持了良好的兼容性。20 世纪 80 年代中期，又出现了复杂可编程逻辑器件(Complex Programmable Logic Device，CPLD)和集成度更高的现场可编程逻辑门阵列(Field-Programmable Gate Array，FPGA)。CPLD 是一个有点限制性的结构，而 FPGA 却有很多连接单元；CPLD 更适合完成各种组合逻辑和算法，FPGA 更适合于完成时序逻辑；CPLD 的编程采用 E^2PROM 或 FAST FLASH 技术，不需要外部存储器芯片，而 FPGA 的编程信息需要存放在外部存储器上。

习 题 2

2.1 将以下十进制的数转换为二进制、八进制、十六进制：

(1) 192 (2) 0.618 (3) 3.14 (4) 29.979

2.2 写出下列二进制数的原码、反码、补码和移码。

(1) ±1101B (2) ±0.1011B (3) ±0B

2.3 请画出字长为 n 位(不含符号位)的机器数完成补码一位乘的运算器框图，要求：(1) 用方框表示寄存器和全加器；(2) 指出每个寄存器的位数及寄存器内容；(3) 画出第 5 位全加器的输入逻辑电路；(4) 描述乘法过程。

2.4　假设最低位为校验位，试写出下述两个数据的奇/偶校验码。

(1) 0011001B　　(2) 0101101B

2.5　假设生成多项式为 $G(x)=x^3+x^2+1$，试写出下列 4 位信息的 CRC 码。

(1)　0000B　　(2)　0101B　　(3) 1010B　　(4) 1111B

2.6　假设生成多项式 $G(x)=x^3+x^2+1$，当从磁盘中读取数据的 CRC 码为 1101101B，试计算读出的数据是否正确？

2.7　假设采用奇校验的 11 位海明码，被校验数据为 1010101B。若接到的代码为 10110100100B 和 10111100100B，试计算两个数据是否正确？

第3章　指令系统设计

内容提要：本章简要介绍指令类型与功能、数据类型、寻址方式、指令系统设计方法、CISC与 RISC 指令系统设计、80x86/Pentium 指令系统、ARM 指令系统、MIPS 指令系统设计。

本章重点：指令类型与功能、寻址方式、指令系统设计方法、MIPS 指令系统设计。

3.1　指令类型与功能

指令系统是计算机系统基本功能的反映，是分隔硬件与软件的主要界面。由于计算机的类型不同，其使用范围及性能结构也不同，对应的指令系统的差异很大。一台计算机的指令系统中，核心的基本指令是有限的，复杂指令的功能一般能够采用基本的指令组合来实现。比如，乘/除法、浮点运算指令，既能够用基本的加/减、移位指令编成子程序来实现，也能够用乘/除法器、浮点运算器等硬件直接实现。

指令：控制和指挥计算机执行某种操作(如加、减、传送等)的指示和命令。

指令系统：通常是指一台计算机所能执行的全部指令的集合。从系统程序员角度看，通过指令系统来使用硬件(要求易于编写编译器)；从硬件设计者角度看，指令系统为 CPU 提供功能需求(要求易于硬件设计)。

指令集体系结构(Instruction-Set Architecture，ISA)，或称为**指令集架构**，由指令集和一系列相应的寄存器约定构成。基于相同 ISA 编写的程序，都能在对应 ISA 的处理器上运行。常见的种类有：复杂指令集运算(Complex Instruction Set Computing，CISC)，精简指令集运算(Reduced Instruction Set Computing，RISC)，显式并行指令集运算(Explicitly Parallel Instruction Computing，EPIC)，超长指令字(Very Long Instruction Word，VLIW)。

指令的长度(指令字长) 指一条指令中全部二进制代码的长度，取决于操作码字段位数、操作数地址的个数及位数。指令长度应等于字节的整数倍，且尽可能短。通常，微、小型机中，指令字长>机器字长；大、中型机中，指令字长≤机器字长。指令的基本格式如图 3.1 所示。

操作码	地址码

图 3.1　基本指令格式

操作码：指明操作的功能和性质，其长度可以固定也可以不固定(可变)。

地址码：指明操作数的地址，在一些特殊情况下，操作数本身也可以直接给出。

源操作数参照：一个或多个源操作数所在的地址。

结果值(目的操作数)参照：操作的结果存放的地址。

一个合理而有效的指令系统应满足以下基本要求：

- **完备性**

指令系统的完备性是指可以用指令编程实现任何运算，指令系统应具有所有基本指令，且指令系统功能完整、指令齐全、使用方便。

- **有效性**

指令系统的有效性是指用该指令系统编写出的程序运行高效，占用空间小，执行速度快。

- **规整性**

指令系统的规整性包括指令系统的匀齐性、对称性、指令格式与数据格式的一致性。其中，**匀齐性**要求每种操作可支持所有数据类型，如算术运算指令应能够支持各种数据类型的数据(包括字节、字、双字、十进制数、浮点单精度数、浮点双精度数等)；**对称性**指指令能同等对待所有寄存器和存储单元，所有的寻址方式都能被任何指令使用，特殊和例外的操作尽可能少；指令与数据格式的**一致性**指指令长度与机器字长及数据长度的关系确定，方便指令和数据的处理及存取。

- **兼容性**

系列机的各机种之间应该具有基本相同的指令集，至少要做到向后兼容(即先推出的机器上的程序可以在后推出的机器上运行)，以满足软件兼容的要求。

(1) 按指令长度是否可变分类

指令长度可以大于或小于机器字长，也可以等于机器字长。**定长指令字**结构就是在一个指令系统中，若所有指令的长度都相等；**变长指令字**结构就是各种指令的长度因指令功能而异。

(2) 按在 CPU 中的存储位置分类

按在 CPU 中的存储位置分三类：堆栈型、累加器型和通用寄存器型。如表 3.1 所示。

堆栈型：指令短小，是一种后进先出的简单计算模型。堆栈不能被随机访问，因此难以生成有效代码；堆栈是瓶颈，也很难被高效地实现。

累加器型：指令短小，减少了机器的内部状态。这种机器使用累加器作为唯一的暂存器，因此存储器通信开销最大。

通用寄存器型：是代码生成最一般的模型。所有操作数必须显式表示并命名，所以指令比较长。

表 3.1　指令的分类(假设 A、B、C 都在内存中)

堆栈型	累加器型	寄存器-寄存器	寄存器-存储器
PUSH A PUSH B ADD POP C	LOAD A ADD B STORE C	LOAD R0，A LOAD R1，B ADD R4，R2，R3 STORE R5，C	LOAD R0，A ADD R2，R1，B STORE R3，C

(3) 通用寄存器型中的进一步分类

根据指令中需要在存储器中存取操作数的数量，还进一步划分成：

- 寄存器至寄存器(R-R：Register-Register)
- 寄存器至存储器(R-S：Register-Storage，或 R-M：Register-Memory)
- 存储器至存储器(S-S：Storage-Storage，或 M-M：Memory-Memory)

(4) IBM 370 机指令分类

IBM 370 机(字长 32 位)的指令分成三种不同长度：半字长指令、单字长指令和一个半字长指令。无论指令长度为多少，操作码字段一律为 8 位，即可容纳 2^8=256 条指令，实际上 IBM 370 机中仅有 183 条指令。操作码第 0 位及第 1 位组成不同编码表示 4 种不同指令：00 表示 RR 型指令，01 表示 RX 型指令，10 表示 RRE 型、RS 型、S 型及 SI 型指令，11 表示 SS 型和 SSE 型指令。图 3.2 显示 IBM 370 机指令分类。

指令分类	8 位	4 位	4 位	4 位	12 位	4 位	12 位
RR 型(16 位)	OP	R_1	R_2				
RX 型(32 位)	OP	R_1	X_2	B_2	D_2		
RS 型(32 位)	OP	R_1	R_2	B_2	D_2		
SI 型(32 位)	OP	I_2		B_1	D_1		
SS 型(48 位)	OP	L_1		B_1	D_1	B_2	D_2

图 3.2　IBM 370 机指令分类

不同的计算机系统可能拥有不同的指令系统，但所包含的基本指令类型和指令功能是相似的。通常，一个完善的指令系统应包括的基本指令有：算术逻辑运算指令、数据传送指令、移位操作指令、字符串处理指令、堆栈操作指令、程序控制指令、输入输出指令等。复杂指令的功能一般是基本指令功能的组合。

不同的计算机系统可能拥有不同的指令系统，但所包含的基本指令类型和指令功能是相似的。通常，一个完善的指令系统应包括的基本指令有：算术逻辑运算指令、数据传送指令、移位操作指令、输入输出指令、堆栈操作指令、程序控制指令、字符串处理指令等。复杂指令的功能一般是基本指令功能的组合。

3.1.1　数据传送指令

数据传送指令主要用于两个部件之间实现数据传送操作，是计算机中最常用、最基本的指令，如寄存器与寄存器、寄存器与存储器单元、存储器单元与存储器单元之间的数据传送操作。数据传送指令能将数据从源地址传送到目的地址，而源地址中的数据保持不变。传送单位常用字节、字、双字或数组，特别情况下也能使用位为单位。有的机器使用通用的 MOV 指令；有的机器使用专用的 LOAD(存储器读数)、STORE(存储器写数)指令访存；有的机器还有交换指令，能够完成源操作数与目的操作数的互换和双向数据传送。另外，堆栈指令、寄存器/存储单元清 0 指令有时也归类为数据传送指令。

- 主存单元之间的传送

MOV　MEM_2，MEM_1。其含义为$(MEM_1)\rightarrow MEM_2$

- 从主存单元传送到寄存器

MOV　REG，MEM。其含义为(MEM)→REG

在有些计算机中，该指令用助记符 LOAD 表示，又称为取数指令。

- 从寄存器传送到主存单元

MOV　MEM，REG。其含义为(REG)→MEM

在有些计算机里，该指令用助记符 STORE 表示，又称为存数指令。

- 寄存器之间的传送

MOV　REG_2，REG_1。其含义为$(REG_1)\rightarrow REG_2$

数据传送能够以字节、字、双字为单位进行，也能对成组数据进行传送。例如，在 IRM370 机的指令系统中，成组取数指令的格式如图 3.3 所示。

成组取数	R_1	R_3	B_2	D_2

图 3.3　成组取数指令格式

其中 R_1、R_3 字段为寄存器编号，可指定为 16 个通用寄存器中的任一个。B_2 为基址寄存器编号，D_2 为形式地址。源操作数的起始地址为：$E_2=(B_2)+D_2$。其功能为：从主存 E_2 单元开始，顺序地取出多个数据，分别存放到编号连续(由 R_1 字段到 R_3 字段指定)的多个寄存器中。例如，R_1 字段、R_3 字段中指定的寄存器编号分别为 R_5、R_{10}，则从 E_2 单元开始连续取出 5 个数据，顺序存入 R_6 到 R_{10} 的共 5 个寄存器中。

又如在 Intel 8086 的指令系统中使用串传送指令 MOVS，如加上重复前缀 REP，可以一次性完成最多达 64KB 的数据块在存储器区域中传送。

3.1.2　算术运算指令

运算类指令的主要功能是进行各类数据信息处理，包括各种算术运算及逻辑运算指令。

算术运算类指令主要包括二进制的定点、浮点的加、减、乘、除运算指令；求反、求补、加 1、减 1、比较指令；十进制加、减运算指令等。对算术运算类指令的支持，不同计算机有所不同。在低档机中，硬件结构较简单，通常只支持最简单、最基本的指令，如二进制定点加、减、比较、求补等。在高档机中，除了最基本的算术运算指令之外，还添加了乘、除运算指令、十进制运算指令、浮点运算指令，甚至开方、乘方和多项式运算指令，以提高机器性能。而在一些大、巨型机，除了标量运算指令，还增加了向量运算指令，能够对整个向量或矩阵直接进行求和、求积运算。

【例 3.1】　Intel 8086 指令系统中的算术运算指令

ADD　AL，BL　；AL←AL+BL，寄存器 AL 和 BL 的内容相加，将和存入寄存器 AL

MUL　BL　　　；AX←AL×BL，寄存器 AL 和 BL 的内容相乘，将和存入寄存器 AX

绝大多数算术运算指令都会影响到状态标志位，通常的标志位有进位、溢出、全零、正负和奇偶等。

3.1.3　逻辑运算指令

逻辑运算指令主要包括与、或、非、异或指令，以及测试等各类布尔量的逻辑运算指令。逻辑运算类指令主要用来操作数据字中某些位(一位或多位)，也可以用来修改数据和进行数据的判断。这类指令常用于没有设置专门的位操作指令的计算机中，以便对数据字(字节)中某些位(一位或多位)进行操作。

- 按位测(位检查)

例如：AND　AL，01H

```
         XXXX  XXXX
    AND  0000  0001
   ----------------
         0000  000X
```

- 按位清(位清除)

例如：AND　AL，FEH

```
         XXXX  XXXX
    AND  1111  1110
   ----------------
         XXXX  XXX0
```

- 按位置(位设置)

例如：OR　AL，80H

```
        XXXX  XXXX
OR      1000  0000
——————————————————
        1XXX  XXXX
```

- 按位修改

利用“异或”指令能够对目的操作数的某些位进行修改，只要源操作数的相应位为 1，其余位为 0，然后按位异或即可(因为 $\overline{A}\oplus 1=A$，$A\oplus 0=A$)。

例如：XOR　AL，08H

```
        XXXX   XXXX
XOR     0000   1000
———————————————————
        XXXX   X̄XXX
```

- 判符合

若两数相符合，其异或之后的结果必定为 0。

- 清 0

例如：XOR　AL，AL

【例 3.2】　Intel 8086 指令系统中的逻辑运算指令

```
AND  AL，7FH   ；AL←AL∧7FH，寄存器 AL 的内容与 0111 1111B 相与，
               ；其结果是 AL 的最高位清 0，而其余位不变。
OR   AL，F8H   ；AL←AL∨F8H，寄存器 AL 的内容与 1111 1000B 相或，
               ；其结果是 AL 的高 5 位置 1，而其余位不变。
```

3.1.4　算术移位指令

移位操作指令属于逻辑运算指令中的一部分，可将目的操作数的所有位按操作符规定的方式移动 1，或按寄存器 CL 规定的次数(0～255)移动，并将结果送入目的地址。目的操作数是 8 位(或 16 位)的寄存器数据或存储器数据。它包括三大类：移位指令(含算术移位指令、逻辑移位指令)，循环移位指令(含带进位的循环移位指令)，双精度移位指令。算术移位的对象是带符号数，算术移位过程中必须保持操作数的符号不变；左移一位，数值×2；右移一位，数值÷2。

- **算术左移 SAL**(Shift Arithmetic Left)

格式：SAL　OPR，CNT

含义：算术左移将目的操作数的低位向高位移动，空出的低位补 0。

- **算术右移 SAR**(Shift Arithmetic Right)

格式：SAR　OPR，CNT

算术右移将目的操作数的高位向低位移动，空出的高位用最高位(符号位)填补。如 61H 二进制表示法为 0110 0001B，最高位为 0，无论右移多少位，左边高位都用 0 补上。如果最高位是 1，则都用 1 补上。

注意：算术移位指令常用于带符号数×2 或/2，受影响的标志位包括 CF(借位进位，Carry Flag)、OF(溢出标志，Overflow Flag)、PF(奇偶标志，Parity Flag)、SF(符号标志，Sign Flag)和 ZF(零标志，Zero Flag)，而 AF(辅助进位标志，Auxiliary carry Flag)无定义。

3.1.5　逻辑移位指令

逻辑移位的对象是没有数值含义的二进制代码，没有符号问题。循环移位又按是否带进位分为两类：小循环(不带进位循环)，大循环(带进位循环)。

格式：移位操作符(如 SHR)　OPR，CNT

其中 OPR 可使用立即数以外的其他任何寻址方式。CNT 决定移位次数，在 8086 中可以是 1 或 CL，CNT 为 1 时只移一位；如移位次数大于 1，需要先将移位次数存入 CL 寄存器中，而移位指令中的 CNT 写为 CL 即可。在其他机型中可使用 CNT 和 CL，且 CNT 的值除了 1 外，还可以用 8 位立即数表示从 1 到 31 的移位次数。

条件标志位 CF=移入的数值，若 CF =1，CNT=1，则最高有效位的数值发生变化；若 CF= 0，CNT=1，则最高有效位的数值不变。

对于一般移位指令，根据移位结果设置 PF、SF、ZF，而 AF 无定义。对于循环移位指令，AF、PF、SF、ZF 不受影响。

- **逻辑左移 SHL**(Shift Logical Left)/**逻辑右移 SHR**(Shift Logical Right)

格式：SHL(或 SHR) OPR，CNT

逻辑左移/右移指令移位方向不同，但移位后空出的位都补 0。逻辑移位指令常用于无符号数×2 或/2，受影响的标志位：CF、OF、PF、SF 和 ZF，但 AF 无定义。

以逻辑右移为例。

```
如：MOV   AX，36H
    SHR   AX，1
```

当移位数大于 1 时，需要先将移位数放进 CL 中然后进行移位操作。

```
如：MOV   AL，36H
    MOV   CL，3
    SHR   AL，CL
```

- **循环左移 ROL**(Rotate Left)/**循环右移 ROR**(Rotate Right)

格式：ROL(或 ROR)　OPR，CNT

循环左移/右移指令移位方向不同，但两者移出的位不仅要进入 CF，而且要填补空出的位，类似于蛇咬尾巴型循环。

- **带进位的循环左移 RCL/带进位的循环右移 RCR**

格式：RCL(或 RCR)　OPR，CNT

带进位的循环左移/右移指令移位的方向不同，但两者都用原 CF 位的值填补空出的位，移出的位再进入 CF。受影响的标志位：CF、OF。

以上算术、循环和逻辑移位指令均可以完成字或字节的操作，80386 及其后继机型还可完成双字操作。

- **双精度移位指令**

Intel 80386 及其后继机型可使用本组指令，包括 SHLD(Shift Left Double，双精度左移)和 SHRD (Shift Right Double，双精度右移)。

格式：SHLD(或 SHRD)　DST，REG，CNT

两种指令只是方向不同，但两者均可取两个字进行移位操作而得到一个字的结果，或取两个双字进行移位操作而得到一个双字的结果。在移位中，为了弥补目的操作数因移位引起的空缺，源操作数的寄存器必须提供移位值；移位指令执行完后，源操作数寄存器保持指令执行前的值不变，而取目的操作数为移位结果。

这是一组三操作数指令，其中第一个操作数 DST 可使用除了立即数以外的任一寻址方式指定字或双字操作数。源操作数则只能使用寄存器 REG 指定与目的操作数相同长度的字或双字。第三个操作数CNT用于指定移位次数，可以是一个 8 位的立即数，也可以用 CL 存放移位计数值。移位计数值的范围为 1～31，若大于 31 则由机器自动取模 32 的值来取代。

如：SHLD　EBX，ECX，16

指令执行前：(EBX)=9ABC DEF0H，(ECX)=1234 5678H，

指令执行后：(EBX)=DEF0 ABCDH，(ECX)=1234 5678H，CF=0。

3.1.6　堆栈操作指令

堆栈是一种先进后出的数据结构，包括栈顶和栈区指针。在存储器中，堆栈是一种按后进先出(Last In First Out，LIFO)或先进后出(First In Last Out，FILO)特定顺序进行存取的存储区。

- **寄存器堆栈**

又称为**硬堆栈**，是由一组专用的寄存器构成寄存器堆栈。这种堆栈的栈顶是固定的，各寄存器相互连接，它们之间具有对应位自动推移的功能，即可将一个寄存器的内容推移到另一个寄存器中去。

- **存储器堆栈**

又称为**软堆栈**，是从主存中划出一块区域用作堆栈，其栈顶浮动，栈底固定，堆栈的大小可变，由一个专门的硬件寄存器作为**栈顶指针**(Stack Pointer，SP)，简称**栈指针**。堆栈的栈顶就是栈指针所指定的主存单元。通常栈指针始终指向栈顶的主存单元，栈底地址大于栈顶地址。堆栈有两种操作，压栈(进栈)和弹栈(出栈)，均只能在栈顶进行。进栈时，SP 的内容先自动减 1，再将数据压入堆栈。这种堆栈是主存的一块特定区域，所以对堆栈的操作也就是对存储器的操作。

3.1.7　程序控制指令

程序控制指令也称转移指令。在程序执行过程中，有时执行某条指令会出现几种不同结果，这时必须执行一条转移指令，以便根据不同结果进行不同的转移，从而改变程序执行顺序。这种转移指令称为条件转移指令。除各种条件转移指令外，还有无条件转移指令、转子程序指令、返回主程序指令、中断返回指令等。转移指令的转移地址一般采用直接寻址和相对寻址方式来确定。

主要分成三类，转移指令(包括无条件转移和有条件转移)、程序调用和返回指令，循环控制指令。其中，前两类指令是一般计算机必备的，第三类指令用于优化循环程序。

- **转移指令**

转移指令通常用来改变程序的执行方向，分为无条件转移和条件转移两种。**无条件转移指令**(JMP)不受任何条件的约束，直接把程序转向新的位置执行。无条件转移指令通常又可分为两种：一种是局部无条件，即相对寻址方式，转移范围一般在-128~+127 之间；另一种是全局无条件转移，能够在整个寻址空间内转移。

条件转移指令所依据的转移条件主要有：全零(Z)、正负号(N)、进位(C)、溢出(V)及它们的

组合等。条件转移指令必须受到条件的约束，只有条件满足才转向新的位置执行，否则程序仍顺序执行。主要条件转移指令如表 3.2 所示。

表 3.2　主要条件转移指令

BEQ	等于零转移
BNEQ	不等于零转移
BLS	小于转移
BGT	大于转移
BLEQ	小于等于转移，或不大于转移
BGEQ	大于等于转移，或不小于转移
BLSU	不带符号小于转移
BGTU	不带符号大于转移
BLEQU	不带符号小于等于转移，或不带符号不大于转移
BGEQU	不带符号大于等于转移，或不带符号不小于转移
BCC	没有进位转移
BCS	有进位转移
BVC	没有溢出转移
BVS	有溢出转移

不管是条件转移还是无条件转移都必须给出转移地址。相对寻址方式中转移地址为当前指令地址与指令中给出的位移量之和，即：(PC)+位移量→PC；绝对寻址方式中转移地址由指令的地址码直接给出，即：A→PC。

● **子程序调用返回指令**

子程序是一组可以公用的指令序列，只要知道子程序的入口地址就可以调用它。从主程序转向子程序的指令称为子程序调用指令(CALL)；而从子程序转向主程序的指令称为返回指令(RET 或 RETURN)。这两条指令本身可以带有条件，也可以不带条件。带条件时，当测试条件满足时转入子程序或从子程序返回。

主程序和子程序是相对的，一般情况下，主程序是调用其他程序的程序，子程序是被其他程序调用的程序。转子指令是一条地址指令，放于主程序中需要调用子程序的位置。子程序的最后一条指令总是返回指令，返回指令的格式由返回地址存放的位置决定。对于堆栈中的返回地址，则返回指令是零地址指令；对于主存单元中的返回地址，则返回指令是一地址指令。

在执行调用指令时，要保存硬件现场(主要指程序计数器 PC 和状态字)及软件程序现场(子程序使用的通用寄存器等)；当从子程序返回时，再恢复这些现场。有的计算机中设置有系统栈，可将硬件现场和程序现场压入堆栈。如无系统堆栈，一般指定通用寄存器或在主存储器中开辟出一块区域来专门保存硬件现场，而软件程序现场的保存方式则由程序员决定。

另外中断控制指令和自陷指令也属于程序调用指令。中断控制指令包括：开中断、关中断、改变屏蔽状态、从中断程序返回等指令。自陷指令(traps，陷入指令或访管指令)主要用来转入例行子程序，或用于设置断点以完成程序调试。

子程序调用指令和转移指令均能改变程序的执行顺序，但差别在于：子程序调用实现的是不同程序之间的转移，通过调用指令转去执行另一段程序；而转移指令用于实现同一程序内部的转移。子程序调用指令开销较大，必须以某种方式保存返回地址，以便返回时能回到原来的位置；而转移指令转移到指令给出的转移地址处，不存在返回要求和返回地址问题。

3.1.8　输入输出指令

输入/输出(I/O)类指令用来完成主机与外部设备之间的信息交换，包括输入/输出数据、主机向外设发控制命令、外设向主机报告工作状态等。从广义讲，I/O 指令也可归入数据传送类。不同的计算机 I/O 指令差别很大，通常有两种：独立编址方式，统一编址方式。

所谓**独立编址**就是把外设端口和主存单元分别独立编址，指令系统中有专门的IN/OUT指令。以主机为基准，信息由外设传送到主机称为输入 IN，反之称为输出 OUT。指令中需要给出外设端口地址，这些端口地址是与主存地址无关的、独立的地址空间。

所谓**统一编址**就是把外设端口和主存单元统一编址。指令系统中不设置专门的 I/O 指令，可以用一般的数据传送类指令来进行 I/O 操作。

I/O 指令是专门面向 I/O 端口进行读写的命令，共有两条：IN 和 OUT。输入指令 IN 用于从 I/O 端口读数据到累加器 AL(或 AX)中，而输出指令 OUT 用于把累加器 AL(或 AX)的内容写到 I/O 端口。对于 CPU 来说，只有累加器 AL(或 AX)才能与 I/O 端口进行数据传送，所以有时也称为累加器专用传送指令。例如：

MOV　R_0，(30H)　　　　；数据传送指令，存储器地址 30H

MOV　R_0，(2FFFH)　　　；输入指令，外设端口 2FFFH

8086 系统能够连接多个外设端口，也可以像存储器一样使用不同的地址来区分它们。在 I/O 指令中，可以用以下两种形式(或寻址方式)来表示端口地址。

直接寻址：指令中的 I/O 端口地址为 8 位，允许寻址 256 个端口，端口地址范围为：0~FFH。

寄存器间接寻址：端口地址为 16 位，由 DX 寄存器指定，可寻址 64K 个端口地址，端口地址范围为：0~FFFFH。

- **输入指令 IN**

指令格式：IN　acc，port　；直接寻址，port 为 8 位立即数表示的端口。

　　　　　IN　acc，DX　　；间接寻址，16 位端口地址由 DX 给出。

　　　　　　　　　　　　　；指令从端口输入一个字节到 AL 或输入一个字到 AX 中。

【例 3.3】

MOV　DX，ABCDH　　；将 16 位端口地址送 DX。

IN　AL，DX　　　　；从地址为 ABCDH 的 16 位端口输入一个字节到 AL。

IN　AX，2BH　　　　；从地址为 2BH 的 8 位端口输入一个字到 AX。

- **输出指令 OUT**

指令格式：OUT　port，acc；直接寻址，port 为 8 位立即数表示的端口地址。

或：OUT　DX，acc　　；间接寻址，16 位端口地址由 DX 给出。

　　　　　　　　　　　；指令将 AL(或 AX)的内容输出到指定的端口。

【例 3.4】

```
OUT   ABH，AL          ；将 AL 中一个字节内容输出到地址为 ABH 的 8 位端口。
OUT   CDH，AX          ；将 AX 中一个字内容输出到地址为 CDH 的 8 位端口
MOV   DX，0EFFH        ；端口地址 0EFFH 送 DX
OUT   DX，AL           ；将 AL 中一个字节内容输出到地址为 0EFFH 的 16 位端口
```

注意：采用间接寻址的 IN/OUT 指令只能使用 DX 寄存器作为间接寄存器。

3.1.9　其他指令

除了上述指令外，还有其他用于完成某种控制功能的指令，如停机、等待、空操作、开/关中断、置条件码、特权指令等。此外，在多处理器系统中有时还设置了专门的多处理机指令。

- **特权指令**

特权指令具有特殊权限，主要用于分配与管理系统资源，一般只能用于操作系统或其他系统软件，并不直接提供给用户使用。多任务、多用户的计算机系统必须配置特权指令。

- **数据交换指令**

前面所述指令的传送都是单向的，而在数据交换指令中数据传送也可以是双向的，如将源操作数与目的操作数(一个字节或一个字)相互交换位置。

- **字符串处理指令**

是一种非数值处理指令，一般包括字符串传送、字符串转换(把字符串由一种编码转换成另一种编码)、字符串替换(用某一字符串替换另一字符串)等，常用于文字编辑中大量字符串的处理。

3.2　数据类型

所有计算机都需要数据。在计算机内部，必须用特殊形式来表示数据，指令系统使用的数据类型也多种多样。数据类型的关键问题是数据类型能否得到计算机硬件支持。硬件支持意味着指令需要使用计算机指定的特殊格式，而用户不能自由选择不同的格式。例如，会计师们在写负数时，通常把负号写在数字的右侧而不是人们熟悉的左侧。当硬件需要一个特定格式的整数时，若给它一个其他格式的数据，硬件就无法正常工作。

又如另一家会计公司，需要核实巨额债务，使用 32 位计算就无法满足需要。一种解决途径是使用两个 32 位的整数来表示一个数据，以获得 64 位的精度。如果这种双精度数没有计算机硬件的支持，只能由软件来实现。下面讨论有硬件支持的，而且需要特殊格式的数据类型。

3.2.1　数值数据类型

数据类型可以分为两大类：数值型和非数值型。整数是最主要的数值数据类型，长度有多种，典型的长度有 8 位、16 位、32 位和 64 位。大部分现代计算机都使用二进制补码形式来表示整数，尽管也有其他表示方法。

一些计算机同时支持无符号整数和有符号整数。无符号整数没有符号位，所有的位都用于保存数据，因此可获得一个额外的位，以表示的数更大。一个 32 位的字保存无符号整数时范围：$0\sim2^{32}-1$。而有符号整数使用二进制补码，至少需要一位作为符号位，所以表示的数稍小，但它

还可以处理负数。

圆周率这样的数字无法用整数表达，只能使用浮点数。浮点数有 32 位、64 位，有时还有 128 位的。大多数计算机都有浮点运算指令。许多计算机使用不同的寄存器分别处理整数操作数和浮点操作数。

某些编程语言(特别是 COBOL)允许使用十进制数据类型。为了更好地支持 COBOL，有的计算机使用硬件来支持十进制数操作。通常的做法是用一个 4 位二进制编码来表示一个十进制数位，用一个字节压缩存放两个十进制数位(BCD 码格式)。

3.2.2 字符类型

早期计算机的大多数应用都是面向数字处理的，而现代计算机大量用于非数值型应用，如电子邮件、浏览网页、多媒体制作及体验等，这些应用需要字符类型等其他数据类型。

字符型(character)数据是不具有计算能力的文字数据类型，包括英文字符、数字字符、中文字符及其他 ASCII 字符，其长度(即字符个数)范围是 0 ~ 254 个字符。指令系统有一些特殊的指令专门用于处理字符串(连续的字符流)。字符串有时使用特殊的结束符来表示结束，有时使用一个字符串长度字段来计算字符串的结束位置。字符串指令可以执行查找、复制、编辑以及其他一些字符串操作。

3.2.3 逻辑数据类型

又称为布尔型变量(boolean variable)，是有两种逻辑状态的变量，只包含真和假两个值。如果在表达式中使用了布尔型变量，可根据变量值的真或假而赋予整型值 1 或 0。反之，如要把一个整型变量转换成布尔型变量，则为 0 的整型值，其布尔型值为假；非 0 的整型值，其布尔型值为真。布尔型变量通常用作标志，进行逻辑测试以改变程序流程。

在实际使用中，一个布尔型值往往用一个字节或一个字来表示，因为一个单独的位由于没有地址难以直接访问。如果布尔值构成了一个数组，就可以用一位来表示一个布尔值，这样一个 32 位的字就可以表示 32 个布尔值，这种数据结构称为位图(bit map)。还可以用位图来表示磁盘上的空闲块，如果磁盘有 *n* 块，位图就有 *n* 位。

另一种常用数据类型是指针，指针实质是一个地址，在很多机器中都使用指针来访问变量。在 Mic-x 机器中，指针有 SP、PC、LV 和 CPP 等，ILOAD 指令就是通过指针加上固定的偏移量来访问变量。

3.3 寻址方式

在存储器中，写入或读出指令字或操作数的方式有：地址指定方式、相联存储方式和堆栈存取方式。当采用**地址指定方式**时，形成指令地址或操作数的方式称为寻址方式，绝大多数计算机在内存中都采用地址指定方式。**寻址方式**就是处理器根据指令中给出的地址信息来寻找物理地址的方式，可分为指令寻址和数据寻址。**指令寻址**就是寻找下一条将要执行的指令地址，又可以分为顺序寻址和跳跃寻址。**数据寻址**就是寻找操作数的地址。在传统方式设计的计算机中，内存中指令寻址与数据寻址是交替进行的。

为区分各种不同寻址方式，必须在指令中给出标识，标识的方式有显式和隐式两种。**显式方法**在指令中设置专门的寻址方式(MOD)的二进制代码字段。与此类似，地址信息也可以在指令中明显地给出，称为**显地址**；也可以根据事先的约定隐含地给出，称为**隐地址**。两种情况如图 3.4 和图 3.5 所示。

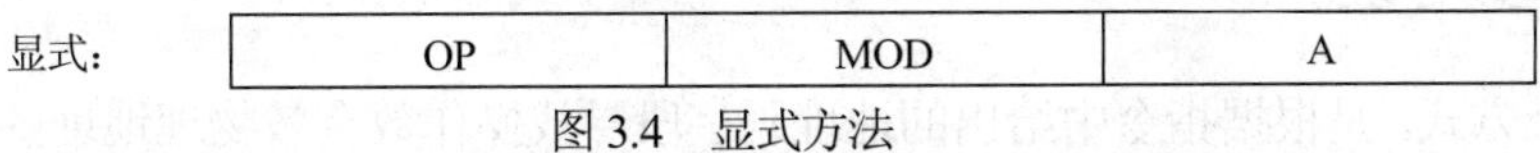

图 3.4　显式方法

隐式方法由指令的操作码字段隐含约定寻址方式，并说明指令格式。

隐式：

OP	A

图 3.5　隐式方法

注意：一条指令若有两个(以上)的地址码，每个地址码允许采用不同的寻址方式。例如，源地址采用一种寻址方式，而目的地址采用另一种寻址方式。如：

MOV　AX，(BX)　　；AX 为寄存器直接寻址，(BX)为寄存器间接寻址。

3.3.1　指令寻址

● **顺序寻址方式**

程序顺序执行的过程，称为指令的顺序寻址方式。由于指令地址在内存中按顺序排列，当执行一段程序时，通常是一条指令接一条指令地顺序进行。例如，从存储器取出第 1 条指令，然后执行这条指令；然后从存储器取出第 2 条指令，再执行第 2 条指令；依此类推。一般使用程序计数器 PC 来计数指令的顺序号(即指令在内存中的地址)，通过 PC+1，自动完成下一条指令的顺序寻址。图 3.6 显示顺序寻址方式。

● **跳跃寻址方式**

当执行程序转移类指令时，指令的寻址属于跳跃寻址方式，即下条指令的地址码不是由程序计数器 PC 顺序给出，而是由本条指令直接给出。**注意：**跳跃到新的指令地址后，程序按新的指令地址开始顺序执行。因此，程序计数器 PC 的内容也必须及时跟踪新的指令地址。图 3.7 显示跳跃寻址方式。

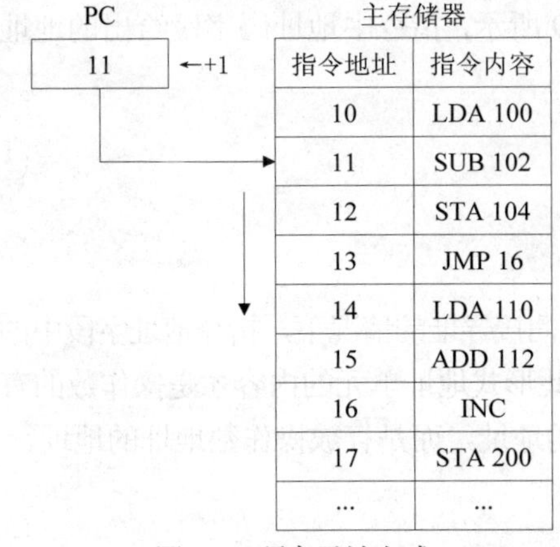

图 3.6　顺序寻址方式

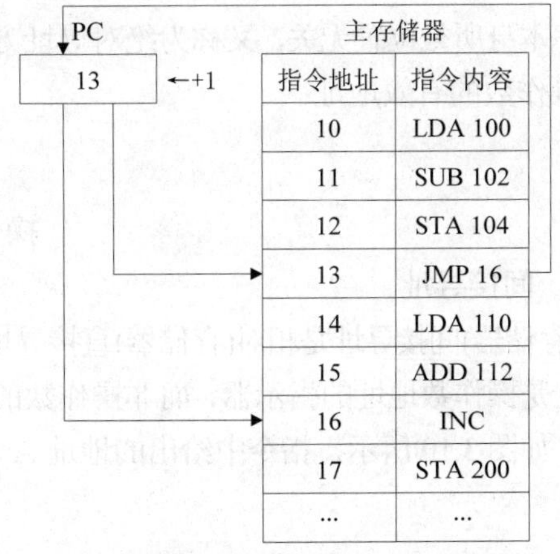

图 3.7　跳跃寻址方式

通常使用各种条件转移或无条件转移指令实现指令的跳跃寻址，可以实现程序转移或构成循环程序，因此能缩短程序长度，或将某些程序作为公共程序共享使用。

跳跃寻址的转移地址形成方式有三种：直接(绝对)、相对和间接寻址，类似于后面介绍的数据寻址方式中的直接、相对和间接寻址，只不过跳跃寻址找到的是指令转移的有效地址而非操作数的有效地址。

3.3.2　操作数寻址

数据寻址方式，是根据指令中给出的地址码字段寻找操作数有效物理地址的方式，即将指令中的形式地址 A 转换为有效地址 EA(Effective Address)。由于各类计算机结构不同，也就形成了各种不同的操作数寻址方式。下面介绍一些常用的操作数寻址方式。

1. 隐含寻址

这种类型的指令，没有明显地给出操作数的地址，而是在指令中隐含着操作数的地址。例如，单地址的指令格式，仅明显指出第 1 操作数的地址 D，没有明显地在地址字段中指出第 2 操作数的地址，而是规定累加寄存器 AC 作为第 2 操作数地址。即对单地址指令格式来说，累加寄存器 AC 是隐含地址，如 DAA。

2. 立即寻址

立即寻址指令的地址字段指出的是操作数本身，而非操作数的地址。由于不需要访问主存储器取数，立即寻址方式的指令执行时间很短，节省了访存时间。如：MOV　AX，5678H。立即寻址方式表示形式如图 3.8 所示。

OPCODE	(MOD)	操作数 DATA

图 3.8　立即寻址方式表示形式

注意：立即数不能作为目的操作数，只能作为源操作数。因为作为指令一部分的立即数是不能被修改的，且立即数的大小受到指令字长的限制。

3. 直接寻址

(存储器)直接寻址是在指令格式的地址字段中直接指出操作数在主存储器中的地址。由于操作数的地址不需要经过某种变换而直接给出，故称为直接寻址方式。由于操作数地址是固定的，与程序本身所处位置无关，又称为绝对寻址方式。如图 3.9 所示，指令中地址码字段给出的地址 A 就是操作数的有效地址：

$$EA=A \tag{3.1}$$

$$操作数\ S=(A)$$

4. 间接寻址

(存储器)间接寻址是相对(存储器)直接寻址而言的，在间接寻址的情况下，指令地址字段中的形式地址是操作数地址的指示器，而非操作数的真正地址，此形式地址单元的内容才是操作数的有效地址。如图 3.10 所示，指令中给出的地址 A 不是操作数的地址，而是存放操作数地址的地址。

$$EA=(A) \tag{3.2}$$

$$操作数\ S=(EA)=((A))$$

通常在指令格式中用一位@作为标志位，@=0 为直接寻址；@=1 为间接寻址。间接寻址要比直接寻址灵活得多，可用指令的短地址访问更大的主存储器空间，大大扩大了寻址范围；可将主存储器单元作为程序的地址指针，用于指示操作数在主存储器中的位置；当需要改变操作数的地址时，不必修改指令，只需要修改存放有效地址的主存储器单元的内容。存储器间接寻址时，要取得数据必须访问两次存储器，第一次先从存储器读出操作数地址，第二次才能根据读出的操作数地址再取出真正的操作数。

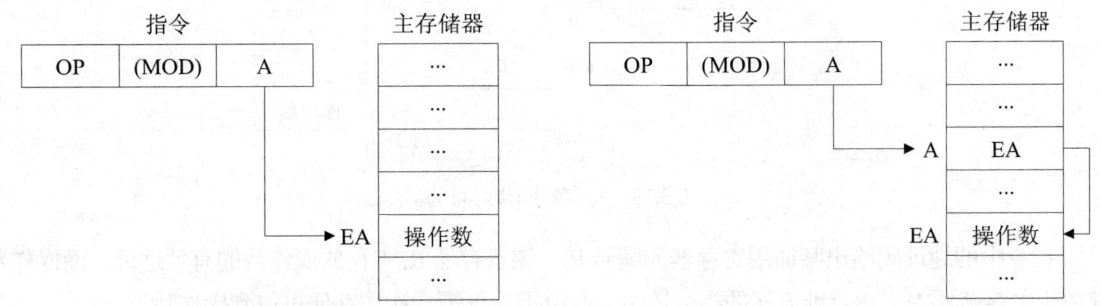

图 3.9　直接寻址　　　　　　　　　　　　　　　图 3.10　间接寻址

除去一级间接寻址外，还有多级间接寻址。多级间接寻址需要多次访问主存储器才能取得操作数，即在找到操作数有效地址后，还需要再次访问主存储器才可找到真正的操作数。图 3.11 显示二级间接寻址方式。多级间接寻址可设置标志：0=找到有效地址，1=继续间接寻址。

5. 寄存器寻址方式

当操作数放在 CPU 的通用寄存器中时，而不放在主存储器中，可采用寄存器寻址方式。此时指令中给出的操作数地址不是主存储器的地址单元号，而是通用寄存器的编号 R_i。R-R 型指令就是采用寄存器寻址方式，如：MOV　DS，AX。指令中地址码部分给出某一通用寄存器的编号，所指定的寄存器中存放着操作数。从寄存器存取数据比主存储器快得多；由于寄存器的数量较少，其地址码字段比主存储器单元地址字段短得多。图 3.12 为寄存器寻址方式。

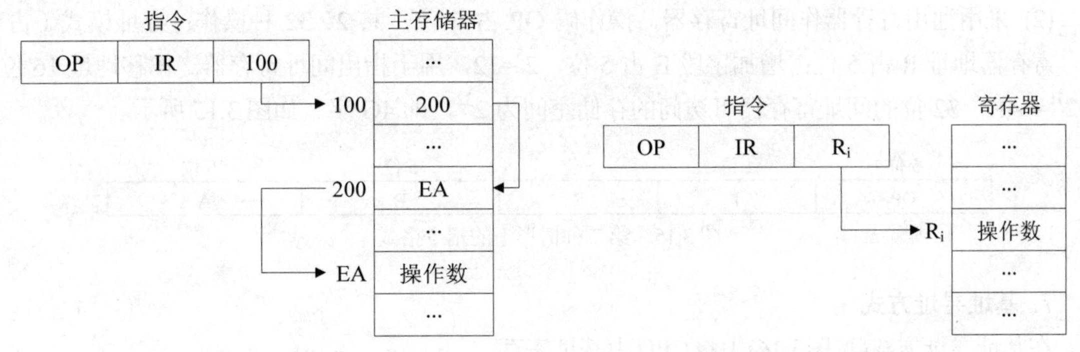

图 3.11　二级间接寻址方式　　　　　　　　　　　图 3.12　寄存器寻址方式

$$EA= R_i \tag{3.3}$$

$$操作数\ S=(R_i)$$

6. 寄存器间接寻址方式

与寄存器寻址方式的区别在于，寄存器间接寻址方式指令格式中的寄存器内容是操作数的地址，而非操作数，该地址指明的操作数在主存储器中。寄存器间接寻址时，首先访问寄存器读出操作数地址，再访问主存储器才能取得操作数。图 3.13 为寄存器间接寻址方式。

$$EA=(R_i) \tag{3.4}$$

$$操作数\ S=((R_i))$$

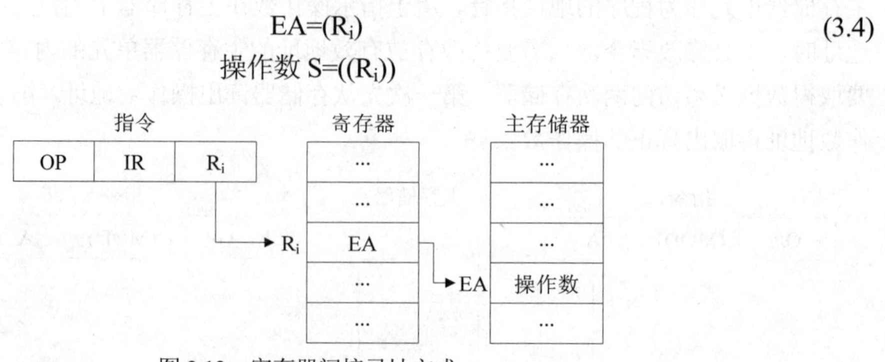

图 3.13　寄存器间接寻址方式

指令中的地址码给出某通用寄存器的编号 R_i，该寄存器 R_i 中存放操作数的有效地址，而操作数存放于主存储器中。该寻址方式的指令较短，在取指后仅需一次访存便可得到操作数。

【例 3.5】　假设指令字长等于机器字长，某 CPU 内有 32 个 32 位的通用寄存器，试设计一种可容纳 32 种操作的指令系统，试问：(1) 若主存储器可直接或间接寻址，采用 RS 型指令，可直接寻址的最大存储空间是多少？画出指令格式。(2) 若采用通用寄存器作间址寄存器，则上述 RS 型指令的指令格式可寻址的最大的存储空间是多少？画出其指令格式。

解：(1) RS 型指令，操作码 OP 占 5 位，表示 $2^5=32$ 种指令操作；寻址模式 I 占 1 位，表示直接或间接两种寻址；寄存器地址 R 占 5 位，$2^5=32$；存储器地址 A 占 32-5-1-5=21 位，能直接寻址的最大存储空间是 2^{21}，即 2M 字。如图 3.14 所示。

5 位	1 位	5 位	21 位
OP	I	R	A

图 3.14　第一种情形下的指令格式

(2) 采用通用寄存器作间址寄存器，操作码 OP 占 5 位，共 $2^5=32$ 种操作；寻址模式 I 占 1 位，寄存器地址 R 占 5 位；增加字段 B 占 5 位，$2^5=32$，用于指出间址寄存器。偏移地址 16 位，即 2^{16}=64K；32 位的间址寄存器可访问的存储空间为 2^{32}，即 4G 字。如图 3.15 所示。

5 位	1 位	5 位	5 位	16 位
OP	I	R	B	A

图 3.15　第二种情形下的指令格式

7. 基址寻址方式

在基址寻址方式(见图 3.16)中将 CPU 中基址寄存器的内容，加上指令格式中的形式地址而形成操作数的有效地址。因为基址寄存器的位数可以设置得很长，从而基址寻址可以在更大的存储空间中寻址，扩大寻址能力。位偏移量 Disp 指出操作数和现行指令之间的相对位置。将基址寄存器 R_b 的内容与位移量 Disp 相加，形成操作数有效地址：

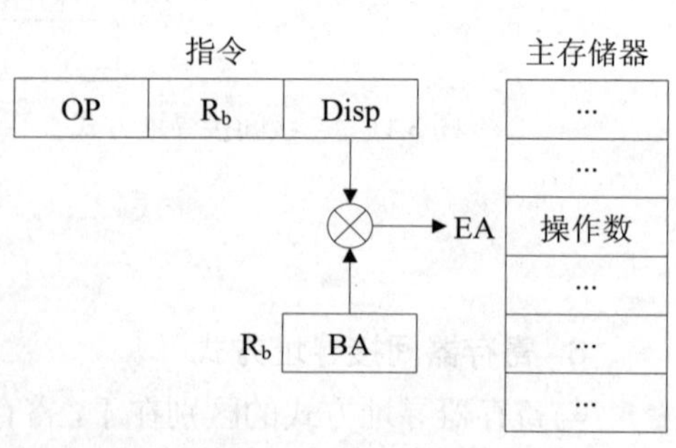

图 3.16　基址寻址方式

$$EA=(R_b)+Disp \tag{3.5}$$

$$操作数\ S=((R_b)+Disp)$$

基址寄存器的内容称为基址值，指令的地址码字段 Disp 是一个可正可负的位移量。Intel 8086 设置了 8 个 16 位通用寄存器，分成 2 组，一组是数据寄存器(4 个)，另一组是指针寄存器及变址寄存器(4 个)。数据寄存器包括：累加寄存器(accumulator)AH&AL=AX，基址寄存器(base)BH&BL=BX，计数寄存器(count)CH&CL=CX，数据寄存器(data)DH&DL=DX。指针寄存器及变址寄存器包括：基址指针寄存器(Base Pointer，BP)，堆栈指针寄存器(Stack Pointer，SP)，源变址寄存器(Source Index，SI)，目的变址寄存器(Destination Index，DI)。

例如：MOV　AX，[BX+1200H]

操作数逻辑地址：EA=(BX/BP/SI/DI)+1200H

操作数物理地址：PA=(DS/SS)×10H+EA

对于 BX、SI、DI 寄存器来说，段寄存器默认为 DS；对于 BP 来说，段寄存器默认为 SS。

【例 3.6】　设某机字长为 64 位，有 32 个 64 位通用寄存器。(1) 若存储器寻址段只采用基址寻址，采用通用寄存器作基址寄存器，试设计一种可完成 128 种操作的单字长二地址 RS 型指令格式。(2) 若机器字长等于存储器单元的位数，则 RS 型指令可访问的最大存储空间为多少？

解：

(1)若要构造 128 条 RS 型指令，则操作码段的位数为：$\lceil \log_2 128 \rceil = 7$ (位)，指令格式中的寄存器寻址段为通用寄存器的编码，考虑到 CPU 中有 32 个 64 位的通用寄存器，则寄存器寻址段的位数为：$\lceil \log_2 32 \rceil = 5$ (位)。

由于使用通用寄存器作为基址寄存器，则指令中的基址寄存器就是通用寄存器，即基址段位数等于寄存器寻址段位数，均为 5 位。形式地址段的位数 64−7−5−5=47 位。格式如图 3.17 所示。

7 位	5 位	5 位	47 位
OP	R	R_b	A

图 3.17　设计的指令格式

(2) RS 型指令的访存寻址段只采用基址寻址时，有效地址的计算公式为：$EA=(R_b)+A$，基址寄存器为 64 位，A 为 47 位，补码表示；存储单元的位数与机器字长相等，为 64 位。所以 RS 型指令可访问的最大存储空间为$(2^{64}+2^{47})$，约为 16E 字。

8. 变址寻址方式

变址寻址方式(见图 3.18)与基址寻址方式类似，它将某个变址寄存器的内容与偏移量 Disp 相加形成操作数有效地址。但使用变址寻址方式的目的不在于扩大寻址空间，而在于实现程序块的规律变化，为此，必须使有效地址按变址寄存器的内容实现有规律的变化(如自增 1、自减 1、乘比例系数)，而不改变指令本身。

在有些计算机中，基址寻址和变址寻址都由相同的硬件来形成有效地址。但这两种寻址方式应用场合不同。基址寻址面向系统，主要用于逻辑地址和物理地址的变换，用于解决程序在主存中的再定位和扩大寻址空间等问题；而变址寻址是面向用户的，用于访问字符串、向量和数组等成批数据。在某些大型机中，基址寄存器只能由特权指令来管理，用户指令无权操作和修改。

将变址寄存器 R_x 的内容与指令给出的形式地址 Disp 相加，形成操作数有效地址：

$$EA=(R_x)+Disp \tag{3.6}$$

$$操作数\ S=((R_x)+Disp)$$

采用变址寻址方式时，通常指令中的形式地址作为基准地址，而 R_x 的内容作为修改量，变址寄存器的内容在每次传送结束后自行修改。只要修改变址值就可以实现地址的频繁修改，而无须修改指令。例如：要把主存储器单元首地址为 A 的连续数据依次传送到首地址为 B 的另一存储区中，则只需要在指令中指明两个存储区的首地址 A 和 B(形式地址)，用同一变址寄存器提供修改量 i，即可实现(A+i)→B+i。

9. 基址加变址寻址方式

基址加变址寻址方式(如图 3.19 所示)是基址寻址方式与变址寻址方式的结合，计算有效地址的方法也类似，但需要把基址寄存器 R_b 的内容与变址寄存器 R_x 的内容与偏移量 Disp 三者全部加来形成操作数有效地址，从而提供更灵活的寻址空间。

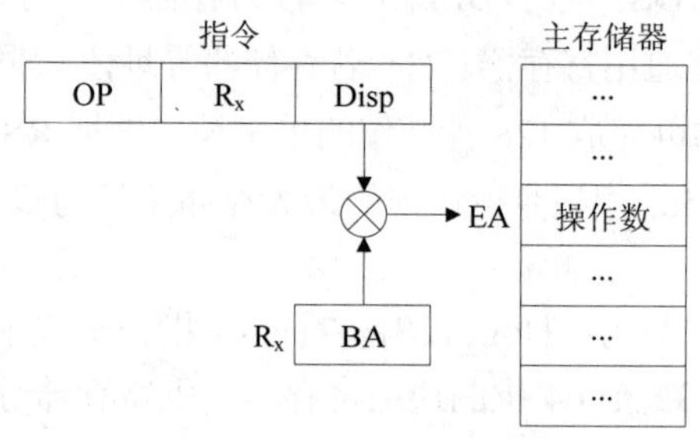

图 3.18　变址寻址方式

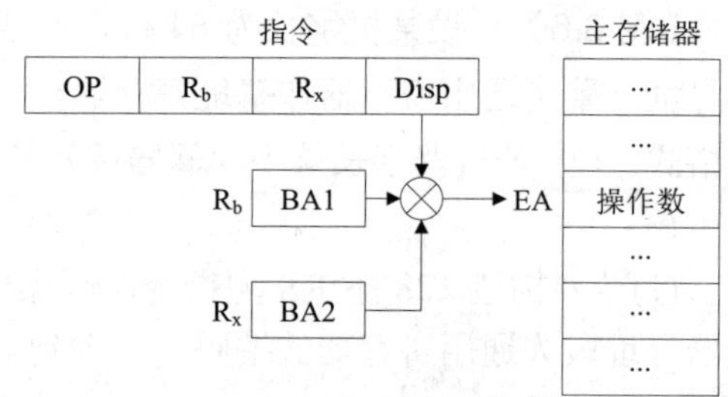

图 3.19　基址加变址寻址方式

根据基址寄存器 R_b 的内容与变址寄存器 R_x 的内容与偏移量 Disp，形成操作数有效地址：

$$EA= (R_b) + (R_x)+Disp \tag{3.7}$$

$$操作数\ S=((R_b) + (R_x)+Disp)$$

10. 相对寻址方式

相对寻址(见图 3.20)是把程序计数器 PC 的内容加上指令中的形式地址 Disp 而形成操作数的有效地址。相对寻址就是相对于当前的指令地址而言。采用相对寻址方式的好处是所编程序可放在主存储器中任何地方，因而程序员无须使用指令的绝对地址编程。相对寻址是基址寻址的一种变通，由 PC 提供基准地址，即：

$$EA=(PC)+Disp \tag{3.8}$$

$$操作数\ S=((PC)+Disp)$$

相对寻址方式，操作数的地址不是固定的，随着 PC 值的变化而变化，并且与指令地址之间总是相差一个固定值 Disp。由于指令中给出的位移量 Disp 可正或可负，所以相对指令地址而言，操作数地址可能在指令地址之后或之前。当指令地址改变时，仍能保证程序的正确执行，因为操作数与指令可在主存储区内一起任意移动。

【例 3.7】　设相对寻址的转移指令占两个字节，操作码占第 1 个字节，补码表示的相对位移量占第 2 个字节。每当 CPU 从存储器取出一个字节时，即自动完成(PC)+1→PC。(1) 设当前 PC 值为 1000H，试求转移后的目标地址范围。(2) 设当前 PC 值为 2000H，若转移到 202CH，则转移指令的第 2 字节的内容是什么？(3) 设当前 PC 值为 3000H，指令 JMP*-10(*表示相对寻址)的第 2 字节的内容是什么？

解：

(1) 指令中给出的转移位移量为：-128～+127(-80H～+7FH 补码表示)，PC 当前值为 1000H，且 CPU 取出该指令后，修改为 1002H，所以转移地址为：1002H-80H～1002H+7FH，即 0F82H～1081H。

(2) 若 PC 当前值为 2000H，取出该指令后 PC 值为 2002H，故转移到 202CH 时指令第 2 字节为：202CH-2002H=2AH。

(3) 根据 JMP *-10，要求转移到 3000H-10=2FF6H 处，由于取出指令后 PC 已到 3000H+2H=3002H，故指令第 2 字节内容为 F4H(-12 的补码表示)。

11. 堆栈寻址方式

堆栈寻址(见图 3.21)主要用来暂存中断与子程序调用时的现场数据和返回地址。操作数位于主存储器中，操作数的有效地址 EA 由堆栈指针寄存器 SP 隐含指出，通常用于堆栈指令。堆栈是由若干个连续主存单元组成的 FILO 存储区，第一个放入堆栈的数据存放在栈底，最近放入的数据存放在栈顶(由 SP 指明)。栈底是固定不变的，栈顶是随着数据的入栈和出栈而不断变化。在一般计算机中，堆栈从高地址向低地址扩展，即栈底的地址总是≥栈顶的地址，称为**上推堆栈**；反之称为**下推堆栈**。

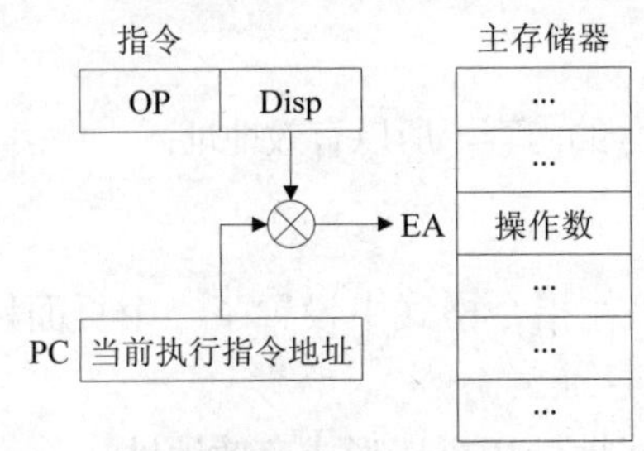

图 3.20　相对寻址方式

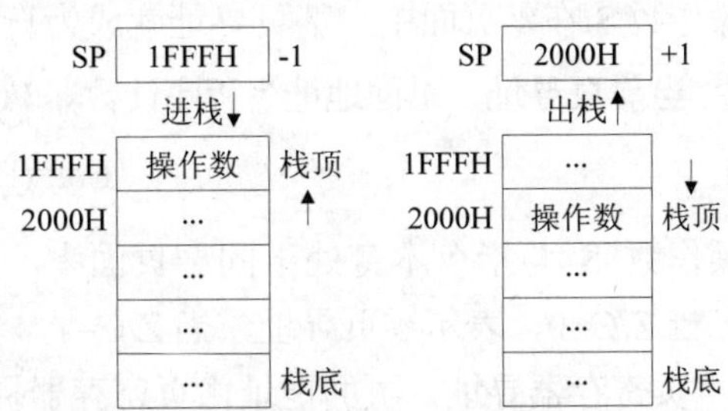

图 3.21　堆栈寻址方式

堆栈的操作：压入(PUSH)和弹出(POP)，假设数据字长为 1B。

压栈指令格式：PUSH　A

(SP)-1→SP　　　　；修改栈指针，(SP)表示堆栈指针 SP 的内容

(A)→(SP)　　　　 ；将 A 中的数据压入堆栈

弹栈指令格式：POP　A

((SP))→A　　　　 ；将栈顶内容弹出，送入 A 中，((SP))表示 SP 所指的栈顶的内容

(SP)+1→SP　　　　；修改栈指针，(SP)表示堆栈指针 SP 的内容

出栈时，需要先将堆栈中的数据弹出，然后 SP 的内容再自动加 1。

在堆栈计算机中，如 HP-3000、B5000 等，没有一般计算机中的通用寄存器，堆栈成为提供操作数和保存运算结果的唯一场所。

【例 3.8】　一条双字长直接寻址的子程序调用指令，其第 1 个字为操作码和寻址特征，第 2 个字为地址码 4000H。设存储器按字节编址，PC 当前值为 2000H，SP 的内容为 0200H，栈顶内容为 ABCDH，进栈操作是先(SP)-Δ→SP，后存入数据。试问以下几种情况下，PC、SP 及栈顶内容各为多少？(1) CALL 指令被读取前；(2) CALL 指令被执行后；(3) 子程序返回后。

解：

(1) CALL 指令被读取前，PC=2000H，SP=0200H，栈顶内容为 ABCDH。

(2) CALL 指令(共占 4 个字节)被执行后，存储器按字节编址，故程序断点 PC+4H=2004H 进栈，此时 SP=(SP)−2=0200H−2=01FEH，栈顶内容为 2004H，并更新 PC=4000H。

(3) 子程序返回后，程序断点出栈，PC=2004H，修改 SP=0200H，栈顶内容为 ABCDH。

12. 段/页寻址

段/页寻址相当于将整个主存储器空间分成若干个区，每个区称为一段/页，每段/页都有自己的编号，称为段/页地址；每段/页内有若干个主存储器单元，也有自己的编号，称为段/页内地址。页一般按物理结构划分，所有页面具有大小一样的物理块；段一般按逻辑结构划分，不同段的大小往往不同。因此，操作数的有效地址就被分为段/页地址和段/页内地址两部分，如图 3.22 所示。

段/页地址	段/页内地址

图 3.22　有效地址分为两部分

Intel 8086 设定了四个段：代码段(Code Segment，CS)，数据段(Data Segment，DS)，附加段(Extra Segment，ES)，堆栈段(Stack Segment，SS)。页寻址根据页面地址来源的不同又可分为 3 种：

● **基页寻址**，又称**零页寻址**。由于页面地址全 0，所以有效地址：

$$EA=0 /\!/ A(/\!/\text{在这里表示简单拼接}) \tag{3.9}$$

操作数 S 在零页面中，基页寻址就成为直接寻址。

● **当前页寻址**，页面地址为程序计数器 PC 的高位部分的内容，所以有效地址：

$$EA=(PC)_H /\!/ A \tag{3.10}$$

操作数 S 与指令本身处于同一页面中。有些计算机在指令格式中设置了一个页面标志位(Z/C)。当 Z/C=0，表示零页寻址，当 Z/C=1，表示当前页寻址。

● **页寄存器寻址**，页面地址由页寄存器提供，与形式地址相拼接形成有效地址。

注意：各种数据寻址方式获得数据的速度(由快到慢)如下：立即寻址、寄存器寻址、直接寻址、寄存器间接寻址、段/页寻址、基址寻址(变址寻址、相对寻址)、一级间接寻址、多级间接寻址。

【例 3.9】　一种二地址 RS 型指令的结构如图 3.23 所示。

5 位	4 位	4 位	1 位	2 位	16 位
OP	源寄存器	目标寄存器	I	X	D

图 3.23　示例结构

其中 I 为间接寻址标志位，X 为寻址模式字段，D 为位移量字段，寻址方式如表 3.3 所示。

表 3.3　寻址方式

寻址方式	I	X	有效地址 EA 算法	说明
(1)	0	00	EA=D	
(2)	0	01	EA=(D)	
(3)	0	10	EA=(R_i)	R_i 为通用寄存器
(4)	0	11	EA=(R_b)+D	R_b 为基址寄存器
(5)	1	00	EA=(PC)+D	PC 为程序计数器
(6)	1	01	EA=((R_b)±D)	R_b 为基址寄存器

(续表)

寻址方式	I	X	有效地址 EA 算法	说明
(7)	1	10	EA=((R_x)±D)	R_x为变址寄存器
(8)	1	11	EA=((PC)±D)	PC 为程序计数器

请写出 8 种寻址方式的名称，并指出哪几种访问存储器速度较慢？

解：(1) 直接寻址；(2) (存储器)间接寻址；(3) 寄存器间接寻址；(4) 基址寻址；(5) 相对寻址；(6) 先基址后间接寻址；(7) 先变址后间接寻址；(8) 先相对后间接寻址；后 3 种访存较慢。

【例 3.10】　某字长为 32 位的计算机，存储器按字编址，访存储器指令格式如图 3.24 所示。

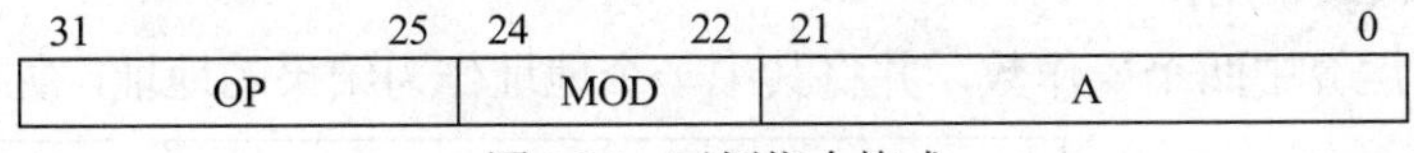

图 3.24　示例指令格式

其中，OP 是操作码，MOD 是寻址方式(见图 3.25)，A 是形式地址，有程序计数器 PC 和变址寄存器 R_x。问：(1) 该格式可定义多少种指令？(2) 各寻址方式的寻址范围为多少字？(3) 写出各种寻址方式的有效地址 EA 的计算式。

MOD 值	0	1	2	3	4
寻址方式	立即寻址	直接寻址	间接寻址	变址寻址	相对寻址

图 3.25　MOD 值与寻址方式对照表

解:

(1) 长度为 K 位的操作码 OP 可容纳 2^K 种指令。由于该指令格式使用第 25 至第 31 位来表示指令类型。则指令总数为 $2^{(31-25)+1}$=128 种。

(2) 机器字长 L=32 位，指令地址位长 N=22 位，则各寻址方式的寻址范围见图 3.26。

寻址方式	M 值	寻址范围	寻址方式有效地址表达式
立即寻址	0	1 个字，即指令字自身	EA=(PC)
直接寻址	1	2^{22}=4M 字	EA=A
间接寻址	2	2^{32}=4G 字	EA=(A)
变址寻址	3	2^{32}=4G 字	EA=(R_x)+A
相对寻址	4	2^{22}=4M 字(PC 值附近)	EA=(PC)+A

图 3.26　各寻址方式的寻址范围

(3) 各寻址方式的有效地址表达式如图 3.26 所示，立即寻址操作数在指令码中。

3.4　指令系统设计方法

3.4.1　地址结构划分方法

一条指令可包含 1 个操作码和多个地址码，因此，地址结构的划分可有以下几种。

- **零地址指令**

不需要操作数，如空操作、停机等指令；或者所需操作数为默认的，如堆栈、累加器等指令。如图 3.27 所示。

格式:	OP

图 3.27　零地址指令的格式

操作数地址是隐含的。参加运算的操作数和运算结果都放在堆栈中。

- **一地址指令**

其地址既是操作数的地址，也是结果的地址。如单目运算的取反/取负等；对于双目运算，另一操作数为默认的(如累加器等)，如图 3.28 所示。

格式：	OP	A_1

图 3.28　一地址指令的格式

(PC)+1=下条将要执行指令的地址。执行一条一地址指令需要访问主存储器两次。

- **二地址指令(最常用)**

分别存放双目运算中两个操作数，并将其中一个地址作为结果的地址，如图 3.29 所示。

图 3.29　二地址指令的格式

$(A_1)OP(A_2) \rightarrow A_1$

(PC)+1=下一条将要执行指令的地址。A_1 中原有内容在指令执行后被破坏。执行一条二地址指令需要访问主存储器 4 次。

- **三地址指令(RISC 风格)**

分别作为双目运算中两个源操作数的地址和一个结果的地址，如图 3.30 所示。

格式：	OP	A_1	A_2	A_3

图 3.30　三地址指令的格式

$(A_1)OP(A_2) \rightarrow A_3$

(PC)+1=下一条将要执行指令的地址。执行一条三地址指令至少需要访问主存储器 4 次。

- **多地址指令**

大中型机中用于成批数据处理的指令，如向量/矩阵等。四地址指令形式，如图 3.31 所示。

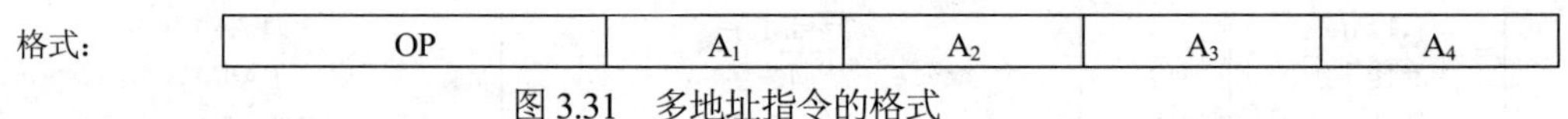

图 3.31　多地址指令的格式

$(A_1)OP(A_2) \rightarrow A_3$

A_4=下一条将要执行指令的地址。执行一条多地址指令需要访问主存储器多次。

指令中地址个数的选取要考虑诸多因素。从缩短指令长度、减少访存次数、简化硬件设计等方面来看，一地址指令格式较好；从缩短程序长度、用户使用方便、增加操作并行度等方面来看，选用三地址指令格式较好。对于同一个问题，用三地址指令编写的程序最短，但指令最长；而用二、一、零地址指令来编写程序，程序长度依次递增，但指令长度依次递减。

指令格式与机器字长、指令功能及存储器容量均有关系。从便于程序设计和增加操作的并行性看，指令中所包含的信息越多越好，以提高指令功能，但也将导致指令所占存储空间的浪费，增加访存次数。

指令系统的设计原则主要考虑如何使编译系统能简便、高效地将源程序翻译成目标代码，如：指令编码必须有唯一的解释，否则为非法指令；指令应尽量短，提高代码利用率，节省内存空间，提高执行速度；指令字长应是字节的整数倍，指令尽量规整；要有足够的操作码位数；合理地选择地址字段的个数。

【例 3.11】 设某机具有双操作数、单操作数、无操作数三类指令形式，每个操作数地址 8 位，问：(1) 若固定操作码字段为 7 位，现已设计出 m 条双操作数指令，n 条无操作数指令，则还可以设计出单操作数指令多少条？(2) 若固定指令字长度为 32 位，当双操作数指令条数和单操作数指令条数均取最大值时，试求三类指令允许拥有的指令条数最多各是多少？

解：

(1) $2^7=128$，这台计算机最多可以设计出 $128-m-n$ 条单操作数指令；

(2) 每个操作数地址 8 位，双操作数指令最多为 $2^7-1=127$ 条，单操作数指令最多为 $2^8-1=255$ 条，无操作数指令最多为 $2^8=256$ 条。

3.4.2　指令系统设计的步骤

指令系统的设计主要包括指令的功能和指令格式的设计。

(1) 指令的功能设计

根据需求，初拟出指令的分类和具体的指令；试编出使用该指令系统的各种高级语言的编译程序；使用各种算法模拟程序测试操作码和寻址的效能；将高频使用的指令串复合为一条新指令，改用硬件方式实现；而将频度很低的指令改由基本的指令组成指令串，改用软件方式实现。

(2) 指令的格式设计

- 指令格式由操作码和地址码两部分组成。

操作码：指明本条指令的操作类型和操作功能，如算术运算、逻辑运算、取数、存数、转移等。每条指令分配一个确定的操作码。

操作数地址码：指出该条指令涉及的操作数的地址。

- 操作码主要包括两部分内容：

操作种类：加、减、乘、除等运算、数据传送、移位、转移、输入、输出等。

数据的类型：定点数、浮点数、字符、字符串、逻辑数、复数、向量等。

- 地址码通常包括三部分内容：

地址：立即数、直接地址、间接地址、寄存器编号、变址寄存器编号等。

地址的附加信息：偏移量、块长度、跳距等。

寻址方式：立即数寻址、直接寻址、间接寻址、寄存器寻址、变址寻址、相对寻址。

(3) 指令字格式的优化

通过采用多种不同的寻址方式、地址制和地址码长度，以及多种指令字长，并结合可变长操作码的优化，构成冗余度尽可能少的指令字。优化操作数地址的位数，按整数边界存储，以免降低取指令的速度。

3.4.3　指令的操作码编码

指令系统中的每一条指令都有一个唯一确定的操作码，不同指令有不同的操作码编码。指令的操作码字段应当具有足够的位数，以容纳指令系统中的全部指令。指令操作码的编码可以分为规整型(定长编码，等长编码)和非规整型(变长编码)两类。

- **规整型**

规整型指令系统中操作码字段的位数和位置是固定的。假定指令系统共有 m 条指令，指令中操作码字段为 N 位，则有关系式：$N \geqslant \log_2 m$。定长编码利于简化硬件设计，减少指令译码的时间，但存在信息冗余，发挥不出操作码优化效能，如图 3.32 所示。

IBM370 机(字长 32 位)的指令可分为三种不同的长度形式：半字长指令、单字长指令和一个半字长指令。操作码字段一律都是 8 位，与指令的长度无关，允许容纳 2^8=256 条指令，实际上在 IBM370 机中仅有 183 条指令。

● **非规整型**

操作码字段分散地放在指令字的不同位置上，且各字段位数不固定。在定长指令字内使用多种地址制，可提高编址效率，如图 3.33 所示。最常用的非规整型编码方式是扩展操作码法：操作数地址个数少的指令(如一或零地址指令)的操作码字段长些，让操作数地址个数多的指令(如三地址指令)的操作码字段短些。PDP-11 机(字长 16 位)的指令包括单字长、两字长、三字长三种，操作码字段占 4～16 位不等，可遍及整个指令长度。但是，操作码字段的位置和位数不固定将增加指令译码和分析的难度，使控制器的设计复杂化。

I_i	空白浪费	地址码
I_{imin}	空白浪费	地址码
I_{imax}		地址码

图 3.32　等长地址码

操作码		地址码	地址码
操作码	地址码	地址码	地址码
操作码			地址码

图 3.33　多种地址制

【例 3.12】　某机采用扩展操作码方式，指令字长 16 位，每个地址码长度 4 位，并设计 4 条三地址指令、64 条二地址指令、128 条一地址指令和 32 条零地址指令。(1) 试设计指令格式；(2) 试设计各类指令的操作码编码；(3) 若每条指令使用频度一样，试求操作码的平均码长。

解：

(1) 各类指令的指令格式如图 3.34 所示。

三地址指令：	OP(4 位)	A_1(4 位)	A_2(4 位)	A_3(4 位)
二地址指令：	OP(8 位)		A_1(4 位)	A_2(4 位)
一址指令：	OP(12 位)			A_1(4 位)
零地址指令：	OP(16 位)			

图 3.34　扩展操作码的指令格式

(2) 各类指令的操作码编码如图 3.35 所示。

0000	A_1	A_2	A_3	4 条三指令地址
…	A_1	A_2	A_3	
0011	A_1	A_2	A_3	
0100	0000	A_1	A_2	64 条二地址指令
0100	0001	A_1	A_2	
…	…	A_1	A_2	
0111	1111	A_1	A_2	
1000	0000	0000	A_1	128 条一地址指令
1000	0000	0001	A_1	
…	…	…	A_1	
1000	0111	1111	A_1	
1100	0000	0000	0000	32 条零地址指令
1100	0000	0000	0001	
…	…	…	…	
1100	0000	0001	1111	

图 3.35　各类指令的操作码编码

(3) 指令总数=4+64+128+32=228

操作码的平均码长为：

$$\sum_{i=1}^{4}(P_i \cdot l_i)=\frac{4}{228}\times 4+\frac{64}{228}\times 8+\frac{128}{228}\times 12+\frac{32}{228}\times 16\approx 11.298\text{位}$$

3.4.4　指令的地址码编址

在计算机中需要编址的硬件主要有 CPU 中的通用寄存器、主存储器和 I/O 设备等 3 种。按照不同的编址单位，可分为以下三种：

● **字编址**

编址单位=访问单位。每个编址单位所包含的信息量与读或写一次寄存器、主存储器的信息量是一致的。该编址方式多用于早期的计算机中。

● **字节编址**

编址单位＜访问单位，以满足非数值计算的需要。编址单位与信息的基本单位(字节)一致，主存的访问单位一般是编址单位的若干倍，因为若按一个字节访问主存将大大限制主存带宽。

● **位编址**

编址单位＜访问单位。指令格式中每个地址码的位数与主存容量和最小寻址单位(即编址单位)相一致。主存储器容量越大，所需的地址码位数就越长。当容量相同时，如果以字为最小寻址单位(假定字长为 16 位或更长)，可以减少地址码的位数；如果以字节为最小寻址单位，就需要加长地址码的位数。

【例 3.13】　某机字长 32 位，有 32 位基址寄存器 R_b 和变址寄存器 R_x，采用一地址格式的指令系统，允许直接和间接寻址。(1) 若采用单字长指令，共能完成 120 种操作，则可直接寻址的空间是多大？一次间址的寻址空间是多大？画出其指令格式。(2) 若采用双字长指令，操作码位数及寻址方式不变，则可直接寻址的范围又是多大？画出其指令格式。(3) 若存储字长不变，如何访问 512GB 容量的主存？

解：

(1) 若采用单字长指令，指令字长 32 位。取操作码 7 位(2^7=128>120)。由于允许直接寻址和间接寻址，且有 R_b 和 R_x，所以取 2 位寻址特征，可实现 4 种寻址方式。指令格式如图 3.36 所示。

7 位	2 位	23 位
OP	M	AD

图 3.36　单字长指令格式

其中，OP 为操作码，可实现 120 种操作；M 为寻址特征，可实现 4 种寻址方式；AD 为形式地址。这种格式指令可直接寻址 2^{23}=8M 字，一次间址的寻址范围是 2^{32}=4G 字。

(2) 若采用双字长指令，OP、M、AD 的含义同上，指令格式如图 3.37 所示。

<table>
<tr><td>7 位</td><td>2 位</td><td>23 位</td></tr>
<tr><td>OP</td><td>M</td><td>AD₁</td></tr>
<tr><td colspan="3">AD₂</td></tr>
</table>

图 3.37　双字长指令格式

其中，$AD_1//AD_2$ 为 23+32=55 位形式地址。该指令可直接寻址的范围为 2^{55}=32P 字。

(3) 若存储字长不变，即 32 位存储器容量为 512GB，即对应 128G×32 位。如采用单字长指令，R_x 和 R_b 取 32 位，用变址或基址进行间接寻址最多访问 4G 存储空间。可考虑采用双字长指令，地址取 37 位直接访问 128G 存储空间。

3.4.5 Huffman 优化编码方法

Huffman 编码法的基本思想是用较短操作码表示高频的指令，用较长的操作码表示低频的指令。Huffman 编码法是最优化的编码方法，操作码平均码长最短。设指令操作码的码长共有 n 种，p_i 表示第 i 种操作码使用频率，l_i 表示第 i 种操作码的码长，则 Huffman 编码的操作码平均码长为 $\sum_{i=1}^{n}(p_i \cdot l_i)$。

Huffman 编码的一般过程为：

- 利用 Huffman 算法，构造 Huffman 树；
- Huffman 树的左分支均用一位代码“1”表示，右分支均用一位代码“0”表示，或反之；
- 从根节点开始，沿分支线往叶子节点所经过的代码序列即为该指令的 Huffman 编码。

注意：构造的 Huffman 树以及各指令的 Huffman 编码均不是唯一的，但采用 Huffman 编码的操作码平均长度是唯一的。

【例 3.14】 某模型机有 10 条指令 $I_1 \sim I_{10}$，使用频度分别为 0.29，0.23，0.18，0.11，0.09，0.03，0.03，0.02，0.01，0.01。试求以下不同编码的操作码平均码长：(1) 使用等长操作码，并求信息冗余量。(2) 要求操作码的平均码长最短，试设计操作码编码。(3) 只有两种码长，试设计平均码长最短的扩展操作码。(4) 只有两种码长，试设计平均码长最短的等长扩展码。

解：

(1) 等长操作码表示时的操作码平均码长为 $\lceil \log_2 10 \rceil = 4$，可表示 2^4=16 条指令，则等长操作码表示时的信息冗余量为(16−10)/16=37.5%。

(2) 操作码的 Huffman 树如图 3.38 所示。

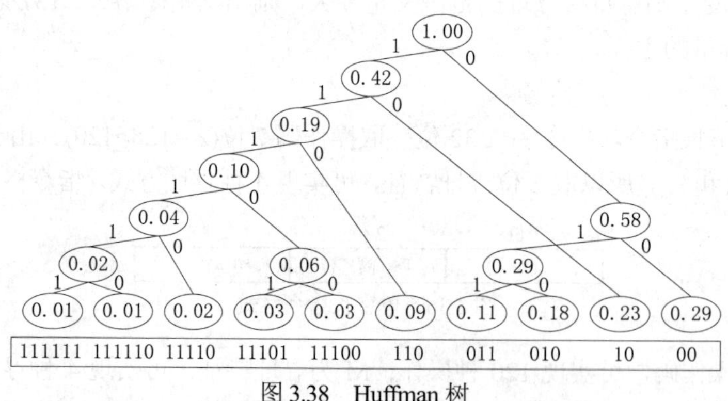

图 3.38 Huffman 树

操作码的 Huffman 编码如表 3.4 所示，此种编码的平均码长为：

$$\sum_{i=1}^{10}(p_i \cdot l_i)=(0.29+0.23)\times2+(0.18+0.11+0.09)\times3+(0.03+0.03+0.02)\times5+(0.01+0.01)\times6=2.7$$

(3) 操作码的 2-5 扩展码编码法如表 3.4 所示，此种编码的平均码长为：

$$\sum_{i=1}^{10}(p_i \cdot l_i)=(0.29+0.23+0.18)\times2+(0.11+0.09+0.03+0.03+0.02+0.01+0.01)\times5=2.9$$

(4) 操作码的 2-4 等长扩展码编码法如下表所示，此种编码的平均码长为：

$$\sum_{i=1}^{10}(p_i \cdot l_i)=(0.29+0.23)\times 2+(0.18+0.11+0.09+0.03+0.03+0.02+0.01+0.01)\times 4=2.96$$

表 3.4　指令的 Huffman 编码

指令	指令使用频度 P_i	Huffman 编码	Huffman 码长 l_i	2-5 扩展码	2-5 扩展码码长 l_i	2-4 等长扩展码	2-4 扩展码码长 l_i
I_1	0.29	00	2	00	2	00	2
I_2	0.23	10	2	01	2	01	2
I_3	0.18	010	3	10	2	1000	4
I_4	0.11	011	3	11000	5	1001	4
I_5	0.09	110	3	11001	5	1010	4
I_6	0.03	11100	5	11010	5	1011	4
I_7	0.03	11101	5	11011	5	1100	4
I_8	0.02	11110	5	11100	5	1101	4
I_9	0.01	111110	6	11101	5	1110	4
I_{10}	0.01	111111	6	11110	5	1111	4

3.5　CISC 与 RISC 指令系统设计

3.5.1　复杂指令集计算机(CISC)

当前两种主流的指令架构分别为复杂指令集计算机(Complex Instruction Set Computer，CISC)和精简指令集计算机(Reduced Instruction Set Computer，RISC)，代表了不同的指令设计理念。

计算机包含的指令集或微指令集越丰富，编写程序就越容易，但是过多的(微)指令集也会影响其性能。一般 CISC 计算机所含的指令数目至少 300 条以上，有的甚至超过 500 条。CISC 包括一个丰富的微指令集，简化了处理器上程序的创建。指令由汇编语言所组成，把一些原来由软件实现的常用功能改用硬件的指令系统实现，因而大大减少了编程者的工作量，在每个指令周期同时处理一些低阶的操作或运算，以提高计算机的执行速度。

CISC 有着较强的处理高级语言的能力，有助于提高计算机的性能。当计算机的设计沿着 CISC 道路发展时，有些人开始怀疑这种做法。1975 年，IBM 公司设在纽约的 Watson 研究中心开始研究指令系统的合理性问题。因为当时已发现，日益复杂的指令系统不但难以实现，而且还可能降低系统性能。1979 年，美国加州大学伯克利分校以帕特逊(David Patterson)教授为首的一批科学家的研究结果表明，CISC 存在许多缺点。

首先，在 CISC 计算机中，各种指令的使用率千差万别，使用最频繁的指令是取、存和加这些最简单的指令。因此，CISC 的设计，实际上是在设计一种使用频率不高的指令系统。

其次，复杂的指令系统必然导致复杂的计算机系统结构。这不但增加了设计的时间与成本，还容易造成设计失误。尽管 VLSI 技术现在已有长足进步，但也很难把 CISC 的全部硬件集成在一个芯片上，从而妨碍了单片计算机的发展。

另外，在 CISC 中，许多复杂指令需要极复杂的操作，这类指令类似某种高级语言，因而通用性差。CISC 采用二级的微码执行方式，也降低了那些高频的简单指令的运行速度。

为此，帕特逊等人提出了精简指令的设想，即指令系统应当只包含使用频率很高的少量指令，以及一些支持操作系统和高级语言的必要指令。按照该原则发展而成的计算机被称为精简指令集计算机(RISC)结构。

3.5.2　精简指令集计算机(RISC)

1975 年，RISC 架构之父、美国计算机科学家约翰 • 科克(John Cocke)研究了 IBM370 CISC 系统，认为计算机中大约 80%的工作是由大约 20%的指令完成的。基于此，他提出了 RISC 的概念，CPU 应该被精简到只包含这 20%最有用的指令，RISC 的定义有时是指“支持一个小于 100 条的指令集”。因此，RISC 有一个简化的指令集，能够提高处理器的效率，但也需要更复杂的外部程序。RISC 结构优先选取使用频率最高的简单指令，减少复杂指令；固定指令长度，减少指令格式和寻址方式种类；以控制逻辑为主，不用或少用微码控制等。

CISC 体系结构包括大量复杂且功能强大的指令；而 RISC 体系结构则集中在只包含少量常用、快速的小型指令子集上，复杂操作被分解为多条 RISC 指令，但分解后和直接用一条 CISC 指令一样快，甚至更快。早期的 CPU 都属于 CISC 架构，当时的设计目的是要用最少的机器指令来完成所需任务。比如，在 CISC 架构的 CPU 上，可能有这样一条乘法指令：

```
MUL   ADDRA，ADDRB
```

该指令可将 ADDRA 和 ADDRB 中的数相乘，并将结果存储在 ADDRA 中。这种架构会增加 CPU 结构的复杂性和对 CPU 工艺的要求，但却十分有利于编译器的开发。在上例中，C 程序中的 a*=b 就可以直接编译为一条乘法指令。

如果要在 RISC 架构上实现该例子，则读入 ADDRA，ADDRB 中的数据、相乘及将结果写回内存，都需要由软件来实现，比如：

```
MOV   A，ADDRA
MOV   B，ADDRB
MUL   A，B
STR   ADDRA，A
```

可见，这种架构对于编译器的设计有更高的要求，但是可以降低 CPU 的复杂性，并允许在相同工艺水平下生产出功能更强大的 CPU。

从硬件角度来看，CISC 处理的是不等长指令集，因此在执行单一指令的时候必须对不等长指令进行分割，需要的处理工作较多。而 RISC 处理的是等长精简指令集，CPU 执行 RISC 指令更快，且性能稳定，特别是 RISC 可将一条指令分割成若干个进程或线程交由多个处理器同时执行，在并行处理方面明显优于 CISC。而且，RISC 制造工艺简单且成本低廉。

从软件角度来看，CISC 运行的是主流的 DOS、Windows 操作系统，而且支持几乎所有应用程序。全世界大部分的软件厂商(包括 Microsoft 等公司)都为基于 CISC 体系结构的 PC 及其兼容机服务，而 RISC 在此方面却略显薄弱。在 RISC 上需要一个翻译过程才可运行 DOS、Windows，减慢了其运行速度。

现在，市场上很容易找到“纯”RISC 的处理器，如 ARM 和 MIPS，但主流的 CISC 设备(如 Intel 80x86 系列、Motorola 68000 和 Freescale Coldfire)现在也是由 RISC 内核和“CISC 到 RISC”硬件翻译来实现的。实际上，虽然 RISC 架构比 CISC 架构有一些优势，但 RISC 架构仍然不能够取代 CISC 架构。相反，两者正在逐步走向融合，现代的 CPU 常采用 CISC 的外围，并在内部加入 RISC 的特性，或是基于 RISC 体系结构的内核，如超长指令集 CPU，Pentium Pro、Nx586、K5。CISC 与 RISC 融合型 CPU 往往接受 CISC 指令后将其分解成 RISC 指令，以便并行执行多条指令。另外，还可以用一个 RISC 内核去模拟 CISC 机。

3.6　80x86/Pentium 指令系统

3.6.1　80x86 指令系统主要特征

Intel 80x86 CISC 体系有两大特征：一是使用微代码设计，非常适合编程，指令集能够在微代码存储器里直接执行，新处理器只需要增加较少的电路就可以执行同样的指令集；二是拥有庞大的指令集，能提高存储器访问效率，80x86 拥有包括双运算元格式、寄存器到寄存器、寄存器到存储器以及存储器到寄存器的多种指令类型。除向程序员提供各种寄存器和机器指令功能外，微处理器还提供存于 ROM 中的微程序来实现复杂操作，在分析完每一条指令之后，微处理器还要执行一系列初级指令。

80x86 指令体系在缩短新指令的微代码设计时间上具有明显优势，实现了 CISC 体系机器的向上兼容，新系统可以方便地使用包含早期系统的指令集合，而且微程序指令的格式与高级语言相匹配，因而并不一定要重新编写编译器。

与 ARM RISC 指令体系相比，80x86 指令集缺点主要包括：

(1) 只有 8 个通用寄存器，数量较少，CPU 主要是访问存储器中的数据，从而影响执行速度。而 ARM RISC 系统具有非常多的通用寄存器，并采用了重叠寄存器窗口和寄存器堆等技术，充分利用寄存器的优势。

(2) 性能受解码器影响，长度不定的 80x86 指令需要通过解码器转换为长度固定的类似 RISC 的指令，再交给 RISC 内核。解码分为硬件解码和微解码，简单指令只要硬件解码，速度较快；而复杂的指令则需要微解码分解成若干条简单指令，步骤复杂且速度较慢。

(3) 80x86 CISC 单个指令长度不同，虽有强大的运算能力，但是结构较复杂，难以在一颗芯片上集成全部 CISC 硬件。

(4) 80x86 CISC 指令集寻址范围小，限制了用户需要。

3.6.2　80x86 寻址方式

8088/8086 CPU 的寻址分为两类，即数据寻址和指令寻址。

1. 数据寻址方式

(1) 立即寻址方式

【例 3.15】　MOV　AL，0ABH

MOV　AX，1234H

(2) 寄存器寻址

【例 3.16】 MOV　AL，BL

MOV　AX，BX

(3) 存储器寻址方式

● 直接寻址方式

【例 3.17】 假设在数据段定义 TABLE 为一个字节数组的首地址标号(变量名)，其偏移地址为 0200H，有指令为：

MOV　AL，TABLE　　；或 MOV　AL，[TABLE]；或 MOV　AL，[0200H]

MOV　AL，TABLE+2　　；或 MOV　AL，[TABLE+2]；或 MOV　AL，[0200H+2]

● 寄存器间接寻址方式

【例 3.18】 MOV　AX，[BX]

若(DS)=2000H，(BX)=1010H，(21010H)=12H，(21011H)=34H。

则操作数的 20 位物理地址=20000H+1010H=21010H。

指令执行完毕后，(AX)=3412H。

【例 3.19】 MOV　AX，ES：[BX]　　；指定在附加段 ES 中寻址

● 寄存器相对寻址

【例 3.20】 假设在数据段定义 TABLE 为一个字节数组的首地址标号(变量名)，则：

MOV　SI，4

MOV　AL，TABLE[SI]　　；或 MOV　AL，[TABLE+SI]

STR　EQU　4

LEA　SI，TABLE　　；LEA 是取偏移地址指令，TABLE 偏移地址→SI

MOV　AL，STR[SI]　　；或 MOV　AL，[STR+SI]

如：[BX+8]、[BP-10H]、[SI+OFFSET TABLE]都是寄存器相对寻址方式。

【例 3.21】 假设在数据段定义 TABLE 为一个字节数组的首地址标号(变量名)，其偏移地址为 0200H，有指令：

MOV　AX，TABLE[SI]

● 基址变址寻址

【例 3.22】 MOV　AX，[BX] [SI]　　；或 MOV　AX，[BX+SI]

若(DS)=2000H，(BX)=1010H，(SI)=0010H。

则偏移地址=1010H+0010H=1020H

20 位物理地址=20000H+1020H=21020H

如(21020H)=56H，(21021H)=78H。指令执行完毕后，(AX)=7856H。

● 相对基址变址寻址

【例 3.23】 MOV　AL，TABLE[BX][SI]

【例 3.24】 假设在数据段定义 TABLE 为一个字节数组的首地址标号(变量名)，其偏移地址是 0200H，若(DS)=2000H，(BX)=1010H，(DI)=0020H。

MOV　AX，TABLE[BX][DI]

则偏移地址=0200H+1010H+0020H=1230H

20 位物理地址=20000H+1230H=21230H

如(21230H)=9AH，(21231H)=BCH。执行完指令后，(AX)=BC9AH。

2. 指令寻址方式

限于篇幅，本节只介绍与转移指令及调用指令相关的寻址方式。

● 段内直接寻址

该寻址方式的指令格式有三种形式：

(1) 指令名 SHORT　转移目标地址标号

(2) 指令名　转移目标地址标号

(3) 指令名　NEAR　PTR　转移目标地址标号

● 段间直接寻址

该寻址方式的指令格式有以下两种形式：

(1) 指令名 FAR　PTR　转移地址标号

(2) 指令名　段地址：段内偏移地址

● 段内间接寻址

该寻址方式的指令格式为：

(1) 指令名　寄存器名(16 位)

(2) 指令名　WORD　PTR　存储器寻址方式

● 段间间接寻址

该寻址方式的指令格式为：

指令名　DWORD　PTR　存储器寻址方式

3.6.3　8088/8086 CPU 的指令系统分类

8088/8086 CPU 的指令系统，按功能可分为：①数据传送指令，②算术运算指令，③逻辑运算和移位指令，④串操作指令，⑤控制转移指令，⑥处理器控制指令。

1. 数据传送指令

8086/8088 有 4 类传送指令，分别是：①通用传送指令，②累加器专用传送指令，③地址传送指令，④标志传送指令。

(1) 通用传送指令

如图 3.39 所示。

操作码	MOV	PUSH	POP	PUSHF	POPF	XCHG
操作功能	通用传送	入栈	出栈	标志压栈	标志出栈	交换

图 3.39　通用传送指令

1) 通用传送指令 MOV

通用传送指令 MOV 包括 9 种情况(见图 3.40)：①从寄存器到寄存器，②从寄存器到段寄存器，③从寄存器到存储器，④从段寄存器到寄存器，⑤从存储器到寄存器，⑥从段寄存器到存储器，⑦从存储器到段寄存器，⑧从立即数到寄存器，⑨从立即数到存储器。

2) 进栈指令 PUSH 及出栈指令 POP

进栈指令 PUSH 及出栈指令 POP 包括两种情况：①PUSH 指令，②POP 指令。

【例 3.25】　MOV　AX，ABCDH

　　　　　　PUSH　AX

设执行前(SS)=1000H，(SP)=01FEH，执行后(SS)=1000H，(SP)=01FCH

CS
DS、SS、ES
通用寄存器
AX、BX、CX、DX、
SI、DI、BP、SP
立即数
存储器数

图 3.40　MOV 指令的 9 种形式

3) PUSHF 与 POPF

【例 3.26】　若想设置 TF=1，程序段如下：

```
PUSHF
POP    AX
OR     AH，01H          ；修改 TF 位
PUSH   AX
POPF
```

4) XCHG 指令

(2) 累加器专用传送指令

1) 输入指令 IN

2) 输出指令 OUT

3) 换码指令 XLAT

(3) 地址传送指令

如图 3.41 所示。

操作码	LEA	LDS	LES
操作功能	取偏移地址	取偏移地址和数据段值	取偏移地址和附加数据段值

图 3.41　地址传送指令

(4) 标志传送指令

程序状态字(Program Status Word，PSW)，也叫程序状态寄存器(Program State Register，PSR)，是 CPU 的核心部件运算器的一部分，可用于操作系统在管态(系统态)和目态(用户态)之间的转换。PSW 通常存放两类信息：一类是当前指令执行结果的各种状态信息，称为状态标志，如有辅助进位标志(Auxiliary Carry Flag，AF)、有无借位进位(Carry Flag，CF 位)、无溢出(Overflow Flag，OF 位)、奇偶标志位(Parity Flag，PF)、结果正负(Sign Flag，SF)、结果是否为零(Zero Flag，ZF)等；另一类是控制信息或控制状态，如方向标志(Direction Flag，DF)、允许中断(Interrupt Flag，IF)、跟踪标志或陷阱标志(Trap Flag，TF)等。在 8086/8088CPU 中，PSW 是一个 16 位标志寄存器 FR(Flag Register)，用于寄存单条指令执行结果的某些状态信息。如图 3.42 所示。

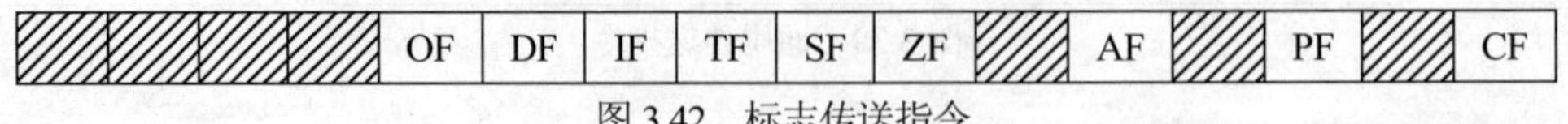

图 3.42　标志传送指令

2. 算术运算指令

(1) 加法指令

如图 3.43 所示。

操作码	ADD	ADC	INC
操作功能	加法	带进位加法	增量

图 3.43　加法指令

(2) 减法指令

如图 3.44 所示。

操作码	SUB	SBB	DEC	NEG	CMP
操作功能	减法	带借位减法	减 1	求补	比较

图 3.44　减法指令

(3) 乘法指令

1) 无符号数乘法指令 MUL

汇编格式：MUL　源操作数

执行的操作：若为字节操作：(AX)←(AL)×源操作数

若为字操作：(DX-AX)←(AX)×源操作数

2) 有符号数乘法指令 IMUL

(4) 除法指令

1) 无符号数除法指令 DIV

2) 有符号数除法指令 IDIV

(5) 符号扩展指令

1) 字节转换为字指令 CBW

2) 字转换为双字指令 CWD

(6) 十进制调整指令

1) 压缩的 BCD 码调整指令：①DAA，②DAS。

2) 非压缩的 BCD 码调整指令：①AAA，②AAS。

3. 逻辑运算和移位指令

(1) 逻辑运算指令

表 3.5 列出逻辑运算指令对标志位的影响。

表 3.5　逻辑运算指令对标志位的影响

指令	操作功能	OF	CF	SF	PF	ZF	AF
AND	与	=0	=0	0 或 1	0 或 1	0 或 1	无定义
OR	或	=0	=0	0 或 1	0 或 1	0 或 1	无定义
XOR	异或	=0	=0	0 或 1	0 或 1	0 或 1	无定义
TEST	测试	=0	=0	0 或 1	0 或 1	0 或 1	无定义
NOT	非	不影响	不影响	不影响	不影响	不影响	不影响

(2) 移位指令

移位指令包括：算术左移指令 SAL，逻辑左移指令 SHL，算术右移指令 SAR，逻辑右移指令 SHR，左循环移位指令 ROL，右循环移位指令 ROR，带进位左循环指令 RCL，带进位右循环指令 RCR。

4. 串操作指令

串操作的指令有 5 条，分别为：①MOVS，②LODS，③STOS，④CMPS，⑤SCAS。

5. 控制转移指令

(1) 无条件转移指令 JMP

包括段内直接转移(段内直接短转移、段内直接近转移)，段内间接转移，段间直接转移。

(2) 条件转移指令

简单条件转移指令表如表 3.6 所示。无符号数和有符号数转移指令表如表 3.7 和表 3.8 所示。

表 3.6　简单条件转移指令表

汇编语言指令名	测试条件	操作
JZ(或 JE)	ZF=1	结果为零(或相等)则转移
JNZ(或 JNE)	ZF=0	结果不为零(或不相等)则转移
JS	SF=1	结果为负则转移
JNS	SF=0	结果为正则转移
JO	OF=1	结果溢出则转移
JNO	OF=0	结果无溢出则转移
JP(或 JPE)	PF=1	奇偶位为 1 则转移
JNP(或 JPO)	PF=0	奇偶位为 0 则转移
JC(或 JNAE 或 JB)	CF=1	有进位则转移
JNC(或 JAE 或 JNB)	CF=0	无进位则转移

表 3.7　无符号数比较条件转移指令表

汇编语言指令名	测试条件	操作
JB(或 JNAE 或 JC)	CF=1	低于(或不高于或等于)，或进位标志位为 1 则转移
JNB(或 JAE 或 JNC)	CF=0	不低于(或高于或等于)，或进位标志位为 0 则转移
JA(或 JNBE)	CF∨ZF=0	高于(或不低于或等于)则转移
JNA(或 JBE)	CF∨ZF=1	不高于(或低于或等于)则转移

表 3.8　有符号数比较条件转移指令表

汇编语言指令名	测试条件	操作
JL(或 JNGE)	SF∨OF=1	小于(或不大于或等于)则转移
JNL(或 JGE)	SF∨OF=0	不小于(或大于或等于)则转移
JG(或 JNLE)	(SF∨OF)∨ZF=0	大于(或不小于或等于)则转移
JNG(或 JLE)	(SF∨OF)∨ZF=1	不大于(或小于或等于)则转移

(3) 子程序调用和返回指令

1) 调用指令 CALL

CALL 调用指令包括：①段内直接调用，②段间直接调用，③段内间接调用，④段间间接调用。

2) 返回指令 RET(如表 3.9 所示)

表 3.9　RET 返回指令

返回指令	汇编格式	执行操作
段内返回	RET	(IP)←((SP)+1，(SP)) (SP)←(SP)+2
段间返回	RET	(IP)←((SP)+1，(SP)) (SP)←(SP)+2 (CS)←((SP)+1，(SP)) (SP)←(SP)+2
段内带立即数返回	RET　表达式	(IP)←((SP)+1，(SP)) (SP)←(SP)+2 (SP)←(SP)+16 位表达式
段间带立即数返回	RET　表达式	(IP)←((SP)+1，(SP)) (SP)←(SP)+2 (CS)←((SP)+1，(SP)) (SP)←(SP)+2 (SP)←(SP)+16 位表达式

(4) 循环指令

循环指令共有 3 条：LOOP、LOOPZ/LOOPE、LOOPNZ/LOOPNE。循环指令测试条件见表 3.10 所示。

汇编格式：指令名　循环入口的地址标号。

执行的操作：① (CX)←(CX)-1；② 判断测试条件，若成立，则(IP)←(IP)+8 位位移量。

表 3.10　循环指令测试条件

指令名	测试条件	功能
LOOP	(CX)≠0	无条件循环
LOOPNZ/LOOPNE	(CX)≠0 且 ZF=1	当为零或相等时循环
LOOPNZ	(CX)≠0 且 ZF=0	当不为零或不相等时循环

(5) 中断指令和中断返回指令(见表 3.11 所示)

表 3.11　中断指令

指令	INT	INTO	IRET
汇编格式	INT　n	INTO	IRET
执行操作	(SP)←(SP)-2 ((SP)+1，(SP))←(PSW) IF=0，TF=0 (SP)←(SP)-2 ((SP)+1，(SP))←(CS) (SP)←(SP)-2 ((SP)+1，(SP))←(IP) (IP)←(n×4) (CS)←(n×4+2)	若 OF=1 则： (SP)←(SP)-2 ((SP)+1，(SP))←(PSW) IF=0，TF=0 (SP)←(SP)-2 ((SP)+1，(SP))←(CS) (SP)←(SP)-2 ((SP)+1，(SP))←(IP) (IP)←(0010H) (CS)←(0012H)	(IP)←((SP)+1，(SP)) (SP)←(SP)+2 (CS)←((SP)+1，(SP)) (SP)←(SP)+2 (PSW)←((SP)+1，(SP)) (SP)←(SP)+2
说明	本指令把 IF 和 TF 位置 0，不影响其余标志位	本指令把 IF 和 TF 位置 0，不影响其余标志位	

6. 处理器控制指令

处理机控制指令包括：交权指令 ESC，停机指令 HLT，总线封锁指令 LOCK，无操作指令 NOP，等待指令 WAIT，标志设置指令。标志设置指令如表 3.12 所示。

表 3.12　标志设置指令

指令格式	指令功能	执行的操作
CLC	进位标志位置 0 指令	CF←0
STC	进位标志位置 1 指令	CF←1
CMC	进位标志位求反指令	$CF \leftarrow \overline{CF}$
CLD	方向标志位置 0 指令	DF←0
STD	方向标志位置 1 指令	DF←1
CLI	中断标志位置 0 指令	IF←0
STI	中断标志位置 1 指令	IF←1

3.6.4　Pentium 指令系统

Pentium CISC 指令系统是在 80x86 系列指令系统的基础上形成的，增加了指令的种类和功能，每条指令的长度有所不同，平均指令长度为 3.2 字节，具有代码级向上兼容性。Pentium 指令提供了 32 位寻址方式和 32 位操作方式，并且包含全部浮点运算指令。指令的操作数宽度可以是 8 位、16 位、32 位，寻址宽度可以是 16 位或 32 位，操作数可以是 0～3 个，可根据寻址方式直接包含于指令中，或存于寄存器或存储器中。Pentium 指令系统的功能强、灵活性高，适合编译程序和汇编语言程序的设计。表 3.13 为 Pentium 指令格式。

表 3.13　Pentium 指令格式

<table>
<tr><th>前缀
Prefix</th><th>操作码
OP code</th><th>寻址方式
mod r/m</th><th>寻址说明
s-i-b</th><th>位移量
displ</th><th>操作数
data</th></tr>
<tr><td>1~4 字节</td><td>1~2 字节</td><td>1 字节</td><td>1 字节</td><td>0,1,2,4 字节</td><td>0,1,2,4 字节</td></tr>
<tr><td rowspan="2">可修改指令操作的某些属性。包括 5 类前缀：段超越前缀、操作数宽度前缀、地址宽度前缀、重复前缀、总线锁定前缀</td><td rowspan="2">规定指令的操作性质，包括操作数类型、操作数传送方向、寄存器编码或符号扩展等</td><td colspan="2">寄存器/存储器寻址方式说明符字段</td><td rowspan="2">位移量字段，属存储器地址的一部分。位移量足够小时，往往采用带符号的 8 位整数，CPU 将它自动扩展到 16 位或 32 位</td><td rowspan="2">立即数字段，8 位立即数与 16/32 位操作数一起使用时，CPU 将其自动扩展至符号相同的 16/32 位数。同理也可将 16 位立即数自动扩展至 32 位</td></tr>
<tr><td>主寻址字节，规定操作数的寻址方式，包括操作数的存放位置和操作数 EA 的计算方法等</td><td>比例-变址-基址字节，为第二寻址字节</td></tr>
</table>

Pentium 指令系统分为：整数指令(最常用部分)、浮点数指令、操作系统型指令。

通用整数指令包括：

(1) 数据传送指令

通用数据传送指令(如数值传送指令 MOV、装入有效地址指令 LEA、段装入指令、交换类指令 XCHG 和 BSWAP、查表转换指令 XLAT 等)，扩展传送指令 MOVSX/MOVZX，压栈指令 PUSH/弹栈指令 POP，地址传送指令 LEA/LDS/LES/LFS/LGS/LSS，输入指令 IN/输出指令 OUT。

(2) 算术运算类指令

加减指令 ADD/SUB/ADC/SBB，加 1/减 1 指令(INC/DEC)，整数变反指令(求补)NEG，比较指令 CMP，单操作数乘法指令 MUL/IMUL，除法指令 DIV/IDIV，数据宽度变换指令 CBW/CWD/CWDE/CDQ，BCD 调整指令 AAA/AAS/AAM/AAD/DAA/DAS。

(3) 逻辑运算与移位指令

基本逻辑运算指令 AND/OR/XOR/TEST，算术移位指令 SAL/SAR，逻辑移位指令 SHL/SHR，循环移位指令 ROL/ROR/RCL/RCR，双精度移位指令 SHLD/SHRD。

(4) 串操作指令

串传送指令 MOVSB/MOVSW/MOVSD，串装入指令 LODSB/LODSW/LODSD，串存储指令 STOSB/STOSW/STOSD，串比较指令 CMPSB/CMPSW/CMPSD，串扫描指令 SCASB/SCASW/SCASD，串输入指令 INSB/INSW/INSD，串输出指令 OUTSB/OUTSW/ OUTSD。

(5) 控制转移指令

无条件转移指令(JMP)，过程调用/返回指令 CALL/RET，条件转移指令 JCC，循环控制指令 LOOP，中断指令 INT。8086/8088 的条件转移指令都为短转移，80386/80486 则推广到段内转移。循环指令只能是短转移。

3.6.5　80x86/Pentium 常用伪指令

伪指令(pseudo instruction)只能为汇编程序所识别，并指导汇编如何进行，不既被汇编成机器代码也不控制机器的操作。

(1) 方式选择伪指令

方式选择伪指令通常放在源程序的头部作为第一条语句，用于通知汇编程序选择汇编方式，不属于选定 CPU 的指令均为非法指令，主要说明当前的源程序指令所属 CPU 的种类，经汇编链接所生成的目标程序在何种 CPU 上运行。因此，方式选择伪指令实质上是指令集选择伪指令，默认为 8086 指令集。

(2) 逻辑段定义伪指令

80x86/Pentium 系列微处理器汇编语言有两种逻辑段定义方法：完整段和简化段定义。完整段定义伪指令主要包括段定义语句(SEGMENT/ENDS)和段寄存器说明语句，可控制汇编程序(MASM)和链接程序(LINK)在内存中组织代码和数据的具体方式。

简化段定义主要包括段次序语句(DOSSEG)、内存模式语句(.MODEL)、段语句三种，便于汇编语言程序模块与 Microsoft 高级语言程序模块的连接，由操作系统自动安排段序和自动保证名称定义的一致性。但是命令文件(.com)的编程不可使用简化段定义。

(3) 数据定义伪指令

即定义符号名来代替表达式的值。

赋值语句：符号名　EQU　表达式　　；赋值语句定义的符号名不允许重新定义

等号语句：符号名=表达式　　　　　；等号语句定义的符号名允许重新定义

(4) 过程与宏定义伪指令

过程定义伪指令(PROC/ENDP)允许嵌套调用和递归调用。过程与逻辑段也允许相互嵌套，但过程与逻辑段不允许交叉覆盖。

宏定义伪指令(MACRO/ENDM)类似于过程，使用一个宏名来代替源程序中的一个程序模块。宏定义的宏名必须唯一，称为宏指令，一经定义就可以用于源程序中任何位置调用，相当于用户定义了一个新的操作码。宏调用是用宏体中定义的指令序列替换宏指令，因此要用 LOCAL 伪指令说明宏体内的标号为局部标号，以免调用宏时发生标号重复定义的错误。

过程和宏都可简化源程序，减少程序出错的可能性。两者区别在于：

- 过程不直接带参数，而宏操作可以直接传递和接收参数。过程之间传递参数时其编程比宏要复杂，只能通过堆栈、寄存器或存储器来进行。
- 过程有唯一的目标代码，无论其被调用几次都只汇编一次；而宏指令每次调用都要汇编展开并保留宏体中的每一行，调用几次就汇编几次。
- 过程调用要保护和恢复现场及断点，在执行目标程序时会导致额外的时间开销；但宏操作在执行目标代码时不会增加额外的时间开销。

因此，过程适合代码较长、调用比较频繁的子程序段使用；而宏适合于代码较短、传送参数较多的子程序段使用。

3.7　ARM 指令系统

3.7.1　ARM 指令系统主要特征

1985 年，英国 Acorn 公司的罗杰・威尔森(Roger Wilson)和史蒂夫・佛巴尔(Steve Furber)设计了第一代 32 位、6MHz 的 RISC 处理器，并用它制作了一台 RISC 指令集的计算机 ARM(Acorn RISC Machine)。ARM 指令系统的主要特征有：包含大量寄存器，均可在指令集中用于多种用途(源寄存器、目的寄存器、地址指针等)；采用 LOAD/STORE(加载/存储)体系结构，即仅能处理寄存器中的数据，处理结果也要放回寄存器中，访问存储器需要通过专门的 LOAD/STORE 指令来实现；均为 3 地址指令，有两个源操作数寄存器和一个结果寄存器，并可独立设定；在单位时钟周期内执行单条指令时可同时完成一项 ALU 操作和一项移位操作；所有指令均可条件执行，即指令执行由条件域满足与否来决定；以高密度 16 位压缩形式表示 Thumb 指令集；可通过协处理器指令扩展 ARM 指令集，比如在编程模式下增加新的寄存器和数据类型。

ARM 指令基本格式为：

<opcode>{<cond>}{S}　<Rd>，<Rn>，<op2>；注释

其中，<opcode>表示操作码，后缀{<cond>}表示条件域，后缀{S}表示指令执行结果将影响 CPSR 寄存器值；空格之后的<Rd>表示目的寄存器，第一个逗号之后<Rn>表示第一操作数 1，第二个逗号之后的<op2>表示第二操作数，分号之后为注释。

在 ARM 状态时，几乎所有指令均根据当前程序状态寄存器(Current Program Status Register，CPSR)中条件码的状态和 ARM 指令条件码域有条件地执行。当满足指令的执行条件时，指令被执行，否则忽略该指令。每一条 ARM 指令包含 4 位条件码(位于指令的高 4 位[31 ~ 28])可表示 16 种条件，实际上，只有 15 种条件标志码可供使用，第 16 种(1111)为系统保留。每一种条件使用两个大写英文字符表示，作为指令助记符的后缀。例如，加法指令 ADD 加上后缀 EQ 之后变为 ADDEQ，表示“相等则加”(即当 CPSR 中的 Z 标志置位时发生相加)。程序状态保存寄存器

(Saved Program Status Register，SPSR)用于保存 CPSR 的状态和异常处理，以便异常返回后恢复工作状态。

3.7.2　ARM 寻址方式

ARM 指令系统支持如下 9 种寻址方式。

- 立即寻址

例如：ADD　R0，R1，#0x5f　　　　；R0←R1+0x5f

该指令的第二个源操作数以“#”为前缀表示立即数，若是十六进制表示的立即数，还要在“#”后加上“0x”或“&”标识符。

- 寄存器寻址

例如：ADD　R1，R2，R3　　　　　；R1←R2+R3

该指令的所有操作数均在寄存器中，指令功能是将寄存器 R2 和 R3 的内容相加，其结果存放在寄存器 R1 中。

- 寄存器间接寻址

例如：ADD　R2，R3，[R4]　　　　；R2←R3+[R4]

该指令中的第二操作数以寄存器 R4 的值作为地址，再利用这个地址在存储器中取数，指令功能是将这个操作数与 R3 相加，结果存入寄存器 R2 中。

- 基址变址寻址

基址变址寻址就是将基址寄存器的内容与指令中的地址偏移量相加，从而得到一个操作数的有效地址。变址寻址方式常用于访问某基地址附近的地址单元。

- 寄存器移位寻址

寄存器移位寻址的操作数通过对寄存器的内容做相应移位而来。移位操作在指令中以助记符形式表示，而移位的位数可用立即数或寄存器寻址表示。ARM 处理器支持 5 种移位操作：逻辑左移 LSL、逻辑右移 LSR、算术右移 ASR、循环右移 ROR 和带扩展的循环右移 RRX。例如：

ADD　R3，R4，R5，ROR　R6　　　；R3=R4+R5 循环右移 R6 位

MOV　R4，R5，LSL　#3　　　　　；R4=R5 逻辑左移 3 位

- 多寄存器寻址

一条指令采用多寄存器寻址方式能够完成两个以上寄存器(最多 16 个)值的传送。例如：

LDMIA　R5，{R6，R7，R8，R9}；R6←[R5]，R7←[R5+4]，R8←[R5+8]，R9←[R5+12]

指令 LDM 的后缀 IA 表示，在每次执行完 LOAD/STORE 操作之后，R5 按字长自增 4 个字节。所以，该条指令可将连续 16 个存储单元的值传送到 R6～R9。

- 堆栈寻址

堆栈使用专用寄存器作为堆栈指针指示当前操作的栈顶位置，当其指向最后压入堆栈的数据单元时，称为满堆栈，而当其指向下一个将要放入数据的空位置时，称为空堆栈。另外，还可分为由低地址向高地址生成的升序堆栈，和高地址向低地址生成的降序堆栈。所以，ARM 指令支持 4 种堆栈寻址方式：满递增、满递减、空递增和空递减。例如：

STMFD　R13!，{R6，R7，R8，R9，R10}；将 R6～R10 中的数压入堆栈(R13 为堆栈指针)

LDMFD　R13!，{R6，R7，R8，R9，R10}；将数据出栈(恢复 R6～R10 原先的值)

● 相对寻址

相对寻址将程序计数器 PC(基地址)内容和指令中的地址标号(偏移量)相加，得到操作数的有效地址。例如：

BL　NEXT　　　　　　；跳转到子程序 NEXT 处执行。

● 块拷贝寻址

块拷贝寻址可将地址连续的多个数据从存储器的一处拷贝到另一处。例如：

LDMIA　R0，{R1-R6}　　；从以 R0 的值为起始地址的存储单元中取出 6 个字的数据

STMIA　R2，{R2-R7}　　；将取出的数据存入以 R2 的值为起始地址的存储单元中

3.7.3 ARM 指令系统分类

ARM 处理器指令集包括跳转指令、数据处理指令、乘法指令与乘加指令、程序状态寄存器(CPSR 或 SPSR)访问指令、加载/存储指令、批量加载/存储指令、数据交换指令、协处理器指令、异常产生指令和移位指令等，其指令助记符及指令功能如表 3.14 所示。

表 3.14　ARM 指令助记符及功能描述

助记符	指令功能描述	指令类别
B	跳转	跳转指令
BL	带返回的跳转	
BLX	带返回和状态切换的跳转	
BX	带状态切换的跳转	
MOV	数据传送	数据处理指令
MVN	数据取反传送	
CMP	比较	
CMN	比较反值	
TST	位测试	
TEQ	相等测试	
ADD	加法运算	乘法指令与乘加指令
ADC	带进位加法运算	
SUB	减法运算	
SBC	带借位减法运算	
RSB	逆向减法运算	
RSC	带借位逆向减法运算	
AND	与运算	
ORR	或运算	
EOR	异或运算	
BIC	位清零	
MUL	32 位乘法运算	
MLA	32 位乘加运算	
SMULL	64 位有符号数乘法运算	

(续表)

助记符	指令功能描述	指令类别
SMUAL	64 位有符号数乘加运算	乘法指令与乘加指令
UMULL	64 位无符号数乘法运算	
UMUAL	64 位无符号数乘加运算	
MRS	CPSR 或 SPSR 内容传送到通用寄存器	CPSR/SPSR 访问指令
MSR	通用寄存器内容传送到 CPSR 或 SPSR	
LDR	存储器字数据传送到寄存器(字加载)	加载/存储指令
LDRB	存储器字节数据传送到寄存器(字节加载)	
LDRH	存储器半字数据传送到寄存器(半字加载)	
STR	寄存器字数据传送到存储器(字存储)	
STRB	寄存器字节数据传送到存储器(字节存储)	
STRH	寄存器半字数据传送到存储器(半字存储)	
LDM	加载多个寄存器(批量字数据加载)	批量加载/存储指令
STM	存储多个字数据(批量字数据存储)	
SWP	字交换(寄存器与存储器之间)	数据交换指令
SWPB	字节交换(寄存器与存储器之间)	
CDP	协处理器数据操作(向协处理器下达操作命令)	协处理器指令
LDC	存储器字数据传送到协处理器寄存器(字加载)	
STC	协处理器寄存器字数据送到存储器(字存储)	
MCR	ARM 寄存器字数据传送到协处理器寄存器	
MRC	协处理器寄存器字数据传送到 ARM 寄存器	
SWI	软件中断	异常产生指令
BKPT	断点中断	

3.7.4　Thumb 指令及应用

除支持执行效率很高的 32 位 ARM 指令集以外，ARM 体系结构也支持 16 位的 Thumb 指令，以兼容 16 位数据总线宽度的应用系统。与等价的 32 位指令相比，Thumb 指令集既保留了 32 位指令的优势，也显著节省了系统存储空间。但 Thumb 指令的长度只有 ARM 指令的一半，因此，Thumb 指令实现相同的程序功能所需的指令条数比 ARM 指令要多。显然，ARM 指令集和 Thumb 指令集各有其优点。若对系统的性能要求较高，应使用 32 位的 ARM 指令集和存储系统；若对系统的成本及功耗要求较高，可使用 16 位的 Thumb 指令集和存储系统。当然，若两者结合使用，可取得更好的效果。

Thumb 指令集为将指令长度减小到 16 位，舍弃了 ARM 指令集的一些特性：Thumb 指令均为无条件执行(跳转指令 B 除外)；Thumb 数据处理指令大多数采用二地址格式，其中一个寄存器是源寄存器也是目的寄存器；除了 ADD、CMP 和 MOV 这 3 条指令外，其他 Thumb 指令访问高寄存器(R8~R15)受到一定限制。Thumb 指令集是 ARM 指令集压缩的子集，所有 Thumb 指令都有对应的 ARM 指令，反之不然，而且 ARM 的编程模型也只适用于 Thumb。Thumb 指令集并非一个完整的体系，一般不能仅用 Thumb 指令编写完整的汇编程序，因为没有访问程序状态字(CPSR 或 SPSR)指令、乘加指令和 64 位乘法指令、协处理器指令。

通常采用 Thumb 指令实现通用功能，并借助 ARM 指令集来实现其他特殊功能。编写 Thumb 指令时使用伪操作 CODE16 声明，编写 ARM 指令时使用伪操作 CODE32 声明，在 ARM 指令中可使用 BX 指令跳转到 Thumb 指令并切换处理器状态。**注意：**异常运行模式下，处理器自动进入 ARM 状态，故异常处理程序必须采用 ARM 指令来编写。在程序编写中，只要遵循 ARM 过程调用标准(ARM Architecture Produce Call Standard，AAPCS)，ARM 子程序和 Thumb 子程序就可以互相调用。

3.7.5 ARM 汇编语言的伪操作

在 ARM 汇编语言程序中，伪操作(Directive)是专门为汇编程序做各种准备的特殊指令助记符，但伪操作不会被处理器执行。通常，伪操作与编译环境有关，在 ADS(ARM Developer Suite)开发环境下的 ARM 汇编语言伪操作有如下几种。

- 符号定义(symbol definition)伪操作：定义变量和寄存器名称，变量赋值。
- 数据定义(data definition)伪操作：定义数据缓冲池和数据表。
- 数据空间分配(data space allocation)伪操作：分配内存单元。
- 汇编控制(assembly control)伪操作：条件汇编、重复汇编和宏定义等。
- 信息报告(reporting)伪操作：汇编报告指示。
- 杂项(miscellaneous)伪操作：如段定义、入口点设置等伪指令。

在编译器对源程序进行汇编处理时，ARM 汇编语言中的伪指令被替换成相应的 ARM 或 Thumb 指令。ARM 伪指令包括 ADR、ADRL、LDR 和 NOP；Thumb 伪指令包括 ADR、LDR 和 NOP，但不支持 ADRL。

3.7.6 ARM 汇编语言的程序结构

ARM 汇编语言语句的一般格式如下：

{symbol} {instruction|directive|pseudo-instruction} {；comment}

其中，Symbol 表示符号，必须从一行的行头开始且不包含空格，在指令和伪指令中用作地址标号，在有些伪操作中用作变量或常量；instruction 表示指令，不能从一行的行头开始，在每一行语句中指令的前面必须有空格或符号；directive 表示伪操作；pseudo-instruction 表示伪指令；comment 表示注释，以分号“；”开头，注释的结尾为一行的结尾，注释也可单独占用一行。

ARM(Thumb)汇编语言以段(section)为单位组织源程序，段有特定的名称，是相对独立的指令或数据序列。段可以分为存放可执行代码的代码段(Code Section，CS)和存放运行时所需数据的数据段(Data Section，DS)。一个 ARM(Thumb)汇编程序至少应该有一个代码段，较长的程序可分割成多个代码段和数据段，在汇编时将多个段编译链接成一个可执行的映像文件。该映像文件通常包括以下几部分：

- 一个或多个代码段，通常代码段的属性是只读的。
- 零个或多个包含初值的数据段，通常数据段的属性是可读/写的。

- 零个或多个不包含初值的数据段，数据段的属性也是可读/写的，但数据段被初始化为 0。

根据系统默认规则或用户定义的规则，汇编链接器将各个段安排在存储器中相应位置。可执行映像文件中段与段之间的相邻关系不一定与源程序中段与段之间的相邻关系一致。

3.8　MIPS 指令系统设计

3.8.1　MIPS 概述

无内部互锁流水级的微处理器(Microprocessor without Interlocked Piped Stages，MIPS)工作原理是尽量使用软件方法避免流水线中的数据相关问题。1984 年，美国斯坦福大学 MIPS 项目组的约翰·轩尼诗(John Hennessy)教授(第十任斯坦福大学校长)及其研究者们组建了 MIPS 科技公司。MIPS 采用 RISC 架构来设计芯片，MIPS 公司的 R 系列微处理器就是在此基础上开发的 RISC 工业产品，也是最早的商业 RISC 架构芯片之一。和 Intel 采用的 CISC 架构相比，MIPS RISC 架构设计更简单、设计周期更短，便于应用更多先进技术开发更快的下一代处理器。

MIPS 技术公司于 1986 年推出 R2000 处理器，接着又陆续推出了 R3000 处理器(1988 年)、第一款 64 位商用微处理器 R4000(1991 年)、R8000(1994 年)、R10000(1996 年)和 R12000(1997 年)等型号。1999 年，MIPS 公司发布 MIPS 32 和 MIPS 64 架构标准。2000 年，MIPS 公司发布了针对 MIPS 32 4Kc 的新版本以及 64 位 MIPS 64 20Kc 处理器内核。

在通用方面，MIPS R 系列微处理器用于构建 SGI(Silicon Graphics)公司的高性能工作站、服务器和超级计算机系统等。在嵌入式方面，MIPS K 系列微处理器广泛应用于掌上电脑、路由器、游戏机、激光打印机等各个领域。和 Intel 芯片相比，MIPS 芯片的授权费用更低，易被大多数芯片厂商接受。而中国国产的龙芯 ™2 也属于这个架构，与上述产品在软件方面完全兼容。

MIPS 具有先进系统结构和设计理念，经过通用处理器指令体系 MIPS I、MIPS II、MIPS III、MIPS IV 到 MIPS V，和嵌入式指令体系 MIPS16、MIPS32 到 MIPS64 的发展，其指令系统已经十分成熟。MIPS 在设计理念上强调软硬件协同提高性能，并简化硬件设计。在向下兼容性方面，每一代产品的 MIPS 指令集都不舍弃任何原有指令，并在原有指令集的基础上直接扩展新的指令，因此 64 位指令集的 MIPS 处理器完全可以执行 32 位指令。

(1) MIPS 指令集总体特点

MIPS 指令集具有以下特点：①简单的 load/store 结构。所有计算类型的指令读取数据、写入结果均在寄存器堆中操作，只有 load 和 store 指令访问存储器。②指令格式非常规整，便于设计流水线。比如 MIPS32 所有指令均为 32 位，所有操作码都在固定位置上。③MIPS 每条指令的操作和寻址方式非常简单，易于编译器的开发。

(2) MIPS 指令集的寄存器设置

MIPS32 共有 32 个通用寄存器(编号 0～31)，见表 3.15，被配置为寄存器堆(register file)，其中寄存器 0 的内容总是 0。另外还定义了 32 个浮点寄存器，及其他寄存器(如程序计数器 PC)。

表 3.15　32 个 MIPS 通用寄存器

寄存器编号	MIPS 助记符	释义	备注
0	$zero	固定值为 0	硬件置位
1	$at	汇编器保留	
2~3	$v0~$v1	函数调用返回值	
4~7	$a0~$a3	函数调用参数	4 个参数
8~15	$t0~$t7	暂存寄存器	8 个参数
16~23	$s0~$s7	通用寄存器	调用之前需要保存
24~25	$t8~$t9	暂存寄存器	2 个
26~27	$k0~$k1	操作系统保留	
28	$gp	全局指针	
29	$sp	堆栈指针	
30	$fp	帧指针	
31	$ra	函数返回地址	

(3) MIPS 指令集支持的数据类型

MIPS32 支持的数据类型有整数和浮点数。整数包括 8 位字节、16 位半字、32 位字和 64 位双字。浮点数包括 32 位单精度和 64 位双精度。

(4) MIPS 指令集的寻址方式

MIPS 的寻址方式有以下几种(见图 3.45)：

寄存器寻址：操作数在寄存器堆中。

立即数寻址：操作数是指令中一个常数。

基址偏移量寻址：操作数在存储器中，存储器地址由基址寄存器的内容与指令中的地址值相加得到。

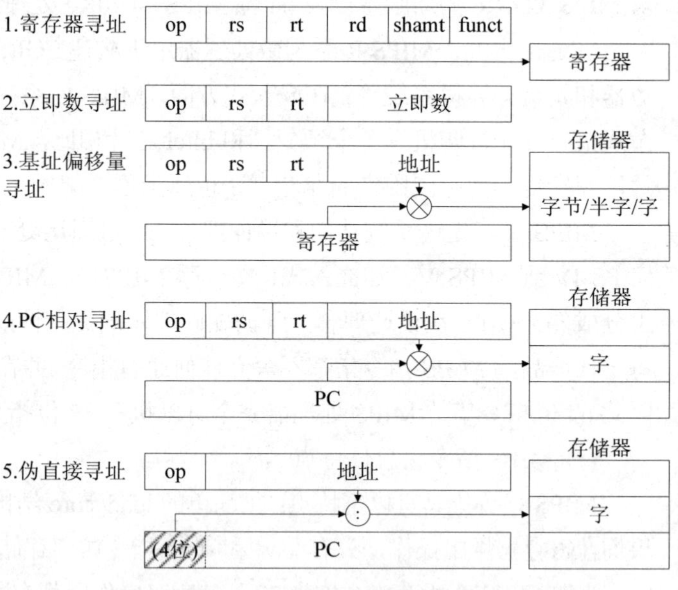

图 3.45　MIPS32 指令寻址方式

PC 相对寻址：计算转移地址时使用，转移地址由 PC 的内容与指令中的地址值相加得到。

伪直接寻址：跳转指令形成转移地址时使用，转移地址由指令中的 26 位地址值与 PC 的高 4 位拼接，最低两位为 00，形成共 32 位的存储器“字地址”。

3.8.2　MIPS 指令格式

在 MIPS 架构中，所有指令都是 32 位宽，需要按字地址对齐，共分为三种类型：R(Register)

型、I(Immediate)型和 J(Jump)型。R(寄存器)类型的指令从寄存器堆中读取两个源操作数，计算结果写回寄存器堆。I(立即数)类型的指令使用一个 16 位的立即数作为源操作数。J(跳转)类型的指令使用一个 26 位立即数作为跳转的目标地址(target address)。图 3.46 显示 MIPS 指令格式。

	31　26	25　21	20　16	15　11	10　6	5　0
R 型	op	rs	rt	rd	shamt	funct
I 型	op	rs	rt	immediate		
J 型	op	target address				
	6 bits	5 bits	5 bits	5 bits	5 bits	6 bits

图 3.46　MIPS 指令格式

三种类型的指令的最高 6 位均为 6 位的指令操作码 op(opcode)。rs(register source)是第一个源操作数的寄存器号。rt(register target)是第二个源操作数寄存器号，而且还可作为目的操作数的寄存器号(由具体指令决定)。rd(register destination)是第三个操作数寄存器号，也是目的操作数寄存器号，用作结果寄存器。shamt(shift amount)为移位指令的位移量，用于移位指令定义移位位数。funct(function)为功能码，是扩展的操作码。immediate 是 16 位立即数或 load/store 指令和分支指令的偏移地址，使用之前由指令进行 0 扩展或符号扩展。26 位 target address 为无条件转移地址的低 26 位，由 jump 指令产生跳转的目标地址用。将 PC 高 4 位拼上 26 位直接地址，最后添 2 个“0”就是 32 位目标地址。

- R 型(Register，寄存器)

R 型指令两个操作数和结果都在寄存器的运算指令，用连续三个 5 位二进制码分别表示三个寄存器的地址，然后用一个 5 位二进制码来表示移位的位数(若无移位操作，则该 5 位全为 0)，最后 6 位的 funct 码与 opcode 码共同决定指令的操作方式。如：add　rd，rs，rt。

- I 型(Immediate，立即数)

I 型指令是一个寄存器、一个立即数的运算指令，用连续两个 5 位二进制码分别表示两个寄存器的地址，然后用一个 16 位二进制码表示立即数。

load 和 store 指令，如：lw　rt，rs，imm16。

条件分支指令，如：beq　rs，rt，imm16。

- J 型(Jump，跳转)

J 型指令是无条件跳转指令，用 26 位二进制码来表示跳转目标的指令地址(实际的指令地址为 32 位，高 4 位由 PC 值决定，低 2 位为 00)。如：j　target。

表 3.16 显示 op 字段的含义，表 3.17 显示 R 型指令的解码。操作码的不同编码定义了不同的含义；操作码相同时，再由功能码定义不同的含义。funct 为 R 型指令的 op 字段是特定的 000000B，具体操作由 funct 字段给定。例如：funct=100000B 时，表示 add 加法运算。

表 3.16　op 字段的含义(MIPS 指令的操作码编码/解码表)

op(31～26)(op=0：R 型；op=2 或 3：J 型；其余：I 型)								
28~26 / 31~29	0(000)	1(001)	2(010)	3(011)	4(100)	5(101)	6(110)	7(111)
0(000)	R 型	bltz/gez	jump	jump&link	branch　eq	branch　ne	blez	bgtz
1(001)	add immediate	addiu	set　less than　imm	sltiu	andi	ori	xori	load　upper imm

(续表)

op(31～26)(op=0：R 型；op=2 或 3：J 型；其余：I 型)								
31~29 \ 28~26	0(000)	1(001)	2(010)	3(011)	4(100)	5(101)	6(110)	7(111)
2(010)	TLB	FlPt						
3(011)								
4(100)	load byte	load half	lwl	load word	lbu	lhu	lwr	
5(101)	store byte	store half	swl	store word			swr	
6(110)	lwc0	lwc1						
7(111)	swc0	swc1						

表 3.17　R 型指令的解码(op=0 时，funct 字段的编码/解码表)

op(31～26)=000000(R 型)，funct(5～0)								
5~3 \ 2~0	0(000)	1(001)	2(010)	3(011)	4(100)	5(101)	6(110)	7(111)
0(000)	shift left logical		shift right logical	sra	sllv		srlv	srav
1(001)	jump reg	jair			syscall	break		
2(010)	mfhi	mthi	nflo	ntlo				
3(011)	mult	multu	div	divu				
4(100)	add	addu	subtract	subu	and	or	xor	not or (nor)
5(101)			set l. t.	sltu				
6(110)								
7(111)								

【例 3.27】　某 MIPS 指令系统，(1) 若取来一条 MIPS 指令为 00898020H，求其对应的汇编指令代码？(2) 若 MIPS 的汇编指令是：and　$t1，$s1，$s2，求其对应的指令机器代码？

解：(1) 指令的前 6 位为 000000B，由指令解码表(表 3.16)知是一条 R 型指令，根据 R 型指令格式(图 3.46)知：rs=00100B，rt=01001B，rd=10000B，shamt=00000B，funct=100000B。

根据 R 型指令解码表(表 3.17)，知是 add 操作(无移位操作)。rs、rt、rd 的十进制值分别为 4、9、16，从 MIPS 寄存器表(表 3.15)知：rs=$a0、rt=$t1、rd=$s0，故对应的汇编指令代码为：

add　$s0，$a0，$t1　　　；指令功能：$a0 + $t1→ $s0

如图 3.47 所示。

0	0	8	9	8	0	2	0
0000	0000	1000	1001	1000	0000	0010	0000

op	rs	rt	rd	shamt	funct
000000	00100	01001	10000	00000	100000
R 型	$a0	$t1	$s0	no shift	add
6 位	5 位	5 位	5 位	5 位	6 位

图 3.47　反汇编过程

该过程称为反汇编，可用于破译可执行程序的二进制代码。

(2) 若 MIPS 的汇编指令是：and　$t1，$s1，$a1，从 MIPS 寄存器功能表(表 3.15)知 rs=$s1、rt=$a1、rd=$t1 的十进制值分别为 17、5、9，即：rs=10001B，rt=00101B，rd=01001B，shamt=00000B；从助记符表(表 3.16)和 MIPS 指令格式(图 3.46)中查到 and 是 R 型指令，查表 3.17 知 funct=100100B，如图 3.48 所示。

6 位	5 位	5 位	5 位	5 位	6 位
op	rs	rt	rd	shamt	funct
R 型	$s1	$a1	$t1	no shift	and
000000	10001	00101	01001	00000	100100

0	2	2	5	4	8	2	4
0000	0010	0010	0101	0100	1000	0010	0100

图 3.48　汇编过程

即得到 MIPS 指令 02254824H。该过程称为汇编，所有汇编语言源程序只有汇编成二进制机器代码后机器才能直接执行。

习　题　3

3.1　某机指令格式如图 3.49 所示，试分析指令格式的特点。

31　　25	24　　23	22　　18	17　　16	15　　0
OP	…	源寄存器	变址寄存器	位移量

图 3.49　某机指令格式

3.2　假设寄存器 R 中的数值为 100H，地址为 100H、200H、300H 的存储单元中存储的数据分别为 300H、100H、200H，PC 的内容为 300H，问在以下寻址方式中取得的操作数的值分别为多少？(1) 立即寻址#200H；(2) 直接寻址 200H；(3) 寄存器寻址 R；(4) 寄存器间接寻址(R)；(5) 存储器间接寻址(300H)；(6) 相对寻址-100H(PC)。

3.3　某机指令长度为 32 位，有 3 种指令：双操作数指令、单操作数指令、无操作数指令。设各操作数地址为 8 位，采用扩展操作码来设计指令，已知有双操作数指令 *m* 条，单操作数指令 *n* 条，问无操作数指令最多有多少条？

3.4　某机有变址寻址、间接寻址和相对寻址等寻址方式，设变址寄存器内容为 2000H，当前指令地址码为 0020H，PC 值为 0200H。已知存储器的部分地址及相应内容如表 3.18 所示。问在以下寻址方式中取得的操作数的值分别为多少？(1) 变址寻址方式，(2) 间接寻址方式，(3) 相对寻址方式。

表 3.18　题设存储器内容

地址	0020H	0200H	0220H	2000H	2020H
内容	2000H	1234H	5678H	9ABCH	DEF0H

3.5　设机器字长、指令字长和存储单元的位数均为 32 位，若指令系统可完成 110 种操作，

均为单操作数指令，且具有直接、间接(一次间接)、变址、基址、相对、立即等 6 种寻址方式，如要保证直接寻址的最大范围，请设计指令格式？分别计算可直接寻址和一次间接寻址的范围？

3.6　某机字长为 64 位，主存容量为 64G 字，共有 60 条单字长单地址指令。若有直接寻址、间接寻址、变址寻址、相对寻址四种寻址方式，请设计指令格式。

3.7　某机指令格式如图 3.50 所示。

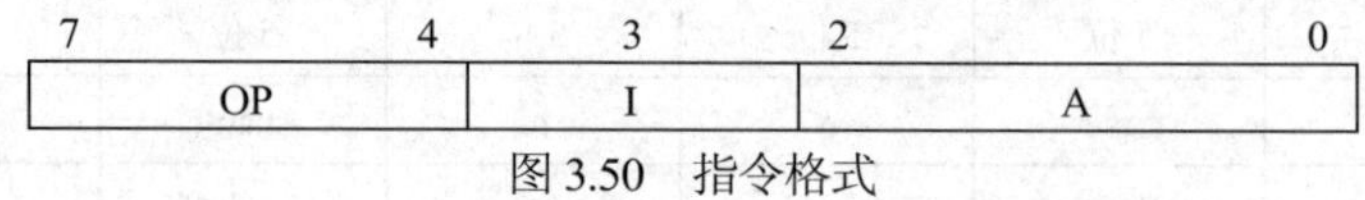

图 3.50　指令格式

其中，I 为间址特征位(I=0 为直接寻址，I=1 为一次间接寻址)，若主存部分单元内容如图 3.51 所示。

地址号	00H	01H	02H	03H	04H	05H	06H	07H
内容	12H	34H	56H	78H	9AH	BCH	DEH	F0H

图 3.51　主存部分单元内容

求下列指令的有效地址：(1)D2H，(2)D7H，(3)DEH，(4)DFH。

3.8　设 R_b、R_x、PC 分别表示基址寄存器、变址寄存器、程序计数器；E 为有效地址。某机器的 16 位单字长指令格式如图 3.52 所示。

5 位	2 位	1 位	1 位	7 位
OP	MOD	I	X	A

图 3.52　某机器的 16 位单字长指令格式

其中 MOD 为寻址方式，00 为立即寻址，01 为基址寻址，10 为相对寻址，11 为绝对寻址；I 为间接特征位，I=0 为直接寻址，I=1 为间接寻址；X 为变址特征位，X=0 表示非变址寻址，X=1 表示变址寻址；A 为形式地址。问：(1) 该指令格式最多可定义几种指令？(2) 立即寻址时，操作数的范围多大？(3) 在非间接非变址寻址时，各寻址方式有效地址的表达式？(4) 设基址寄存器为 14 位，基址寻址的地址范围是多大？(5) 间接寻址的地址范围是多大？

3.9　某机的指令字长为 32 位，有三地址、二地址指令、一地址指令和零地址指令四类指令，每个地址字段的长度为 8 位。(1) 若三地址指令有 15 条，二地址、一地址和零地址指令的条数基本相同，问二地址、一地址和零地址指令各有多少条？并分配操作码。(2) 若要求四类指令的比例大致为 1:9:9:9，问四类指令各有多少条？并分配操作码。

3.10　某机有 12 条指令，使用频率分别为：0.25，0.18，0.13，0.11，0.09，0.08，0.05，0.04，0.03，0.02，0.01，0.01。试分别用 Huffman 编码和扩展编码进行编码，且扩展编码只能有两种长度。计算它们的平均码长，并与定长操作码相比较。

第4章　中央处理器体系结构设计

内容提要：本章简要介绍 CPU 的基本结构，具体包括 CPU 中的主要寄存器、控制器的结构、组合逻辑控制器设计、微程序控制器设计、流水线工作原理、典型的处理器设计。

本章重点：控制器的结构、组合逻辑控制器设计、微程序控制器设计、流水线工作原理。

4.1　CPU 的基本结构

从 20 世纪 60 年代早期，计算机行业开始使用中央处理器(Central Processing Unit，CPU)这个术语，做成单片集成电路的 CPU 通常又称为微处理器(Microprocessor，MPU)。时至今日，CPU 从设计到实现都与当初完全不同，但是其工作原理和基本架构却仍然遵循最初的思想。CPU 的主要功能包括：

- **指令控制**：保证机器指令按一定规则有序执行。
- **操作控制**：CPU 产生每条指令所对应的操作信号，并送往相应的部件，从而控制这些部件完成指令的执行。
- **时间控制**：对各种操作的执行时间进行控制。
- **数据加工**：对数据进行算术和逻辑运算。

所有 CPU 的内部结构都具备控制单元、逻辑单元和存储单元三大部分，这三个部分相互协调，对指令和数据进行分析、判断、运算并控制计算机各部分协调工作。随着集成电路技术的发展，新型 CPU 能够集成一些早期处理器不具备的分立功能部件，如浮点处理器、高速缓存等，提升了 CPU 的性能，也使得 CPU 的组织结构日益复杂。

(1) **运算器**(Arithmetic Unit，AU)

运算器是数据加工处理部件，在控制器发出的控制信号指挥下，负责完成对操作数据的加工处理任务，其核心部件是算术逻辑单元(Arithmetic Logical Unit，ALU)。主要有两个功能：执行算术运算；执行逻辑运算和逻辑测试。相对控制器而言，运算器接受控制器的命令而进行动作，所以它是执行部件。运算器由算术逻辑单元(ALU)、累加寄存器(Accumulator Register，AC/ACC)、数据寄存器(Data Register，DR)和程序状态字(Program Status Word，PSW)寄存器等组成。

(2) **控制器**(Control Unit，CU)

控制器是控制部件，是整个计算机系统的指挥中心，完成对整个计算机系统各个部件操作的协调与指挥。控制器根据程序预定的指令执行顺序，负责对从主存取出的指令进行译码，并用硬件产生带有时序标志的一系列微操作控制信号，协调和指挥计算机内各功能部件的操作以实现指令的功能。

微操作(Microoperation)：在实现指令的功能时，控制器总是把每一条指令分解成时间上先后有序的一系列微操作。微操作是机器最基本、最简单、不可再分的操作控制动作，一条指令的执行过程一般均可分解为若干微操作

控制器通常由程序计数器(Program Counter，PC)、指令寄存器(Instruction Register，IR)、指令译码器(Instruction Decoder，ID)、时序发生器和操作控制器组成。其主要功能包括：取指令；分析指令；执行指令，发出各种操作命令；控制程序输入及结果的输出；总线管理；处理异常情况和特殊请求。

(3) **寄存器**(Register)

寄存器是有限存储容量的高速存储部件，可用于暂存指令、数据和地址，有内部寄存器(CPU内)和外部寄存器(CPU 外)。在 CPU 内的控制部件中，寄存器有程序计数器(PC)和指令寄存器(IR)；在 CPU 内的算术及逻辑部件中，寄存器有累加器(ACC)。CPU 对存储器中的数据进行处理时，往往先把数据取到 CPU 内部寄存器中再进行处理。外部寄存器是其他一些部件上用于暂存数据的寄存器，能通过端口与 CPU 之间交换数据，外部寄存器兼具寄存器和内存储器的特点。寄存器的基本单元是 D 触发器，按照其用途分为基本寄存器和移位寄存器，移位寄存器按照移位方向又可以分为单向移位寄存器和双向移位寄存器。

4.2　CPU 中的主要寄存器

在 CPU 中至少要有六类寄存器：指令寄存器(Instruction Register，IR)、程序计数器(Program Counter，PC)、地址寄存器(Address Register，AR)、数据寄存器(Data Register，DR)、累加寄存器(Accumulator Register，AC/ACC)、程序状态字(Program Status Word，PSW)寄存器。处理器中的寄存器可分为两大类：用户可见寄存器和控制状态寄存器。实际应用中，这两类寄存器并没有绝对的界限。例如，某些处理器中，程序计数器是用户可见的。

4.2.1　用户可见寄存器

用户可见寄存器一般对所有的程序都是可用的(包括系统软件和应用软件)，用户可通过执行机器语言来使用此类寄存器。优先使用此类寄存器，可以减少使用机器语言或汇编语言的程序员对内存储器的访问次数。

(1) **通用寄存器**(General Register，GR)

通用寄存器可用来存放用户所需的各类数据，修改它们的值通常不会对计算机的运行造成破坏性的影响。通用寄存器的长度取决于机器字长，可用于传送和暂存数据，也可参与算术逻辑运算和保存运算结果，以及一些其他特殊功能。

在指令系统中，为通用寄存器分配了编号(寄存器地址)，可以编程指定使用某个寄存器。通用寄存器自身的结构一般很简单并且比较统一，也可以是小规模的快速存储器单元。通过编程与运算器配合，通用寄存器可实现多种功能，如提供操作数、保存中间结果(用作累加器)，或用作地址指针、基(变)址寄存器、计数器等。

累加寄存器通常简称**累加器**(Accumulator Register，AC)，是一个通用寄存器，当 ALU 执

行算术或逻辑运算时，累加器为 ALU 提供一个工作区，可以为 ALU 暂时保存一个操作数或运算结果。因此，运算器中至少要有一个累加寄存器。

(2) **数据寄存器**(Data Register，DR)

数据寄存器又称**数据缓冲寄存器**，**主存数据寄存器**(Memory Data Register，MDR)，用于存放各种数据类型的操作数，作为 CPU 和主存、外设之间信息传输的中转站，弥补 CPU 和主存、外设之间操作速度上的差异。数据寄存器可以暂时存放由主存储器读出的一条指令或一个数据字，或要向主存储器存入的一条指令或一个数据字，或进一步拼接存放双倍字长数据。数据寄存器在单累加器结构的运算器中还可兼作操作数寄存器。

(3) **地址寄存器**(Address Register，AR)

地址寄存器，又称**主存地址寄存器**(Memory Address Register，MAR)，用来保存 CPU 当前所访问的主存单元的地址，其位数应满足最大的地址范围。为了弥补 CPU 和主存储器之间操作速度上的差异，必须使用地址寄存器来暂时存放主存储器的地址信息，直到存取操作全部完成为止。所以，当 CPU 和主存储器进行信息交换，即 CPU 向主存储器存入数据/指令或者从主存储器读出数据/指令时，都要使用地址寄存器 MAR 和数据寄存器 MDR。如果外围设备与主存储器统一编址，同样也要使用地址寄存器 MAR 和数据寄存器 MDR 访问外围设备。地址寄存器还包括特殊的寻址方式，比如段基值(Base Register)、变址寄存器(Index Register)和栈指针(Stack Pointer，SP)。

(4) **条件码寄存器**(Condition Code Register，CCR)

条件码寄存器又称**状态寄存器**，用来存放当前指令执行结果的各种状态信息或条件码，如有无辅助进位标志(AF 位, Auxiliary carry Flag)、有无进位借位(CF 位，Carry Flag)、有无溢出(Overflow Flag，OV)、奇偶标志位(Parity Flag，PF)、结果正负(Sign Flag，SF)、结果是否为零(Zero Flag，ZF)等。用户可以通过隐式访问来读取这些条件码，但用户一般不能通过显式访问方式直接修改条件码，因为条件码是用于反馈指令执行结果的。

4.2.2　控制和状态寄存器

控制和状态寄存器用于控制处理器的操作，主要由具有特权的指令使用，以控制程序的执行。在大多数计算机上，控制和状态寄存器对用户是不可见的，但有些可被控制态(或内核态)下执行的某些机器指令访问。

(1) **程序计数器**(Program Counter，PC)

程序计数器又称**指令计数器**、**指令地址寄存器**，作为控制寄存器，用来指出下一条指令在主存储器中的地址。信息流：PC→MAR→M→MDR→IR，从而控制 CPU 操作。

在程序执行前，首先必须将程序的首地址(第一条指令所在主存单元的地址)送入 PC。CPU 在执行指令时能自动递增 PC 的内容，使其始终指向将要执行的下一条指令的主存地址 MAR。若为单字长指令，则(PC)+1→PC；若为双字长指令，则(PC)+2→PC；依此类推。但当遇到转移指令时，PC 的内容不能通过顺序递增来取得，而是由转移指令的地址码字段来指定。因此，PC 同时具有寄存信息和计数两种功能。

(2) **指令寄存器**(Instruction Register，IR)

指令寄存器用来保存当前正在执行的一条指令。当执行一条指令时，首先把该指令从主存储器 M 读取到数据寄存器 MDR 中，然后传送至指令寄存器 IR。指令寄存器中操作码字段的输出就是指令译码器的输入。为执行指令，**指令译码器**(Instruction Decoder，ID)必须对指令寄存器的操作码部分进行译码，识别其操作功能，生成指令所要求的操作控制电位，并将电位送到微操作控制线路上，通过时序部件产生具体的操作控制信号。操作码一经译码，即可向操作控制器发出具体的操作信号。

(3) **程序状态字**(Program Status Word，PSW)寄存器

又称为**程序状态寄存器**(Program State Register，PSR)，用来存放各类控制信息，以便获取当前的程序状态及工作方式、中断信息等，如：方向标志(Direction Flag，DF)、允许中断(Interrupt Flag，IF)、跟踪标志或陷阱标志(Trap Flag，TF)等，这些标志位通常用 1 位触发器来保存。在很多计算机上，PSW 还能保存由算术/逻辑指令执行或测试的各种条件码 CCR(见 4.2.1 节)，如 AF、CF、OF、PF、SF、ZF 等。在有些机器中 PSW 被称为**标志寄存器**(Flag Register，FR)。

4.3 控制器的结构

4.3.1 指令执行的基本步骤

计算机程序运行的基本过程通常包括以下几步：

(1) 取指令

根据 PC 提供的指令地址，从存储器中取出所要执行的指令。在取指阶段，完成读取指令，指令地址送入主存储器地址寄存器；读主存储器，读出内容送入指定的寄存器。

(2) 分析指令

1) 对取出的指令进行译码分析。确定指令的操作内容，产生相应的操作控制信号，并形成该指令功能所需的微操作控制信号。

2) 根据寻址方式的分析和指令功能要求，形成操作数的有效地址，并按此地址取出操作数据或形成转移地址。

(3) 执行指令

根据分析指令所得到的操作控制信号和有效地址，按一定的算法形成指令操作控制序列，控制相关部件完成指令规定的功能。一条指令执行结束，若没有异常情况和特殊请求，则按程序顺序取出下一条指令并执行。

控制器就是按取指令、分析指令、执行指令的步骤不断进行循环控制，直到所规定的任务完成并停机为止。**指令周期**(见图 4.1)是执行一条指令所需要的时间，包括从取指令、分析指令到执行完指令所需的全部时间，一般由若干个机器周期组成。

在执行指令阶段，不同指令有不同的操作步骤数和不同的操作内容。因此，不同指令具有不同的指令周期，如图 4.2 所示。

具有间接寻址的指令周期(见图 4.3)往往会花费更多的时间。另外，具有中断的指令周期还会检查有无中断请求，若无中断则转入下一条指令的执行过程，若有中断则转入中断周期，如图 4.4 所示。

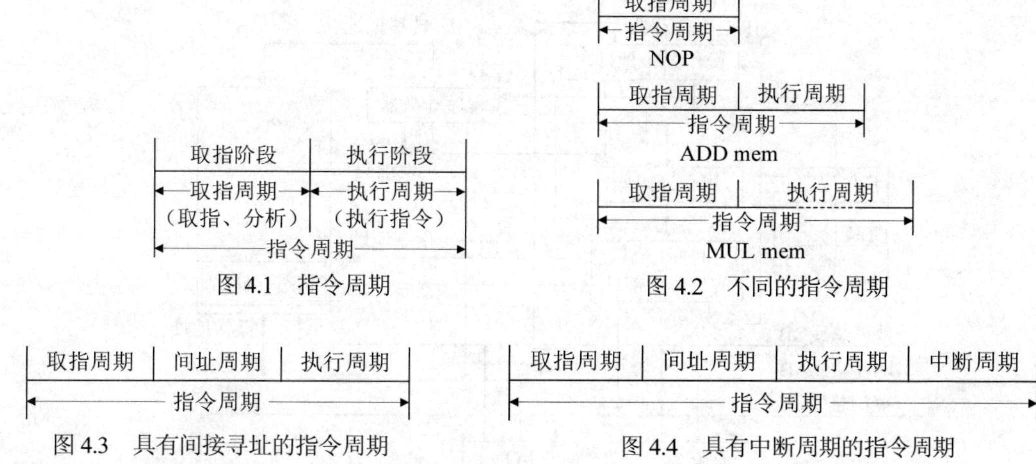

图 4.1　指令周期

图 4.2　不同的指令周期

图 4.3　具有间接寻址的指令周期

图 4.4　具有中断周期的指令周期

【例 4.1】 设 CPU 内有下列部件：AC、CU、IR、MAR、MDR、PC 和 SP，现有间接寻址方式将主存某单元内容取至 AC 中的取数指令“LDA　@X”，请：(1)说明其信息流。(2)画图说明中断周期的信息流。

解：

(1) 带间接寻址的取数指令包括取指周期、间址周期和执行周期三个阶段(见图 4.3)。

1) 取指周期的信息流：PC→MAR→地址线；CU 发出读存储器命令；M→数据线→MDR→IR，至此指令读至 IR；OP(IR)→CU，指令操作码送 CU 分析；(PC)+1→PC，形成下一条指令地址；

2) 间址周期的信息流：MDR(或 IR)的地址码字段→MAR→地址线；CU 发出读存储器命令；M→数据线→MDR，有效地址读至 MDR；

3) 执行周期的信息流：MDR→MAR→地址线；CU 发出读存储器命令；M→数据线→MDR→AC，数据读至 AC 中。

(2) 中断周期(见图 4.4)的信息流

在中断周期内需保存程序断点 PC，通常把断点压入堆栈。假设进栈操作是先修改堆栈指针再存入数据，则中断周期的信息流如图 4.5 所示。步骤如下：CU 控制，(SP)−1→SP→MAR→地址线；CU 发出写存储器命令；PC→MDR→数据线→存储器；CU 通过硬件向量法将向量地址或通过软件查询法将中断服务程序入口地址→PC。

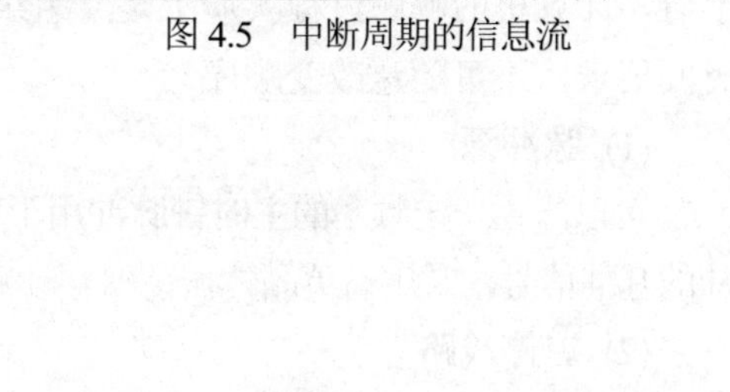

图 4.5　中断周期的信息流

4.3.2　控制器的组成

控制器的组成结构如图 4.6 所示。

1. 指令部件

指令部件的主要功能是完成取指令和分析指令。

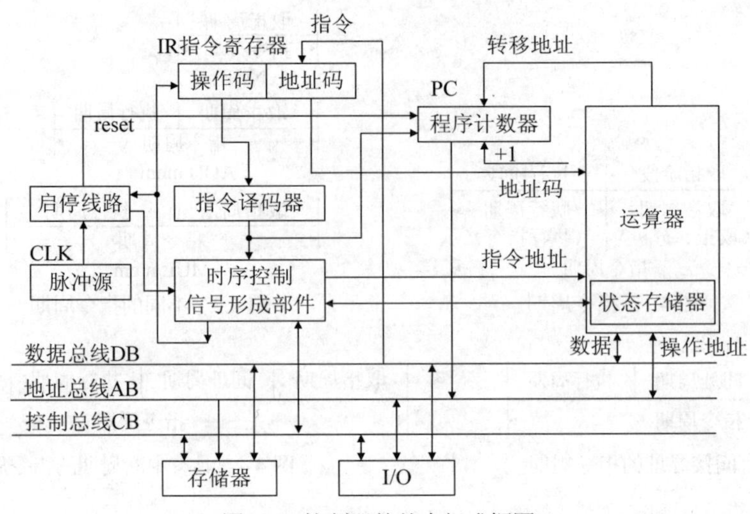

图 4.6　控制器的基本组成框图

(1) **程序计数器**(Program Counter，PC)

PC 应可指向主存中任一单元的地址，所以 PC 的位数应足够表示主存的最大容量，并与 MAR 的位数相同。对于不同的机器，PC 实现方法可能有所不同。在 CPU 中可以单独设置 PC，也可以指定某一个通用寄存器中的作为 PC 使用。程序执行时，PC 增量可由 PC 本身的计数逻辑实现，也可以由 ALU 实现。

(2) **指令寄存器**(Instruction Register，IR)

指令从主存取出，需要经 MDR 传送到 IR 中，从而完成指令执行的全过程控制。

(3) **指令译码器**(Instruction Decoder，ID)

指令译码器是指令分析部件。一方面，对 IR 中的指令操作码进行译码分析，产生相应的操作控制电位，传送给微操作控制信号形成部件。另一方面，对 IR 中的寻址方式字段进行译码分析，以形成操作数的有效地址。

(4) **地址形成部件**

根据所规定的寻址方式计算操作数有效地址。在一些微、小型机中，没有专门的地址形成部件，可以由运算器计算有效地址，以简化硬件设计。

2. 时序控制部件

可以产生一系列时序信号用于各个微操作定时，从而保证各个微操作的执行顺序。从程序控制的宏观上看，计算机的解题过程实质上是一条条指令序列的执行过程。从指令控制的微观上看，计算机的解题过程实质上是一组组微操作序列的执行过程。而且微操作之间有着严格的时间要求，不可随意改变顺序。

(1) **脉冲源**

可以产生一定频率的主时钟脉冲用于整个机器的时钟脉冲，是**机器周期(CPU 周期)**和工作脉冲的基准信号，常用石英晶体振荡器。计算机电源接通后，脉冲源立即按规定频率发出时钟脉冲。

(2) **启停线路**

启停线路可以发出或封锁主时钟脉冲以控制时序信号的产生或停止，从而控制整个机器工作的启动或停止。

(3) **时序控制信号形成部件**(又称**时序信号发生器**，或**时序产生器**)

根据当前正在执行的指令，时序控制信号形成部件能够产生机器所需的各种时序信号，以控制相关部件按时间顺序完成不同的微操作。不同的机器其时序信号也不同。同步控制的机器通常包括周期、节拍、脉冲等三级时序信号。

指令和数据都以二进制码形式放于内存中，CPU 如何识别是数据还是指令呢？从时间上来看，取指令事件发生在指令周期的第一个 CPU 周期中(即取指令阶段)，而取数据事件发生在之后的几个 CPU 周期中(即执行指令阶段)。从空间上来看，如果取出的二进制码是指令，则一定经 MDR 送往指令寄存器 IR；如果取出的是数据，则一定送往运算器 AU。

3. 微操作控制信号形成部件

根据指令部件提供的操作控制信号、时序部件所提供的各种时序信号以及有关的状态条件，微操作控制信号形成部件可以产生机器所需的各种微操作控制信号。不同的指令都有自己对应的微操作控制信号序列以完成不同的功能。控制器必须根据不同的指令产生不同的微操作控制信号，按时间顺序协调有关部件共同完成指令的功能。

4. 中断控制逻辑(中断机构)

中断控制逻辑(中断机构)用于实现异常情况或特殊情况的处理。

5. 程序状态寄存器(Program State Register，PSR)

用于存放程序的工作状态(如管态、目态等)，也可以存放指令执行的结果特征(如零结果、溢出等)，所存放的内容常称为程序状态字(Program Status Word，PSW)。不同的机器，PSR 和 PSW 的均有可能不同。

6. 控制台

控制台用于实现人与机器之间的交互，如启动或停止机器、监视机器运行过程、对程序进行干预或修改等。根据指令操作码和时序信号，操作控制器产生各种操作控制信号，在各寄存器之间建立数据通路，从而不断完成取指令和执行指令的控制。其结构有硬布线逻辑结构为主的**硬连线控制器**，和以微存储为核心的**微程序控制器**。早期还使用硬件控制台设置地址和指令。现在的大型机中则通过软件控制台控制机器的启停或干预机器的工作。

数据通路(Data Path)：通常把不同寄存器之间传输信息的通路称为数据通路，其控制信息从何处开始，中间经过哪些寄存器或部件，最终到达何处。

4.3.3　时序产生器和控制方式

1. 时序系统

一条指令的指令周期由若干个机器周期所组成，各机器周期在指令执行过程中相对独立，每个机器周期完成一个基本操作。因此**机器周期(CPU 周期)**也称为**基本周期**。

时序系统类似于控制器的心脏，为指令的执行提供定时信号。通常，时序系统的设计主要是同步控制方式。一般机器的 CPU 周期有取指周期、取数周期、执行周期和中断周期等。每个机器周期可以设置一个周期状态触发器，机器运行于哪个周期，相应的周期状态触发器就被置 1。在任意时刻，机器只能建立一个周期状态，即只能有一个周期状态触发器被置 1。不同的工作周期所占的时间可能相等，也可能不等。由于 CPU 速度较快，而访存速度较慢，所以许多计算机系统往往以主存周期为基础来确定 CPU 周期，以便两者协调工作。计算机的协调工作需要时间标志，往往采用多级时序体制，用时序信号来体现时间标志。

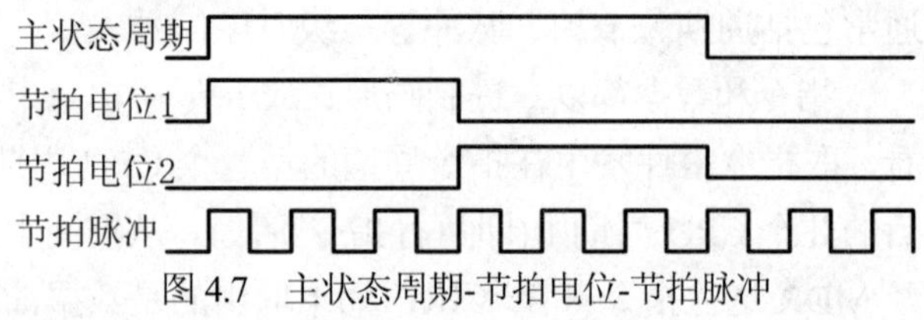

图 4.7　主状态周期-节拍电位-节拍脉冲

(1) 硬连线控制器中，往往采用主状态周期-节拍电位-节拍脉冲三级体制产生时序信号，如图 4.7 所示。图中包括主状态周期、节拍电位、节拍脉冲。

主状态周期(指令周期)：由若干个节拍周期组成，常用一个触发器的状态持续时间来表示。

节拍：一个机器周期(CPU 周期)可以等分成若干个更小的时间区间，即节拍，一个节拍对应一个电位信号。一个节拍电位信号可以控制一个或几个微操作的执行，其宽度取决于 CPU 完成一个基本操作的时间。

脉冲：一个节拍电位内可以设置一个或几个节拍脉冲。节拍脉冲(时钟周期)表示更小的时间单位。节拍是一项基本操作所需的时间区间，而节拍的切换也需要设置一个或几个工作脉冲以完成同步定时。一个节拍电位往往包括几个节拍脉冲，用于寄存器的复位和接收数据等。

(2) 微程序控制器中，一般采用节拍电位-节拍脉冲二级体制产生时序信号，见图 4.8。

准备好的数据 *D* 以电位的方式送往触发器，等待控制信号到来后，由脉冲信号 *CP* 把数据 *D* 装入触发器。时序信号产生器如图 4.9 所示。

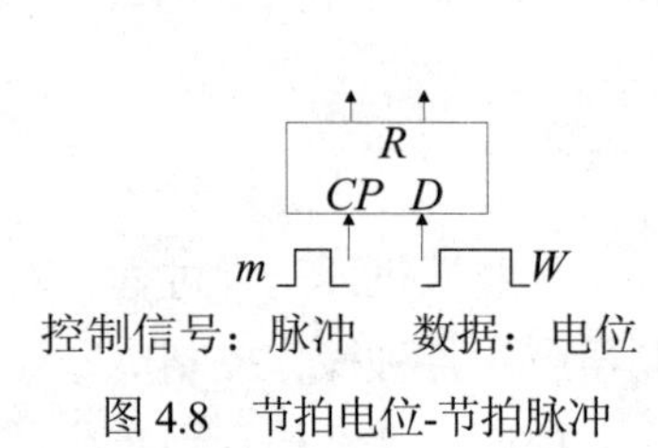

图 4.8　节拍电位-节拍脉冲

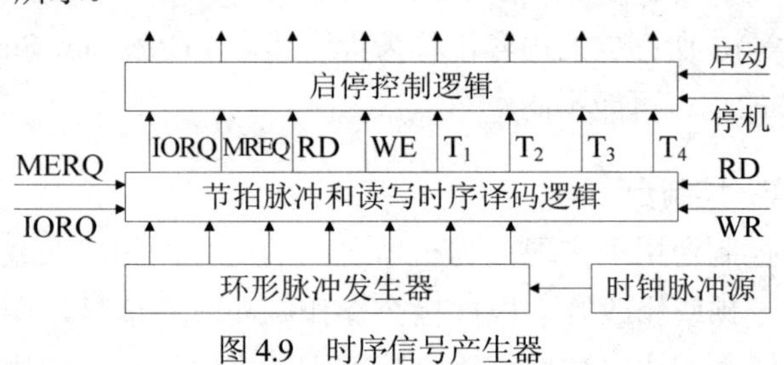

图 4.9　时序信号产生器

2. 控制方式

计算机指令的执行过程实际上是一系列微操作的执行过程。每条指令都对应着一个微操作序列，这些微操作中有些能同时执行，有些则必须严格按时间关系执行。常用的控制方式有同步控制、异步控制和联合控制。

(1) 同步控制方式

同步控制方式：任何指令的执行或指令中各个微操作的执行，均由具有统一时间基准的时序信号所控制，即所有操作均在标准的时间内完成。在同步控制方式下，确定的指令在执行时所需的机器周期(CPU 周期)数和时钟周期(振荡周期)数都固定不变。例如采用完全统一的机器周期执行各种不同的指令。如图 4.10 所示。

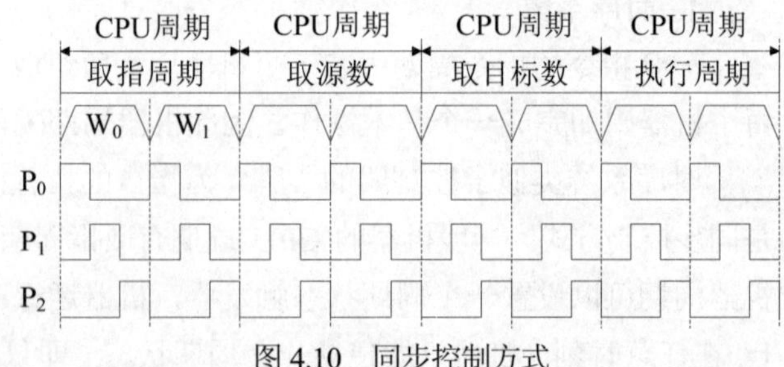

图 4.10　同步控制方式

常用的同步控制方式是：以微操作序列最长的指令和执行时间最长的微操作为同步基准，将指令执行过程划分为若干个相对独立的周期或节拍，所有指令的执行使用完全统一的同步周期(或节拍)。优点是时序关系简单，控制方便；缺点是浪费时间，对于比较简单的指令，将会浪费很多节拍而处于等待状态。因此，在实际应用中往往并不采用这种同步控制方式，而是采用某种折中的方案。

1) 采用中央控制与局部控制相结合的方案

- **中央控制**：统一节拍的控制。根据大多数指令的微操作序列设置一个统一的节拍，在该节拍内能够执行完大多数指令。
- **局部控制**：延长节拍内的控制。对于在统一节拍内不能执行完的少数指令，可以延长节拍或增加节拍数，待其在延长节拍内执行完毕后再返回中央控制。

例如，设某机器的大多数指令能用 8 个节拍完成，即设置 8 个统一节拍 W_0~W_7 进行中央控制，当某指令在 8 个统一节拍中无法执行完时，就插入若干个局部节拍(比如 W_6*)，该指令经过若干个局部节拍 W_6*执行完毕后，再返回中央节拍 W_7。

2) 采用不同的机器周期和延长节拍的方案

把一条指令执行过程划分为取指、取数、执行等若干机器周期，但是根据不同的指令选取不同的机器周期数。每个周期划分为固定的节拍，但每个节拍均可根据不同指令延长若干节拍。该方案可以解决不同指令所需机器周期数不统一的问题。例如，在 Intel 8088 的指令读写周期有 4 个节拍，但不同指令可以延长若干节拍。

3) 采用分散节拍的方案

分散节拍：时序部件根据不同指令运行时所需要的节拍数产生相应数量的节拍。该方案可完全避免节拍轮空，能够提高指令运行速度。但该方案使时序部件复杂化，也无法解决简单的微操作因等待而浪费的节拍时间。

(2) 异步控制方式

异步控制方式：没有统一的同步信号，时序协调采用问答方式进行，即前一操作的回答信号作为下一操作的启动信号。该方式没有统一的周期、节拍，各个操作之间通过应答方式前后衔接，前一操作完成后给出回答信号，并启动下一个操作。异步控制方式既要区分不同指令的微操作序列的长短，也要区分每个微操作本身的长短，每条指令、每个微操作需要多少时间就占用多少时间。控制器发出操作控制信号后，就等待执行部件在操作完成后发回答信号，再开始下一个操作。如图 4.11 所示。

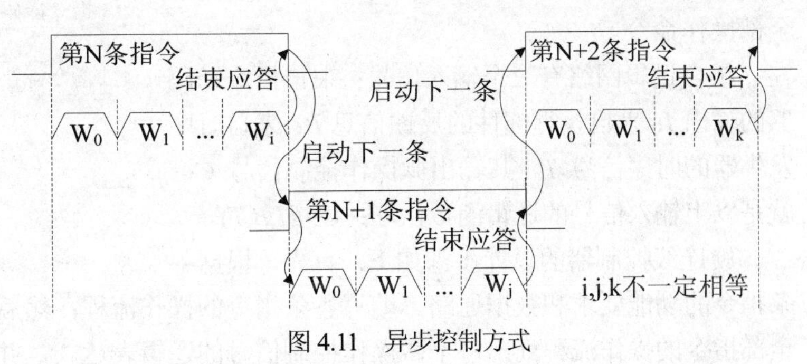

图 4.11　异步控制方式

该方式一般采用两条定时控制线：请求线和回答线。优点是可以根据每条指令操作的实际情况按需分配时间，减少时间浪费，效率高，缺点是设计复杂。

(3) 联合控制方式

联合控制方式又称**准同步方式**，是同步控制和异步控制相结合的方式。通常在功能部件内部采用同步方式或以同步方式为主，而在功能部件之间采用异步方式。例如，易于统一的微操作采用同步控制，难以统一的微操作采用异步控制。在现代计算机中，实际上几乎都采用联合控制方式。

4.4　组合逻辑控制器设计

4.4.1　组合逻辑控制器的设计原理

根据设计方法不同，操作控制器可分为组合逻辑控制器和微程序控制器两种，二者的区别在于不同的设计原理和不同的控制信号形成部件。组合逻辑控制器的设计和调试比较复杂，代价较大，但比微程序控制器的速度要快，其速度主要取决于组合逻辑电路的延迟。所以，尽管现代计算机设计中广泛采用了微程序控制技术，但在某些新型的超高速计算机结构中，又重新选用了组合逻辑控制器，或与微程序控制器混合使用。

组合逻辑控制器是采用组合逻辑技术来实现控制要求和状态，其微操作信号发生器是由门电路组成的复杂树形网络。其优点是速度快。缺点是微操作信号发生器结构不规整，难以实现设计自动化；一旦控制部件形成之后，将无法增加新的控制功能，设计、调试、维修较困难。根据使用器件的不同，组合逻辑控制器又可进一步细分为硬连线控制器和门阵列控制器。

1. 硬连线(hard-wired)控制器

硬连线控制器是早期计算机控制器的一种设计方法，把控制部件视为专门产生固定时序信号的控制逻辑电路，逻辑电路设计目标是使用最少的门电路和取得最高的操作速度。硬连线控制器是由门电路和触发器组成的复杂逻辑网络，包括组合逻辑网络、指令寄存器、指令译码器、时序发生器等部分，如图 4.12 所示。其中，组合逻辑网络是控制器的核心，用于产生计算机所需的全部操作命令。

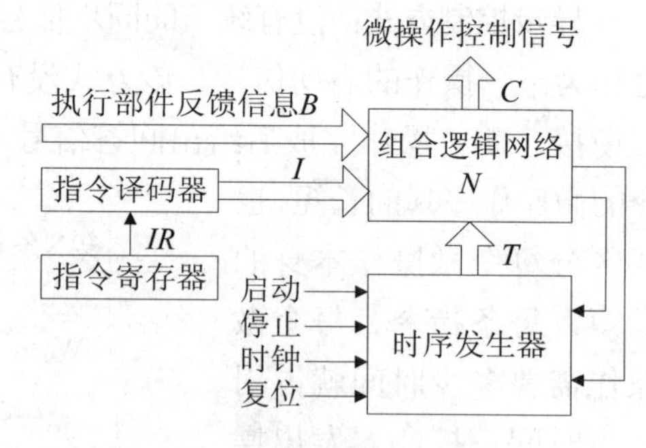

图 4.12　硬连线控制器

组合逻辑网络有三个输入信号：来自指令译码器的输出 I；来自执行部件的反馈信息 B；来自时序发生器的时序信号 T。其输出微操作控制信号 C，就是以上输入信号的逻辑函数，即：$C=f(I,B,T)$。

硬连线控制器的设计步骤如下：首先，根据各条指令的功能要求和数据通路，编写各条指令的操作流程；然后，结合适当的时序信号，根据全部指令的操作流程列出每个微操作控制信号的逻辑表达式，并适当化简；最后，用与、或、非门等逻辑门电路及触发器来实现该逻辑表达式。

硬连线方法是分立元件时代的产物，设计的重要指标是尽量减少所用的逻辑门数目，以降低成本。但也容易造成控制器结构不规整，各操作控制信号随机散布在整个计算机中，可靠性低，不便于维修。

2. 门阵列控制器

而门阵列(gate array)控制器则使用大规模的与门、或门等**可编程逻辑器件**(Programmable Logic Device，PLD)来实现上述随机逻辑，从而克服了前者的缺点。典型的门阵列器件包括：可编程逻辑阵列(Programmable Logic Array，PLA)、可编程阵列逻辑(Programmable Array Logic，PAL)、复杂可编程逻辑器件(Complex Programmable Logic Device，CPLD)和现场可编程逻辑门阵列(Field－Programmable Gate Array，FPGA)等。

用可编程门阵列逻辑器件设计的操作控制器称为**门阵列控制器**，其工作原理与硬连线控制器类似，但使用门阵列器件代替硬连线控制器中的组合逻辑网络。在门阵列控制器中，把时序信号、操作码和状态条件作为门阵列的输入，按一定的与、或、非关系编排后，便可得到微操作控制信号输出。显然，门阵列控制器仍然属于组合逻辑控制器，但是可编程的，便于维护，不需要用硬连线把一系列门电路和触发器组织起来。

门阵列控制器的设计步骤与硬连线控制器类似：首先，根据各条指令的功能要求和数据通路，编写各条指令的操作流程；然后，结合适当的时序信号，根据全部指令的操作流程，列出每个微操作控制信号的逻辑表达式，并适当化简；最后，用门阵列器件来实现该逻辑表达式。

4.4.2　方框图语言与指令流程分析/数据通路分析

指令流程(instruction flow)：指的是指令的操作过程。指令流程分析主要是分析指令流程的影响因素，包括指令功能、寻址方式、执行步骤、数据通路、ALU 的功能等。指令功能不同，操作数不同，则指令流程和步骤不同；寻址方式不同，则寻址过程不同；数据通路不同，则数据时传送过程不同。

数据通路(data path)：指的是信息传送的基本路径。数据通路结构直接影响着计算机内各种信息的传送路径和指令执行过程中微操作序列的安排，决定了微操作信号形成部件的设计。

在进行指令流程设计/数据通路结构分析时，可以采用方框图语言来描述，如图 4.13 所示。

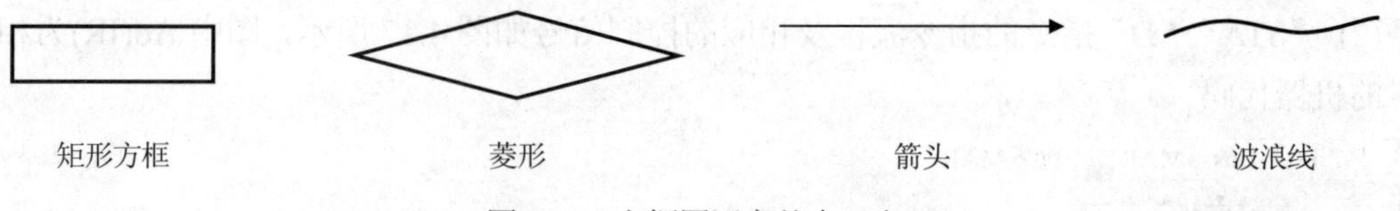

图 4.13　方框图语言基本元素

矩形方框代表一个 CPU 周期，其中的内容表示指令的操作或数据通路的控制操作。

菱形通常用来表示某种判别或测试，但不单独占用一个 CPU 周期，时间上依附于紧邻它的前面一个方框的 CPU 周期。

箭头表示信号，指向矩形方框的箭头表示输入信号，从矩形方框出来的箭头表示输出信号。

波浪线(有时用直线)表示一条指令或数据通路的结束，开始公操作。

一条指令执行完毕后 CPU 所开始进行的操作就是**公操作**(Public Operation)，主要是 CPU 对外围设备请求的管理，包括中断管理、通道管理等。如果没有外围设备向 CPU 发出请求，CPU 将转向内存取下一条指令。因为所有指令的取指阶段是完全相同的，因此也可以将取指令看成公操作。

【例 4.2】　假设某主机框图如图 4.14 所示。

(1) 请说明图中 X、Y、Z、W 四个寄存器的名称。

(2) 简述该机取指令的数据通路。

(3) 简述该机取数指令和存数指令的数据通路。

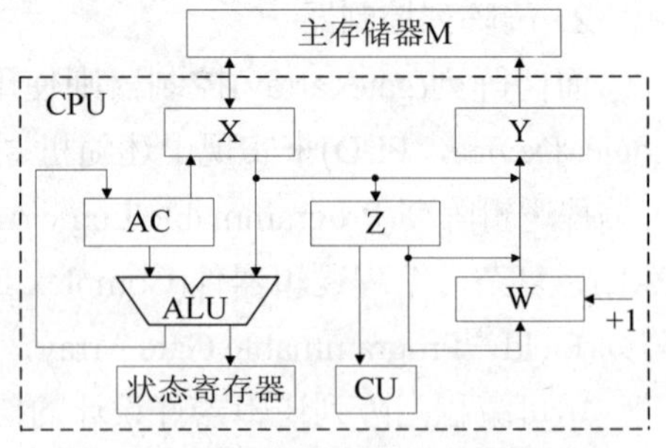

图 4.14　某主机框图

解：

(1) 图 4.14 中 X 为存储器数据寄存器 MDR，Y 为存储器地址寄存器 MAR，Z 为指令寄存器 IR，W 为程序计数器 PC。

(2) 取指令的数据通路为：W→Y→M→X→Z。

(3) 取数指令功能是将指令地址码字段所指的存储单元内容读到累加寄存器 AC 中。由于图 4.14 中 X(MDR)与 AC 无直接通路，必须经过 ALU 传送数据，故数据通路为：X(或 Z)→Y→M →X→ALU→AC。

存数指令功能是将累加寄存器 AC 的内容存入指令地址码字段所指的存储单元中，其数据通路为：先置地址 X(或 Z)→Y→M，然后 AC→X→M。

【例 4.3】　已知单总线计算机结构如图 4.15 所示，其中 LATCH 为暂存器，XR 为变址寄存器，EAR 为有效地址寄存器，M 为主存。图中各寄存器的输入和输出均由控制信号控制，如 PC 的输入箭头表示其输入控制信号 PCi，PC 的输出箭头表示 PC 的输出控制信号 PCo。假设指令地址已存于 PC 中，使用方框图语言画出指令“ADD　X，D”(D 为形式地址)和“STA　＊D”(*表示相对寻址，D 为偏移量)的指令流程，及相应的控制信号序列。

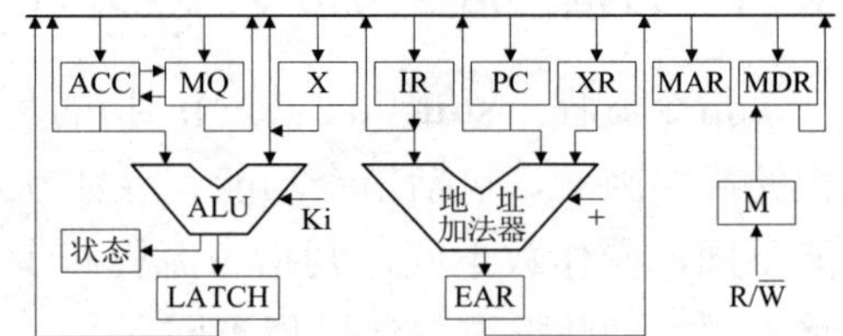

图 4.15　某单总线计算机结构

解：

(1)“ADD　X，D”的指令流程及相应的控制信号如图 4.16 所示，图中 Ad(IR)为形式地址。每一方框表示一个 CPU 周期，方框内表示数据传送路径，框外列出微操作控制信号。

(2) “STA　＊D”指令的指令流程及相应的控制信号如图 4.17 所示，图中 Ad(IR)为相对位移量的机器代码。

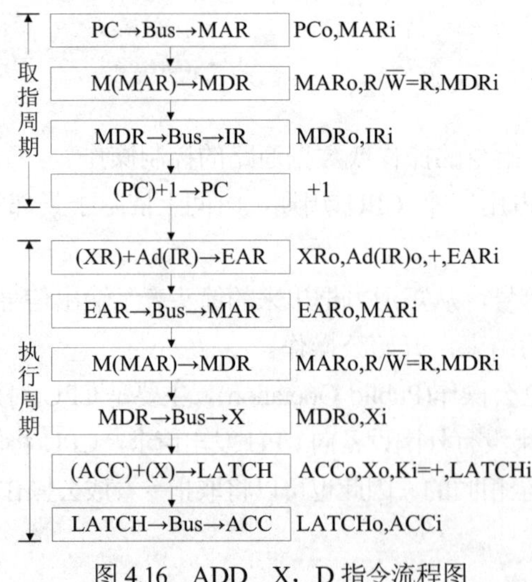

图 4.16　ADD　X，D 指令流程图

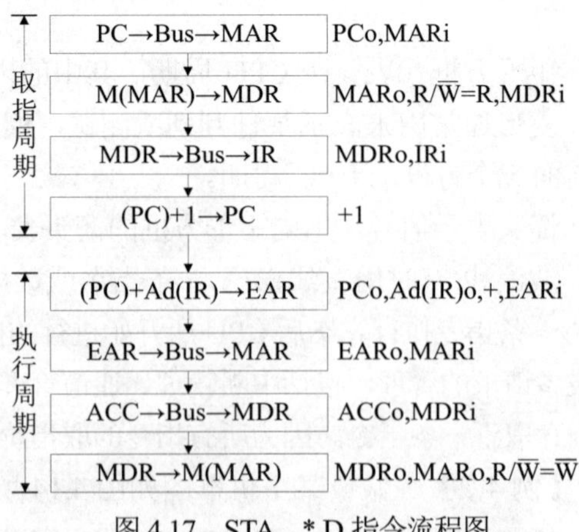

图 4.17　STA　＊D 指令流程图

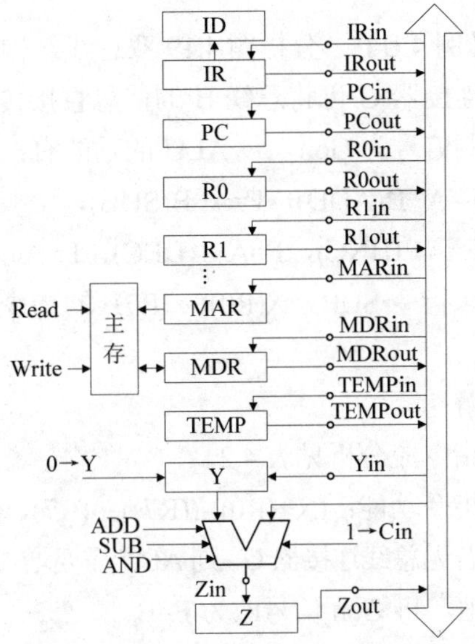

图 4.18　某单总线结构的 CPU

【例 4.4】　分析图 4.18 单总线结构的 CPU 中指令 AND　X(R0)，(R1)+ 的指令流程和控制信号序列。各寄存器的输入和输出均受控制信号控制，如 in 表示输入，out 表示输出。

解：指令格式为两字节指令，第一字节为操作码，第二字节为变址值 X。源操作数采用变址寻址，目的操作数采用自增型变址寻址。指令流分析见表 4.1。

指令功能：(X+(R0))AND((R1))→(R1)，(R1)+1→R1

表 4.1　指令流分析

指令流程	控制信号流程	操作功能
(1) (PC)→MAR，Read，(PC)＋1→Z	PCout，MARin，Read，0→Y，1→Cin，ADD，Zin	读指令操作码
(2) (Z)→PC	Zout，PCin	由 ADD 指令完成 PC＋1→PC
(3) (M→MDR)，(MDR)→IR	MDRout，IRin	
(4) (PC)→MAR，Read，(PC)＋1→Z	PCout，MARin，Read，0→Y，1→Cin，ADD，Zin	
(5) (Z)→PC	Zout，PCin	读 X，写入暂存器 Y
(6) (MDR)→Y	MDRout，Yin	PC＋1→PC
(7) (Y)+(R0)→Z	R0out，ADD，Zin	计算源操作数变址值
(8) (Z)→MAR，Read	Zout，MARin，Read	读源操作数
(9) 空白		等待读存储器
(10) (MDR)→TEMP	MDRout，TEMPin	源操作数送临时寄存器
(11) (R1)→MAR，Read，(R1)+1 →Z	R1out，MARin，Read，0→Y，1→Cin，ADD，Zin	读目的操作数，R1 自增送 Z
(12) (Z)→R1	Zout，R1in	(R1)+1→R1
(13) MDR→Y	MDRout，Yin	目的操作数送 Y
(14) (Y)AND(TEMP) →Z	TEMPout，AND，Zin	两操作数求与运算
(15) (Z)→MDR，Write	Zout，MDRin，Write	按现行地址写回结果
(16) 空白		空一个节拍，等待稳定写入

【例 4.5】 分析图 4.19 双总线结构的 CPU 中，总线连接器 G 可将总线 B 的信息直接传到 F 总线，其控制信号为 Gon。设 ALU 的功能有：

F=A+B(ADD)，F=A-B(SUB)，

F=A+1(INC)，F=A-1(DEC)，F=A

求指令 SUB　X(R0)，(R7)+的指令流程和控制信号。

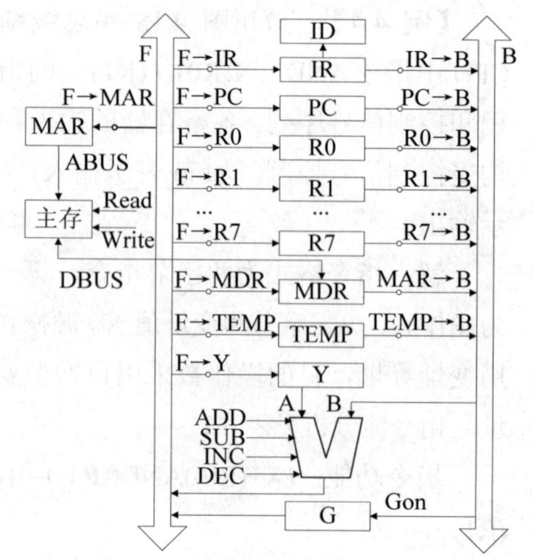

图 4.19　某双总线结构的 CPU

解：

指令流分析见表 4.2。

指令功能：(X+(R0))-((R7))→(R7)，(R7)+1→R7

若无总线连接器 G，则 ALU 需要增加功能：F=B。相应地，将 Gon 信号改为 F=B。

表 4.2　指令流分析

指令流程	控制信号流程	操作功能
(1) (PC)→MAR，Read，(PC)→Y	PC→B，Gon，F→MAR，Read，F→Y	读指令操作码
(2) (Y)＋1→PC	INC，F→PC	由 INC 指令完成 PC＋1→PC
(3) (MDR)→IR	MDR→B，Gon，F→IR	
(4) (PC)→MAR，Read，(PC)→Y	PC→B，Gon，F→MAR，Read，F→Y	
(5) (Y)＋1→PC	INC，F→PC	读 X，写入暂存器 Y
(6) (MDR)→Y	MDR→B，Gon，F→Y	
(7) (Y)+(R0)→MAR	R0→B，ADD，F→MAR，Read	计算源操作数变址值，读源操作数
(8) 空白		等待读存储器
(9) (MDR)→TEMP	MDR→B，Gon，F→TEMP	源操作数送临时寄存器
(10) (R7)→MAR，Read，(R7)→Y	R7→B，Gon，F→MAR，Read，F→Y	读目的操作数，R7 自增送 Z
(11) (Y)＋1→R7	INC，F→R7	(R7)+1→R7
(12) MDR→Y	MDR→B，Gon，F→Y	目的操作数送 Y
(13) (Y)-(TEMP)→MDR，(MDR)→MEM，Write	TEMP→B ，SUB，F→MDR Write	两操作数相减，按现行地址写回结果
(14) 空白		空一个节拍，等待稳定写入

【例 4.6】 图 4.20 所示为双总线结构机器的数据通路，有指令寄存器 IR，程序计数器 PC (具有自增功能)，主存 M (受 R/W 信号控制)，主存地址寄存器 MAR，数据缓冲寄存器 MDR，ALU 由加减控制信号决定操作方式，控制信号 G 为门电路。各寄存器的输入和输出均受控制信号控制，如 Yi 表示 Y 寄存器的输入控制信号，R_{3o} 表示寄存器 R_3 的输出控制信号。未标注

的线为直通线，不受控制。现有“OR　R_0，R_1”指令完成(R_0)OR (R_1) →R_0的功能操作。请用方框图语言画出该指令的流程图，及相应的微命令控制信号序列。

解：OR 指令是或运算指令，参与运算的两数放在R_0和R_1中，相加结果放在R_0中。指令流程图如图 4.21 所示，包括取指令周期和执行指令周期两阶段。每一方框表示一个 CPU 周期，方框内表示数据传送路径，框外列出微操作控制信号。

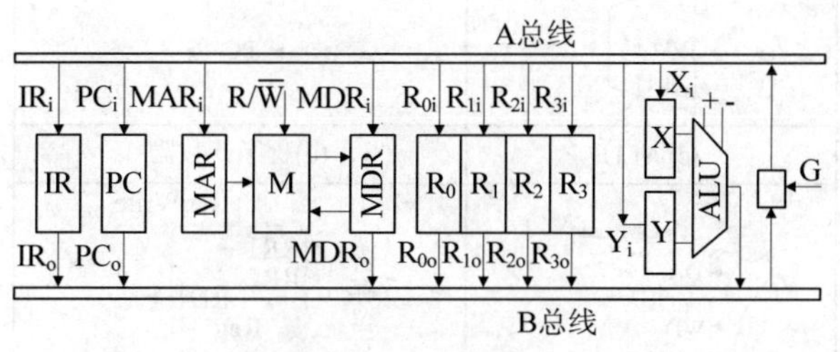

图 4.20　某双总线结构机器

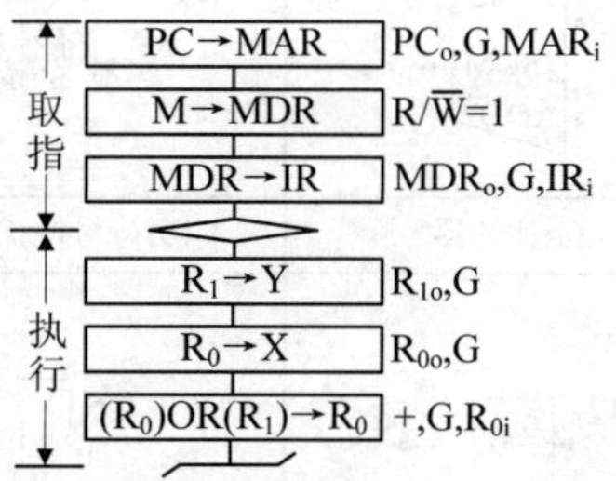

图 4.21　某双总线 CPU 指令周期流程图

4.4.3　MIPS 的单周期设计方案

1. 基本构件

● 加法器

将输入的两个数据加起来，相加的结果输出到 SUM。见图 4.22(a)。

● 符号位扩展部件

对 16 位数据进行符号扩展，成为 32 位数据。见图 4.22(b)。

● ALU

能够输入两个 32 位的数据，进行多种算术逻辑运算，运算结果输出到 ALUo(32 位)，由控制信号 ALUCtrl(4 位)决定是何种运算。见图 4.22(c)。

● 程序计数器 PC

保存下一条指令的地址(每条指令占 4 个字节)。每执行一条指令，PC 的值自动增 4，使其指向下一条指令。见图 4.22(d)。

● 判 0 部件

输入(32 位数据)为 0 时，输出(1 位的信号)为真。见图 4.22(e)。

● 指令存储器 IM

保存正在执行的指令，地址输入端 IA(Instruction Address)用于输入地址，相应的指令输出到端口 Ins。见图 4.22(f)。

● 数据存储器 DM(Data Memory)

两个输入端：数据地址 DA(Data Address)，即要写入或者读出的存储单元的地址；写数据 WD(Write Data)，即是要写入 DM 的数据。一个输出端 RD(Read Data)，用于输出所读取的数据。两个控制信号：DMRead(读数据)，DMWrite(写数据)，分别控制读数据和写数据，但是每次两者只有一个有效。见图 4.22(g)。

● 通用寄存器组(Register file)

能同时进行两个读端口的读操作和一个写端口的写操作。有 4 个输入端：RR1(Read

Register 1)和 RR2(Read Register 2)，为两个读端口的 5 位地址；WR(Write Register)为写端口的 5 位地址；WD(Write Data)为要写入的 32 位数据。两个输出端 RD1(Read Data 1)和 RD2(Read Data 2)，分别是所读出的寄存器单元的 32 位数据，其地址分别由 RR1 和 RR2 给出。当且仅当对寄存器组进行写入操作时，控制信号 RegWrite(写寄存器组)才有效。见图 4.22(h)。

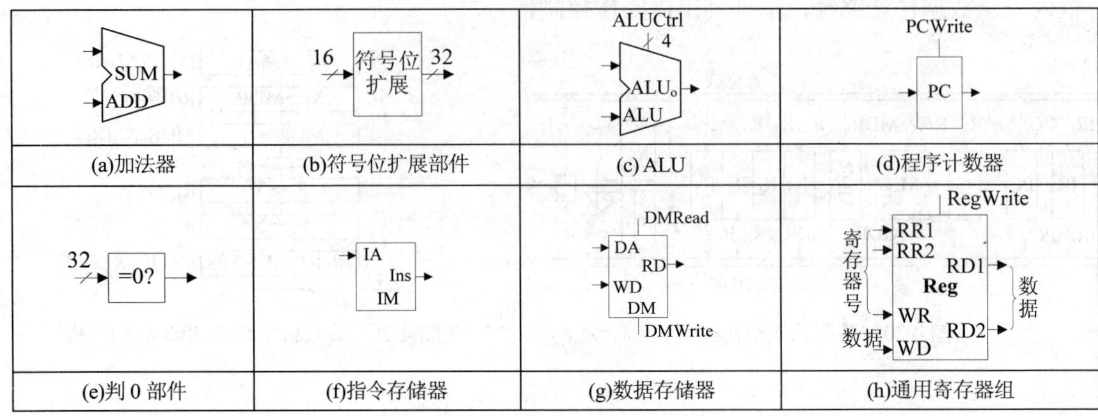

图 4.22　构建数据通路的基本构件

2. 单周期方案

对于 MIPS 单周期的方案，控制信号线包括：

ALUOp(两位)：ALU 控制器的输入，来自主控制器。ALU 控制器的输入有两组，一组是 ALUOp，另一组是指令中最低 6 位的 funct 字段(即 IR[5:0])。

ALUSrcB(两位)：选择 ALU 第二个操作数的来源。ALUSrcB=00 时，选择寄存器组的读出端 RD2；ALUSrcB=01 时，选择由指令低 16 位经符号位扩展的结果；ALUSrcB=10 时，选择指令低 16 位做符号位扩展后再左移两位的结果。

ALU 控制器的输出就是 ALU 的控制码，控制 ALU 完成不同的运算功能。输入 ALUOp 和 funct 字段变换为 ALU 控制码输出的实现方法有多种，完整的真值表也比较大(2^8=256 项)，表 4.3 只列出了必要的项。

表 4.3　ALU 控制器的输入/输出之间的真值表

ALU 控制器的输入								ALU 的控制码	指令功能	指令操作码
ALUOp		funct 字段								
ALUOp1	ALUOp0	F5	F4	F3	F2	F1	F0			
0	0	×	×	×	×	×	×	010	add	load/store/beqz
1	×	×	×	0	0	0	0	010	add	R 类
1	×	×	×	0	0	1	0	110	sub	R 类
1	×	×	×	0	1	0	0	000	and	R 类
1	×	×	×	0	1	0	1	001	or	R 类
1	×	×	×	1	0	1	0	111	slt	R 类

根据 ALU 控制器的真值表 4.3 可以进一步列出逻辑表达式，然后用门电路实现，得到模型机的单周期数据通路，如图 4.23 所示。

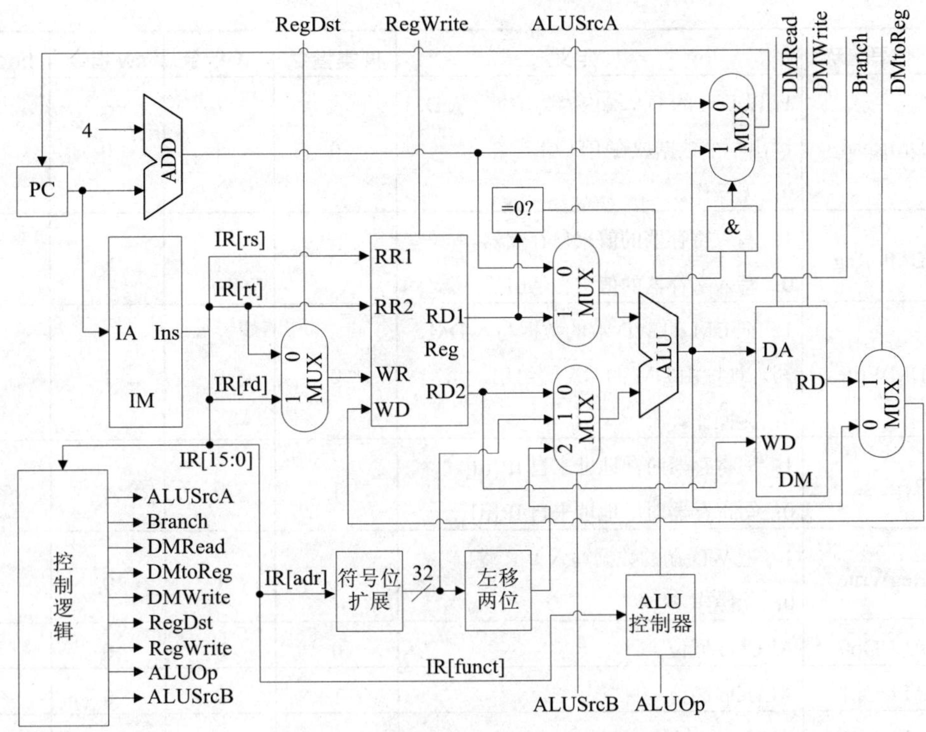

图 4.23　模型机的单周期数据通路

一共 7 根 1 位信号线，ALUSrcA、Branch、DMRead、DMtoReg、DMWrite、RegDst、RegWrite。

可知，R 类指令的 Op=0(000000B)，lw 指令的 Op=35(100011B)，sw 指令 Op=43(101011B)，beqz 指令 Op=63(111111B)，其中，Op0～Op5 的各位分别对应于 IR[26～31]中的各位。其中，lb 意为 load byte，lw 意为 load word，sb 意为 store byte，sw 意为 store word。根据指令的执行步骤，可以得到模型机真值表 4.4。

表 4.4　模型机真值表

I/O	信号名称	定义	R 类指令	lw 指令	sw 指令	beqz 指令
输入	Op0	IR[26]	0	1	1	1
	Op1	IR[27]	0	1	1	1
	Op2	IR[28]	0	0	0	1
	Op3	IR[29]	0	0	1	1
	Op4	IR[30]	0	0	0	1
	Op5	IR[31]	0	1	1	1
输出	ALUSrcA	1：ALU 第一个操作数来自 RD1。 0：ALU 第一个操作数为 PC+4。	1	1	1	0
	Branch(判 0 部件值)	1：ALU 计算分支目标地址替换 PC。 0：加法器计算 PC+4 替换 PC 的值。	0	0	0	1

(续表)

I/O	信号名称	定义	R 类指令	lw 指令	sw 指令	beqz 指令
输出	DMRead	1：以 DM 的 DA 端内容为地址，从 DM 读出一个数据放在 RD 端。 0：无操作。	0	1	0	0
	DMtoReg	1：写入寄存器的值来自存储器。 0：写入寄存器的值来自 ALU。	0	1	×	×
	DMWrite	1：把 DM 的 WD 端的数据写入 DM，写入地址由 DM 的 DA 端给出。 0：无操作。	0	0	1	0
	RegDst	1：写寄存器时，地址来自 IR[rd]。 0：写寄存器时，地址来自 IR[rt]。	1	0	×	×
	RegWrite	1：把 WD 端的数据写入 WR 端。 0：无操作。	1	1	0	0
	ALUOp0	ALUOp 低位	0	0	0	0
	ALUOp1	ALUOp 高位	1	0	0	0
	ALUSrcB0	ALUSrcB 低位	0	1	1	0
	ALUSrcB1	ALUSrcB 高位	0	0	0	1

根据真值表 4.4，可以列出各输出信号的表达式。例如：

$$\text{ALUSrcB0} = Op5 \cdot \overline{Op4} \cdot \overline{Op3} \cdot \overline{Op2} \cdot Op1 \cdot Op0 + Op5 \cdot \overline{Op4} \cdot Op3 \cdot \overline{Op2} \cdot Op1 \cdot Op0$$

$$= Op5 \cdot \overline{Op4} \cdot \overline{Op2} \cdot Op1 \cdot Op0$$

$$\text{ALUSrcB1} = Op5 \cdot Op4 \cdot Op3 \cdot Op2 \cdot Op1 \cdot Op0$$

4.4.4 MIPS 的多周期设计方案

在现在的计算机设计中，几乎不再使用单周期方案了。因为单周期方案既没有考虑不同类型的指令所需时间的差异，也没有考虑不同指令所用到的部件和数据通路的差异，只能使用最长时间的那个数据通路作为指令周期，效率较低。每个时钟周期中，该方案最多使用功能部件一次，如要多次使用某一部件，只能重复设置该部件。

多周期方案允许指令的执行时间为多个时钟周期，可以较好地解决上述问题。在多周期方案中，可定义时钟周期为一个基本部件的操作时间，大大方便了在不同时钟周期共享同一个功能部件。

可以改进图 4.23，在功能部件的后面增加临时寄存器，用于暂时存放该部件产生的结果，以便下一个时钟周期使用。比如：IR(指令寄存器)，暂存从指令存储器读出的指令；条件临时寄存器 cond(1 位)，暂存判 0 部件“=0？”的结果；LMD(数据临时寄存器)，暂存从数据存储器读出的数据，以免读取的数据来不及写入寄存器组；临时寄存器 A 和 B，分别存放从寄存器组读出的两个数据；ALU 输出临时寄存器 ALUo，暂存 ALU 的运算结果。

模型机多周期实现的数据通路如图 4.24 所示。

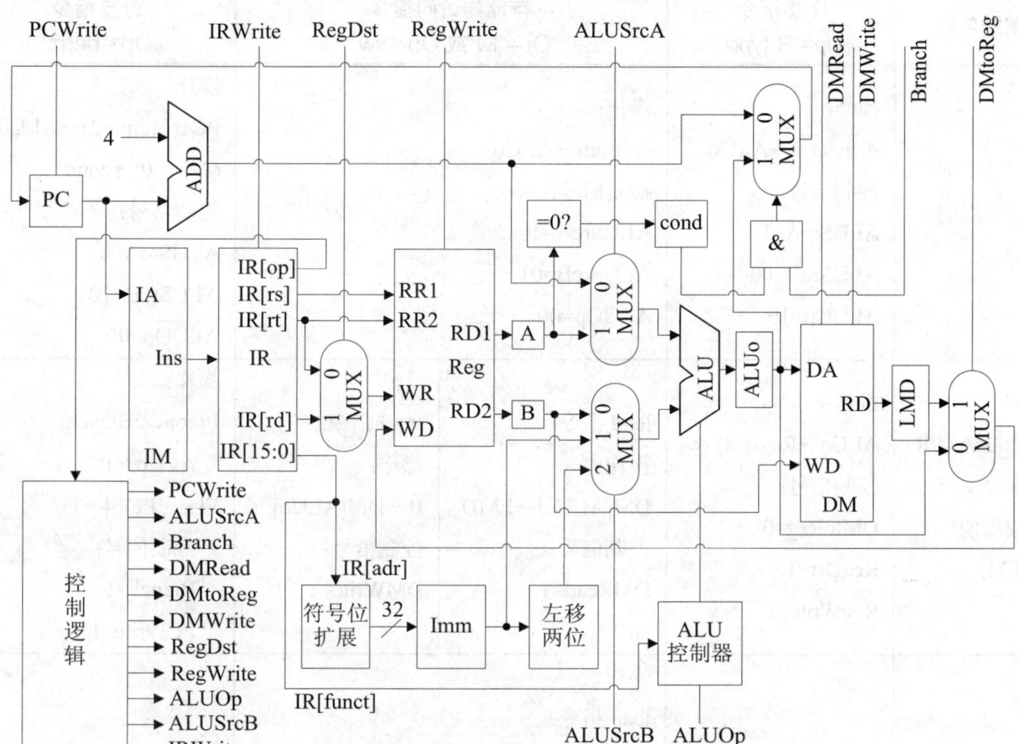

图 4.24　模型机多周期实现的数据通路

各指令的多周期执行情况，包括：取指令周期(IF)、指令译码/读寄存器周期(ID)、执行/有效地址计算周期(EX)、存储器访问/R 类指令和分支指令完成周期(MEM)、写回周期(WB)。由于在 MIPS 指令格式使用了**固定字段译码(fixed-field decoding)**技术，也就是说 MIPS 指令的操作码字段以及 rs、rt 字段都在固定的位置，因此，MIPS 指令的译码操作和读寄存器操作是可以并行进行的。LMD 也不再需要控制信号，每个时钟周期都可以接收新数据。MIPS 指令的多周期操作及相关的控制信号设置见表 4.5。

表 4.5　MIPS 指令的多周期操作

周期名称	R 类指令 Op=“R-type”	存储器访问指令 Op=“lw”或 Op=“sw”	分支指令 Op=“beqz”
取指令周期 (IF)	操作：IM[PC]→IR PC+4→PC 控制信号：IRWrite=1		
指令译码/读寄存器周期 (ID)	操作：Regs[rs]→A Regs[rt]→B (IR[15:0]按符号位扩展为 32 位数)→Imm 控制信号：不需要		

(续表)

周期名称	R 类指令 Op="R-type"	存储器访问指令 Op="lw"或 Op="sw"	分支指令 Op="beqz"
执行/有效地址计算周期(EX)	操作： A funct B→ALUo 控制信号： ALUSrcA=1 ALUSrcB=00 ALUOp=10	操作： A+Imm→ALUo 控制信号： ALUSrcA=1 ALUSrcB=01 ALUOp=00	操作： PC+(Imm<<2)→ALUo (A = = 0)→cond 控制信号： ALUSrcA=0 ALUSrcB=10 ALUOp=00
存储器访问/R 类和分支指令完成周期(MEM)	操作： ALUo→Regs[rd] 控制信号： DMtoReg=0 RegDst=1 RegWrite=1	load 指令： 操作： DM[ALUo]→LMD 控制信号： DMRead=1 store 指令： 操作： B→DM[ALUo] 控制信号： DMWrite=1	操作： If(cond&Branch) ALUo→PC Else　PC+4→PC 控制信号： Branch=1 PCWrite=1
写回周期(WB)		操作： load 指令： LMD→Regs[rt] 控制信号： DMtoReg=1 RegDst=0 RegWrite=1	

4.4.5　MIPS 控制器的设计

【例 4.7】　MIPS 指令系统如表 4.5 所示，试使用方框图语言设计其 CPU 指令流程图。

所有指令的取指令和译码的流程图都如图 4.25 所示。R 类指令流程图有两个状态(如图 4.26)：RR1，RR2。访存指令流程图见图 4.27。分支指令流程图有两个状态(如图 4.28)：BR1，BR2。

图 4.25　取指令和译码的状态图　　　　图 4.26　R 类指令执行过程的状态图

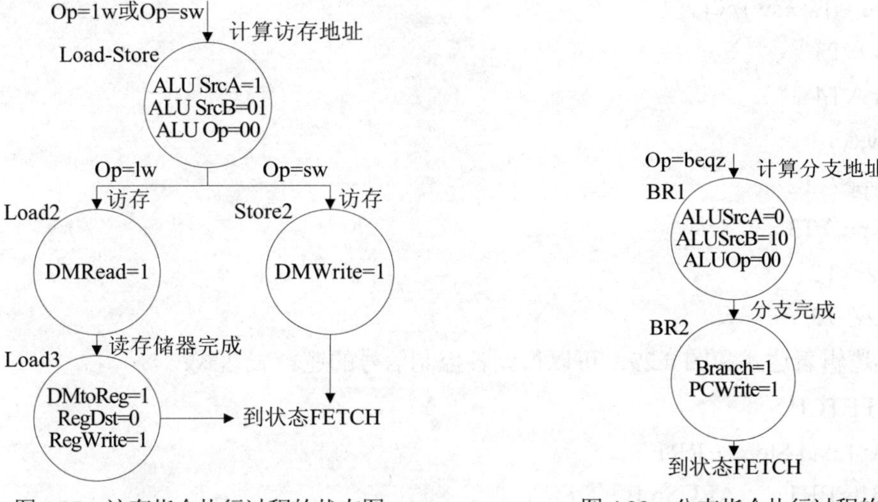

图 4.27　访存指令执行过程的状态图　　图 4.28　分支指令执行过程的状态图

把图 4.25 ~图 4.28 合并，即可得到 MIPS 指令总流程图，如图 4.29 所示。

根据图 4.29，可以写出进入各状态的条件：

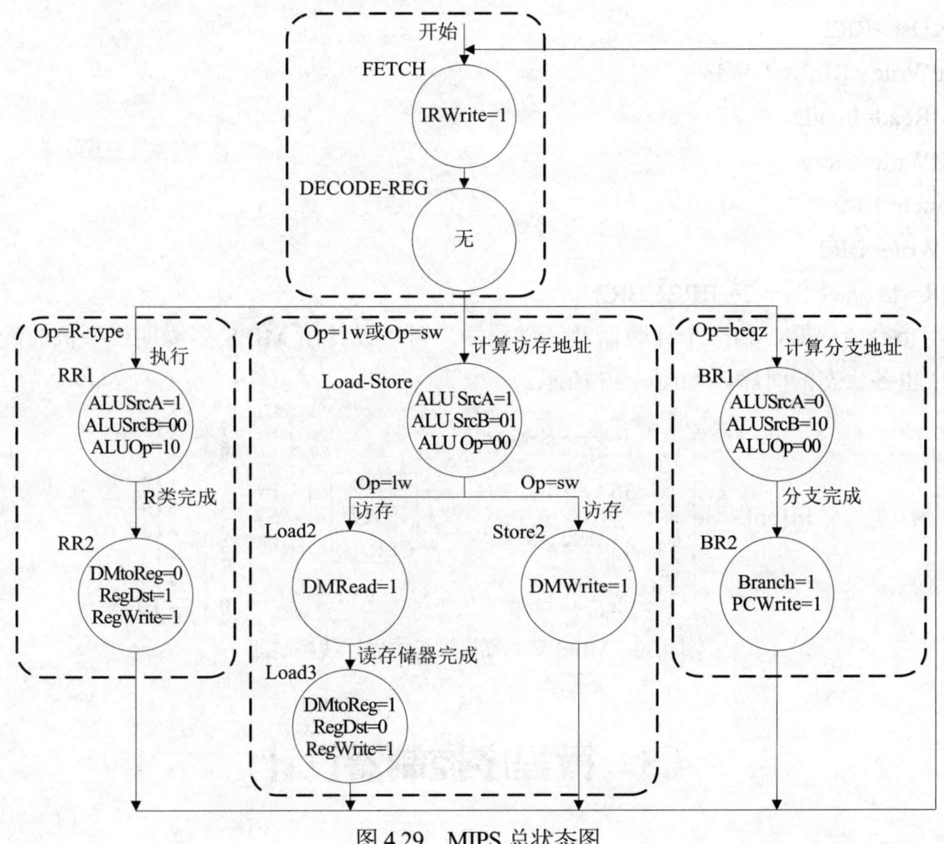

图 4.29　MIPS 总状态图

FETCH=T0

DECODE-REG=T1

Load-Store =(lw +sw)∧T2

Load2=lw∧T3

Load3=lw∧T4

Store2=sw∧T3

RR1=R-type∧T2

RR2=R-type∧T3

BR1=beqz∧T2

BR2=beqz∧T3

根据上述逻辑表达式和图 4.29，可以得到各控制信号的逻辑表达式：

IRWrite= FETCH

ALUSrcA=Load-Store + RR1

ALUSrcB1= BR1　(ALUSrcB 的高位)

ALUSrcB0= Load-Store (ALUSrcB 的低位)

ALUOp1= RR1

DMtoReg= Load3

RegDst= RR2

RegWrite= RR2 + Load3

DMRead=Load2

DMWrite=Store2

Branch=BR2

PCWrite=BR2

CLR= Load3+ Store2+ RR2+ BR2

使用指令译码器，和一个计数器及其译码器，可以设计出 MIPS 多周期模型机的硬连线控制器，产生各状态的时序，如图 4.30 所示。

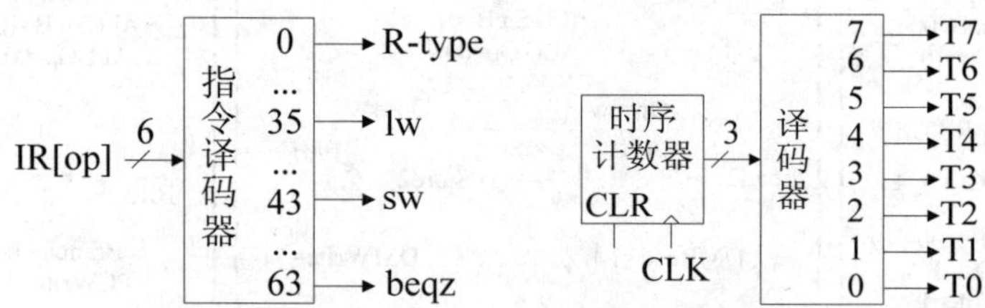

图 4.30　MIPS 多周期模型机的硬连线控制器

4.5　微程序控制器设计

4.5.1　微程序控制器的设计原理

微程序控制器又称为**存储逻辑型控制器**，是用微程序实现计算机控制的控制器，已成为当前控制器的主流。**微程序**(microprogram)是英国剑桥大学教授威尔克斯(M. V. Wilkes)于 1951 年提出的，即将一条机器指令编写成一段微程序，每一段微程序包含若干条微指令，每一条微指令对应若干条微操作。在微程序控制器的计算机中，CPU 内部有一个**控制存储器**(Control Memory，CM，简称**控存**)，存放了各种机器指令对应的微程序段。当 CPU 执行机器指令时，会在控制存储器里寻找对应的微程序，取出对应的微指令来执行各个微操作，从而实现该程序的功能。

微程序控制器的基本思想：在控制器的控制逻辑中引入程序设计的思想，将微操作控制信号按一定规则编码微指令，并存放于只读的控制存储器中；机器在运行时逐条读出这些微指令，形成所需的各种操作控制信号，驱动相应部件完成所需的操作。

微程序控制技术是利用软件开发方法来设计硬件，因此软件工程中一系列开发手段和方法增可以用于微程序开发。优点是具有规整性、灵活性、可维护性，易于实现自动化设计，其调试、更改、扩充、维修都很方便。缺点是读取控制存储器导致指令的执行速度慢于组合逻辑控制器。

微程序控制机器中包含两个层次。一个层次是机器级的机器指令，传统机器语言的程序员在该层次用机器指令编制程序，完成处理任务，CPU 执行的程序存放在主存储器中。另一个层次是微程序级的微指令，硬件设计者在该层次用微指令编制微程序，完成机器指令的功能，微程序存放于控制存储器中。

微指令(microinstruction)：在一个 CPU 周期中，共同实现某一操作功能的微命令的集合构成一条微指令。一般情况下，数据通路中的一步操作过程就由一条微指令实现。一方面，微指令产生一组微命令，控制完成一组微操作的二进制编码字；另一方面，微指令还应给出测试判别信息，从而实现控制算法中出现的条件分支。一旦出现该类信息，该微指令执行时应对系统的有关标志进行测试判别。微指令中还包含一个下址字段，用于指明控存中下一条微指令的地址。微指令的典型结构如图 4.31 所示。

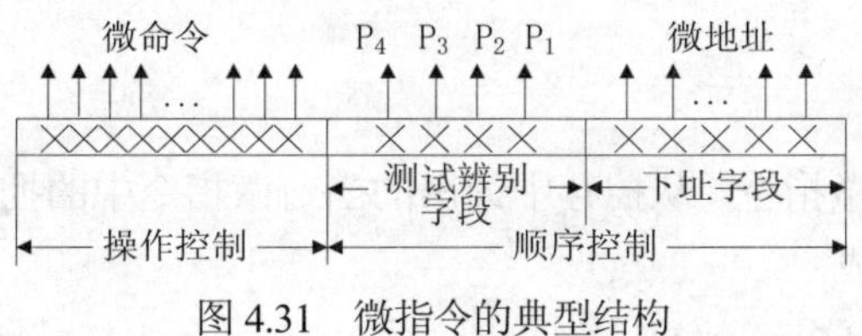

图 4.31　微指令的典型结构

微命令(microorder)：是微程序控制器通过控制线向执行部件发出的微操作控制信号。例如，模型机中的 $PC \to BUS_1$、$R_0 \to BUS_1$、CPIR、R/W 等控制信号都称为微命令。

微操作(microoperation)：由微命令控制实现的最基本操作，其定义可大可小。接到微命令后，执行部件所执行的操作就是微操作。例如，微操作(PC)→MAR，是在一组微命令 $PC \to BUS_1$、$S_3S_2S_1S_0M$、DM、CPMAR 的控制下实现的。

微地址(microaddress)：是微指令存放于控存中的地址。

微周期(microperiod)：指从控制存储器中读取一条微指令，并执行相应的微操作所需的时间，一般为一个时钟周期。同步方式的微指令均具有相同的微周期。

4.5.2　微程序控制器的组成

图 4.32 是微程序控制器的结构框图，包括控制存储器、微地址寄存器、微命令寄存器和地址转移逻辑。微命令寄存器和微地址寄存器的长度之和即为一条微指令长度。在图 4.32 中，程序计数器 PC、指令寄存器 IR、程序状态寄存器 PSR 等的功能与组合逻辑控制器中的完全一致。可见，微程序控制器与组合逻辑控制器的主要区别在于微操作控制信号形成部件不同：组合逻辑控制器中没有控制存储器，使用复杂的、不规整的组合逻辑网络；而微程序控制器中具有存放微程序的控制存储器，使用更规整的存储逻辑。

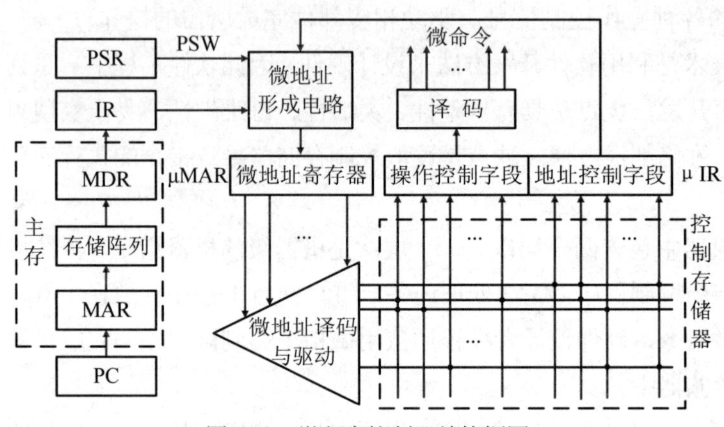

图 4.32　微程序控制器结构框图

微程序控制器的主要部分包括：

- 控制存储器 CM

控存 ROM 的每个单元存放一条微指令代码，ROM 的容量取决于微指令的总数。图 4.32 控存中每条横线为一个单元，每个交叉点为微指令的一位，有“•”表示该位为 1，无“•”表示该位为 0。实际应用中，ROM 可采用 EPROM 或 E^2PROM、EAROM，以方便用户写入和修改微程序。

- 微命令寄存器 μIR

存放从控存中读取的微指令，从控存中读出的当前微指令中的控制字段及测试判别字段均暂存于此，可由寄存器构成。

- 微地址寄存器 μMAR

接收微地址形成电路送来的地址，计算控存的地址以便读取微指令，暂存由控存读出的当前微指令的下址字段，可由 D 触发器构成。

- 微地址形成电路

微地址形成电路能够产生起始微地址和后继微地址，确保微程序的连续执行。

- 地址转移逻辑

通常，由 ROM 读出一条微指令后，可以直接给出下一条微指令的地址，并存放在微地址寄存器中。而当分支出现时，微程序通过地址转移逻辑去修改微地址寄存器的内容，并按修改后的微地址读出下一条微指令。

【例 4.8】　设 CPU 中数据通路如图 4.33 所示。其中 W 为写控制标志，R 为读控制标志，

R_0和R_1为暂存器。假设要求在取指周期由 ALU 对一个源操作数完成(PC)+1→PC 的运算。(1) 以最少的节拍安排取指周期全部微操作。(2) 写出指令“XOR　# α”(#为立即寻址特征，隐含的操作数在 ACC 中)在执行周期的微操作及节拍安排。

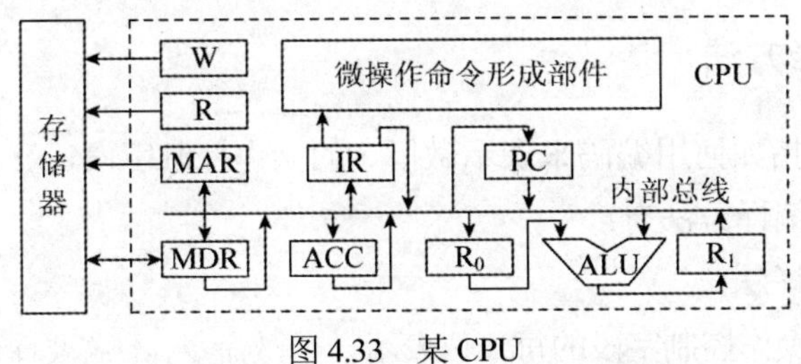

图 4.33　某 CPU

解：由于取指周期由 ALU 完成(PC)+1→PC 的操作，意即程序顺序执行时的 PC 增量由运算器的 ALU 实现，结果送至和 ALU 输出端相连的R_1，再送至 PC。

(1) 节拍安排的关键是解决总线冲突问题，则取指周期的微操作及节拍安排如下：

T_0：PC→MAR，1→R

T_1：M(MAR)→MDR，(PC) + 1→R_1

T_2：MDR→IR，OP(IR)→微操作命令形成部件

T_3：R_1→PC

(2) 立即寻址的异或指令执行周期的微操作及节拍安排如下：

T_0：Ad(IR)→R_0　　；立即数→R_0

T_1：(ACC)XOR(R_0)→R_1　　；ACC 通过总线送 ALU，与立即数作异或运算

T_2：R_1→ACC　　；异或运算结果→ACC

4.5.3　微程序控制器设计步骤

(1) 设计微程序

设计微程序就是设计微程序流程图，常用方框图语言描述控制算法流程图。微程序流程图中的一条微指令相当于指令流程图中的一个状态。

(2) 确定微指令格式和执行方式

根据机器的微命令、微控制信号等实际情况，选择采用水平微指令格式或垂直微指令格式，选择串行执行或并行执行等。根据执行部件的子系统需要多少微指令来确定微指令格式中的操作控制字段，并根据微程序流程图的规模来决定下址字段。假定微程序共用 60 条微指令，则下址字段至少需要 6 位，2^6=64>60。

(3) 编制微程序

根据微程序中所有微控制信号确定微命令集、微命令编码方式及字段划分，选择增量式或断定式微指令排序方法。

(4) 写入程序

将二进制格式的微程序全部写入控制存储器中。

(5) 设计硬件电路

微程序控制器的硬件电路主要包括微地址寄存器、微命令寄存器和地址转移逻辑三部

分。前两者可选用标准寄存器芯片(如 74LS36、74LS273 等)来实现。地址转移逻辑可以结合逻辑表达式用门电路芯片实现，其输入是时间周期 Tj(读 ROM 时间)、状态条件和测试判断标志 Pi。

4.5.4 微指令的编译方法

微指令的编译方法指如何用编码来表示微指令的操作控制字段，及如何将编码译成相应的微命令。通用的微指令编译方法有：

(1) 直接控制法(不译法)

这种方法用微指令操作控制字段的每一位表示一个微命令，不需要译码，因此也称为不译法；该位为 1 表示执行该微命令，为 0 则表示不执行该微命令。例如在模型机中，设 μIR 的第 22 位对应于 C0，则译码时有 C0=μIR22。优点是结构简单，操作速度快，并行性强；缺点是微指令字太长，信息效率低，*N* 个微命令就需要 *N* 位操作控制字段。

(2) 最短编码法

将所有微命令进行统一编码，每条微指令只定义一个微命令。若最短编码法中操作控制字段的长度 *L*，微命令总数为 *N*，则 $L \geqslant \log_2 N$。因此，最短编码法所得的微指令字长最短，但要得到所需的微命令必须先通过微命令译码器译码。微命令越多，译码器就越复杂。而且，该方法在某一时刻只能产生一个微命令，无法利用机器硬件的并行性，使微程序很长，所以很少独立使用。

(3) 字段直接编码法

将微指令操作控制字段划分为若干个字段，每个字段内的所有微命令进行统一编码；不同的字段的不同编码表示不同的微命令(见图 4.34)。字段的划分原则：把互斥的(即不允许同时出现的)微命令划分在同一字段内，把相容的(即允许同时出现的)微命令划分在不同字段内。例如：$R_i \rightarrow BUS_1$ 是互斥的，可划分在同一字段内；$R_S \rightarrow BUS_1$ 和 CPR_S 是相容的，应划分在不同字段。另外，字段的划分应适应数据通路结构；每个字段所定义的微命令数不应太多，否则将导致微命令译码变复杂；一般每个字段应保留一个状态以说明本字段不发任何微命令。

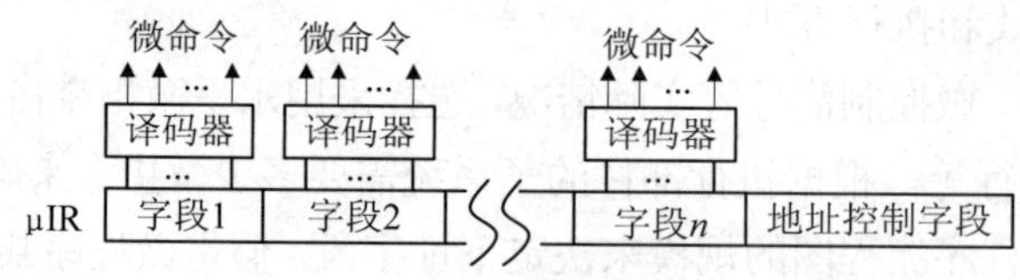

图 4.34　字段直接编码法的微命令结构

(4) 字段间接编码法

指用一个字段的某一编码来定义另一字段的编码。因此，一个字段的编码无法独立地直接定义微命令，而必须与其他字段的编码联合进行定义，见图 4.35。

(5) 常数源字段的设置

通常在微指令字中还设置一个常数源字段以提供某些常数(类似于指令字中的立即数)，如给计数器置初值、提供数据修改量、配合形成微程序转移微地址等。

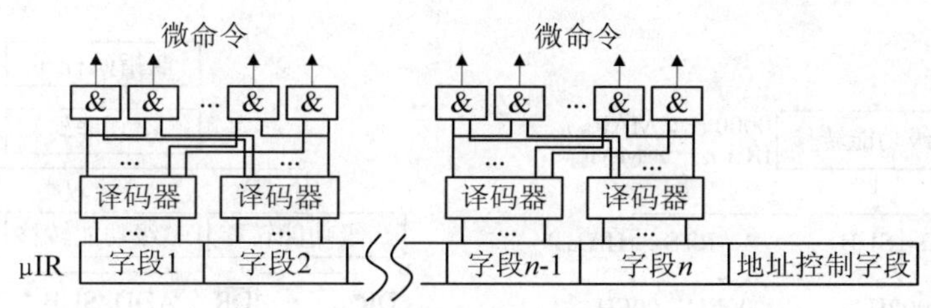

图 4.35 字段间接编码法的微命令结构

此外，还有分类编码法，即根据操作类型将机器指令分为几类，如算术逻辑运算指令、访主存指令、I/O 指令及其他指令等，对不同类型指令采用不同的微指令格式。在实际设计微指令时，经常同时采用几种编码方法。

4.5.5 微程序的顺序控制方式

微程序控制的计算机通过微程序解释执行机器指令。不同指令的微程序存放在控存的不同区域，微程序顺序控制需要解决微程序如何存放和执行的问题，即需要考虑初始微地址和后继微地址的形成方法。

微程序的初始微地址(微程序的入口地址)：微程序中第一条微指令所对应的控存单元地址。

现行微指令：微程序执行过程中，当前正在执行的微指令。

现行微地址：现行微指令所在控存单元的微地址。

后继微指令：现行微指令执行完毕后，要执行的下一条微指令。

后继微地址：后继微指令所在控存单元的微地址。

1. 初始微地址的形成

每一条机器指令的执行，都必须首先执行取指令微程序，从主存中取出一条机器指令。因此，取指令微程序(一条或几条微指令)可以是公用的，通常安排在从 0 号控存单元(或其他特定的控存单元)开始。机器指令从主存取到指令以后，则转换为该指令所对应的微程序入口地址(即初始微地址)。

初始微地址的几种形成方式：

- 一级功能转移

根据指令操作码，直接转移到相应微程序的入口地址。当指令操作码的位置与位数均固定时，可用操作码作为微地址的低位直接参与形成微程序的入口地址。该方式适用于指令操作码的长度和位置比较固定和规整的情形。

【例 4.9】 假设某模型机有 16 条指令，操作码对应 IR 的低 4 位(15~12 位)，当指令被取出后，直接将 $IR_{15\sim12}$ 用作微地址的低 4 位($\mu MAR_{3\sim0}$)。如图 4.36 所示。

- 二级功能转移

如果指令操作码的长度和位置不固定或不规整，可以采用二级功能转移(见图 4.37)。一级先按指令类型标志转移，完成区分指令类型。假定在每类指令中长度和位置是固定的，第二级则按操作码区分出是哪条指令，并转移到相应微程序入口。

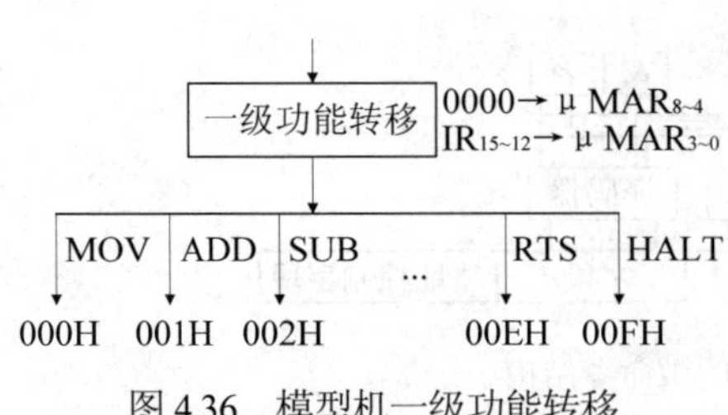

图 4.36　模型机一级功能转移

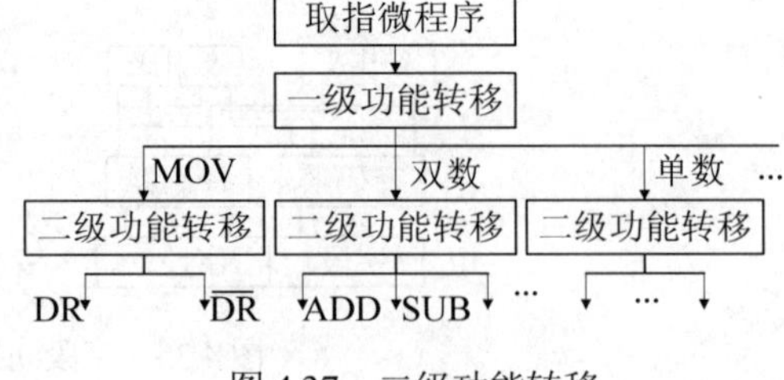

图 4.37　二级功能转移

● **用 PLA 电路实现功能转移**

对于变长度、变位置的操作码，还可以使用可编程逻辑阵列 PLA 实现功能转移，转移效率较高。将指令操作码作为 PLA 的输入，在 PLA 的输出就可以得到相应微程序入口地址。

【例 4.10】　设有 I_0、I_1、I_2、…、I_7 共 8 条指令，其操作码分别为 000、001、…、111，对应的微程序入口地址分别为 020H、031H、…、146H。用 PLA 实现微程序入口地址如图 4.38 所示。

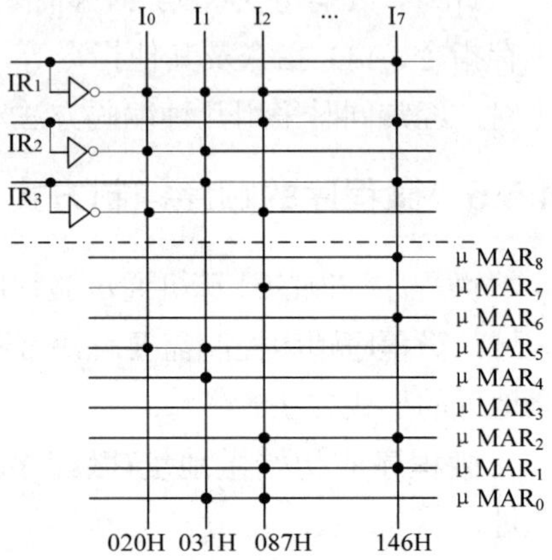

图 4.38　用 PLA 电路实现功能转移

2. 后继微地址的形成

找到初始微地址后，开始执行相应的微程序。为保证微程序的正常执行，每条微指令执行完毕，都要根据要求形成后继微地址。主要有两种类型：增量方式和断定方式。

● **增量方式**

类似于程序地址控制方式，微地址的控制方式也有顺序执行、转移、转子之分。当按微地址递增顺序逐条执行微指令时，微程序的后继微地址是现行微地址加上一个增量(通常为 1)，即(微程序计数器 μPC)增量→μPC。为节省设备，μMAR 也可设计成具有计数功能的寄存器，与 μPC 合并使用，即(μMAR)增量→μMAR。

当微程序转移或调用微子程序时，转移微地址的形成有所不同。通常把微指令的地址控制字段分为两个部分：转移地址字段(Branch Address Field，BAF)提供转移微地址；转移控制字段(Branch Control Field，BCF)规定微地址的形成方式。根据 BAF 和 BCF 中的内容，微指令控制是否转移及转移到何处。微子程序一般不嵌套，微子程序的嵌套一般需要使用微堆栈。

增量方式的特点是实现简单，编制微程序容易，但无法实现多路转移。当需要实现微程序的多路转移时，往往采用判定方式。

● **判定方式**

判定方式可由设计者直接指定后继微地址，或由设计者指定的测试判定字段产生后继微地址。判定方式的后继微地址包括两部分：由设计者直接指定的非因变分量，通常是微地址的高位部分；根据判定条件产生的因变分量，通常是微地址的低位部分。判定方式可以实现微程序的快速多路转移，缺点是微程序编制和地址安排复杂，执行顺序不直观。在实际设计中，增量方式往往与判定方式结合使用。

【例 4.11】　某机的微指令格式和判定条件如图 4.39 所示。

μIR	OCF	微地址高位	A	B

图 4.39　某机的微指令格式和判定条件

表 4.6 列出 A、B 两个判定条件。

表 4.6　A、B 为两个判定条件

A	断定微地址低位	B	断定微地址低位
00	$0 \rightarrow \mu MAR_1$	00	$0 \rightarrow \mu MAR_0$
01	$1 \rightarrow \mu MAR_1$	01	$1 \rightarrow \mu MAR_0$
10	$C \rightarrow \mu MAR_1$	10	$V \rightarrow \mu MAR_0$
11	$Z \rightarrow \mu MAR_1$	11	$S \rightarrow \mu MAR_0$

设微地址为 101101B，A 为 11B，B 为 01B，则有 $Z \rightarrow \mu MAR_1$，$1 \rightarrow \mu MAR_0$，即后继微指令的微地址为：101101Z1B，为条件转移微指令。

若 Z=1，后继微地址为：1011 0111B=B7H

若 Z＝0，后继微地址为：1011 0101B=B5H

【例 4.12】　如图 4.39 为一微程序流程图，每一方框为一条微指令(μA~μP)表示，该微程序流程有两处分支：微指令的 OP 最低两位(I_1I_0)控制 4 路转移；状态标志 C_Z 值决定后继微地址的产生。请设计该微程序的顺序控制字段，并为每条微指令分配微地址。

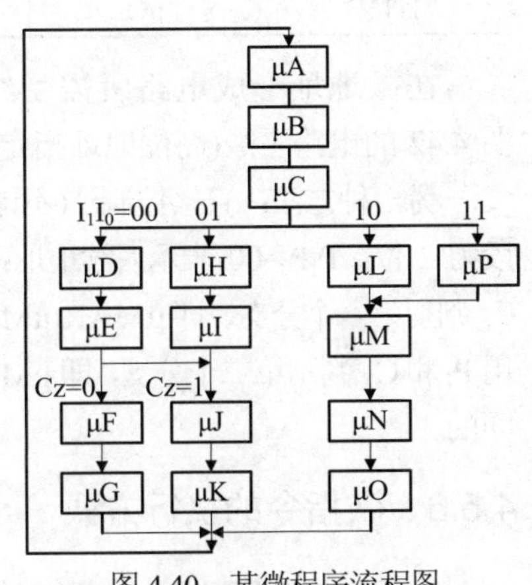

图 4.40　某微程序流程图

解：由图 4.40 可知，本微程序共有 16 条微指令(用字母 μA~μP 分别表示)，则下地址需要 4 位。

另外，该微程序存在两处分支：微指令的 OP 最低两位(I_1I_0)控制 4 路转移；状态标志 C_Z 的值决定后继微地址的形成。因此，可用 2 位测试条件描述后继地址的产生方式。

综上，该微指令格式由 3 部分内容组成，如图 4.41 所示。

μOP	测试(2 位)	下地址(4 位)

图 4.41　包括三部分内容

测试(2 位)为：00－取下地址；01－按指令 I_1I_0 转移(末 2 位)；10－按 Cz 转移(末 1 位)；11－无操作。

为简化地址修改逻辑，下地址测试条件的那几位一般取全 0。微指令 μC 按 OP(I_1I_0)实现 4 路转移，下地址的末 2 位全为 0，即为 0100B；控制末 2 位按 I_1I_0 转移，微指令 μC 的后继 4 条微指令的微地址分别为 0100B、0101B、0110B、0111B；与此类似，按 C_Z 转移的微地址则为 10x0B、10x1B。余下的微指令地址可任意分配，无约束条件，通常按照微程序流程从小地址到大地址(μA~μP，或从上到下、从左到右)顺序分配微地址，如表 4.7 所示。

表 4.7　微指令的地址分配

微地址	微指令	测试条件	下地址	备注
0000B	μA	00B	0001B	
0001B	μB	00B	0010B	
0010B	μC	01B	$01I_1I_0B$	按 I_1I_0 转移
0011B	μE	10B	$101C_ZB$	按 C_Z 转移
0100B	μD	00B	0011B	
0101B	μH	00B	1000B	由指令 OP 控制
0110B	μL	00B	1001B	
0111B	μP	00B	1001B	
1000B	μI	00B	1011B	
1001B	μM	00B	1100B	
1010B	μF	00B	1101B	由 C_z 控制
1011B	μJ	00B	1110B	
1100B	μN	00B	1111B	
1101B	μG	00B	0000B	
1110B	μK	00B	0000B	
1111B	μO	00B	0000B	

在微地址形成电路所需受约束的微地址可通过图 4.42 的电路生成(高位地址指定)。

另一种方法：直接控制法(不译法)。设计测试判别字段为 2 位，P_1P_0=00 表示后续地址；P_1P_0=01 时，用 P_0 和 C_Z 判别第一个分支，即 $\mu MAR_1\mu MAR_0=I_1I_0$；$P_1P_0$=10 时，用 P_1 和 C_Z 判别第二个分支，即 $\mu MAR_0=C_Z$。结果也是相同的。

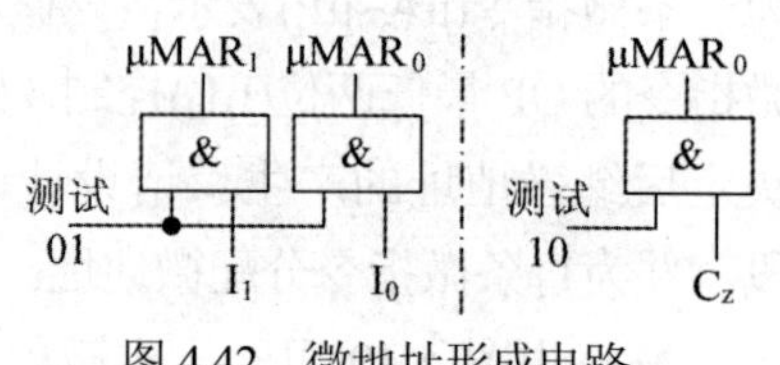

图 4.42　微地址形成电路

4.5.6　微指令的执行方式

微程序控制器是通过一条一条地执行微指令来实现控制的。微指令的执行过程和指令的执行过程类似：①从控制存储器中取微指令。②执行微指令所规定的各个微操作。根据执行现行微指令和取后继微指令之间的时间关系，可有两种微指令执行方式：串行执行和并行执行。

(1) 串行执行方式

执行现行微指令和取后继微指令是顺序、串行执行的，在取出并执行完毕一条微指令后，才能取下一条微指令。串行方式的优点是控制简单，缺点是设备效率低，执行速度慢。因为在执行微指令阶段，数据通路工作，控制存储器空闲；反之，在取微指令阶段，控制存储器工作，数据通路等待。图 4.43 显示串行微周期的时序图。

(2) 并行执行方式

微指令的并行执行方式将执行现行微指令和取后继微指令的操作重叠起来。由于执行现行微指令和取后继微指令分别在两个不同部件(控制存储器，数据通路)中执行，这种重叠和并行是可行的。在执行本条微指令时，可同时预取下一条微指令，微程序的并行执行方式比串行方式速度快，设备利用率高。通常取微指令所需时间比执行微指令所需时间短，可将后者作为微周期。图 4.44 显示并行执行方式。

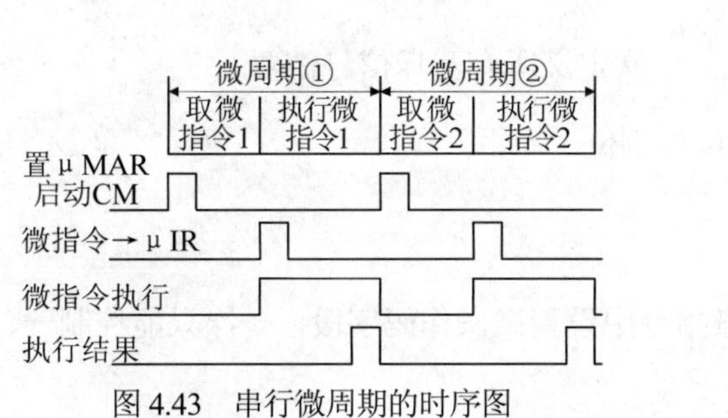

图 4.43　串行微周期的时序图

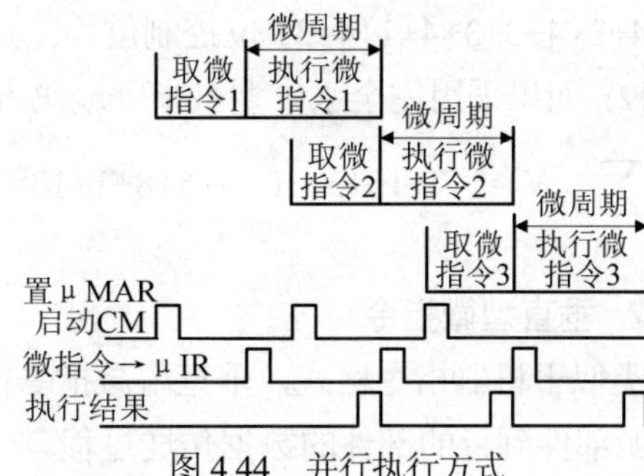

图 4.44　并行执行方式

并行执行方式的难题是如何处理微程序的转移控制。一般有延迟周期法、猜测法、预取多条转向微指令等方法。延迟周期法比较简单，即按现行微指令结果特征转移时，延迟一个微周期再取微指令。

4.5.7　微指令格式的设计方法

微指令格式的设计是微程序设计的主要内容，对微程序控制器的结构和微程序的编制有直接影响，对机器处理速度和控存容量也有影响。微指令格式的设计不仅要实现计算机的整个指令系统，还要考虑控存速度、数据通路以及微程序编制等因素。不同机器有不同的微指令格式，通常可分为两大类。

1. 水平型微指令

水平型微指令指一次能定义并执行多个微命令的微指令，通常由控制字段、测试字段及下地址字段等 3 部分组成。

水平微指令一般具有以下特点：

- 微指令字较长，通常为几十位到上百位，定义的微命令较多。

如 VAX-11/780 微指令字长为 96 位，巨型机 ILLAIAC-IV 微指令字长达 280 位。微指令字较长，所需控存的纵向容量小，但是增加了控存的横向容量。

- 微指令中微操作并行能力强，可在一个微周期中一次定义并执行多个并行微操作。

编制的微程序短，微程序的执行效率高，速度快。微指令编码简单，常采用直接控制法(不译法)或字段直接编码法，微命令与数据通路控制点之间存在较直接的对应关系。

- 微程序编制困难、微程序复杂，难以实现设计自动化。

【例 4.13】　某微指令格式中有 10 个独立的控制字段 C_0~C_9，每个控制字段有 N_i 个互斥控制信号，如图 4.45 所示。

字段	C_0	C_1	C_2	C_3	C_4	C_5	C_6	C_7	C_8	C_9
N_i	5	7	15	3	10	6	5	8	1	13

图 4.45　某微指令格式

试问：

(1) 若此 10 个控制字段采用字段直接编码法，需要多少控制位？

(2) 若采用完全水平型微指令编码方式，需要多少控制位？

解：

(1) 如果采用字段直接编码法，N_i 有 $2^3+2^3+2^4+2^2+2^4+2^3+2^3+2^4+2^1+2^4$，这 10 个字段需要 3+3+4+2+4+3+3+4+1+4=31 位控制位；

(2) 如果采用完全水平型微指令编码方式，一次定义所有互斥信号需要

$\sum_{i=0}^{9} N_i$=5+7+15+3+10+6+5+8+1+13=73 位控制位。

2. 垂直型微指令

类似于机器指令格式，垂直型微指令在微指令中设置微操作码字段，一次只能控制一、两种从源部件到目的部件的数据传送过程。

例如，某垂直型微指令的格式如图 4.46 所示。

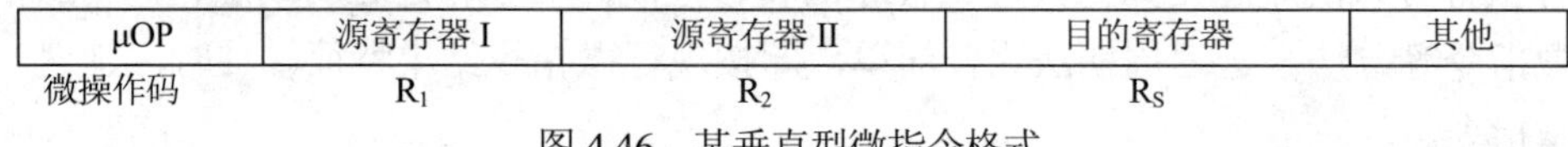

图 4.46　某垂直型微指令格式

微指令功能：$(R_1)\mu OP(R_2) \rightarrow R_S$

例如，某垂直型微程序转移微指令格式如图 4.47 所示。

微程序转移	转移微地址	条件测试

图 4.47　某垂直型微程序转移微指令格式

微指令功能：根据条件测试字段对微指令的执行过程进行状态测试，如结果满足测试条件，微程序按指定的微地址转移。

垂直型微指令的特点：

- 微指令字短，一般为 10～20 位左右，控存的横向容量少。但一条微指令定义的微操作较少，编制的微程序较长，控存的纵向容量大。
- 微指令规整、直观、易于编制微程序和实现设计自动化。但微指令的各个二进制位与数据通路控制点之间没有较直接对应关系，微操作并行能力弱。
- 微指令编码复杂，需要经过完全译码产生微命令，效率较低、执行速度较慢。

3. 毫微程序

毫微程序是解释微程序的微程序，采用水平和垂直两级微程序设计方法，结合了两种微程序设计的优点。毫微程序设计通常用水平型的毫微指令来解释垂直型微指令。第一级采用垂直型微指令编制垂直微程序，用于解释机器指令，具有严格的顺序结构，可由它确定后继微指令的地址，但并行功能较弱。第二级采用水平型微指令编制水平微程序，用于解释垂直型微指令，并行操作能力较强。

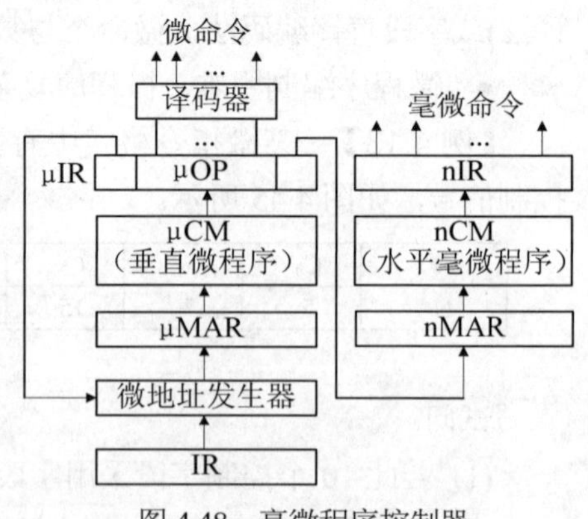

图 4.48　毫微程序控制器

毫微程序控制器中有两个控制存储器：用于存放垂直微程序的微程序控制存储器(μCM)，用于存放毫微程序的毫微程序控制存储器(nCM)，如图 4.48 所示。

毫微程序的执行过程：当执行一条指令时，首先进

入第一级垂直型微指令；可由它调用第二级微程序(即毫微程序)中的水平型毫微指令，用于解释第一级微指令；第二级毫微指令执行完后，再返回第一级微程序。

如 QM-1 型计算机就是毫微程序控制的机器，标准字长 18 位。

毫微程序设计的主要优点：使用少量的控制存储器空间，就能达到高度的操作并行性；一级微指令可以调用二级毫微指令，执行效率高，并行能力强，能够充分利用数据通路；灵活性好，具有动态结构，μCM 横向容量很小，而采用并行性高的水平型微指令的 nCM 纵向容量很小；用垂直微指令编制微程序容易，易于实现微程序设计自动化，只需要修改垂直微程序就可改变机器指令的功能，而不需要改变毫微程序，易于修改和扩充指令系统；独立性强，毫微程序之间不存在顺序关系，修改、增删毫微指令不影响毫微程序的结构。

毫微程序设计的缺点：执行一条微指令往往要访问两次控存(一级访问 μCM，二级访问 nCM)，影响了效率和速度。因此，毫微程序设计多用于大、巨型机，很少用于微小型机。

4.5.8　微程序设计技术的应用

随着微程序设计技术的发展，以及 E^2PROM 及 PLD 芯片的应用，为微程序技术的应用提供了更广泛的发展前景。

- 固件技术的发展

固件(firmware)：是具有软件功能的硬件，即存放于只读存储器中的各类微程序。固件是软、硬件结合的产物，具有软件、硬件各自的优点，执行速度快于软件，灵活性优于硬件。固件技术包括硬件软化和软件固化，微程序控制器就是一种软件固化的例子。

- 具有动态结构的通用微程序计算机

通用微程序计算机在微程序级设置微操作系统，可由微操作系统动态地切换微程序；并采用既可读也可写的控制存储器，便于用户编制和调试微程序。此类计算机能够根据程序需要自行选择指令系统，从而实现不同结构的动态计算机体系。

- 微程序仿真

微程序仿真：指用一台计算机的微程序解释执行另一台计算机的指令系统，使原本不兼容的两台计算机之间也具有程序兼容能力。其中，用于仿真的计算机称为宿主机，被仿真的计算机称为目标机。

- 面向高级语言的微程序解释

高级语言的编译系统通常是将其源程序翻译为机器语言目标程序，然后用硬连线或微程序解释执行。若直接使用微程序来解释高级语言，将明显提升高级语言的执行效率。

【例 4.14】　按照图 4.49 所示的数据通路，所有 26 个控制信号均标注在各子系统的侧面，假定测试判别字段有 2 位，下址字段共 4 位。请设计微指令格式及微程序控制器的基本方案。

解：在图 4.49 中微命令字段长 26 位，另外还有 2 位测试判别字段 P_1、P_0 和 4 位下址字段 μAR_3、μAR_2、μAR_1、μAR_0，微指令长度共 32 位。微指令格式如图 4.50 所示。

因此，确定微指令所用 EPROM 的容量为 16 字存储单元，字长 32 位，微命令寄存器 28 位，微地址寄存器 4 位。

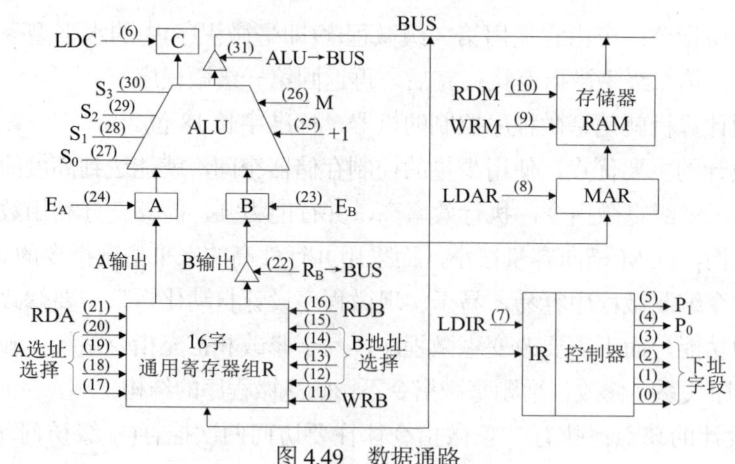

图 4.49　数据通路

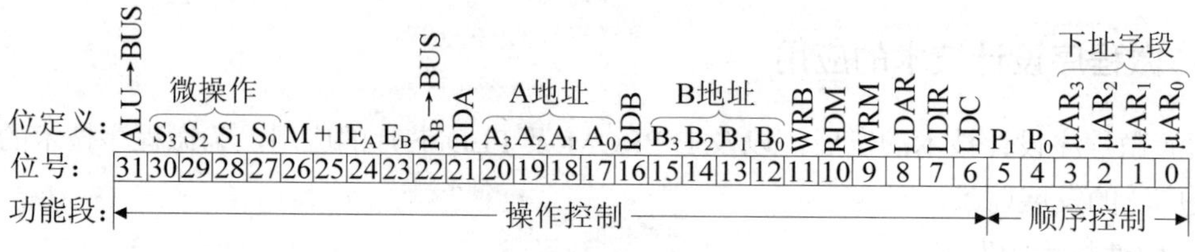

位定义：	ALU→BUS	S3	S2	S1	S0	M	+1	EA	EB	RB→BUS	RDA	A3	A2	A1	A0	RDB	B3	B2	B1	B0	WRB	RDM	WRM	LDAR	LDIR	LDC	P1	P0	μAR3	μAR2	μAR1	μAR0
位号：	31	30	29	28	27	26	25	24	23	22	21	20	19	18	17	16	15	14	13	12	11	10	9	8	7	6	5	4	3	2	1	0
功能段：	操作控制																										顺序控制					

图 4.50　微指令格式

【例 4.15】　根据【例 4.14】的数据通路和微指令格式，假设由暂存器 B 给出地址完成 RAM 中取数、存数，计数器的初始状态随意，并在每一个基本操作结束时加数。请为以下四种操作设计微程序流程图和地址转移逻辑。

00：RAM→R_0　　　　；从 RAM 中取数至 R_0

01：R_1+R_2→R_2　　　　；R_1 与 R_2 算术加，并将结果存入 R_2

10：R_3→RAM　　　　；R_3 中的数存入 RAM

11：R_4 异或 R_5→R_5　　　　；R_4 与 R_5 逻辑异或，并将结果存入 R_5

解：(1) 微程序设计

四种基本操作分别编码为(00，01，10，11)，由两个触发器 IR_1、IR_0 组成的计数器完成编码，并用 P_1P_0 进行测试，以实现微程序流程图的分支。设计的微程序流程图见图 4.51。

每一方框表示一条微指令，一条微指令只完成一个机器周期的操作，当前微指令地址在方框右上角用二进制码标出，下条微指令地址在方框右下角用二进制码标出。在微程序顺序执行的情况下，下地址可在微地址寄存器指定的范围内按 EPROM 内容随意填写，但不允许两条微指令使用同一个微地址。每条微指令为一个机器周期，包括 T_0、T_1、T_2、T_3 四个节拍。

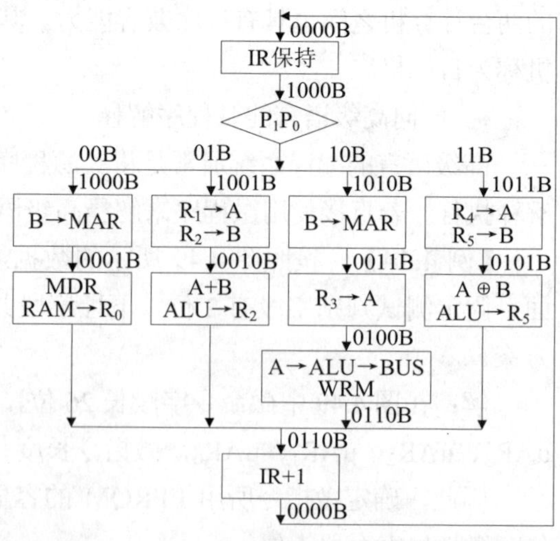

图 4.51　微程序流程图

第一条微指令是所有微程序的入口地址，启动时由系统清零微地址寄存器为 0000B。在 P_1P_0 测试时，第一条微指令的下地址 1000B 根据 P_1P_0 测试时 IR_1、IR_0 的值来修改微地址最后两位 μAR_1、μAR_0，从而实现微程序的 1000B、1001B、1010B、1011B 共四个微地址分支转移。最后是一条公用微指令，用于对计数器加 1，其下地址是 0000B，即重新返回到第一条微指令。

(2) 微地址转移逻辑设计

由图 4.51 微程序流程，可推出微地址最后两位 μAR 转移逻辑表达式：$\mu AR_1=P_1P_0 \cdot IR_1 \cdot T_3$，$\mu AR_0=P_1P_0 \cdot IR_0 \cdot T_3$。当判别测试 P_1P_0 时，在 T_3 时刻按计数器 IR_1、IR_0 的内容修改微地址寄存器内容。由于微指令长度共 32 位二进制，包括微命令字段 26 位(使用 7 位 16 进制，高 2 位为 00B)，测试字段 2 位(P_1P_0)和下址字段的 4 位。根据设计的微程序流程图和微地址转移逻辑可列出微程序代码，如表 4.8 所示。

表 4.8　微程序代码

当前微地址	微命令字段	测试字段	下址字段
0000B	0000000H	01B	1000B
1000B	3500004H	00B	0001B
0001B	00000B0H	00B	0110B
1001B	0079D00H	00B	0010B
0010B	3200120H	00B	0110B
1010B	3500004H	00B	0110B
0011B	004B000H	00B	0100B
0100B	3F00008H	00B	0110B
1011B	007BE00H	00B	0101B
0101B	2C40220H	00B	0110B
0110B	0000010H	00B	0000B

4.6　流水线工作原理

4.6.1　指令的执行方式

根据各条指令之间的衔接关系，可分为顺序、重叠、流水三种执行方式。对于指令的执行控制方式，也可分为顺序方式、重叠方式、先行控制。

1. 顺序方式

顺序方式是指各条指令之间是顺序串行衔接的。前一条指令执行完毕后，才取下条指令来执行。如果将一条指令执行过程划分为取指、分析、执行三个步骤，则顺序方式如图 4.52 所示。

取指 k	分析 k	执行 k	取指 k+1	分析 k+1	执行 k+1

图 4.52　顺序方式

设各步骤周期均为Δt，则执行 n 条指令需要：

$$T=\sum_{i=1}^{n}(t_{取指i}+t_{分析i}+t_{执行i})=3n\Delta t \tag{4.1}$$

顺序方式的优点是控制简单，节省设备，但执行速度较慢，设备利用效率低。例如在执行步骤时，主存可能是空闲的。

2. 重叠方式

重叠方式是指相邻两条指令在时间上相互重叠，即前一条指令尚未解释执行完，就取下一条指令来执行。图 4.53(*a*)和(*b*)分别示出了两种不同的重叠情况。

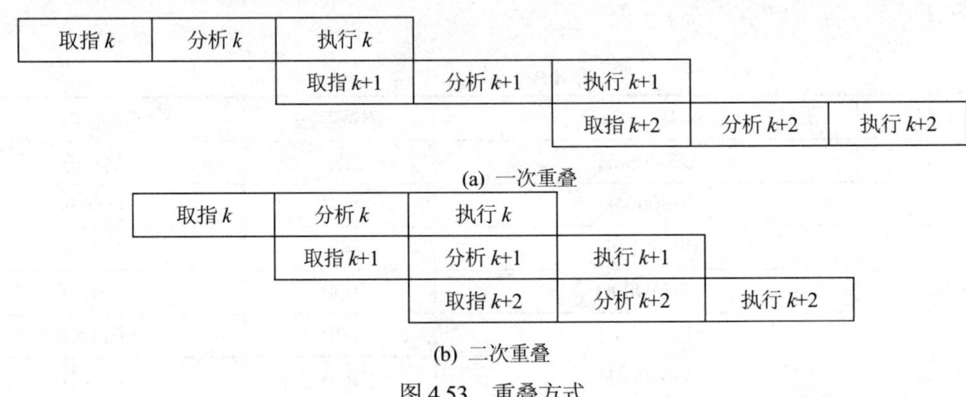

(a) 一次重叠

(b) 二次重叠

图 4.53　重叠方式

在**一次重叠**方式中，相邻指令有一个指令步骤重叠执行，如前一指令的执行步骤与后一指令的取指步骤重叠，设各步骤周期均为Δt，则执行 n 条指令需要：

$$T=\sum_{i=1}^{n}2\Delta t+\Delta t=2n\Delta t+\Delta t=(2n+1)\Delta t \tag{4.2}$$

在**二次重叠**方式中，相邻指令有两个指令步骤重叠执行，如前一指令的分析、执行步骤与后一指令的取指、分析步骤重叠，设各步骤周期均为Δt，则执行 n 条指令需要：

$$T=\sum_{i=1}^{n}\Delta t+2\Delta t=n\Delta t+2\Delta t=(n+2)\Delta t \tag{4.3}$$

重叠方式将相邻两条指令重叠执行，提高了系统运算速度，但控制逻辑要比顺序方式复杂，对存储器带宽要求比较高，常常采用多存储体交叉工作的方式和指令预取部件。

流水方式是重叠方式的进一步发展，将指令的执行过程划分成若干个子过程，每个子过程处理时间大致相等、复杂程度相当(可由一个独立的功能部件来完成)。由于采用类似生产流水线方式，各流水线功能部件实现了并行工作，可同时完成多条指令的解释执行，大大提高了系统效率。图 4.54(a)是一个五段的指令流水线，指令的流水处理过程如图 4.54(b)所示。

从图 4.54(b)可以看出，由于采用五段流水线，在一个子过程内可以同时在不同的功能部件上分别解释五条指令。流水线稳定工作后，每个子过程都可以从流水线流出一条指令的执行结果。假定各功能段所需时间均为一个时钟周期Δt，则理想情况下的流水线吞吐率为 $1/\Delta t$。如果采用顺序方式，吞吐率为 1/5Δt，显然，流水方式大大提高了机器的吞吐率。

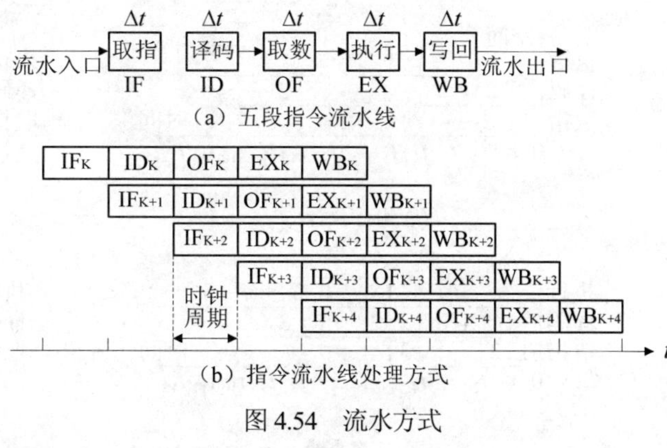

（a）五段指令流水线

（b）指令流水线处理方式

图 4.54　流水方式

3. 先行控制

先行控制，先行控制技术是缓冲技术和预处理技术的结合，通过设置先读数栈、先行操作栈、后行写数栈等，分析部件和执行部件可以分别连续不断地分析和执行指令，如图 4.55 所示。**缓冲技术**是在工作速度不固定的两个功能部件之间设置缓冲器，以缓冲协调两者的工作。**预处理技术**包括预取指令、加工指令及预取操作数等。

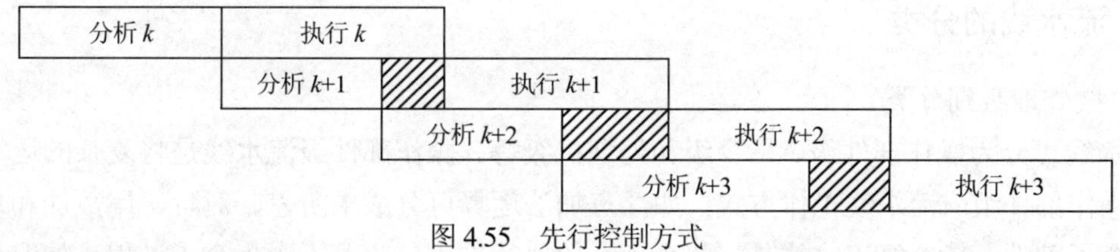

图 4.55　先行控制方式

先行读数栈：在主存和运算器之间提供缓冲，接收指令分析部件送来的访问主存的有效地址，按顺序依次从主存读取操作数，提供给 ALU 使用。对于正在执行的指令来说，先行读数栈中的操作数是先行取出的。

先行操作栈：在指令分析部件和 ALU 之间提供指令缓冲，缓冲的指令对于 ALU 中正在执行的指令来说是后续的，但被先行取出并预处理。

后行写数栈：在运算器和主存之间提供数据缓冲，暂存从运算器送来的结果数据。在相应指令运算完毕后，缓冲的结果数据没有立即写入主存，而是暂存在后行写数栈滞后写入的。

理想情况下，指令执行部件是满负荷工作，则连续执行 n 条指令所需的时间为：

$$T_{\text{先行}} = t_{\text{分析}1} + \sum_{i=1}^{n} t_{\text{执行}i} \approx \sum_{i=1}^{n} t_{\text{执行}i} \tag{4.4}$$

【例 4.16】　假设一条指令的执行分成取指、译码和执行三个过程，分别需要 Δt、$3\Delta t$ 和 $2\Delta t$。画出按顺序执行、一次重叠、二次重叠及先行控制四种方式工作时的时空图。

解：四种方式工作时的时空图如图 4.56 所示。

顺序执行时，每条指令执行时间为 $\Delta t+3\Delta t+2\Delta t=6\Delta t$，$n$ 条指令执行时间为 $6n\Delta t$。

一次重叠执行时，第 1 条指令执行时间为 $\Delta t+3\Delta t+2\Delta t=6\Delta t$，每隔 $5\Delta t$ 输出一个结果，n 条指令执行时间为 $6\Delta t+5(n-1)\Delta t=(5n+1)\Delta t$。

二次重叠执行时，第 1 条指令执行时间为 $\Delta t+3\Delta t+2\Delta t=6\Delta t$，每隔 $3\Delta t$ 输出一个结果，n 条指令执行时间为 $6\Delta t+3(n-1)\Delta t=(3n+3)\Delta t$。

先行控制执行时，第 1 条指令执行时间为 $\Delta t+3\Delta t+2\Delta t=6\Delta t$，最长每隔 $3\Delta t$ 输出一个结果，n 条指令执行时间为 $6\Delta t+3(n-1)\Delta t=(3n+3)\Delta t$。

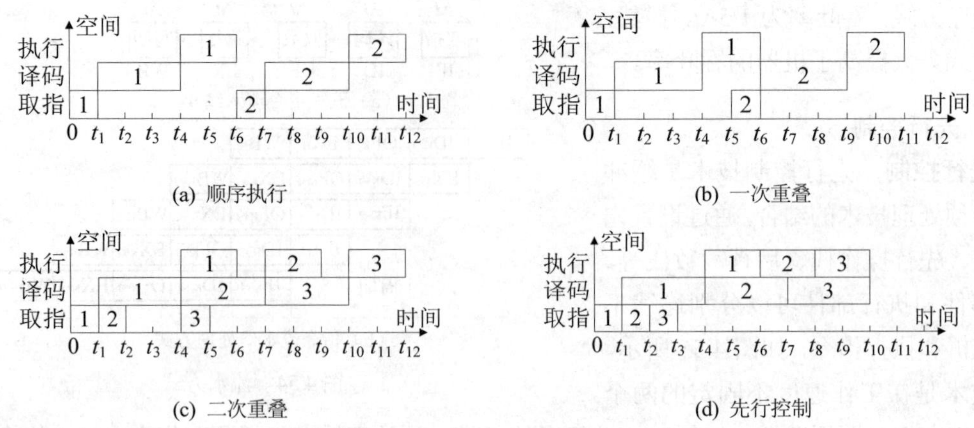

图 4.56　四种方式工作时的时空图

4.6.2　流水线的分类

(1) 按处理级别分类

流水线可分为操作部件级、指令级和处理机级等。**操作部件级流水线**是将复杂的运算过程按不同操作部件组成流水线工作方式，如浮点加法运算可分成求阶差、对阶、尾数加和规格化处理 4 个子部件；**指令级流水线**是将整个指令的执行过程分为若干个指令子过程，如取指、译码、取操作数、执行、存结果 5 个子过程；**处理机级流水线**是将不同的处理机组成流水线，属于宏流水线。如多个处理机通过共享存储器串接起来处理同一数据流，如图 4.57 所示，每个处理机(Processor Element，PE)完成自身指定的任务，并将结果输出到共享存储器(Shared Memory，SM)，而下一个处理机则根据自身的任务需要从共享存储器取出结果进行处理。

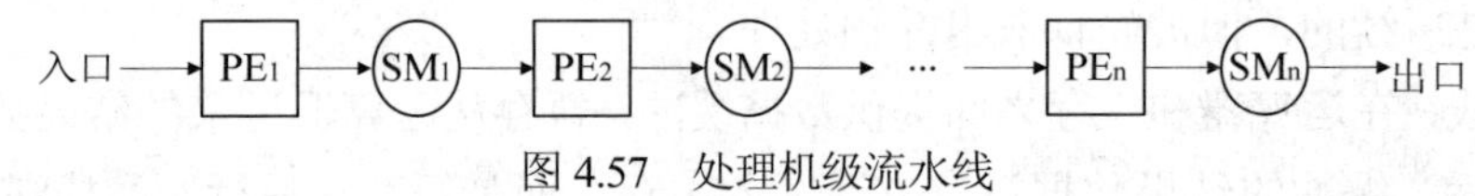

图 4.57　处理机级流水线

(2) 按功能分类

可分为单功能流水线和多功能流水线两种。**单功能流水线**只能够完成一种功能，控制相对简单，如乘法流水线。**多功能流水线**能够完成两种以上功能，控制相对复杂，如 TI 公司的 ASC 机流水线含 8 个功能段(输入、求阶差、对阶移位、相加、规格化、相乘、累加和输出)，能够实现定点加、定点乘和浮点加运算。

(3) 按工作方式分类

可分为静态流水线和动态流水线两种。**静态流水线**在同一时间内只能以一种方式工作，可以是单功能流水线，也可以是多功能流水线。静态多功能流水线每次仍然只能完成一种功能，下一次必须先排空流水线才能切换到另一种功能，这种切换降低了流水线的效率。**动态流水线**则允许在同一时间内由不同的功能段完成不同的功能，动态流水线显然是多功能流水线。

(4) 按流水线结构分类

分为线性流水线和非线性流水线两种。**线性流水线**规定在处理流水任务时，流水线的每个功能段最多只经过一次，没有反馈回路，如图 4.57 所示。**非线性流水线**则允许在处理流水任务时，流水线的功能段可以通过反馈回路多次被使用，如图 4.58 所示。

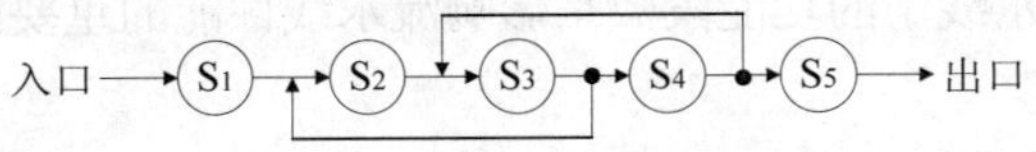

入口 → S1 → S2 → S3 → S4 → S5 → 出口

图 4.58　非线性流水

4.6.3　线性流水线的性能

(1) 流水线时空图

当一部件采用流水技术时，多个任务按顺序进入流水线，由各功能段依次加工处理，流水线饱和后，流水线的出口每到一个时间片就能输出一个结果。如图 4.59 所示。

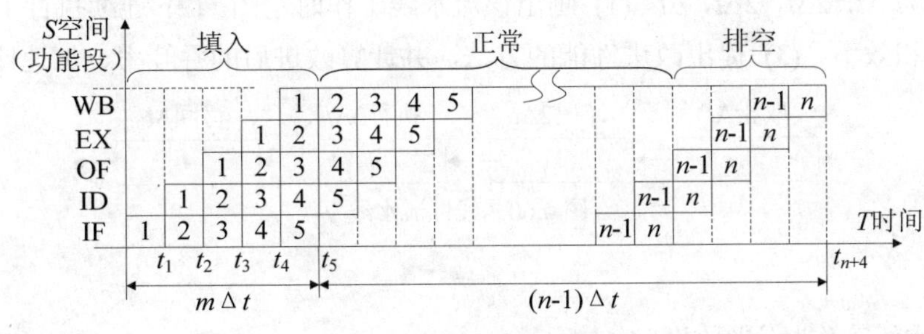

图 4.59　流水线时空图

(2) 流水线主要指标

主要指标有 3 个：吞吐率、加速比和效率。

- **吞吐率(ThroughPut rate，T_P)**

吞吐率是指流水线在单位时间内可以操作的指令数、任务数和输出结果数量。如果各功能部件占用的时间相同，线性流水线的 T_P 值可由下式计算。

$$T_P = \frac{n}{m\Delta t + (n-1)\Delta t} \tag{4.5}$$

- **加速比(Speedup ratio，S_P)**

加速比是指未采用流水线的顺序串行方式与采用流水线工作方式的系统速度之比。对于 n 个任务，未采用流水线的串行方式需要时间为 T_S，而采用 m 段流水线的方式需要时间为 T_C，则加速比可由下式计算。

$$S_P = \frac{T_S}{T_C} = \frac{nm\Delta t}{m\Delta t + (n-1)\Delta t} = \frac{m}{1+(m-1)/n} \tag{4.6}$$

- **效率(Efficiency，η)**

效率是指流水线中各功能段的利用率。流水线有建立时间和排空时间，实际上各功能段的设备总有一段空闲时间，不可能一直处于忙碌状态。效率一般用流水线各功能段处于工作状态的时间区与各功能段的总时间区之比来计算。即：

$$\eta = \frac{n\text{个任务占用的时间区}}{m\text{段总的时间区}} = \frac{nm\Delta t}{m(m+n-1)\Delta t} = \frac{S_P}{m} = T_P\Delta t \tag{4.7}$$

(3) 标准流水线和高级流水线

从性能指标来看，流水线中的功能段数是影响流水线性能的重要因素。通常，标准流水线功能段数限定在 5 段之内。

为加快流水线的处理速度，常用的措施有：超流水线、超字长流水线和超标量流水线。如 Pentium CPU 内部有两个 ALU，分别对应两条流水线 U 和 V，都含有 5 段，即预取指令(PF)段、译码 1(D1)段、译码 2(D2)段、执行(EX)段和写回寄存器(WB)段。U 流水线执行整数和浮点数指令，V 流水线执行整数指令和交换寄存器的内容。因此，Pentium 可以在每个时钟周期内执行两条整数运算指令或一条浮点数运算指令。U、V 两条指令流水线的段数。

【例 4.17】 某线性流水线如图 4.60 所示，假设不考虑数据相关和转移指令，各级运行所需的时间分别为 Δt，$2\Delta t$，$2\Delta t$，Δt。(1) 画出该流水线工作时空图。(2) 连续执行 100 条指令后，计算其吞吐率和效率。(3) 提出改进性能的方法，并计算改进后的吞吐率、加速比和效率。

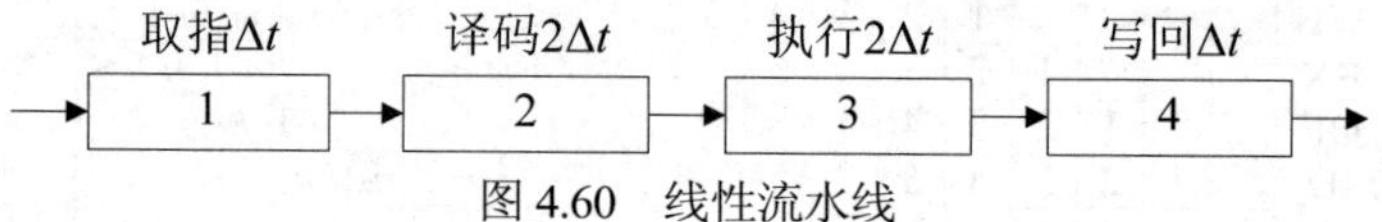

图 4.60　线性流水线

解:

(1) 该流水线工作时空图如图 4.61 所示。

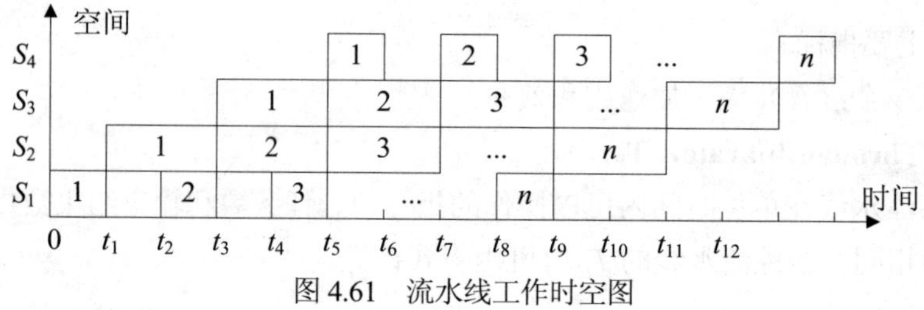

图 4.61　流水线工作时空图

(2) 吞吐率可用式(4.5)计算如下：

$$T_P=\frac{n}{\sum_{i=1}^{k}\Delta t_i+(n-1)\max(\Delta t_1,\Delta t_2,\ldots,\Delta t_k)}=\frac{100}{(1+2+2+1)\Delta t+(100-1)2\Delta t}=\frac{25}{51\Delta t}$$

k=4 级流水线，效率可用式(4.7)计算如下：

$$\eta=\frac{n\cdot\sum_{i-1}^{k}\Delta t_i}{k\cdot[\sum_{i=1}^{k}\Delta t_i+(n-1)\max(\Delta t_1,\Delta t_2,\ldots,\Delta t_k)]}=\frac{100\times(1+2+2+1)\Delta t}{4[(1+2+2+1)\Delta t+(100-1)2\Delta t]}\approx 0.7353$$

(3) 改进方法：将译码和执行过程分别分为 2 级，每级为 Δt，流水线从 4 级变成 6 级。

改进后的吞吐率 $T_P=\dfrac{n}{(k+n-1)\Delta t}=\dfrac{100}{(6+100-1)\Delta t}=\dfrac{20}{21\Delta t}$

改进后的效率 $\eta=T_P\cdot\Delta t=20/21\approx 0.9524$

改进后的加速比可参考式(4.6)计算，$S=k\cdot\eta=6\times0.9524=5.714$

4.6.4　流水线的相关问题

流水线的相关问题指执行流水线的指令之间存在某种依赖关系，该关系会影响指令的并行执行。流水线的相关问题主要包括资源相关、数据相关和控制转移相关。

资源相关是指在同一机器周期内有多条指令争用同一功能部件，而导致资源相关冲突、流水线无法继续运行的现象。

数据相关是指进入流水线的各条指令重叠操作改变了对操作数的原定访问顺序，导致运行结果错误、数据相关冲突的现象。

控制转移相关是指有分支指令、转子指令和中断等引起的相关冲突现象。转移类指令进入流水线造成转移的状态尚未形成，将导致控制转移相关冲突，将无法确定后续指令。

【例 4.18】　流水线中有三类数据相关冲突：写后读相关(Read After Write，RAW)，读后写相关(Write After Read，WAR)，写后写相关(Write After Write，WAW)。判断下面三组指令各存在哪种类型的数据相关。

(1) I_1：ADD　R_0，R_1，R_2　　；$(R_1)+(R_2)\rightarrow R_0$

　I_2：SUB　R_3，R_4，R_0　　；$(R_4)-(R_0)\rightarrow R_3$

(2) I_3：AND　R_1，R_3，R_4　　；(R_3)AND$(R_4)\rightarrow R_1$

　I_4：STA　M，R_1　　；$(R_1)\rightarrow$ M，M为存储单元

(3) I_5：OR　R_2，R_1，R_0　　；(R_1)OR $(R_0)\rightarrow R_2$

　I_6：MUL　R_2，R_3，R_4　　；$(R_3)\times(R_4)\rightarrow R_2$

解：在第(1)组指令中，指令 I_1 运算结果应先写入 R_0，然后在指令 I_2 中读出 R_0 内容。但指令 I_2 进入流水线，使得指令 I_2 在指令 I_1 写入 R_0 前就读出 R_0 的内容，发生 RAW 相关。

在第(2)组指令中，指令 I_4 应先读出 R_1 内容并存入存储器单元 M 中，然后指令 I_3 将运算结果写入 R_1 中。但指令 I_3 进入流水线，使 I_3 在指令 I_4 读出 R_1 之前就写入 R_1，发生 WAR 相关。

在第(3)组指令中，如果指令 I_5 或运算完成时间早于指令 I_6 的乘法运算时间，使得指令 I_5 在指令 I_6 写入 R_2 之前就写入 R_2，将导致 R_2 内容错误，发生 WAW 相关。

【例 4.19】　假设某流水线分取指令(IF)、指令译码/读寄存器(ID)、执行/有效地址计算(EX)、存储器访问(MEM)、结果写回(WB)五个子过程段。现有以下指令序列。

① AND　R_0，R_1 ，R_2　　；(R_1)AND $(R_2)\rightarrow R_0$

② OR　R_3，R_0 ，R_4　　；(R_0)OR$(R_4)\rightarrow R_3$

③ XOR　R_5，R_0，R_6　　；(R_0)XOR$(R_6)\rightarrow R_5$

④ ADD　R_7，R_0，R_8　　；$(R_0)+(R_8)\rightarrow R_7$

⑤ SUB　R_9，R_0，R_{10}　　；$(R_0)-(R_{10})\rightarrow R_9$

试问：

(1) 如果处理器允许这些指令序列进入流水线，而不对指令之间的数据相关进行特殊处理，试问：上述指令中哪些指令将从未准备好数据的寄存器 R_0 中取到错误的操作数？

(2) 假如处理器为解决数据相关的问题，将相关指令延迟，一直到所需操作数被写回寄存器后再执行该指令，那么处理器执行该指令序列需要多少个时钟周期？

解：

(1) 由上述指令序列可见，AND 指令后的所有指令都用到 AND 指令的计算结果 R_0。表 4.9 列出了未采用数据相关特殊处理的流水线，AND 指令在 WB 段(第 5 个时钟周期)才将计算结果写入寄存器 R_0 中，但 OR 指令在其 ID 段(第 3 个时钟周期)就从寄存器 R_0 中读取该计算结果；同样，XOR 指令(第 4 个时钟周期)、ADD 指令(第 5 个时钟周期)也将从未准备好数据的寄存器 R_0 中取到错误的操作数。但 SUB 指令能正常操作，因其在第 6 个时钟周期才读寄存器 R_0 的内容。

表 4.9　未对数据相关进行特殊处理的流水线

时钟周期	1	2	3	4	5	6	7	8	9
AND	IF	ID	EX	MEM	WB				
OR		IF	ID	EX	MEM	WB			
XOR			IF	ID	EX	MEM	WB		
ADD				IF	ID	EX	MEM	WB	
SUB					IF	ID	EX	MEM	WB

(2) 表4.10列出了对这些指令进行数据相关特殊处理的流水线。可见，从第一条指令进入流水线到最后一条指令完成，共需要12个时钟周期。

表 4.10　对数据相关进行特殊处理的流水线

时钟周期	1	2	3	4	5	6	7	8	9	10	11	12
AND	IF	ID	EX	MEM	WB							
OR		IF				ID	EX	MEM	WB			
XOR			IF				ID	EX	MEM	WB		
ADD				IF				ID	EX	MEM	WB	
SUB					IF				ID	EX	MEM	WB

4.7　典型的处理器设计

4.7.1　Intel 的 Pentium 处理器结构与设计

Intel 的 Pentium 处理器是 CISC 风格的典型代表。图 4.62 给出了 Pentium 处理器的内部结构，分成总线接口部分、指令和整数部分、浮点处理部分等。Pentium 处理器通过扩展 U 流水线实现浮点运算指令的流水处理，即由 FPU(Float Processing Unit)运算器完成浮点运算。

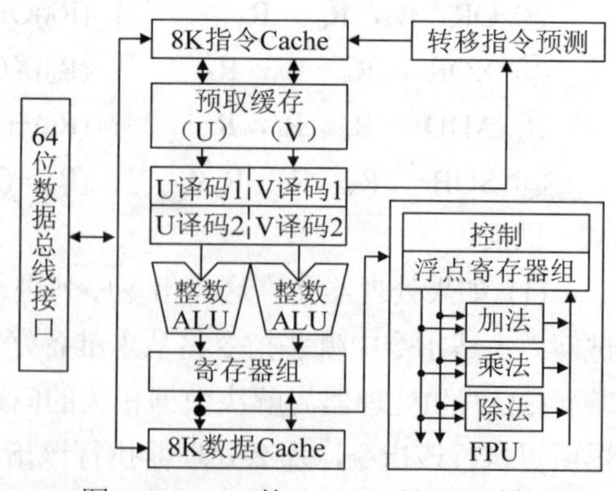

图 4.62　Intel 的 Pentium 处理器结构

FPU 是 Pentium CPU 内置的浮点运算单元，全部采用硬件实现浮点寄存器组、加法器、乘法器和除法器，可同时执行三种不同的浮点运算。FPU

内部有 8 个 80 位的浮点寄存器 FR0～FR7，内部数据总线宽度为 80 位，遵守 IEEE754 标准，并采用超级流水技术与整数运算保持统一。浮点运算流水线扩充了 U 流水线，共分为 8 级，其中 1～5 级和 U 流水线共享。当执行浮点运算指令时，U 流水线及其第 4 级以后的控制从 ALU 移到 FPU。

Intel 的 Pentium CPU 将以前在大型机和超级计算机中使用的设计原则和技术引入微型计算机中。

(1) MMX 指令技术(1996 年)

MMX(Multi Media eXtensions，多媒体扩展)在 CPU 中加入了专为计算机图像(Computer Graphics，CG)、音频信号(audio signal)及视频信号(video signal)而设计的一套基本的、通用的整数指令、单指令流多数据流(SIMD)技术，非常适合各种多媒体及通信领域。

(2) EPIC 技术(1997 年)

EPIC 技术(Explicitly Parallel Instruction Computing，显性并行指令计算)，编译器首先会分析指令间的依赖和相关性，再将没有依赖或相关性的指令(最多 3 个)组成一组，然后成组的指令群由内置的执行单元读入并执行。EPIC 与众不同之处在于它能够将 CISC 与 RISC 指令结构整合在同一片 CPU 中。

(3) NetBurst 微架构(2000 年)

NetBurst 微结构使用了超级管道技术，使管道的深度比 P6 微结构加倍。NetBurst 微结构中最关键的管道是 20 级的分支预测/恢复管道，大大提高了微处理器的频率伸缩性和性能。

(4) 超线程技术(2002 年)

超线程技术(Hyper Threading，HT)能够让多个程序在一个 CPU 内同时执行，并且共同分享一个 CPU 内的资源，理论上相当于两个 CPU 在同一时间分别执行两个线程。P4 处理器还需要另外加入一个逻辑处理单元(Logical CPU Pointer)。

4.7.2　ARM 系列处理器结构与设计

ARM 处理器，即进阶精简指令集机器(Advanced RISC Machine，更早称为 Acorn RISC Machine)，是一个 32 位 RISC 处理器架构，因其节能显著而广泛应用于众多嵌入式系统和移动通信系统中。ARM 公司主要设计 ARM 系列 RISC 处理器内核，只出售芯片技术授权，既不生产芯片也不销售芯片。

ARM 处理器本身是 32 位设计，但也配备 16 位指令集，通常情况下比等价 32 位指令节能达 35%，却能保留 32 位系统的很多优势。增加 DSP 指令集，提供增强的 16 位和 32 位算术运算能力，具有很强的性能和灵活性。ARM 的直接字节码执行 Jazelle DBX(Direct Bytecode eXecution)技术能加速执行 Java bytecode，得到比基于软件的 Java 虚拟机(Java Virtual Machine，JVM)高得多的性能，比同等的非 Java 加速核功耗降低 80%。ARM 还提供嵌入式 ICE-RT 逻辑和嵌入式跟踪宏核，来辅助带深嵌入处理器的高集成 SoC(System-on-a-Chip，芯片级系统/片上系统)器件的调试。

ARM Cortex-A8 处理器是 ARM 的第一款超标量处理器，提高了代码密度和性能，具有多媒体和信号处理的 NEON 技术，使用了运行时编译器目标 Jazelle RCT(Runtime Compiler

Target)技术可高效地支持预编译和即时编译 Java bytecode，采用基于双对称的、顺序发射的 13 级流水线架构，带有先进的动态分支预测，可实现 2.0 DMIPS/MHz。图 4.63 显示 ARM Cortex-A8 系统架构。

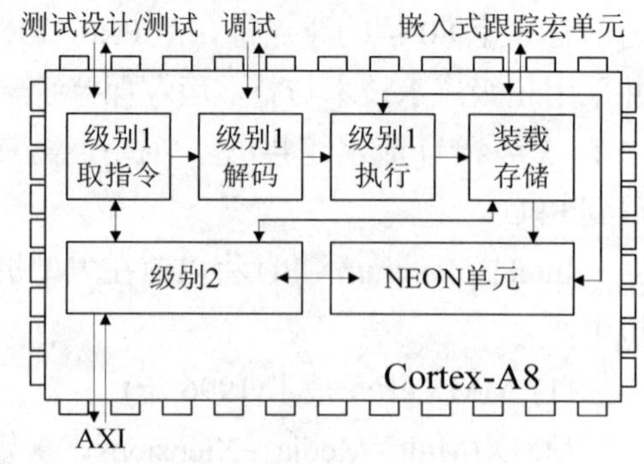

图 4.63　ARM Cortex-A8 系统架构

4.7.3　SUN 的 SPARC 系统

可扩充处理器架构(Scalable Processor ARChitecture，SPARC)是由 SUN 微系统公司提出的一种 RISC 体系结构，不是 CPU 芯片，但适用于不同的芯片制造工艺技术，既包括小规模的微处理机，也包括大规模的巨型机。

1987 年，SUN 和 TI 公司合作开发了业界第一款具有可扩展性功能的 RISC 微处理器——SPARC。2006 年 SUN 推出 SPARC 开源版本 OpenSPARC。由于 SPARC 架构对外完全开放，CPU 制造商可以生产具有 RISC 风格的 CPU，比如完全开放源码的 LEON 处理器，这款处理器以准硬件描述语言 VHDL(Very-high-speed integrated circuit Hardware Description Language)写成，并采用 LGPL 授权。图 4.64 显示 SPARC 的 CPU 内部结构。

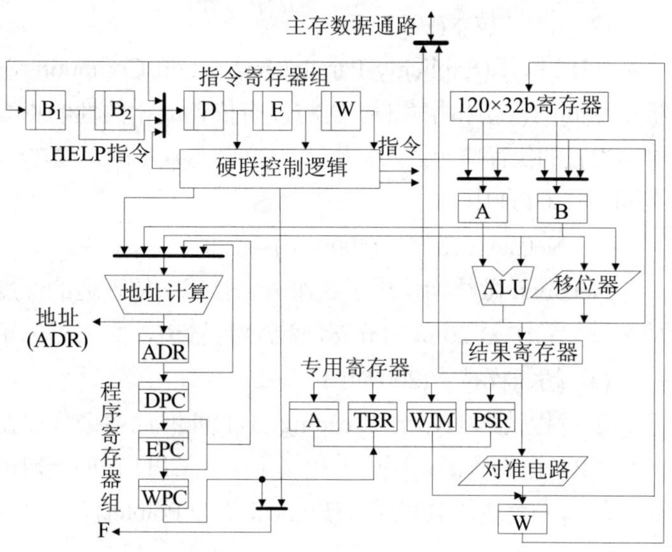

图 4.64　SPARC 的 CPU 内部结构

4.7.4　多核处理器的结构与设计

1. 多核处理器的结构特点

多核处理器：一个处理器集成了两个或多个独立运行的内核，包括双核处理器(一个处理器有两个内核)和多核处理器(一个处理器有两个以上内核)。

要提高传统的单核处理器的性能，主要是提高其主频，但这种模式无论是性价比还是性能功耗比都令市场无法接受。在计算机的发展上，处理器主频、存储器访问速度、I/O 设备速度的进展速度相差很大。仅仅提高处理器主频来提升整个系统的性能越来越难以实现，还会浪费投资。高频处理器的设计工艺要求非常高，生产难度非常大，成品率低，生产成本居高不下。同时，相对于其性能，过高的功耗导致高频的单核处理器使用困难。

相比单核处理器，多核处理器有几个显著优势：

(1) 逻辑简单：单芯片多处理器(Chip Multiprocessor，CMP)中集成两个或多个完整的计算引擎(内核)，单枚芯片可以直接插入单一的处理器插槽中，由操作系统将其每个内核划分为分立的逻辑处理器，硬件实现简单。

(2) 低主频：仅包含极少的全局信号，线延迟影响较小，在同等工艺条件下，可获得比超标量微处理器或超长指令字微处理器更高的工作频率。

(3) 低通信延迟：多个处理器集成在一块芯片上，采用共享 Cache 或者内存的方式，明显降低了多线程的通信延迟。通过在两个或多个内核之间划分任务，多核处理器可在更少的时钟周期内完成更多任务。

(4) 低功耗：处理器功耗正比于电流×电压^2×主频，由于主频也正比于电压，所以处理器功耗正比于主频的三次方，即与进程间通信(Inter- Process Communication，IPC)成正比。对于同样主频的多核处理器，IPC 理论上可以提高 n 倍，功耗理论上也就最多提高 n 倍(一次方)，而不是单核处理器的急剧上升(三次方)。多核技术能够以更小的外形提供更强大的处理性能，产生更少的热量。

(5) 设计和验证周期短：微处理器厂商可以采用现有的成熟单核处理器作为内核，通过处理器 IP 等的复用，从而可以大大缩短设计和验证周期，节省研发成本，同时模块的验证成本也显著下降。

实践证明，多核设计方法仍然符合摩尔定律，每个内核在较低频率下提高性能的同时降低功耗。CMP 可以看成是随着大规模集成电路技术的发展，将大规模并行处理机结构中的 SMP(Symmetric Multi-Processing，对称多处理机)或 DSM(Distributed Shared Memory，分布共享处理机)节点集成到同一芯片内，各个处理器并行执行不同的线程或进程。

2. 80x86 多核处理器的体系结构

Intel 既有单芯片的多核处理器，也有多芯片的多核处理器。酷睿 2 四核(Core2Quad)系列采用的是双芯片四核方案，其实是把两个 Core2Duo 处理器封装在一起，通过狭窄的前端总线(Front Side Bus，FSB)来通信，缺点是有比较严重数据延迟问题。酷睿 i7(Core i7)处理器采用的是单芯片四核(原生四核)设计，采用先进的快速通道互联(Quick Path Interconnect，QPI)总线进行通信，传输速度是 FSB 的 5 倍。

2010 年初，Intel 公司推出 Core i3 处理器，是 Intel 的首款 CPU+GPU(Graphics Processing Unit，图形处理器)处理器，基于 Intel Westmere 微架构，代号是 Clarkdale，见图 4.65。Core i3 有两个核心，两个核心共享 4MB L3 缓冲存储器，CPU 核心(32nm 工艺)和 GPU 核心(45nm 制程)是各自独立的，微观上通过快速通道互联 QPI 总线相连，宏观上被封装在一起，接口是 LGA1156(Land Grid Array，栅格阵列封装)。Core i3 支持超线程技术，集成双通道 DDR3 存储器控制器、一些北桥功能和 PCI-Express 控制器。

2011 年 1 月，Intel 发布了四核 Core i5，改用 Sandy Bridge 架构。同年 2 月发布双核版本的 Core i5，接口亦更新为与旧款不兼容的 LGA 1155。

2008 年 11 月，Intel 推出 64 位四核心的 Core i7(核心代号：Bloomfield)处理器，沿用 x86-64 指令集，并以 Intel Nehalem 微架构为基础，取代 Intel Core 2 系列处理器，晶体管数量 7.74 亿，提升了虚拟机之间的交互性能。

2010 年，Intel 推出代号为 Westmere 的处理器，是第二代 Nehalem 处理器，采用 32nm 制造工艺，还拥有 12MB 的三级缓存、支持多线程技术，最高拥有 6 核心 12 线程(核心代号 Gulftown)。此外，Westmere 处理器还加入了 La Grande SX 技术(加强可信任执行技术)和新的

AES-NI(Advanced Encryption Standard instruction set，或 Intel Advanced Encryption Standard New Instructions)高级加密标准指令集。

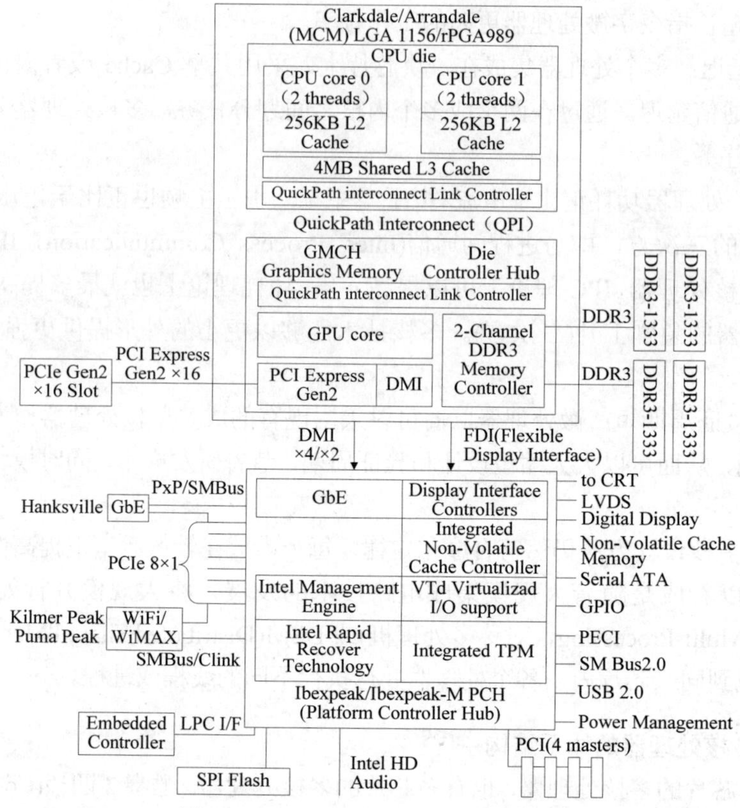

图 4.65　Clarkdale/Arrandale 系统架构图

3. ARM11 MPCore

ARM 处理器架构 ARM v6 发布于 2001 年 10 月，ARM11 系列微处理器是 ARMv6 架构的第一代设计实现。ARM11 MPCore 多核处理器(见图 4.66)引入了基于单个 RTL、从 1 个内核到 4 个内核的多核可扩展性，每个内核达 2.0 Coremarks/MHz，使用内置窥探控制单元(Snoop Control Unit，SCU)实现高效一致性，具有可预测的单线程性能。

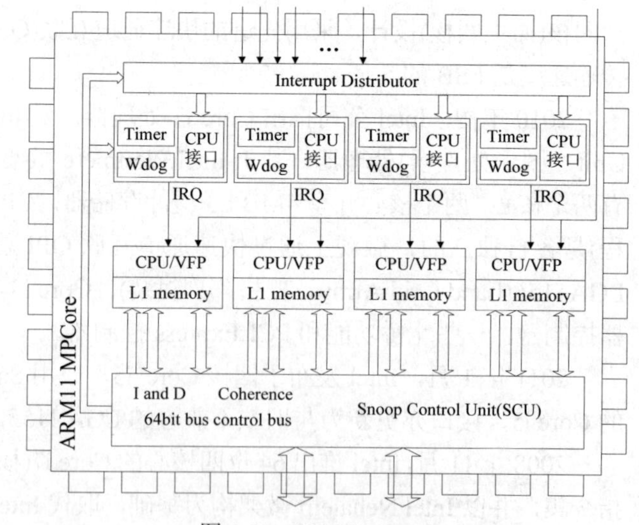

图 4.66　ARM11 MPCore

ARM11 MPCore 各内核能按比例分配工作，动态功耗低，当内核处于备用 WFI(Wait for interrupt)中时没有动态功耗，备用能量(静态功耗)低，具有较高的能源效率和面积效率，非常适合计算密集型应用场合。该处理器使用 PIPT Cache(physically indexed - physically tagged，物理索引-物理标记)扩展 ARMv6 架构，可以高效支持 16KB-64KB L1

Cache，具有统一 4 GB 物理内存，简单、容易理解的 SMP 或 AMP 编程模型，并受到具有 ARM SMP 功能的众多操作系统的支持。

4.7.5　龙芯系列处理器的结构与设计

龙芯是中国科学院计算所自主研发的通用 CPU，采用简单指令集，类似于 MIPS 指令集。龙芯 1 号最早在 2002 年开始使用，频率为 266MHz，龙芯 2 号的频率最高为 1GHz。图 4.67 显示龙芯 2F 体系结构框图。龙芯架构具有灵活的可配置 IP 核架构，Cache 容量可配置(0/4K/8K/16K I/D Cache)，TLB(Translation Lookaside Buffer，快表)形式可配置。2015 年 3 月 31 日中国发射首枚使用龙芯的北斗卫星。

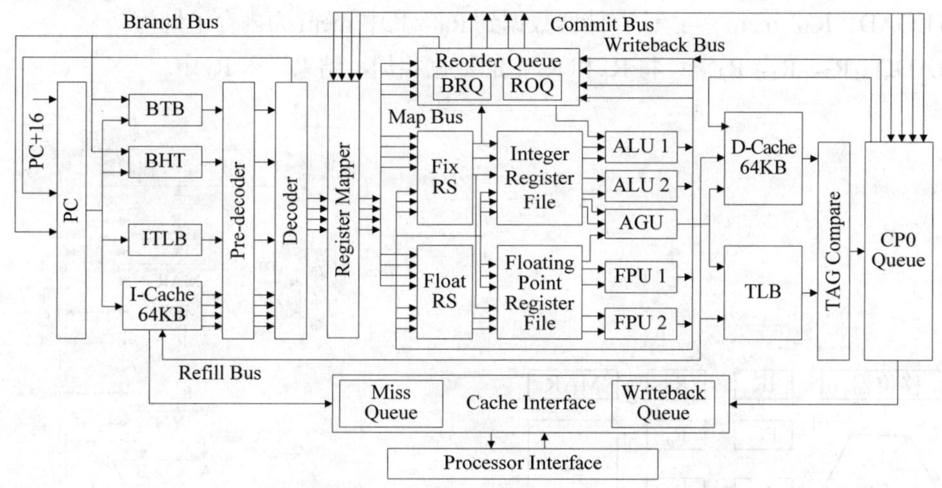

图 4.67　龙芯 2F 体系结构框图

龙芯 3A 是中国首款具有完全自主知识产权的商用 4 核处理器，65nm 制程，四个 64 位超标量处理器核，工作频率为 900MHz～1GHz，4MB 的二级 Cache，峰值计算能力达到 16GFLOPS，集成 4.25 亿个晶体管、两个 DDR2/3 内存控制器、两个高性能 Hyper Transport(HT，超传输)控制器、一个 PCI/PCIX 控制器，以及 LPC、SPI、UART、GPIO 等低速 I/O 控制器。龙芯 3A 的指令系统与 MIPS64 兼容，并通过指令扩展支持 80x86 二进制翻译。

龙芯 3B 是首款国产商用 8 核处理器，8 个 64 位超标量处理器核，主频 1GHz，支持向量运算加速，峰值计算能力达到 128GFLOPS，具有很高的性能功耗比。龙芯 3B 集成 2 个定点单元、2 个浮点单元和 1 个访存单元，每个浮点单元支持 256 位向量运算；9 级超流水线结构、四发射乱序执行结构；采用交叉开关进行核间互连；通过超传输 HT 技术进行片间可伸缩互连；支持 MIPS64 指令集及龙芯扩展指令集。

习　题　4

4.1　某 CPU 中有通用寄存器 R_0、R_1、R_2、R_3，试用方框图语言画出以下指令流程图：

(1) LD　(R_0)，R_1　　；取数指令，将(R_0)指示的主存单元内容取到寄存器 R_1 中。

(2) ST　R_2，(R_3)　　；存数指令，将寄存器 R_2 的内容存放到 (R_3) 指示的主存单元。

4.2　某假想机主要部件如图 4.68 所示。其中：LA 为 ALU 的 A 输入端选择器，LB 为 ALU 的 B 输入端选择器，IR 为指令寄存器，PC 为程序计数器，C、D 为暂存器，R_0~R_3 为通用寄存器，MAR 为主存地址寄存器，M 为主存，MDR 为主存数据寄存器。(1) 请用连接线连接各种部件，并注明数据流动方向。(2) 写出“AND　@R_0，@R_1”和“OR　@R_2，@R_3”指令取指阶段和执行阶段的信息流程(指令中逗号左边为源操作数的地址，右边为目的操作数的地址)。

4.3　某单总线结构机器的数据通路如图 4.69 所示，包括指令寄存器 IR，程序计数器 PC，主存地址寄存器 MAR，主存数据寄存器 MDR，n 个通用寄存器 R_0~R_{n-1}，状态寄存器 SR，ALU 输入数据暂存寄存器 Y，ALU 结果暂存寄存器 Z。试用方框图语言画出以下指令流程图：

(1) LOAD　R_0，mem　；读存储器数据到 R_0，其中 mem 为内存地址值。

(2) ADD　R_3，R_1，R_2　；将 R_1 和 R_2 中的数据相加，结果送入 R_3 中。

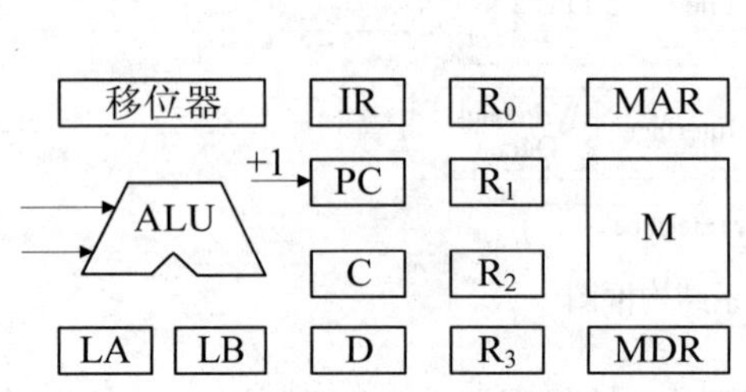

图 4.68　某假想机

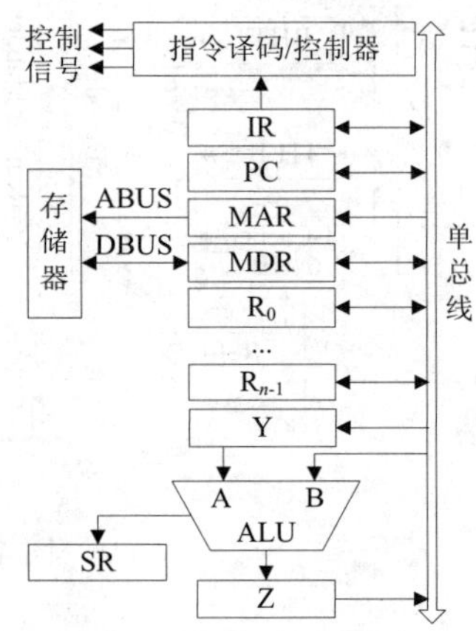

图 4.69　某单总线结构机器

4.4　某机的运算器为三总线(B_1、B_2、B_3)结构，如图 4.70 所示，B_1 和 B_3 通过控制信号 G 连通，移位器 SH 可进行直送(DM)、左移一位(SL)、右移一位(SR)3 种操作，R_0、R_1、R_2 为 3 个通用寄存器。ALU 具有 ADD、SUB、AND、OR、XOR 5 种运算功能，其中 SUB 运算时 ALU 输入端为 B_1-B_2 模式。试写出下列功能所需的操作序列：(1) $0\rightarrow R_1$；(2) $(R_1)\rightarrow R_0$；(3) $(R_1)\wedge(R_2)\rightarrow R_1$；(4) $4(R_2)+(R_0)\rightarrow R_2$；(5) $[(R_1)-(R_0)]/2\rightarrow R_0$。

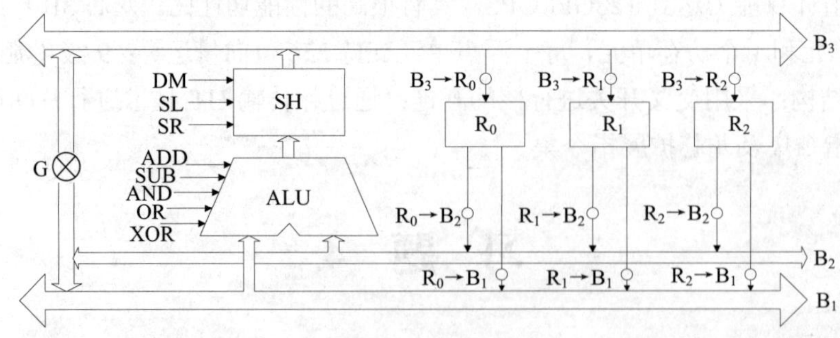

图 4.70　某计算机

要点：(1) 可用异或操作清零；(2) 直送；(3) AND 操作；(4) $4(R_0)$先执行$(R_0)+(R_0)$，再左

移一位；(5) 执行(R_1)-(R_0)，再右移一位。

4.5　某微程序控制方式采用水平型微指令格式，微指令字长 32 位，后继微指令地址采用判定方式，共有 31 个微命令，构成 4 个相斥类，各包含 7 个、9 个、12 个和 3 个微命令，控制转移条件共 4 个。试：(1)设计出微指令的格式；(2)计算控制存储器的容量？

4.6　某机采用微程序控制方式，微指令字长 64 位，控制存储器的容量为 1M×64bit。微程序可在整个控制存储器中进行转移，转移条件共有 10 个，采用直接控制和字段混合编码，后继微指令地址采用判定方式。请说明如图 4.71 的微指令格式中，3 个字段分别应为多少位。

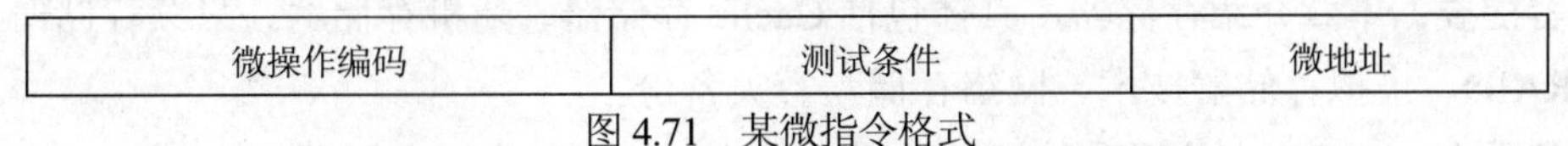

微操作编码	测试条件	微地址

图 4.71　某微指令格式

4.7　数字比较系统的数据通路图及微程序流程图分别见图 4.72 所示，请设计其微程序控制器。

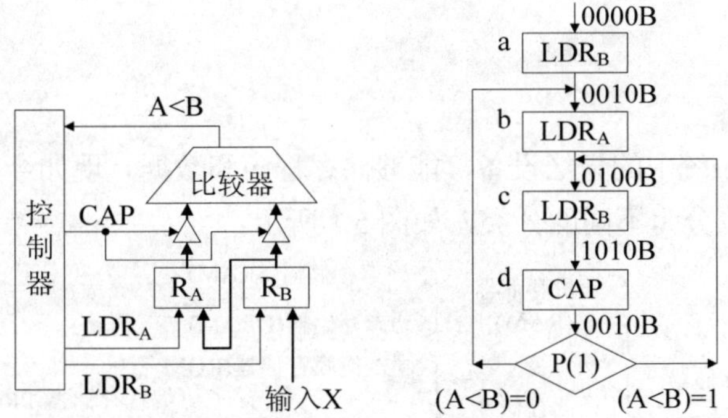

图 4.72　方框图及微程序流程图

4.8　假设一条指令分为取指、分析和执行三个步骤，每步时间分别为 $t_{取}$=1ns、$t_{分}$=1ns、$t_{执}$=2ns，分别计算以下三种情况下执行完 200 条指令所需时间。(1) 顺序方式。(2) $k_{执}$与$(k+1)_{取}$重叠。(3) $k_{执}$、$(k+1)_{分}$、$(k+2)_{取}$重叠。

4.9　设有 200 条指令组成的程序段经过图 4.59 的指令流水线执行，假定Δt=0.5ns，请计算完成该程序段的流水时间、流水线的实际吞吐率 T_P、加速比 S_P 和效率 η。

4.10　某线性流水线包括 5 个延迟时间均为 Δt 的功能段。开始 6 个 Δt，每隔一个 Δt 输入一个任务，再停顿 3 个 Δt，如此重复。求流水线吞吐率、加速比和效率。

第5章 存储器体系结构设计

内容提要：本章介绍存储器，具体包括 Cache 存储器、随机存储器、只读存储器、外部存储器、RAID、虚拟存储器技术、网络存储与容灾备份。

本章重点：Cache 存储器、随机存储器、只读存储器、虚拟存储器技术。

5.1 存储器概述

5.1.1 存储器分类

存储器是计算机系统中的记忆设备，能够储存程序和数据。现如今，存储器的种类繁多，存储器从不同角度可以分为不同的分类，如图 5.1 所示。

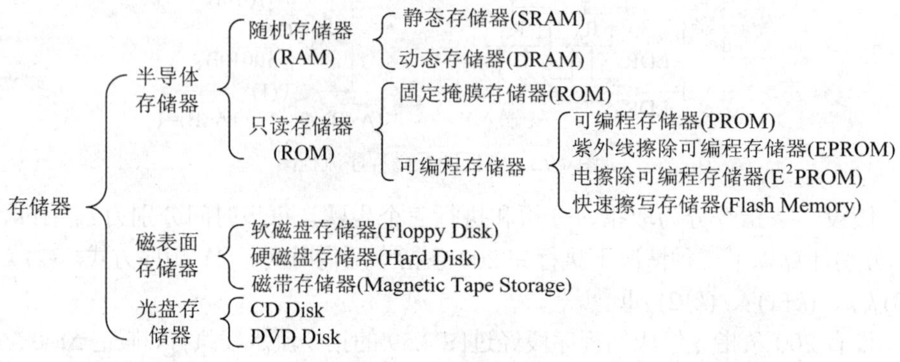

图 5.1 存储器分类

(1) 按存储介质分类

存储介质是指能存储 0 或 1 两种代码、并能区别这两种状态的物质或元器件，主要有磁性材料、半导体和光盘等。

1) 半导体存储器

半导体存储器使用半导体器件作为存储介质制作存储器。现代半导体存储器都用超大规模集成电路工艺制成芯片，其优点是功耗低、体积小、存取时间短。按存储介质材料的不同，半导体存储器又可分为双极型(TTL)半导体存储器和金属氧化物型(MOS)半导体存储器两种，前者速度高，后者集成度高、功耗小。

2) 磁表面存储器

磁表面存储器使用磁性材料作为存储介质，一般涂覆在金属或塑料基体的表面，工作时磁层随载磁体高速运转，用磁头在磁层上进行读/写操作。按载磁体形状的不同，可分为软磁盘(Floppy Disk，FD)、硬磁盘(Hard Disk Drive，HDD)、磁带(Magnetic Tape，MT)和磁鼓。磁表面存储器具有非易失性，磁表面物质按其剩磁状态的不同来区分 0 或 1，且剩磁状态不会轻易丢失。

3) 磁芯存储器

磁芯存储器使用磁芯作为存储介质，磁芯由硬磁材料做成环状，在磁芯中穿有驱动线和读出线，也具有非易失性。20 世纪 70 年代后，逐渐被淘汰。

4) 光盘存储器

光盘存储器(Compact Disc，CD)使用磁光材料作为存储介质，应用激光在记录介质上进行读/写，也具有非易失性。

(2) 按存取方式分类

按存取方式可把存储器分为随机存储器、只读存储器、顺序存取存储器和直接存取存储器。

1) 随机存储器(Random Access Memory，RAM)

RAM 是一种可读/写存储器，其特点是可以随机存取存储器的任何一个存储单元的内容，同时存取时间与存储单元的物理位置无关。大多数 RAM 在断电后会丢失其所存储的内容，又被称为**易失性存储器**(volatile memory)。RAM 主要用来制作计算机系统中的主存储器。根据存储信息原理的不同，RAM 又分为静态 RAM(Static RAM，SRAM)和动态 RAM(Dynamic RAM，DRAM)。

2) 只读存储器(Read Only Memory，ROM)

ROM 是一种只能对所存储的内容进行读出、而无法对其重新写入的存储器。在系统断电后，ROM 中所存储的内容不会丢，因此是**非易失性存储器**(Nonvolatile Memory)。通常用它存放固定不变的程序、常数、汉字字库、操作系统的固化。它与 RAM 可共同构成主存储器，以保存主存储器的地址域。ROM 又分为可编程 ROM(Programmable ROM，PROM)、紫外光擦除可编程 ROM(Erasable Programmable ROM，EPROM)、电擦除可编程 ROM(Electrically Erasable Programmable ROM，EEPROM/E^2PROM)、闪烁可擦除可编程 ROM(Flash Memory EPROM)和掩膜 ROM(Mask ROM)。

3) 顺序存取存储器(Sequential Access Memory，SAM)

顺序存取存储器在对存储单元进行读/写操作时，需按存储单元物理位置的先后顺序寻找地址，又称为**串行访问存储器**。例如磁带存储器，无论信息处于哪个位置，读/写时必须从其介质的初始端开始按顺序寻找。因此，该存储器中不同位置的存储单元读/写时间是不同的。

4) 直接存取存储器(Direct Addressed Memory，DAM)

直接存储器的寻址方式介于随机存取和顺序存取之间。例如磁盘存储器，无论信息处于哪个位置，它对磁道是随机寻址的，但在一个磁道内则是顺序寻址的。

(3) 按其在计算机中的作用分类

按在计算机系统中的作用不同，存储器主要分为**高速缓冲存储器**、**主存储器**(**主存**)、**辅助存储器**(**外存**)。高速缓冲存储器(Cache)用在两个速度不同的部件之中，例如 CPU 与主存之间。主存储器可以和 CPU 直接交换信息。辅助存储器是主存储器的外部存储器，不能直接与 CPU 交换信息，用于暂时存放不用的程序或数据。

(4) 按制造工艺分类

RAM 还可以分成双极型(TTL)RAM、金属氧化物型(MOS)RAM 等。ROM 也可以按生产工艺和工作特性分类(见前述分类)。

5.1.2　存储器的性能指标

(1) **存储容量**

是存储器可以容纳的二进制信息量。

$$存储容量=字数\times字长 \tag{5.1}$$

内存空间：又称为存储空间、寻址范围，是指微机的寻址能力，与 CPU 被使用的地址总线宽度有关。主存储器的容量是指可用存储器地址寄存器(MAR)产生的地址单元的数量。如字长为 N 位的 MAR 可编址 2^N 个存储单元。

内存容量：指内存的物理容量，例如若某微机配置两条 2GB 的 SDRAM 内存条，则其内存容量为 4GB。

芯片容量：是指一片存储器芯片所具有的存储容量。例如：某 SRAM 芯片的容量为 128M×16bit，即它有 128M 个单元，每个单元存储 16 位(两个字节)二进制数据。

(2) **存储周期**

存储器的基本操作包括读出与写入，是指在存储单元与存储数据寄存器(Memory Data Register，MDR)之间读写信息。**存储周期** T_{MC} 指两次独立的存取操作之间所需的最短时间。**取数时间** T_A 指存储器从接到读出命令，到被读出信息稳定在 MDR 的输出端为止的时间间隔。半导体存储器的存储周期一般为 10ns 左右。**最大存取时间**指内存储器从接到存储单元的地址码开始，到取出或存入数据为止所需的最长时间。

(3) **存储器的可靠性**

存储器的可靠性通常指存储器工作的稳定性，和对电磁场、温度、湿度等变化的抗干扰能力，常用**平均故障间隔时间**(Mean Time Between Failure，MTBF)来衡量。MTBF 越长，表示可靠性越高，即维持正常工作的能力越强。目前所用的半导体存储器芯片的 MTBF 约为 10^8 小时左右。

(4) **功耗**

存储器的功耗可分为内部功耗和外部功耗。

内部功耗就是存储器内部工作时所产生的功耗。TTL 工艺速度较快，但功耗大，密度小；MOS 工艺正好相反，功耗低、密度大，但速度慢。BiCMOS 存储器将 TTL 型外围电路(如驱动器、读出放大器)的高性能与 MOS 存储阵列的高密度结合起来，兼具两者优点。

外部功耗就是存储器与外部电路工作时所产生的功耗。比如，使用存储器操作数的指令所产生的功耗要高于使用寄存器操作数的指令。所以，使用寄存器操作数或有效的寄存器管理可最大限度地降低功耗。

(5) **集成度**

每片存储器芯片上集成的存储单元的数量。

(6) **性能价格比**

性能价格比是一个综合性指标，不同的存储器有要求也不同。对于外存储器，要求容量大，而对高速缓冲存储器则要求速度非常快，容量不一定大。

【例 5.1】　假设某存储器地址线和数据线都是 32 位，请问：(1)存储容量多大？(2)如果存储器由 1G×8 位 SRAM 芯片构成，需要多少片？

解：(1) $2^{32}\times32\text{bit}/8\text{bit}=16\text{GB}$；

(2) $(2^{32}/1\text{G})\times(32\text{bit}/8\text{bit})=16$ 片。

5.1.3　存储器的层次体系结构

一般来说，离 CPU 越近的存储器，要求速度越快，但价格也越贵；离 CPU 越远的存储器，容量和尺寸就越大。存储器层次结构如图 5.2 所示。

最上层是 CPU 内部的寄存器，其存取速度最快，接近于 CPU 的处理速度。下面一层是高速缓冲存储器，再往下是主存储器，然后是磁盘存储器(永久存放数据的主要介质)。最后，还有用于后备存储的磁带、光盘存储器、网络存储器等。

Cache 存储器在存储器层次中离 CPU 最近，主要由静态 RAM(SRAM)构成，比 DRAM 快很多，也比构成物理内存的 DRAM 更昂贵。在 CPU 需要某个数据时或之前，Cache 控制器(Cache controller)就能将该数据从物理内存复制到 Cache 存储器。Cache 存储器本身又可以分层，如第一级 Cache(L1 Cache)包含在微处理器中，第二级 Cache(L2 Cache)通常在微处理器之外。一般的存储器层次如图 5.3 所示。

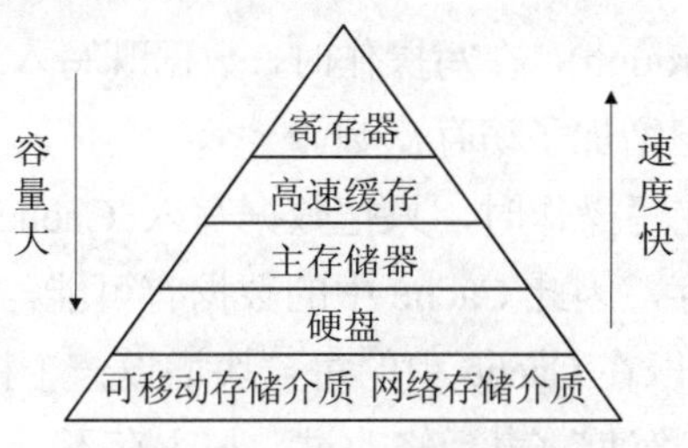

图 5.2　存储器层次结构图

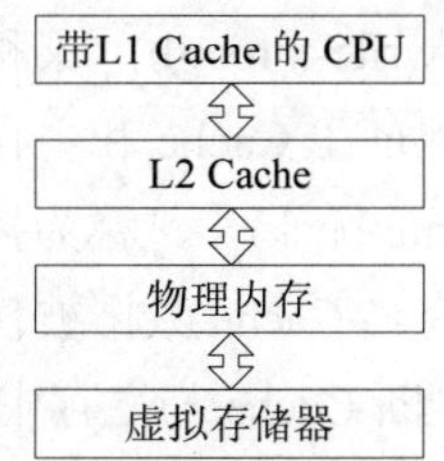

图 5.3　一般的存储器层次

存储层次的另一端是虚拟存储器(virtual memory)，当处理器需要某数据时或在此之前，虚拟存储器管理硬件把该数据移到物理内存。考虑一个 64 位地址的处理器，它能直接访问 2^{64} 字的内存空间，使其可以访问更大的外存储器(通常为硬盘)。外存储器和物理内存之间交换数据就由虚拟存储器来完成。

5.2　Cache 存储器

5.2.1　Cache 的基本结构

使用 Cache 能让 CPU 不直接访问慢速的主存，而是访问更高速的 Cache。只要提前将 CPU 近期要用到的程序和数据从主存送到 Cache，按照程序访问的局部性原理，可以让 CPU 在一定时间内只访问 Cache。Cache 的基本结构包括：

Cache 存储体：以块为单位与主存交换信息；为便于 Cache 访存，主存往往采用多体结构，并且 Cache 访问主存的优先级最高。

地址映射变换机构：Cache 的块和主存大小相同，块内地址都是相对块起始地址的偏移量(即低位地址也相同)，所以地址映射变换主要是在 Cache 块号与主存块号(高位地址)之间进行。

替换机构：当 Cache 内容已满时，Cache 内的替换机构就需要按规定的算法来挑选一个块替换出 Cache，以便腾出空间把新的主存块替换入 Cache。Cache 对用户是透明的，主存块的调入和替换全部由机器硬件自动完成。

Cache 读操作可用流程图 5.4 来描述。

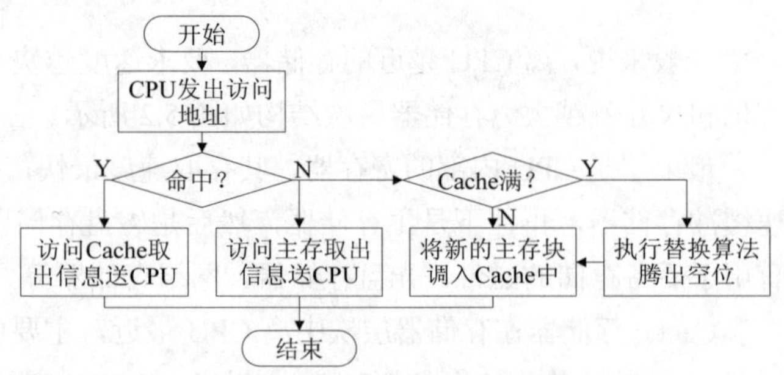

图 5.4　Cache 的读操作过程

当 CPU 发出主存地址后，首先判断该存储块是否在 Cache 中。若是则命中，直接访问 Cache，将该数据送至 CPU；否则为未命中，一方面要查找主存，将该主存地址传送给 CPU，同时，要将该主存块装入 Cache；如果此时 Cache 已装满，就要执行替换算法，腾出空位将新的主存块调入。写操作比较复杂。因为写入时要保证 Cache 块的数据，与被映射的主存块数据完全一致。几种常用方法如下。

写直达法(write-through)，又称为**存直达法**(store-through)，在写操作时，数据既写入 Cache，又写入主存，保证了 Cache 和主存的数据始终一致，但增加了访存次数。

写回法(write-back)，又称为**拷回法**(copy-back)，在写操作时，只把数据写入 Cache，而不写入主存，只有当 Cache 数据被替换出去时才写回主存，因此 Cache 中的数据有可能与主存中的不一致。为判断 Cache 与主存中的数据是否一致，可以在 Cache 中的每一块增设一个标志位，该位有两个状态："清"(表示未修改过，与主存一致)，"浊"(表示修改过，与主存不一致)。在替换时，标志为"清"的 Cache 块不必写回主存，只将标志为"浊"Cache 块写回主存。

Cache 的性能指标常用以下指标来描述。

(1) **命中率**

命中率是指在前(几)级存储器未命中的情况下，在本级存储器命中的概率。设 N_c 表示能在 Cache 中访问到的次数，N_m 表示能在主存中访问到的次数，则 Cache 的命中率为：

$$h = \frac{N_c}{N_c + N_m} \tag{5.2}$$

(2) Cache-主存系统**等效访问时间**

是指当 CPU 访问存储系统时，Cache 和主存的平均访问时间。若 h 表示 Cache 命中率，1-h 表示 Cache 未命中率，t_c 表示命中时 Cache 的访问时间，t_m 表示未命中时主存的访问时间，则 Cache-主存系统的等效访问时间 t_a 为：

$$t_a=ht_c+(1-h)t_m \tag{5.3}$$

如果可能，以较小的硬件代价使平均访问时间 t_a 越接近于 t_c 越好。

(3) **访问效率**

存储器的访问效率 e 是指 Cache 的访问时间 t_c 占 Cache-主存等效访问时间 t_a 的比值。则有

$$e = \frac{t_c}{t_a} \times 100\% = \frac{t_c}{ht_c + (1-h)t_m} \times 100\% \tag{5.4}$$

因此，命中率 h 越接近 1，访问效率越高。命中率 e 与程序的行为、Cache 的容量、组织

方式、块的大小都有关。

(4) 较复杂存储系统的**等效访问时间**

较复杂存储系统中，Cache 由指令 Cache(I-Cache)和数据 Cache(D-Cache)组成，如图 5.5 所示。

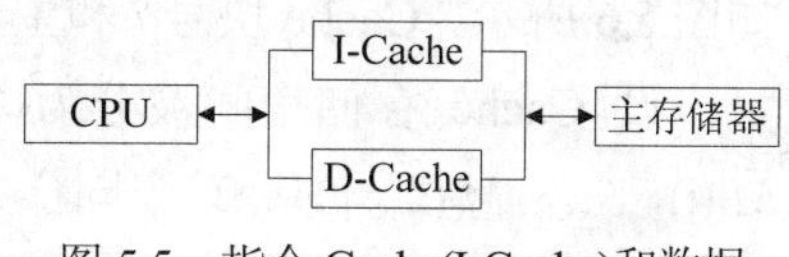

图 5.5　指令 Cache(I-Cache)和数据 Cache(D-Cache)

设指令 Cache 和数据 Cache 的访问时间均为 t_c，命中率分别为 h_i、h_d，主存的访问时间为 t_m，CPU 访存中取指的比例为 f_i，则较复杂存储系统的等效访问时间为：

$$t_a=f_i(h_i t_c+(1-h_i)t_m)+(1-f_i)(h_d t_c+(1-h_d)t_m) \tag{5.5}$$

【例 5.2】　某计算机系统的内存由 Cache 和主存构成，Cache 的存取周期为 2ns，主存的存取周期为 10ns。已知在某段时间内，CPU 共访问存 5000 次，其中 400 次访问主存，求：(1) Cache 的命中率？(2) CPU 访问存的平均时间？(3) Cache-主存系统的效率？

解：

(1) 命中率 h=(5000−400)/5000=0.92。

(2) CPU 访存的平均时间 t=0.92×2+(1−0.92)×10=2.64ns

(3) Cache-主存系统的效率 e=2/2.64≈75.76%

【例 5.3】　假设在 8000 次访存中，第一级 Cache 不命中 250 次，第二级 Cache 不命中 120 次。试求：该 Cache 系统的局部不命中率和全局不命中率各是多少？

解：局部不命中率=该级 Cache 的不命中次数/到达该级 Cache 的访存次数。

不命中率 $_{L1}$=250/8000=0.03125

不命中率 $_{L2}$=120/250=0.48

全局不命中率 $_{L1}$=不命中率 $_{L1}$=0.03125

全局不命中率 $_{L2}$=不命中率 $_{L1}$×不命中率 $_{L2}$=0.03125×0.48=0.015

【例 5.4】　某机是由 Cache 与主存组成的两级存储系统，Cache 存取周期 t_c=1ns，主存存取周期 t_m=8ns，Cache 的命中率为 0.95。求：(1) 系统等效的存取周期 t_a？(2) 如果将 Cache 分为指令体与数据体，使等效存取周期减小 10%。访存操作中有 20%是访问指令体，且访指令体的命中率为 0.95，不考虑写操作一致性问题，求数据体的访问命中率？

解：

(1) 系统等效的存取周期为：

$$t_a=ht_c+(1-h)t_m=0.95\times1+(1-0.95)\times8=1.35\text{ns}$$

(2) 设改进后的 D-Cache 的命中率为 h_d，有

$t_a=f_i(h_i t_c+(1-h_i)t_m)+(1-f_i)(h_d t_c+(1-h_d)t_m)$

$1.35\times(1-10\%)=0.2(0.95\times1+(1-0.95)\times8)+(1-0.2)(h_d\times1+(1-h_d)\times8)$

$h_d\approx0.9741$

5.2.2　Cache-主存地址映射

地址映射是由主存地址映射到 Cache 地址的过程。地址映射方式包括：直接映射(固定的映射关系)、全相联映射(灵活性大的映射关系)、组相联映射(上述两种映射的折中)。

1. 直接映射

直接映射是一种多对一的映射关系，但一个主存块只能拷贝到 Cache 的一个特定位置上，如图 5.6 所示。Cache 块号 j 和主存块号 i 的函数关系为 $j=i \bmod 2^C$(C 为 Cache 中的总块数)。

设 Cache 存储空间被分为 $M_c(0)$，$M_c(1)$，…，$M_c(j)$，…，$M_c(2^c-1)$共 2^c 个同样大小的块，主存空间被分为 $M_m(0)$，$M_m(1)$，…，$M_m(i)$，…，$M_m(2^m-1)$，共 2^m 块，字块大小为 2^b 个字。直接映射把主存的每一块映射到一个固定的 Cache 块中。比如，主存的第 0 块、第 2^c 块、第 2^{c+1} 块…，只能映射到 Cache 的第 0 块；而主存的第 1 块、第 2^c+1 块、第 $2^{c+1}+1$ 块…，只能映射到 Cache 的第 1 块，……。

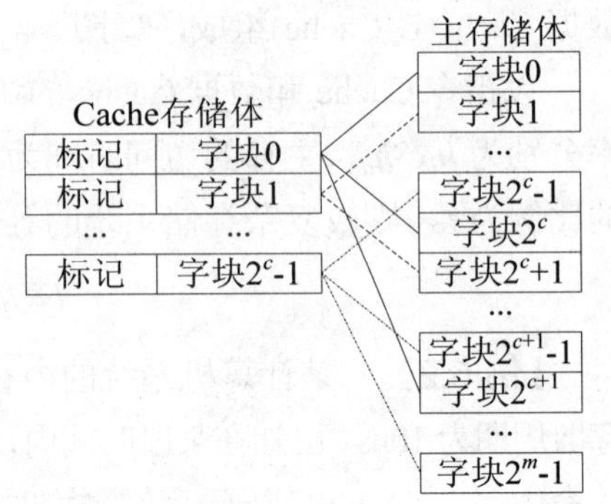

图 5.6　直接映射

直接映射方式的缺点是不够灵活，如重复访问同一 Cache 块对应的不同主存块，就要不停地进行替换，大大降低命中率。

【例 5.5】　假设某机的 Cache-主存采用直接映射，容量为 1024。若 CPU 依次从主存单元 0，1，…，99 和 1024，1025，…，1123 取指令，循环 20 次，试求此时的命中率。

解：此时 CPU 的命中率为 0。

【例 5.6】　假设某机的 Cache-主存采用直接映射，Cache 为 4 个块(0～3)，主存共分为 8 个块(0～7)，假设主存中内容一开始未装入 Cache，访问如下主存块地址流：4，5，7，4，6，2，3，4，5，0，7，1，7，2，3，(1) 请列出每次访问中 Cache 中各块的内容和替换情况；(2) 指出既发生块失效又发生块争用的时刻；(3) 求出此期间的 Cache 命中率。

解：(1) Cache 中各块的内容和替换如表 5.1 所示：

表 5.1　Cache 中各块的内容和替换

访问时刻		1	2	3	4	5	6	7	8	9	10	11	12	13	14	15
块地址流		4	5	7	4	6	2	3	4	5	0	7	1	7	2	3
物理块	C_0	4	4	4	4	4	4	4	4	4	0	0	0	0	0	0
	C_1		5	5	5	5	5	5	5	5	5	5	1	1	1	1
	C_2					6	2	2	2	2	2	2	2	2	2	2
	C_3			7	7	7	7	3	3	3	3	7	7	7	7	3
命中情况		×	×	×	√	×	×	×	√	√	×	×	×	√	√	×

(2) 既发生块失效又发生块争用的时刻依次为 6、7、10、11、12、15。

(3) Cache 的命中率为 5/15≈0.333。

2. 全相联映射

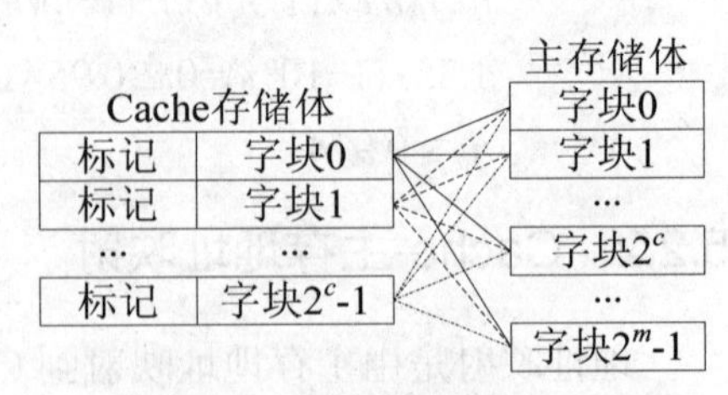

图 5.7　全相联映射

全相联映射(见图 5.7)允许主存中每一字块映射到 Cache 中的任意一块上，能够从已被占满的 Cache 中替换出任一块。该方式更灵活，命中率也更高。主存字块标记从 t 位增加到 $t+c$ 位，访存时主存字块标记需要和 Cache 的所有“标记”位进行对比，这种对比通常由按内容寻址的相联存储器来完成。

3. 组相联映射

组相联映射(见图 5.8)是对直接映射和全相联映射的一种折中。它把 Cache 分为 Q 组，每组有 R 块，组间采用直接映射，而组内采用全相联映射，i 为 Cache 的组号，j 为主存的块号。主存块按模 Q 将其映射到 Cache 的第 i 组内。并有以下关系：

$$i = j \bmod Q \tag{5.6}$$

主存采用多模块交叉存储器，块内地址位数应符合多模块交叉存储器中模块的个数，如有 2^x 个模块的主存，则块内地址为 x 位；组号的位数等于 Cache 地址的位数减去组内块号的位数和块内地址的位数。

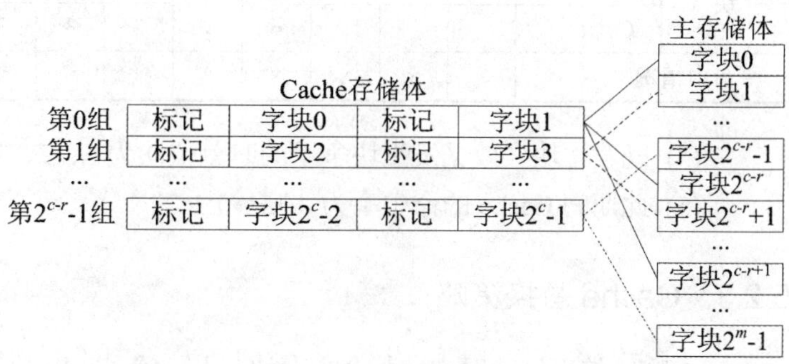

图 5.8　组相联映射

主存地址格式中组号的位数、组内块号的位数、块内地址的位数分别与 Cache 地址格式中组号的位数、组内块号的位数、块内地址的位数相同；区号的位数等于主存地址的位数减去组号的位数、组内块号的位数和块内地址的位数。

【例 5.7】　假设某机的 Cache-主存采用组相联映射，Cache 为 4 个块(0～3)，主存共分为 8 个块(0～7)，组内块数为 2 块，使用 LRU 算法，如主存中内容一开始未装入 Cache，访问如下主存块地址流：4，5，7，4，6，2，3，4，5，0，7，1，7，2，3。(1) 写出 Cache 地址和主存地址的格式；(2) 指出主存与 Cache 的映射关系；(3) 请列出每次访问后 Cache 中各块的内容和替换情况；(4) 指出既发生块失效又发生块争用的时刻；(5) 求此期间的 Cache 命中率。

解：

(1) 采用组相联映射时，主存分为 2 个区，Cache 分成 2 组，组内有 2 块，块的大小不确定，Cache 地址格式和主存地址格式如下：

Cache 地址：		组号 g(1 位)	块号 b(1 位)	块内地址 w
主存地址：	区号 E(1 位)	组号 G(1 位)	块号 B(1 位)	块内地址 W

(2) 采用组相联映射，则主存组到 Cache 组是直接映射，对应的组内块号是全相联映射。因此，主存块 0、1、4、5 只能装入 Cache 块第 0 组 0、1 的任何块位置上；主存块 2、3、6、7 只能装入 Cache 块第 1 组 2、3 的任何块位置上。

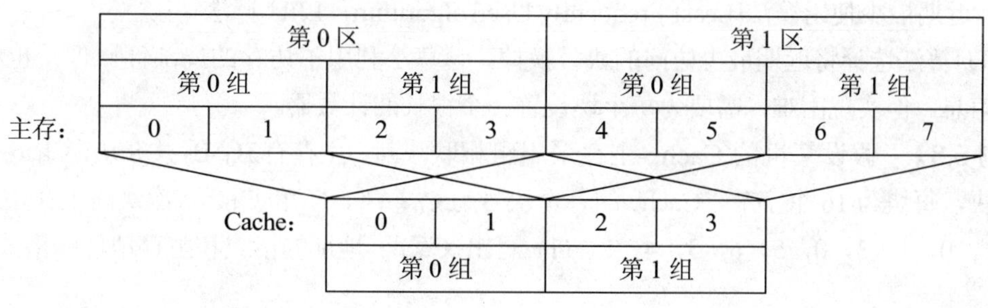

(3) 使用 LRU 算法时，Cache 中各块的内容和替换情况如表 5.2 所示(*表示候选替换)：

表 5.2　Cache 中各块的内容和替换情况

访问时刻		1	2	3	4	5	6	7	8	9	10	11	12	13	14	15
块地址流		4	5	7	4	6	2	3	4	5	0	7	1	7	2	3
物理块	C_0	4	4*	4*	4	4	4	4	4	4*	0	0	0*	0*	0*	0*
	C_1		5	5	5*	5*	5*	5*	5*	5	5*	5*	1	1	1	1
	C_2			7	7	7*	2	2*	2*	2*	2*	7	7	7	7*	3
	C_3					6	6*	3	3	3	3	3*	3*	3*	2	2*
命中情况		×	×	×	√	×	×	×	√	√	×	×	×	√	×	×

(4) 既发生块失效又发生块争用的时刻依次为 6、7、10、11、12、14、15。

(5) 此期间 Cache 的命中率为 4/15≈0.267。

5.2.3　Cache 替换策略

在 Cache 的直接映射中，某个主存块只与一个 Cache 字块有映射关系，因此替换策略很简单。而在组相联和全相联映射的 Cache 中，主存块可以写入 Cache 中多个位置，替换策略比较复杂。理想的替换策略是把未来很少用到的或者很久才用到的数据块替换出来，但实际上很难做到。常用的替换算法有：

(1) 先进先出(First In First Out，FIFO)算法

FIFO 算法选择将最早调入 Cache 的字块替换掉，不需要记录各字块的使用情况，开销小，容易实现，但未利用访存的局部性原理，所以无法提高 Cache 的命中率。

(2) 随机法(RAND 法)

随机法随机地选择被替换的块，容易实现，可采用一个随机数产生器随机选择一个块替换掉，但也未利用访存的局部性原理，所以也无法提高 Cache 的命中率。

(3) 最优替换(Optimal replacement algorithm，OPT)算法

最优替换算法时必须先执行一次程序，统计 Cache 的替换情况。以先验统计信息为基础，在之后执行该程序时可以选择最优的替换方式。OPT 算法只是一种理想化算法。

(4) 近期最少使用(Least Recently Used，LRU)算法

LRU 算法选择将近期用得最少的块替换掉。它较好地利用访存的局部性原理，需要随时记录 Cache 中各块的使用情况，以便确定近期使用最少的块，实现比较复杂。LRU 算法的平均命中率比 FIFO 高。

(5) 近期最少使用算法(Least Frequently Used algorithm，LFU 算法)

LFU 算法选择将近期最少访问的块替换掉。该算法利用了访存的局部性原理，也利用了调度历史信息。但实现困难，需要为每个块设置一个很长的计数器。

【例 5.8】　假设某机的 Cache-主存采用组相联映射，主存有 B_0~B_7 共 8 块，Cache 有 2 组，每组 2 块，每块为 16 个字节，Cache 的各个块号为 C_0、C_1、C_2 和 C_3。依次访问主存块地址流：3，7，1，0，1，3，0，5，6，3，4，2。(1) 写出 Cache 地址的格式和主存地址的格式；(2) 画

出主存与 Cache 之间的映射关系。(3) 采用 FIFO 替换算法，求 Cache 的命中率和 Cache 块的地址流。(4) 采用 LFU 替换算法，求 Cache 命中率和 Cache 块的地址流。

解：

(1) Cache 地址格式和主存地址格式分别为：

	6	5	4	3　　0
Cache 地址格式：		组号	组内块号	块内地址
主存地址格式：	区号	组号	组内块号	块内地址

相关存储器的容量应与 Cache 的块数相同，即：组数×组内块数=2×2=4 个存储单元。

(2) 映射关系：

主存	0 1 4 5	2 3 6 7
Cache	0　1	2　3

(3) 采用 FIFO 替换算法，Cache 中各块的使用状况如表 5.3 所示(*为候选替换)：

表 5.3　FIFO 替换算法 Cache 中各块的使用状况

块地址流		3	7	1	0	1	3	0	5	6	3	4	2
物理块	C_0			1	1*	1*	1*	1*	5	5	5	5*	5*
	C_1				0	0	0	0	0*	0*	0*	4	4
	C_2	3	3*	3*	3*	3*	3*	3*	3*	6	6*	6*	2
	C_3		7	7	7	7	7	7	7	7*	3	3	3*
命中情况		×	×	×	×	√	√	√	×	×	×	×	×

此期间 Cache 的块命中率=3/12=0.25。Cache 块的地址流：C_2，C_3，C_0，C_1，C_0，C_2，C_1，C_0，C_2，C_3，C_1，C_2。

(4) 采用 LFU 替换算法，Cache 中各块的使用状况如表 5.4 所示(*为候选替换)：

表 5.4　LFU 替换算法 Cache 中各块的使用状况

块地址流		3	7	1	0	1	3	0	5	6	3	4	2
物理块	C_0			1	1*	1	1	1*	5	5	5	5*	5*
	C_1				0	0*	0*	0	0*	0*	0*	4	4
	C_2	3	3*	3*	3*	3*	3	3	3	3*	3	3	3*
	C_3		7	7	7	7	7*	7*	7*	6	6*	6*	2
命中情况		×	×	×	×	√	√	√	×	×	√	×	×

此期间 Cache 的块命中率=4/12≈0.333。Cache 块的地址流：C_2，C_3，C_0，C_1，C_0，C_2，C_1，C_0，C_3，C_2，C_1，C_3。

【例 5.9】　同例题 5.8，但采用全相联映射，求 FIFO 和 LFU 替换算法时 Cache 命中率。

解：采用全相联映射时，主存 8 个块(B_0~B_7)可装入 Cache 块 0~3 的任一块中。

(1) 采用 FIFO 替换算法，Cache 中各块的使用状况如表 5.5 所示(*为候选替换)：

表 5.5　FIFO 替换算法 Cache 中各块的使用状况

块地址流		3	7	1	0	1	3	0	5	6	3	4	2
物理块	C_0	3	3	3	3*	3*	3*	3*	5	5	5	5*	2
	C_1		7	7	7	7	7	7	7*	6	6	6	6*
	C_2			1	1	1	1	1	1	1*	3	3	3
	C_3				0	0	0	0	0	0	0*	4	4
命中情况		×	×	×	×	√	√	√	×	×	×	×	×

此期间 Cache 的块命中率=3/12=0.25。Cache 块的地址流：C_0，C_1，C_2，C_3，C_2，C_0，C_3，C_0，C_1，C_2，C_3，C_0。

(2) 采用 LFU 替换算法， Cache 中各块的使用状况如表 5.6 所示(*为候选替换)：

表 5.6　LFU 替换算法 Cache 中各块的使用状况

块地址流		3	7	1	0	1	3	0	5	6	3	4	2
物理块	C_0	3	3	3	3*	3*	3	3	3	3*	3	3	3
	C_1		7	7	7	7	7*	7*	5	5	5	5*	2
	C_2			1	1	1	1	1	1*	6	6	6	6*
	C_3				0	0	0	0	0	0	0*	4	4
命中情况		×	×	×	×	√	√	√	×	×	√	×	×

此期间 Cache 的块命中率=4/12≈0.333。Cache 块的地址流：C_0，C_1，C_2，C_3，C_2，C_0，C_3，C_1，C_2，C_0，C_3，C_1。

5.3　随机存储器与只读存储器

5.3.1　随机存储器

1. 随机存储器的基本原理

(1) 静态 RAM

静态 RAM(Static RAM，SRAM)每个存储单位都由一个触发器构成，依据触发器原理寄存信息，不需要刷新电路，只要不断电就可以保持所存储的二进制数据不丢失。构造一个存储单位至少需要 6 个 MOS 管，存储密度较低。近年来，人们发明了用 4 个 MOS 管构成一个存储单位的 SRAM，但存储容量仍远低于同类型的动态 RAM。SRAM 主要用于二级高速缓存(Level 2 Cache)。

(2) 动态 RAM

动态 RAM(Dynamic RAM，DRAM)使用了一个 MOS 管和一个电容来存储一位二进制信息，依据电容充放电原理寄存信息。在 1970 年，Intel 公司推出了世界上第一块 DRAM 芯片，容量为 1024 位，减少了单个存储单位所需的 MOS 管数目，存储密度大大提高。但由于电容本身会产生漏电，因此 DRAM 存储器芯片需要频繁的刷新操作。DRAM 是最常见的系统内存。

(3) 非易失性 RAM

一般情况下，不论 DRAM 还是 SRAM 都是易失性的，而非易失性 RAM(Nonvolatile RAM，NV-RAM)结合了 RAM 和 ROM 的特点。NV-RAM 在一个芯片集成 CMOS 构成的 SRAM 存储单元，用作后备电源的锂电池，以及一个智能控制电路。若监控到电压过低，智能控制电路就自动启用锂电池对芯片供电。NV-RAM 在断电后可保持其内容可达十年之久，但价格较高。

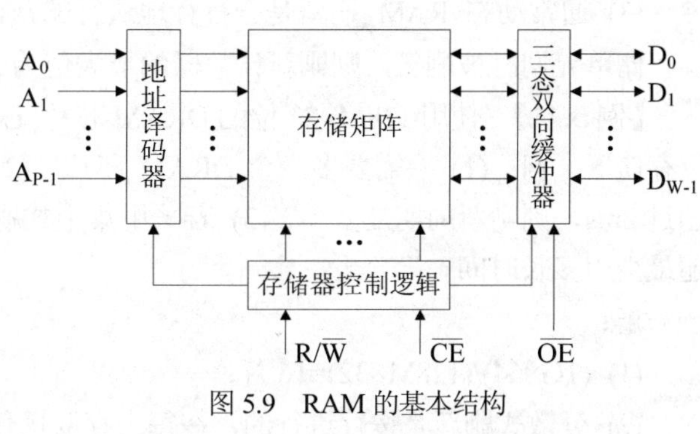

图 5.9　RAM 的基本结构

RAM 的基本结构如图 5.9 所示，主要包括地址译码器、存储矩阵、存储器控制逻辑、三态双向缓冲器等。

2. RAM/ROM 与 CPU 的连接方法

RAM/ROM 与 CPU 的连接要解决以下技术问题：RAM/ROM 的字数和字长应与系统要求一致；RAM/ROM 的速度要满足 CPU 的读/写要求；所构成的存储器系统应能支持 CPU 自启动和正常工作。

当单个存储器芯片无法满足系统字长或存储容量要求时，就要组合使用多个存储芯片。这种组合称为存储器的扩展。存储器扩展的几种方式如下。

- 位扩展

当单个存储芯片的字长(位数)无法满足要求时，就需要进行位扩展。即将每个存储芯片同名的地址线、控制线连在一起，但数据线依次连接至系统数据总线的不同位上以增加数据位数。例如：用 4G×4 位的芯片构成 4G×8 位的存储器。

- 字扩展

当单片存储器的字长满足要求，而存储单元的数量不够时，就需要进行字扩展。即将每个芯片同名的地址线、数据线和读/写控制线等均连在一起，以增加地址字位数，将片选信号分别接到地址译码器的不同输出端来选通各个芯片。例如：用 4G×4 位的芯片构成 8G×4 位的存储器。

- 字位扩展

在实际中，经常需要同时进行位扩展和字扩展才可满足存储容量的需求。例如：用 4G×4 位的芯片构成 8G×8 位的存储器。

【例 5.10】　存储器容量为 $M\times N$ 的存储器，使用容量为 $P\times Q$ 的存储芯片。问：(1) 共需要多少块存储芯片？(2) 共有多少个片选信号？需要几位译码？(3) 自动刷新模式所用刷新计数器的最大值为多少？

解：

(1) 存储器容量为 $M\times N$，存储芯片容量为 $P\times Q$，所需芯片数为：$(M/P)\times(N/Q)$ (片)。

(2) 本存储器使用了字位同时扩展，共分 M/P 组，即共需要 M/P 个片选信号，每组 N/Q 片。

由译码器产生片选信号，需要 $\log_2(M/P)$位地址参与译码。

(3) 通常动态 RAM 刷新是一行行地进行的，内部结构是$\sqrt{P\times Q}\cdot\sqrt{P\times Q}$的方阵，每行中各存储单元同时被刷新，则刷新计数器的最大值为$\sqrt{P\times Q}$。

【例 5.11】 使用 128M×32 位的 DRAM 芯片(芯片内是 256 个 4K×4K 结构)构成一个 1G×64 位存储器，问：(1) 共需要多少个 DRAM 芯片？(2) 若采用分散式刷新方式，单元刷新间隔不超过 2ms，则刷新周期是多少？(3) 若采用集中式刷新方式，读写周期为 0.1ns，存储器刷新一遍最少用多长时间？

解：

(1) (1G×64)/(128M×32)=16 片；

(2) 分散式刷新是按行进行的，在每个存取操作后进行一个刷新操作。RAM 芯片内是 256 个 4K×4K 结构，但 256 个刷新是同时进行的，相当于 4K 行刷新，每行刷新之间间隔为刷新周期，即 2ms/4K≈0.4883μs；

(3) 集中式刷新是每 2ms 的时候，停止一切读取内存操作，集中使用 0.1ns×4K=0.4096μs 对 4K 行依次刷新，刷新一遍最少要用 0.4096μs。

微处理器地址分配的方法通常有两种：线选法和译码法。

(1) **线选法**

所谓线选法，就是直接以系统的地址线作为存储器芯片的片选信号，方法简单，适用于所需地址线较少的场合。

【例 5.12】 用 16G×4 位的芯片使用线选法构成容量为 32GB 的存储器。

解：

所需的芯片数为(32G/16G)×(8/4)=4(片)。

使用线选法，只需要直接把存储器芯片的片选端与系统的地址线相连，即 4 片芯片需要 4 根地址线，每片芯片占用一根地址线，1 表示选中，0 表示未选中。

(2) **译码法**

又分全译码法和部分译码法。

- **全译码法**

全译码法指将地址总线中除片内地址以外的全部高位地址接到译码器的输入端进行译码。全译码法可以提供对全部存储空间的寻址能力，每个存储单元的地址都是唯一的，不存在地址重叠，但译码电路较复杂，连线也较多。

- **部分译码法**

部分译码法只译码高位地址线中的一部分，而不是全部。该方法常用于不需要全部地址空间的寻址能力而线选法又缺少足够地址线的场合。但未参加译码的高位地址与存储器地址无关，所以存在地址重叠问题。

【例 5.13】 用 1G×4 位/片的 SRAM 芯片构成一个 4G×8 位的存储器，请画出芯片级逻辑框图，标明各种信号线，写出各片选信号逻辑式。

解：

(1) 计算芯片数：

位扩展：用两片 1G×4 位的存储芯片扩展容量至 1G×8 位；

字扩展：用 4 组 1G×8 位将容量扩展至 4G×8 位；

故共需 2×4 = 8 片 1G×4 位的存储芯片。

(2) 地址分配

2^{32}=4G，即存储器需要 32 位地址(A_{31}~A_0)；2^{30}=1G，即芯片内需要 30 位地址(A_{29}~A_0)；32−30=2，即用 $A_{31}A_{30}$ 作为片选的信号，可由与非门实现译码。逻辑框图如图 5.10 所示。

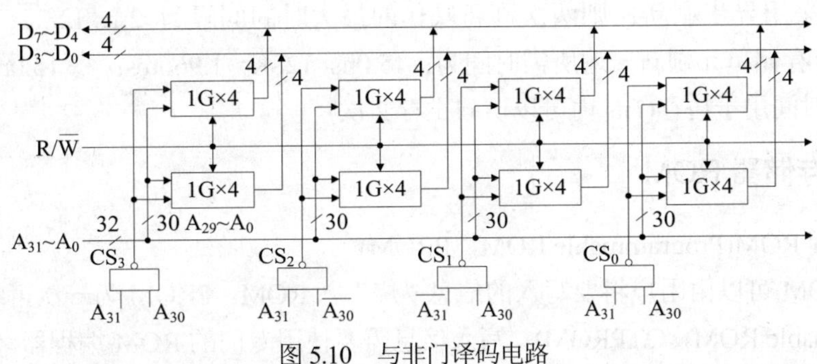

图 5.10　与非门译码电路

片选逻辑：$CS_0=\overline{A_{31}}\cdot\overline{A_{30}}$，$CS_1=\overline{A_{31}}\cdot A_{30}$，$CS_2=A_{31}\cdot\overline{A_{30}}$，$CS_3=A_{31}\cdot A_{30}$

【例 5.14】　用 16G×8 位的 DRAM 芯片构成 64G×32 位存储器，要求：(1) 画出芯片级逻辑框图。(2) 设存储器读/写周期为 0.5ns，CPU 在 1ns 内至少要访问一次。试问采用哪种刷新方式比较合理?两次刷新的最大时间间隔为多少?对所有存储单元刷新一遍所需时间是多少?

解:

(1) 用 16G×8 位的 DRAM 芯片构成 64G×32 位存储器，需要用(64G/16G)×(32 位/8 位)=4×4 个芯片，其中每 4 片为一组构成 16G×32 位的位扩展(一组内的 4 个芯片按数据位串联，分别接 D_0~D_7、D_8~D_{15}、D_{16}~D_{23} 和 D_{24}~D_{31}，其余同名引脚并联)，4 组间数据线并联进行字扩展。

2^{36}=64G，所以存储器需要 36 位地址(A_{35}~A_0)；2^{34}=16G，所以芯片内需要 34 位地址(A_{33}~A_0)；因此 36−34=2，即用 $A_{35}A_{34}$ 作为片选的译码输入信号。低 34 位地址(A_0~A_{33})作为各个芯片的内部单元地址，分成行、列地址两次由 A_0~A_{16} 引脚输入；用高两位地址 A_{35}、A_{34} 通过 2-4 译码器实现 4 组选一。逻辑框图如图 5.11。

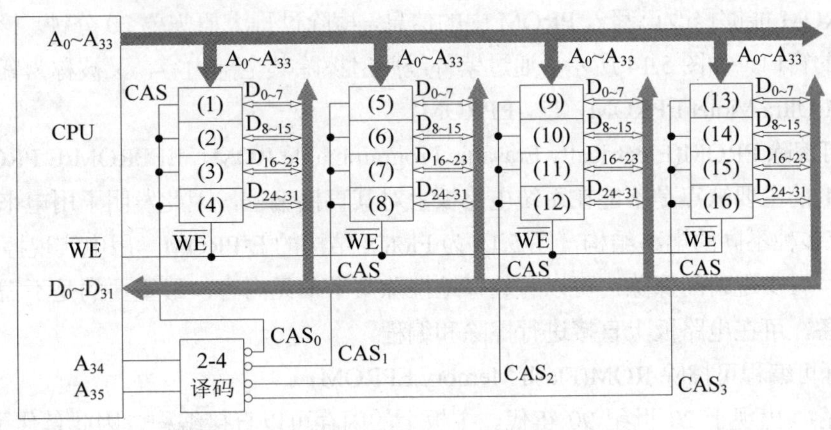

图 5.11　2-4 译码方式

(2) 设刷新周期为 2ms，并设 16G×8 位的 DRAM 结构是 128K×128K×8 存储阵列，则对所有单元全部刷新一遍需要 128K 次(每次刷新一行，共 128K 行)。

若采用集中式刷新，则每 2ms 中的最后 128K×0.5ns≈65.536μs 为集中刷新时间，不能进行正常读写，即存在 65.536μs 的刷新死时间。

若采用分散式刷新，存储器读/写周期为 0.5ns，而题目要求 CPU 在 1ns 内至少要访问一次，即访问主存的时间间隔越短越好，故此方法也不合适。

比较适合采用异步刷新：则两次刷新操作的最大时间间隔为 2ms/128K≈15.26ns，可取 15.0ns；对所有存储单元刷新一遍所需时间为：15.0ns×128K≈1.966ms；每 15.0ns 中有 0.5ns 用于刷新，其余时间用于访存(1ns 内可以访问主存 2 次)。

5.3.2 只读存储器 ROM

(1) 可编程 ROM(Programmable ROM，PROM)

可编程 ROM 可以由用户将要写入的信息“烧”入 ROM。PROM 为一次可编程 ROM(One Time Programmable ROM，OTPROM)，写入信息需要使用专门的 ROM 编程器。PROM 有熔断丝型和 PN 结击穿型两种，用户可以对其一次性编程，重复读出。如图 5.12、图 5.13 所示。

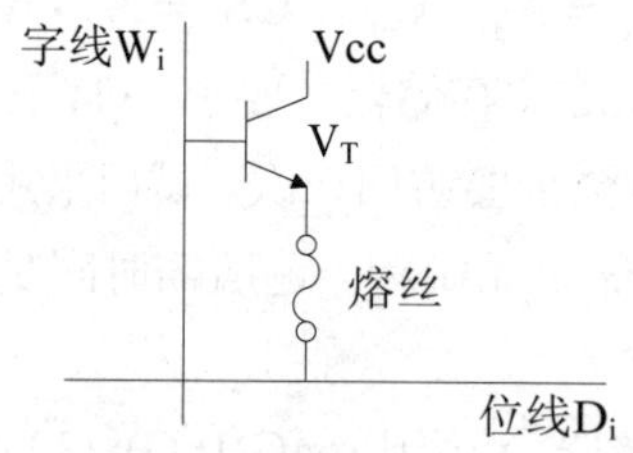

图 5.12　熔断丝型 PROM

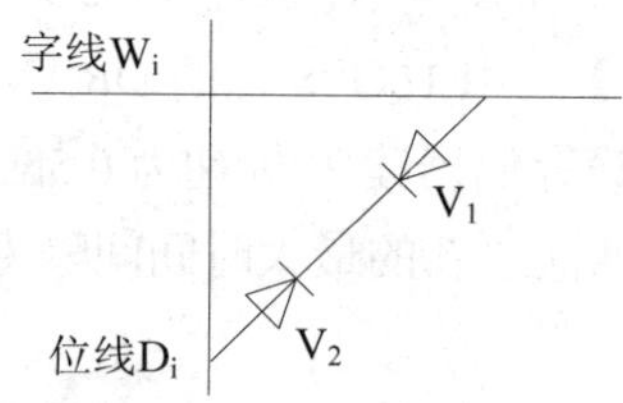

图 5.13　PN 结击穿型 PROM

熔断丝型 PROM 是以熔丝的接通或断开来存储 1 或 0 信息。

对于 PN 结击穿型 PROM，字线和位线相交处有两个反向串联的肖特基二极管。正常工作时二极管不导通，字线和位线断开，相当于存储了信息 0。若使用 100~150mA 恒流源使反向二极管击穿短路，存储单元只剩下一只正向的二极管，相当于存储了信息 1。

(2) 紫外光可擦除 PROM(Erasable Programmable ROM，EPROM)

这种 PROM 能够修改已写入 PROM 中的信息，擦除过程大概需要 20 分钟。该芯片有一个照射紫外线的窗口，如图 5.14 所示，通过紫外线照射擦除其全部内容，又被称为紫外线可擦除可编程 ROM(Ultra Violet EPROM，UV-EPROM)。

(3) 电可擦除 PROM(Electrically Erasable Programmable ROM，EEPROM/E^2PROM)

EPROM 的主要缺点是不能在系统电路板上对其直接编程，因此发明了用电来擦除的可编程 ROM，有多种不同的电路结构，图 5.15 为 Flotox 结构的 E^2PROM。用电实现擦除的 PROM 有许多优势：可实现瞬间擦除；可以有选择地擦除某个单元内容；最重要的是不需要专门的擦除和编程设备，可在电路板上直接进行擦除和编程。

(4) 闪烁可编程可擦除 ROM(Flash Memory EPROM)

简称闪存，出现于 20 世纪 90 年代。主板上的闪存可以直接编程，因此替代了原来的 PC 机中的 BIOS ROM。其存取时间在 100ns 之内。

图 5.14　紫外光可擦除 PROM

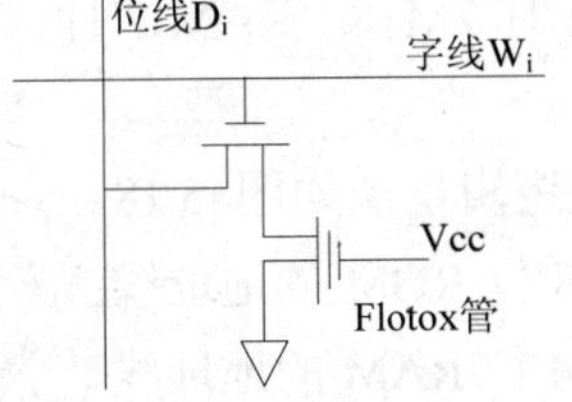

图 5.15　Flotox E^2PROM 单元电路

(5) 掩膜 ROM(Mask ROM，MROM)

掩膜 ROM 中的内容是芯片制造厂家在制造时直接写入的，不属于用户可编程 ROM。掩膜 ROM 价格便宜，而一旦需要修改，就必须更换掉整批掩膜 ROM。

ROM 的结构通常如图 5.16 所示。ROM 的基本结构包括地址译码器、存储矩阵、存储器控制逻辑、输出缓冲器等。

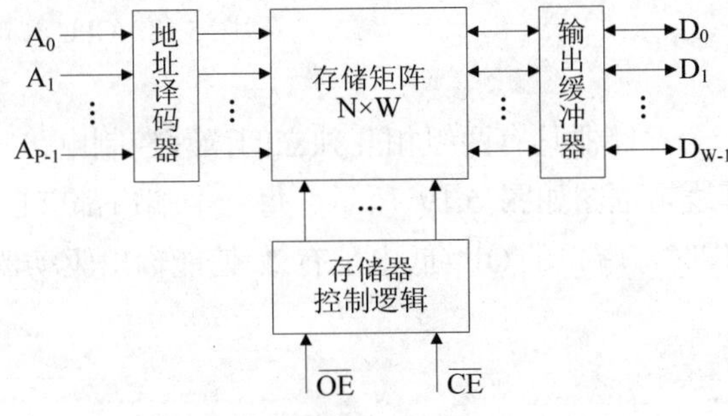

图 5.16　ROM 的结构

【例 5.15】　设某 CPU 有 32 根地址线，8 根数据线，并用 $\overline{MREQ}$ 作为访存控制信号，用 R/$\overline{W}$ 作为读写信号(高电平为读，低电平为写)。现有下列芯片：1M×4 位 RAM、4M×8 位 RAM、8M×8 位 RAM、2M×8 位 ROM、4M×8 位 ROM、8M×8 位 ROM 及 74138 译码器和各种门电路，要求 0A00 0000H~0A1F FFFFH 为系统程序区，0A20 0000H~0A2F FFFFH 为用户程序区。(1) 请分配地址空间。(2) 请合理选用上述存储芯片。(3) 请画出芯片级逻辑框图。

解：

(1) 地址空间描述如图 5.17 所示。

A_{31}	A_{30}	A_{29}	A_{28}	A_{27}	A_{26}	A_{25}	A_{24}	A_{23}	A_{22}	A_{21}	A_{20}	A_{19}	…	A_3	A_2	A_1	A_0	地址	芯片
0	0	0	0	1	0	1	0	0	0	0	0	0	…	0	0	0	0	0A00 0000H	ROM
…	…	…	…	…	…	…	…	…	…	…	…	…	…	…	…	…	…	…	
0	0	0	0	1	0	1	0	0	0	0	1	1	…	1	1	1	1	0A1F FFFFH	
0	0	0	0	1	0	1	0	0	0	1	0	0	…	0	0	0	0	0A20 0000H	RAM
…	…	…	…	…	…	…	…	…	…	…	…	…	…	…	…	…	…	…	
0	0	0	0	1	0	1	0	0	0	1	0	1	…	1	1	1	1	0A2F FFFFH	
				G_1	$\overline{G}_{2A}$	C	B			A									

图 5.17　地址空间描述

(2) ROM 1 片 2M×8，RAM 2 片 1M×4 位。

(3) 芯片级逻辑框图如图 5.18。$A_0 \sim A_{20}$ 接 2M×8 位 ROM 的地址线；$A_0 \sim A_{19}$ 接 1M×4 位 RAM 的地址线。

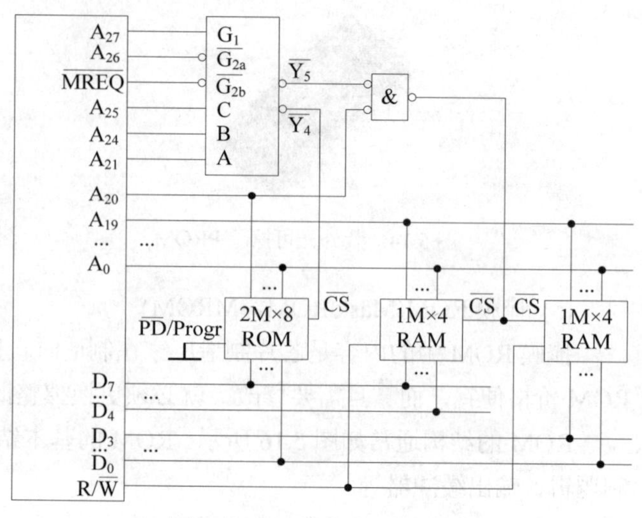

图 5.18　CPU 与存储器连接图

5.3.3　并行存储器

并行存储器可以提高 CPU 和主存之间的数据传输率，包括两种：基于空间并行技术的双端口存储器，和基于时间并行技术的多模块交叉存储器。

1. 双端口存储器

双端口存储器中同一个存储器具有两组相互独立的读写控制电路，能够进行并行的读写操作，工作速度非常快。其逻辑框图如图 5.19 所示。每一个端口都有自己的片选控制($\overline{CE}$)和输出驱动控制($\overline{OE}$)。读操作时，端口的$\overline{OE}$ (低电平有效)使能输出驱动器，将存储矩阵读出的数据发送到 I/O 线上。

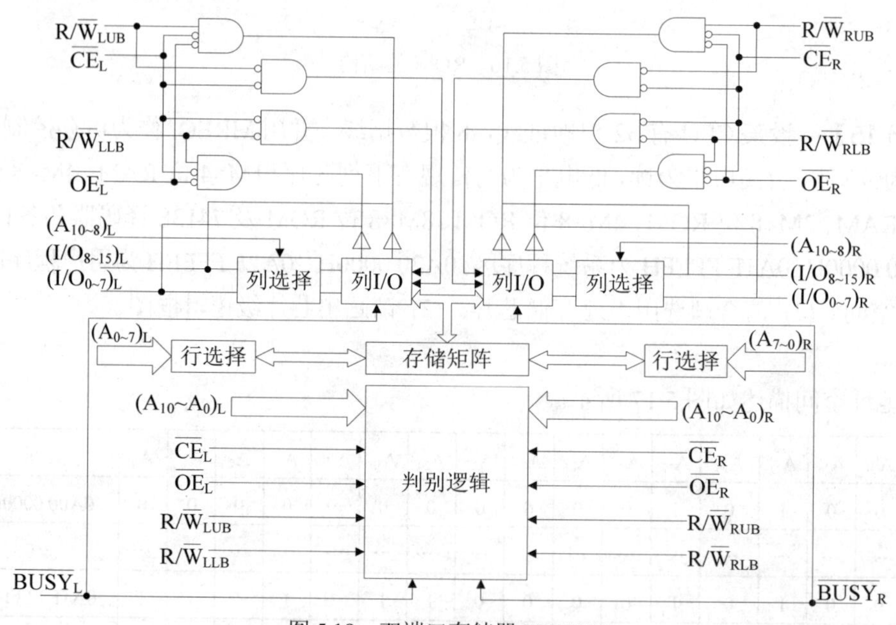

图 5.19　双端口存储器 IDT7133

- 无冲突读写控制

当两个端口读写的数据地址不同时，两个端口上的读写操作一定不会冲突。

- 有冲突读写控制

当两个端口同时存取同一地址单元时，就会产生读写冲突。为此，左右各增设了一个 BUSY 标志。由判断逻辑决定优先读写哪个端口，而对另一个端口置 BUSY 标志延迟其读写。

2. 多模块交叉存储器

根据主存中存储体的个数和一次能读出的主存数据位数，可将主存系统分为以下四类：

- **单体单字存储器**：即主存储器只有一个存储体，而且存储体的宽度为一个字。
- **单体多字存储器**：即主存储器只有一个存储体，但存储体的宽度可以是多个字。
- **多体单字交叉存取存储器**：如多体交叉存储器，每个存储体都是一个 CPU 字宽度。
- **多体多字交叉存储器**：将单体多字与多体并行存取相结合。

多模块交叉存储器是由两个以上模块组成的主存储器，编址是线性的，常见的两种编址方式是顺序方式和交叉方式，如图 5.20 所示。

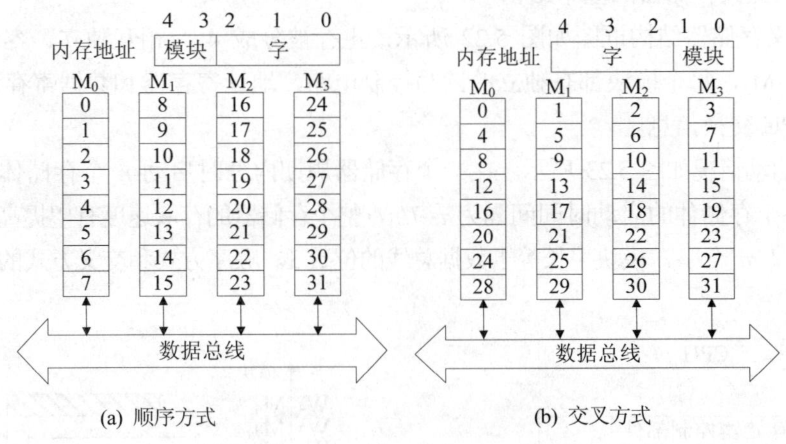

图 5.20　多模块交叉存储器

(1) 顺序方式

模块内地址是连续的，当某个模块进行存取时，其他模块暂停工作。优点是增添模块来扩充存储器容量比较方便，某一模块故障不会影响其他模块的正常工作。缺点是各模块串行工作，限制了存储器的带宽。假设有 *n* 个存储体，每个存储体的容量为 *m* 个存储单元，地址组织如下：

$\log_2 n$	$\log_2 m$
片选，存储体选择	每个存储体内的地址

(2) 交叉方式

模块内的地址是不连续的，连续地址分布在相邻的不同模块内。对连续的数据传送可用多模块组成流水线进行并行存取，显著提高了存储器带宽，适合读取成批数据。假设有 *n* 个存储体，每个存储体的容量为 *m* 个存储单元，地址组织如下：

$\log_2 m$	$\log_2 n$
每个存储体内的地址	片选，存储体选择

【例 5.16】　图 5.20 中，请设计顺序方式和交叉方式的地址组织。

解：图 5.20 中，M_0~M_3 共 4 个模块，则每模块 8 字。顺序方式和交叉方式的 5 位地址组织分别如图 5.21(a)、(b)所示，其中高位选模块，低位选块内地址。

XX	XXX
M_0	0~7
M_1	8~15
M_2	16~23
M_3	24~31

(a) 顺序方式地址组织

XXX	XX
0, 4,...除以 4 余数为 0	M_0
1, 5,...除以 4 余数为 1	M_1
2, 6,...除以 4 余数为 2	M_2
3, 7,...除以 4 余数为 3	M_3

(b) 交叉方式地址组织

图 5.21　顺序方式和交叉方式的地址组织

(3) 多模块交叉存储器的基本结构

四模块交叉存储器结构框图如图 5.22 所示，主存被分成 4 个相互独立、容量相同的模块 M_0、M_1、M_2、M_3，每个模块都有独立的读写控制电路、地址寄存器和数据寄存器，各自以相同的方式与 CPU 交换信息。

存储体的启动情况如图 5.23 所示。在一个存储器周期内分时启动 n 个存储体，一个字的存储周期为 T，各个存储体的启动时间间隔为 $\tau=T/n$，整个存储器的存取速度有望提高 n 倍。如从存储器中连续读取 m 个字，模块字长等于数据总线的位数 x。顺序方式和交叉方式的存取时间分别如下：

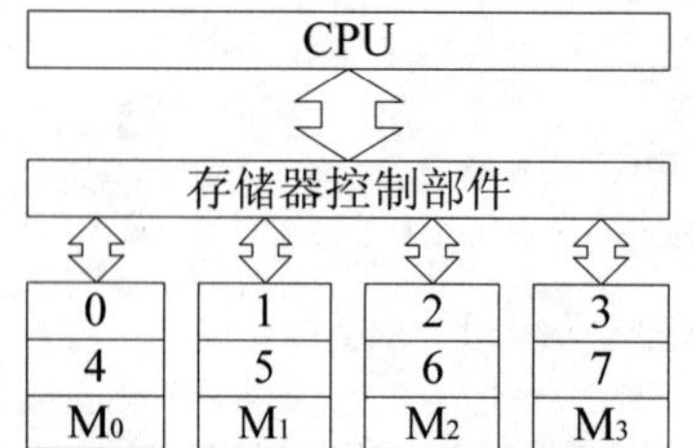

图 5.22　四模块交叉存储器结构框图

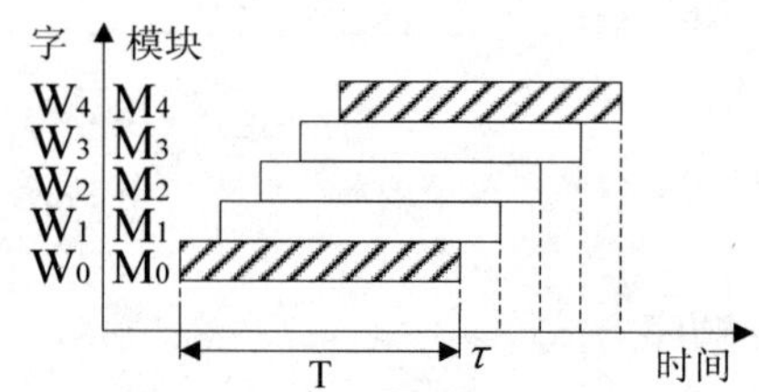

图 5.23　存储体的启动情况

$$t_{顺}=mT \tag{5.7}$$

$$t_{交}=T+(m-1)\tau=T\left(\frac{n+m-1}{m}\right) \tag{5.8}$$

对于顺序方式，按地址顺序连续读取 m 个字(字宽 x 位)时的带宽为：

$$W_{顺}=\frac{m\cdot x}{t_{顺}}=\frac{m\cdot x}{m\cdot T}=\frac{x}{T} \tag{5.9}$$

因此，顺序方式存储器带宽与模块数无关。

对于多模块交叉存储器，按地址顺序连续读取 m 个字时的带宽为：

$$W_{交}=\frac{m\cdot x}{t_{交}}=\frac{m\cdot x}{T\left(\frac{n+m-1}{m}\right)} \tag{5.10}$$

多体交叉存储器有两种编址方法：

高位交叉访问存储器：若存储器由 $M=2^m$ 个存储体构成，高 m 位为存储体地址，低 $n-m$ 位为体内的地址，一般用于共享存储器的多机系统。

低位交叉访问存储器：若存储器由 $M=2^m$ 个存储体构成，低 m 位为存储体地址，高 $n-m$ 位为体内地址，一般用于单处理机内的高速数据存取和带 Cache 的主存。

【例 5.17】　假设模块数为 m，模块字长与数据总线宽度相等，总线传送周期为 τ，一个字的存储周期为 T，试用定量分析方法证明多模块交叉存储器带宽大于顺序存储器带宽。

解： 交叉存储器每经过 τ 时间延迟后启动下一模块，即 $T=m\tau$。

交叉存储器连续读取 m 个字所需要时间为：$t_{交}=T+(m-1)\tau=m\tau+m\tau-\tau=(2m-1)\tau$

故交叉存储器带宽为：$W_{交}=1/t_{交}=1/(2m-1)\tau$

而顺序存储器连续读取 m 个字所需时间为：$t_{顺}=mT=m^2\times\tau$

故顺序存储器带宽为：$W_{顺}=1/t_{顺}=\dfrac{1}{m^2\tau}$

比较可知，交叉存储器带宽 $W_{交}$>顺序存储器带宽 $W_{顺}$。

【例 5.18】　设存储器容量为 32 字，字长和数据总线宽度为 64 位，模块数 $m=8$，存储周期 $T=20\text{ns}$，总线传送周期 $\tau=5\text{ns}$，问使用顺序方式和交叉方式的带宽各是多少？

解： 顺序方式和交叉方式连续读出 $n=8$ 个字的数据总量都是：

$q=64$ 位×8=512 位

顺序方式和交叉方式连续读出 8 个字所需的时间分别是：

$t_{顺}=nT=8\times20\ \text{ns}=160\ \text{ns}$

$t_{交}=T+(n-1)\tau=20\text{ns}+(8-1)\times5\text{ns}=55\text{ns}$

顺序存储器和交叉存储器的带宽分别是：

$W_{顺}=q/t_{顺}=512/(160\text{ns})=3.2\times10^9\text{bps}$

$W_{交}=q/t_{交}=512/(55\text{ns})\approx9.3\times10^9\text{bps}$

【例 5.19】　设某机访问一次主存的时间包括：读/写需 4 个时钟周期，传送地址需 1 个时钟周期，传送数据需 1 个时钟周期，采用下列主存结构顺序读取 100 个字的数据块，各需多少时钟周期？(1) 单字宽主存，一次读/写 1 个字。(2) 4 字宽主存，一次读写 4 个字，但数据传送宽度为 1 个字。(3) 4 模块交叉存储器，每个模块为单字宽。

解：

(1) 单字宽主存，读写周期=1+4+1=6 个时钟周期，100 个字共需要 100×6=600 个时钟周期。

(2) 4 字宽主存，一次读写 4 个字，100 个字需要读写 25 次，最后一次读出再加上 3 个时钟周期传送数据，共需 6×25+3=153 个时钟周期。

(3) 4 体交叉存储器，每个模块各访问 25 次，最后再加上 3 个时钟周期传送数据，共需要 6×25+3=153 个时钟周期。

3. 相联存储器

相联存储器，是按内容存取的存储器，可以选择记录的一个字段作为相联关键字(地址)。如图 5.24 所示。写入信息时不需要地址，按顺序写入。读出时，根据 CPU 给出的相联关键字，和所有存储单元中的对应字段进行比较。相联存储

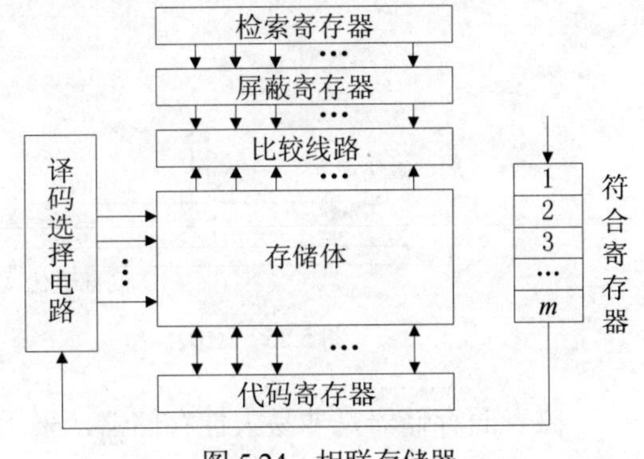

图 5.24　相联存储器

器特别适合检索和更新信息，还能实现存储器的并行操作，可用于存放段表、页表和快表，或Cache的行地址。

5.4　外部存储器和 RAID

5.4.1　磁表面存储器的原理

1. 磁记录原理

磁表面存储器使用磁记录介质存储数据，通过磁头和磁记录介质的相对运动完成数据的读写。磁头上存在工作间隙，在间隙处因磁阻较大而产生漏磁场。磁头是良好的软磁材料，磁记录介质是硬磁材料，当漏磁场消失后，磁头会恢复未磁化状态，而磁层保持剩磁状态。

磁记录介质，又称为**磁记录媒体**，指涂有薄层磁性材料的物理介质，能够脱机长久存储数据。根据其基底不同，分为软性介质(磁带和软磁盘)和硬性介质(硬磁盘)两种。磁性材料分为颗粒材料和连续材料。常用的磁性材料是磁粉，即γFe203针状颗粒材料，采用涂布工艺将涂敷于基体上形成磁记录介质。

磁头是电信号与磁信号转换的装置，包括感应式磁头和MR磁头。感应式磁头又分为接触式磁头和非接触式(浮动式)磁头。接触式磁头在读写时需要直接接触记录介质，容易磨损，常用于磁带机和软磁盘机。浮动式磁头与介质表面之间有一层空气薄膜(气垫)，不易磨损，常用于硬磁盘机。如果某些磁性材料通以恒定电流，同时改变其外加磁场，其电阻率也随之变化，这就是**磁致电阻效应**(MagnetoResistive，MR)。MR 磁头是高速读出的磁头，具有与磁盘转速无关的输出特性，但不能写入。根据磁头是否可动，还可分为固定磁头和可动(移动)磁头。磁头铁芯一般由铁氧体或坡莫合金等高导磁率的材料制成圆环或马蹄形，再绕以线圈，铁芯上留有一个工作间隙，如图5.25所示。

当写入信息时，通以正向电流写1，通以负向电流写0。写入电流使磁头中产生一定方向的磁场，磁头缝隙下的一小片磁层就被磁化，称为一个磁化单元。主磁体的排列方式包括水平记录和垂直记录的磁道，如图5.26所示。

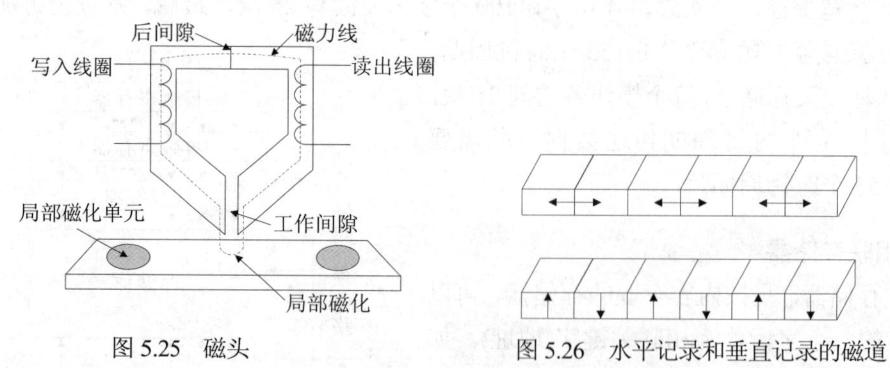

图5.25　磁头　　图5.26　水平记录和垂直记录的磁道

磁表面存储器是非易失性存储器，采用直接存取访问方式、非破坏性读出，磁记录介质可以重复使用，可靠性低于主存储器。

2. 磁记录方式

磁记录方式(见图 5.27)是一种磁记录编码方法，用于将一连串二进制数据变换成存储介质的磁化翻转形式。常用的磁记录方式有：

- **归零制**(Return to Zero，RZ)：加正向写入电流脉冲则写 1，加负向写入电流脉冲则写 0；每写完一个数据，电流归零。
- **不归零制**(Non-Return to Zero，NRZ)：加正向写入电流脉冲则写 1，加负向写入电流脉冲则写 0；但不必像 RZ 那样将电流归零。
- **见“1”就翻的不归零制**(Non-Return to Zero，NRZ1)：是 NRZ 的一种改进；磁头线圈的写入电流方向改变一次则写 1，写入电流方向保持不变则写 0。
- **调相制**(Phase Modulation，PM)：利用磁化反转方向的相位差来写 1 或 0。写入电流在位周期中间位置由正变负则写 1，写入电流在位周期中间位置由负变正则写 0。若写连续 1 或 0 时，需要在两个位周期交界处翻转一次。
- **调频制**(Frequency Modulation，FM)：根据电流频率记录 1 和 0。写入电流在位周期中间改变一次方向则写 1，写入电流在位周期中间不改变方向则写 0；无论写 1 或写 0，需要在两个位周期交界处翻转一次。
- **改进调频制**(Modified Frequency Modulation，MFM)：MFM 是 FM 的一种改进。写入电流在一个位周期中间改变一次方向则写 1；写入电流在位周期中间不改变方向则写单个 0，在两个 0 的位周期交界处翻转则写连续多个 0。

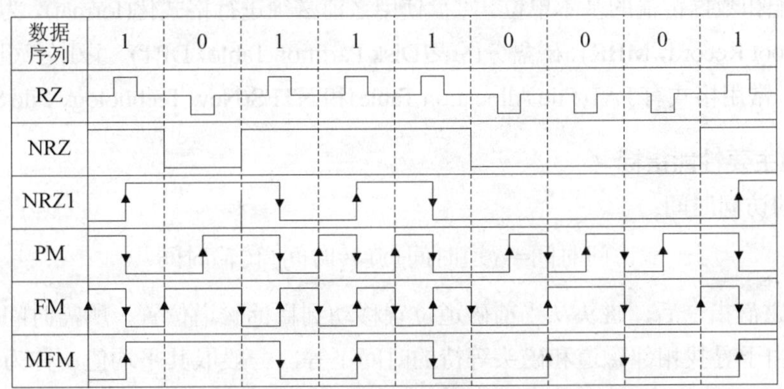

图 5.27　不同磁记录方式

读出信号时，必须使用时间基准信号作为同步信号才能分离出数据信息。可以设置专门的磁道来记录和读取同步信号，叫作**外同步**；也可以从读出数据脉冲中获取同步信号，叫作**自同步**。从单个磁道读出的数据(脉冲序列)中获取同步信号的难易程度，称为自同步能力，常用最小磁化翻转间隔与最大磁化翻转间隔的比值来衡量，比值大表示自同步能力强。NRZ、NRZ1 无自同步能力(NRZ 在连续 1 时无磁化翻转，NRZ 和 NRZ1 在连续 0 时无磁化翻转)。PM、FM、MFM 具有自同步能力。FM 的最小磁化翻转间隔是 $T/2$，最大磁化翻转间隔是 T，则比值 R_{FM}=0.5。

编码效率 η 是指每次磁化翻转所记录的数据位数，常用位密度与最大磁化翻转次数的比值来衡量。PM、FM 记录一位数据的最大磁化翻转次数是 2，则 η=50%。NRZ、NRZ1、MFM 每翻转一次记录一位数据，η=100%。

5.4.2　磁盘存储器

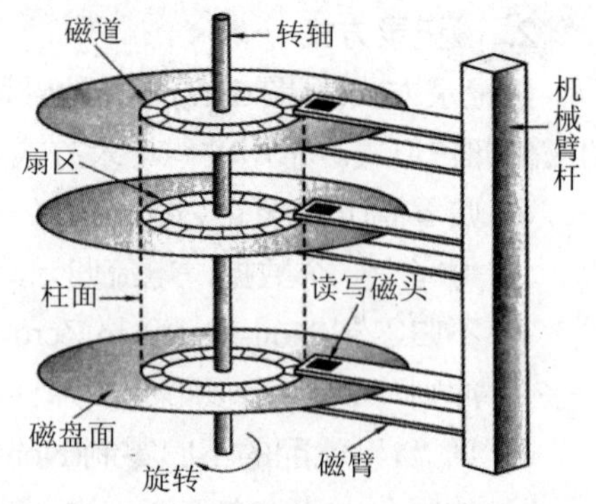

图 5.28　温彻斯特(Winchester)架构

1. 磁盘存储器的基本原理

1956 年 9 月，IBM 公司发明了世界上第一个磁盘存储系统 IBM 305 RAMAC，容量 5MB，包括 50 个 24 英寸的盘片。1973 年，IBM 研制成功了硬盘 IBM 3340，拥有两个 30MB 的存储单元，内部代号“温彻斯特(Winchester)”，也称温盘，算是现代磁盘之父。

当前的硬盘架构多采用温彻斯特架构，由头盘组件(Head Disk Assembly，HDA)与印刷电路板组件(Print Circuit Board Assembly，PCBA)组成，如图 5.28 所示。温氏硬盘是一种固定盘片可移动磁头的磁盘存储器，其盘片和磁头均密封在金属盒中，盒内有高纯度气体，并非真空。磁头的驱动方式有步进电机驱动(已淘汰)和音圈电机两种。磁盘工作时，磁头悬浮在盘片上方，靠飞机头保持平衡，磁头与盘片距离 0.15μm 左右。工作结束时，磁头通过专门的机构降落在无数据存储的着陆区。

磁盘存储器内部通常有一个或多个物理盘片，每个物理盘片包括一个或两个**磁盘面**或**存储面**(surface)，每个磁盘面被组织成若干个同心环构成的**磁道**(track)或**柱面**(cylinder)。所有磁道由外向内依次由 0 开始编号，称为**磁道号**或**柱面号**。一般情况下每条磁道上存储的数据量相同，因此内层磁道的数据密度高于外层磁道。每条磁道又被划分成逻辑上相等的若干个**扇区**(sector)，扇区是磁盘空间分配和数据传输的基本单位。磁盘使用之前必须进行格式化(format)，为磁盘创建主引导记录(Main Boot Record，MBR)、磁盘分区表(Disk Partition Table，DPT)、主引导扇区结束标志(通常是 AA55H)。常用格式有 FAT(File Allocation Table)和 NTFS(New Technology File System)。

2. 磁盘的主要性能指标

(1) 磁盘的访问时间：

$$访问时间=寻道时间+旋转时间+传输时间 \tag{5.11}$$

接收到读磁盘指令后，磁头从当前磁道位置移动到目标磁道位置，所需时间为寻道时间或找道时间 t_s。由于寻找相邻磁道和磁头等待的时间不等，一般取其平均值，称为平均寻道时间 T_a，它是平均找道时间 t_{sa} 和平均等待时间 t_{wa} 之和：

$$T_a = t_{sa} + t_{wa} = \frac{t_{s\max} + t_{s\min}}{2} + \frac{t_{w\max} + t_{w\min}}{2} \tag{5.12}$$

该时间是磁头移动 n 条磁道所花费的时间和启动磁臂的时间 s 之和，即

$$T_a=m\times n+s \tag{5.13}$$

其中，m 是与磁盘驱动器速度有关的常数。

为定位数据所在的扇区，旋转磁盘所需平均时间为平均旋转延迟 T_r 或平均等待时间 t_w。

$T_r=1/(2r)$，r 为磁盘转速(转数/单位时间)

不同磁盘的旋转速度也不同，一般取磁盘旋转周期的一半作为旋转延迟的平均值。如硬盘旋转速度为 15 000 r/min，每转 4 ms，则平均旋转延迟时间 T_r 为 2ms；而软盘旋转速度为 300 r/min 或 600 r/min，平均 T_r 为 50~100 ms。

从磁盘上读取数据，数据传输时间 T_t 与所读写的字节数 b 和旋转速度 r 有关：

$$T_t = \frac{b}{rN} \tag{5.14}$$

其中，N 为一条磁道上的字节数。当一次读写的字节数相当于半条磁道上的字节数时，即 $N=2\times b$ 时，$T_t=1/(2r)$，T_t 与 T_r 相同。则磁盘的访问时间 T_a 可改写为：

$$T_a = T_s + \frac{1}{2r} + \frac{b}{rN} \tag{5.15}$$

因此，平均寻道时间 T_a 和平均旋转延迟时间 T_r 与每次读/写数据量大小无关。

(2) 数据传输率

数据传输率 D_t 是单位时间内存储器向主机传送数据的数量，与记录密度 D_b 和记录介质的运动速度 V 有关：

$$D_t=D_b\times V \tag{5.16}$$

(3) 记录密度

记录密度通常指单位面积上能存储的二进制信息量，包括道密度和位密度。道密度 D_l 为沿磁盘半径方向单位长度上的磁道数，单位是 tpi(道/英寸)或 tpm(道/毫米)。为减少干扰，相邻磁道间要保持一定距离，相邻两条磁道中心线间的距离称为道距 P，即

$$D_l=1/P \tag{5.17}$$

位密度 D_b(或线密度)为沿磁道方向单位长度上记录的二进制数据位数，称，单位是 bpi(位/英寸)或 bpm(位/毫米)。对于磁盘，位密度 D_b 可按下式计算：

$$D_b = \frac{f_t}{\pi d_{\min}} \tag{5.18}$$

其中，f_t 是每道总位数，$d_{\min}$ 为磁道同心圆中的最小直径。磁盘各磁道位密度不同，一般是指最内圈磁道上的位密度(最大位密度)。

(4) 存储容量

存储容量 C 是指磁盘存储器所能存储的二进制信息总量，一般以位或字节为单位。

$$C=n\times k\times s \tag{5.19}$$

其中，n 为存储信息的磁盘面数，k 为每个盘面的磁道数，s 为每条磁道上的二进制数量。

磁盘存储容量包括格式化容量和非格式化容量。**非格式化容量**是磁盘可用的磁化单元总数。**格式化容量**是指按指定的记录格式，用户可用的容量，一般为非格式化容量的 60%~70%。

【例 5.20】　某磁盘机，平均找道时间为 5ms，平均旋转等待时间为 2ms，数据传输率为 10MB/ms，已存储了 1000 件(每件 3GB)的数据。CPU 更新数据需时 1ms，且更新操作与数据 I/O 操作不重叠。现欲把一条条数据取走，更新后再放回原地，假设一次取出或写入所需时间 T=平均找道时间+平均等待时间+数据传送时间。试问：(1) 更新磁盘上全部数据需多久？(2) 若磁盘机旋转速度和数据传输率都提高一倍，更新全部数据需多久？

解：

(1) 更新一件 3GB 数据的时间：(5+2+3G/10M)×2+1=629.4ms

1000×3GB=3000GB 全部数据更新所需时间：629.4ms×1000=629.4s

(2) 若磁盘机旋转速度和数据传输率均提高一倍，则平均等待时间和传输时间都缩短为原

来的一半，故更新一件 3GB 数据时间为：(5+2/2+3G/10M/2)×2+1=320.2ms

1000×3GB=3000GB 全部数据更新所需时间：320.2ms×1000=320.2s

3. 磁盘调度算法

(1) 先来先服务(First Come First Served，FCFS)

这是一种最简单的磁盘调度算法，优先访问最先请求访问的磁道。此算法比较公平，每个进程的请求都能依次得到处理，不会有某一进程的请求长期得不到响应的情况(“饥饿”现象)。但未对寻道进行优化，平均寻道时间可能较长。

【例 5.21】 有 9 个进程先后提出磁盘 I/O 请求，按发出请求的先后顺序排队(从 100 号磁道开始)，并采用 FCFS 策略进行磁盘调度，如图 5.29 所示。

磁道号请求顺序	53	60	34	15	95	170	145	31	191
磁盘调度访问的磁道	53	60	34	15	95	170	145	31	191
移动距离(磁道数)	47	7	26	19	80	75	25	114	160

图 5.29　FCFS 算法

解： 平均寻道距离约 61.44 条磁道，该方法平均寻道距离较大，适合磁盘 I/O 较少的场合。

(2) 最短寻道时间优先(Shortest Seek Time First，SSTF)

优先访问距离当前磁头最近的请求访问的磁道，以使每次的寻道时间最短，但无法保证平均寻道时间最短。

【例 5.22】 最短寻道时间优先(SSTF)(从 100 号磁道开始)，如图 5.30 所示。

磁道号请求顺序	53	60	34	15	95	170	145	31	191
磁盘调度访问的磁道	95	60	53	34	31	15	145	170	191
移动距离(磁道数)	5	35	7	19	3	16	130	25	21

图 5.30　SSTF 算法

解： SSTF 算法的平均寻道距离为 29，平均寻道距离大大低于 FCFS 的距离，寻道性能更好，曾被广泛采用。

SSTF 算法虽然能获得较好的寻道性能，却有可能导致进程**饥饿**(starvation)现象。因为只要不断有离当前磁头很近的访问请求到达，这种新的访问请求总是优先满足，导致老进程饥饿。

(3) 扫描 SCAN 算法

对 SSTF 算法修改后形成 SCAN 算法，可防止老进程出现“饥饿”现象。SCAN 算法不仅考虑当前磁头与请求访问的磁道间的距离，更优先考虑的是当前磁头的移动方向。例如，当磁头自里向外移动时，SCAN 算法优先考虑的是：欲访问的磁道在当前磁道之外，且离磁头最近。这样自里向外地访问，直至再无更外的磁道需要访问时，才将磁头换向为自外向里移动，直至再无更靠里的磁道要访问。类似于电梯的运行，也称为电梯调度算法。

【例 5.23】 SCAN 算法(从 100 号磁道开始，向磁道号增加方向访问)，如图 5.31 所示。

磁道号请求顺序	53	60	34	15	95	170	145	31	191
磁盘调度访问的磁道	145	170	191	95	60	53	34	31	15
移动距离(磁道数)	45	25	21	96	35	7	19	3	16

图 5.31　SCAN 算法

解：SCAN 算法平均寻道长度约 29.67。SCAN 算法既有较好的寻道性能，又可防止进程饥饿现象，被广泛用于各类计算机中的磁盘调度。

(4) **循环扫描**(Circular SCAN，CSCAN)算法

但 SCAN 存在另一个问题：当磁头从里向外移动时，恰好又有一进程请求访问刚刚访问的磁道，该请求只能等待，甚至大大延迟。改进的 CSCAN 算法规定磁头只能单向移动以减少这种延迟。例如，CSCAN 只能自里向外移动，当磁头访问完最外的磁道后，立即返回到最里的欲访问的磁道，由最小的访问磁道号紧接最大访问磁道号构成循环扫描。

【例 5.24】　循环扫描(CSCAN)算法(从 100 号磁道开始，向磁道号增加方向访问)，如图 5.32 所示。

磁道号请求顺序	53	60	34	15	95	170	145	31	191
磁盘调度访问的磁道	145	170	191	15	31	34	53	60	95
移动距离(磁道数)	45	25	21	176	16	3	19	7	35

图 5.32　循环扫描(CSCAN)算法

解：循环扫描(CSCAN)算法平均寻道长度约为 38.56。

4. 磁盘高速缓存(disk cache)

磁盘高速缓存或磁盘缓冲区，不同于前面所说的内存和 CPU 之间的 Cache，而指利用内存来暂存从磁盘中读出的数据。所以，磁盘高速缓存在逻辑上属于磁盘，在物理上属于内存，其大小在运行中并非固定不变的。在将磁盘中的数据读入磁盘高速缓存时，也会出现因磁盘高速缓存已装满而需要用替换算法将旧数据块替换出的问题，如 LRU、LFU 等(详见 5.2.3 节)。

磁盘高速缓存交付数据给请求进程有两种方式：**数据交付**，即直接将磁盘高速缓存中的数据传送到请求进程的内存区中；**指针交付**，只将指向磁盘高速缓存中数据的地址指针交付给请求进程，所需传送的数据量少。

磁盘高速缓存能够提高磁盘 I/O 速度，同时还可以采用以下方法进一步提高性能：

- **提前读**(Read-Ahead)：在读当前盘块数据的同时，将下一个要读的盘块数据也提前读入磁盘缓冲区。广泛应用于 UNIX、OS/2 系统中。
- **延迟写**(Delayed Write)：磁盘缓冲区中的数据不立即写入磁盘，而是挂在空闲缓冲区队列的末尾，当再有进程申请访问该缓冲区时，才将该缓冲区中的数据写入磁盘。也广泛应用于 UNIX、OS/2 系统中。
- **优化物理块的分布**：如果将两个连续访问的数据块存储在同一条磁道的两个盘块上，则不再需要磁头在磁道间移动和调度，提高对这两个盘块的访问速度。
- **虚拟盘**：又称为 **RAM 盘**，是指利用内存空间去仿真磁盘，而且对用户是透明的。但一旦系统重启或掉电，虚拟盘中保存的数据将会丢失。

5.4.3　磁带存储器

1963 年，荷兰 Philips 公司发明了世界第一盘盒式磁带，双面都由塑料外壳包裹，每一面可容纳 30 ~ 45 分钟的立体声音乐。磁带存储器的读写原理类似于磁盘存储器，只是其载磁体为带状塑料，称为磁带。磁带存储器包括磁带机(磁头)和磁带两部分，但磁带移动，磁头不动，磁头

采取顺序存取方式，不需要查找磁道。为了查找记录，磁带机必须驱动磁带正走或反走，读写完毕后要使磁头停在两个记录区之间。

磁带按带宽分为 1/4 英寸和 1/2 英寸；按带长分为 2400 英尺、1200 英尺和 600 英尺；按外形分为开盘式磁带和盒式磁带；按带面并行记录的磁道数分为 9 道、16 道等。按磁带机规模分，有标准半英寸磁带机、盒式磁带机、海量宽磁带存储器。按磁带机走带速度分为高速磁带机(4m/s 以上)、中速磁带机(2～3m/s)、低速磁带机(2m/s 以下)。按磁带的记录格式分类，有启停式和数据流式。

开盘式启停磁带机：磁带是按数据块记录信息的，在数据块之间，有启停机构控制磁带机的启动和停止。主要包括磁头、启停机构、走带机构、磁带缓冲机构等，结构比较复杂。

数据流磁带机：磁带机在数据块间不启停，数据连续地记录在磁带上，每个数据块间保留记录间隙。使用**蛇形串行记录**方式记录信息，从 0 号磁道开始，偶数磁道从磁带首端 BOT(Beginning Of Tape)到磁带末端 EOT(End Of Tape)，而奇数磁道则从 EOT 到 BOT，而且依次首尾相接。数据块的识别使用电子控制而非机械控制，大大简化了磁带机结构。数据流磁带机有 1/2 英寸开盘式和 1/4 英寸盒式两种，读写顺序类似于磁盘。

磁带机的数据传输率为：

$$C=D\cdot v \tag{5.20}$$

其中 D 为记录密度，v 为走带速度。显然，带速快则传输率高。

【例 5.25】　某磁带机有 9 道磁道，带长 900m，带速 3m/s，每个数据块 32KB，块间间隔 0.01mm，数据传输率 2GB/s。(1) 求记录位密度；(2) 若带首尾各空 2m，求最大存储容量。

解：

(1) 根据式(5.20)，得记录位密度：

$D=C/v$=2GB/3m≈0.6667GB/m

(2)

一个数据块为 32KB，则传送一个数据块所需时间为：

t=32KB/2GB/s=1/(64K)s

一个数据块占用长度为：$l=v\times t$=(3m/s)×[1/(64K)s]≈$0.045\,776\times10^{-3}$m

带的首尾各空 2m，每块间隙为 0.01mm，则数据块总数为：

(900−2×2)m/(0.045 776+0.01)mm=896×1000/0.055 776≈16.064×10^6 块

故磁带存储器有效存储容量为：16.064×10^6 块×32KB/块≈490.242GB

5.4.4　光盘存储器

(1) 光盘存储器的基本概念

1972 年 9 月，荷兰 Philips 公司向全世界展示了长时间播放电视节目的光盘系统，利用激光来记录和重放信息，1978 年，正式向市场推出了 LV(Laser Vision)光盘播放机。1982 年 Philips 公司和 Sony 公司向市场推出了记录数字声音的光盘，命名为 Compact Disc，并为其制定了红皮书(Red Book)标准，又称为数字激光唱盘(Compact Disc-Digital Audio，CD-DA)盘。1984 年，Philips 和 Sony 发布了 CD-ROM 物理格式标准——黄皮书(Yellow Book)标准，后被 ISO 组织命名为 ISO 9660 标准。常见的 CD 产品包括：

- CD-DA(Compact Disc-Digital Audio)——激光数字唱盘
- CD-G(Graphics)——图形光盘
- CD-I(Interactive) ——交互式光盘
- CD-IFMV(Interactive Full Motion Video)——全运动视频交互式光盘
- CD-R(CD-Recordable)——一次写入光盘
- CD-ROM——只读光盘
- CD-RW——可重复写入光盘
- CD-V(Video) /VideoCD ——影视光碟
- DVD(Digital Video Disc)——高密度数字视频光盘
- Karaoke CD——卡拉 OK 光盘

CD 系列盘大小、材料、重量、制造工艺、制造设备等都相同，只是存放的数据类型不同。CD 盘的结构如图 5.33 所示，包括保护层、记录层、反射层、衬底。常见的反射层有两种：呈现银白色的铝反射层，称为银盘，为只读型光盘；呈现金色的金反射层，称为金盘，是可刻录的光盘，为 CD-R 盘。

CD 盘分为 3 个区：导入、导出和数据记录区，见图 5.34。CD 盘使用光道结构，包括光轨和信息坑。光盘上储存的信息是按指定规则排列，像一条条轨道，称为光轨。数据光盘将目录(Table of Contents，TOC)中多个连续的逻辑扇区对应一条光轨，而音频光盘内一首歌曲对应一条光轨。

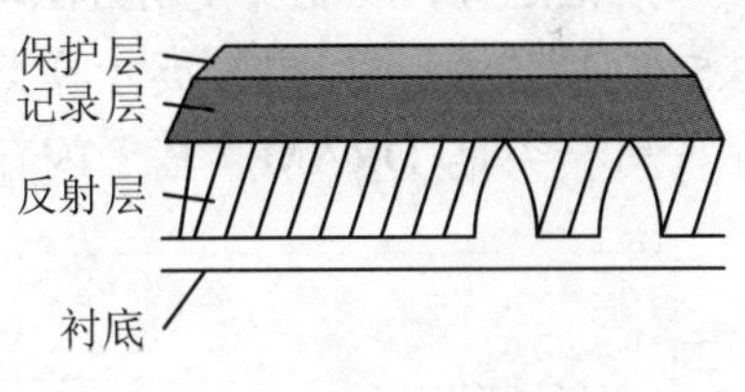

图 5.33　CD 盘的结构组成部分

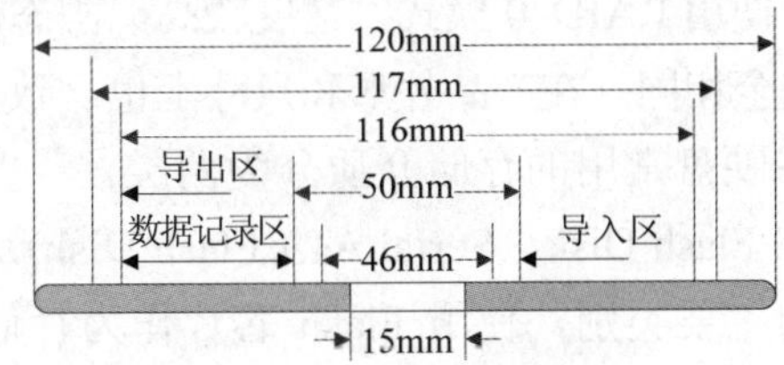

图 5.34　CD 盘的外形尺寸

(2) CD 盘的记录原理

- 磁光盘(Magneto Optical Disc，MOD)

利用磁光效应和磁的记忆特性，借助激光来记录 1 和 0。

- 相变光盘(Phase Change Disc，PCD)

利用特殊激光材料在加热前后的不同反射率来记录 1 和 0。

- 只读 CD 光盘

在盘上轧制凹坑的机械方式记录数据。光轨上的凹陷下去的部分称为坑(pit)，没有凹陷的部分称为岸(land)或陆地。坑和岸都是信息。

CD-R 预先在盘片内轧制了螺旋线的预刻槽(groove)，代替光学轨道的坑。刻录时，用激光照射 CD-R 盘片沟槽内的有机染料，形成气泡，即岸。气泡一旦形成，将不能恢复，因此 CD-R 只能一次写入。

光驱的激光头读取光盘时，坑和岸具有相同的反射系数，均读成 0，坑和岸的长度决定 0 的个数。坑和岸的交界处，即坑的前后沿读为 1。这些坑和岸是信号经过“8 位-14 位编码调制”(Eight to Fourteen Modulation，EFM)，再补上 3 位间隔代码编成通道代码后，再刻录到光盘里。为避免相邻两个数据的通道码可能出现两个 1，可在通道码之间再加上 3 位合并码(DVD 中为 2 位合并码)形成 17 位通道码。读取光盘时，再由解码系统将 17 位通道码转换回 8 位二进制数据。

CD 的光轨分为许多扇区(或块)，标准速度(单倍速)下，光驱的激光头每秒读取 75 个扇区。不同的光盘格式，在每个扇区中存储的数据也不同，如 CD-DA 扇区中数据 2352(字节)，CD-ROM 扇区中 2048(字节)，Video CD 扇区中 2336(字节)。单倍速的播放器在 80 分钟内读出一张 700MB 的 CD，则 CD 的单倍速为 150KB/s，700×1024/150/60=79.6min。单倍速的播放器在 60 分钟内读出一张 4.7GB 的 DVD 来，则 DVD 的单倍速约为 1358KB/s，4.37×1024×1024/1358/60=56.2min。

CD 的制作过程大致相同，分成三个阶段：第一阶段是母盘预制作或原版盘预制作(premastering)，由转换软件(或编码器)来实现；第二阶段是母盘制作，或原版盘制作，利用 EFM 编码器将 8 位并行数据编码成物理通道上的 17 位串行数据；第三阶段是大批量复制，用塑料注射成型机，将聚碳酸酯加热之后注入盘模里压模，并在盘面上溅射一层铝。

5.4.5　固态盘存储器

1970 年，Sun Storage Tek 公司开发了第一个固态硬盘驱动器。1989 年，出现了第一个固态硬盘。2006 年 3 月，三星率先发布了一款 32GB 固态硬盘笔记本电脑。固态硬盘(Solid State Disk 或 Solid State Drive，SSD)，也称为电子硬盘或者固态电子盘，存储介质是固态电子存储芯片阵列，基本使用 RAID 0 模式，速度较高。固态硬盘的接口规范定义、功能及使用方法均与磁表面硬盘完全相同，在产品外形和尺寸上也一致，包括 3.5 英寸、2.5 英寸、1.8 英寸等类型。

固态硬盘常用的存储介质分为两类，一类是闪存，另一类是 DRAM。基于闪存的固态硬盘(IDE Flash Disk、Serial ATA Flash Disk)是固态硬盘的主要类别，使用 Flash 芯片作为存储单元，又分为单层单元(Single Layer Cell，SLC)和多层单元(Multi Level Cell，MLC)。基于闪存的固态硬盘内部构造十分简单，主体就是一块 PCB 板，在板上装有存储数据用的闪存芯片、控制芯片、缓存芯片等，如图 5.35 所示。

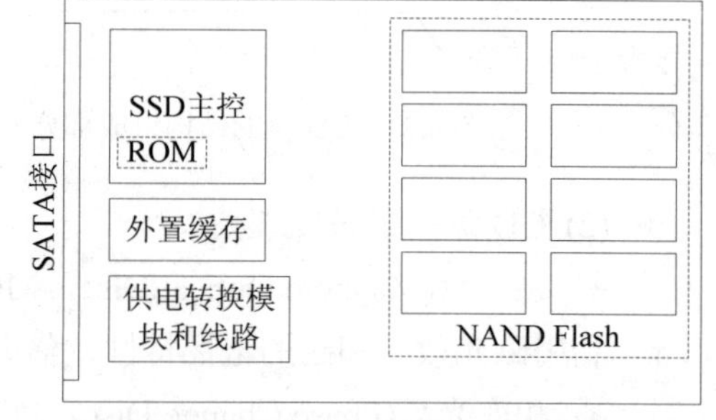

图 5.35　固态硬盘结构

基于 DRAM 的固态硬盘采用 DRAM 作为存储介质，使用工业标准的 PCI 和 FC 接口，可被绝大部分操作系统的管理，但是需要独立电源来保护数据，可分为 SSD 硬盘和 SSD 硬盘阵列两种。

固态硬盘的特点：

- **读写速度快**：固态硬盘没有磁头，寻道时间几乎为 0，有很高的持续写入速度。
- **防震抗摔性**：固态硬盘使用闪存或 DRAM 芯片制成，没有任何机械马达和风扇。
- **低功耗**：固态硬盘使用的闪存或 DRAM 芯片功耗和发热量更小、散热更快。
- **无噪音**：不使用机械马达和风扇，工作时噪音值为 0 分贝。
- **工作温度范围大**：-10～70℃，甚至更宽，而传统硬盘只能工作于 5～55℃范围。
- **轻便**：没有金属机械装置的固态硬盘重量更轻。

但是，闪存具有擦写次数和寿命问题。闪存完全擦写一次称为 1 次 P/E，其寿命以 P/E 为单位。如 34nm 的闪存芯片寿命约 5000 次 P/E，而 25nm 的寿命约 3000 次 P/E。但某些应用可能会对某一区域进行反复读写。所以，不同程序或算法对其寿命影响很大。

【例 5.26】 某 SSD 硬盘具有 38 位地址和 64 位字长，由 32G×32 位 Flash 芯片构成。求：(1) 该硬盘容量？(2) 需要多少 Flash 芯片？需要多少位地址做芯片选择？(3) 假设其擦写次数为 5000 次 P/E，每天擦写数据量为 200GB，试计算其寿命？

解：

(1) 存储器容量为 $2^{38}\times64/8=2^{41}$B=2TB

(2) 所需的芯片数为(2^{38}/32G)×(64/32)=16(片)。寻址 2^{38} 共需 38 位地址线。其中，每两片为一组进行位扩展，32 位+32 位＝64 位；共分 8 组进行字扩展，寻址(2^3=8)组芯片共需要 3 位片选地址信号线；寻址芯片内部(2^{35}=32G)需要 35 位地址信号(分为行和列)。

(3) 每天擦写数据量为 200GB，2TB/200GB=10.24，即约 10 天可以全部擦写一遍(为 1 个 P/E)，该 SSD 硬盘寿命为 5000 次 P/E，即可以擦写约 5000×10 天=50 000 天。

5.4.6 RAID

1988 年，加利福尼亚大学伯克利分校发表论文提出了 RAID，**廉价磁盘冗余阵列**或者**独立磁盘冗余阵列**(Redundant Arrays of Independent Disks，RAID)，并定义了 RAID 的 5 层级。研究小组希望能在短期内提升效能来平衡计算机的运算能力。同时，研究小组也提出容错(fault-tolerance)、逻辑数据备份(logical data redundancy)，产生了 RAID 理论。

RAID 把交叉存取(interleave)技术应用到磁盘存储系统中，数据被分为若干个子盘块数据，分别存储到各个不同磁盘中的相同位置上。多个硬盘和冗余数据增加了容错能力，也提高了平均故障间隔时间(MTBF)。RAID 采取并行数据传送方式，I/O 操作能够平衡和交叠，从而提高系统性能。RAID 使用了同位检查(parity check)技术，当任意一个硬盘出现故障时仍可读出数据，在数据重构时将数据重新计算后存储到新硬盘中。

磁盘阵列的样式有三种：外接式磁盘阵列柜，内接式磁盘阵列卡，软件仿真。外接式磁盘阵列柜常用于大型服务器上，支持热交换(hot swap)，价格较贵。内接式磁盘阵列卡价格便宜，但安装麻烦。软件仿真通过网络操作系统的磁盘管理功能将普通 SCSI 卡上的多块硬盘配置成逻辑磁盘阵列，但会降低系统性能，不适合大数据量服务。常见的 RAID 级别如下：

- RAID 0：数据分条(data stripping)

RAID 0 是最早的、最简单的 RAID 模式，成本低，仅需要两块以上硬盘，提供并行交叉存取，但不提供冗余校验。一旦有一块磁盘损坏，就会造成不可弥补的数据损失，故较少使用。

- RAID 1：磁盘镜像

RAID 1 是将一块磁盘的数据镜像到另一块磁盘上，甚至一半数量磁盘损坏时系统都可以正常运行。但成本也较高，磁盘容量利用率只有 50%。

- RAID 01：即 RAID 0+1

RAID 0+1 是 RAID 0 与 RAID 1 的结合体，先进行条带存放(RAID 0)，再进行镜像(RAID 1)，允许一个磁盘故障。RAID 0+1 在磁盘镜像中建立带区集(至少需要 4 块硬盘)，能够对数据 100% 备份，磁盘空间利用率与 RAID 1 相同，只有 50%。

- RAID 2：带海明码校验

RAID 2 是具有并行传输功能的磁盘阵列，利用一块奇偶校验盘来完成数据的海明码校验，比 RAID1 具有更少的冗余磁盘数，提高了磁盘利用率，主要用于科学计算领域。

- RAID 3：带奇偶校验码的并行传送

RAID 3 也使用一块奇偶校验盘完成数据的校验，但只能查错不能纠错。访问数据时一次处理一个带区，提高了读写速度，至少要有三个以上的驱动器，主要用于图形、动画等吞吐率较高的场合。

- RAID 4：带奇偶校验码的独立磁盘结构

RAID 4 和 RAID 3 类似，也使用一块奇偶校验盘完成数据的校验，但它访问数据时是按数据块进行的。形象地看，RAID 3 是一次一横条(多块磁盘)，而 RAID 4 是一次一竖条(一块磁盘)。数据恢复难度大于 RAID 3，控制器的设计难度也更大，数据访问效率不高。

- RAID 5：分布式奇偶校验的独立磁盘结构

RAID 5 是具有独立传送功能的磁盘阵列，每个驱动器都有自己的数据通路，独立地进行读写，无专门的校验盘，奇偶校验信息以螺旋(spiral)方式散布在每个数据盘上。RAID 5 级常用于 I/O 较频繁的事务处理中。

- RAID 6：带有两种分布存储的奇偶校验码的独立磁盘结构

RAID 6 级是对 RAID 5 的扩展，专门设置了一个有独立数据通路的可快速访问的异步校验盘，性能优于 RAID 3、RAID 5。由于引入了第二种奇偶校验盘，所以需要 N+2 块磁盘，主要用于数据绝对不能出错的场合。

- RAID 7：优化的高速数据传送磁盘结构

RAID 7 级是对 RAID 6 级的改进，采用并行结构，所有数据传送都是同步进行的，可以分别控制；每个磁盘都带有高速缓冲存储器；多用户访问时，访问时间接近于 0；允许使用简单网络管理协议(Simple Network Management Protocol，SNMP)进行管理和监视。

- RAID 10：即 RAID 1+0

RAID 10 也是一个 RAID 0 与 RAID 1 的结合体，不同于 RAID 0+1，RAID 1+0 先进行镜像(RAID 1)，再进行条带存放(RAID 0)。RAID 10 磁盘空间利用率也只有 50%，但提供了 100%的数据备份、200%的速度和单磁盘的数据安全性，主要用于数据量不大、但速度和差错控制要求高的场合。

- RAID 50：即 RAID 5+0

RAID 50 将所有磁盘分成 RAID 5 子磁盘组，每个子磁盘组要求三块磁盘，对每块磁盘进行数据剥离，奇偶校验位分布于每个子磁盘组上。RAID 50 具备更高的数据读取速率、容错能力和重建速度，允许每个组内有一块磁盘故障。

5.5 虚拟存储器技术

5.5.1 程序运行的局部性原理

前面讲到的都属于实存储管理技术，一旦用户作业装入内存就一直驻留其中，直到作业完成(驻留性)。物理存储器的结构是个一维的线性空间，容量有限；用户程序结构则有一维空间、二维空间、…、n 维空间，容量无限。在作业运行中，常常会出现两种情况：系统的内存空间小于进程运行所需的空间，只能装入部分进程运行；逻辑地址空间大于存储空间的进程无法运行。为此，有两种解决方案：一种是增加物理内存容量，但也受机器寻址能力限制；另一种是扩充逻辑内存容量，也就是虚拟存储器技术。

虚拟存储器研究的问题是：不将作业信息全部装入主存，能否正确运行？1968 年美国科学家彼得・杰姆斯・丹宁(Peter James Denning)研究了程序运行的局部性原理，给出了肯定答案。

程序运行的局部性原理：指程序在运行过程中的一个较短时间内，所运行的指令地址或操作数地址均局限于一定的存储区域中，包括时间局部性和空间局部性。

时间局部性：主要是因为程序中存在大量的循环操作。如果某条指令被执行，则在不久的将来可能被再次执行；如果某个数据被访问，则在不久的将来可能被再次访问。

空间局部性：主要是因为程序的顺序执行。如是某个存储单元被访问，则在不久的将来，其附近的存储单元也可能被访问，即在一段时间内，程序访问的地址可能集中在一定区域内。

程序运行的局部性原理是虚拟存储器实现的理论基础。作业运行之前，没必要将全部信息装入主存，只需要将当前运行所需的信息装入主存，而其余部分仍只保留在磁盘上。作业运行中，如果所需信息不在主存，此时虚拟存储管理将该信息调入内存，保证作业继续运行下去。

虚拟存储器：指能从逻辑上对内存容量进行扩充的一种存储器系统，仅把作业的一部分装入内存便可运行，具有请求调入功能和置换功能。其逻辑容量由系统的寻址能力和外存容量之和决定。

虚拟存储器的特征：

- 虚拟性：虚拟存储器最重要的特征，扩充的是逻辑主存容量，它远大于物理主存容量。
- 离散性：虚拟存储器的最基本特征，指采用离散的主存分配方式。
- 多次性：在作业运行时没必要将其全部装入，而是分成多次装入，每次只需要将当前要运行的那部分程序和数据装入主存。
- 对换性：在运行过程中，允许作业在主存和外存的对换区之间换进、换出。

5.5.2　请求分页式存储管理方式

1. 硬件支持

请求分页式存储管理是目前常用的一种虚拟存储器方式。在分页式存储管理的基础上，页式虚拟存储系统增加了请求调页功能、页面置换功能。其基本原理是在作业运行之前将一部分页面装入主存，另一部分页面则装入外存。在作业运行过程中，如果所访问的页面不在主存中，则发生缺页中断，由操作系统完成页面的动态调度。

(1) 页表机制

纯分页的页表只有两项：页号和物理块号。而请求分页系统中的页表增加了若干项，以满足请求分页的调入功能和置换功能，如图 5.36 所示：

页号	物理块号	状态位 P	访问字段 A	修改位 M	外存地址

图 5.36　改进页表的结构

状态位(存在位 P)：标识该页是否已调入主存，1-在主存；0-不在主存。

访问字段 A：记录在一段时间内本页被访问的次数，或有多长时间未被访问。

修改位 M：标识该页在调入主存后是否被修改过，1-被修改过；0-未被修改过。

外存地址：标识该页在外存上的地址(物理块号)，供调入该页时使用。

请求分页存储管理如图 5.37 所示。Windows NT 使用二级页表结构转换虚拟地址，第一级为页目录(每个进程一个页目录)，第二级为页表。

(2) 缺页中断机构

在请求分页系统中，一旦要访问的页面不在主存中，便产生缺页中断，请求操作系统将所缺页调入内存。不同于一般中断在一条指令执行完毕后查询和处理中断请求，缺页中断是在指令执行期间产生和处理中断请求；而且缺页中断会返回到该指令的开始对其重新执行，而一般中断返回到该指令的下一条指令；缺页中断在一条指令执行期间可以多次产生。

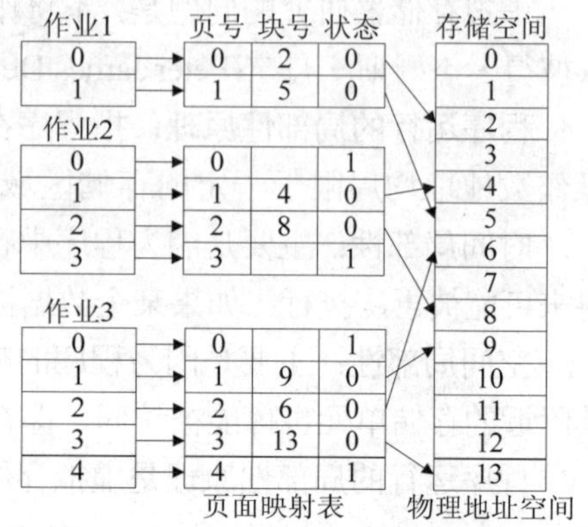

图 5.37 请求分页存储管理示意图

(3) 地址变换机构

在分页系统的地址变换机构基础上，请求分页系统中的地址变换机构增加了产生和处理缺页中断、请求调入、置换等功能以实现虚拟存储器。在地址变换过程中，页表中所要访问的页不在主存则产生缺页中断。缺页中断处理程序响应该中断信号，根据其外存地址，将该页调入主存，使作业继续运行下去完成请求调入；如果主存中有空闲块，则分配一块装入新调入页，并修改相应页表项目的驻留位及对应的主存块号；若主存中无空闲块，则要选择和淘汰某页，并将被淘汰的且被修改过的页写回外存，完成页面置换。

【例 5.27】 页式存储器的页面大小为 4KB，逻辑地址由页号和页内地址两部分组成，地址转换过程如图 5.38 所示，图中逻辑地址 8765(十进制)的物理地址(十进制)？

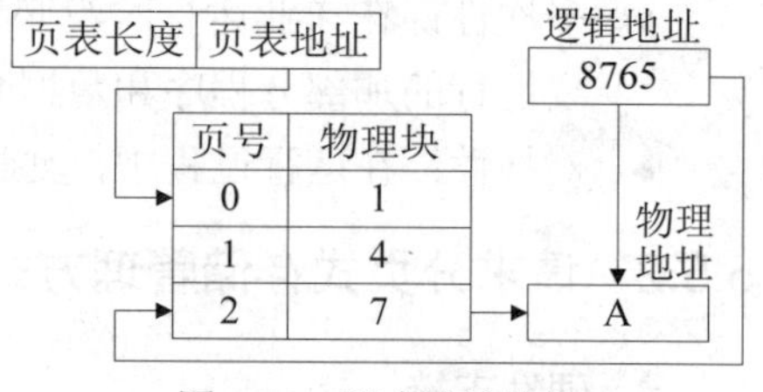

图 5.38 页式地址转换

解：

第一步，已知页面大小为 4KB，则页内地址为 12 位($2^{12}=4096$)。

第二步：把逻辑地址 8765 转换成二进制地址 10 0010 0011 1101B，其中高 2 位为页面号。

第三步：查页表，2 号页面的物理块号为 7，因为逻辑地址和物理地址的页内地址部分相同，可把页号与页内地址拼接，得到物理地址为 0111 0010 0011 1101B。

第四步：把 0111 0010 0011 1101B 转换成十进制数 29245。

【例 5.28】 某虚拟存储器有 16 个页面，主存有 8 个页面，页面大小为 1024 字，内页表内容如图 5.39 所示。求虚拟地址 3074 对应的主存地址是什么？

虚页号	0	1	2	3	4	5	6	7	8	9	10	11	12	13	14	15
实页号	7	-	1	5	-	-	3	-	-	2	-	-	4	0	-	6

图 5.39 某存储器

解：3074=1024×3+2，得到虚页号 3 和页内地址 2。查图 5.39，得到虚页号 3 对应的实页号为 5，实际地址为 5×1024+2=5122。

2. 页面分配策略

在请求分页系统中，有两种页面分配策略：固定和可变分配策略；及两种页面置换策略：全局置换和局部置换。于是组合成以下三种策略。

- 固定分配局部置换(Fixed Allocation，Local Replacement)

根据作业的类型(交互型或批处理型等)，或程序员的建议，为每个作业分配固定数量的物理块，并在整个运行期间保持不变。如果在运行中发现缺页，就从固定物理块中选出一页换出，再调入另一页，保证该作业内存空间不变。

- 可变分配全局置换(Variable Allocation，Global Replacement)

每个作业分配一定数量的物理块，而操作系统本身也保持一个空闲物理块队列。当某作业出现缺页时，系统从空闲物理块队列中取出一块分配给该作业，并将装入欲调入的缺页。当空闲物理块队列中的块用完时，操作系统才能从主存中选择一页调出。

- 可变分配局部置换(Variable Allocation，Local Replacement)

根据进程的类型或程序员的建议，为每个作业分配一定数量的主存空间；但当某作业出现缺页时，则从该作业的主存页面中选择一页调出，而不影响其他作业的运行。系统根据作业运行中缺页率的高或低来增加或减少所分配的物理块数量。

(1) 内存页面分配策略

采用固定分配策略时，可采用以下几种物理块分配方法：

- 平均分配

这是最简单的分配方式，将主存中的所有可供分配的物理块平均分配给各个作业。它看似公平，但实际上没有考虑作业的大小等因素。

- 按作业大小比例分配

这种方式按作业的大小按比例分配物理块。若可用物理块总和为 m，各作业页面总和为 S，第 i 个作业的页面数为 s_i，则为第 i 个作业分配的页面数为：

$$a_i = INT\left(\frac{s_i}{S}\times m\right) \tag{5.21}$$

- 按作业优先级比例分配

为照顾优先的、重要的作业，或为使其尽快完成，可为其分配较多的主存物理块。

(2) 外存块的分配策略

- 静态分配

在运行前，将一个作业所有页面全部装入外存。当某一外存页面被调入主存时，所占用外存页面并不释放；当该页面被淘汰时，如其在主存中被修改过，则要写回外存，否则不必写回。

- 动态分配

在运行前，仅将一个作业未装入主存的那部分页面装入外存。当某一外存页面被调入主存，释放所占用的外存空间。当该页面被淘汰时，无论其在主存中是否被修改过，都必须为其重新申请外存物理块，将其写回外存。

(3) 页面调入时机

- 请求调页策略

发生缺页时才调入主存。但是处理缺页中断以及调页的开销较大，每次仅能调入一页，增加了磁盘 I/O 次数。

- 预调页策略

预计要访问的页，提前将其调入主存。每次调入若干页面，而不是一页。但是如果调入的一批页面中多数未被使用，则会降低调度效率，因此需要准确的预测。

虚拟存储系统中，外存通常分成两部分：**文件区**(用于存放文件)和**对换区**(用于存放对换页面)，对换区的磁盘 I/O 速度高于文件区。每当作业发出缺页请求时，如对换区足够大，则全部从对换区调入；如对换区不足，则指令从文件区调入，数据从主存淘汰到对换区。在 UNIX 中，从未运行过的页面都从文件区调入，已运行过且又被换出的页面则从对换区调入。

3. 页面置换算法(Page Replacement Algorithm)

在作业运行中，若出现缺页，则需要根据一定的算法来完成页面置换。理想的置换算法应该将访问概率高的页面留在主存，而将访问概率最低的页面置换出主存，以减少页面置换频率，防止频繁换页而降低系统性能。设作业运行中访问页面的总次数为 A，其中有 F 次访问的页面尚未装入主存，即产生了 F 次缺页中断。则缺页中断率可定义为：

$$f=F/A \tag{5.22}$$

(1) **先进先出**(First In First Out，FIFO)**置换算法**

该算法优先置换最先进入主存的页面。该算法实现简单，仅需要将该作业已调入主存的页面按调入顺序排成队列，优先调出队首的页面，要调入的页面则加入队尾。

【例 5.29】　假定系统为某作业分配了 3 个物理块，页面访问序列为：2、3、4、5、3、0、3、1、5、0、3、0、5、4、5、3、4、2、3、4。如采用 FIFO 置换算法，计算缺页中断次数和缺页中断率。

解：页面置换过程如表 5.7 所示：

表 5.7　FIFO 页面置换过程

访问序列	2	3	4	5	3	0	3	1	5	0	3	0	5	4	5	3	4	2	3	4
物	2	3	4	5	5	0	3	1	5	0	3	3	3	4	5	5	5	2	3	4
理		2	3	4	4	5	0	3	1	5	0	0	0	3	4	4	4	5	2	3
块			2	3	3	4	5	0	3	1	5	5	5	0	3	3	3	4	5	2
命中情况	×	×	×	×	√	×	×	×	×	×	×	√	√	×	×	√	√	×	×	×

缺页中断次数 F=15，缺页中断率 f=15/20=75%。

Belady 异常现象(Belady's anomaly)：通常情况下，分配给作业的物理块越多，运行时的缺页次数应该越少。但是 1969 年，IBM 公司的研究人员贝莱迪(L. A. Belady)发现了一个反例，使用 FIFO 算法时，四个物理块时的缺页次数多于三个物理块时。

【例 5.30】　某作业有 5 个页面，3 个和 4 个物理块时页面访问情况分别如表 5.8 和表 5.9 所示，可见，而 4 个物理块时的缺页次数和缺页中断率高于 3 个物理块时。

表 5.8　3 个物理块的 FIFO 页面置换过程

访问序列	3	4	0	1	3	4	2	3	4	0	1	2
物	3	4	0	1	3	4	2	2	2	0	1	1
理		3	4	0	1	3	4	4	4	2	0	0
块			3	4	0	1	3	3	3	4	2	2
命中情况	×	×	×	×	×	×	×	√	√	×	×	√

表 5.9　4 个物理块的 FIFO 页面置换过程

访问序列	3	4	0	1	3	4	2	3	4	0	1	2
物理块	3	4	0	1	1	1	2	3	4	0	1	2
		3	4	0	0	0	1	2	3	4	0	1
			3	4	4	4	0	1	2	3	4	0
				3	3	3	4	0	1	2	3	4
命中情况	×	×	×	×	√	√	×	×	×	×	×	×

3 个物理块的缺页中断次数 F=9，缺页中断率 f=9/12=75%。

4 个物理块的缺页中断次数 F=10，缺页中断率 f=10/12≈83.3%>75%。

(2) **随机淘汰算法**(RAND)

该算法随机地选择一个用户页，将其换出。

(3) **最佳置换算法**(Optimal，OPT)

该算法选择以后永不再用的或在最长时间以后才会用到的页面进行置换，这种算法的缺页率最低，但只是一种理论上的算法。

【例 5.31】　同例题 5.29，采用 OPT 置换算法，计算缺页中断次数和缺页中断率。

解：页面置换过程如表 5.10 所示：

表 5.10　OPT 页面置换过程

访问序列	2	3	4	5	3	0	3	1	5	0	3	0	5	4	5	3	4	2	3	4
物	2	3	4	4	4	0	0	0	0	0	0	0	0	4	4	4	4	4	4	4
理		2	3	3	3	3	3	1	1	1	3	3	3	3	3	3	3	3	3	3
块			2	5	5	5	5	5	5	5	5	5	5	5	5	5	5	2	2	2
命中情况	×	×	×	×	√	×	√	×	√	√	×	√	√	×	√	√	√	×	√	√

缺页中断次数 F=9，缺页中断率 f=9/20=45%。

(4) **最近最久未使用**(Least Recently Used，LRU)**置换算法**

该算法优先淘汰最近最久未使用的页面。LRU 的实现有计时法和堆栈法。计时法为每个页面增设一个计时器，记录其自上次被访问以来所经历的时间，每次选取计时器中值最大的页面淘汰；堆栈法，用一个栈保留页号，栈底存放最近最久未使用的页面号，而栈顶总是存放最新被访问的页面号，每次淘汰栈底页面。

【例 5.32】　同例题 5.29，如采用 LRU 置换算法，计算缺页中断次数和缺页中断率。

解：页面置换过程如表 5.11 所示：

表 5.11　LRU 页面置换过程

访问序列	2	3	4	5	3	0	3	1	5	0	3	0	5	4	5	3	4	2	3	4
物	2	3	4	5	3	0	3	1	5	0	3	0	5	4	5	3	4	2	3	4
理		2	3	4	5	3	0	3	1	5	0	3	0	5	4	5	3	4	2	3
块			2	3	4	5	5	0	3	1	5	5	3	0	0	4	5	3	4	2
命中情况	×	×	×	×	√	×	√	×	×	×	×	√	√	×	√	×	√	×	√	√

缺页中断次数 F=12，缺页中断率 f=12/20=60%。

(5) Clock 置换算法(简化的 LRU 算法)

也称为最近未使用算法(Not Recently Used，NRU)，它是 FIFO 和 LRU 的折中，使用一个类似时钟(clock)的环形链表保存所有页面，用一个置换指针指向可能淘汰的页面，如图 5.40 所示。每页有一个使用标志位(use bit)，若该页被访问则设置 user bit=1。置换时，采用一个指针从当前位置按地址顺序寻找 use bit=0 的页面作为淘汰页。并且指针经过的 user bit=1 的页都改成 user bit=0，最后置换指针停留在被置换页的下一页。

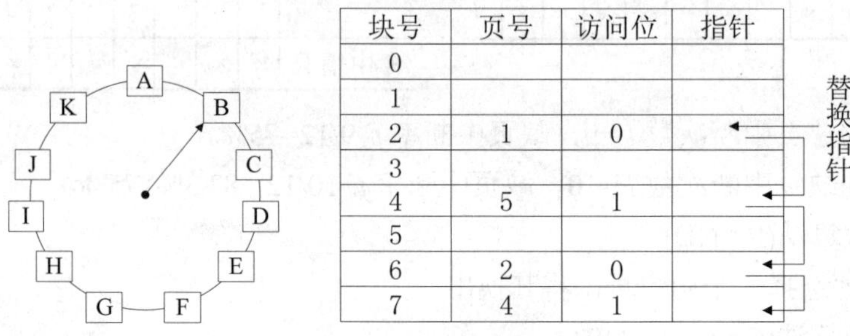

图 5.40　Clock 置换算法的示例

(6) 最少使用(Least Frequently Used，LFU)置换算法

该算法记录每个页面的访问次数，置换时选择到当前时间为止被访问次数最少的页面，可设置页面移位寄存器来实现。

【例 5.33】 LRU 与 LFU 的区别：如 R1=10000000B，R2=01110100B，在 LRU 中淘汰 R2，在 LFU 中淘汰 R1。

(7) **页面缓冲算法**(Page Buffering Algorithm，PBA)

该算法是对 FIFO 算法的发展，给被置换的页面设置缓冲，以便需要时找回刚被置换的页面，通常采用可变页面分配和局部页面置换的方式。

4. 请求分页系统的性能分析

(1) 缺页率对系统性能的影响程度

设缺页率为 p，存储器访问时间为 t，缺页中断时间为 f(包括缺页中断服务时间，将所缺的页读入的时间，进程重新执行时间)，则有效访问时间为：

$$\text{有效访问时间}=(1-p)\times t+p\times f \tag{5.23}$$

【例 5.34】 某请求调页系统，内存存取时间为 5ns，不计访问页表的时间。若被替换的页未被修改过，则缺页中断处理需要 10μs；若被替换的页被修改过，则缺页中断处理需要 20μs。如 80%被替换的页被修改过，要保证有效存取时间不超过 10ns，求可接受的最大缺页率是多少？

解： $p\times(0.8\times20+0.2\times10)+(1-p)\times0.005\leqslant0.010$

$p\leqslant0.00027785$

(2)“抖动”问题

置换算法对系统性能有直接影响，不合适的算法可能会导致刚被淘汰的页很快又被访问，导致系统频繁地置换页面，即**颠簸**或**抖动**(thrashing)。在虚拟存储管理中，如页面在主存与外存之间频繁调度，可能导致页面调度的时间比进程运行的时间还多，系统性能急剧下降，甚至系统崩溃。

(3) 驻留集

虚拟页式存储管理中，**驻留集**是给作业分配的物理块的集合，集合中的元素个数即是驻留集大小。驻留集大小与系统效率有如下关系：

- 驻留集越小，并且同时驻留主存的进程越多，意味着 CPU 利用率越高。
- 太小的驻留集容易导致较高的缺页率，增大调页的开销。
- 驻留集增大到一定数目后，再继续增加页面，缺页率不会明显降低。

(4) 工作集(Working Set)

1968 年，由丹宁(Peter James Denning)提出了工作集的理论。丹宁认为，作业在运行时访问页面是不均匀的，在某段时间内往往仅访问有限的一些页面，即**工作集**。使用工作集有助于根据过去一段时间内作业访问的页面来调整驻留集。工作集模型遵循作业的局部性原理，即在一段时间内作业总是集中访问某些页面(称为活跃页面)。工作集在主存中，作业才可有效运行。工作集就是在某段时间段 $\Delta(t-\Delta \sim t)$里作业要访问的页面集合，记为 $W(t,\Delta)$，变量 Δ 称为窗口尺寸(window size)，$W(t,\Delta)$中所包含的页面数称为工作集尺寸，记为$|W(t, \Delta)|$。

【例 5.35】　有下列页面，窗口尺寸 Δ=10：

1	5	1	4	4	6	6	4	0	5	1	2	3	0	1	2	3	2	3	2	3	3	3	2	2	1	6	3	0	1

$\longleftarrow t_1 \longrightarrow$　　$\longleftarrow t_2 \longrightarrow$

其工作集如下：$ws(t_1,\Delta)=\{0,1,4,5,6\}$；$ws(t_2,\Delta)=\{2,3\}$。

注意：如果 Δ 过大，甚至把全部作业页面包括在内，就成了实存管理；如果 Δ 过小，则会引起频繁调页，降低系统效率。作业开始运行后，随着页面不断被访问而逐步建立稳定的工作集；当主存访问某个局部性区域时，工作集大小也大致稳定；当作业转移局部性区域位置时，工作集会快速扩张或收缩，并过渡到下一个稳定值。

利用工作集可以有效地调整驻留集。首先，记录一个作业工作集的历史变化；其次，总是让驻留集包含工作集，否则增大驻留集；然后，定期删除驻留集中不在工作集中的页面。

5.5.3　请求分段存储管理方式

1. 硬件支持

请求分段虚拟存储管理系统是在分段存储管理系统的基础上实现的，以段为单位进行调入调出。基本原理是，作业运行之前，可不调入所有段，而只调入若干个段，另一部分段则装入外存；在作业运行过程中，如果主存中没有要访问的段，则发生缺段中断，由操作系统动态调度段。

(1) 段表机制

请求分段的段表是在纯分段的段表机制的基础上增加若干项，供程序在换进换出时参考。图 5.41 所示是请求分段系统中的段表：

段名	段长	段的基址	存取方式	访问字段 A	修改位 M	存在位 P	增补位	外存始址

图 5.41　改进段表的结构

存取方式：标识该段的存取属性，包括只读、读/写和只执行；

访问字段 A：记录该段在一段时间内被访问的次数，或最近有多长时间未被访问；

修改位 M：标识该段在调入主存后是否被修改过；

存在位 P：标识该段是否已调入主存；

增补位：标识该段在运行过程中，是否有过动态增长；

外存始址：标识该段在外存上的起始地址，一般用起始物理块号。

请求分段存储管理系统的示意图如图 5.42 所示。

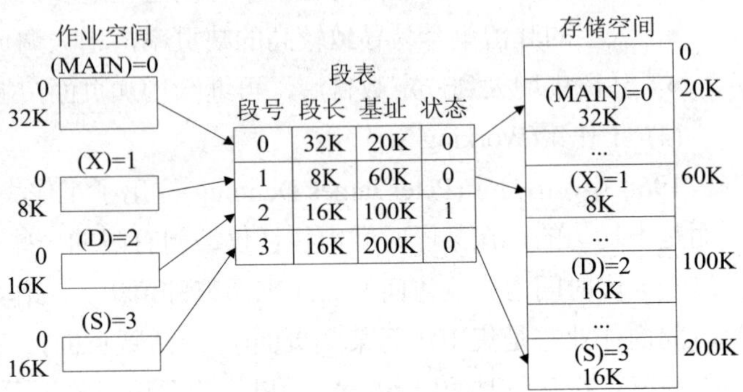

图 5.42　请求分段存储管理系统的示意图

(2) 缺段中断机构

在请求分段系统中，采用的是请求调段策略。当作业要访问的段未调入主存时，由缺段中断机构产生缺段中断信号，缺断中断处理程序响应中断并将所需的段调入内存。缺段中断的处理过程与缺页中断的处理过程类似，但更复杂。

(3) 地址变换机构

在分段系统的地址变换机构的基础上，形成了请求分段式系统中的地址变换机构。在地址变换时，若发现主存中没有所要访问的段，则将所缺的段调入主存，并修改段表，再利用修改后的段表进行地址变换。不同于固定的页面大小，段长是不固定的，可能需要替换一个或多个段才可以形成一个合适的空闲分区。

2. 段的共享

为实现分段共享，可以配置相应的共享段表。

(1) 共享段表

分段共享：在系统中建立一张共享段表，所有共享段都是共享段表中的一个表项，如表 5.12 所示。除具有一般段表中的表项外，共享段表还记录共享段的各个进程信息，包括：

- **共享进程数(count)：**记录共享该段的进程数量，仅当 count=0 时，才由系统收回。
- **存取控制字段：**记录不同进程的存取权限。
- **段号：**不同的进程使用不同的段号去共享同一个共享段。

表 5.12　共享段表项

<table>
<tr><td>段名</td><td>段长</td><td>内存地址</td><td>状态</td><td>外存始址</td></tr>
<tr><td colspan="5">共享进程计数 count</td></tr>
<tr><td>状态</td><td>进程名</td><td>进程号</td><td>段号</td><td>存取控制</td></tr>
<tr><td colspan="5">……</td></tr>
</table>

(2) 共享段的存储分配

对第一个请求使用共享段的进程，在主存为该共享段分配一个物理区域，并将共享段调入该区域，同时在请求进程的相应段表项中记录该区域的信息，并置 count=1。当出现其他进程请求调用该共享段时，不必再为该段分配主存；在共享段的段表中记录请求进程的进程名、存取控制权限等信息，并执行 count:=count+1，表示增加了一个进程共享该段。

(3) 共享段的存储回收

当某进程不再需要该共享段时，可释放该段，并执行 count:=count-1 操作。若结果不为 0，只需要删除共享段表中该调用进程的相关记录；若结果为 0，则系统回收该共享段的物理主存，并删除共享段表中该段所对应的表项。

5.5.4 请求段页式虚拟存储器

在段页式系统的基础上，请求段页式虚拟存储系统增加了请求调页和页面置换功能。段页式虚拟存储器把作业按逻辑功能分段后，再将每段划分成固定大小的、并与实存页面大小相同的页。

段表和页表构成表层次，每道作业通过一个段表和一组页表来进行定位。段表中的每行对应一个段，记录了指向该段的页表起始地址及该段的控制保护信息。页表指明该段中各页在主存中的地址，以及是否已装入、已修改等信息。不同于纯段式管理中段的起点是任意的，段页式管理中作业对主存的调入调出是按页进行的，段的起点是位于实存中页面的起点。

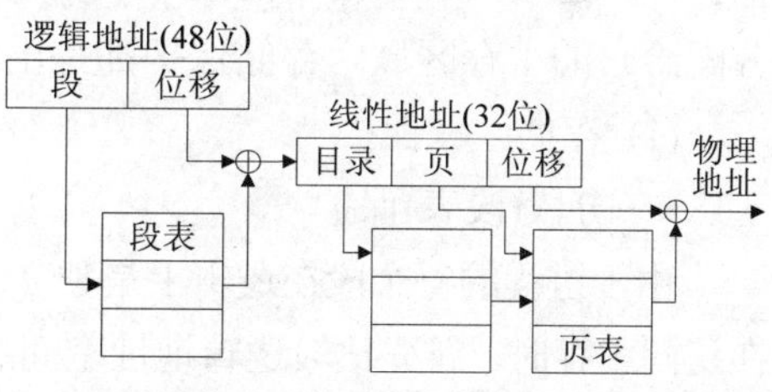

图 5.43　段页式地址转换机制

多道(多用户)程序的每一道(每个用户)都有一个基号(用户标志号)，标识该道程序在基址寄存器中的段表起点。段页式存储管理中，虚地址包括基号、段号、页号、页内地址，由虚地址向主存实地址的变换至少需要两次查表(一次段表、一次页表)。

Pentium 处理机的虚拟地址称为逻辑地址，虚地址长度 48 位，包括 16 位段地址和 32 位位移地址。除去段地址中用于存储保护的两位，有效的逻辑地址为 46 位，即虚拟地址空间为 2^{46}。其段表和页表有 4 种组合：

① 无段表和无页表的存储器，即非虚拟存储器，其逻辑地址就是物理地址。

② 无段表和有页表的存储器，即页式虚拟存储器。

③ 有段表和无页表的存储器，即段式虚拟存储器。

④ 有段表和有页表的存储器，即段页式虚拟存储器。

当 Pentium 采用段页式管理时，地址转换机制如图 5.43 所示。通过段地址查段表，将段表中地址与位移地址相加得到 32 位线性地址，然后通过页地址转换得到物理地址。线性地址由页目录(10 位)、页号(10 位)和位移地址(12 位)组成，页面大小为 4KB(还允许设置为 4MB)。

5.5.5 快表与慢表

虚拟存储器工作过程有两种地址变换：

- 虚地址变换成主存实地址，每次访存时都必须变换一次，速度要求高；
- 虚地址变换成辅存实地址，仅当页面失效时才进行变换，速度要求不高。

虚拟存储器的速度，取决于虚地址变换成主存实地址的速度。这个速度如果太慢，虚拟存储器就无法采用。内部地址变换是通过查表得到实地址的，不同的表结构，其查表速度不同。对于页表法，页表在主存中，每访问主存一次，需要再访问主存一次查页表。对于段页式，仅查表就需要访问主存 2 次(一次段表、一次页表)。

由于程序访问的局部性，查表时对表内各行的访问有簇聚性，即在一段时间内只用到表内很少的几行。所以可以用快速硬件构成一部分相联目录表——快表(Translation Lookaside Buffer，TLB)加快地址变换，只需要把全相联目录表中很少的几行装入快表，而主存中的表称为慢表。快表只是慢表的一个小副本。

快表和慢表也构成表层次。查表时根据虚页号同时查快表和慢表。当快表中有该虚页号，可以很快找到其对应的实页号，并作废慢表的查找，访问主存的速度几乎不受影响。当快表中无此虚页号，就需要一个访问主存的时间查慢表。快表使得虚拟存储器真正得以实用，快表对程序员是透明的。快表容量越大则命中率越高，但也需要更长的相联对比时间。

5.5.6　存储共享与保护

当多个用户共享主存时，主存中就会有多个用户程序和系统软件。为此，系统应提供存储保护，防止用户程序出错而破坏系统软件和其他用户程序，还要防止用户程序不合法地访问未分配给它的主存区域。存储保护都是由硬件实现的，主要包括存储区域保护和访问方式保护。

(1) 存储区域保护

- 分段(段表)保护

由于进程的每个段在逻辑上是独立的，可以使用分段保护，包括越界检查和存取控制检查等。在访问主存时，首先比较逻辑地址空间的段号与段表长度，若段号等于或大于段表长度，就发出地址越界中断信号；其次，还要比较段内地址与段长，若段内地址等于或大于段长，也会发出地址越界中断信号。

界限寄存器可以为每个程序划定存储区域，防止越界访问，适用于每个用户程序占用一个或几个连续主存区域的情形。只有特权指令才可以访问界限寄存器，用户程序不能访问。在虚拟存储系统中不能用界限寄存器方式保护，因为用户程序的各页可能分散在几个不连续的主存区域，一般使用页表保护和键保护。

- 页表保护

每个程序都有各自的段表和页表，在没有形成主存地址之前，由段表和页表提供保护功能。如果虚页号出错或超出范围，则无法在页表中找到或访问，也就不会侵犯其他主存区域。但如果地址变换出错并产生错误的主存地址，段表和页表都无法提供保护了。

- 键保护

一方面，为主存的每一页分配一个存储键，每个用户主存页面的存储键都相同。另一方面，为每道作业再赋予访问键，保存于该道作业的状态寄存器中。当该道作业要写主存时，就比较存储键和访问键。只有两键相符时才允许访问该主存页，否则拒绝访问。

- 环保护

页表保护和键保护都是保护其他程序区域不被破坏，无法保护正在运行的程序。环保护根据系统程序和用户程序的重要性、对整个系统正常运行的影响程度对程序进行分层，可以保护正在执行的程序本身。

环保护机构：处理器状态分为多个环(ring)，分别具有不同的存储访问特权级别(privilege)。一般内环编号小(如 0 环)级别高，一个作业能访问同环或更低级别的外环数据，也能调用同环或更高级别的内环服务。图 5.44 是一个示例。

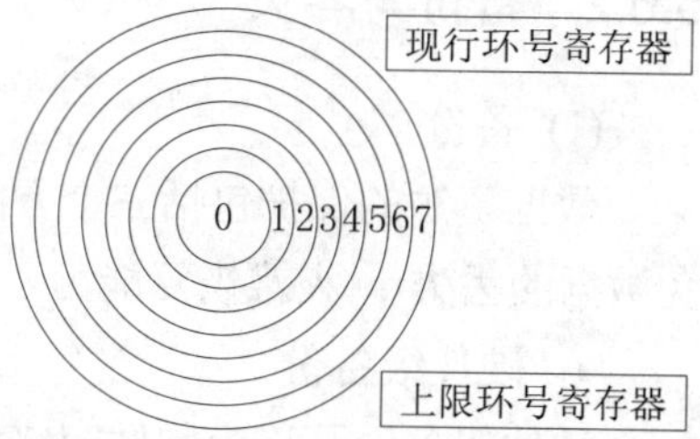

图 5.44　ECLIPSE MV 系列机的环保护

(2) 访问方式保护/存取控制检查

对主存信息的访问有三种方式：读(Read，R)、写(Write，W)、执行(Execute，E)，相应的访问方式保护也有 R、W、E 三种，及它们的逻辑组合。访问方式保护往往与上述存储区域保护结合使用。例如，在界限寄存器中加访问方式位；采用段表/页表保护和环保护时，在段表/页表中增加访问方式位。

5.6　网络存储与容灾备份

5.6.1　网络存储技术架构

随着计算机体系结构的网络化，网络存储(network storage)也开始出现。网络存储结构大致分为：直接附加存储 DAS、网络附加存储 NAS 和存储区域网络 SAN 等。

(1) **直接附加存储**(Direct Attached Storage，DAS)

直接附加存储 DAS，存储设备与服务器主机之间通常采用 SCSI 连接，数据流需要经服务器主机，再到达服务器主机连接着的存储设备。由服务器主机操作系统管理数据的读写和存储的维护，数据备份和恢复会占用服务器主机资源(包括 CPU、系统 I/O 等)。DAS 配置简单，成本低，和使用本机硬盘类似，仅需要一个外接 SCSI 口。

(2) **网络附加存储**(Network Attached Storage，NAS)

网络附加存储 NAS，将存储设备通过 TCP/IP 协议连接到现有的网络上实现文件级数据的存取服务。NAS 是一种带有网络文件瘦服务器(thin server)的存储设备。NAS 对硬件要求很低，仅需要在一个基本的磁盘阵列柜外增加一套瘦服务器系统，软件成本也不高。

(3) **存储区域网络**(Storage Area Network，SAN)

存储区域网络 SAN，存储设备和服务器主机之间采用网状通道(Fibre Channel，FC)交换机连接，又称为 FC SAN。FC 是专门为存储建立的、独立于 TCP/IP 的专用网络，因此 FC SAN 存取速度很快。每个存储设备不隶属于任何一台服务器，具有很强的网络拓扑结构扩展性，往往采用 RAID 阵列。

(4) **IP SAN 存储技术**

IP SAN 存储技术使用互联网小型计算机系统接口(internet Small Computer System Interface，iSCSI)协议，整合了为网络而建立的 IP 协议和为存储而建立的 SCSI 协议。iSCSI 是一种端到端的协议，定义了在 TCP/IP 网络发送、接收 block(数据块)级的存储数据的规则和方法，使用标准的以太网交换机和路由器。iSCSI 用于服务器、存储设备和协议传输网关设备传输数据。

5.6.2　备份与容灾

(1) 备份

数据资源的保护包括三个方面：数据可用性(数据在需要的时候就能获取)；数据完整性(避免数据的丢失)；灾难恢复能力。

- **硬件级备份**

硬件级备份又称为硬件容错(hardware fault tolerance)，指用硬件冗余来保证系统连续运行，比如磁盘镜像(mirroring)、磁盘阵列(disk array)、双机容错等。Cluster、SFTIII、Standby 都属于双机容错。硬件级备份能够有效地防止硬件故障，但无法防止数据的逻辑损坏。硬件备份无法真正保护数据，只会将逻辑损坏的错误数据重新复制一遍。

- **软件级备份**

软件级备份或软件容错(software fault tolerance)，指将系统数据保存到其他介质上，当错误出现时将系统恢复到备份时的状态，备份操作由软件来完成，如数据拷贝。由于计算机系统与备份介质分开，软件级备份能在一定程度上防止逻辑损坏，不会重新复制错误数据。

- **人工级备份**

人工级备份是最原始，也最简单和有效。理想的备份系统应该是全方位、多层次的。

(2) 容错与灾难恢复

灾难恢复同普通数据恢复最大的不同在于，当整个系统失效时，用灾难恢复能够迅速恢复系统和恢复数据，而普通数据恢复则不能恢复系统；灾难恢复则可以处理广义的数据失效，而数据恢复只能处理狭义的数据失效。不同于普通数据备份，系统备份不仅备份系统中的数据，还备份系统文件、系统参数、数据库系统、应用程序、用户设置等。

- **SAN 备份方式**

LAN-Based 备份是以网络为基础进行数据传输的，需要一台备份服务器负责整个系统的备份操作。若备份的数据量较大，可以采用存储网络的 LAN-Free 备份，将备份服务器通过 SAN 连接到备份设备上，备份工作由 LAN-Free 备份客户端软件进行触发。无服务器备份与 LAN-free 备份类似，但备份服务器不再是主要的备份数据通道，由源设备、目的设备、SAN 设备构成主要的备份数据通道。

- **远程镜像技术**

镜像是在两个或多个磁盘或磁盘子系统上生成同一个数据的镜像视图，包括主镜像系统和从镜像系统。根据主从镜像系统的位置不同可分为本地镜像和远程镜像。本地镜像中，主从镜像存储系统位于同一个 RAID 阵列中；而远程镜像中，主从镜像存储系统往往分布于不同的网络节点上。

远程镜像是容灾备份的核心技术，也是远程灾难恢复和数据恢复的基础。它利用物理位置上分离的存储设备，在远程维护一套镜像系统，直接由盘机控制软件来管理，不需要主机参与控制。常用的有同步、异步、半同步和自适应等方式。

- **远程主机技术**

远程主机技术与远程镜像技术类似，但整个数据镜像过程都由主机控制完成，运行磁盘镜像软件完成远程磁盘镜像工作，常用的有同步、异步以及同步/异步自适应方式。

衡量容灾备份的常用技术指标：

数据恢复点目标 (Recovery Point Objective，RPO)：指业务系统所能容忍的数据丢失量。

恢复时间目标 (Recovery Time Objective，RTO)：指所能容忍的停止业务服务的最长时间，即从灾难发生开始、到业务系统功能恢复所需的最短时间。

RPO 针对的是数据丢失，而 RTO 针对的是服务丢失。RPO 和 RTO 的确定必须根据不同的业务需求进行风险分析和业务影响分析后确定。对于不同企业的同一种业务，RPO 和 RTO 也往往不一样。

习　题　5

5.1　设某机主存容量 16GB，Cache 的容量 16MB，每字块有 8 个字，每个字 32 位，设计一个四路组相联映射的 Cache 组织，(1) 画出主存地址字段。(2) 设 Cache 初态为空，CPU 依次从主存第 0, 1, 2, 3, …, 999 单元读出 1000 个字(主存依次读出一个字)，并重复此顺序读 20 次，求命中率？(3) 若 Cache 的速度是主存速度的 6 倍，问使用 Cache 后速度提高了多少倍？

5.2　一盘组共 6 片，记录面共 10 面，每面分 205K 道，外道直径为 14 英寸，内道直径为 10 英寸，数据传输率为 60M 字节/秒，磁盘组转速为 7200 转/分。假定每个记录块为 1024 字节，系统可挂多达 32 台磁盘，请设计磁盘地址格式，并计算总存储容量。

5.3　某磁盘有 1 片磁盘，有两个记录面及两个磁头，存储区域内径 22cm，外径 33cm，道密度 22K 道/厘米，内层位密度 1M 位/厘米，转速 10 000 转/分。求：(1) 磁盘组总存储容量？(2) 数据传输率？(3) 如采用定长数据块记录格式，在寻址命令中如何表示磁盘地址？(4) 如文件长度超过一个磁道的容量，应记录在同一个柱面上，还是同一个存储面上？

5.4　假设每磁道分成 10 个物理块，每块存放 1 个逻辑记录。逻辑记录 R_0，R_1，…，R_9 存放在同一个磁道上，记录顺序如表 5.13 所示，磁头当前在 R_1 处。假定磁盘转速为 10ms/周，若系统顺序处理这些记录，使用单缓冲区，每个记录处理时间为 2ms。问处理这 10 个记录的时间是多少？对信息存储作优化分布后，处理 10 个记录的最短时间为多少？

表 5.13　记录的安排顺序

物理块	1	2	3	4	5	6	7	8	9	10
逻辑记录	R_0	R_1	R_2	R_3	R_4	R_5	R_6	R_7	R_8	R_9

5.5　设有 9 道半英寸(1 英寸=25.4mm)磁带机，带长 900m，记录密度为每英寸 64MB，带速 3m/s，启停时间 5ms，按块记录文件；每条记录长 256KB，块化系数为 128，块间间隔为 0.1mm。求：(1) 磁带记录密度为每毫米多少字节？(2) 数据传输率为多少？(3) 每个块所占磁带长度为多少？(4) 整盘磁带可容纳的记录条数为多少？(5) 读出 100 000 条记录需要多长时间？

5.6　某存储器具有 40 位地址和 64 位字长，由 64G×32 位 Flash 芯片构成。问：(1) 该存储器容量？(2) 需要多少 Flash 芯片？需要多少位地址做芯片选择？(3) 画出该存储器的组成逻辑框图。(4) 假设其擦写次数为 5000 次 P/E，每天擦写数据量为 500GB，试计算可用多少天？

5.7　设某程序执行时的页地址流为：3，0，4，3，2，4，1，2，0，4，2，4，假设开始时主存为空。(1) 若分配给该道程序的主存有 3 页，分别采用 FIFO、OPT 和 LRU 三种替换算法对这 3 页主存进行调度。分别列出这三种替换算法的调度过程，并计算其命中率。(2) 若分配给该道程序的内存有 4 页，情况又如何？

5.8　某程序要访问的 15 个页面序列为：$P_5 P_1 P_6 P_2 P_0 P_7 P_3 P_0 P_7 P_2 P_7 P_0 P_4 P_0 P_2$，假设开始时主存为空。问：(1) 设主存容量为 3 个页面时，求 FIFO 和 LRU 替换算法的命中率。(2) 当主存容量为 4 个页面时，上述两种替换算法各自的命中率又是多少？

5.9　假设存储器的平均访问时间是 0.01μs，一磁盘块读入内存的时间约 20μs，缺页中断服务时间和进程重新执行时间之和约 5μs，试计算缺页中断率多少时有效访问时间延长不超过 5%。

第6章　I/O系统设计

内容提要：本章介绍输入输出(I/O)系统，具体包括程序查询方式、中断输入输出方式、DMA输入输出方式、I/O 通道和处理机、总线结构、外部设备、外设接口。

本章重点：中断输入输出方式、DMA 输入输出方式、I/O 通道和处理机、总线结构。

6.1　输入输出(I/O)系统概述

6.1.1　I/O 系统需要解决的主要问题

输入输出系统，简称 I/O(Input/Output)系统，是一个计算机系统中主机与外界进行数据交换的软件、硬件系统。一般将主机以外的硬件设备称为**输入输出设备**或**外部设备**，简称**外设**。根据信息流入主机的方向不同，可将外设分为以下两大类：

输入设备：向主机输入程序、数据、操作命令、图形、图像、声音等信息。

输出设备：输出主机的处理数据、操作提示、文字、表格、图形、图像、声音等信息。

I/O 系统主要用于实现主机与外设之间的数据交换，使两者能够协调一致地工作。协调一致包括：实现主机与外设在数据处理速度上的匹配；实现主机机与外设并行工作，提高整个系统的效率。主机与外设的交互技术包括中断技术、直接存储器访问(Direct Memory Access，DMA)技术、I/O 通道技术和 I/O 处理机技术等。图 6.1 显示常见外部设备。

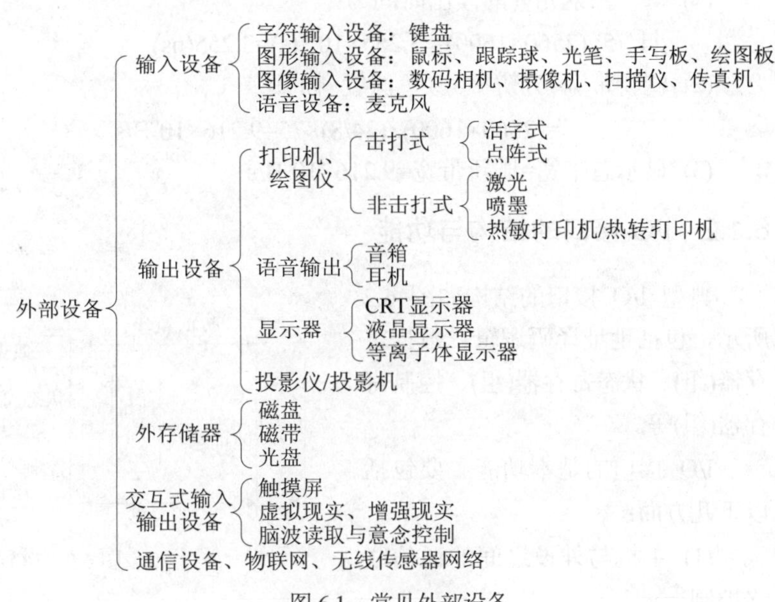

图 6.1　常见外部设备

I/O 接口也称为**输入输出控制器**或 **I/O 模块**，通常指设备硬件之间的界面，或指主机与外设(或系统)之间的接口逻辑，即**硬件接口**。为实现设备间通信，不仅需要由硬件逻辑构成接口部件，还需要相应的软件，软件之间交接的部分称为**软件接口**。硬件逻辑与软件协调工作，形成更广泛的硬件与软件接口又称为**软硬接口**。I/O 接口能够完成主机与外设间通信所需的某些控制，如数据缓冲、数据格式转换、命令转换及状态传输等。

I/O 系统常用的指标有：

- **数据传输速率**：每秒传输的二进制信息位数，单位为位/秒、bps 或 b/s。

$$S=1/T \cdot \log_2 N(\text{bps}) \tag{6.1}$$

式中，T 为一个码元的宽度，单位为秒；N 为一个码元中离散值个数。在数字通信中，常用时间间隔相同的信号来表示一位二进制数字，相应的传输信号称为**码元**(symbol)。通常 $N=2^K$，K 为二进制信息的位数，即 $K=\log_2 N$。当 $N=2$ 时，$S=1/T$，即数据传输速率就是码元的重复频率。

- **信号传输速率**：也称**波特率**、**调制速率**或**码元速率**，指单位时间内传输的码元数，单位为波特(Baud)。

$$B=1/T(\text{Baud}) \tag{6.2}$$

式中，T 为信号码元的宽度，单位为秒。由式(6.1)、式(6.2)得：

$$B=S/\log_2 N(\text{Baud}) \tag{6.3}$$

即带宽越大，数据传输速率越大。

【例 6.1】 某光栅扫描显示器为真彩色(24 位)，分辨率为 2560×1600，帧频为 75Hz(逐行扫描)，显示存储器为双端口存储器，不计回归和消隐时间。试计算：(1) 每一像素允许的读出时间。(2) 刷新带宽。(3) 显示总带宽。

解：

(1) 每一像素允许的读出时间为：

$(1/75)/(2560\times1600)\approx3.255\times10^{-9}(\text{s})=3.255(\text{ns})$

(2) 刷新带宽=分辨率×颜色深度×帧频

$=(2560\times1600)\times(24/8)\times75=9.216\times10^{8}\text{B/s}$

(3) 显示总带宽=刷新带宽=$9.216\times10^{8}\text{B/s}$

6.1.2 I/O 接口的结构与功能

典型 I/O 接口的结构如图 6.2 所示，包括地址译码逻辑、数据寄存器(组)、状态寄存器(组)、控制寄存器(组)等。

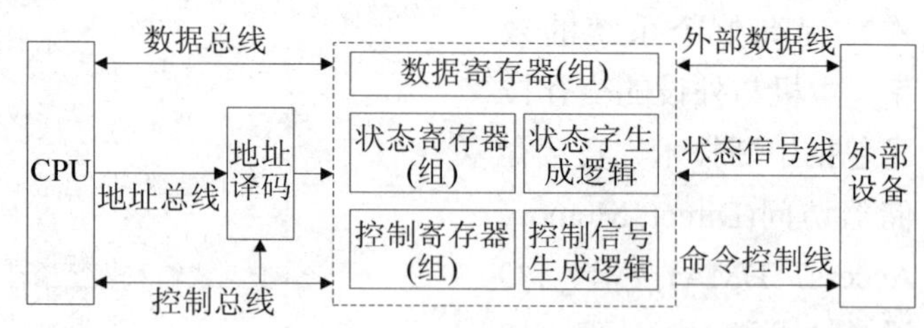

图 6.2　I/O 接口的典型结构

I/O 接口的基本功能主要包括以下几方面：

(1) 主机与外设之间的通信联络控制

主要包括同步控制、命令译码、状态字的生成、设备选择以及中断控制等。主机一般使用命令编码字格式发命令给外设，而外设工作的物理信号往往采用电压、电流等模拟量形式，所以接口电路需要对主机送来的命令字进行译码和转换。与此类似，外设送回给接口的状态信号也常采用模拟形式，接口也需要对这些信号进行编码并转换为状态字。因此，需要在接口设置控制命令寄存器和外设状态寄存器。当主机或外设将数据发送到接口后，接口应当给出数据是否就绪的信号以完成双方的同步控制。对于中断方式的 I/O 系统，接口中应设置中断控制逻辑；对于 DMA 方式的 I/O 系统，接口中应设置 DMA 控制逻辑。

(2) 数据传送与数据缓冲、隔离和锁存

由于主机的工作速度较快，而外设的工作速度较慢，需要接口进行速度匹配。接口电路往往设置一个或几个数据输入缓冲寄存器和数据输出缓冲寄存器(数据锁存器)，各寄存器都分配有不同的 I/O 地址。在主机与外设进行数据传送时，通常先将数据送入数据缓冲寄存器，再发送到目的地，该控制逻辑和数据的缓冲装置提供了主机与外设之间的数据通路。

(3) 实现数据格式转换、电平转换及数字量与模拟量的转换

类似于控制命令和工作状态信息，主机数据也采用二进制编码格式，而外设数据经常采用电流、电压等模拟信号格式，两者交换数据时也需要由接口将外设的模拟数据转换成输入数字数据，或将输出数字数据转换为模拟数据。另外，外设还常用 ASCII 编码来表示信息，接口也要完成 ASCII 编码与相应二进制编码间的转换。此外，接口往往还要完成串行数据格式与并行数据格式之间的转换，以及使用不同电源的主机与外设之间的电平转换。

6.1.3　I/O 接口的类型

I/O 接口的类型取决于主机与接口(或 I/O 设备)之间信息交换方式、I/O 设备的特性、I/O 设备对接口的特殊要求等因素。通常，I/O 接口可分为以下几类：

(1) 并行接口和串行接口

按照数据传送格式可分为并行接口和串行接口两类。在并行接口中，主机与接口、外设之间的数据传送是并行方式，即每次同时传送一个字节或一个字的所有数据。在串行接口中，主机和接口之间的数据传送是并行方式，而接口与外设之间是串行方式，即每次一位一位地依次传送数据。

(2) 同步接口和异步接口

按时序的控制方式可将接口分为同步接口和异步接口。同步接口使用同步总线，由统一的时钟信号来同步接口与总线的数据传送。同步接口的控制逻辑简单，但要求主机、主存、外设在速度上能较好地匹配。

异步接口使用异步总线，采用异步应答方式来同步接口与系统总线的数据传送。主设备和从设备的信息交换过程通过请求、回答来完成，从请求到回答的间隔时间不是系统定时节拍的硬性规定，而由操作的实际时间决定。如 DEC 公司的 PDP-11 系列机就使用异步接口。

不管是同步接口还是异步接口，接口与外设之间交换信息通常都采用异步方式；但有总线特性的接口有时也会采用同步方式，如 ATA 接口。

(3) 程序控制和硬件控制

I/O 数据传送控制方式也称为 I/O 信息交换方式，需要相应的硬件支持。按处理机干预数据传送控制的程度及 I/O 控制的组织方式，可以分为以下两种：

- 由程序控制的数据传送。

在主机与外设之间的 I/O 数据传送需要通过处理机执行 I/O 程序来完成，可实现对整个 I/O 数据传送的全过程管理，常用于总线型连接方式。程序控制的数据传送还能进一步分为直接程序控制方式(Programmed Direct Control，PDC)和程序中断传送方式(Program Interrupt Transfer，PIT)。

● 由专有硬件控制的数据传送。

还可以设置专门用于控制 I/O 数据传输的硬件装置，处理机只要启动这些装置，就可由这些装置控制完成 I/O 数据传送，而不需要处理机控制具体的 I/O 数据传送过程。可还可进一步分为直接存储器存取(DMA)方式、通道控制方式和 I/O 处理机控制方式。

(4) 总线型连接方式

总线型 I/O 系统通常包括四部分：扩展总线、I/O 设备接口控制器(适配器)、I/O 设备以及相关控制软件。主机通过系统总线与主存储器、I/O 设备接口控制器(适配器)相连，通过 I/O 设备接口控制器实现对外设的控制。总线型连接方式如图 6.3 所示。

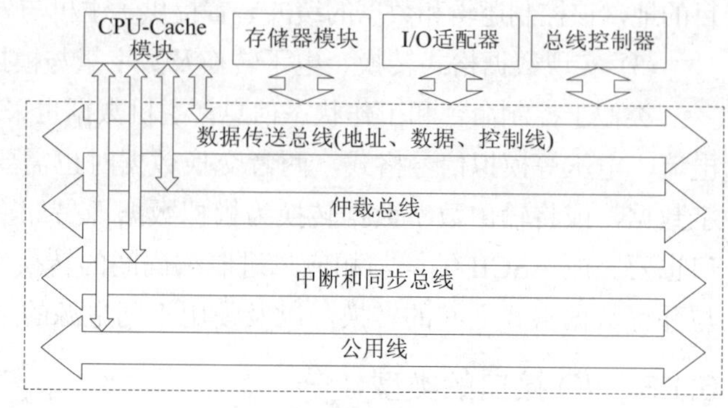

图 6.3　总线型连接方式

该方式是目前大多数中、小型、微型计算机所采用的连接模式，系统模块化程度较高，I/O 接口扩充方便。缺点是所有部件之间均依赖于总线进行信息交换，总线容易成为系统性能的瓶颈，不适合使用大量外设的场合。另外，一个 I/O 接口控制器未必仅控制一台 I/O 设备，比如一块多用户卡可以控制 4 台以上终端的工作。

【例 6.2】 用异步方式传送 ASCII 码，包括数据位 8 位、奇校验位 1 位、停止位 1 位，波特率为 115 200b/s。求每个字符传送速率？每个数据位的时间长度？数据位的传送速率？

解：每个字符包含 10 位，则字符传送速率为：115 200/(1+8+1)=11 520 字符/s

每个数据位的时间长度 T=1/115 200(s)≈8.6806μs

数据位的传送速率为 8 位/字符×11 520 字符/s=92 160bps。

6.1.4 输入输出设备的编址

主机通常会连接多个外设，必须给众多外设编址，以便选择 I/O 设备，也就是给每个外设分配一个或多个地址码(设备号或设备码)。因为外设是接在相应的 I/O 接口上的，因此主机对外设的寻址实质上就是对 I/O 接口寄存器的寻址，地址码(设备号或设备码)就是该外设控制器(适配器)上 I/O 接口寄存器的地址，也称为端口地址。地址总线上的地址信号经译码器译码后产生设备号，以选择相应的外设寄存器。

对 I/O 端口编址的方法分为两种：**单独编址方式(或独立编址方式)**，**存储器映射方式(或存储器统一编址方式)**。独立编址方式指存储单元与 I/O 接口寄存器分别编址，有各自的译码部件。CPU 需要专门的 I/O 指令及相应的总线控制时序，以此区分地址总线上的信号是存储单元地址还是 I/O 端口地址。例如在 IBM PC 微机采用独立编址，内存单元的地址最多有 1M 个，I/O 端口地址有 1024 个。该编址方法的优点是：存储器单元与 I/O 端口都有各自独立的地址空间，各自的控制电路与地址译码比较简单；专门的 I/O 指令使程序结构清晰，便于阅读和维护。

存储器映射方式是从存储单元地址空间中划出一部分地址作为 I/O 端口地址，即存储单元与 I/O 接口寄存器统一在一个地址空间中。访问存储单元的指令都可以访问 I/O 端口，因此不需要专门设置 I/O 指令及相应的总线控制时序，简化了 CPU 控制器的设计，I/O 程序编制较为灵活。缺点是占用了存储器的地址空间，源程序中的 I/O 部分代码难以阅读和维护。

6.2　程序查询方式

6.2.1　程序查询流程

程序查询方式指需要时刻不断地查询 I/O 外设是否准备就绪。通过程序读取外设状态寄存器了解接口的工作状态，完成相应的程序操作。该方式实现简单，但需要时间密集的查询操作以及时了解接口状态，造成 CPU“踏步”现象，主机效率低。如图 6.4 所示。

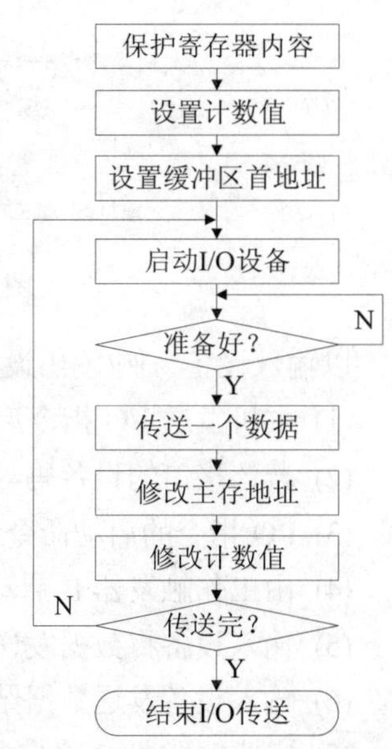

图 6.4　程序查询方式的程序流程

(1) 传送数据时要占用 CPU 中的寄存器，故需要预先保护原寄存器内容。

(2) 在成批传送数据时，需先设置主机与外设之间交换数据的计数值。

(3) 需要设置欲传送数据在主存储器缓冲区的首地址。

(4) 主机启动 I/O 设备。

(5) 主机提取 I/O 接口的设备状态标志并测试其是否准备就绪。如果未准备就绪，则等待。当准备就绪时，可以开始传送。若输入，准备就绪说明输入缓冲满，即欲传送的数据已装满接口中的数据缓冲寄存器，主机可取走数据；若输出，准备就绪说明输出缓冲空，即接口电路中的数据已被外设取走，主机可再次将数据送到输出接口，设备可再次接收数据。

(6) 主机执行 I/O 指令，或从 I/O 接口的输入数据缓冲寄存器中读出数据，或将数据写入 I/O 接口中的输出数据缓冲寄存器内，同时复位接口中的状态标志。

(7) 修改主存储器地址。

(8) 修改计数位。若计数值设置为原码，则依次减 1；若计数值设置为负数的补码，则依次加 1。

(9) 判断计数值。若计数值为 0，则表示一批数据已传送完毕；若计数值不为 0，表示一批数据尚未传送完毕，重新启动外设继续传送。

(10) 结束 I/O 传送，继续执行现行程序。

当 I/O 设备较多时，主机需要按各个外设的优先级进行逐级查询，其流程图如图 6.5 所示，图中设备的优先顺序按 1 至 n 降序排列。

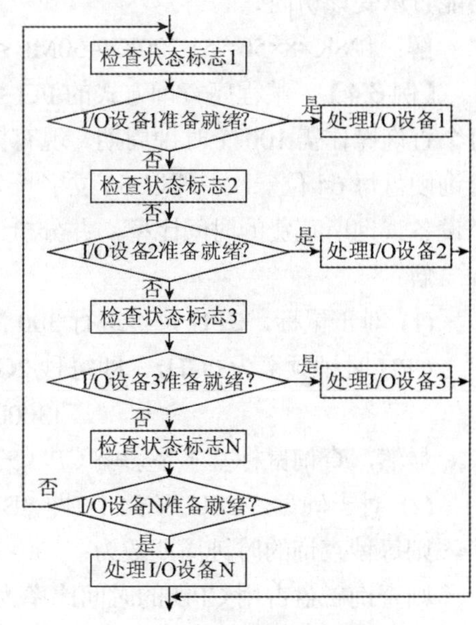

图 6.5　多个 I/O 设备的查询流程

6.2.2　程序查询方式的接口电路

程序查询方式的接口组成和功能流程如图 6.6 所示。图 6.6 中数据缓冲寄存器用于存放欲传送的数据，设备选择电路用于识别本设备地址，B 是工作触发器，D 是完成触发器。

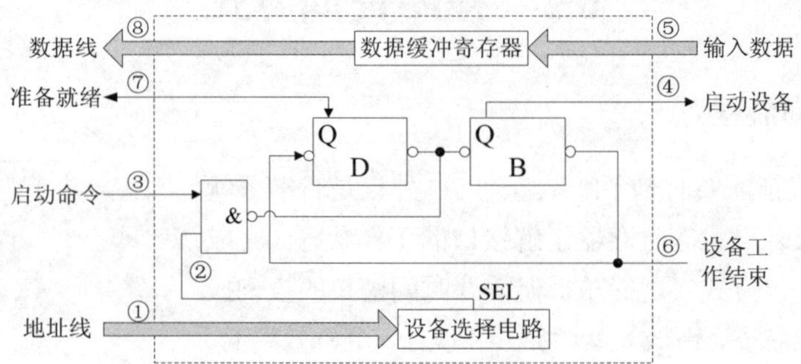

图 6.6　程序查询方式接口电路(输入)的基本组成

以输入设备为例(输出设备可类推)，该接口的工作过程如下：

(1) 主机发送 I/O 指令启动输入设备，通过地址线将指令的设备码送至设备选择电路。

(2) 若该接口的设备码与地址线上的代码相符，其输出信号 SEL 有效。

(3) I/O 指令的启动命令通过与非门将工作触发器 B 置 1，将完成触发器 D 置 0。

(4) 由工作触发器 B 启动输入设备工作。

(5) 输入设备将数据发送至数据缓冲寄存器。

(6) 输入设备发送数据结束，并将触发器 B 置“0”，D 置“1”，表示输入设备准备就绪。

(7) 完成触发器 D 将准备就绪状态通知主机，表示输入缓冲满。

(8) 主机执行输入指令，将输入数据缓冲寄存器中的数据读至主机的通用寄存器，再存入主存储器相关单元。

【例 6.3】　某网络每次请求的数据量为 128KB，每秒发出 50 次访问请求。问 200Mb 的网络能否承受该访问？

解： 128K×8×50= 51 200Kb=50Mb < 200Mb，因此能够承受。

【例 6.4】　某程序查询方式的 I/O 系统中，CPU 的时钟频率为 2GHz，如不考虑处理时间，每个查询操作需 100 个时钟周期。现有鼠标和硬盘两个设备，CPU 每秒查询鼠标 300 次，CPU 查询硬盘每 64 位一次，即以 64 位字长为单位传输数据被，传输率为 20MBps。求 CPU 对这两个设备查询所花费的时间比率，并分析。

解：

(1) 对于鼠标，CPU 每秒进行 300 次查询，所需的时钟周期数为：100×300=30 000

CPU 时钟频率为 2GHz，即每秒 2G 个时钟周期，则查询鼠标占用 CPU 的时间比率为：

$$[30000/(2G)]\times 100\%\approx 0.0014\%$$

显然，查询鼠标基本不影响 CPU 的性能。

(2) 对于硬盘，CPU 每 64 位(即 8B)查询一次，故每秒查询：20MB/8B=2.5M 次

则每秒查询的时钟周期数为：100×2.5M=250M

则查询磁盘占用 CPU 的时间比率为：[(250M)/(2G)]×100%≈12.2%

显然，查询硬盘将占用大量 CPU 时间，所以 CPU 与磁盘之间一般不采用程序查询方式。

6.3　中断输入输出方式

6.3.1　中断的作用、产生和响应

中断技术：当接口出现需要干预的事件，采用中断方式通知主机，主机再读取相应的状态寄存器，确定中断事件的类型，以便执行不同的中断服务程序。

中断：当程序运行过程中，出现了一个必须由主机立即处理的情况，此时，主机暂时停止当前程序的执行，转而处理这个新情况。

中断源(中断事件)：能够引起中断的原因，或提出中断请求的外设或异常。

中断屏蔽：是指通过设置相应的中断屏蔽位，禁止主机响应某个中断。其目的是保证重要的程序在执行时不被中断，以免造成其错误或延迟。从中断是否可以被屏蔽来看，可分为**可屏蔽中断**(Maskable Interrupt，MI)和**不可屏蔽中断**(Non-Maskable Interrupt，NMI)。

硬件中断(硬中断)：表明需要注意或需要改变执行的异步硬件信号，通常是一个独立的有控制线系统，可在硬件中实现或集成于存储器系统。硬件中断是一种避免轮询循环浪费主机时间的方式。

软件中断(软中断)：用软件方式模拟硬件中断，以达到异步执行效果。

外部中断：一般由外设发出的中断服务请求，如定时器中断、键盘中断、打印机中断等。外部中断是可屏蔽中断，可以利用中断控制器屏蔽外设的中断请求。

内部中断：指因较严重的硬件故障(如突然掉电、奇偶校验错等)或运算错误(运算溢出、除数为零、单步中断等)所产生的中断。内部中断是不可屏蔽的中断。

中断请求(Interrupt ReQuest，IRQ)：中断事件向处理器发出请求(电脉冲信号)，要求主机中断当前的工作转去处理中断事件。计算机中每个组件都拥有一个独立的 IRQ，除 PCI 卡之外，各组件的 IRQ 都不可重复使用。

中断标识码(中断类型号)：由硬件(一般是中断控制器)产生，用于标识不同中断源。

中断向量：中断服务程序的入口地址。在某些计算机中，会将一条跳转到中断服务程序入口地址的跳转指令存放在中断向量的位置。

中断服务程序：处理器处理中断事件可视为一种“服务”，由事先编好的特定中断处理程序来完成，这种用于处理中断事件的特定程序就称为中断服务程序。

图 6.7 所示为打印机发出 I/O 中断时，CPU 与打印机并行工作的示意图。

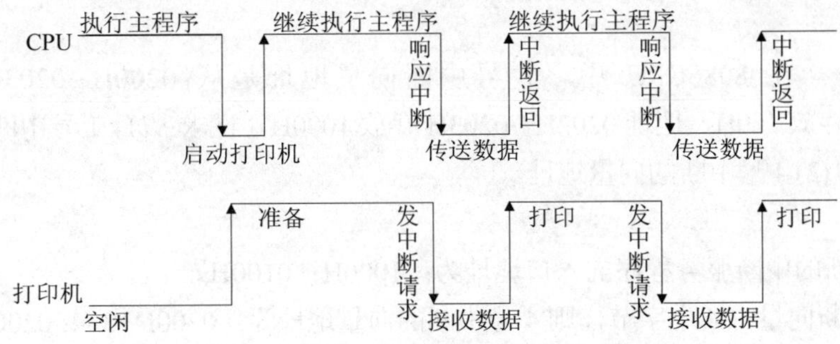

图 6.7　CPU 与打印机并行工作的示意图

计算机系统引入中断技术不仅是为了匹配I/O设备工作速度低的问题。重要的事件或故障，如突然掉电、实时响应某信号的请求，都要采用中断技术。因此，计算机必须配置相应的中断机构或中断系统。

6.3.2　中断处理流程

不同的设备具有不同的中断服务程序，可其程序流程和原理都是类似的，通常包括四部分：保护现场、中断服务、恢复现场和中断返回。

(1) 保护现场

保护现场包括两个方面，一是保存程序的断点，由中断指令完成；二是保存通用寄存器和状态寄存器的内容，由中断服务程序完成。中断发生时，一般中断服务程序的开头设置若干条存数指令将寄存器内容保存至存储器中，或使用进栈指令(PUSH)将寄存器内容保存至堆栈。

(2) 中断服务(设备服务)

这是中断服务程序的主体部分，不同的中断请求源有不同的中断服务操作内容。例如，打印机需要主机将准备打印的字符送入打印机接口的缓冲存储器中，显示器需要主机将准备显示的字符送入显示器接口的显示存储器中。

(3) 恢复现场

要求在退出中断服务程序前，将中断发生时原程序的现场恢复到原寄存器中。相应地，可以在中断服务程序的结尾部分设置若干条取数指令或出栈指令(POP)，将保存于存储器或堆栈中的信息送回原寄存器中。

(4) 中断返回

通常是中断服务程序的最后一条指令，使其返回原程序的断点处继续执行原程序。

主机在处理中断的过程中，有可能出现新的中断请求，如果主机不去处理新的中断请求，该中断系统称为**单重中断**；如果主机能够暂停现行的中断服务程序，转去处理新的中断请求，该中断系统称为**多重中断**，或**中断嵌套**。两者的中断服务程序略有区别。图6.8中(a)和(b)分别为单重中断和多重中断服务程序流程。可见，两者的区别在于开中断的设置时间不同。

一旦主机响应了某中断源的中断请求后，中断允许触发器EINT置0，硬件线路自动关中断，以保证该中断服务程序的顺利执行。在图6.8(a)单重中断中，开中断指令安排在最后的中断返回之前，此时，不能用开中断指令将EINT置1，主机在整个中断服务处理过程中不能再响应其他任何一个中断源的中断请求。在图6.8(b)多重中断中，开中断指令提前至保护现场之后，即在保护现场后，主机可以响应更高级别的中断源请求，这是实现多重中断的必要条件。

【例 6.5】　在8086CPU中，1号中断向量地址是从0200H~0203H，其中地址0200H~0201H存放100H，地址0202H~0203H存放1000H，试求：(1) 1号中断的中断服务程序的入口地址。(2) 4号中断的向量地址。

解：

(1) 1号中断的中断服务程序的入口地址为：1000H：0100H

(2) 1个中断向量占4个字节，则4号中断的向量地址为：0200H+3×4=020CH

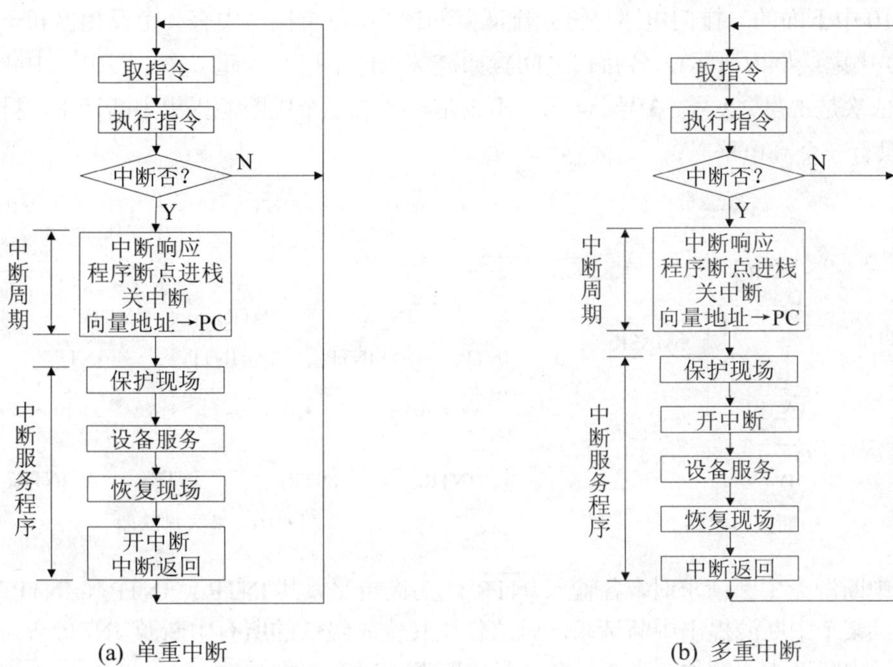

图 6.8　单重中断和多重中断服务程序流程

【例 6.6】　设某外设向主机传送信息的最高频率是 100KHz，而相应的中断处理程序执行时间为 15μs，试判断主机可否与该外设用程序中断方式交换信息？

解：该外设向主机传送信息的最小周期=1/100K≈9.766×10^{-6}s =9.766μs<15μs

由于中断处理程序的执行速度(15μs)比该外设传送信息的速度(9.766μs)慢，则主机与该外设不能用程序中断方式交换信息，否则会造成数据丢失。

6.3.3　程序中断设备接口的组成和工作原理

为完成 I/O 中断处理，必须在 I/O 接口电路中配置相应的中断硬件线路。

(1) 中断请求触发器和中断屏蔽触发器

每台外设都必须配备一个中断请求触发器 INTR，当其为 1 时，表示该外设向主机发出中断请求。而且外设欲提出中断请求时，其本身应当准备就绪，即 I/O 接口内的完成触发器 D(图 6.6)的状态必须为 1。另外，主机统一在每条指令执行的最后阶段查询所有外设是否有中断请求。因此，I/O 接口电路中的中断请求触发器 INTR、中断屏蔽触发器 MASK、完成触发器 D 与中断查询信号的关系如图 6.9 所示。仅当外设准备就绪(D=1)，且该设备未被屏蔽(MASK=0)时，来自 CPU 的中断查询信号才可将中断请求触发器置 INTR=1。

(2) 排队器

当多个中断源同时向主机提出请求时，主机先按中断源的不同性质对其优先权排队，并按优先等级排队结果依次响应。

设备优先权的排队可以用硬件实现，也可以用软件实现。硬件排队器的实现方法有多种，可以在主机内设一个统一的排队器完成所有中断源的排队；也可在接口电路内为各个设备分别设置排队器，又称为链式排队器，如图 6.10 所示。

图 6.10 中下面的一排门电路是链式排队器的核心，每个接口中有一个反相器和一个与非门(如图 6.10 中虚线框内所示)，各接口之间犹如链条一样串接在一起。该电路中，中断源按级别从高到低依次是 1 号、2 号、3 号、4 号。不论是一个或多个中断源提出中断请求，排队器输出端 INTP 只有一个高电平。

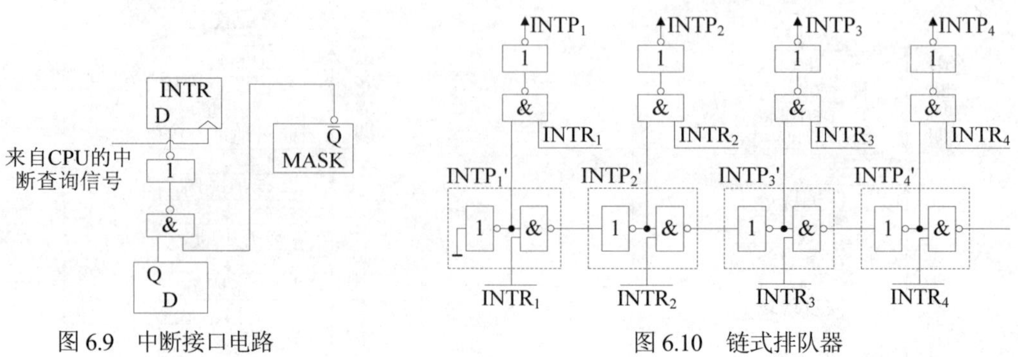

图 6.9　中断接口电路　　　　图 6.10　链式排队器

当各中断源无中断请求时，各输入 $\overline{INTR}$ 均为高电平，其 $INTP_1'$、$INTP_2'$、$INTP_3'$…均为高电平。一旦某个中断源提出中断请求，就迫使比其优先级低的所有中断源 $INTP_i'$变为低电平，封锁它们发中断请求。例如，当 2 号和 4 号中断源同时有请求时($\overline{INTR_2}$ =0，$\overline{INTR_4}$ =0)，经分析可知 $INTP_1'$、$INTP_2'$均为高电平，$INTP_3'$、$INTP_4'$及往后各级的 $INTP_i'$均为低电平。各个 $INTP_i'$再经图 6.10 中上面一排与 $INTR_i$ 组成的双输入与非门，可确保排队器只有 $INTP_2$ 输出高电平，即 2 号中断源选中。

(3) 中断向量地址形成部件(设备编码器)

不同的外设有不同的中断服务程序，不同中断服务程序有不同的入口地址。主机寻找入口地址可以用硬件实现或软件实现。硬件向量法由硬件电路产生向量地址，一个中断源对应一个向量地址，再通过向量地址寻找设备的中断服务程序入口地址。向量地址形成电路的输入来自中断排队器的输出 $INTP_1$、$INTP_2$、…、$INTP_n$，其输出为二进制代码格式的中断向量，其位数与主机可处理的中断源数量有关。因此，该部件实质上是一个中断向量地址编码器，在 I/O 接口中也称为设备编码器。

注意： 向量地址不同于中断服务程序的入口地址。图 6.11 是通过向量地址寻找入口地址的一种方案，其中 10H、11H、12H 是向量地址，100H、200H 分别是打印机中断服务程序和显示器中断服务程序的入口地址。

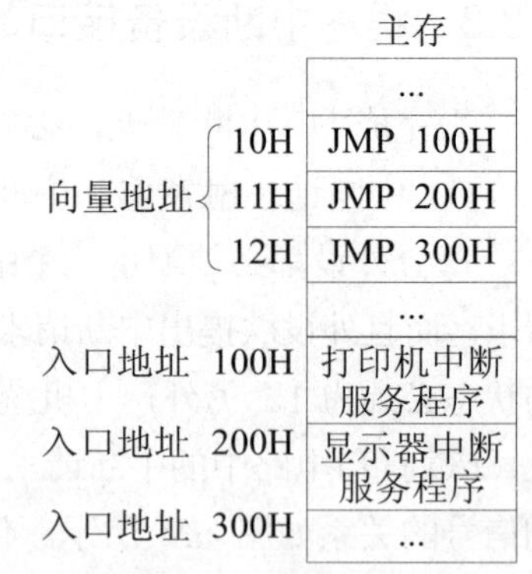

图 6.11　通过向量地址寻找入口地址

【例 6.7】 设有三个优先级按降序排列的设备 A、B、C，向量地址分别是 010010B、010011B、010100B。试设计一个链式排队线路和产生三个向量地址的设备编码器。

解： 链式排队线路和设备编码器如图 6.12 所示。当有请求发生时，中断请求信号 INTRi(i=A、B、C)=1，$\overline{\text{INTRi}}$(i=A、B、C)=0，排队器输出为 INTPi(i=A、B、C)。虚线框内为设备编码器，INTA 为中断响应信号。当中断响应信号 INTA 有效时链路排队电路工作，被选中的排队信号 INTPi 通过编码器形成向量地址，并由数据总线发送给主机。

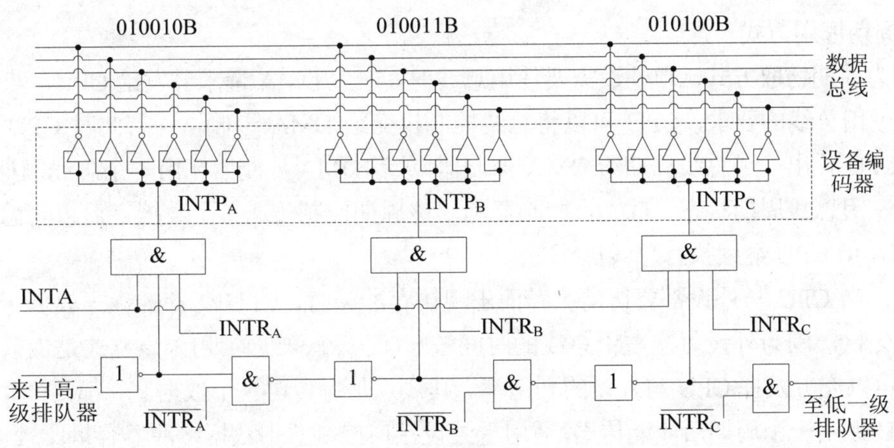

图 6.12　链式排队线路和设备编码器

6.4　DMA 输入输出方式

6.4.1　DMA 方式的特点与应用场合

中断方式能够克服程序查询方式中的 CPU“踏步”现象，主机的资源利用率有所提高。但从微观操作角度，在处理中断服务程序时 CPU 仍需暂停原程序的正常运行，特别是高速 I/O 设备或辅助存储器需要频繁地、成批地中断 CPU 主程序的执行。为此，又提出了 CPU 效率更高的 DMA 控制方式。

直接存储器访问方式(Direct Memory Access，DMA)，是一种直接依靠硬件在主存储器与 I/O 设备间传送数据的方式，而且数据传送过程中不需要 CPU 干预，而是由专门的硬件 DMA 控制器(DMA Controller，DMAC)完成。DMA 方式传送数据比通过 CPU 更快，特别是在成批数据传送时效率很高，常用于高速外设和辅存按连续地址方式访问主存。

若访问主存过程中无冲突发生，CPU 正在执行的程序通常不会受 DMA 控制的数据传送影响，CPU 可以与 DMA 控制的数据传送并行工作。与中断方式相比，DMA 方式仅需要占用系统总线，不需要中断主程序，不存在保护断点/保护现场、恢复断点/恢复现场等操作，所以可以快速响应 I/O 请求并插入 DMA 数据传送总线周期。但 DMA 方式只能处理简单的数据传送，无法处理数据校验、代码转换等功能。

通常 CPU 可以和 DMA 控制器共享系统总线。在 DMA 方式传送数据时，由 DMA 控制器来控制系统总线，而 CPU 放弃对系统总线的控制。CPU 与 DMA 控制器共享总线一般有 3 种方式。

(1) **CPU 暂停方式**

响应 DMA 请求后，CPU 让出系统总线给 DMA 控制器使用，在此期间 CPU 需要暂时停止工作，并无法访问主存。此时，CPU 内部的控制器要封锁 CPU 内部时钟信号，将 CPU 与系统总线之间的信号线设置为高阻状态。直至传送完全部数据后，DMA 控制器再将总线交还给 CPU。该方式比较简单，适用于高速 I/O 的成批数据传送。缺点是 CPU 的工作会暂停或延误，当数据传送时间大于主存周期时主存的利用率较低。

(2) **周期挪用方式**

也称为**周期窃取方式**。当外设需要使用总线时，产生 DMA 请求并发给 CPU。若此时 CPU 本身并无使用总线的要求，CPU 可以将总线控制权交给 DMA 控制器；若此时 CPU 也要使用总线，则 CPU 让出一个总线周期给 DMA 控制器，或称DMA 控制器挪用一个总线周期，或 CPU 进入一个空闲总线周期状态，DMA 控制器利用该周期控制传送一个数据字后再将总线控制权交还 CPU，由 CPU 继续执行总线操作。

因此，当 CPU 与外设都要访问主存而出现访存冲突时，CPU 访存的优先权低于 I/O 设备访存的优先权，因为外设每次占用总线的时间较短(仅一个总线周期)。该方式是当前普遍采用的方式，可以充分发挥 CPU 与外设的利用率。其缺点是每传送一个数据字，都要产生 DMA 请求，等 CPU 挪用一个周期后才能传送，适用于外设接口控制器中数据缓冲器容量比较小的场合。

(3) **交替访问内存方式**

交替访问内存方式通过分时控制来使用总线，不需要申请总线使用权，此时 DMA 的传送对 CPU 完全没有影响，解决了 CPU 与外设之间的访存冲突以及设备利用率低的问题。假设主存的存取周期为 Δt，而 CPU 每隔 $2\Delta t$ 产生一次访存请求，可以使用一个 Δt 供 CPU 访问主存，另一个 Δt 供 DMA 访问主存。使用交替访问内存方式的前提是 CPU 的工作速度相对较慢，而内存的工作速度较快，或者人为拉长 CPU 执行指令的时间。

【例 6.8】 某 DMA 接口采用周期窃取方式，假设忽略预处理所需的时间，字符之间的传输是无间隙。DMA 接口支持最大批量为 800 个字节，存取周期为 5ns，每次中断处理为 200ns，字符设备的传输率为 38 400bps。试问若采用 DMA 方式，每秒因数据传送需要占用 CPU 多少时间？若完全采用中断方式，又需要占 CPU 多少时间？

解： 字符设备传输率为 38 400bps，每秒能传输 38 400/8=4800B，即 4800 个字符。

若采用 DMA 方式，传送 4800 个字符共需要 4800 个存取周期，DMA 每传送 800B 字符需要中断处理一次，所以每秒因数据传输需要占用 CPU 的时间为：

$$5\times4800+200\times(4800/800)=25\ 200\text{ns}=25.2\mu\text{s}$$

若完全采用中断方式，每传送一个字符要申请一次中断请求，则每秒占用 CPU 时间为：

$$200\text{ns}\times4800=960\ 000\text{ns}=960\mu\text{s}$$

6.4.2 DMA 控制器组成

目前，计算机系统中专门设置了 DMA 控制器，多采取 DMA 接口与控制器相分离的方式。DMA 接口用于实现主机与外设的连接及数据缓冲，满足设备的特定要求。DMA 控制器只负责接收接口送来的 DMA 请求，向 CPU 申请和接管总线的使用权，向总线发送地址和操作命令，控制 DMA 传送过程的开始与结束，完全独立于具体的 I/O 设备，可为各个设备通用。

因此，DMA 控制器中保存有传送命令信息、主存缓冲区地址信息、数据交换量信息等。在逻辑划分上，DMA 控制器是 I/O 子系统中被各 DMA 接口所共用的公共接口逻辑，也是控制系统总线的设备之一。

DMA 控制器的基本结构如图 6.13 所示，包括 DMA 控制逻辑、中断控制逻辑及各类寄存器。

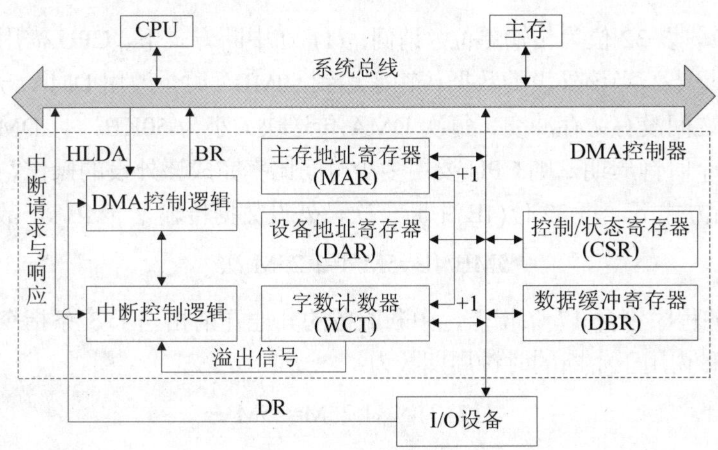

图 6.13　DMA 控制器的基本结构框图

(1) DMA 控制器逻辑

DMA 控制逻辑功能包括：DMA 预处理和初始化各类寄存器、接收设备发来的 DMA 请求 DR、向设备发送 DMA 应答信号、向系统申请总线使用权 BR、控制总线完成 DMA 传送等。

(2) 中断控制逻辑

DMA 中断控制逻辑用于向主机发出中断请求，请求 CPU 进行 DMA 操作后处理，或请求下一次 DMA 传送的预处理。

(3) 寄存器组

DMA 控制器中往往包含多个寄存器(组)。

- **主存地址寄存器**(Memory Address Register，MAR)：其初始值为主存储器缓冲区的首地址，主存缓冲储器区是地址单元连续的主存储器区域。在 DMA 操作时，MAR 指出传送数据的内存单元地址。数据传送从首地址指向的主存储器单元开始，每次传送后都修改 MAR 的内容，直至一批数据传送完毕。
- **设备地址寄存器**(Device Address Register，DAR)：用于保存外设的设备码，或者设备接口控制器中数据缓冲器的地址，具体内容取决于设备接口控制器的设计。
- **传输量计数器**(Word Count，WC)：用于统计要传送数据的总数据量，常用补码表示。每传送一个字(或字节)，自动计算 WC+1，当 WC 值溢出时表示全部数据传送完毕。
- **控制与状态寄存器**(Control Status Register，CSR)：用于存放控制字(命令字)和状态字。有的接口设置多个 CSR 寄存器分别存放控制字和状态字。
- **数据缓冲寄存器**(Data Buffer Register，DBR)：用来暂存外设与主存储器传送的数据。DMA 与主存储器之间一般以字为单位传送数据，而 DMA 与外设之间可能以字节或位为单位传送数据，所以 DMA 控制器还需要设置装配和拆卸字信息的硬件。

(4) 数据线、地址线和控制信号线

DMA 控制器中设置了主机和外设两个不同方向的数据线、地址线、控制线及有关的信号收发与驱动电路。

【例 6.9】　假定某外设采用中断方式与 CPU 进行数据传送，对应的中断服务程序包含 17 条指令，中断服务的其他开销相当于 3 条指令的执行时间。CPU 主频为 2GHz，CPI=1。外设数据传输率为 5MB/s，以 32 位为传输单位。请问：(1) 在中断方式下，CPU 需用多少时间比率完成外设 I/O 的操作？(2) 当该外设的数据传输率达到 50MB/s 时，改用 DMA 方式传送数据。假定 DMA 与 CPU 之间没有访存冲突，每次 DMA 传送块大小为 50KB，且 DMA 预处理和后处理的总开销为 30 个时钟周期，则 CPU 要用多少时间比率完成该外设的操作？

解：(1) 中断方式下，每 32 位(4B)中断一次，外设数据传输率 5MB/s，故每秒中断次数：

$$5MB/4B=5M/4=1.25M \text{ 次}$$

由于中断服务程序包含 17 条指令，中断服务的其他开销相当于 3 条指令的执行时间，且 CPI=1，所以，1 秒内用于中断的时钟周期数为：

$$(17+3)\times1\times1.25M=25M$$

因此，中断方式下 CPU 用于该外设 I/O 的时间占整个 CPU 时间的百分比为：

$$25M/2G\approx1.22\%$$

(2) 在 DMA 方式下，每次 DMA 传送块大小为 50KB，每秒进行 DMA 操作次数：

$$50MB/50KB=1K \text{ 次}$$

DMA 预处理和后处理需要 30 个时钟周期，则 1 秒内用于 DMA 操作的时钟周期数为：

$$30\times1K=30K$$

因此，DMA 方式下 CPU 用于该外设 I/O 的时间占整个 CPU 时间的百分比为：

$$(30K/2G)\times100\%\approx0.00143\%$$

6.4.3 DMA 的数据传送过程

DMA 控制方式下的数据传送过程可分为三个阶段：传送前的 DMA 预处理阶段、数据传送阶段、传送后处理阶段，如图 6.14 所示。

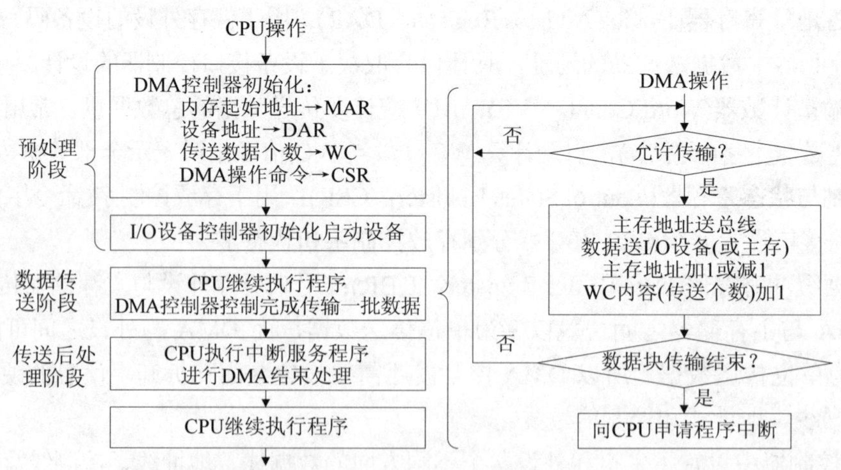

图 6.14　DMA 数据传送过程

(1) DMA 预处理阶段

在 DMA 数据传送之前，CPU 需要执行一段程序完成一些必要的准备工作。首先 CPU 要测试设备状态是否完好，CPU 再将设备地址送入 DMA 控制器的设备地址寄存器并启动设备，将主存起始地址送入主存地址寄存器，将要传送的数据数量送入传输量计数器，将 DMA 操作命令写入控制寄存器。完成这些工作后，CPU 继续执行原来的程序。

外围设备将发送的(输入)数据准备好或将接收的(输出)数据处理完毕后，就给 DMA 控制器发出 DMA 请求，由 DMA 控制器发出使用系统总线的请求。如果有多个外设同时发出 DMA 请求，DMA 控制器要使用硬件排队线路对 DMA 请求进行优先级排队，以确定对哪个外设进行 DMA 传输。DMA 控制器获得总线使用权后，需要向该设备发出 DMA 应答信号。

(2) 数据传送阶段

DMA 控制器获取总线使用权后，根据 CPU 在 DMA 预处理阶段送来的 DMA 操作控制字(命令字)，及其规定的传送方式完成 I/O 操作，直到全部数据传送完毕(WC 为溢出状态)。然后，DMA 控制器交还总线使用权，并发出传送后处理中断请求。

(3) 传送后处理阶段

接到该中断请求后，CPU 停止原程序的执行转去响应该中断，在中断服务程序中完成 DMA 结束后的处理工作。后处理包括：校验在传送过程中是否有错误；测试送入主存储器的数据是否正确，出错时转入错误诊断及处理程序；决定是否继续使用 DMA 方式传送，还是结束传送；若需要继续传送数据，则 CPU 要再次初始化 DMA 控制器；若不需要继续传送数据，停止外设。

【例 6.10】 设 CPU 主频 2GHz，采用 DMA 方式与磁盘交换信息，传输速率为 100MBps，其中 DMA 的预处理需要 500 个时钟周期，DMA 后处理需要 200 个时钟周期。若平均传输的数据长度为 4MB，试问 CPU 需要用多少时间比率完成 DMA 辅助操作(预处理和后处理)。

解： DMA 传送速率为 100MBps，传送 4MB 的数据长度需要：

$$(4\text{MB})/(100\text{MBps})=0.04\text{s}$$

如果磁盘不断进行传输，每秒所需 DMA 辅助操作(预处理和后处理)的时钟周期数为：

$$(500+200)/0.04=17\,500$$

CPU 主频 2GHz，则 DMA 辅助操作占用 CPU 的时间比率为：

$$17\,500/(2\text{G})\times 100\%\approx 0.000\,815\%$$

【例 6.11】 设磁盘存储器分 16 个扇区，每扇区存储 512KB，转速为 10 000 转/分，主存与磁盘存储器的数据传送宽度为 64 位，一条指令最长执行时间是 8ns。问是否可采用一条指令执行结束时响应 DMA 请求的方案，为什么？

解： 磁盘的转速为：10 000/60≈166.67r/s

则磁盘每秒可传送信息：16×512KB×166.67=1 365 360.64KB=1.30GB

数据传送宽度为 64 位，若采用 DMA 方式，每秒需要 1.30GB/(64/8)B≈166.67M 次 DMA 请求，即每隔 1/166.67M≈5.72ns 有一次 DMA 请求。若在指令执行结束时 8ns(>5.72ns)响应 DMA 请求，必然会造成数据丢失。所以，应当在每个存取周期结束时响应 DMA 请求。

6.5　I/O 通道和处理机

6.5.1　通道概述

小微型计算机系统使用的外设数量和种类有限，因此采用中断和 DMA 方式进行 I/O 处理比较有效。但在大型主机(mainframe)系统中，使用的外设种类和数量比较多，速度差异大，数据传送频繁，若仍采用 DMA 方式会出现问题，比如将大幅增加硬件成本，多个 DMA 控制器同时访问主存会产生冲突，频繁的 DMA 操作需要 CPU 反复进行预处理和后处理。所以，在大中型计算机系统中采用 I/O 通道进行数据传输。I/O 通道控制方式最早应用于 IBM360 大型机中，在中小型及微型计算机中发展成各类 I/O 处理机，而在大型机、巨型机中则发展为外围处理机。

通道控制器通过执行通道程序来实现对外设的控制，是专门负责 I/O 操作的控制器。通道程序由专门的通道指令编制，并存放于主存中。在该方式下，CPU 不再负责具体的 I/O 控制，通道控制器为外设提供数据传送的通道，及实现主存与外设之间的直接数据交换。因此，主机、通道控制器、外设可以并行工作。

一台主机可以连接多个 I/O 通道，一个 I/O 通道可通过 I/O 总线连接多台 I/O 设备，形成主机、I/O 通道、I/O 设备控制器、I/O 设备四级连接方式。各通道能够并行工作，但 I/O 通道与主存储器之间传输数据时，每次只能依照优先级别接通一个通道；当选中的一个通道与主存储器传输数据时，其他通道可以继续与 I/O 设备之间传输数据。

与 DMA 方式相比，二者都能在主存与 I/O 设备间建立数据直传通路。DMA 方式直接依靠纯硬件 DMAC 管理 I/O，只能完成简单的数据传送；而 I/O 通道采用 I/O 通道硬件和 I/O 通道程序来共同管理 I/O。所以，通道除了承担 DMA 的全部功能外，还能完成传送前预处理(如初始化设备控制器)，响应和处理低速外设的中断请求(如单个字符传送为主)，分担了 CPU 中大部分、甚至全部 I/O 控制与管理功能，进一步减轻了 CPU 的负担。所以，I/O 通道是在 DMA 基础上功能更强的 I/O 管理模式。

另外，I/O 通道结构具有很强的弹性，可以根据需要增强或者简化。早期的系统采用过一种**结合型 I/O 通道**，虽可独立执行 I/O 通道程序，但需要使用主机的某些部件来协同处理，所以可将其视为主机的一部分，与 CPU 结合设计和实现。之后，I/O 通道发展了独自的完整逻辑结构，已经完全独立于主机，成为**独立型 I/O 通道**。

I/O 指令是用户使用的指令系统的子集，由 CPU 解释执行。**I/O 通道指令**又称为 **I/O 通道控制字**(Channel Command Word，CCW)，用于编制 I/O 通道程序以实现 I/O 数据传输等操作，专门由 I/O 通道来解释执行。为实现有关的 I/O 操作，由 CCW 编制成相应的 I/O 通道程序，并需要在 CPU 的命令下启动该程序。在早期的 I/O 通道中，I/O 通道与 CPU 共用主存，例如 IBM 370 系统。后来的 I/O 通道发展了自己的局部存储器，减少了 I/O 通道与主机访存的冲突，提高了 I/O 通道与主机工作并行度。

6.5.2　通道的类型

按照不同的传送方式，通道可分为字节多路通道、选择通道和数组多路通道三种。

(1) 字节多路通道

字节多路通道是一种以字节交叉方式传送数据的简单共享通道。在时间分割的基础上，该通道可以连接与管理多台面向字符的低、中速外设，如键盘、打印机等。字节多路通道要求每种设备以一个很短的时间段分时占用通道，不同设备在各自分得的时间段内轮流(交叉)使用通道进行数据传送。其传送方式如图 6.15 所示。

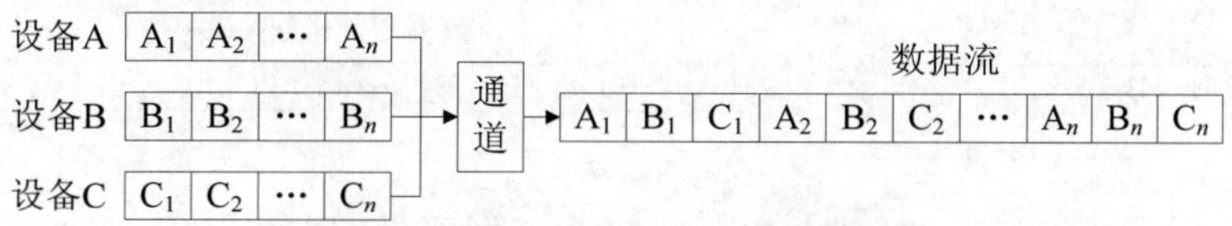

图 6.15　字节多路通道传送方式示意图

字节多路通道包括多个可以独立地执行通道指令的子通道，每个子通道服务于一个设备控制器。例如 IBM 370 的多路通道可连接 128 个子通道。图 6.15 只示意性地连接了 3 个子通道。每个子通道都需要有 I/O 请求标志寄存器、I/O 控制寄存器、主存地址寄存器、字符缓冲寄存器和字节计数寄存器等。所有子通道的控制部分是公共的，可由各子通道共享。每个通道的指令和参数一般存放于通道自身的局部存储器中或主存固定单元中。在图 6.15 中，字节多路通道先选择设备 A，为其传送字节 A_1；然后选择设备 B，传送字节 B_1；再选择设备 C，传送字节 C_1；再交叉地传送 A_2、B_2、C_2、…。因此，字节多路通道类似于一个多路开关，可以交叉地接通各台设备。

(2) 选择通道

选择通道每次只能从所连接的外设中选择一台进行数据传送，且该通道程序独占整个通道。当该外设与主存储器传输完数据后，通道才能转去选择执行另一台外设的通道控制程序和数据传送。选择通道上是以数据块(成组)方式进行数据传送的，每次传送一个数据块，不同外设依次使用通道与主存储器交换数据，传送速率很高。

选择通道传送方式的示意图如图 6.16 所示。选择通道先选择设备 A，成组连续传送 A_1、A_2、A_3、…；当设备 A 的数据传送完毕后，选择通道又选择设备 B，成组连续传送 B_1、B_2、B_3、…；再选择设备 C，成组连续传送 C_1、C_2、C_3、…。该传送方式可以适应快速设备的连续数据传送，但各设备间无法并行工作，逻辑上相当于在每段时间内只连接了一台设备。

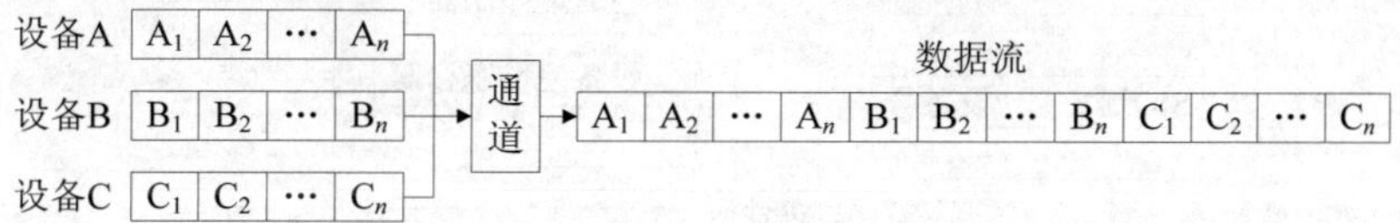

图 6.16　选择通道传送方式示意图

(3) 数组多路通道

数组多路通道(见图 6.17)结合了字节多路通道和选择通道的特点，有多个子通道，所有子通道既可以像字节多路通道那样分时共享父通道，也可以像选择通道那样连续传送数据。

该通道传送方式示意图如图 6.17 所示。允许多台快速外设并行工作，但以成组交叉方式传送数据。当一台外设使用通道进行成组数据传送时，其他外设仍可执行机电性操作。当一台外设传送完一个数据块或遇到机电性操作(如寻址等)时就将该外设挂起，通道选择为另一设备传送数据。当该外设完成机电性操作，或准备传送数据时，就发出数据传送申请并等待通道响应。各设备的通道程序类似于多道程序运行方式。所以，数组多路通道既允许各子通道间多路并行工作，又能以数组为单位成组连续传送数据，数据传输率很高。数组多路通道常用于连接磁带、磁盘等外存储器。

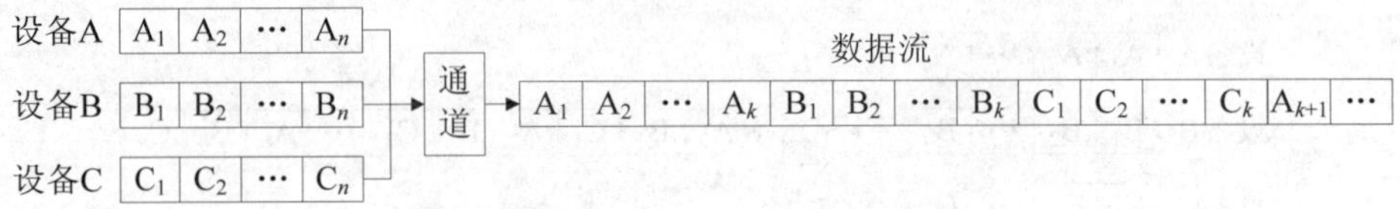

图 6.17　数组多路通道传送方式示意图

在较大规模的计算机系统中，还允许同时连接上述三种类型的通道，每种通道再连接若干外设，但要求具有相近速度的外设挂接于同一通道。

【例 6.12】　某 I/O 系统共有 16 个子通道，已知整个通道最大传输速率为 64MB/s。(1) 若采用字节多路通道控制方式，各子通道每次传送一个字节，求每个子通道的最大传输速率是多少？(2) 若采用数组多路通道，求每个子通道的最大传输速率是多少？

解：

(1) 对于字节多路通道，每个子通道的最大传输速率是 64MB/s÷16=4MB/s

(2) 对于数组多路通道，每个子通道的最大传输速率是 64MB/s。

6.5.3　通道的组成结构

一种选择通道的简化逻辑模型如图 6.18 所示，多路通道的组成与其类似。图中仅示意性地画出主要信息传输路径，并非实际的逻辑连接线。

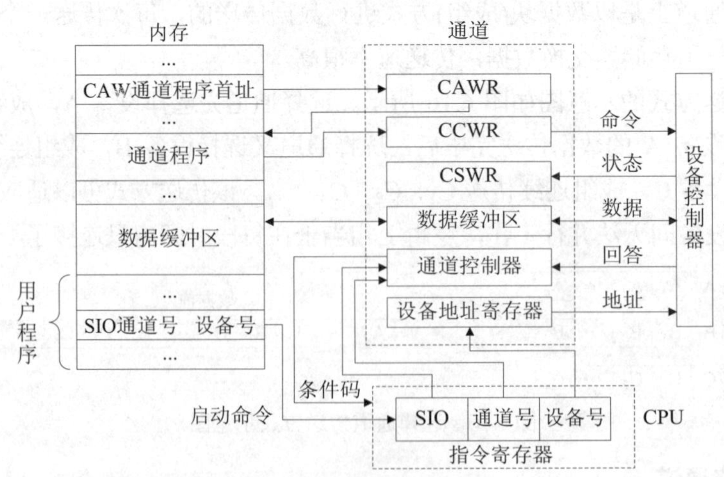

图 6.18　通道逻辑框图

(1) 通道地址寄存器(Channel Address Word Register，CAWR)

通道地址字(Channel Address Word，CAW)指出通道指令所在存储单元的地址码，CAW 从主存储器中读出后存放于 CAWR。如 IBM 4300 主存单元按字编址，字长 32 位，通道指令字长 64 位，则每条通道指令占用两个主存单元。通道启动后，从主存固定单元读出 CAW 以获取通道程序的首地址。类似于程序计数器 PC，每执行一条通道指令，CAWR 内容自动+2，指向下一条通道指令。

(2) 通道指令寄存器(Channel Command Word Register，CCWR)

类似于 CPU 中的指令寄存器 IR，CCWR 存放由主存读出的通道指令，据此向设备控制器发出控制命令。一条通道指令在成组传送时可能执行若干周期，因此每传送一次，需要修改 CCWR 中的数据地址与计数值。

(3) 数据缓冲寄存器

当通道申请与主存储器进行数据传送时，有可能产生访存冲突，造成响应延迟，因此通道应该配置足够容量的数据缓冲寄存器。通道与主存之间按字(多个字节)传送，通道与设备间则可能按字节传送，所以通道的数据缓冲寄存器还应具有数据组装与拆分功能。

(4) 设备地址寄存器

通道的设备地址寄存器用于保存从 CPU 通道启动指令中获取的设备号。根据该设备号向 I/O 总线发送设备地址，经设备控制器译码电路产生设备选中信号。

(5) 通道状态字寄存器(Channel Status Word Register，CSWR)

每个通道与设备的状态信息存放于本通道 CSWR 中，以便 CPU 的指令查询。

(6) 通道控制器(微命令发生器)

通道相当于一个专门执行通道指令的 CPU，所以也需要一个微命令发生器来控制其操作，也可以采用微程序控制器或者组合逻辑控制器的方式实现。

(7) 时序系统

负责产生 I/O 操作中有关的时序控制信号。

6.5.4 通道工作过程

对于图 6.18 所示通道，其工作过程大致如下：

(1) 在编制通道程序时，应根据外设的需求在主存储器中开辟相应的输入输出缓冲区，常用多缓冲区技术。启动某通道与外设时，先在通道程序中填写主存储器缓冲区首地址及传送字节数，并在主存储器某固定单元(如 IBM 4300 约定为 77 号单元)写入通道程序首地址。然后，在启动通道指令 SIO(Start I/O)中记录通道号及设备号，并执行该指令。

(2)接到启动信号后，被指定的通道从主存储器某固定单元(如 77 号单元)取出通道地址字 CAW，并保存到通道地址字寄存器 CAWR。

(3) 通道将 SIO 指令送来的设备号送入设备地址寄存器，并将要启动的设备号发送到 I/O 总线。被指定的外设向通道发出应答信号，并回送本设备地址，若应答的设备地址与通道送出的设备号一致，则启动成功。由 CAWR 给出的通道程序首地址，通道从主存储器中取出第一条通道指令，并开始执行通道程序。通道指令被送入通道指令寄存器 CAWR，通道根据 CCW 命令字段代码向设备发出控制命令，接到命令后外设向通道发送设备状态码。

(4) 当执行第一条通道指令时，CPU 还需要判断本次启动是否成功。外设在接到第一条通道指令发出的命令后，若送回的状态编码为全 0 则表示接受命令；于是通道向 CPU 送出状态码，说明启动成功；之后，CPU 可转去执行其他程序，由通道独立地执行通道程序。若设备送回的状态编码并非全 0，状态编码指示出错原因，如设备出错。

(5) 每执行完一条通道指令，通道地址字寄存器中的 CAWR 加 2，以便读取下一条通道指令。对于数据传送指令，每传送一次数据则还应修改通道指令字 CCW 中的数据地址与计数值；当计数值为 0 时结束本次数据传送。

(6) 如果所执行的通道指令中命令链标志 CC 与数据链标志 CD 均为 0，表示这是该通道程序中的最后一条指令，通道程序执行结束。此时，通道向外设发出结束命令，并向 CPU 申请中断，将通道状态字 CSW 写入主存储器某指定单元中，供中断处理程序进行结束处理。

【例 6.13】 设某数组多路通道一次传送 k=1KB 定长数据块，传送 1 个字节数据时间 T_D=1μs，设备选择时间 T_S=2μs。现有 7 台外设如表 6.1 所示，(1) 求该通道的最大流量？哪些外设可连接到该通道上正常工作？(2) 假设为字节多路通道，求该通道的最大流量？选择那些设备连接到该通道上，可以使通道的实际流量最接近最大流量？

表 6.1　7 台外设的数据传输速率(KB/s)

设备名称	D_1	D_2	D_3	D_4	D_5	D_6	D_7
数据传输速率	50	110	60	150	320	1024	1000

解： (1) 若为数组多路通道，最大流量：

$$F_{max.block}=1/(T_S/k+T_D)=1/((2/1024)+1)\text{B}/\mu\text{s}\approx 0.998\text{B}/\mu\text{s}\approx 974.66\text{KB/s}$$

而实际流量等于该通道上的所有设备中数据流量最大的那台数据传输率，即 $F_{block}=\max\{D_i\}$。因此，$F_{block}<=F_{max.block}$ 的设备，D_1、D_2、D_3、D_4、D_5 均可连接到该通道上正常工作。

(2) 若为字节多路通道，最大流量：

$$F_{max.byte}=1/(T_S+T_D)=1/(2+1)\text{B}/\mu\text{s}\approx 0.333\text{B}/\mu\text{s}\approx 325.52\text{KB/s}$$

实际流量为设备流量之和：60+110+150=320< $F_{max.byte}$，所以，可将 D_2、D_3 和 D_4 连接到通道上。或者单独连接设备 D_5 (320<$F_{max.byte}$)。

6.5.5　I/O 处理机

I/O 处理机(I/O Processor，IOP)一般都有自己的指令系统，比通道的独立性更强，且与主机的体系结构无关，相当为一种专用的 CPU。类似于通道，I/O 处理机可以通过编制处理机程序控制 I/O 设备的数据传送，其程序的执行可与主机并行进行，所以适应性强、通用性好，可使主机彻底摆脱外设 I/O 的控制任务。

I/O 处理机可大可小，巨型机系统中的 I/O 处理机比较大，往往是一台通用的中小型计算机，称为前端处理机；小的 I/O 处理机则为一块集成电路芯片，如 Intel 8089。I/O 处理机与主机之间的互连可用高速总线或高速专用互联网络。

6.6　总线结构

6.6.1　总线的概念和结构形态

1970 年，美国 DEC 公司首次在其小型计算机 PDP-11/20 采用了 Unibus 总线。在现代计算机系统中，无论是主机与主机之间，还是主机和外设之间；无论是集成电路芯片内部，还是功能模块之间，都要通过各种总线进行互连。

对于总线的分类，根据所处的角度有不同分类方法。

按总线所承担的任务，可分为外部总线(external bus)和内部总线(internal bus)。外部总线用于实现主机系统与外部设备或其他主机系统之间的互联，内部总线用于实现主机系统内部各功能模块或部件之间的互联。其中，专门连接主机系统与外设之间的总线称为设备总线。

按总线所处的物理位置，可分为(芯)片内总线、功能模块(板)内总线、功能模块(板)间总线(即通常说的系统总线)和外部总线。

按总线所传送的信息类型可分为数据总线 DB(Data Bus)、地址总线 AB(Address Bus)和控制总线 CB(Control Bus)等。按总线操作的定时方式，可分为同步总线和异步总线。按总线的数量，可以分成单总线结构、双总线结构、三总线结构等。按照总线传送信息方向，总线又可分为单向总线和双向总线两种。按总线一次传送数据的位数，可分为串行总线和并行总线。串行总线一次仅能传送一个二进制位，仅需一条数据线；并行总线一次能同时传送多个二进制位，需要多条平行数据线。

6.6.2　总线规范与性能

总线在设计、生产和使用时都必须遵守相应标准或规范的定义，通常从以下五个方面来定义总线的功能和特性。

(1) **功能特性或逻辑规范：**描述引脚信号的功能，包括信号的定义、传送方向(发送、接收或双向)、有效信号的电平极性(高电平/低电平，正脉冲/负脉冲)及三态能力等。

(2) **时间特性或时序规范：**描述不同信号之间相互配合的时间关系，以及各信号有效/无效的发生时间。例如当地址信号有效后至少需要延迟多长时间才可以使读/写信号有效。

(3) **电气特性或电器规范：**描述总线上不同信号所采用的电平标准(例如±3V 电平、1.6V 电平等)和负载能力。负载能力定义了总线理论上能够连接的最大模块数量。

(4) **物理特性或机械规范：**描述了总线(包括插槽/插头或插板)的物理尺寸、结构、形状、物理尺寸，接插件机械强度，总线信号的布局，引脚的长度、宽度及间隔等。

(5) **通信协议：**描述总线传输时采用的数据格式、数据连接方法、发送速度等。通信协议还可分为若干层次，每层次定义一部分特定功能，所有层次相互配合共同完成数据通信。

总线标准/规范的制定一般有两种途径：一种由权威的标准化组织(如国际标准化组织 ISO、电气电子工程师协会 IEEE，美国国家标准协会 ANSI 等)制定并推荐使用；二是事实标准，通常由某(几)个在业界具有影响力的设备制造商制定，并被业内其他厂家认可且广泛使用，但可能还没有经过正式、严格的定义，也可能经过使用后最终被确定为正式标准。

总线的性能受多方面的因素影响，主要有以下几个因素：

- **总线宽度**

通常，总线的宽度是该总线所设置的通信线路(或线缆)的数目，单位是二进制位，所以分为 8 位、16 位、32 位及 64 位等总线。在一个总线内设置的用于传送数据的信号线的数目，称为**数据总线宽度**。同样，用于传送地址的信号线的数目称为**地址总线宽度**。数据总线的宽度定义了可以一次同时传送的二进制数据位数，而地址总线的宽度定义了总线的寻址能力。

● **总线带宽**

总线带宽表示总线在单位时间内所能传输的最大数据量，常用 MB/s 表示。设带宽为 Dr，总线时钟频率为 f，总线时钟周期为 T=1/f，一个总线周期传送的数据量为 D，有：

$$Dr=D/T=D\times f \tag{6.4}$$

总线周期(bus cycle)是一次访问存储器、外设或操作 I/O 端口所需的时间。

● **总线的时钟频率**

即总线的工作频率。因为同步总线采用统一的时钟脉冲进行同步定时，其时钟频率越高，总线操作就越快。

● **总线的负载能力**

指在总线上最多可以连接的外设数量或 I/O 模块数量。

通常都希望总线具有较高的带宽和较强的负载能力。但在实际设计中，需要综合考虑该总线的使用场合和使用目的，以及当时的技术水平，制定合理的技术指标和实现方案，并在技术条件许可的情况下给今后的升级留下余地。

【例 6.14】 某 PCI 总线时钟频率为 66MHz，在一个总线周期中并行传送 64 位的数据，假设一个总线周期等于一个时钟周期，求总线带宽是多少？

解：根据总线带宽定义，有：

$$Dr=D/T=D\times f=(64/8)\times 66\text{M}=528\text{MB/s}$$

【例 6.15】 假设用串行方式传送字符，数据传送速率是 960 个字符/秒，每一个字符格式规定包含 10 个比特位(1 个起始位、8 个数据位、1 个停止位)，问传送的波特率是多少？每个比特位占用的时间是多少？

解：波特率为：10 位×960/秒=9600 波特

每个比特位占用的时间 Td 是波特率的倒数：

$$\text{Td}=1/9600\approx 1.042\times 10^{-4}\text{s}=0.1042\text{ms}$$

6.6.3 总线的组成与结构

总线从逻辑构成上可分为两部分：一是起管理总线作用的总线控制器，二是连接各个功能模块的信号线。一条系统总线往往包含了几十条甚至上百条通信线路，每条通信线路都有特定的含义或功能。

图 6.19 常见总线接口

总线在物理上包括了一系列并行的电子导体，典型的系统总线是蚀刻在一块印刷电路板上的金属线。总线可向系统的所有组件提供服务，组件连接到总线上的部分或全部信号线。系统总线被安置到一块印刷电路板(底板)上，板上有总线信号接触点的插槽，计算机的其他功能模块(印刷电路板)可以垂直插接在这些插槽上。常见的总线接口如图 6.19 所示。

现代计算机系统的趋势是改由集成电路来实现原来采用电路板制成的组件。例如 CPU 通过设置在芯片内部的总线连接 Cache 等功能部件，而通过设置在印刷电路板上的总线连接主存储器等功能部件。这种方式大大方便了计算机系统的构建、扩充和维护。

6.6.4 总线的设计与仲裁

在设计总线时，决定总线特性的一些关键总线要素如下。

(1) 信号线类型

总线信号线的使用方式一般可分为两类：专用信号线方式和复用信号线方式。

专用信号线始终用于实现一个规定功能，或被用于专门服务某类特定的计算机系统组件。在系统中使用多条种类不同的总线时，物理专用信号线方式能让每个功能模块依据其功能自由连接到不同的总线上。例如在系统中分别设置系统总线和 I/O 总线，系统总线可以通过 I/O 总线适配模块与 I/O 总线实现信息交换，而仅在 I/O 总线上扩充 I/O 模块。优点是保证了各条专用总线都有较高的吞吐量，降低总线竞争的概率。缺点是占用系统空间较大，成本较高。

复用信号线是指在一根信号线上定义多种功能、或服务于多个(多类) 计算机系统组件。例如，使用同一组信号线传输数据信号和地址信号，并设置一条地址有效控制信号线来指示复用信号线上传输的是数据信号还是地址信号。此时，传送一个数据被分成两个阶段。第一阶段将地址发送到复用信号线上，地址有效控制信号线同时发送地址有效信号；然后，连接到总线上的每个功能模块执行一个特殊的地址获取时段以判断该地址是否为本模块地址；如果是本模块的地址则开始接收数据，否则不予理睬。第二阶段撤销总线的上地址信号，地址有效控制信号线同时发送地址无效信号，并开始使用总线传输数据。

在这种方式中，总线上的信号线分时复用，这是复用信号线的一种方式。分时复用信号线的优点是总线只需要设置较少的信号线，可以节省空间、降低成本。而缺点是总线时序复杂，每个功能模块需要较复杂的实现电路，总线操作只能串行执行，不能并行执行。

(2) 总线的仲裁方法

在总线使用中，往往会有多个总线设备同时申请使用总线的情况。而总线在同一时刻只能允许一个总线设备成为主控设备，所以设置总线仲裁电路。

总线仲裁(Bus Arbitration)，就是根据各总线设备所承担作业的轻重缓急，预先或动态地赋予不同的总线使用优先级，每次能从多个总线设备选出当前优先级最高的那台赋予其总线控制权。总线仲裁方式很多，但结果都是确定一台总线设备作为当前总线的主控设备。

一般将总线仲裁方法分成集中仲裁和分布仲裁两种。**集中仲裁**(centralized arbitration)使用一个专门的仲裁电路(bus arbiter)，用于集中处理系统中各个总线设备提出的使用总线的请求信号，集中比较它们的优先级，从而确定总线的当前主控设备。**分布仲裁**(distributed arbitration)不使用集中比较设备优先级的专门仲裁电路，而是在每一台总线设备中都设置独立的总线访问请求控制逻辑和优先级比较电路，当前总线的主控设备是由各个有总线请求的设备共同决定的。

在图 6.20(a)中，系统设置了一个集中总线仲裁器，每台总线设备各有一条总线请求信号线(Bus Request，BR)和一条总线允许信号线(Bus Grant，BG)连接到总线仲裁器，每台总线设备可以通过自己的总线请求信号线同时向总线仲裁器发送总线请求信号。根据预先设定好的优先级排队原则，总线仲裁器能够对各个总线请求信号进行排队，选出当前优先级最高的设备成为总线的主控设备，并向其发出总线允许(应答)信号。待该设备使用完总线后，就撤销总线请求信号，以便其他设备使用总线。集中式仲裁的电路结构简单，模块化程度高，但仲裁电路一旦发生故障，总线就无法使用了；而分布式仲裁则正好相反，如图 6.20(b)所示。

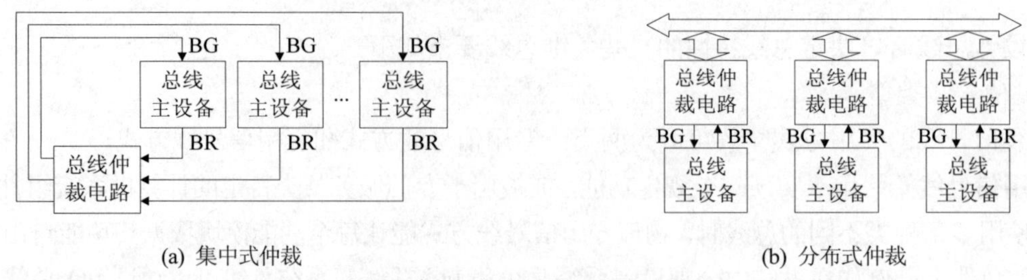

(a) 集中式仲裁　　(b) 分布式仲裁

图 6.20　集中式仲裁与分布式仲裁

集中式仲裁的总线控制逻辑基本集中在一处，使用一个中央仲裁器，分为链式查询方式、计数器定时查询方式、独立请求方式，如图 6.21 所示。

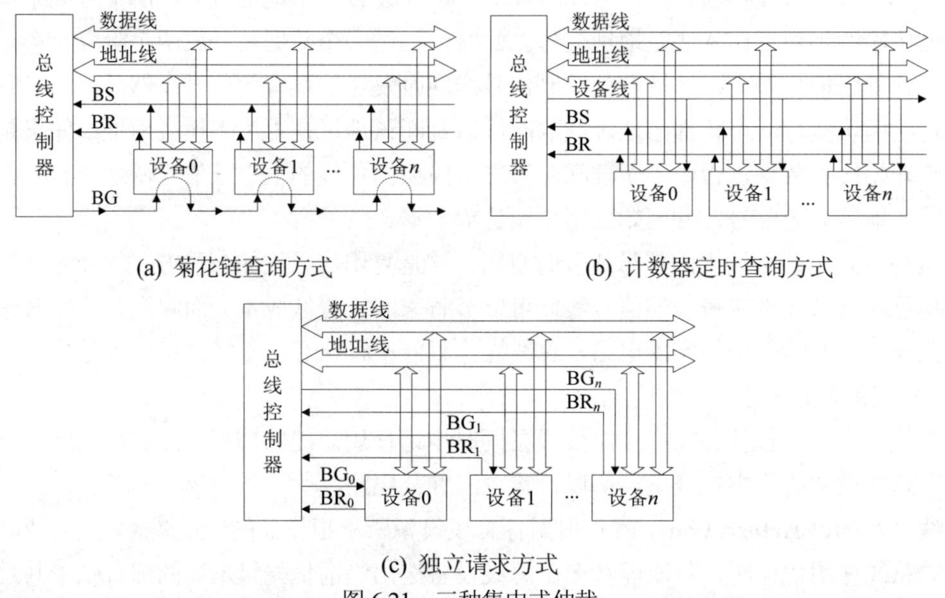

(a) 菊花链查询方式　　(b) 计数器定时查询方式

(c) 独立请求方式

图 6.21　三种集中式仲裁

链式查询方式(菊花链式)：使用链式结构，离中央仲裁器最近的设备优先权最高，离中央仲裁器越远则优先权越低。优点是只需要很少几条线就能完成优先权排队，而且扩充设备很容易。缺点是优先级固定，对查询链的电路故障很敏感。

计数器定时查询方式：总线设备通过 BR 线发出总线请求。中央仲裁器接到总线请求信号后，在总路线忙信号线 BS=0 时开始计数器计数，计数值由一组地址线发给各设备。每台总线设备接口都有一个设备地址判定电路，当地址线上的计数值与该设备的地址一致时，该设备可获得总线使用权，并置 BS=1，计数查询中止。每次计数可从 0 开始，也可从中止点开始。如果从 0 开始，各设备的优先级与链式查询法一样是固定的。如果从中止点开始，则各设备具有均等的总线使用优先级。也可由程序设置计数器初值，以灵活地改变优先次序，但作为代价需要增加线数。

独立请求方式：每一台总线设备均有一对总线请求线 BR_i 和总线授权线 BG_i。总线仲裁器中设置一个优先级排队电路，能够根据优先级排序决定将总线使用权给哪台设备，并给设备发送授权信号 BG_i。该方式的优点是不用依次查询优先权，确定优先设备速度快。而且对优先级的控制比较灵活：可以固定优先级，如 BR_0 最高，BR_1 次之，……，BR_n 最低；也可以由程序来改变优先级；也可以屏蔽(禁止)来自无效总线设备的请求。所以，独立请求方式应用比较普遍。

总线仲裁方法还可以分为并行仲裁和串行仲裁。

并行仲裁，在总线仲裁电路与每台总线设备之间都有独立的总线请求信号线和总线允许信号线。优点是仲裁速度快，优先级设置灵活，向总线仲裁器发送不同的控制命令就可以实现不同的优先级策略。缺点是总线仲裁器与每台总线设备之间都必须设置一条总线请求信号线和一条总线允许信号线，而且信号线的数目是固定的。因此，实际上可以连接的总线设备数量要受到这对信号线数目的限制，也导致可靠性不高。

串行仲裁，所有的总线设备共用一条总线请求信号线或(和)一条总线允许信号线。优点是仲裁电路实现较为简单，用于总线仲裁的信号线数目较少，并与总线设备的数目无关。缺点是设备的优先级从该设备连接到总线上时便固定下来；如要调整总线设备的优先级，只能调整它在总线中的物理位置；总线应答信号是逐级向下传递的，比较总线的优先级需要花费较长时间；当总线设备数量较多时，排在后面的设备需要较长时间等待总线应答信号。

从基于优先级的角度看，总线仲裁还可分成固定优先级和动态优先级。**固定优先级仲裁**是指各个总线设备的优先级一经确定就不再变化；而**动态优先级仲裁**则允许总线设备的优先级随时间而变化。固定优先级的总线系统硬件实现简单，但当设备较多时，优先级低的设备就很难有机会使用总线；而动态优先的总线系统虽然硬件更复杂，但能很好地服务较多总线设备的场合。常见的动态优先级策略是轮转策略，即首先指定一台当前优先级最高的设备为队首，队中的下一台设备次之，依次按优先级排队；当前优先级最高的设备使用一次总线后，就成为优先级最低的设备并排到队尾；队首下一台设备就成为当前优先级最高的设备；所有设备依次轮转，都具有平等的机会使用总线。

(3) 总线宽度

地址总线越宽，总线能够访问的地址范围就越大，可寻址的总线单元就越多，可以使用更大容量的存储器和更多的总线设备。但同时也使总线设备译码电路变得更复杂。

数据总线宽度对计算机总线的性能有很大影响。但在较高的工作频率下传送数据时，并行数据总线的不同数据线之间常常会产生信号串扰，导致传输的数据出现错误。因此现代总线在设计、实现上逐渐放弃并行数据总线方式，而改用串行数据总线方式，既可以减少数据出错，提高数据传输距离，也可以减少信号线数量和总线接插件的物理尺寸。

(4) 总线的实现

为使多个功能部件共享总线，可以将它们的 I/O 信号线都连接到总线上，其核心是使每个功能部件的输出都能成为另一总线设备的输入。所以，必须合理选择要发送的信息，确保在任意时刻仅有一个输出被选中，以防止出现多个总线部件同时发送信息的情形。常用两种方式来解决上述问题，即集电极开路的与非门(OC 门)电路和三态门电路。

【例 6.16】　某 64 位的 CPU，使用时钟频率为 100MHz 的 32 位数据总线，若总线传输包含 4 个时钟周期，求总线的最大数据传输率？若想提高一倍数据传输率，有什么方法？

解：总线数据传输率为单位时间内(1 秒)的数据传输量

数据传输率=(32/8)B×100MHz/4=100MB/s

若想提高一倍数据传输率，可采取的方法有：

(1) 数据总线的宽度提高到一倍到 64 位，有：

数据传输率=(64/8)B×100MHz/4=200MB/s

(2) 将总线的时钟频率提高一倍到 200MHz，有：

数据传输率=(32/8)B×200MHz/4=200MB/s

(3) 将传输的最短时间缩短一半为 2 个时钟周期，有：

数据传输率=(32/8)B×100MHz/2=200MB/s

6.6.5 总线的定时和数据传送模式

(1) 总线定时方法

总线定时方法用于对总线上发生的事件进行协调，分为同步定时和异步定时。所以，总线又可分为同步总线(Synchronous Bus)和异步总线(Asynchronous Bus)。

在**同步总线**中，所有总线事件的发生都基于一个时钟脉冲序列进行定时，总线使用一条时钟信号线传输一个固定频率的方波信号(指高、低电平持续时间均相等的脉冲信号)。从一个高电平有效开始到之后的低电平结束，称为一个总线时钟周期(即一个脉冲周期)，也是总线操作最基本的时间单位。一个总线时段包括了一个或多个总线时钟周期，所有总线事件的发生都在一个时钟周期高电平有效的开始阶段启动。

在**异步总线**中，所有总线事件的发生依赖于前一个总线事件的执行状态。首先，主机或总线的主控设备往总线上发送地址和状态信号，待信号稳定后，主机再发送一个读命令。随即，主存储器对主机送来的地址进行译码，寻找其所对应的存储单元，从该存储单元中读出数据并发送到数据总线上，待数据信号稳定后，主存储器通过应答信号线向主机发送应答信号，表示数据有效。之后，主机从数据总线上读取数据，并使读命令无效。主存储器发现读命令无效后就撤销应答信号，并使用三态门等隔离主存储器的数据线与数据总线。当主机发现应答信号无效后，将地址和状态信号撤销。

同步定时方式的优点是总线定时控制电路比较简单，缺点是操作定时不够灵活，所有设备只能在相同的速率下工作，高速设备无法发挥速度优势。异步定时方式，可以比较容易地把不同速度的设备连接到总线上，但定时控制电路比较复杂。

(2) 总线数据传送模式

总线的基本功能是传送数据。总线上的一次数据传送包括两个阶段：地址/命令阶段和数据传送阶段。不同的总线和总线设备，使用不同的数据传送模式，但都支持两个最基本的总线操作：读操作和写操作。**总线数据传送模式(数据传输类型)**就是指读/写操作在不同类型总线上的实现方式。

现代总线标准一般都支持以下四类数据传送模式：

- **读、写操作**

读操作是指从方到主方的数据传送；**写操作**是指主方到从方的数据传送。通常，主方先用一个总线周期发出命令和从方地址，经过一段延时再开始数据传送的总线周期。为减少延时，主方发出命令和从方地址后可让出总线控制权，以便其他主方完成更重要的操作；之后再重新竞争总线，完成数据传送总线周期，以提高总线利用率。

在使用物理专用信号线方式时，地址总线与数据总线互相独立，发送到地址总线上的地址信号不受外界影响，当数据发送到数据总线上时，地址信号仍然保留在地址总线上。在使用分时复用信号线方式时，信号线首先用来发送地址信号，然后传送数据；主设备在发送地址信号后，需要一段延时，用于从设备进行地址译码。

- **块传送操作(Burst Mode)**

也称为**连续数据传输方式**、**突发(猝发或迸发)数据传输方式**或**成组数据传输方式**，在一个地址/命令阶段后，发送第一个数据所在存储单元的地址，紧随其后有连续的多个数据传送操作，数据块长度通常固定为数据线宽度或存储器字长的 4 倍。

- **写后读、读修改写操作**

写后读操作是一个不可分割的连续操作，读操作用于校验刚写入的信息。**读修改写操作**也是一个不可分割的连续操作，在读操作之后立即实施对同一单元的写操作。类似于猝发式操作，这两种操作由主方掌管总线使用权直到操作全部完成，因此需要在操作开始时发送一次数据单元的地址，用以确保多道程序共享存储资源的数据一致性。

- **广播、广集操作**

数据传送通常只在一个主方和一个从方之间进行。有时，总线也允许一个主方对多个从方进行操作，称为**广播**。相反，**广集**允许总线上选定的多个从方数据完成 AND 或 OR 操作，能够检测多个中断源。

6.7　外部设备

6.7.1　输入——键盘

键盘是最主要也是最常用的输入设备，可用于将英文字母、数字、标点符号等输入计算机中，以实现向计算机发出命令、输入数据等。1714 年，英、美、法、意、瑞士等国家相继发明了各类打字机和最早的键盘。1868 年，“打字机之父”——美国人克里斯托夫 • 拉森 • 肖尔斯(Christopher Latham Sholes)获打字机模型专利并取得经营权。1873 年，使用 QWERTY 键盘的第一台商用打字机投放市场，也是现在键盘的布局方式。键盘的分类主要有以下几种：

- 按接口分：串口、PS/2 和 USB。

PS/2 是 20 世纪 80 年代 IBM 公司推出的一种个人电脑 Personal System 2。PS/2 接口是输入装置接口，并非传输接口，没有传输速率，只有扫描速率。PS/2 分为 5 针和 6 针两种，如图 6.22 所示。串口和 USB 接口请参阅后续章节。

- 按结构原理划分：触点式，无触点式。

触点式键盘又称机械式键盘，通过机械触点的断开与闭合判断开关的通断，容易磨损、氧化，可靠性差。无触点式键盘通过按键上下运动使等效电容发生变化来判断开关的通断，无磨损和接触不良等问题，密封组装，可靠性好。如图 6.23 所示。

接头类型	公插头(Plug)	母插座(Socket)	引脚定义
5 芯 PS/2	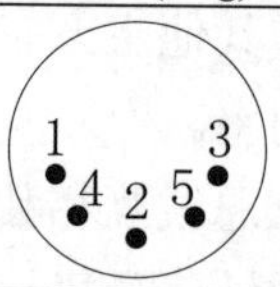 1 3 4 2 5	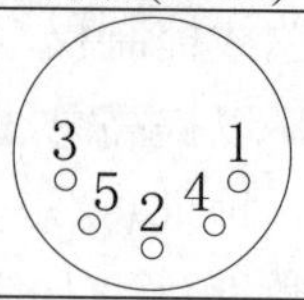 3 1 5 2 4	1-时钟 2-数据 3-保留 4-电源地 5-+5V
6 芯 PS/2	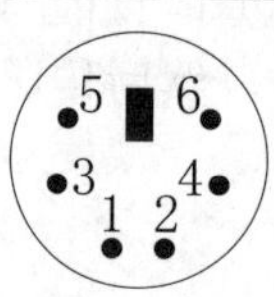 5 6 3 4 1 2	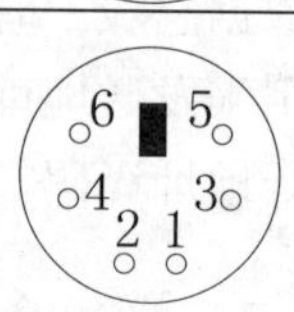 6 5 4 3 2 1	1-数据 2-保留 3-电源地 4-+5V 5-时钟 6-保留

图 6.22　键盘 PS/2 接口图

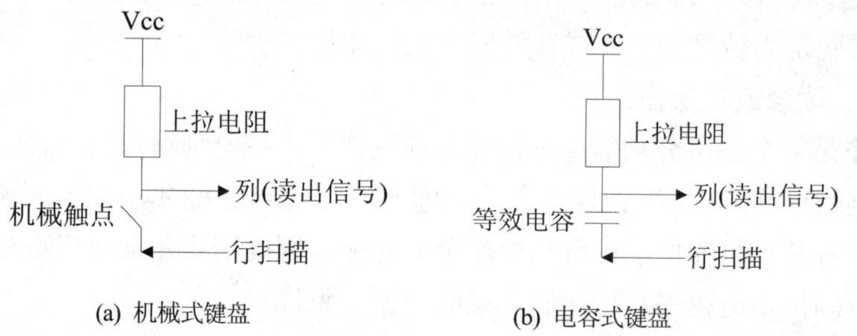

(a) 机械式键盘　　(b) 电容式键盘

图 6.23　机械式键盘和电容式键盘

- 按编码信息划分：编码键盘，非编码键盘。

编码键盘的每个键被按下后，都会产生一个与之对应的编码信息。非编码键盘使用较简单的硬件和专用程序来判断被按键的位置，产生一个对应位置的中间代码(扫描码)，并转换成规定的编码，是现代计算机常用的键盘。

早期由美国 IBM 公司推出的计算机键盘设计标准为 83 键及 84 键，1986 年推出了 101 键的标准键盘(见图 6.24)，之后又推出与微软的 Windows95 操作系统配合的 104 键键盘。

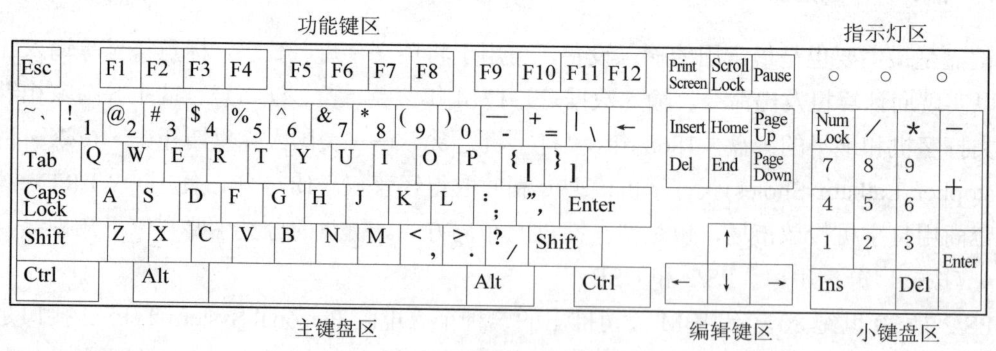

图 6.24　常见 101 键键盘

键盘控制电路主要包括处理器、译码器和按键开关矩阵三大部分。处理器在周期性扫描行列的同时，根据扫描结果判断是否有键按下。当有键按下时，将位置扫描码分两次发送到键盘接口：键按下时发送一次，接通扫描码；键释放时再发送一次，断开扫描码。

6.7.2　输入——鼠标、跟踪球和操作杆输入

鼠标(器)是控制计算机显示器上光标移动的输入设备还包括若干按键。鼠标是 1964 年由美国斯坦福研究所的鼠标之父道格拉斯·恩格尔巴特发明的。

- 按接口分：串口、PS/2 和 USB。

Windows 环境下，PS/2 鼠标的采样率默认为 60 次/秒，USB 鼠标为 120 次/秒。

- 按工作原理分：机电式(机械式)，光电式。

机电式：1983 年，罗技公司成功设计出第一款光学机械式鼠标，简称光机鼠标。机电式鼠标包括滚球、压力滚轴、发光二极管、光电晶体等，如图 6.25 所示。鼠标移动时，胶质滚球会带动 X、Y 转轴上的两只光栅码盘转动获取鼠标位移信息。

光电式：光电鼠标器使用光学传感器检测鼠标的位移，包括透镜组件、光学传感器、芯片、发光二极管等，没有滚球。光电式鼠标将光学位移信号转换为电脉冲信号，再通过程序的处理和转换来控制屏幕上光标的移动。如图 6.26 所示。

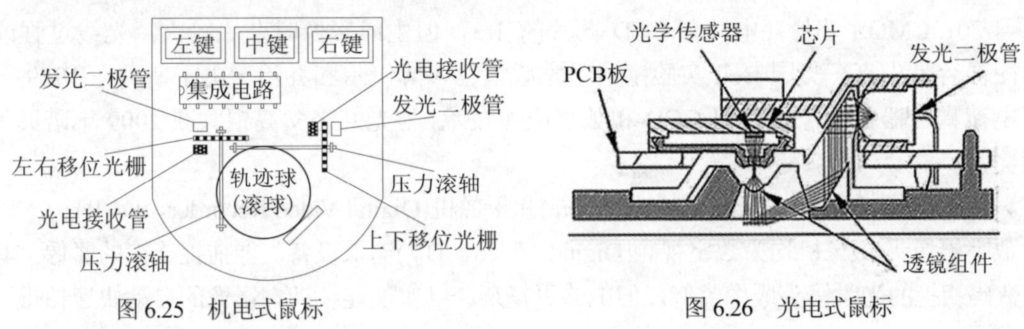

图 6.25　机电式鼠标　　图 6.26　光电式鼠标

- 按与计算机通信方式分：有线鼠标和无线鼠标(红外线型和无线电型)。

常见的鼠标原理电路如图 6.27 所示。

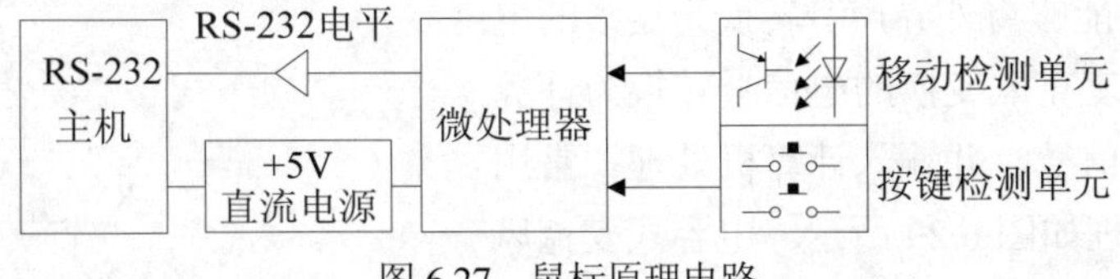

图 6.27　鼠标原理电路

跟踪球(轨迹球)与操作杆都是光标指示设备的一种，其工作原理与机械式鼠标相同，占用空间小，可方便灵活地移动显示器上的光标，常用于便携式设备和震动环境下工作的设备。

6.7.3　输入——图像输入设备(数码相机、摄像机和摄像头)

- 数码相机(Digital Camera，DC)

又叫数字相机，集成了图像系统的转换、存储、传输等部件，是机、电、光一体化的产品，可将三维景物数字化，具有数字化存储模式、与计算机交互处理、实时拍摄等功能。数码相机分辨率越高，可记录的点越多，图像越清晰。数码相机主要由镜头、闪光灯、快门、数字信号处理器、液晶显示屏、存储器等部件组成，如图 6.28 所示。

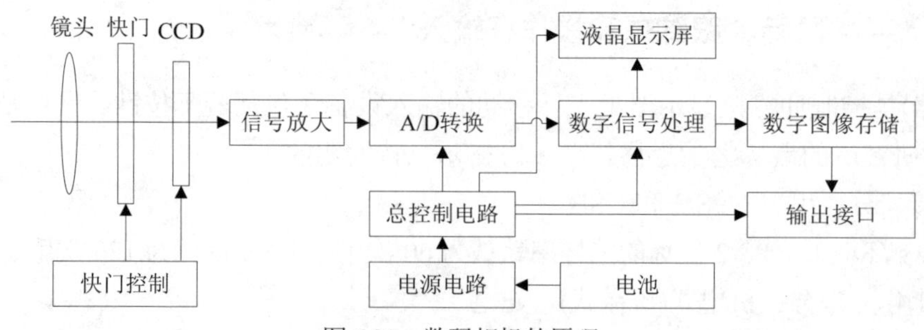

图 6.28　数码相机的原理

光线通过镜头和快门照射在感光元件上，感光元件对光信号进行放大和 A/D 转换，再经过数字信号处理存储为数字格式，并显示在液晶显示屏上。常用的感光元件为光电转换半导体器件，包括电荷耦合器件(Charged Coupled Device，CCD)、互补金属氧化物半导体器件(Complementary Metal-Oxide Semiconductor，CMOS)。CMOS 生产工艺简单，可实现 LSI 工艺制造，可将数字信号处理电路与存储器集成于同一个芯片上，成本只有同像素 CCD 芯片的 1/10～1/20；CMOS 芯片耗电只有 CCD 芯片的 1/3，但生成影像时杂讯较大，光线过强或过弱时图像容易失真。美国 Bell 实验室科学家威拉德·博伊尔和乔治·史密斯因在 1969 年发明了电荷耦合器件图像传感器 CCD 和数字成像技术，与光纤之父高锟共获 2009 年诺贝尔物理学奖。

- (数字)摄像头(WebCam，Web Camera)和摄像机(Digital Video Recorder，DVR)

数字摄像头/摄像机均为数字视频(Digital Video，DV)输入设备，能捕捉连续的影像。其原理与数码相机的光学镜头成像类似，但电路更复杂，以实现连续动态影像的自动快速拍摄。

6.7.4　输入——语音录入系统

语音录入系统包括麦克风(话筒)和声卡(声音卡、声频卡)，前者能够将外界声音转换为连续的电信号，后者则将经麦克风变换的电信号转换为计算机能够处理的数字信号，并输入计算机处理。常用的电容式麦克风原理如图 6.29 所示。电容式麦克风主要包括电容头和预放大器，而电容头又包括振膜和底极板。当声波引起振膜振动时，使振膜与底极板的间距发生变化(电容量变化)，导致极间形成音频电流。电容式麦克风具有频率响应宽且特性平直、非线性失真小、瞬态响应好和灵敏度高等优点。

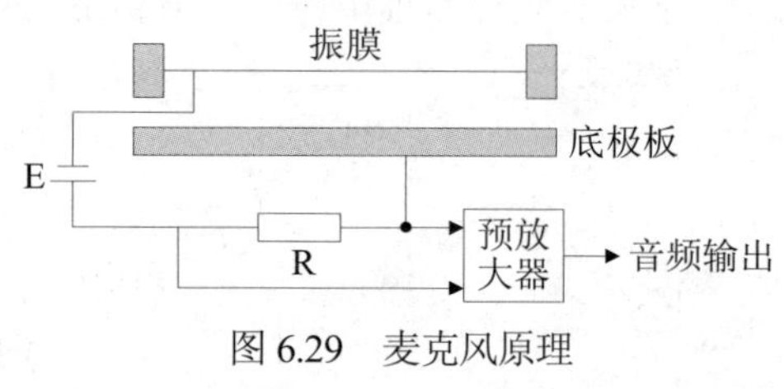

图 6.29　麦克风原理

麦克风和喇叭都使用模拟信号，声卡需要将声音模拟信号转换计算机所能处理的数字信号。从结构上分，声卡可分为模数(A/D)转换电路和数模(D/A)转换电路两部分，前者将声音输入设备采集到的模拟信号转换为计算机所需的数字信号；而后者将计算机使用的数字声音信号转换为声音输出设备使用的模拟信号。声卡分为内置独立声卡和集成在主板上的软声卡。声卡主要包括数字信号处理器、混合信号处理器(mixer，混音器)、音乐合成器。声卡的数字化声音接口有直接传送方式和 DMA 传送方式。MIDI 合成器的类型有频率调制(FM)合成和波形表(wavetable)合成。

量化位数和采样率是声卡常用的两个性能指标。采样率决定了频率响应范围，声音采样的三种标准为：语音效果(11KHz)、音乐效果(22.05KHz)、高保真效果(44.1KHz)。量化位数是对每次采样声波后存储、记录其振幅所用的采样位数，决定了声波的动态范围，常用的有 8 位(256 个级别)和 16 位(65 536 个高低音级别)。

6.7.5　输入——光笔、手写板、绘图板

- 光笔(Light pen)

光笔也是一种输入设备，外形像一支笔，使用感光探测器在显示屏上操作。光笔包括笔体、透镜组、光导纤维、光电转换电路、放大整形电路等，如图 6.30 所示。

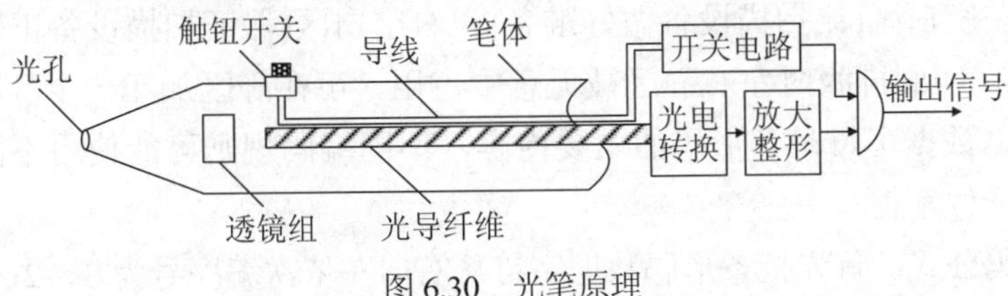

图 6.30　光笔原理

光笔的工作方式有选点(又称标定)和跟踪(又称定位)两种。选点是用光笔选取显示对象中某一元素作为参考点，对该对象进行处理加工的过程。跟踪是用光笔拖动屏幕上的光标并实施定位的过程。屏幕上的光标可用硬件方法或软件方法产生。

- 手写板(手写仪)

手写板(见图 6.31)由一只专用手写笔和一块基板组成，当手写笔在基板特定区域内书写文字时，手写笔所经过的轨迹和压力就会被记录下来。手写板主要分为电阻压力板、电容板以及电磁压感板等，不需要输入法便可实现文字的输入，或者精确制图(电路设计、CAD 设计等)。

- 绘图板(数位板、绘画板、手绘板)

绘图板(见图 6.32)与手写板类似，主要面向设计类的办公人士。通常采用电磁式感应原理，内部电路板上布满横竖均匀排列的线条，将数位板切割成很多小正方形产生纵横交错的磁场，笔尖在数位板上移动时切割磁场产生电信号，借助多点定位就能精确地确定笔尖位置。

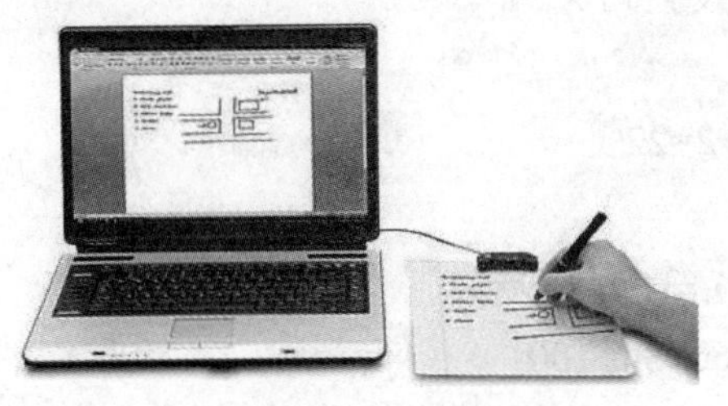

图 6.31　手写板

图 6.32　绘图板

6.7.6　输入——条形码与二维码

(1) 条形码(barcode)

条形码(见图 6.33)使用宽度不等的若干个黑条和空白，按照规定的编码规则排列成图形标识符以表示信息。20 世纪 20 年代，美国威斯汀豪斯(Westinghouse)实验室的发明家约翰·科芒

德为实现邮政单据自动分拣而发明了最早的条码标识，使用模块比较法设计，即一个条表示 1，两个条表示 2，依此类推。之后，他又发明了条码识读设备：一个能够发射光并接收反射光的扫描器；一个测定反射信号条和空的边缘定位线圈。

1949 年的专利文献中第一次记载了诺姆·伍德兰(Norm Woodland)和伯纳德·西尔沃(Bernard Silver)发明的全方位条形码符号。1970 年，Interface Mechanisms 公司开发出适于销售的二维矩阵条码的打印和识读设备，并用于报社自动化排版。1974 年，美国国防部采用了 Intermec 公司的 39 码作为军用条形码码制，也是第一个字母、数字相结合的条形码。1974 年的箭牌口香糖是最早被打上条形码的产品。

条形码一般由静区(空白区)、起始字符、数据字符与终止字符组成，有些条码还有校验字符。静区又分为左空白区(让扫描设备做好准备)和右空白区(保证扫描设备正确识别条码的结束标记)。为避免在印刷排版时左右静区被无意中占用，可在静区加印一个静区标记。起始字符是第一位字符，数据字符是条形码的主要内容，不同编码规则可能使用不同的校验规则，终止字符是最后一位字符。

条形码校验码公式：首先把条形码数据字符从右向左依次编序号为 1，2，3，……；从序号 2 开始将所有偶数序号位上的数相加，用求出的和乘 3；再从序号 3 开始将所有奇数序号上的数相加；用奇数序号上的加上刚才偶数序号上的 3 倍和，计算总和；最后用 10 减去该总和的个位数，就得出校验码。

图 6.33　条形码

【例 6.17】　某条形码为：901234567892X，求校验码 X。

解：

① 对所有偶数序号位上的数求和：0+2+4+6+8+2=22

②将偶数序号位上的和乘 3：22×3=66

③ 序 3 开始所有奇数序号上的数相加求和：9+1+3+5+7+9=34

④ 偶数序号上的和乘 3 加上奇数序号上的和：66+34=100

⑤ 再用 10 减去该和的个位数：10−0=0(如果第 5 步的结果个位为 0，校验码为 0)

因此最后校验码 X=0。则此条形码为 9012345678920。

(2) 二维码(2-dimensional bar code)

一维条形码只使用一个方向(一般是水平方向)表达信息，而另一个方向(一般是垂直方向)不表达任何信息，其相应的高度只是方便阅读器的对准；但二维码能够同时在水平和垂直两个方向存储信息。一维码只能由数字和字母组成；而二维码能存储数字、汉字和图片等信息。

二维条码/二维码技术始于 20 世纪 80 年代末。二维码记录信息的符号是按一定规律在二维方向分布的黑白相间的图形；在代码编制上巧妙地利用 0、1 比特流来表示数字、文字信息。二维码也有多种编码方法(码制)，通常分为以下三类：

- **线性堆叠式二维码：**基于一维条形码的编码原理，将多个一维码在纵向堆叠进行编码。典型的码制有 Code 16K、Code 49、PDF417 等。
- **矩阵式二维码：**通过黑白像素在一个矩形空间的不同分布进行编码。典型的码制有 Aztec、Maxi Code、QR Code、Data Matrix 等。
- **邮政码：**借助不同长度的条进行编码，用于邮件编码，如 Postnet、BPO 4-State。

快速响应(Quickly Response，QR)码是由日本 Denso Wave 公司于 1994 年 9 月研制的一种矩阵二维码符号，呈正方形，常见的是黑白两色，相同面积码图上的存储密度要大于 PDF417 码。图 6.34 显示了 QR 码符号结构。在 3 个角上印有“回”字形的定位图符，用户不需严格对准就能保证数据的正确读取。1999 年 1 月日本发布了 QR 码的标准 JIS X 0510，其对应的 ISO 国际标准 ISO/IEC18004 在 2000 年 6 月获批。根据 Denso Wave 公司的数据，QR 码为开放式标准，规格公开，专利权益虽由 Denso Wave 公司持有但不会被运行。

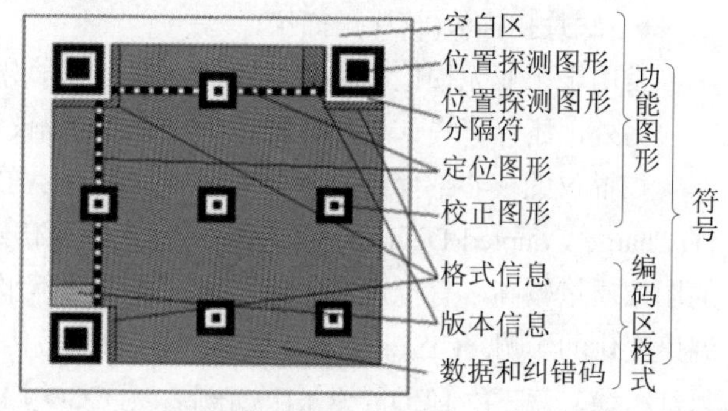

图 6.34　QR 码符号结构

二维码关乎国家的信息主权和信息安全，从 2000 年中国也开始研发自主知识产权的二维码。2006 年 5 月 25 日，武汉矽感科技有限公司研发的网格矩阵码(GM 码，标准号 SJ/T 11350－2006)和紧密矩阵码(CM 码，标准号 SJ/T 11349－2006)获颁信息产业部行业标准。2008 年网格矩阵码获颁 AIM(全球自动识别协会)国际标准(标准号 AIMD014)。2012 年 5 月 1 日，网格矩阵码和紧密矩阵码获颁国家标准(标准号 GB/T27766-2011 和 GB/T27767-2011)。

6.7.7　输入——OCR 技术和文字输入系统

光学字符识别(Optical Character Recognition，OCR)，或智能字符识别(Intelligent Character Recognition，ICR)，是指用电子设备(如扫描仪或数码相机)检测纸上字符的亮暗模式和形状，然后将其用字符识别技术翻译成计算机文字。1929 年德国科学家图舍克(Tausheck)最先提出 OCR 的概念。1966 年，IBM 公司的凯西(Casey)和纳吉(Nagy)发表了第一篇论文采用模板匹配法识别了 1000 个印刷体汉字，是最早对印刷体汉字识别的研究。

扫描仪是一种数字化输入设备，能够扫描图像并将其转换成计算机可以处理的格式。1884 年，德国工程师尼普科夫(Paul Gottlieb Nipkow)利用硒光电池发明了一种机械扫描装置，被认为是人类历史上最早使用的扫描技术。

- 手持式扫描仪

诞生于 1987 年，由于扫描效果不佳，操作困难，于 1996 年后相继停产。而到 2009 年，手持式扫描仪凭借高达 600dpi(dots per inch)扫描分辨率和小巧轻便的外形，再次兴起。

- 馈纸式扫描仪

诞生于 20 世纪 90 年代初，又称小滚筒式扫描仪，于 1997 年后退出历史舞台。

- 鼓式扫描仪(滚筒式扫描仪)

广泛应用于专业印刷排版领域，采用光电倍增管作为感光器件，光学分辨率大于 1000dpi。

- 平板式扫描仪(平台式扫描仪、台式扫描仪)

诞生于 1984 年，广泛应用于办公领域，光学分辨率大于 300dpi，扫描幅面一般为 A4(210mm×297mm)或 A3(297mm×420mm)。

- 大幅面扫描仪(工程图纸扫描仪)

一般指扫描幅面为 A0(1189mm×841mm)、A1(841mm×594mm)的扫描仪。

- 底片扫描仪(胶片扫描仪)

常用于工业无损检测和医学胶片扫描，光学分辨率通常可达到 2700ppi(pixels per inch)。

另外，还有一些专业的扫描仪，如条码扫描仪、实物扫描仪、卡片扫描仪等。

扫描仪的核心部件为光学读取装置和模数(A/D)转换器。常用的光学读取装置有电荷耦合器件(Charge Coupled Device，CCD)和接触式图像传感器(Contact Image Sensor，CIS)。CCD 扫描的图像质量较高，有一定的景深，可扫描凹凸不平的对象；温度系数较低，几乎不受周围环境温度变化的影响。CIS 采用触点式感光元件(光敏传感器)，在扫描平台下 1mm~2mm 处排列数百只红、绿、蓝三色 LED 产生白色光源，无 CCD 扫描仪中的 CCD 阵列、透镜、荧光管和冷阴极射线管等复杂部件，具有体积小、重量轻、成本低等优点。扫描仪常进行二值化、图像降噪、倾斜校正等预处理，以降低特征提取算法的难度，提高识别精度。图 6.35 显示了扫描仪原理图。

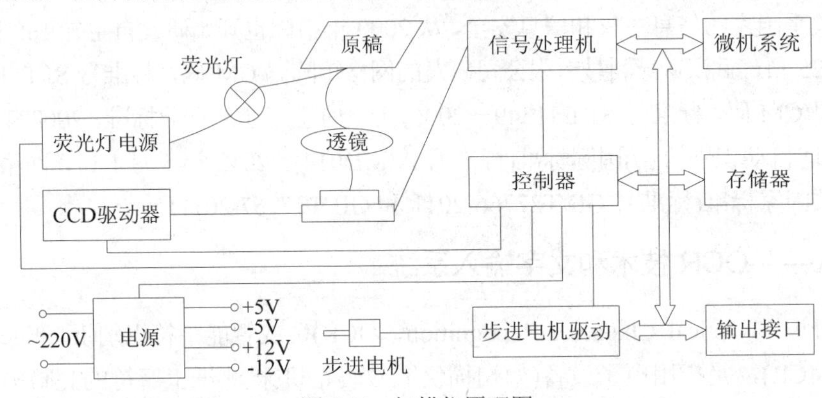

图 6.35　扫描仪原理图

6.7.8　输出——显示技术

1. 显示器

显示器(display monitor)也称为监视器，是将计算机信息通过特定的显示设备传输给人眼的显示工具。根据原理不同，可分为阴极射线管显示器 CRT、LED 显示屏、等离子显示器 PDP、液晶显示器 LCD 等。

- 阴极射线管(Cathode Ray Tube，CRT)显示器

1897 年，德国物理学家布劳恩(Kari Ferdinand Braun)发明了 CRT 显示器，并用于一台示波器中。CRT 显示器主要包括：电子枪(electron gun)、偏转线圈(deflection coils)、荫罩(shadow mask)、

高压石墨电极和荧光粉涂层(phosphor)和玻璃外壳。CRT 显示器通过电子束激发屏幕内表面的荧光粉来显示图像，但荧光粉被点亮后很快会熄灭，因此电子枪必须循环不断地激发荧光粉。CRT 显示器属于模拟计算机时代的产物，已经逐渐被数字化显示器所取代。

● LED 显示屏(LED display)

LED 显示屏是一种平板显示器，采用半导体发光二极管(Light-Emitting Diode，LED)模块面板构成。使用氮(N)、磷(P)、镓(Ga)、砷(As)、铟(In)的化合物制成的二极管，在电子与空穴复合时会辐射出可见光，磷砷化镓二极管发红光，磷化镓二极管发绿光，碳化硅二极管发黄光，铟镓氮二极管发蓝光。

发光二极管最早出现于 1962 年，即磷砷化镓二极管(GaAsP)发红光(λp=650nm)，光效约 0.1 流明/瓦。20 世纪 70 年代中期，引入元素 N 和 In，LED 能发出绿光(λp=555nm)，黄光(λp=590nm)和橙光(λp=610nm)。1986 年，日本名古屋大学的赤崎勇和天野浩首次制成高质量的氮化镓晶体，1989 年研制成功蓝光 LED。因发明高亮度蓝色发光二极管，日本科学家赤崎勇、天野浩和美籍日裔科学家中村修二共获 2014 年诺贝尔物理学奖。

LED 显示屏系统包括三大部分：显示屏体、数据处理电路和控制计算机。其他种类的显示屏难以无缝拼接，而 LED 显示屏则有很好的面积延展性，可无缝拼接、任意延展、功耗小、寿命长、耐冲击、性能稳定，特别适于公共场合使用。

● 等离子显示器(Plasma Display Panel，PDP)

1964 年，美国伊利诺大学两位教授贝泽及斯赖尔发明等离子显示器，原本只可显示单色(通常是橙色或绿色)。等离子屏幕是由大量放电小空间 cell 排列而成，每一个 cell 只负责红绿蓝(RGB)三色当中的一色，采用三个 cell 混合形成人眼所看到的多重色调。等与 CRT 原理类似，离子屏幕通过紫外光刺激磷光质发光，属于自体发光，而不同于液晶屏幕的被动发光。其原理如图 6.36 所示。

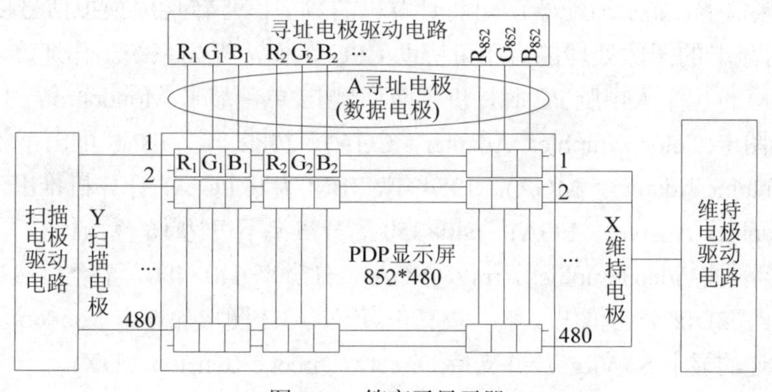

图 6.36　等离子显示器

假若每帧图像由 n 行组成，每行有 m 个像素。X 维持电极和 Y 扫描电极均水平方向平行均匀排列，需要 n 个 X 维持电极和 n 个 Y 扫描电极，其中，n 个 X 电极则连接在一起以一个端子引出，而 n 个 Y 电极分别引出。垂直排列 m 组 A 寻址电极(数据电极)，每组包括 RGB 三基色，即总共有 $3m$ 个 A 寻址电极。正交布置的 X 维持电极、Y 扫描电极和 A 寻址电极组成了 $n×3m$ 个小放电管阵列，由 $n+3m+1$ 个端口信号来控制。以 852×480 显示格式为例，其 n=480，m=852，则需要 480+3×852+1=3037 个端口控制。

● 液晶显示器(Liquid Crystal Display，LCD)

LCD 为平面超薄的显示设备，功耗很低。19 世纪末，奥地利植物学家发现了液晶(即液态的晶体)，一种物质同时兼具了液体的流动性与类似晶体的排列特性。液晶具有电光效应，即在电场的作用下，液晶分子的排列特性会发生变化，进而改变其光学性质。1970 年 12 月，瑞士的仙特和赫尔弗里希霍夫曼-勒罗克中央实验室注册了液晶的旋转向列场效应专利。1969 年，美国俄亥俄大学的詹姆士·福格森也发现了该效应，并于 1971 年 2 月在美国注册了同样的专利。之后，RCA 公司乔治·海尔曼小组基于动态散射模式(Dynamic Scattering Mode，DSM)开发了第一台可操作的 LCD。1973 年，日本的声宝公司将 LCD 首次用于电子计算器的数字显示。

液晶显示器最常见的是薄膜晶体管(Thin Film Transistor，TFT)驱动，主要由荧光管(或者 LED Light Bar)等组成。它通过有源开关来独立精确地控制各个像素，显示效果比无源驱动(俗称伪彩)更加精细。液晶显示器的原理如图 6.37 所示。

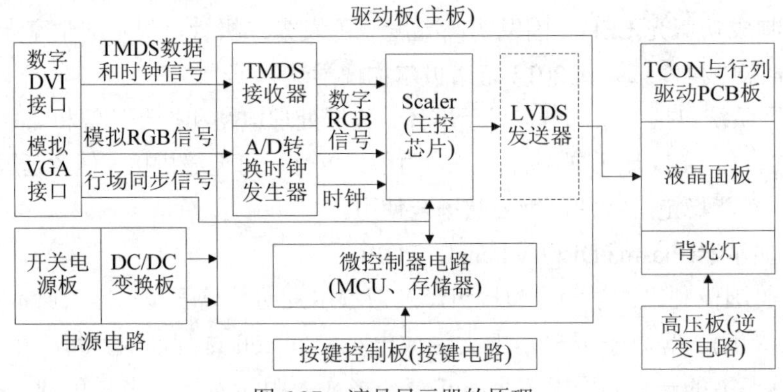

图 6.37　液晶显示器的原理

2. 显示卡(Video Card，Graphics Card)

显卡(显示接口卡，显示适配器)，可将计算机的数字信号转换成模拟信号以便显示器能够显示出来，同时显卡的图像处理能力还可协助 CPU 工作，提高系统工作速度。

1981 年，IBM 推出个人电脑 PC 时提供了两种显卡，单色显卡(Monochrome Display Adapter，MDA)和彩色绘图卡(Color Graphics Adapter，CGA)。1982 年，IBM 推出了单色图形适配器(Monochrome Graphic Adapter，MGA)。1984 年，IBM 为其 PC-AT 计算机推出了增强图形适配器(Enhanced Graphics Adapter，EGA)，640×350 的分辨率下可达 16 色。1987 年，IBM 随 PS/2 推出了视频图形阵列(Video Graphics Array，VGA)，分辨率 640×480，至今仍然是业界共同支持的标准。1995 年，3Dfx 公司推出了第一块真正意义的 3D 图形加速卡 Voodoo。1996 年又推出了融合了 3D 加速的显卡 S3 Virge，并支持 DirectX(Direct eXtension，DX)。

集成显卡将显示芯片、显存及相关电路均集成于主板上，显示芯片或单独的，或集成于主板的北桥芯片中，处理性能和显示效果较弱，不易升级。独立显卡则将显示芯片、显存及相关电路均做在一块单独的电路板上，单独配有显存，性能优于集成显卡，易于升级，但需要占用主板的扩展插槽(ISA、AGP、PCI 或 PCI-E 等)。加速图像处理接口(Accelerate Graphical Port，AGP)是 Intel 为解决 PCI 总线的低带宽而开发的视频接口标准，2009 年后为 PCI-E 所取代。

核芯显卡是整合在 CPU 中的新一代智能图形处理器(Graphics Processing Unit，GPU)，借助 CPU 的强大运算能力和智能能效调节能力，可在更低功耗下实现更出色的图形处理性能。AMD

的核芯显卡处理器称为加速处理器(Accelerated Processing Unit，APU)，Intel 带核芯显卡的处理器有 sandy bridge(SNB)、ivy bridge(IVB)等，并扩展了无线高清技术(Wireless Display，WiDi)。

3. 显示器的性能指标

屏幕尺寸：用对角线测量屏幕源自第一代 CRT 显示器，只需要用直径来表示显示管尺寸。

分辨率：即显示屏每列像素点数×行数，计算机可以单独访问每个像素点。

可视角度：从最大角度上能清晰地观察屏幕上的所有内容，常用单位是度。

刷新率：显示帧频(frame rate)，每秒钟可显示的帧或图像数量，常用单位是赫兹。

亮度(luminance)：发光物体外表发光强弱的度量，常用单位是坎德拉每平方米(cd/m^2)。

对比度：一幅图像中可表示的最亮的白和最暗的黑之间的不同亮暗层次。

响应时间：即显示器各像素点对输入信号反应的速度，单位常用毫秒(ms)。一般分为上升(rising)和下降(falling)两个部分，一般用两者之和表示。

显示色素：显示器可表示色彩的丰富程度或颜色值的数量。一些厂商使用了帧率控制(Frame Rate Control，FRC)技术来仿真全彩画面。

【例 6.18】　显示器的灰度级是用二进制数据表示每个光点的亮暗级别。若用 4 位、8 位、16 位、24 位、32 位、64 位二进制数，分别可表示多少级灰度或多少种颜色？

解：2^4=16，2^8=256，2^{16}=65 536=64K，2^{24}=16M，2^{32}=4G，2^{64}=16E

【例 6.19】　某机的显示器分辨率为 1920×1080，可同时显示 64K 种颜色，则其图形显示卡上图形显示缓存(Video Random Access Memory，VRAM)的容量应为多大？

解：由于颜色数 64K=2^{16}，每个像素点对应的 VRAM 的二进制位数为 N=16

VRAM 的位容量=N×图形分辨率=16×1920×1080(bit)

VRAM 的字节容量= VRAM 的位容量/8=16×1920×1080/8≈3.955MB

则该图形显示卡 VRAM 的容量至少要配置 3.955MB。

4. 投影仪/投影机

投影仪/投影机，用于将图像或视频投射到幕布上，并可通过不同接口连接计算机、播放器、DV 等。根据工作原理，可分为 CRT，LCD，DLP 等类型。DLP(Digital Light Processor，数字光处理器)以数字微反射器(Digital Micromirror Device，DMD)为光阀成像器件，包括模数解码器、内存芯片、影像处理器和若干数字信号处理器(DSP)。一片 DMD 包括大量按行列紧密排列的微小正方形反射镜片(微镜)，并贴于一块硅晶片的电子节点上。每一个微镜对应一个像素，所以一台 DLP 投影仪的物理分辨率取决于其微镜数目，如一台分辨率为 1024×768 的投影仪，其 DMD 上的微镜数目有 1024×768=786 432 个。

3D 全息投影是一种不必配戴眼镜便可看到立体虚拟影像的 3D 显示技术，利用干涉和衍射原理记录并再现物体的 3D 影像。第一步利用干涉原理拍摄物体光波信息。被摄物体在激光辐照下产生漫射式物光束，参考激光光束射到全息底片上与物光束叠加干涉。记录着激光干涉条纹的底片通过显影、定影后制作为一张全息图(全息照片)。第二步利用衍射原理成像物体光波信息。全息图的每一部分都记录了物体上各点的光波信息，即每一部分可能再现原物的整个影像，在同一张底片上经多次曝光还能记录多个不同的图像，并能互不干扰地分别显示。

6.7.9　输出——打印机、绘图仪

打印机(printer)和显示器同属图像输出设备，打印机用于将计算机信息打印在相关介质上。打印机有不同的分类方法。按打印元件对打印介质是否有击打动作，分为击打式、非击打式打印机；按打印字符结构，分为全形字、点阵字符打印机；按一行字符在打印介质上形成的方式，分为串式、行式打印机；按打印原理，分为喷墨式、热敏式、激光式、静电式、磁式、发光二极管式等打印机。

- 点阵针式打印机

1964 年，东京奥林匹克世界运动大会，Epson 公司特别研发出了水晶精密计时表 951 和打印型计时码表。1978 年，Epson 公司推出了针式打印机 TP-80(7 针)。1980 年，又推出了 MP-80(9 针)，随后成为第一台 PC 用针式打印机。早期的针式打印机大多采用 Centronics 标准并行接口。随后，存折针式打印机和票据针式打印机发展很快，能够满足电信、银行、税务、证券等行业高速批量打印业务的需求，可分为直排针式、斜排针式和并行纵向排列式等几种。

针式打印机的原理如图 6.38 所示。针式打印机最重要的部件是打印头，由一定数量的打印针(通常为 9 针和 24 针)按照单列或双列(个别为三列)纵向排列，通过薄膜电缆连接控制电路，在永磁铁、衔铁、铁芯、线圈的配合下实现字符和图形的打印。字车机构包括字车步进电机、底座、齿型带(或齿条)、初始位置传感器等，能够定位打印头。

- 喷墨打印机

1976 年，西门子公司的佐尔坦(Zoltan)、凯泽(Kyser)和西尔(Sear)研制了压电式墨点控制技术，1978 年开发了世界上第一部商业型喷墨打印机 Seimens Pt-80。1979 年，出现了 Bubble Jet 气泡式喷墨技术。1991 年，惠普公司的 HP Deskjet 500C 成为全球第一台彩色喷墨打印机。

喷墨打印机按工作原理可分为固体喷墨和液体喷墨两种，而液体喷墨方式又可分为气泡式(Canon 和 HP)与液体压电式(Epson)。气泡技术(Bubble Jet)是通过加热喷嘴使墨水产生气泡，再喷到打印介质上。喷墨方式还可分为连续式与随机式，早期的喷墨打印机及当前的大幅面喷墨打印机都为连续式喷墨，办公型喷墨打印机多为随机喷墨。喷墨打印机原理如图 6.39 所示，分为机械和电路两大部分，清洗系统是喷头的维护装置。

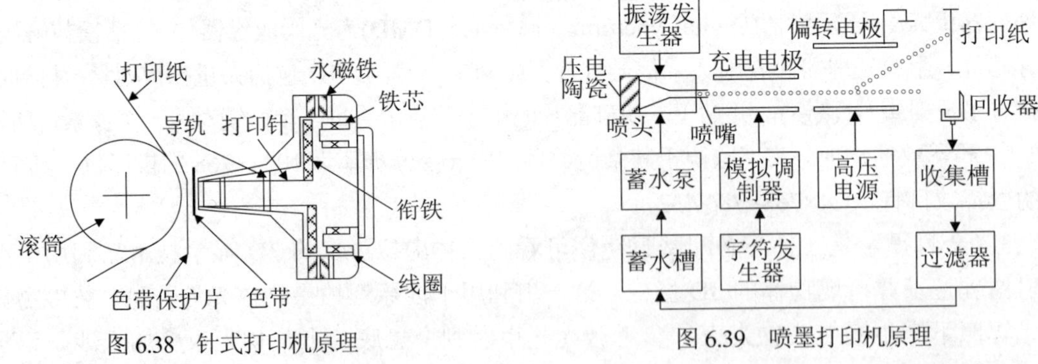

图 6.38　针式打印机原理　　　　图 6.39　喷墨打印机原理

- 激光打印机

激光技术出现于 20 世纪 60 年代。1977 年，IBM 公司发明了世界上第一台结合激光技术与电子照相技术的商业化激光打印机 IBM 3800。1986 年，HP 公司推出世界上第一台双纸盒桌面激光打印机 HP LaserJet 500 plus，1991 年又推出了世界上第一台局域网打印机 LaserJet ⅢSi，

开启了网络打印时代。1992 年，中国联想集团与美国 XEROX 公司合作研制了第一代中文激光打印机。

激光打印机是结合了电子照相技术和激光扫描技术的打印输出设备，由点阵组成图文信息。激光扫描的点阵形成有四种方法：单线扫描，将一行字符的每一行的点阵信息送到扫描器中扫描；多线顺序偏转扫描，高频信号发生器依次产生 9 个不同的频率，按照布雷格衍射原理产生 9 条不同偏转角的扫描线，形成 1 个字仅相当于单线扫描方法的 1/132，又称小光栅扫描；多线同时偏转扫描，将在高频驱动电路中同时产生的 9 个不同频率合成后送至偏转调制器中；多线同时偏转多次扫描，将一个完整的字符分成多次扫描。

常见的激光打印机原理如图 6.40 所示。激光打印机最重要的是圆筒形感光鼓，根据所用光导材料，可分为硒(Se)鼓、硫化镉(CdS)鼓、硅(Si)鼓、有机光导鼓等。鼓芯是有机光导体(Organic Photoconductor，OPC)，能够借助静电吸附碳粉而形成肉眼可视的图像。激光打印的原理是静电成像理论(electrophotography，放电成像法)，1942 年由美国 Bell 实验室查斯特·卡尔逊(Chester Carlson)获得该发明专利，所以也称为卡尔逊法，基本过程可分为充电、曝光、显影、转印、定影、清洁、消电 7 个步骤。

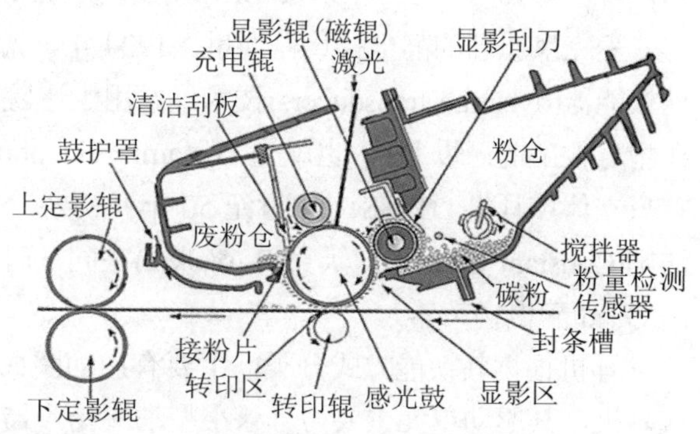

图 6.40　激光打印机原理

● 热敏打印机/热转打印机

热敏打印与热转打印是两种常用的条码打印方法，打印头上安装有半导体加热元件，打印头加热并接触热敏打印纸后便可打印出所需图案。原理如图 6.41 所示。

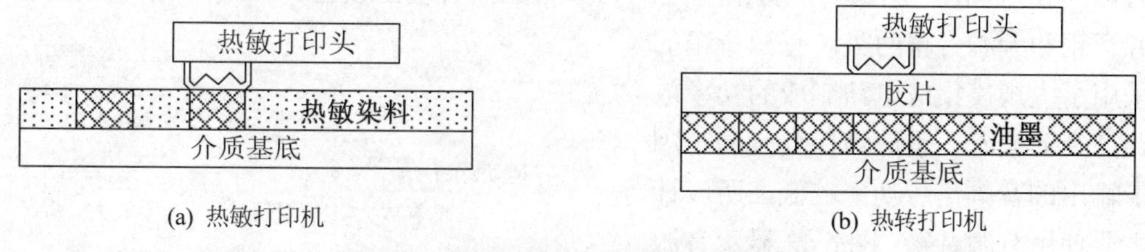

图 6.41　热敏打印机和热转打印机的原理

热敏打印/热转打印不使用油墨、墨粉或色带，而是由热敏染料直接打印在标签材料上，设计简单，体积小，最早用于传真机，现已广泛用于各类 POS 终端、银行、医疗等领域。很多领域要求使用持久耐用的标签，包括针打、喷墨、激光、热敏打印在内的打印技术都无法实现。而热转打印通过加热色带，色带材料被介质吸收，图案构成了标签的一部分，能够在不同材料上打印出持久耐用的图案。

● 绘图仪(数控绘图机)

绘图仪也是一种输出图形的硬拷贝设备。根据绘图原理的不同，可分为点阵绘图机(无笔绘图仪)和向量绘图机(笔式绘图仪)。无笔绘图仪不使用绘图笔，按工作原理可以分为：静电式、喷墨式、激光式、热敏式、电子摄影式绘图仪等。笔式绘图仪需要使用绘图笔，按结构可以分为平台式和滚筒式，滚筒式又可分为压辊式和无压辊式。绘图仪通常包括驱动电机、插补器、控制电路、绘图台、笔架、机械传动部件等，并配备相应的绘图软件，能够绘制出复杂、精确的图形，广泛用于建筑工程、产品设计等领域。

6.7.10　输出——声音输出设备

声卡既能用于声音输入也能用于声音输出，使计算机具有了“听”和“说”的能力。

人类电声史的故事起源于电话。1876 年 2 月 14 日，美国发明家亚历山大 • 格拉汉姆 • 贝尔(Alexander Graham Bell)提出了一份具有历史意义电话专利，被誉为电话之父。为回放所记录的声音，1910 年，布朗(S. G. Brown)发明了 armature 电枢耳机。20 世纪 30 年代中期，基于电容式麦克风原理的静电扬声器面世。1924 年，德国科学家尤根 • 拜尔(Eugen Beyer)开始研发电动换能器(dynamic transducers)技术，并用于影院的扬声器和其他同类器材。拜亚动力的耳机均在型号数字前冠以 DT，也就是 Dynamic Telephone(动力电话)。1950 年，拜亚动力推出了全球首只立体声耳机 DT48S。20 世纪 50 年代初期，美国人博恰雷利(C. V. Bocciarelli)提出恒定电荷法则(Constant Charge)。沃克(P. Walker)在同一时期也独立发展了相同理论，并用其开发了著名的 Quad 静电扬声器。

耳机根据其换能方式分类，主要有：动圈式、动铁式、静电式及等磁式。最常见的是动圈式耳机，其驱动单元主要为一只小型动圈扬声器，与之相连的振膜振动由处于永磁场中的音圈驱动。动铁式耳机是将振动由一个结构精密的连接棒传导到一个微型振膜的中心点，体积小。静电耳机有悬挂在静电场中轻而薄的振膜，由两块固定的金属板(定子)产生静电场，音频信号通过特殊的放大器转换为电信号，失真极低。驻极体耳机也称固定式静电耳机，不需要专门装置提供极化电压。等磁式耳机类似于缩小的平面扬声器，磁体集中于振膜的一侧或两侧(推挽式)，振膜在磁体产生的磁场中振动。

音箱(扬声器箱)，也是将声音信息还原为声音的一种输出设备。按其有无外供电源，可分为有源音箱和无源音箱两类。有源音箱的内部采用了大规模集成电路制成的功率放大电路，音质较好、重放声保真度高。因为声卡输出的音频信号功率较低，所以计算机主要使用有源音箱。图 6.42 显示有源音箱的原理。

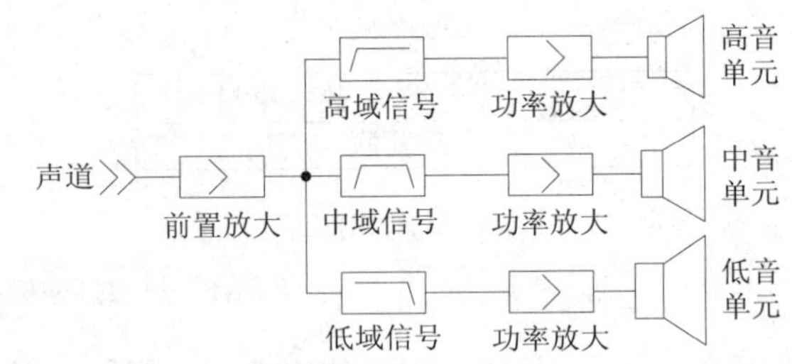

图 6.42　有源音箱的原理

音箱按分频方式可分为：单扬声器音箱、二分频音箱、三分频音箱、四分频音箱、多分频音箱、超低音音箱(低音炮)。按用途可分为：有源音箱、环绕音箱、监听音箱、落地式音箱、书架式音箱、影剧院用音箱、舞台用音箱等。按内部结构可分为：前置号筒式、空纸盆式、对称驱动式、密闭式、倒相式、迷宫式、克尔顿式、哑铃式等。

【例 6.20】 5 分钟双声道音乐，24 位采样，44.1KHz 采样频率，不压缩的数据量是多少？

解： 未经压缩的数字音频数据传输率(b/s)：

采样频率(Hz)×量化位数(b)×声道数=44.1K×24×2=2116.8 Kb/s。

总数据量(B)=数据传输率(b/s)×持续时间(s)/8 =2116.8K×5×60/8=79 380KB≈77.52MB。

6.7.11　交互式输入/输出——触摸屏

触摸屏(touch screen)又称为触控屏、触控面板，是一种可接收屏幕输入信号的感应式液晶显示装置，是目前使用最方便、最广泛的一种人机交互方式。按照原理可分为：电阻式、电容式、红外线式、表面声波式、矢量压力传感式触摸屏等。

- 电阻式触摸屏

该类触摸屏利用压力感应进行交互，触摸屏包含上下叠合的两个透明层(外层和内层)。四线与八线触摸屏由两层具有相同表面电阻的透明阻性材料组成，五线和七线触摸屏由一个阻性层和一个导电层组成，此外还用一种弹性材料来隔离两层。当手指触摸屏幕时，在触摸点位置的两层导电层就有了接触，导致电阻变化，然后产生 X 和 Y 两个方向上的信号，并由触摸屏控制器计算定位。图 6.43 是电阻式触摸屏的示意图。

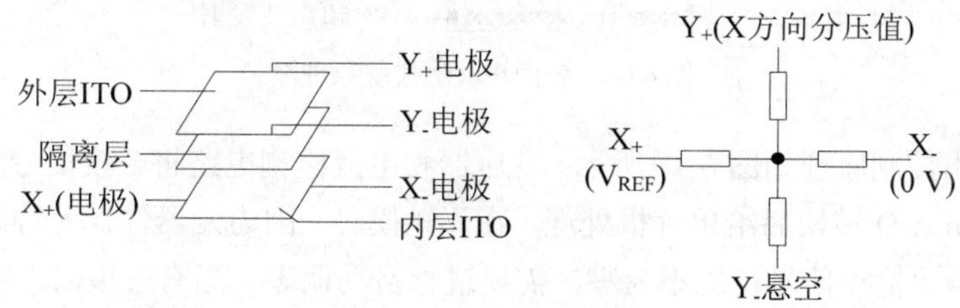

图 6.43　电阻式触摸屏原理

- 电容式触摸屏

电容技术触摸屏(见图 6.44)利用人体的电流感应原理工作。触摸屏包括一块四层复合玻璃屏，其内表面和夹层各涂有一层氧化铟 ITO，最外层还有一薄层矽土玻璃保护层，四个电极从四个角上引出。当手指触摸在金属层上时，人体电场与触摸屏表面有一个耦合电容，在触摸点会有一个很小的电从手指上被吸走，流经四个电极的电流与触摸点到四个角的距离成正比，可由触摸屏控制器计算定位。

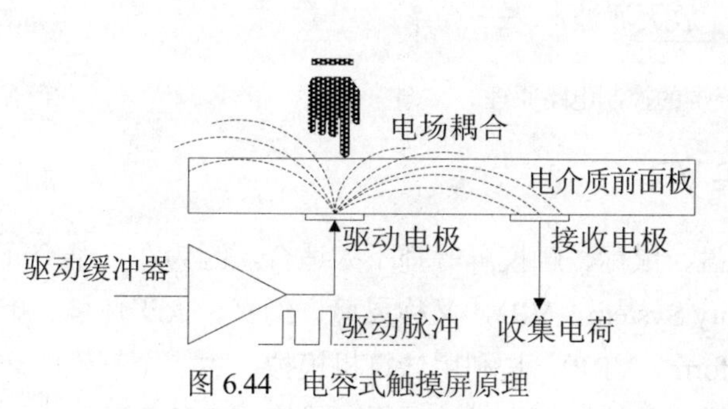

图 6.44　电容式触摸屏原理

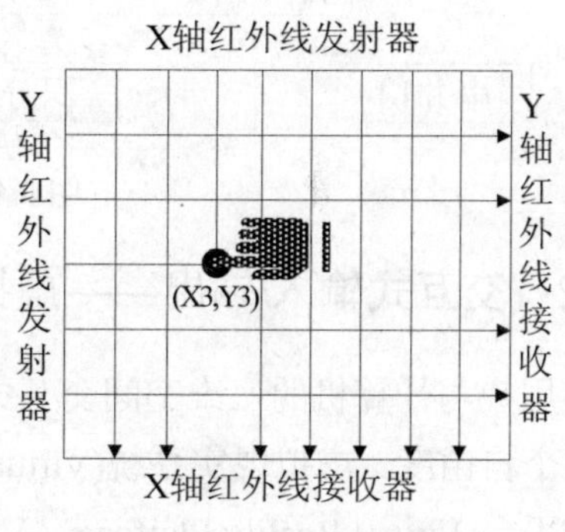

图 6.45　红外触摸屏原理

- 红外线式触摸屏

红外触摸屏(见图 6.45)利用 X、Y 方向上密布的红外线矩阵来检测用户的触摸。触摸屏在显示器表面装有一个电路板外框，电路板外框围绕屏幕四周均匀排列红外发射管和红外接收管，形成纵横交叉的红外线矩阵。用户在触摸屏幕时，在触摸点位置手指就会挡住经过该处的纵横两条红外线，可由触摸屏控制器计算定位。红外屏可以任意选用防爆玻璃，而不会影响使用或增加成本，具有独特优势。

● 表面声波触摸屏

表面声波触摸屏利用声波来检测触摸。图 6.46 显示表面声波触摸屏的原理。右下角的发射换能器把控制器的电信号转换为声波向左方表面传播，然后声波被玻璃板下方的一组精密反射条纹反射成向上的均匀面传播，再经上方的反射条纹聚成向右的线传播给接收换能器，接收换能器再将返回的表面声波能量变为电信号。除了一般触摸屏都能计算的二维 X、Y 坐标触摸外，表面声波触摸屏还可计算第三轴 Z 轴坐标，即可计算用户触摸压力的大小。其原理是计算接收信号的衰减量而得到。

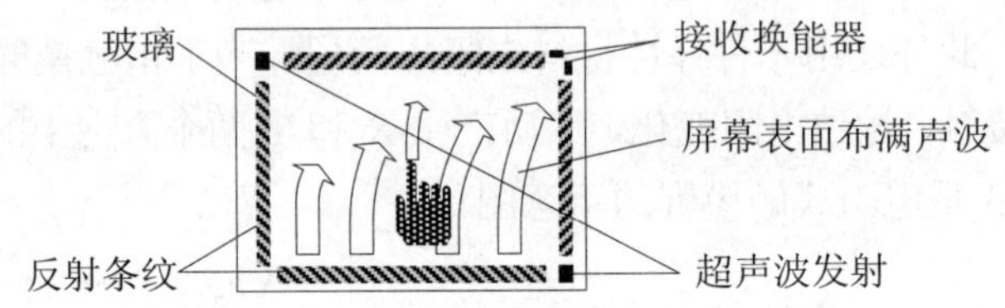

图 6.46　表面声波触摸屏原理

触摸屏的基本控制原理如图 6.47 所示。变压器和电流检测电路将触摸信号送到解调器、放大滤波、积分器和 A/D 转换后给单片机处理。在无触摸时，因为元器件误差等原因，变压器次级中心抽头上的电流检测信号可能不为零，需要进行自动调零。当有触摸时，变压器上的电流将会变化。如果在 X、Y 坐标的点上进行触摸，则中心抽头电流通过模拟解调器解调输出，并经放大滤波器和 A/D 转换后，可得到与坐标 X、Y 及触摸力度 Z 相对应的触摸电流 i_X、i_Y、i_Z。

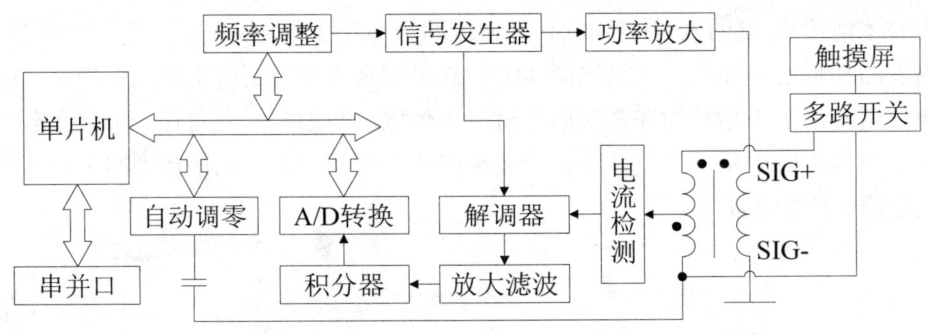

图 6.47　触摸屏的控制电路原理

6.7.12　交互式输入/输出——虚拟现实 VR

在用户与计算机的三维空间交互中，键盘、鼠标、触摸屏等都不太适合，因为在三维空间中有六个自由度。虚拟现实系统(Virtual Reality System，VR)，又称灵境、幻真、人工环境、虚拟现实平台(Virtual Reality Platform，VR-Platform，VRP)，是利用计算机模拟产生一个三维的虚拟世界，可提供视觉、听觉、触觉等感官的模拟，能较真实时地感受三维空间内的事物。

1962 年，VR 的先驱者摩登 • 海里戈(Morton Heilig)在美国提出了全传感仿真器的发明专利，蕴涵了虚拟现实的思想。1968 年，美国计算机图形学之父伊凡 • 苏泽兰(Ivan Sutherland)研制了世界上第一个计算机图形驱动的头盔显示器 HMD 和头部位置跟踪系统，是 VR 发展史上重要的里程碑。20 世纪 80 年代中期，由迈伦 • 克鲁格(Myron Krueger)开发的 Videoplace 系统能使参与者的虚拟图像投影实时响应参与者的活动。1985 年，米迦勒 • 麦格里维(Michael McGreevy)

小组设计了装备有数据手套和头部跟踪器的 VIEW 系统，可实现语言、手势等交互方式。

虚拟现实系统具有如下特征：

- **交互性**：指虚拟环境内物体的可操作性及用户从虚拟环境获得反馈的自然程度。
- **多感知性**：既包括一般计算机所具有的视觉、听觉感知外，还有触觉、运动、味觉、嗅觉等。理想的 VR 系统应能提供人类所具有的一切感知功能。
- **存在感**：指用户感到以主角身份存在于虚拟环境中。理想的虚拟环境应能使用户真假难辨。
- **自主性**：指虚拟环境中的物体依据现实世界物理运动定律完成动作的程度。

典型的虚拟现实系统架构如图 6.48 所示。VR 是多种技术的综合，包括实时三维计算机图形技术(3D Computer Graphics)，广角(宽视野)立体显示技术，对用户头、眼和肢体的跟踪技术，立体声、语音、触觉/力觉等感觉的 I/O 技术以及网络传输等。

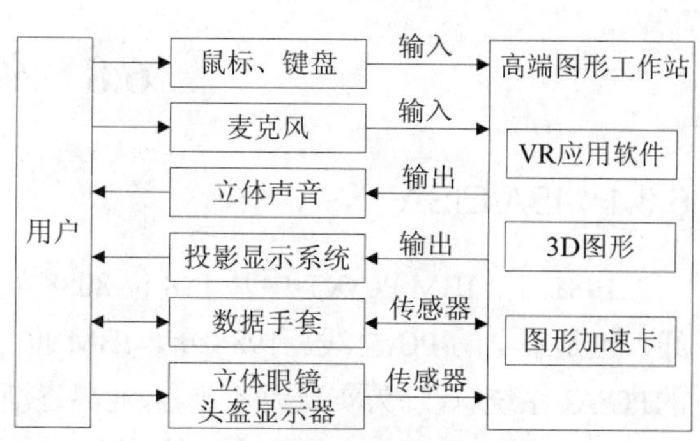

图 6.48　虚拟现实系统架构

增强现实技术(Augmented Reality，AR)，是在屏幕上把虚拟世界融入现实世界，并与用户互动，能够实时地计算摄影机影像的位置及角度，并融合相应的 3D 图像、视频、音频等技术。

6.7.13　交互式输入/输出——脑波读取和意念控制

脑波亦称“脑电波”(ElectroEncephaloGraph，EEG)，人脑中神经细胞一直在活动，从而形成电气性的波动。19 世纪末，德国的生理学家汉斯·柏格(Hans Berger)发现电鳗发出电气，判断人类身上也有类似现象，从而发现了人脑中的电气性波动。现在已经可以用仪器测定脑波的周波数，国际电生理技术社会组织(international Organization of Societies for Electrophysiological Technology，OSET)针对不同的周波数，定以 α、β、γ、δ 等名，表 6.2 列出脑波的分类。

表 6.2　脑波的分类

脑波种类	波段	主要位置	意识状态
α 波	约 8~14Hz	头部后部，两侧	放松和休息状态，闭眼，抑制控制，是意识与潜意识之间的桥梁
β 波	约 14~31Hz	两侧对称分布，正面最明显，低振幅波	低 β 波(β_L)：集中，活跃状态，SMR 波维持注意力；高 β 波(β_H)：警觉、焦虑状态，智力活动
γ 波	>32Hz	躯体感觉皮层	跨模态感觉处理(知觉结合两种不同的感觉，如声音和视觉)，短时记忆中识别物体、声音或触觉
δ 波	<4Hz	成人大脑正面，儿童大脑后方，高振幅波	深度睡眠状态、大脑放松状态，慢波睡眠
θ 波	约 4~8Hz	(未发现位置和状态关联)	睡眠状态，中枢神经抑制
μ 波	8~12Hz	感觉运动皮层	静息状态运动神经元活动

脑电波的电压变化非常微弱(微伏数量级)，可借助导电电极检测到，并经差分放大、滤波、模数转换等环节转化为脑电波的原始数据。常用电极包括：湿性电极(Ag/AgCl)，使用时需要电解凝胶，精度高，常用于医学、科学研究；干性电极，使用时不需要电解凝胶，精度差，常用于健康监测、玩具等非医学领域；植入式电极阵列，可植入人体，抗干扰性强，精度高。如能精准捕捉脑电波，并翻译为具体的控制指令，便可实现人类期待已久的"意念控制"。

6.8　外设接口

6.8.1　ISA/EISA

1981 年，IBM PC/XT 中基于 8 位 8088 处理器的系统总线，被称为 PC 总线或者 PC/XT 总线，也是最早的 PC 总线。1984 年，IBM 推出的 PC/AT 采用 16 位 Intel 80286 处理器和 16bit 的PC/AT 系统总线。为实现设备兼容，业界逐渐确立了以IBM PC 总线规范为基础的ISA(Industry Standard Architecture，工业标准架构)总线。ISA 是 8/16bit 的系统总线，最大传输速率为 8MB/s，允许多个 CPU 共享系统资源，兼容性好，在 20 世纪 80 年代应用非常广泛。

随着 32 位外部总线的 80386DX 和 80486 处理器出现，总线宽度逐渐成了严重的瓶颈。IBM 专门提出了微通道体系结构(MicroChannel Architecture，MCA)总线，但受专利和许可协议保护。为此，1988 年，Compaq、HP 等 9 个厂商共同将 ISA 扩展成为 32 位 EISA(Extended ISA，扩展 ISA)总线，工作频率仍为 8MHz，完全兼容 8/16bit 的 ISA 总线，带宽提高了一倍，达到了 32MB/s。但 EISA 总线仍然速度有限，并成本较高，尚未成为标准总线之前，于 20 世纪 90 年代初就被 PCI 总线取代。

6.8.2　PCI/PCI-E

外设部件互连标准(Peripheral Component Interconnect，PCI)于 1992 年建立规范，现已成为局部总线的标准，PCI 插槽也是主板上数量最多的插槽。PCI 总线宽度 32 位，可升级至 64 位，支持突发工作方式，同步操作时最大频率 33MHz，数据最大传输率 133Mbps(32 位)或 266Mbps(64 位)。PCI 总线上可以挂接 PCI 设备和 PCI 桥片，但只允许有一个 PCI 主设备，其余的均为 PCI 从设备，并且只能在主从设备间进行读写操作，而从设备间的数据交换必须通过主设备中转。PCI 总线是树型结构，独立于 CPU 总线，可以和 CPU 总线并行操作，支持多总线结构。一般使用 3 种不同的总线：

- Host Bus 高性能连接整个系统中最基本的设备，通常是 Intel 80x86 类型总线。
- PCI Bus 为系统高性能局部总线，用于连接各种高性能外设以增强系统功能。
- Legacy Bus 为传统的较低性能的总线，如 ISA、EISA、MCA 总线。

PCI 总线采用集中仲裁机制，每个 PCI 主设备都有独立的 REQ#(总线使用请求)和 GNT#(总线使用允许)两条信号线连接中央仲裁器，整个PCI 系统具有多个层次，不同总线使用桥路(bridge)互相连接，在每条总线上接有各自的总线设备(master、target memory、target I/O)。PCI 总线具有多主能力和良好的兼容性，定义了 3.3V 和 5V 两种信号环境，可即插即用，成本低。

2001 年春季，Intel 正式公布 PCI Express(PCI-E)，作为取代 PCI 总线的第三代 I/O 技术，

也称为 3GIO。2002 年 4 月 17 日，AWG 制定完 3GIO 1.0 规范草稿，并移交审核。PCI-E 采用了业界流行的点对点串行连接，每台设备均有自己的专用连接，不需要向整个总线请求带宽，数据传输速率高(16X 2.0 版本可达到 10GB/s)。

6.8.3　ATA (IDE)/PATA/SATA 接口

ATA 标准是关于集成电路设备(Integrated Device Electronics，IDE)的技术规范族，并将该接口自诞生以来使用的技术规范归纳成为全球硬盘标准，从而产生了高级技术附件(Advanced Technology Attachment，ATA)。

第一代 ATA-1 是用于 Compaq 桌面 386 系列的最初标准规范，支持主/从结构，即一台主设备和一台从设备，每台设备最大容量为 504MB。ATA-1 在主板上有一个插口，PIO-0(Programmed input/output，程序控制的输入输出)模式传输速率仅 3.3MB/s，支持 5 英寸硬盘。

ATA-2 是对 ATA-1 的扩展，也称为增强型 IDE(Enhanced IDE，EIDE)或 Fast ATA，增加了两种 PIO 和两种 DMA 模式(PIO-3)，传输速率提高到 16.6MB/s。ATA-2 引进逻辑区块地址(Logical Block Address，LBA)地址转换方式，支持 8.1GB 的硬盘，主板一般有两个 EIDE 插口，即 IDE1 和 IDE2。

从 ATA-4 接口标准开始支持 Ultra DMA 数据传输模式，数据传输率提升至 33MB/s，也被称为 Ultra DMA 33 或 ATA33。采用了双倍数据传输(double data rate)技术，即时钟上升沿和下降沿各有一次数据传输，还引入了 CRC 冗余校验技术。

ATA-7 是 ATA 接口的最后一个版本，数据传输速率提高到 133MB/s，也称为 ATA133。

传统的并行高级技术附件(Parallel ATA，PATA)使用单模信号放大系统，噪声容易与正常信号一起传输、放大，难以被抑制，在高速时更为严重。串行高级技术附件(Serial Advanced Technology Attachment，SATA)使用的差动信号系统可以有效地从正常信号中滤除噪声，只需要低电压便可操作。相比 PATA 的 5V 工作电压，使用 0.5V 的 SATA 更省电。2001 年，Intel、APT、Dell、IBM、希捷、迈拓等几大厂商组成了 Serial ATA 委员会。2002 年，Serial ATA 委员会确定了 Serial ATA 2.0 规范，尽管 SATA 的相关设备当时并未正式上市。Serial ATA 采用串行连接方式和嵌入式时钟信号，纠错能力更强，既能检查传输数据还能检查传输指令，能自动纠错，支持热插拔。

6.8.4　并行 I/O 标准接口 SCSI 和 SAS

小型计算机系统接口(Small Computer System Interface，SCSI)是美国国家标准局 ANSI 制定的高性能接口标准，主要用于服务器，CPU 占用率低，速度快，支持热插拔，扩展性优于 IDE 硬盘。SCSI-1 于 1986 年获 ANSI 承认，使用 ISA 总线，最大连线长度为 6 米，50 针，支持同步和异步的 SCSI 设备，支持 7 台 8 位的 SCSI 设备，支持 WORM(Write Once Read Many)设备，最大传输速率 5MB/s。1992 年制定的 SCSI-2 标准支持高密度 SCSI 接头，支持 CD-ROM 和扫描仪，具备偶校验功能。Fast SCSI 是 SCSI-2 的标准规格，Wide SCSI 是 SCSI-2 附带的加强规格。SCSI-3(Fast-20、Doublespeed SCSI)支持 Ultra SCSI，能在 8 位 SCSI 总线上每秒传输 20MB 数据及在 16 位 Wide SCSI 总线上每秒传输 40MB 数据，8 位数据传输时可串接 7 台 SCSI 设备，电缆最长 1.5M。

SAS(Serial Attached SCSI)即串行连接 SCSI，是新一代的 SCSI 技术，向下兼容 SATA。SAS 和 SATA 类似，都采用点到点的串行技术以获得更高的传输速率，并通过减少连接线改善内部空间。SAS 系统的背板支持 SATA 驱动器和双端口的 SAS 驱动器。每一个 SAS 端口最多可连接 16 256 台外设，传输速率高达 3Gbps，支持 3.5 英寸和 2.5 英寸硬盘，串行线缆具备更长的连接距离和更高的抗干扰能力。

6.8.5　光纤通道和 InfiniBand

光纤通道(Fibre Channel，FC)最初是专门为网络系统设计的，而非为硬盘设计的。光纤通道硬盘提高了多硬盘存储系统的速度和灵活性，CPU 占用率低，可连接 126 台设备。光纤通道提供点对点的环路接口，支持热插拔，可在主机运行期间安装或拆除光纤通道硬盘，可进行光纤和铜缆的互连，可连接相距甚远的同类产品。

与计算机其他的 I/O 子系统不同，InfiniBand 是一个功能完善的网络通信系统，支持多并发链接的转换线缆技术，每种链接的传输速率都可以达到 2.5Gbps。InfiniBand 组织把这种新的总线结构称为 I/O 网络，并将它比作开关，即寻找所给信息目的地址的路径取决于控制校正信息。InfiniBand 架构在一个链接时速度为 500MB/s，4 个链接时速度为 2GB/s，12 个链接时速度为 6GB/s。InfiniBand 技术是主要针对服务器端的连接，而非用于一般网络连接，使用 IPv6 的 128 位地址空间，可提供近乎无限量的设备扩展性。

6.8.6　PCMCIA

PCMCIA 是成立于1989 年的个人计算机存储卡国际协会(Personal Computer Memory Card International Association)，该组织负责为 PCMCIA 设备制定标准，提高移动计算机的互换性。PCMCIA 定义了三种不同型式的卡，长宽均为 85.6mm×54mm，只是厚度略有不同。Type I 是最早的 PC 卡，厚 3.3mm，主要用于 RAM 和 ROM；Type II 厚 5.0mm，适用范围也扩展到了大多数的调制解调器、LAN 适配器及其他电气设备；Type III 厚度增大到 10.5mm，主要用于旋转式存储设备(如硬盘)。PCMCIA 总线分为两类，即 16 位的 PCMCIA 和 32 位的 CardBus。CardBus 用于笔记本计算机，在 33MHz 总线上具有 132MB/s 的传输速率，快速以太网卡的最高吞吐量可达 90Mbps。CardBus 总线自主，PC 卡独立于主 CPU，可与计算机内存直接交换数据；使用 3.3V 供电，功耗低；后向兼容 16 位 PC 卡、老式以太网和 modem 设备 PC 卡。

6.8.7　DVI/HDMI

1998 年 9 月，在 Intel 开发者论坛上成立的数字显示工作小组(Digital Display Working Group，DDWG)发明了数字视频接口(Digital Visual Interface，DVI)接口，有 DVI-A(DVI-Analog)、DVI-D(DVI-Digital)和 DVI-I(DVI-Integrated)三种不同的接口形式。DVI 基于转换最小差分信号技术(Transition Minimized Differential Signaling，TMDS)来传输数字信号，不支持数字音频。

高清晰度多媒体接口(High Definition Multimedia Interface，HDMI)是一种视频/音频专用型数字化接口技术，提供 1080P 的分辨率，可同时传送无压缩的音频和视频信号，2.0 版的数据传输速率为 18Gbps，在信号传送前不需要数/模或模/数转换，支持即插即用。HDMI 可配置宽带数字内容保护(High-bandwidth Digital Content Protection，HDCP)，以保护具有著作权的影音内容遭受未经授权的复制。2002 年 4 月，日立、松下、Philips、Silicon Image、索尼、汤姆逊、东芝七家公司共同组建了 HDMI 高清多媒体接口组织，并于 2002 年 12 月 9 日正式发布了 HDMI 1.0 版标准。HDMI Licensing LLC 公司于 2010 年 3 月 4 日代表 HDMI 原始开发成员发布 HDMI 规格版本 1.4a，增加了用于广播内容的强制 3D 格式，以及称为 Top-and-Bottom 的 3D 格式。

HDMI/DVI 的线缆长度最佳距离均不超过 8 米。HDMI 的接口体积比 DVI 更小，一条 HDMI 缆线就可以取代 13 条模拟传输线。HDMI 支持扩展的显示标识数据标准(Extended Display Identification Data Standard，EDID)、显示数据通道(Display Data Channel 2B，DDC2B)，DVD Audio 等数字音频格式，支持八声道 96KHz 或立体声 192KHz 数码音频传送。HDMI 信号源和显示设备之间能够自行协商，自动选择最合适的视频/音频格式。

6.8.8　串行通信接口和 USB

串行接口(Serial Interface)也称串行通信接口、串口(常指 COM 接口)，通信时一位一位地顺序传送数据。串口通信线路简单，仅需一对传输线(可直接利用电话)就可以实现双向通信，特别适用于远距离通信。早期串口用于连接鼠标、外置 Modem、摄像头和写字板等设备，也可用于两台计算机或两台设备之间的连接和数据传输，不支持热插拔。

串行通信的基本方式可分为同步串行通信和异步串行通信。同步串行通信使用串行外围设备接口(Serial Peripheral Interface，SPI)供主机与各种外设串行交换信息，如使用 SPI 接口的 TRM450 机。异步串行通信使用通用异步接收/发送(Universal Asynchronous Receiver/Transmitter，UART)，包含 TTL 电平(3.3V)的串口和 RS232 电平(负逻辑电平，+5～+12V 为低电平，而−12～−5V 为高电平)的串口。如 EL806 用 TTL 接口，而 MDS2710、MDS SD4、EL805 等采用 RS232 接口。

根据传输制式，串行通信还分为：单工——单根传输线，只能发送或接收；半双工——单根传输线，发送和接收不能同时进行；全双工——双根传输线，可以同时发送和接收。

按电气标准及协议，串行接口还分为：RS232C、RS422、RS485 等，这些标准只规定了接口的电气特性，不涉及接插件、电缆或协议。

RS232 也称标准串口，1970 年由美国电子工业协会(EIA)联合 Bell、调制解调器厂家及计算机终端生产厂家共同制定，全名是：数据终端设备(Data Terminal Equipment，DTE) 和数据通信设备(Data Communicate Equipment，DCE)之间串行二进制数据交换接口技术标准，RS(Recommended Standard)代表推荐标准，232 是标识号。早先的RS232C 接口 22 根线，使用 25 芯 D 型连接器(DB25)，后简化为 9 芯 D 型连接器(DB9)，如图 6.49 所示。RS232 是为点对点通信而设计的，采取单端通信，即不平衡传输方式，最大传输距离约 15 米，最高传输速率为 20Kb/s，驱动器负载为 3～7kΩ。

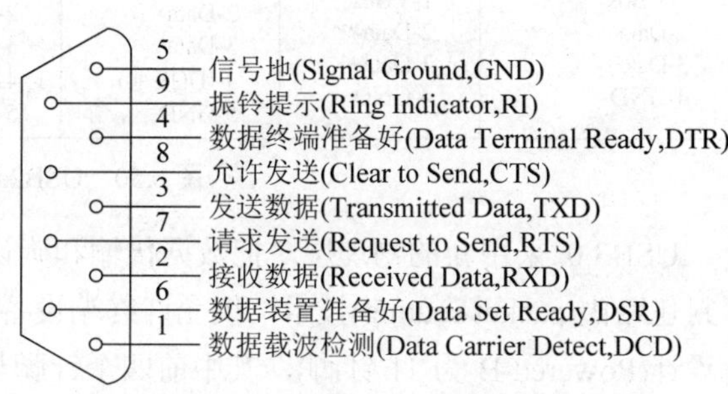

图 6.49　RS232 接口图

RS422 标准全称是平衡电压数字接口电路的电气特性，典型的是四线接口(另外还有一根信号地线)，使用 DB9 连接器，最大传输距离 1219 米，最高传输速率 10Mb/s。

RS485 是从 RS-422 基础上发展而来的，与其类似，最大传输距离 1219 米，最大传输速率 10Mb/s。RS485 共模输出电压是-7V～+12V，而 RS422 是-7V～+7V；RS485 接收器最小输入阻抗为 12kΩ，而 RS422 为 4kΩ。RS485 可以采用二线与四线方式，最多可接 32 台外设，二线制能实现多点双向通信，四线制与 RS422 一样只可实现点对多点通信。

通用串行总线(Universal Serial Bus，USB)是一个外部总线标准，用于规范计算机与外部设备的连接与通信，支持即插即用和热插拔。1994 年 11 月 11 日，Intel、Compaq、IBM、Microsoft 等公司联合提出了 USB V0.7 版本，经多年的发展，USB 已经成为 21 世纪计算机中的标准扩展接口。表 6.3 列出 USB 版本发展过程。

表 6.3　USB 版本发展过程

USB 版本	推出时间	理论最大传输速率	速率称号	最大输出电流
USB1.0	1996 年 1 月	1.5Mbps(192KB/s)	低速(Low-Speed)	5V/500mA
USB1.1	1998 年 9 月	12Mbps(1.5MB/s)	全速(Full-Speed)	5V/500mA
USB2.0	2000 年 4 月	480Mbps(60MB/s)	高速(High-Speed)	5V/500mA
USB3.0	2008 年 11 月	4Gbps(500MB/s)	超高速(SuperSpeed)	5V/900mA
USB 3.1Gen 2	2013 年 12 月	10Gbps(1280MB/s)	超高速+(Superspeed+)	20V/5A

USB 2.0 接口分为 A 型、B 型、Mini 型，及后来补充的 Micro 型共四种类型，每种接口都分插头和插座两部分，Micro 还有比较特殊的 AB 兼容型。USB 2.0 接口定义如图 6.50 所示(仅列出公口插头，母口插座对称定义)。USB2.0 接口输出电压为 5V，输出电流为 500mA，在使用功率较大的 USB 设备时，要注意 USB 接口的供电问题。

Type A	Type B	Mini-A	Mini-B	Micro-A	Micro-B
4 3 2 1	1 2 / 4 3	54321	54321	12345	12345
1-VBus 2-Data- 3-Data+ 4-GND	1-VBus 2-Data- 3-Data+ 4-GND	1-VBus 2-Data- 3-Data+ 4-ID(接地) 5-GND	1-VBus 2-Data- 3-Data+ 4-ID(不接地) 5-GND	1-VBus 2-Data- 3-Data+ 4-ID(接地) 5-GND	1-VBus 2-Data- 3-Data+ 4-ID(不接地) 5-GND

图 6.50　USB2.0 接口定义

USB3.0 采用新的物理层，把数据传输和确认过程用两个信道分开，速度更快，并且采用了封包路由(packet-routing)技术，仅允许终端设备有数据发送时才可传输。USB3.0 采用了 9 针脚设计(Powered-B 为 11 针脚)，其中前四个针脚与 USB2.0 的形状、定义均完全相同。USB3.0 使用 4 种不同的数据传输模式：等时传输、中断传输、控制传输、批处理。

6.8.9　IEEE 1394/Firewire

IEEE 1394 接口(见图 6.51)是 Apple 公司开发的串行标准，俗称火线接口(Firewire)。IEEE 1394 支持点

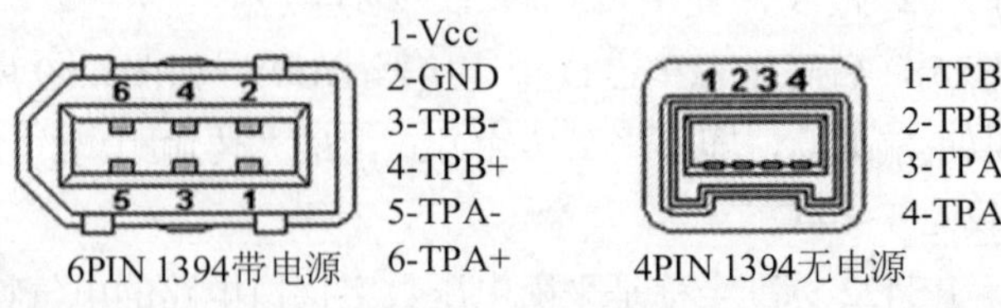

图 6.51　IEEE 1394

对点的通信、广播通信、热插拔，设备可以使用更大的总功率(30V 电压下电流 1.5A)。它支持不经过集线器的点对点连接，允许最多 63 台速度相同的外设连到同一总线，最多允许 1023 条总线互连。IEEE 1394 分为两种传输方式：应用于多数高带宽的 Backplane 模式，包括 12.5Mbps、25Mbps、50Mbps 几种；速度非常快的 Cable 模式，包括 100Mbps、200Mbps 和 400Mbps 几种。

2000 年发布的 IEEE 1394a-2000(Firewire 400)是 IEEE 1394-1995 的改进。IEEE 1394b-2002(Firewire 800)兼容 IEEE 1394a，具有 800Mbps 的高速，接头由 IEEE 1394a 的 6 Pin 增加到 9 Pin。2007 年 6 月 8 日发布的 Firewire S800T，接头规格和 RJ45 相同，使用 CAT-5(5 类双绞线)和相同的自动协议，可使用相同的端口来连接任何 IEEE 1394 外设或 IEEE 802.3(1000BASE-T 以太网双绞线)的外设。

习 题 6

6.1 若显示器的分辨率为 1024×768，刷新频率是 60 帧/s，灰度级为 32 位，求其刷新存储器的容量和读出速度。

6.2 某信道的波特率为 19 200，若想将其数据传输速率提升到 80Kb/s，则一个码元所取的有效离散值个数为多少？

6.3 某异步串行通信系统每秒可传输 1440 个数据帧，每个数据帧包含 1 个起始位、7 个数据位、一个奇校验位和 1 个结束位。试求其波特率和比特率。

6.4 若 I/O 端口地址为 381H，则图 6.52 中的输入地址线要如何改动？

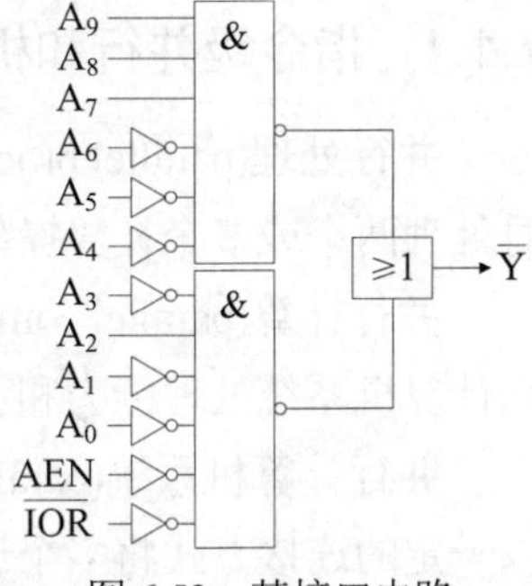

图 6.52 某接口电路

6.5 若某外设向 CPU 传送信息频率最高为 140K 次/秒，相应的中断处理程序执行时间为 10μs，试判断该外设能否以中断方式工作？

6.6 某系统总线的时钟频率为 133MHz，在一个总线时钟周期中可以存取 64 位数据，一个存取周期最快为 3 个总线时钟周期。求总线的带宽为多少(MB/s)？

6.7 某 64 位总线系统的时钟频率为 2GHz，5 个时钟周期传送一个 64 位字，求其数据传送速率(MB/s)？

6.8 8 台外设的数据传输率如表 6.4 所示，试设计一种通道，T_S=1μs，T_D=2μs。(1) 若按字节多路通道设计，最大通道流量是多少？若希望选择至少 4 台外设同时连接到该通道上，且传输速率尽量高，如何选择外设？(2) 若按数组多路通道设计，通道一次传送定长数据块的大小 k=512B，通道的最大流量是多少？如何选择外设？

表 6.4 8 台外设的数据传输速率(KB/s)

设备名称	D_1	D_2	D_3	D_4	D_5	D_6	D_7	D_8
数据传输速率	80	20	230	60	500	50	30	150

第7章　并行处理与普适计算

内容提要：本章简要介绍并行计算机系统结构、单处理机系统中的并行机制、多处理机系统的组织结构、多处理机操作系统和算法、计算机网络、普适计算和移动计算。

本章重点：并行计算机系统结构、单处理机系统中的并行机制、多处理机系统的组织结构。

7.1　并行计算机系统结构

现代计算机的发展过程可划分为两个时代：串行计算时代、并行计算时代。每个时代的发展都从体系结构开始，经过系统软件、应用软件，并随问题求解环境(Problem Solving Environment，PSE)扩大而成熟。早期的计算机是串行逐位处理的，称为**串行计算机**(consecutive computer)。解决单处理器速度瓶颈的最简单办法之一就是使用**并行计算机**(parallel computer)。

7.1.1　指令级并行和机器并行

并行处理(parallel processing)可同时服务于同一处理操作的不同方面，是计算机系统中能同时处理两个或多个计算操作的一种方法。

并行计算(parallel computing)指在解决计算问题的过程中同时使用多种计算资源，有助于提高计算机系统处理能力和计算速度，能同时对多个数据项、多条指令或多个任务进行处理。

并行计算机系统(parallel computer system)，指能够完成并行计算的计算机系统，常见的是以一定的连接方式将多个计算机或处理器通过网络组织起来的大规模系统。现代计算机均不同程度地采用了并行处理技术。

1. 并行性(parallelism)

并行性(parallelism)指计算机系统具有的同时运算或同时操作的特性，是并行计算机系统最主要的特性，并行性包括同时性与并发性两种含义。

- **同时性**(simultaneity)：指在多个资源中同一时刻发生两个或多个操作事件。
- **并发性**(concurrency)：指在多个资源中同一时间间隔内发生两个或多个事件。

一般来说，可以从两个方面来开发处理机内部的并行性。

- **空间并行性**：即多操作部件处理机和超标量处理机，指在一个处理机内部设置多个独立的操作部件，并让它们并行工作。
- **时间并行性**：即采用流水线技术，能够只增加少量硬件、甚至不增加硬件就能提高处理机的运算速度。流水线技术借鉴了工业制造中流水线的思想，是一种经济有效的并行处理技术。

并行处理技术的发展如图 7.1 所示，可见，重要的趋势就是从单个计算机走向了多计算机系统，走向了分布式处理和多处理机网络。

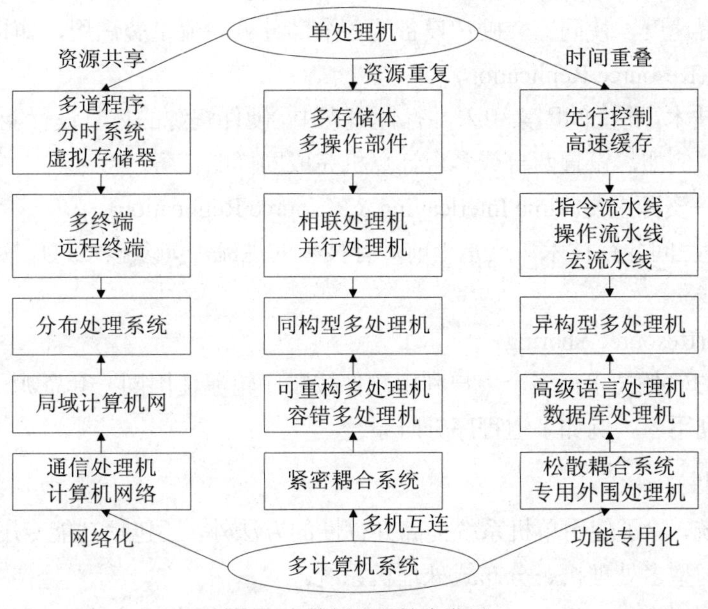

图 7.1　并行处理技术发展

并行处理同样也满足 Amdahl 定律：

$$\text{并行处理加速比} = \frac{1}{(1-\text{可加速部分比例}) + \dfrac{\text{可加速部分比例}}{\text{理论加速比}}} \tag{7.1}$$

除了Amdahl 定律外，并行计算性能还使用计算与通信的比率作为重要指标，通常情况下该指标随着处理器数量的增加而减少，随着处理数据规模的增大而增加。

【例 7.1】　某机由 n 台处理机组成，所有处理机的处理能力均为 xMIPS，可以同时执行的程序代码的百分比为 a，其余代码必须用单处理机顺序执行。假设 n=32，系统性能为 2000MIPS 时，问：(1) 若 x=100MIPS，a 为多少？(2) 若 a=0.95，x 为多少？

解：

(1) Amdahl 定律为式(7.1)

$$\frac{2000\,\text{MIPS}}{100\,\text{MIPS}} = \frac{1}{\dfrac{a}{32} + (1-a)}$$

由上式可得：a≈0.9806

(2) $$\frac{2000\,\text{MIPS}}{x\,\text{MIPS}} = \frac{1}{\dfrac{0.95}{32} + (1-0.95)}$$

由上式可得：x=159.375MIPS

2. 单机并行性

对于单机系统，提高系统并行性的技术途径常有：

- **时间重叠**(Time Interleaving)

即**时间并行技术**，将时间因素引入并行性概念中。在时间上相互错开多个处理过程，以加快硬件周转而赢得速度，使同一套硬件设备的各个部分被轮流重叠运用，如指令流水线。

- **资源重复**(Resource Replication)

即**空间并行技术**，将空间因素引入并行性概念中。硬件资源的重复设置能够提高系统性能，也能提高可靠性。例如，设置两台或多台计算机完成同样的任务。

- **时间重叠+资源重复**(Time Interleaving &Resource Replication)

即时间并行+空间并行技术，这是当前并行技术的主流。如多核 CPU，每个处理器核内部有多级指令流水线。

- **资源共享**(Resource Sharing)

是一种并行的软件技术，多个用户利用软件按顺序轮流使用同一套资源，从而提高整个系统的性能和资源利用率。例如多道程序分时系统。

3. 多机并行性

对于多机系统，除了使用单机系统提高并行性的方法外，还包括功能专用化、机间网络化，形成异构型或同构型多处理机、分布式处理机系统。

并行处理机(parallel computer system)依靠操作级并行来提高系统的处理速度，将重复设置的相同处理单元(Processing Element，PE)通过一定方式互相连接起来，遵循统一的控制部件(Control Unit，CU)控制，能够对各自分配的不同数据并行操作，共同完成同一任务。

并行处理机中，控制部件运行单指令流，即其指令是串行执行为主，类似于单处理机，但可以使用指令重叠或流水线的工作方式。**指令重叠**是将指令分成两类，把只适合串行处理的指令(控制和标量类)留给控制部件执行，适合于并行处理的指令(向量类)发送给所有处理单元，交给活跃的处理单元去并行执行。实质上是一种控制标量类指令和向量类指令的重叠执行。

4. 并行的等级和分类

1) 从计算机信息加工步骤和阶段看，并行性等级可分为：

- 存储器操作并行——并行存储器系统、相联存储器为核心的相联处理机。
- 处理器操作步骤并行——可以是一条指令的取指、分析、执行等操作步骤的并行，也可是具体运算步骤的并行。
- 处理器操作并行——通过重复设置处理单元进行向量、数组运算，如并行处理机。
- 指令、任务、作业并行——属于多指令流多数据流计算机，为较高级并行。

多个 CPU 或处理单元紧密相连(互相之间具有高带宽和低时延)，并且是亲密计算，称为**紧耦合**(tightly coupled)。多个 CPU 或处理单元距离较远(具有低带宽、高时延)，并且是远程计算，称为**松散耦合**(loosely coupled)。

2) 程序划分和粒度

还可以按并行程序的大小划分不同粒度。

颗粒规模(grain size)或**粒度**(granularity)，用于衡量软件进程所包含的计算量，一般用颗粒(程序段)中的指令数目来衡量，可以分为细、中、粗不同规模。

时延(Time Cost，TC)用于衡量各子系统之间通信所花费的时间。如同步时延是两台处理机之间同步的时间开销；存储时延是处理机访问存储器的时间开销。

并行性粒度(Granularity，G)：每次并行处理的规模大小。

$$G=TW/TC \tag{7.2}$$

TW：所有处理器用于计算的时间总和；*TC*：时延(设系统共有 *P* 个处理器)。当通信量较大时，*TC* 较大，则 *G* 较小(粒度较细)。反之，粗粒度的并行则通信量较小。

并行级别如图 7.2 所示，随着并行程度由细到粗，系统从最低层紧密耦合的系统变为高层越来越松散耦合的系统。五种程序并行级别体现了粒度规模和通信要求的变化。级别越高，软件进程的粒度越粗。通常，程序还可在这些级别的组合下运行。

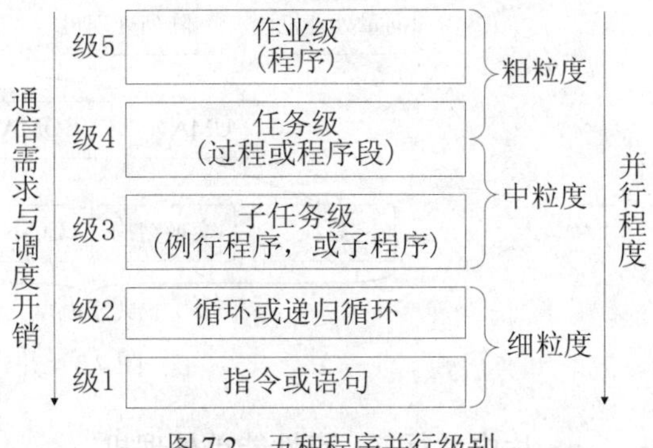

图 7.2　五种程序并行级别

- **作业(程序)级并行**：一般用于高性能处理机组成的少量超级计算机。
- **任务级并行**：对应于任务、过程、程序段、协同程序级的中、粗粒度，本级并行性的检测和开发难于细粒度级，需要更多地分析任务间的相关性。
- **子任务级并行**：发生在单处理机或多处理机的多道程序子程序这一级，通常由程序员或算法设计者开发(而非用编译器)中粒度并行。
- **循环级并行**：类似迭代循环操作，是并行机或向量机上运行的最优程序结构，主要通过编译器在循环级中开发。
- **指令级并行**：发生在指令之间指令或内部微操作之间，和程序有关，可通过编译器优化来开发细粒度并行。

【例 7.2】　某台由解释实现的计算机划分为 4 级功能(1 级最低)，每级执行一条指令需要解释下一级 *M* 条指令。若第一级的一条指令执行时间为 *X*ns，求其余各级一条指令的执行时间？

解：第 2 级的每条指令需要 *M* 条第 1 级指令解释，所以一条 2 级指令的执行时间为：

$$T_{2级指令}=M\times T_{1级指令}=M\times X=XM\ (\text{ns})$$

同理有：

$$T_{3级指令}=M\times T_{2级指令}=M\times XM=XM^2\ (\text{ns})$$

$$T_{4级指令}=M\times T_{3级指令}=M\times XM^2=XM^3\ (\text{ns})$$

7.1.2　并行计算机系统结构

根据 Flynn 分类法，按照被调用的指令流和数据流的并行度来划分并行计算机：SISD(单处理器系统，如冯・诺依曼计算机)、SIMD(数据级的并行)、MISD(无商用机器)、MIMD(实现线程级并行)。现代大多数的并行计算机都属于 MIMD，如多处理器系统和多计算机系统。线程级并行通常比数据级并行更灵活，用途更广。更细致的分类如图 7.3 所示。

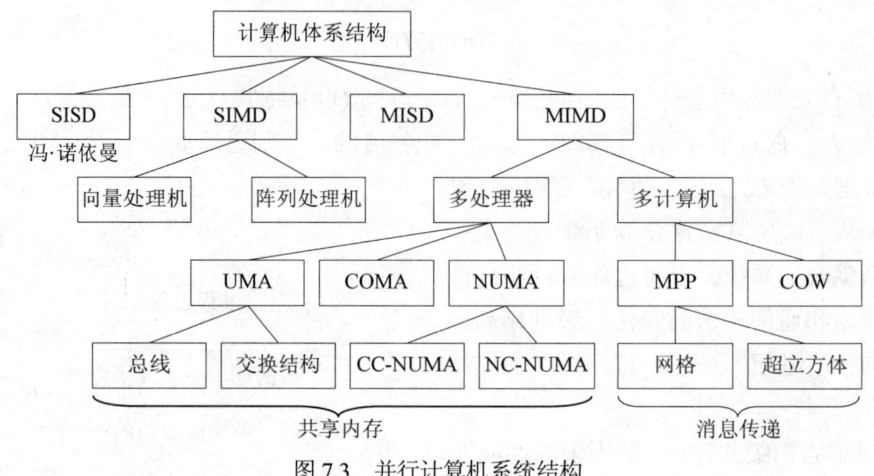

图 7.3　并行计算机系统结构

- **片内并行——高性能单处理机**

是最底层(芯片内)的并行机制，并行行为都在一个单独的芯片内部发生，增加芯片的吞吐量的方法是使芯片在同一时间内完成更多工作。第一种形式是指令级并行，多条指令流水线在片内不同功能单元上并行执行。第二种形式是芯片多线程，CPU 在多个线程之间切换形成虚拟的多处理器。第三种形式是单片多处理器(多核 CPU)，一个芯片中设置了两个以上处理器内核，并且能够同时运行。

- **向量计算机/向量处理机(Vector Computer，VC/Vector Processor，VP)**

SIMD 的两个子类之一，向量计算机面向向量型并行计算，主要采用流水线结构。通常为共享内存结构，且向量运算快于相同数据项的标量运算，应用于大规模科学和工程计算。

向量处理机分为两大类体系结构：**向量-寄存器处理器**(vector-register processor)和**存储器-存储器向量处理器**(memory-memory vector processor)。在向量-寄存器处理器中，除加载(load)和存储(store)之外的所有向量运算都在向量寄存器中进行，相当于 load-store 体系结构的向量版。在存储器-存储器向量处理器中，所有向量运算都在存储器之间进行。

世界上第一批向量巨型计算机有 TI ASC(1972 年)和 CDC STAR-100(1973 年)。1983 年，中国研制的银河机也属于向量机。并行向量处理机(Parallel Vector Processor，PVP)系统通常包括多台高性能向量处理机(VP)，往往采用专门设计的高速交叉开关网络，如 Cray C-90 和 Cray T-90。

- **阵列处理机**(Array Computer/Array Processor)

SIMD 的两个子类之一，属于分布式内存 SIMD(DM-SIMD)系统，包括许多完成同样功能的、完全相同的处理器，这些处理器分布在不同数据集合上执行相同的指令序列。阵列处理机中的处理器共享一个控制器(并非一般意义下的独立 CPU)，控制器能够把指令广播给多个独立的 ALU 来处理，所有处理器间不需要同步，并以步调一致的方式工作，但无商用产品。

- **多处理器**

MIMD的两个子类之一。指令级并行虽能提高速度，但很难提高超过 10 倍以上。如要提高系统性能千百倍、甚至更高，比较直接的就是将成千上万的 CPU 组织成一个大系统一起并行工作。多个 CPU 组成的系统可分为多处理器系统(multi- processor system)和多计算机系统(multi-computer system)，这两种系统的核心是 CPU 间的通信机制，主要区别在于是否有共享内存。

多处理器系统中，所有 CPU 共享公共内存，并且所有 CPU 见到的是同一个内存映像(单一虚拟地址空间)，如图 7.4(a)所示。任何进程都能通过 load/store 指令来读/写内存，以实现进程间的通信。操作系统副本只有一个，即只有一个进程表和一个页面映射表。当某进程阻塞时，其 CPU 保存该进程状态到操作系统副本中，并在表中查找其他进程来执行。单系统映像是多处理器系统与多计算机系统的最大差别，而多计算机系统中的每台计算机均有自己的操作系统副本，如图 7.4(b)。多处理器系统编程容易但实现困难，多计算机系统编程困难但实现容易。

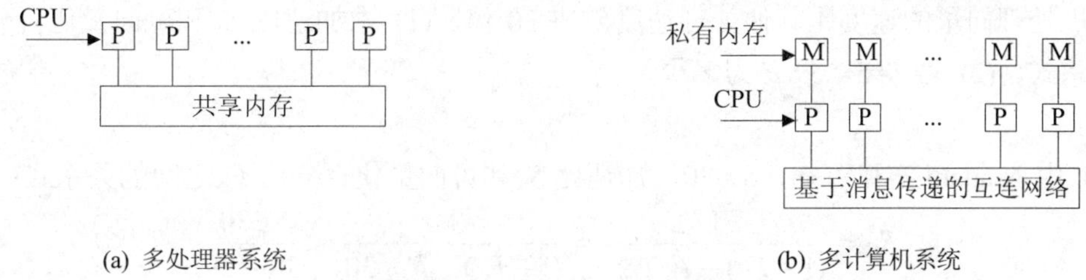

(a) 多处理器系统　　(b) 多计算机系统

图 7.4　多个 CPU 并行体系结构

对称式共享存储器多处理机(Symmetrical Multi-Processing，SMP)，是相对非对称多处理技术而言的，在一台计算机上汇集了多个 CPU，各 CPU 共享总线及内存子系统。在该架构中，一台计算机不再由单个处理器组成，内存和其他系统资源被系统中所有处理器共享，由多个处理器同时运行操作系统的单一副本，可将工作负载均匀分配到所有可用处理器上。

分布式共享存储器多处理机(Distributed Shared-Memory，DSM)，也是一种分散的全域地址空间(distributed global address space)，可用硬件或软件来实现，主要用于丛集计算机。丛集计算机中的每一个网络节点(node)既有共享的内存空间，也有非共享的内存空间，其中共享内存空间(address space)在所有节点中是一致的。

按照共享存储器存取方式又可分为三种模型：均匀存储器存取(Uniform Memory Access，UMA)、非均匀存储器存取(Nonuniform Memory Access，NUMA)和高速缓存存储结构(Cache Only Memory Architecture，COMA)。

- 多计算机

MIMD 的两个子类之一，由大量不共享公共内存的处理器构成，每个处理器都有本地私有内存，只有所属的处理器才能 load/store 指令来使用该私有内存，其他处理器则不能直接访问，也被称为**分布式内存系统**(Distributed Memory System，DMS)，如图 7.4(b)所示。处理器或进程间通信使用消息传递(message-passing)机制，常用 send/receive 原语。

大规模并行处理机(Massively Parallel Processing Computer，MPP)，通信机制采用专门设计的高性能互连网络和消息传递方式，通常是超大规模计算机系统。MPP 系统分为单指令流多数据流(SIMD)系统和多指令流多数据流(MIMD)系统两类。SIMD 系统结构简单，但应用较窄；应用主流则是 MIMD 系统，有的 MIMD 系统也支持 SIMD 方式。MPP 系统的主存储器体系分为集中共享方式和分布共享方式两类，后者是未来的发展趋势。

互连网络(Interconnection Network，IN)是由开关元件按特定的控制方式构成的拓扑结构，主要构成元素包括连接节点、链路和终端节点，互连对象是设备。互连网络用于连接计算机系统中不同部件、不同处理器、部件与处理器、及不同计算机之间，也称为通信子网(Communication Subnet)或通信子系统(Communication Subsystem)，多个网络的相互连接称为网络互联

(internetworking)。

从20世纪80年代末开始，MPP系统显示了超越和取代向量计算多处理机系统的趋势。早期的MPP是分布存储的MIMD计算机，包括Intel Paragon(1992年)、KSR1、Cray T3D(1993年)、IBM SP2(1994年)，万亿次浮点运算的Intel ASCI Red(1996年)，SGI Cray T3E900(1997年)。期间，消息传递的大规模并行处理系统发展很快。

【例7.3】 定义可向量化百分比为可用于向量处理部分所花费的时间占总时间的比例。若某计算机处理向量的速度比其他处理速度要快30倍。(1) 求加速比S_n和可向量化百分比F_e之间的关系式。(2) 若S=5，求F为多少？

解：

(1) 由Amdahl定律可知，S_e=30，加速比S_n和可向量化百分比F_e之间的关系式：

$$S_n = \frac{1}{(1-F_e)+F_e/S_e} = \frac{1}{(1-F_e)+F_e/30} = \frac{30}{30-29F_e}$$

(2) 当S_n=5时，有：

$$5 = \frac{1}{(1-F_e)+F_e/S_e} = \frac{1}{(1-F_e)+F_e/30}$$

$$F_e \approx 0.8276$$

7.2 单处理机系统中的并行机制

7.2.1 超线程和同时多线程SMT

线程(thread)是进程内一个相对独立、且可以独立调度的执行单元，是程序执行流的最小单元，比进程粒度更小，有时也称为**轻量级进程**(Lightweight Process，LWP)。线程只拥有程序运行必不可少的基本资源，如：程序计数器、寄存器、堆栈等。线程切换开销很小，只需设置和保存少量寄存器内容，切换仅需几个时钟周期，而进程切换往往要成百上千个时钟周期。

超线程(Hyper-Threading，HT)是Intel公司2002年发布的用于Intel Xeon处理器的技术(当时称为Super-Threading)。HT技术利用特殊的硬件指令用一个物理内核模拟两个逻辑内核，每个处理器都可执行线程级并行计算，应用程序可在同一时间内使用芯片的不同部分，可兼容多线程操作系统和软件，减少了CPU的闲置，提高了系统速度。虽然超线程技术能同时执行两个线程，但并非是两个具有独立资源的真正CPU。当两个线程需要同时使用某个资源时，只能暂停其中一个以让出资源，待该资源再次闲置后才能继续。所以超线程的性能不同于两颗CPU。

同时多线程技术(Simultaneous MultiThreading，SMT)在动态调度、多流出的处理器上同时开发指令级并行与线程级并行(Thread Level Parallelism，TLP)。

实现多线程有两种主要方法：

- **细粒度(Fine-Grained)多线程**

线程的切换在每条指令之间都能进行，通常以时间片轮转的方法实现，在轮转时跳过当时处于停顿的线程，从而交替执行多个线程。CPU在每个时钟周期都能进行线程的切换。其优点是能够同时减少长时间停顿和短时间停顿引起的吞吐率损失，主要缺点是减慢了单个线程的执行。

- **粗粒度(Coarse-Grained)多线程**

只能在较长时间的停顿发生时进行线程间的切换，如第二级 Cache 不命中。其主要优点是不容易减慢单个线程的执行，并减少了切换次数。缺点是难以减少吞吐率的损失，特别是对于较短的停顿。因为重新建立粗粒度多线程的流水线时间开销较大。当停顿发生时，需要时间暂停或排空流水线；停顿后切换的新线程也需要时间填满流水线。

只有在细粒度的实现方式下同时多线程才有意义。但是细粒度调度方式会减慢单个线程的性能，特别是多线程的混合执行必然会影响单个线程的执行。一种方法是采用优先线程，既能保持多线程的性能优势，同时也减少了对单个线程性能的影响。

【例 7.4】　某 5 级动态多功能流水线如图 7.5 所示，加法操作为 1、2、3、5 段共 5Δt，乘法操作为 1、2、4、5 段共 7Δt，流水线的输出结果可以返回输入端或暂存于寄存器中。试用该流水线完成 $C=\sum_{i=0}^{3}(A_i\times B_i)$ 运算，并求该流水线的吞吐率、加速比和效率。

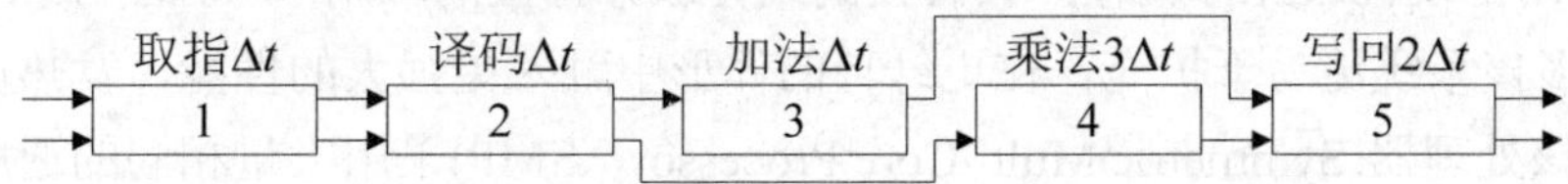

图 7.5　某 5 级多功能流水线

解： 对于该流水线，先计算 4 个乘法 $M_0=(A_0\times B_0)$，$M_1=(A_1\times B_1)$，$M_2=(A_2\times B_2)$，$M_3=(A_3\times B_3)$，再计算 2 个加法 $P_0=(A_0\times B_0)+(A_1\times B_1)$，$P_1=(A_2\times B_2)+(A_3\times B_3)$，最后用一个加法计算总和 $P_2=P_0+P_1$，即最终结果 C。据此，可画出该流水线的时空图如图 7.6 所示。

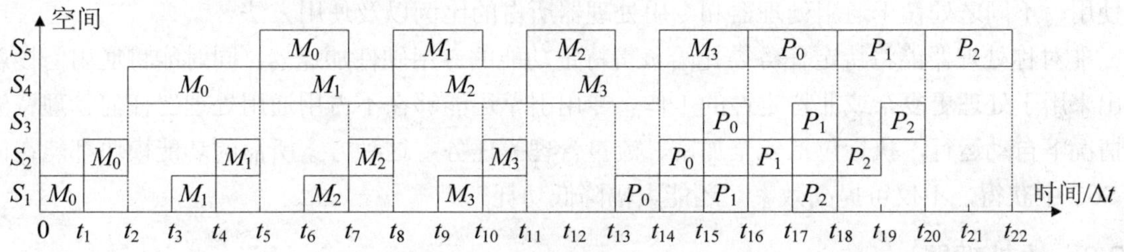

图 7.6　多功能动态流水线时空图

可见，该流水线在 22Δt 可吐出 7 个结果，吞吐率可用式(4.5)计算如下：

$$T_P=\frac{n}{\sum_{i=1}^{k}\Delta t_i+(n-1)\max(\Delta t_1,\Delta t_2,\ldots,\Delta t_k)}=\frac{7}{22\Delta t}$$

不使用流水线时，加法操作为 5Δt，乘法操作为 7Δt，吐出 7 个结果共(4×7+3×5)Δt=43Δt，可用式(4.6)计算流水线加速比 S_P=43Δt/22Δ t≈1.9545。

效率可用式(4.7)计算，即由图 7.6 中各操作方框面积之和除以区域总面积得到：

$$\eta=\frac{n\cdot\sum_{i-1}^{k}\Delta t_i}{k\cdot[\sum_{i=1}^{k}\Delta t_i+(n-1)\max(\Delta t_1,\Delta t_2,\ldots,\Delta t_k)]}=\frac{(4\times7+3\times5)\Delta t}{5\times22\Delta t}\approx0.3909$$

7.2.2　单芯片多核处理器 CMP

单芯片多处理器(Chip Multiprocessor，CMP)是美国斯坦福大学提出的，其基本思想是将大规模并行处理机中的对称多处理机 SMP 或分布共享处理机 DSM 节点集成到一块芯片内，不同处理器并行执行不同的进程，如 IBM 的 Power 4 芯片和 Sun 的 MAJC5200 芯片。CMP 类似于同时多线程处理器(Simultaneous Multithreading，SMT)，致力于发掘计算的粗粒度并行性，能够充分利用系统的线程级并行性和指令级并行性，提高系统的性能。在基于 SMP 结构的单芯片多处理机中，处理器间通信通过片外 Cache 或共享存储器进行；而基于 DSM 结构的单芯片多处理器中，处理器间通信通过连接在分布式存储器上的高速交叉开关网络进行。

多核处理器能够简化多处理器系统设计的复杂度，通过共享缓存提高缓存利用率。多核处理器在一枚处理器中集成两个以上完整的计算引擎(内核)，能支持系统总线上的多个处理器，总线控制器负责提供所有总线控制和命令信号。由于 CMP 采用了相对简单的微处理器为核心，使其具有设计和验证周期短、易于实现、控制逻辑简单、功耗低、扩展性好、通信延迟低等优点。CMP 采用了线程级并行编程，具有较高线程级并行性的应用(如商业应用等)，可以很好地提升性能。多核系统更易于扩充，在更纤巧的体形中融入更强大的性能，发热更少。

对称多核处理器(Symmetric Multi-Core Processor，SMP)采用大量相同的通用处理器内核，其中任何处理器内核都能运行任何类型的线程，另有少量专用硬件加速器引擎在通用处理器控制之下运行。**非对称多核处理器**(Asymmetric Multi-Core Processor，AMP)中通用处理器的数量相对较少，并与一系列专用加速器引擎结合使用，由后者专门运行计算强度较高、对时延敏感的任务。传统对称式多核处理器与非对称多核处理器都将通用多核处理器与硬件加速器结合起来使用，不同之处在于通用处理器和专用处理器所占的比例以及使用方法。

非对称处理器能将特定任务委托给负责特定功能的专用硬件加速器，同时能将通用内核解放出来用于处理更复杂或非特定性的工作。专用引擎还能够在不占用通用处理器任何管理资源的情况下自动运行，执行包括安全加密、流量管理等任务。这种方案所需的功能模块都能在同一 SoC 中获得，不仅可提高效率，还能大幅降低功耗。

7.2.3　协处理器

协处理器(coprocessor)是协助主处理器完成特定工作的专用处理器，通过协处理器和主处理器的并行工作提高计算机的速度，减轻主处理器负担。

从物理角度看，协处理器可以是单独芯片(如数学协处理器 80387)、CPU 内置电路(如 Intel 80486 之后的数学协处理器)、主板上的插接板(如网络处理器)、单独的机柜(如 IBM 360 的 I/O 通道)。早期的协处理器是单核(即单 CPU)的，现在的协处理器普遍使用了多核技术。

从功能角度看，有多种特定功能的协处理器，如数学协处理器、图形协处理器、多媒体处理器、DMA 控制器、I/O 处理器、网络处理器、加密解密处理器等。一些协处理器执行 CPU 分配的指令或者任务，另一些协处理器能独立地运行而不依赖于 CPU。中国首台千万亿次超级计算机系统天河 1 号，采用的是 CPU+GPU 的异构，图形处理器 GPU 扮演加速器的作用，加快系统运行速度也降低功耗和成本。

ARM 微处理器可支持多达 16 个协处理器，用于各种不同的协处理操作，每个协处理器在程序执行过程中只执行自身的协处理指令，忽略 ARM 处理器和其他协处理器的指令。ARM

的协处理器指令主要用于：ARM 处理器初始化，数据处理操作，在 ARM 处理器的寄存器与协处理器的寄存器间传送数据，在协处理器的寄存器和存储器间传送数据。

7.2.4　超标量与超流水线

(1) **超标量**(Superscalar Architecture，SA)

标量流水技术将一条指令分成若干个周期，以便多条指令重叠处理，从而提高处理器部件利用率。超标量有时称为第二代 RISC，处理器内一般有多条能够并行处理的流水线，能够在一个时钟周期同时发射多条指令。处理器或指令编译器能够判断指令，使用多个执行单元同时执行两条以上独立指令，可独立于其他顺序指令或依赖于另一指令。Pentium 系列、SUN SPARC 系列的较高级型号、MIPS 一些型号等都采用了超标量技术。

单流水线结构处理器虽然能够重叠执行指令，但仍旧是顺序执行的，每个周期只能发射(issue)或退休(retire)一条指令。超标量结构的处理器主要是借助硬件资源重复(如两套以上 ALU 或译码器等)来实现空间的并行操作，能够实现指令级并行，每个周期能够发射两条以上指令(一般 2~4 条)，即每时钟指令数 IPC(Instruction Per Clock)>1。超标量机能同时译码多条指令，将可并行执行的指令送往不同的执行部件，由硬件(调度部件和状态记录部件)来完成程序运行期间的指令调度。Pentium 拥有两条管线(pipeline)，在一个时钟周期内可完成一条以上的指令，一条(U)管线能够处理任何指令，而另一条(V)管线能够处理简单、最共同的指令。

(2) **超流水线**(Superpipelined，SP)

超流水线又称为**深度流水线**，是 CPU 内部的流水线级数超过了通常的数量(经典 MIPS 只有 5 级流水)，能在一个基本时钟周期内能够分时发射多条指令，通过增加流水线级数来提高系统效率。使得机器在一个周期内能够完成多个操作，其实质是用空间换取时间。

超流水线处理机级数多达 8 条及以上，采用多相高频时钟。一台度为 m 的超流水线处理机的时钟 $\Delta t'$ 只是基本时钟周期 Δt 的 $1/m$。如果解释一条指令需要 K 个 Δt，即 $Km\Delta t'$。让指令之间错开一个 $\Delta t'$ 的时间，则流水线满负荷后，执行完 N 条指令的时间为：$[K+(N-1)/m]\cdot\Delta t$。当 N 趋于无穷大时，并行度可达到最大值 m。

CPU 处理指令是通过时钟来驱动的，每个时钟完成一级流水线操作。每个周期所做的操作越少，所需时间就越短，频率就可提得越高。因此超流水线就是进一步细分 CPU 处理指令的操作，提高 CPU 处理速度。理想情况下，流水线级数越多，重叠的执行就越多，但是发生竞争冲突的可能性也越大，对流水线性能也有负面影响。

(3) **超标量超流水线**(Superscalar Superpipelining，SSP)

现在很多 CPU 都是同时使用超标量和超流水线技术，即超标量超流水线处理机，在一个基本时钟周期内能够分时发送多组指令，且每组指令可进一步包含一条或多条指令。如 Pentium IV 的流水线达到 20 级，频率最快已经超过 3GHz。

(4) **超长指令字**(Very Long Instruction Word，VLIW)

超长指令字是美国 Multiflow 和 Cydrome 公司 20 世纪 80 年代设计的体系结构，是一种非常长的指令组合，将许多条指令连接在一起，提高处理速度。EPIC 体系结构就是从 VLIW 中衍生出来的。超线程 HT 是线程级并行，多核则是芯片级并行，超长指令字(VLIW)是指令级并行，这三种方式都是提高并行计算性能的常用途径。

VLIW 结构结合了水平型微码和超标量技术，指令字长可达数百位，多个功能部件共享大容量寄存器堆，并能够并行工作。VLIW 采用软件静态编译替代动态调度，由编译器完成更大范围的指令调度，大大地降低了流水线复杂度，使更多的重复资源可以集成在单芯片上以同时处理多条指令。但指令字的操作槽并非总能填满，机器指令也不一定兼容。另外，VLIW 采用了锁步机制，当任何一个操作部件停顿时，会导致整个处理机停顿。

【例 7.5】 假设时钟周期为 0.5ns，加法部件与乘法部件的延迟时间均为 4 个时钟周期，加法指令与乘法指令还需要一个取指令及一个指令译码的时钟周期。各操作部件的输出端与有关操作部件输入端通过直接数据通路连接，在操作部件的输出端设置足够容量的缓冲寄存器，忽略取操作数、数据传送和程序控制等指令的执行时间。在下列不同结构的处理机上运行 8×8 的矩阵乘法 C=A×B(C 的初始值为 0)，分别计算所需的最短时间。

(1) 处理机内仅有一个通用操作部件，顺序执行指令。

(2) 单流水线标量处理机，有一条两功能的静态流水线，加法操作和乘法操作各经过 3 个流水线功能段，每个功能段均为一个时钟周期。

(3) 单流水线标量处理机，有两条独立的操作流水线，每个流水线功能段为一个时钟周期。

(4) 多操作部件处理机，有独立的乘法部件和加法部件，且两者可并行工作。只有一个指令流水线，操作部件不采用流水线。

(5) 超标量处理机，有两条独立的操作流水线，流水线的每个功能段均为一个时钟周期，每个时钟周期同时发射一条加法指令和一条乘法指令。

(6) 超流水线处理机，将一个时钟周期分为两个流水级，每个时钟周期都可分时发射两条指令(即每个流水级可以发射一条指令)，加法部件与乘法部件的延迟时间均为 8 个流水级。

(7) 超标量超流水线处理机，将一个时钟周期分为两个流水级，每个流水级可以同时发射一条加法指令及一条乘法指令，加法部件与乘法部件延迟时间均为 8 个流水级。

解：要完成矩阵乘法 C=A×B，可先由如下 C 语言代码计算所需的操作数量。

```
int k;
for(int i=0; i<8; i++)
    for(int j=0; j<8; j++)
    {
        sum=0;
        for(k=0; k<8; k++)
        {
            sum+=A[i][k]×B[k][j]
        }
        C[i][j]=sum;
    }
```

可知，需要乘法操作为 8×8×8=512 次；需要加法操作为 8×8×7=448 次。

(1) 处理机内只有一个通用操作部件，顺序执行时，每个乘法和加法指令都需要 6 个时钟周期(取指令 1 个、指令译码 1 个、指令执行 4 个)，所需的最短时间为：

$$T=(512+448)\times(1+1+4)\times 0.5\text{ns}=2880\text{ns}=2.88\mu\text{s}$$

(2) 单流水线标量处理机，采用两功能静态流水线时，题设有足够的缓冲寄存器，因此可先计算完所有的乘法，并通过调度使加法流水线不出现停顿，所需的最短时间为：

$$T = T_{第一条指令进入流水线} + T_{乘法} + T_{加法} = [2 + (4 + 512 - 1) + (4 + 448 - 1)] \times 0.5\text{ns} = 484\text{ns}$$

(3) 单流水线标量处理机，有两条独立的操作流水线，只有一条指令流水线，只能一个时钟周期发射一条指令，题设有足够的缓冲寄存器可调度以消除数据相关。所需最短时间为：

$$T = [2 + 4 + (512 + 448) - 1] \times 0.5\text{ns} = 482.5\text{ns}$$

(4) 多操作部件处理机，一条指令流水线只能一个时钟周期发射一条指令。对 C 矩阵的第一个元素，当完成两次乘法部件运算后，加法部件启动运算 7 次；然后对其余的元素，加法部件停顿 4 个时钟周期，接着运行 7 次。所需最短时间为：

$$T = [2 + (4 \times 2 + 4 \times 7) + (8 \times 8 - 1) \times (4 + 4 \times 7)] \times 0.5\text{ns} = 1027\text{ns} = 1.027\,\mu\text{s}$$

(5) 超标量处理机，有两条独立的操作流水线，每个时钟周期能同时发射一条加法和一条乘法指令。类似于(4)，从第 3 个时钟周期，乘法流水线一直工作，而加法流水线由于数据相关而存在停顿。在完成乘法流水线完成运算后，加法流水线还需进行最后一次运算。所需的最短时间为：

$$T = [2 + 4 + (512 - 1) + 4] \times 0.5\text{ns} = 260.5\text{ns}$$

(6) 超流水线处理机，每个时钟周期发射两条指令，相当于将时钟周期变成 0.25ns，加法和乘法流水线变为 8 级。与(3)类似，所需最短时间为：

$$T = [2 + 8 + (512 + 448) - 1] \times 0.25\text{ns} = 242.25\text{ns}$$

(7) 超标量超流水线处理机，一个时钟周期分为两个流水级，每个流水级可同时发射一条加法和一条乘法指令，加法部件和乘法部件均为 8 个流水级。结合(5)和(6)，所需最短时间为：

$$T = [2 + 8 + (512 - 1) + 8] \times 0.25\text{ns} = 132.25\text{ns}$$

7.3　多处理机系统的组织结构

7.3.1　系统拓扑结构

不同于单处理机系统中的并行机制，多处理机系统的并行机制使用两个以上处理机，通过共享主存或通信网进行通信，在硬件、软件各级协同工作求解问题。多处理机主要开发高层次的作业级及任务级(粗粒性)并行性。在 SIMD 机中，并行操作由单独指令表示和控制，故不需要设置专门的指令；具有异步特性的 MIMD 系统在执行条件语句和一串完成时间不确定的指令时比 SIMD 系统有更高的效率。

常见的几种多处理机结构如下。

(1) 共享存储型紧耦合系统

各处理机之间通过高速交叉开关阵列或快速总线相连，共享内存，所有进程和资源都由操作系统统一管理和控制。该类型的系统有两种方式：多处理器共享主存储器系统和 I/O 设备；将多处理器与多个存储器(或存储器模块)分别相连，每个处理器只能访问其所对应的那个存储器(或存储器模块)，以便多个处理机能同时访问存储器。图 7.7 为共享存储型紧耦合系统。

(2) 点对点型松耦合系统

各处理机带有各自的存储器、I/O 设备，通过通道或通信线路相连，由操作系统来管理在本地运行的进程和本地资源。每台处理机都能独立工作，可用通信线路与其他处理机交换信息和协调工作。图 7.8 为点对点松耦合系统。

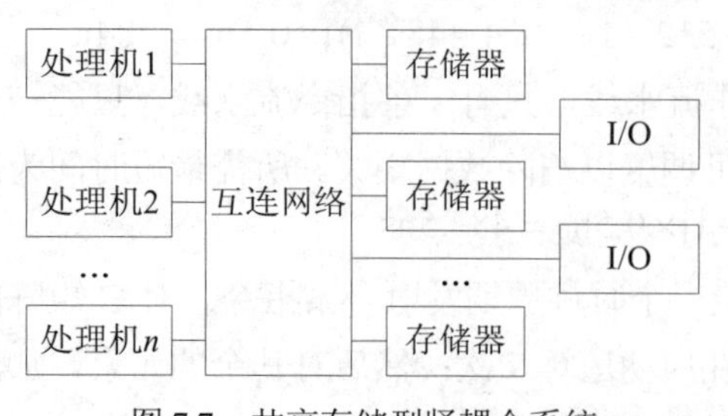

图 7.7　共享存储型紧耦合系统

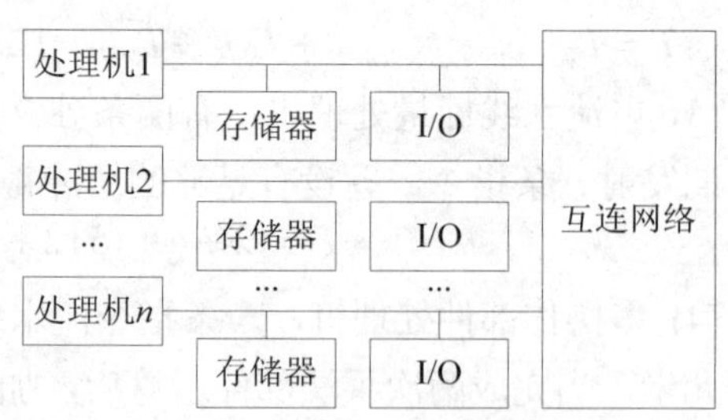

图 7.8　点对点型松耦合系统

(3) 共享存储型多处理机

多处理机系统通过共享主存实现处理机间的相互通信，多个处理机和 Cache 的互连通常利用公共总线实现，整个系统由统一的操作系统管理，主存对所有处理器使用统一的地址编址。所有处理机共享 I/O 设备或通过通道连接外设，提供处理机及程序之间的文件、作业、任务、数据各个级别上的相互联系。

根据共享存储器存取方式又分为三种模型：

- **均匀存储器存取**(Uniform Memory Access，UMA)

又称为**统一内存访问、一致存储访问**，如图 7.9 所示，物理存储器 SM1、SM2、…、SMm 被所有处理机 P1、P2、…、Pn 均匀共享，所有处理机对所有存储器的存取时间相同，每台处理机允许私有的 Cache，系统的外设也可以某种形式共享。

- **非均匀存储器存取**(Nonuniform Memory Access，NUMA)

即**非统一内存访问、非一致存储访问**，如图 7.10 所示(BBN Butterfly 系统)，共享存储器物理上分布在所有处理机的本地存储器上，因此访问时间随存储器的位置不同而变化。分布在所有处理机上的本地存储器和系统中的公共存储器共同构成了全局地址空间，所有处理机均可进行访问。另一种层次式机群模型如图 7.11 所示(伊利诺伊大学的 Cedar 系统)。

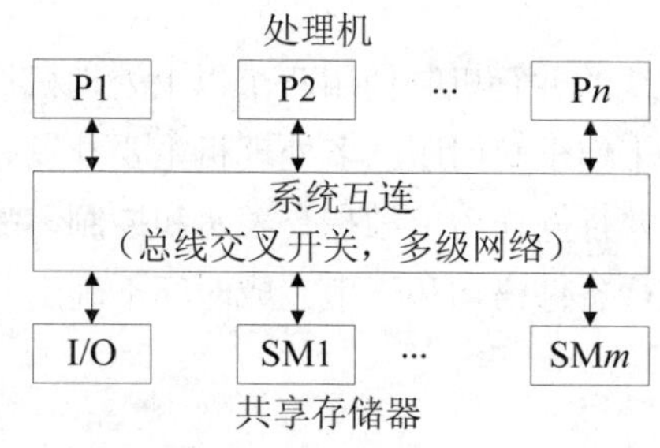

图 7.9　UMA 多处理机模型

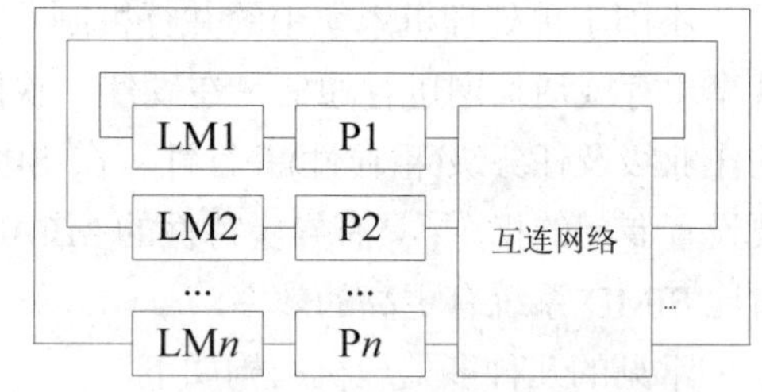

图 7.10　NUMA 共享本地存储器

高速缓存相关的非一致性存储器访问(Cache Coherent Non-Uniform Memory Access，CC-NUMA)是 NUMA 的一种类型，所有分布式存储器利用铜缆和某些智能硬件连接起来形成统一的存储器，只有一个存储器映像，存储器之间没有页面复制或数据复制或软件消息传送。高速缓存相关(cache coherent)指不使用软件来保持多个数据副本的一致性或实现操作系统与应用系统的数据传输。如同 SMP 模式，单一操作系统和多个处理器实现硬件级管理。

无高速缓存的非一致性内存访问(Non-Cache Non-Uniform Memory Access，NC-NUMA)是没有使用 Cache 的 NUMA 系统，该系统不隐藏远程内存的访问时间。

● **高速缓存存储器结构**(Cache Only Memory Architecture，COMA)

只用高速缓存的多处理机是 NUMA 机的一种特例，如图 7.12 所示，只是将 NUMA 机分布式存储器换成了 Cache，全局地址空间全部由高速缓冲存储器组成，在每个处理机节点上没有存储器层次结构。

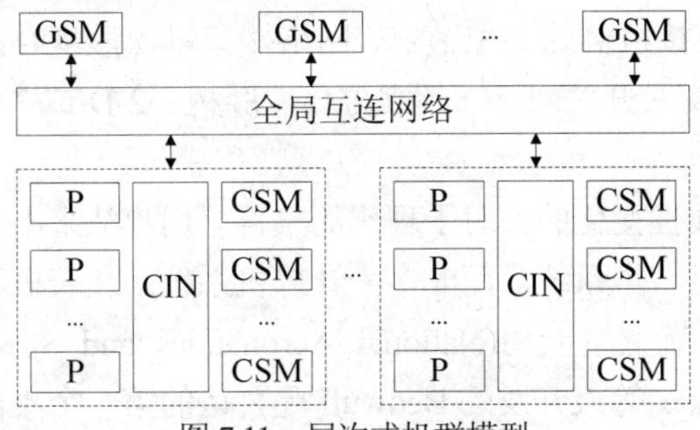

图 7.11　层次式机群模型

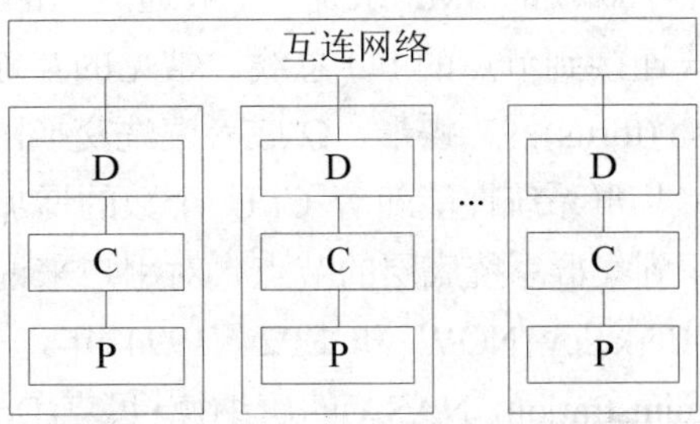

图 7.12　多处理机的 COMA 模型

(4) 松散耦合多处理机系统

各处理机物理连接松散，使用分布式存储器，适于粗粒度的并行。每个节点(包含一台节点处理机、局部存储器、节点的 I/O 设备)通过节点总线互连，节点之间通过节点接口连接到互连网络，通过消息传递实现节点互相通信。松散耦合多处理机系统可分为层次型和非层次型。

层次式：常采用多级总线实现层次连接。例如美国的卡内基-梅隆大学研制的机群系统，是由 50 个 LSI-11 小型机组成三层总线的多处理机系统。如图 7.11 和 7.13 所示。

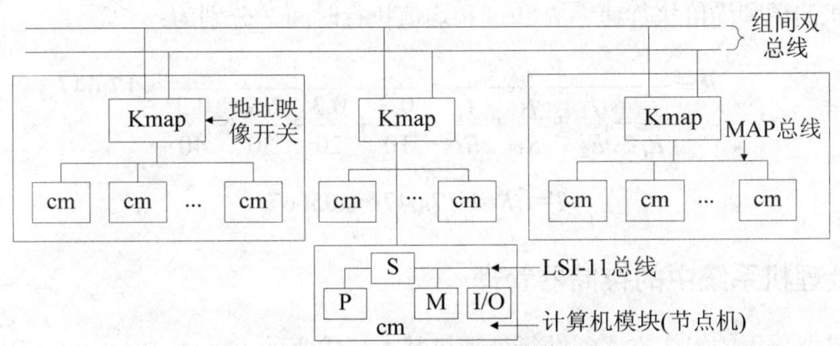

图 7.13　C_m^n 层次式多机系统

非层次式：各节点机(计算机模块，包括处理机、存储器、I/O 系统和网络接口)通过节点总线互连，而各个节点机又通过网络接口(Network Interface，NI)连接外部互连网，如图 7.14 所示。各节点机通过消息传送系统(Message Transport System，MTS)对多个访问请求进行仲裁。

松散耦合多计算机系统各节点间距离不等，延迟时间长，数据传送速度低，相互联系少。构成多计算机系统的节点之间要求使用相同的通信模式，静态网络拓扑结构多种多样，如环形、树形、网格、超立方体、带环立方体等。

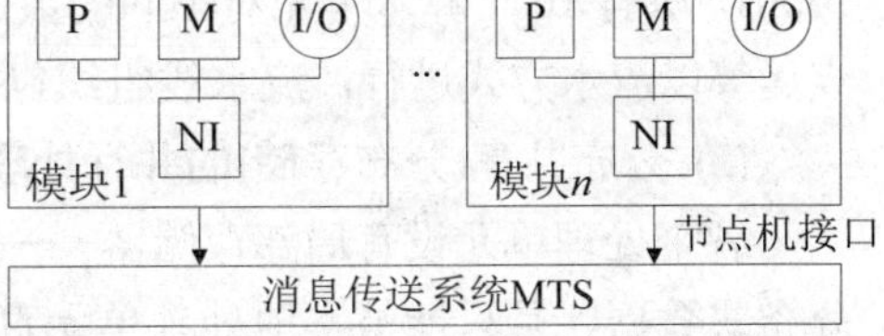

图 7.14　非层次式松散耦合的多处理机系统

(5) 机群(集群)系统(Cluster)

机群(集群)计算机由多台同构或异构的计算机通过局域网或高性能网络互连在一起，协同完成并行计算任务，是一种易于构建、价格低廉、可扩展性极强的并行计算机系统。机群的每个节点都是一台完整的计算机，拥有本地处理器、磁盘和操作系统，能够作为一个单独的计算资源为用户服务。可以分为**PC 机群和工作站机群系统**(Cluster of Workstation，COW)或**工作站网络**(Network of Workstation，NOW)。多计算机系统为 DM-MIMD 系统，典型的节点就是一个小规模的 SMP 系统。一般通过商品化网络连接机群的各个节点，网络接口以松散耦合的方式连接到节点的 I/O 总线。常见的互连结构有交叉开关网络、超立方体、胖树、2-D 或 3-D mesh (torus)网、蝶形、Ω 或者混洗交换网络。

集群系统性能随着 CPU 个数的增加几乎是线性变化的。对于理想的集群，用户从来不会意识到集群系统底层的节点，对用户来说，集群是一个系统，而非多个计算机系统。代表机器有 Berkeley NOW 和 SP2。1994 年，美国国家航空航天局(National Aeronautics and Space Administration，NASA)的唐纳德•贝克(Donald Becker)等人开发的 Beowulf 是公认的第一个集群系统，使用了并行虚拟机(Parallel Virtual Machine，PVM)和消息传递接口(Message Passing Interface，MPI)。1997 年，Berkeley 推出的 NOW 系统包含了 100 个 SUN 工作站，使用速度为 160MB/s 的 Myrinet 互连而成，峰值速度为每秒 330 亿次浮点运算。

【例 7.6】　某台含 4 个处理机的共享存储器计算机有 4 种运行方式，与 1、2、3、4 四台处理机处于活动状态相对应。设 f_i 为 i 台处理机执行一道混合程序的时间百分数。已知 f_1=0.3，f_2=0.3，f_3=0.2，f_4=0.2；R_1=10MIPS，R_2=20MIPS，R_3=30MIPS，R_4=40MIPS，试计算该混合程序的调和均值执行时间 T 为多少？

解：该机的调和均值执行速率 R 和调和均值执行时间 T 分别为：

$$R=\frac{1}{\dfrac{f_1}{R_1}+\dfrac{f_2}{R_2}+\dfrac{f_3}{R_3}+\dfrac{f_4}{R_4}}=\frac{1}{\dfrac{0.3}{10}+\dfrac{0.3}{20}+\dfrac{0.2}{30}+\dfrac{0.2}{40}}\approx 17.647$$

$$T=1/R=1/17.647\approx 0.05667$$

7.3.2　多处理机系统中的存储器管理

根据存储器采用的组成方式，并行处理机基本分成两种。

(1) **集中共享(共享存储)的并行处理机**

每个 PE 没有局部存储器，采用分布式存储器并以集中形式为所有 PE 共享，互连网 ICN 具有双向性，并受 CU 控制。集中共享存储结构如图 7.15 所示。

集中式共享存储器的例子有科学处理机 BSP，包括 16 个处理单元、17 个存储器模块和两套互连网络(又称对准网络)，一条五级的数据流水线。每个处理器进行向量计算的时钟周期为 160ns，所有 16 个算术单元对不同的数据组执行同一种指令操作。BSP 的存储器-存储器型的浮点运算以流水方式进行，流水线组织包括五个功能级，允许连续几条向量指令重叠执行。

(2) **分布共享(分布存储)的并行处理机**

各个处理单元设有局部存储器——**处理单元存储器**(Processing Element Memory，PEM)存放分布式数据，且只能被本地处理单元直接访问。另外，在控制部件 CU 内设有一个主存储器 CUM(CU Memory)用来存放程序。在 CU 统一控制下，将 CUM 中的用户指令播送给各个 PE，所有 PE 并行执行。图 7.16 显示分布共享存储器结构。

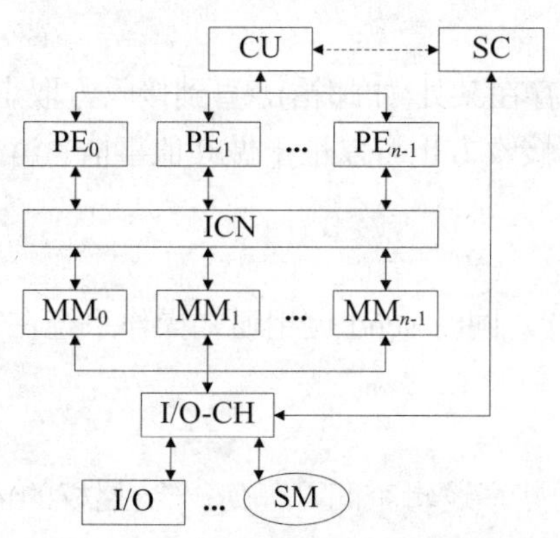

图 7.15　集中共享存储器结构

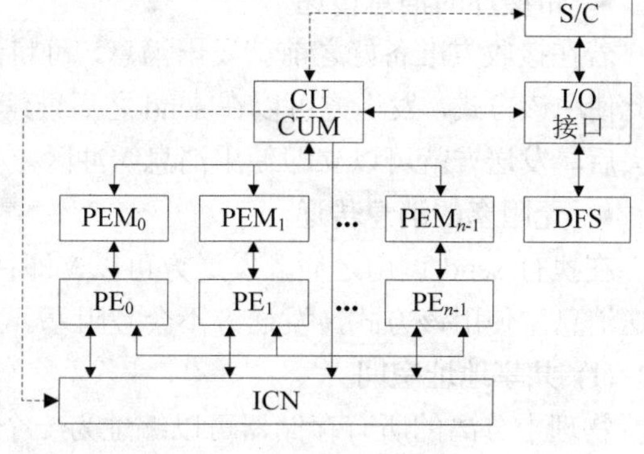

图 7.16　分布共享存储器结构

将存储器分布到各节点 PE 有两个优点：对本地存储器的访问延迟时间小；降低对互连网络和存储器的带宽要求，特别是访问本地存储器比较多的情形。最主要的缺点是各处理器之间访问延迟较大，通信比较复杂。

阵列控制器 CU 相当于一台小型计算机，利用 CU 内部资源进行标量操作，通过发送控制信号、广播公共地址、广播公共数据对指令流进行译码控制，接受和处理各类中断。I/O 系统由宿主计算机 S/C、I/O 子系统和分布式文件系统(Distributed File System，DFS)构成。处理器之间还可采用其他互连技术(如总线)相互连接形成簇。簇是由若干个处理器组成的超级节点。

ILLIAC-IV 结构就是一种分布存储器并行处理机结构：处理单元阵列由 64 个 PUi 构成，每个 PUi 包括处理单元 PEi(字长 64 位)和隶属于 PEi 的局部存储器 PEMi(2K 字)，全部 64 个结构完全相同的 PEi 由 CU 统一管理，PEi 都有一根方式位线向 CU 报告 PEi 的活动状态，以便控制它们的工作。

7.3.3　多处理机系统中的通信

多计算机系统具有多地址空间，不同节点上的 CPU 通过显式消息传递来完成在不同地址空间的通信。根据网络协议和不同的消息，消息传递机构对数据进行传输或请求特定的服务。常用两种消息传递方式：

同步消息传递：发送方发送一个请求后要一直等待，直到收到应答结果才继续运行。

异步消息传递：是指发送方不需先请求，就直接将数据发送到接收方。

消息传递机制是显式的通信，硬件实现简单。显式的通信能够引起编译程序和编程者的注意，以便调度和优先处理开销大的通信。为此，多计算机系统通常使用类似消息传递接口(Message Passing Interface，MPI)的软件包进行编程。一般的消息传递系统都提供两个原语(通常是库函数调用)：send 和 receive，但不同计算机这两个原语的语义可能有所不同。三种主要的语义是：同步消息传递，带缓冲的消息传递，无阻塞的消息传递。

- **同步消息传递**

如果发送方执行完 send 后，接收方没有执行 receive，此时，发送方将阻塞；直到接收方执行 receive，再将消息复制到接收方；调用执行完后，发送方就会得知消息已被正确接收了。

- **带缓冲的消息传递**

若在接收方准备好之前就发出消息，可将消息缓存在某处(如邮箱)，直到接收方取走消息。因此使用该方式，发送方可以在 send 之后继续执行，接收方也可以忙于做其他事情。消息发送出去后，发送方就可以立即使用消息缓冲区。

- **无阻塞的消息传递**

在执行 send 调用之后，发送方可以立即往下执行，同时 send 调用通知操作系统在空闲时发送消息，使用该方式，发送方不会被阻塞。

(1) **共享地址空间**

物理上分离的所有存储器可以编址为一个统一的共享逻辑空间，任何一台(授权的)处理器可以访问该共享空间中的任何单元，不同处理器上相同的物理地址指向该共享空间中同一个存储单元。此类多机系统被称为分布式共享存储器系统(DSM)、NUMA 机器等，现在多以集群形式存在。实际上，每一个处理器-存储器模块是一台单独的计算机。

整个系统的地址空间包括多个独立的地址空间，不同节点中的地址空间相互独立。每个节点中的存储器作为一个独立的地址空间进行编址。并只能由本地的处理器进行访问，不能被远程的处理器直接访问。此类计算机系统采用**共享存储器通信机制**，处理器之间通过 load/store 指令对相同存储器地址进行读/写操作。

(2) **通信机制**

多个独立地址空间的计算机采用**消息传递通信机制**，在处理器之间显式地传递消息来进行通信的，这些消息请求传送数据或执行某些操作。在共享存储器的机器上支持消息传递相对容易，在消息传递的机器上支持共享存储器就困难得多。因为要将存储器读写转换为消息的收发，并要求操作系统对共享存储器的访问提供地址转换及存储保护。

消息传递机制中要建立一条消息传递路径，该过程称为**寻径**(path-finding)。不同的寻径方式具有不同的通信延迟，常用的寻径方式有线路交换、存储转发、虚拟直通、虫蚀寻径。

1) **线路交换**(circuit switch)

线路交换建立了一条从源节点到目的节点的物理通路，借此传递消息。设 B 为带宽，L 为数据包长度，Lt 为建立路径所需信息包(头消息)的长度，D 为路径节点数，则传输延迟为：

$$T=\frac{Lt}{B}\times D+\frac{L}{B} \tag{7.3}$$

2) **存储转发**(store and forward)

存储转发为每个节点设置一个数据包缓冲区，包从源节点经过中间节点(数据包缓冲区)到达目的节点。传输延迟与源节点和目的节点间的距离成正比，则传输延迟为：

$$T=\frac{L}{B}\times D+\frac{L}{B}=(D+1)\times\frac{L}{B} \tag{7.4}$$

3) **虚拟直通**(virtual cut through)

类似于存储转发，虚拟直通在转发之前不存储整个分组，当一个字节到达一个节点时，就一直沿着路径转发，而不必等待整个分组全部到达。因此，当接收方收到寻径的消息头部时，就开始路由选择；当寻径阻塞时，只能将整个消息存储在寻径节点中。设 Lh 是消息的寻径头部长度，则传输延迟为：

$$T=\frac{Lh}{B}\times D+\frac{L}{B}=\frac{(Lh\times D+L)}{B} \tag{7.5}$$

一般有 $L>>Lh\times D$，所以传输延迟近似为 $T=L/B$，与节点数无关。

4) **虫蚀**(wormhole)寻径

将数据包分割为更小的片，称为**微包**，用消息头片记录从源节点到目的节点的寻径消息。当消息头片到达一个节点寻径器后，该寻径器根据消息头片的寻径消息进行路由选择，每个消息中的片以异步流水方式在网络中向前蠕动。若节点的片缓冲区不可用，头片只能在该节点的片缓冲区中等待，而其他数据片在原节点等待。设 Lf 是片的长度，Tf 是片经过一个节点所需时间，则传输延迟为：

$$T = Tf \times D + \frac{L}{B} = \frac{Lf}{B} \times D + \frac{L}{B} = \frac{(Lf \times D + L)}{B} \tag{7.6}$$

一般有 $L>>Lf\times D$，传输延迟近似为 $T=L/B$，与节点数无关。

【例 7.7】　某台含 64 块处理器的多处理机，处理器的时钟频率为 2GHz，指令基本的 CPI＝0.2(设所有访存均命中 Cache)。除通信以外，假设其他所有访问均命中局部存储器。对远程存储器访问时间为 20ns，当发出一个远程请求时，本处理器挂起。求在没有远程访问的情况下和有 1%的指令需要远程访问的情况下，前者比后者快多少？

解：

远程访问开销为：

远程访问时间/时钟周期时间=20ns×2GHz≈42.95 个时钟周期

有 1%远程访问的机器，其实际 CPI 为：

CPI=基本 CPI+远程访问率×远程访问开销=0.2+1%×远程访问开销≈0.2+1%×42.95≈0.6295

所以，机器速度在没有远程访问情况下是有 1%远程访问情况下的 0.6295/0.2≈3.1475 倍。

7.3.4　多处理机高速缓冲存储器一致性

在 Cache 一致性问题上多处理机和单处理机有所不同。单处理机只在 Cache 与主存之间有 Cache 一致性问题，即使是 I/O 通道共享 Cache 也可通过写回法或全写法解决；而多处理机中每一台处理机都有自己的 Cache，必须保证各 Cache 之间写操作时的数据一致性。多处理机中导致 Cache 不一致有如下三个因素：

- **进程迁移**。进程可以在多处理机中互相迁移，能够将一个尚未执行完的进程迁移到另一台空闲的处理机中去执行。
- **输入输出活动**。绕过 Cache 的 I/O 操作会造成 Cache 与共享内存不一致，另外，I/O 处理机直接挂在系统总线上也会造成 Cache 不一致。
- **可写数据的共享**。一台处理机采用写回法或全写法修改某数据块时，容易造成其他处理机的 Cache 中同一数据块副本的不一致。

实现多处理机 Cache 一致性有两种方法：硬件为基础的方法，如监视 Cache 协议法(snoopy cache protocol)和目录表法(directory scheme)；软件为基础的方法。

1. 监视 Cache 协议法(snoopy cache protocol)

每个处理机中的 Cache 控制器都设置一个监视部件，用于监视其他 Cache 的动作。每个 Cache 不仅有物理存储器中块的数据拷贝，也有各个块的共享状态信息。当某处理机将一个数据块写入自身 Cache 时也写入主存，等于通知总线上其他处理机保持 Cache 一致，其他处理机接到通知就应当更新或作废这个副本。

通常将 Cache 连在共享存储器总线上，当某个 Cache 要访问共享存储器时，就将请求通过总线广播出去，其他所有 Cache 控制器一直监视总线，判断各自是否有总线上请求的数据块。若有，该 Cache 控制器则执行相应的一致性操作。

(1) 采用两种方法来解决 Cache 一致性问题：

- **写直达协议**(write-invalidate)

也称为**写无效协议**或**写作废协议**，是一种将数据块作废的方法，在对某个数据项写入之前，保证处理器对该数据项拥有唯一的访问权。该协议规定：当发生读失效时，即处理器要读的字不在 Cache(Cache 块一般为 32 或 64 字节)中时，则 Cache 控制器将包括该字的数据块从共享存储器读入 Cache；当发生读命中时，就直接在 Cache 中对该数据块进行读操作。当发生写失效时，往共享存储器写入被修改的字，但包括该字的数据块不调入 Cache；当发生写命中时，直接往共享存储器写入修改的字，并修改 Cache。

写直达协议有多种变化：一种是**写更新**(write-update)协议，当出现远程写命中时，监视 Cache 接收监视到的修改字，并用该字更新自身；当一个处理器写入某数据项时，通过广播方式更新其他 Cache 中所有对应该数据项的副本。另一种是**写分配**策略(write-allocate)，当 Cache 写失效时，往共享存储器写入被修改的字，并将相应字块调入 Cache。

- **写回协议**(write back)

处理器执行写操作时，修改数据立即写入 Cache 块，而不立即写回共享存储器；但在 Cache 中设置状态表明该 Cache 块中的数据是有效的，而共享存储器中的数据是无效的。当该 Cache 块需要替换时，才将该 Cache 块写回共享存储器。

MESI(Modified Exclusive Shared or Invalid)是常用的写回 Cache 一致性协议，也称为伊利诺斯协议(Illinois Protocol)，该协议是 1984 年由 Illinois 州立大学提出。图 7.17 显示 MESI 协议简化状态转换图。使用 MESI 协议的计算机有 Pentium 和 PowerPC 601 等。MESI 协议规定每个 Cache 块都处于四种状态之一：

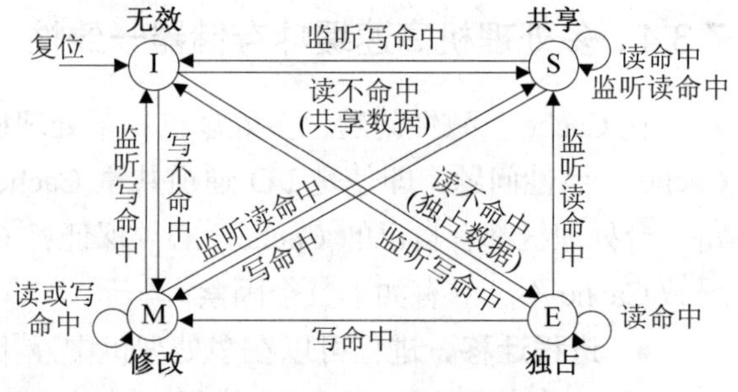

图 7.17　MESI 协议简化状态转换图

修改(Modified，M)：该项数据是修改过的唯一正确的副本，在其他 Cache 块中没有该项数据的正确副本；该项数据尚未写入共享存储器，共享存储器中的数据是过时的。

独占(Exclusive，E)：没有其他 Cache 块拥有该项数据，共享存储器中的数据是最新的。

共享(Shared，S)：该项数据被共享，多个 Cache 块中都拥有该项数据的副本，这些副本与共享存储器中的数据均是最新的、相同的。

无效(Invalid，I)：该 Cache 块中的数据无效。

【例 7.8】　监视总线、写作废协议举例(写直达协议)，如图 7.18 所示。

初始状态：CPU A、CPU B、CPU C 都有存储器 M 的副本 a。当 CPU A 要写入 b 时，先作废 CPU B 和 CPU C 中的副本 a，然后将 b 写入 Cache A 中的副本，同时更新存储器单元 M 为 b。

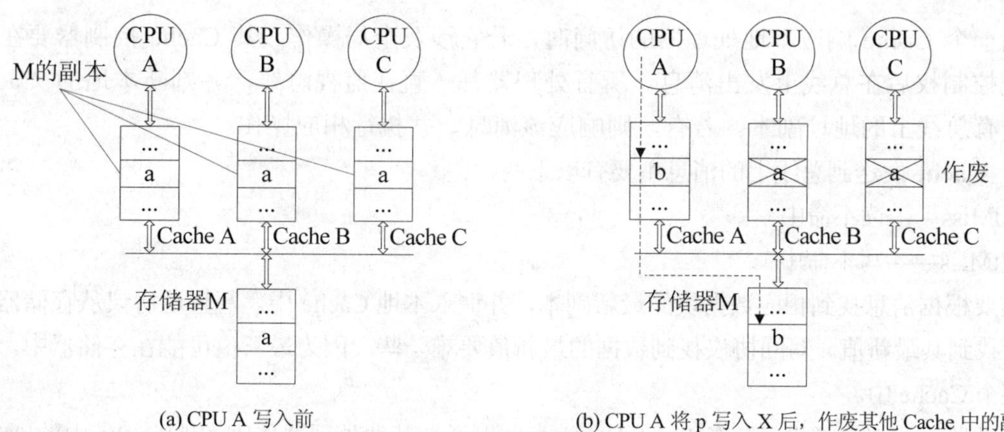

(a) CPU A 写入前　　(b) CPU A 将 p 写入 X 后，作废其他 Cache 中的副本

图 7.18　写作废协议

【例 7.9】　监视总线、写更新协议举例(写直达协议的一种变化)，如图 7.19 所示。

假设 3 个 Cache 都有存储器 M 的副本 a。当 CPU A 将数据 b 写入 Cache A 中的副本时，将 b 广播给所有的 Cache 更新各自的副本。对于写直达协议，CPU A 还要将 b 写入存储器 M 中；对于写回协议，则不需要写入存储器 M。

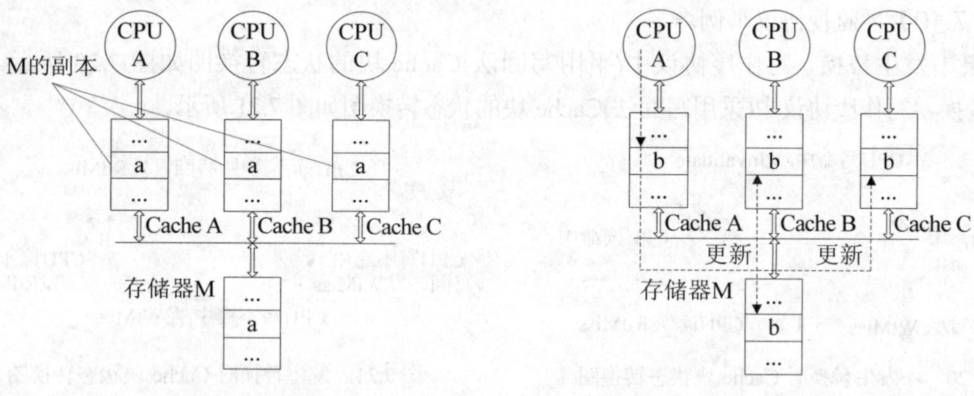

(a)　CPU A 写入前　　(b)　CPU A 将 p 写入 X 后，更新其他 Cache 中的副本

图 7.19　写更新协议

(2) 写更新协议和写作废协议的差别主要来自：

- 写作废协议是对 Cache 块操作，而写更新协议则是对字(或字节)操作。
- 对同一数据进行多次写操作并且中间无读操作时，写作废协议仅需要一次作废操作，而写更新协议需要多次写广播操作。
- 在对同一 Cache 块的多个字进行写操作时，写作废协议仅在第一次写该块时进行作废操作，而写更新协议在每一个写操作时都要广播一次。
- 从一个处理器开始写操作、到另一个处理器能读到该写入数据之间的时间为延迟时间，写更新协议与写作废协议的延迟时间更小。

(3) 监视协议的实现

监视协议的基本实现技术有 3 个方面：

- 处理器之间建立一个可以实现广播的互连机制(常用总线)。

当一个 Cache 响应本地处理器的访问时，若它涉及全局操作，其 Cache 控制器要在获得总线控制权后在总线上发出消息。所有处理器都一直在监视总线，并判断本地的 Cache 中是否有总线上的地址副本。若有，则响应该消息，并执行相应操作。

- **Cache** 发送到总线上的消息主要有以下两种：

RdMiss——读不命中

WtMiss——写不命中

需要根据消息找到相应数据块的最新副本，并调入本地 Cache 中。写直达协议从存储器中总可以找到其最新值。写回协议找到数据的最新值要难一些，因为最新值可能在存储器中，也可能某个 Cache 中。

有的监视协议还增设了一条 Invalidate 消息，以通知其他处理器作废本地 Cache 中的副本。不同于 WtMiss，Invalidate 不引起调块。

- 块的拥有者：拥有该数据块唯一副本的处理器。

在每个节点内嵌入一个有限状态控制器，能够根据总线或处理器的请求或 Cache 块状态，做出相应的响应。每个数据块的状态取以下 3 种状态中的一种：**无效**(简称 I)、**已修改**(简称 M)、**共享**(简称 S)。

【例 7.10】　监视协议举例。

如果不发生替换，写作废协议中(采用写回法)Cache 块的状态转换图如图 7.20 所示。如果发生替换，写作废协议中(采用写回法)Cache 块的状态转换图如图 7.21 所示。

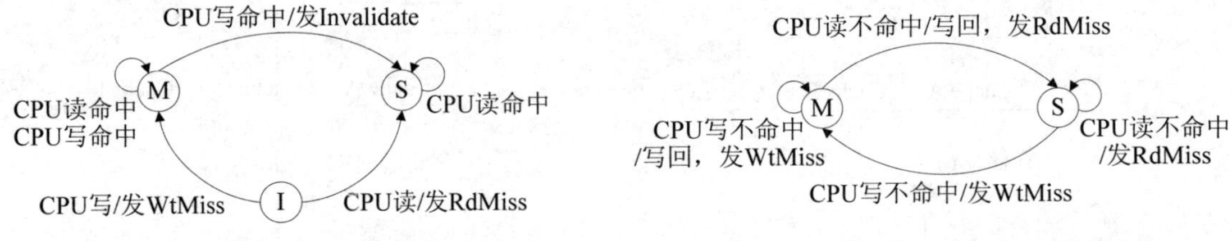

图 7.20　不发生替换时 Cache 块状态转换图　　　　图 7.21　发生替换时 Cache 块状态转换图

每个处理器都一直在监视总线上的消息和地址，如果发现 Cache 块与总线上的地址相匹配，应当根据该块的状态和总线上的消息进行处理。响应来自总线的请求时，Cache 块的状态转换图如图 7.22 所示。

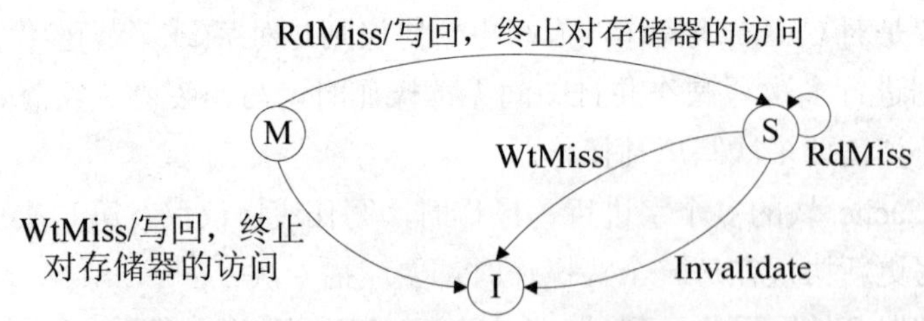

图 7.22　响应来自总线的请求时 Cache 块的状态转换图

2. 目录表法(directory scheme)

当处理机数量较多，而且也不使用总线结构，对其监视就比较困难，可使用目录表法。目录表法在主存中建立一个目录表保存物理存储器中数据块的共享状态，将各公用数据块都保存在处理机的 Cache 中。表的每一项对应一个数据块的使用状况，通过几个指示器指出该数据块的副本放在哪些 Cache 中，并指出是否有 Cache 向该数据块写入过新内容等。当一个处理机写入自身的 Cache 时，只需要根据目录表通知有相同副本的 Cache，并废除或更新其内容。

目录是一种集中的数据结构，可快速地在唯一位置中找到相关信息，担负了一致性协议操作的主要功能。目录中每一条目录项，对应存储器中的每一个可以调入 Cache 的数据块，记录了该块的状态以及相同副本的 Cache 等信息，从而使一致性协议避免了广播操作。

位向量用于记录哪些 Cache 中有副本，其中的每一位对应一块处理器，长度正比于处理器的个数。位向量记录的所有处理器集合称为**共享集** S。

目录法使用分布式目录，即目录与存储器都分布在不同节点中，因此可在不同的节点访问不同目录的内容。目录法最简单的实现方案就是把存储器中每一块都在目录中设置一项。设存储器中存储块的总数为 M，处理器个数为 N，每个处理器中存储块的数量为 K，则目录中的信息量正比于 $M×N$，因 $M=K×N$，则如果 K 保持不变，目录中的信息量正比于 N^2。

在目录协议中，存储块的状态有 3 种：

- **独占**(Exclusive，E)：可读写，仅有一个处理机有该块的最新副本，且该处理机已经对该块完成了写操作，而存储器中该块的数据已失效。该处理机为该块的独占者。
- **共享**(Shared，S)：只读，该块在一个以上处理机上有副本，且其副本与存储器中对应块相同。
- **未缓冲**(Uncached，U)：该存储块尚未调入 Cache，所有处理器的 Cache 中都没有该块的副本。

假设本地节点为发出访问请求的节点，宿主节点为包含要访问的存储单元及其目录项的节点，远程节点可以是宿主节点，也可以不是同一节点。本地节点把请求发给宿主节点中的目录，再由目录控制器选择向远程节点发出相应的消息，从而产生两种操作：使远程节点完成相应的操作，及更新目录状态。若发出请求的处理机编号为 P，要访问的地址为 K，数据内容为 D，。在节点间发送的消息如下。

(1) 本地节点发给宿主节点(目录)的消息

Invalidate(K)：向所有拥有该数据块副本(包含地址 K)的远程 Cache 发作废该块的消息。

RdMiss(P，K)：处理机 P 读取地址 A 的数据(块)时发生不命中，则请求宿主节点提供数据(块)，并要求把 P 加入共享集。

WtMiss(P，K)：处理机 P 对地址 A 进行写入时发生不命中，则请求宿主节点提供数据(块)，并设置 P 为所访问数据块的独占者。

(2) 宿主节点(目录)发送给远程节点的消息

Fetch(K)：从远程 Cache 中取出包含地址 K 的数据块，将其送到宿主节点，并把该 Cache 块状态改为共享。

Fetch&Inv(K)：从远程 Cache 中取出包含地址 K 的数据块，将之送到宿主节点，并作废该远程 Cache 块。

Invalidate(K)：作废所有拥有相应数据块副本(包含地址 K)的远程 Cache。

(3) 宿主节点发送给本地节点的消息

DReply(D)：将来自宿主存储器的数据 D 返回给本地 Cache。

(4) 远程节点发送给宿主节点的消息

WtBack(K，D)：把包含地址 K 的数据块从远程 Cache 写回到宿主节点中，远程节点收到宿主节点所发的取数据或取/作废消息后发出本响应消息。

(5) 本地节点发送给被替换块的宿主节点的消息

MdSharer(P，K)：若本地 Cache 需替换一个含地址 K 的数据块(未被修)，则发送消息给该块的宿主节点请求其从共享集中删除 P。若删除后共享集为空，则宿主节点修改该块状态为未缓存(U)。

WtBack2(P, K, D)：当本地 Cache 中需替换一个包含地址 K 的数据块(已被修改)，该消息发给该块的宿主节点将该块写回，并执行与 MdSharer 相同的操作。

【例 7.11】 在基于目录协议的系统中，Cache 块的状态转换图示例。

响应本地 CPU 请求时 Cache 块的状态转换图如图 7.23 所示。

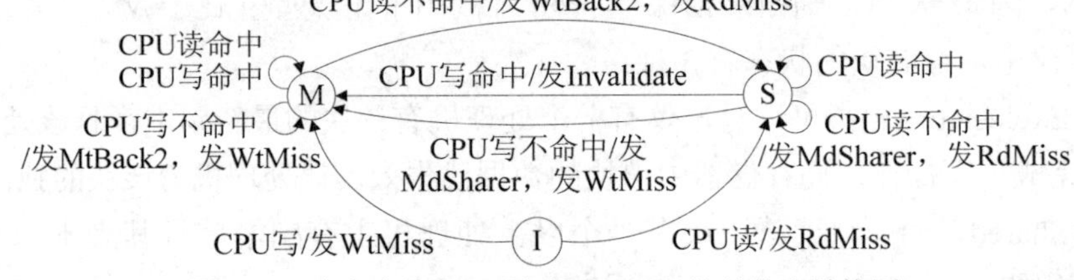

图 7.23　响应本地 CPU 请求时 Cache 块的状态转换图

在远程节点中，响应宿主节点请求时 Cache 块的状态转换图如图 7.24 所示。

目录可能接收到 3 种不同的请求(假设这些操作是原子的)：读不命中、写不命中、数据写回。状态转换图如图 7.25 所示。

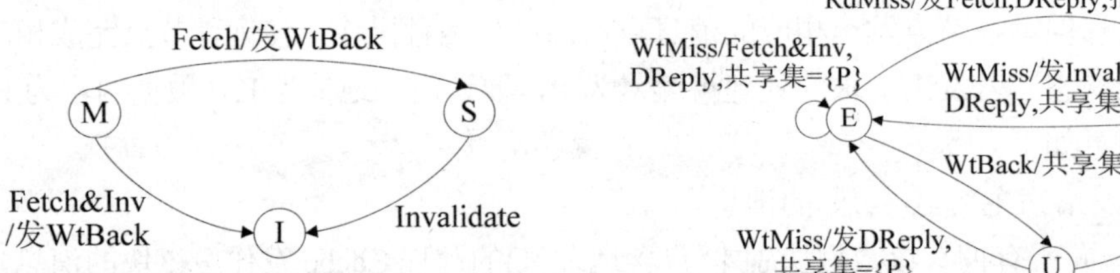

图 7.24　响应宿主节点请求时 Cache 块状态转换图　　图 7.25　目录的状态转换及操作

- 当一个块处于未缓存状态时，对该块发出的请求及处理操作为：

RdMiss(读不命中)，将要访问的数据发送到请求节点，使其成为该数据块的唯一共享节点，该块状态改为共享。

WtMiss(写不命中)，将所要访问的数据送往请求节点，该块的状态改为独占(仅存在唯一副本)，其共享集合仅包含该节点(拥有者)。

- 当某共享状态块在存储器中的数据是最新的，对该块发出的请求及其处理操作为：

RdMiss，将存储器数据发送到请求节点，并将其加入共享集合。

WtMiss，将数据发送到请求节点，对共享集合中所有的节点发送作废消息，共享集合仅含有该节点(独占)。

- 某独占状态块的最新值保存在共享集合唯一节点中，对该块发出的请求及处理操作为：

RdMiss，将取数据的消息发送到拥有者节点，将返回给宿主节点的数据写入存储器，并送回请求节点，将请求节点加入共享集合；此时共享集合中仍保留原拥有者(仍有一个副本)，将该块状态改成共享。

WtBack(写回)，当一个块的拥有者节点要替换数据块时，将该块写回其宿主节点存储器中，从而更新存储器数据，宿主节点成为拥有者；该块变成未缓存状态，其共享集合为空。

WtMiss，该块将换一个新的拥有者。给旧的拥有者发送消息，将数据块送回宿主节点写入存储器，并发送给请求节点，作废旧拥有者的该块。把请求节点加入共享者集合成为新的拥有者，该块仍然是独占状态。

有三种目录表(设 N 为处理机个数)：

- **全幅目录表(全映像目录)：**

每个目录项包含一个 N 位的位向量，位向量每一位对应于一台处理机。优点是速度快，处理简单。缺点是目录所占用的空间正比于 N^2，存储空间开销较大，可扩展性不好。

- **有限目录表(有限映像目录)：**

目录项目位数固定，并限制数据块在所有 Cache 中的副本总数，可以减少目录所占空间，并提高可扩展性。例如，限定副本总数为 m，则目录项表示共享集合需要 $m\times\log_2 N$ 位(二进制)，目录占用空间正比于 $N\times\lceil\log_2 N\rceil$。若同一数据副本数大于 m，需要做特殊处理。

- **链接目录表(链式目录)：**

共享集合使用一个目录指针链表，并且链表的长度不受限制。当一个数据块的副本数减少(或增加)时，其指针链表就随之变短(或变长)。优点是副本数不受限制，可扩展性好。链式目录有两种实现方法：

单链法：当 Cache 中的块被替换出去时，需要将相应的链表元素删除。

双链法：指针增加了一倍，在替换时可不必遍历整个链表，处理时间短，但一致性协议比较复杂。

3. 以软件为基础的方法

通过软件将一些公用的可写数据存入 Cache 中。在编译时，编译程序把数据分为“能用 Cache 的”和“不能用 Cache 的”两部分，前者只能存于存储器中。为提高效率，不需要将所有要写入的数据都归成“不能用 Cache 的”。编译程序可以分析要写入的数据在哪段时间可以(或不可以)安全地存入 Cache，从而在安全期内存入 Cache，待这段安全期结束再作废其在 Cache 中的副本，并规定其为“不能用 Cache 的”。软件方法比较简单，避开了可写数据的共享问题。

7.3.5 多处理机的同步

1. 基本硬件原语

多处理机同步的主要包括一组读出/修改存储单元的硬件原语，实现同步的关键是操作的原子性。这些原语都以原子操作方式读/修改存储单元，并指示是否以原子操作方式进行。通常由系统程序员用原语来编制同步库函数，用户一般不直接使用基本硬件原语。典型操作如下。

- **原子交换(atomic exchange)**：交换一个寄存器的值和一个存储单元的值。
- **建立一个锁**：开锁(可用)的锁值为 0，上锁(不可用)的锁值为 1。上锁时，处理器将该锁对应的存储单元内容与某寄存器中的 1 交换。若返回值为 0，存储单元内容已置换为 1，避免其他进程竞争该锁。

- **取指令 LL(load linked 或 load locked)/特殊存指令 SC(Store Conditional)**。SC 将返回一个值来指出指令操作是否成功(成功为 1，不成功为 0)。如果在 SC 对其进行写之前，由 LL 指明的存储单元的内容已被其他指令修改过，则第二条指令 SC 执行失败；如果切换两条指令也会导致SC 执行失败。该存储单元初始值由 LL 指令返回。
- **测试并置数(test_and_set)**：测试存储单元的值，符合条件则修改其值。
- **读取并加 1(fetch_and_increment)**：返回存储单元的值并自动加 1。

【例 7.12】构造原子操作：读取并加 1(fetch_and_increment)

```
try：LL   R1，0 (R0)            ；由指令 LL 指定一个寄存器作为连接寄存器
     DADDIU  R1，R1, #1          ；R1 增加 1
     SC   R1，0 (R0)            ；SC 操作，R1 与 0(R0)相同则置 R1=1，否则置 R1=0
     BEQZ  R1，try              ；保存失败则转移
```

实现原子操作需要地址跟踪，由 LL 指定的寄存器保存一个地址单元。

2. 用一致性实现旋转锁

旋转锁可以用多处理机的一致性机制来实现，多处理机环绕一个锁旋转以请求获得旋转锁。该方法适合于占用锁时间较少的场合，且加锁过程延迟很小。

(1) 无 Cache 一致性机制

在存储器中保存锁变量，多处理机可用原子操作请求锁的使用权，比如利用原子交换操作、测试返回值以获取锁的状态。释放锁时处理器将该锁置 0。

【例 7.13】　用原子交换操作对旋转锁加锁。

```
          DADDIU      R1，R2，  #1        ；旋转锁
lockit：  EXCH        R1，0 (R0)          ；旋转锁的地址在 R0 中
          BNEZ        R1，lockit          ；是否已锁
```

(2) 机器支持 Cache 一致性

基于访问锁时的局部性原理，即处理器最近使用过的锁在不久的将来又会再次被使用。本方法将锁调入 Cache，采用一致性机制保持锁值，减少获锁耗费的时间。在请求占用锁时，环绕进程不用每次都访问一次全局存储器，而只操作本地 Cache 中的锁(副本)。

改进旋转锁，只读取和检测本地 Cache 中锁的副本，直到该锁已被释放为止。之后该处理器进行原子交换，与其他处理器竞争该锁变量。

修改后的旋转锁程序：

```
lockit：  LD          R1，0(R0)           ；旋转锁的地址在 R0 中
          BNEZ        R1，lockit          ；是否已锁
          DADDIU      R1，R2，#1          ；增加 1
          EXCH        R1，0(R0)           ；进行原子交换
          BNEZ        R1，lockit          ；是否已锁
```

3. 同步性能问题

简单旋转锁可扩展性较差，很少用于大规模多处理机中。若大量处理机同时争用同一个锁，争用和通信开销非常大。

【例 7.14】　假设每个总线事务处理(写或读不命中)需要 50 个时钟周期，总线上有 100 个速度相同的处理器旋转等待对同一变量加锁，忽略占用锁的时间及读写 Cache 中锁的时间。(1) 若在时间 0 时释放该锁，求所有处理器都获得该锁时所需的总线事务数量。(2) 若总线每次都处理好已有的全部请求才处理新请求，求处理 100 个请求所需时间。

解：

(1) 当 n 个处理器争用锁时，各自完成下列操作，每步操作产生 1 个总线事务：

第 1 步，n 个处理器争用锁，n 个 Cache 中均无锁的副本，因此处理器的 LL 操作将产生 n 个读失效，将锁变量调入 n 个 Cache，共有 n 个读存储器的总线事务。

第 2 步，n 个处理器执行 SC 操作(见例题 7.12)，最先完成操作的是上锁速度最快的 1 个处理器，由它完成存储器中的原始数据加锁，并通知作废其余 $n-1$ 个 Cache 副本，即 $n-1$ 个 SC 操作写失效。本步产生 1 个写回存储器的总线事务，并且重新调入 Cache 需要产生 $n-1$ 个读存储器的总线事务(按写分配策略准备之后读 Cache)，本步共计 n 个总线事务。

第 3 步，加锁成功的处理器在占用资源期间，其余 $n-1$ 个处理器循环执行 LL 读，没有产生总线事务。资源使用结束，加锁的处理器需要开锁，再次通知作废其余 $n-1$ 个 Cache 副本，又用了 1 个写回存储器的总线事务。3 步总计，一个处理器获得该锁需要 $2n+1$ 个总线事务。

第 4 步，作废 $n-1$ 个 Cache 副本，产生 $n-1$ 个处理器的 LL 操作读失效，又重复上面第 1~3 步，但处理总数减少到 $n-1$ 个……；依此类推，不断循环 1~4 步；最后 1 块处理器释放锁后，全部过程结束。总线事务总计：

$$\sum_{i=1}^{n}(2i+1)=n(n+1)+n=n^2+2n$$

当 $n=100$ 时，其总线事务数为 10 200 个；

(2) 每个总线事务需要 50 个时钟周期，10 200 个总线事务合计需要 510 000 个时钟周期。

耗时如此长的原因在于大量处理器对锁的同时争用，访问锁的串行性及访问总线的延迟。旋转锁的主要优点是网络或总线开销较小，当出现同一个处理器重用一个锁时具有较好的公平性。

旋转锁可用来实现栅栏。**栅栏**是一个常用的高级同步原语，所有到达栅栏的进程都被强制等待，全部进程都到达栅栏后才全部释放，以同步所有进程。栅栏常用两个旋转锁：一个强制封锁进程，直到所有进程到达该栅栏；一个用作计数器，记录到达的进程数。

【例 7.15】　典型栅栏的实现。lock 和 unlock 提供旋转锁，total 为需要到达该栅栏的进程总数，count 记录已到达该栅栏的进程数。release 用于封锁进程，直到所有进程到达栅栏。

```
lock(counterlock);                   //  加锁保证增量更新操作的原子性
   if(count==0)release=0;            //  若是第一个进程，则重置 release
   count=count+1;                    //  到达该栅栏的进程数加 1
   unlock(counterlock);      //  释放锁
   if(count==total){                 //  所有进程全部到达
      count=0;                       //  计数器清 0
      release=1;                     //  该进程被释放
      }
   else {                            //  未到齐全部进程，则封锁进程
      spin(release=1);               //  使进程等待，直到全部进程到齐
      }
```

栅栏常用于循环中，由于程序运行的局部性，从栅栏释放的进程之后可能再次返回栅栏，有可能出现某个进程一直停在旋转操作上，不离开栅栏的情况。一种解决方法是在上次该栅栏使用的所有进程离开之前，不允许任何进程(离开栅栏时进行计数)初始化或重用该栅栏。但这会增加栅栏的竞争和延迟。另一种解决办法是采用 sense_reversing 栅栏，每个进程均使用一个私有变量 local_sense，该变量初始化为 1。

同步操作往往会导致进程执行同步操作的串行化，从而明显增加同步操作的时间，导致并行计算性能严重下降。

7.3.6　多处理机实例

1. 超级计算与 Cray1

20 世纪 70 年代初出现第一代向量计算机，同时提出**超级计算**(supercomputing)概念描述超级计算机及有效应用的总称。同为计算数学重要概念的**高性能计算**(High Performance Computing，HPC)也可从 1972 年的并行计算机 ILI_IAC N 诞生算起。

开发集成电路的肖克利最早在工作日记中透露了超级计算机的思想。公认的符合“超级计算机之父”定义的人应该是西蒙·克雷(Seymor Cray)博士。1960 年，控制数据公司(Control Data Corporation，CDC)接受美国原子能委员会的委托，进军巨型机领域，年仅 31 岁的 Cray 任公司的计算机总设计师，曾经是 UNIVAC 设计小组的成员。1964 年，Cray 为伦斯辐射实验室设计了世界上首台真正意义上的超级计算机 CDC6600，被认为是现代超级计算数据中心的鼻祖。CDC6600 有 35 万个晶体管，运算速度为 300 万次，使用 Cray 小组开发的 RISC 指令集；采用管线标量架构，一个 CPU 交替处理读取、解码和执行指令，每个时钟周期处理一条指令。

图 7.26　Cray1

20 世纪 70 年代中后期，陆续出现了以向量超级计算为主的超级计算机，如 CDC Cyber205 和 Cray1(见图 7.26)。诞生于 1975 年的 Cray1 体积却并不巨大，占地不到 7 平方米，重要的是其引入了矢量寄存器的概念，可持续保持每秒 1 亿次运算。该超级计算机就像一套开口的沙发圈椅，靠背处立着 12 个一人高的“大衣橱”，内部共安装了约 35 万块集成电路，重量不超过 5 吨。

2002 年 11 月 14 日，Cray 发表了矢量型超级计算机系统的代表 Cray X1，运算速度最高为 52.4 TeraFLOPS，支持 65.5TB 存储器。Cray X1 包含 1024 个节点和最大 4096 个微处理器，采用一个极高带宽的全局网络互连，共享单一的全局存储器。

【例 7.16】　Cray 1 机向量长度均为 64 位，V 为向量寄存器，s 为标量寄存器，假设浮点功能执行单元所需的执行时间分别为：读入寄存器和启动功能部件各 1 拍，读存储器 5 拍，加法 5 拍，乘法 8 拍，求倒数 12 拍。问表 7.1 中 8 组指令哪些可以链接？哪些可以并行执行？并计算出各指令组所需的拍数。

表 7.1　Cray 1 机向量寄存器

(1)	(2)	(3)	(4)
V0←存储器 V3←V1+V2 V6←V4×V5	V0←V1×V2 V3←存储器 V4←V0+V3	V1←存储器 V2←V0×V1 V3←V1+V2 V5←V3+V4	V1←存储器 V0←1/V1 V2←V0+V3 V5←V2×V4
(5)	**(6)**	**(7)**	**(8)**
V2←存储器 V3←V0+V1 V4←V5×V6 s0←s1+s2	V2←存储器 V3←V0+V1 s0←s2+s3 V2←V1×V4	V3←存储器 V0←V1+V2 V4←V0×V3 存储器←V4	V3←存储器 V2←V1+V3 V0←V1×V2 V5←V0×V4

解：链接的条件：链接的向量长度必须相等；前一条指令的结果作为后一条指令的输入；向量寄存器和功能部件无使用冲突；若某向量指令需要取前两条指令的结果作为其两个源操作数，则前两条指令的运行时间应当相等。并行的条件：指令之间无资源访问冲突，并且不存在数据相关。

(1) 三条指令并行。所需拍数分别为：1+5+1+(64−1)=70(拍)，1+5+1+(64−1)=70(拍)，1+8+1+(64−1)=73(拍)，并行执行时间取最长的指令执行时间，则第 1 组所需拍数：

T1=max{70,70,73}=73(拍)

(2) 第 1、2 条指令并行，第 3 条指令链接执行。第 2 组所需的拍数：

T2=max{(1+8+1),(1+5+1)}+[(1+5+1)+(64−1)]=80(拍)

(3) 第 1 条与第 2 条指令可以链接，第 3 条指令与第 1、2 条指令使用相同的向量所以只能串行，第 4 条指令与第 3 条指令都使用加法部件所以也只能串行。第 3 组所需的拍数：

T3=(1+5+1)+[(1+8+1)+(64−1)]+[(1+5+1)+(64−1)]+[(1+5+1)+(64−1)]=220（拍）。

(4) 四条指令依次链接。第 4 组所需的拍数：

T4=(1+5+1)+(1+12+1)+(1+5+1)+(1+8+1)+(64−1)=101(拍)

(5) 第 4 条指令与第 2 条指令使用同一浮点加法部件，则前 3 条向量指令可并行，第 4 条标量指令串行执行。第 5 组所需的拍数：

T5=max{[(1+5+1)+(64−1)],[(1+5+1)+(64−1)],[(1+8+1)+(64−1)]}+(1+5+1)=73+7=80(拍)

(6) 第 3 条指令与第 2 条指令使用同一浮点加法部件，第 4 条指令与第 2 条指令存在访 V1 冲突，则第 1、2 条指令并行，第 3、4 条指令并行，两组间串行执行。第 6 组所需的拍数：

T6=max{[(1+5+1)+(64−1)],[(1+5+1)+(64−1)]}+max{(1+5+1),[(1+8+1)+(64−1)]}
= max{70, 70}+max{7,73}=70+73=143(拍)

(7) 第 3 条指令由于 Cray1 中存储器写入不能参与链接，则第 1、2 条指令并行，第 3 条指令链接执行，第 4 条指令串行执行。第 7 组所需的拍数：

T7= max{(1+5+1),(1+5+1)}+[(1+8+1)+(64−1)]+[(1+5+1)+(64−1)]= max{7, 7}+73+70=150(拍)

(8) 第 3 条指令与第 2 指令存在寄存器冲突，第 4 条指令与第 3 条指令存在功能部件冲突，则第 1、2 条指令可以链接，第 3、4 条指令依次串行执行。第 8 组所需的拍数：

T8= (1+5+1)+[(1+5+1)+(64−1)]+[(1+8+1)+(64−1)]+[(1+8+1)+(64−1)]= 7+70+73+73=223(拍)

2. 多核多处理器——SUN T1

2006 年 3 月，Sun 宣布将其多核心处理器 Ultra Sparc T1 的设计开源化，每个处理器有 8

个核，共享一个浮点运算部件，每核最多支持 4 个线程，支持片内多处理器。T1 每个核中都有一条 6 级的单流出流水线用于进行线程切换。T1 的每个核中都有一个第一级 Cache(包括 16KB 指令 Cache，和 8KB 数据 Cache)，8 个核与 4 个第二级(L2)Cache 通过一个交叉开关相连，Cache 内容的一致性用目录表法来实现。T1 初始版本采用 90nm 工艺，晶圆面积 379mm^2，300M 个晶体管，最高时钟频率 1.2GHz，电源功率 79W。

3. 多处理机——Origin 2000

1996 年，美国 SGI 公司开始陆续推出 Origin 2000 系列可扩展服务器产品，包括 Origin 200、Origin 2000 Deskside、Origin 2000 Rack 和 Cray Origin 2000 四种机器。Origin 2000 Deskside 桌面服务器系统支持最多 8 个处理器，Origin 2000 Rack 机柜服务器系统最多支持 16 个处理器，Cray Origin 2000 服务器系统支持多达 128 个处理器，并具有大规模扩展能力。

Origin 2000 系统的可扩展性体系结构可以扩展至最多 1024 个处理器，而且系统性能与规模增加呈线性增长，包括计算能力、存储器容量、I/O 带宽、系统互连带宽等。存储器分布在所有处理器节点上，为 NUMA 结构，通过 CrayLink 形成逻辑上单一寻址空间的共享存储器系统，但访问远程存储器和本地存储器的时间不同。CrayLink 开关网络技术替代总线用于连接处理器、存储器、I/O 设备等，是一种多重交叉开关互连技术。

Origin 2000 系统使用 Cellular IRIX 操作系统，也是业界最早使用的蜂窝式操作系统，即把相同的操作系统核心功能分布到各个处理器蜂窝节点(操作系统单元)中，每个蜂窝分别管理所有处理器的一个子集，可实现小系统到大系统的无缝扩展。此类蜂窝结构操作系统结合积木式硬件结构，能有效隔离故障，将故障局限于某个操作系统单元中，提高了系统可靠性和可用性。

Origin 2000 系统基于写作废协议与目录协议实现 Cache 的一致性，每个节点有一个目录存储器和一个本地存储器。每个目录项对应一个存储块，使用位向量记录其对应存储块的状态以及该存储块被各 Cache 共享的情况(即在哪些 Cache 中有其副本)。

4. 中国的超级计算机

我国的超级计算机研制起步于 20 世纪 60 年代。中国自主研制的第一块集成电路于 1965 年在上海诞生，仅比美国晚了 5 年。经多年发展，中国的超级计算机系统研制已取得了举世瞩目的成果，银河、曙光、神威、深腾等超级计算机系统相继出现。

(1) 银河/天河系列

银河计算机是由中国国防科技大学研制的一系列巨型计算机。1983 年 12 月 22 日，中国研制成功第一台每秒钟运算达 1 亿次以上的银河计算机，使中国成为继美、日等国之后，能够独立设计和制造巨型机的国家。1992 年 11 月 19 日，每秒钟运算 10 亿次的银河-II 巨型计算机通过国家鉴定，实现了从向量巨型机到多处理并行巨型机的跨越。1997 年 6 月 19 日，基本字长 64 位的银河-III并行巨型计算机通过国家鉴定，峰值性能为 130 亿次，采用分布式共享存储结构，实现了从多处理并行巨型机到大规模并行处理巨型机的跨越。

2010 年 11 月 14 日，国际 TOP500 组织公布了全球超级计算机前 500 强榜单，中国首台千万亿次超级计算机天河 1 号排名世界第一。天河 1 号(见图 7.27)由装在 103 个机柜的 6144 个 CPU 和 5120 个 GPU 组成，每秒钟 1206 万亿次的峰值速度，和每秒 563.1 万亿次的 Linpack 实测性能，使中国成为继美国之后全球第二个能够自主研制千万亿次超级计算机的国家。

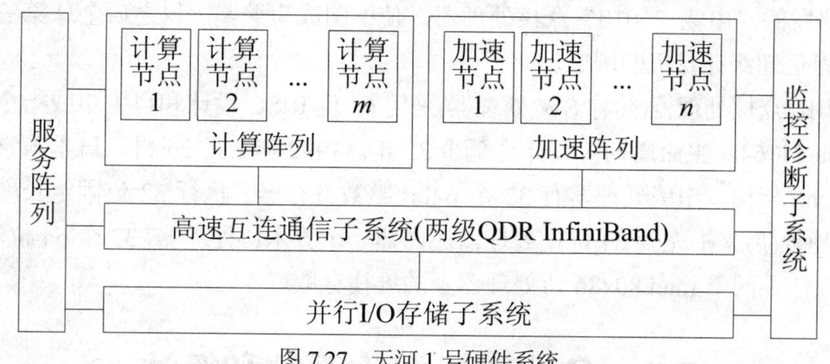

图 7.27　天河 1 号硬件系统

2015 年 11 月 16 日，世界超级计算机 500 强榜单在美国公布，天河 2 号超级计算机以每秒 33.86 千万亿次连续第六度称雄。天河 2 号总计有 312 万个计算核心，由 16 000 个节点组成，每个节点有两颗基于 Ivy Bridge-E 的 Xeon E5 2692 处理器和 3 个 Xeon Phi。由于使用全部的 61 个核心会有运算周期协调问题，每个 Xeon Phi 只使用其中的 57 个核心，能够加速 4 个执行线程，在单周期每个线程有 4GFLOPS 的运算量，1.1GHz 的 Xeon Phi 具备 1.003TFLOPS 的双精度运算能力。

天河 2 号硬件系统包括计算阵列、服务阵列、存储子系统、互连通信子系统、监控诊断子系统等五大部分。计算节点的前端处理器使用了 4096 个国防科技大学为天河研发的 FT-1500 处理器，该处理器为 16 核心 40nm 工艺的 SPARC V9 架构处理器，主频 1.8GHz，峰值性能为 144GFLOPS/s，功耗 65W。

(2) 曙光系列

1995 年，国家智能计算机研究院研制成功大规模并行计算机系统曙光-1000，这是一个基于消息传递机制的松散耦合计算机系统。它包括 32 个基于 i860 的计算节点，1~2 个系统服务节点子系统，2~3 个 I/O 节点组成的存储器子系统，通过一个 6×6 的二维 Mesh 网连接起来，每一个 Mesh 网络上有一个 Wormhole 路由器。整个系统配置一个系统控制台用于系统初始化和硬件故障诊断。

2008 年 11 月 17 日，全球高性能计算机 TOP500 强排行榜中，中国集群超级计算机曙光 5000A 以峰值速度 230 万亿次、Linpack 值 180 万亿次的成绩再次跻身前十，中国成为世界上第二个可以研发生产超百万亿次超级计算机的国家。该机由中科院计算所国家智能计算机研究开发中心、曙光信息产业(北京)有限公司、上海超级计算中心联合研制，并由曙光公司定型制造。曙光 5000A 采用基于刀片架构的新型超并行体系结构(Hyper Parallel Processing，HPP)，采用四核1.9GHz AMD Barcelona 处理器，共有 30 720 颗计算核心，122.88TB 内存，700TB 数据存储，20Gb 的网络互联，浮点运算速度峰值为每秒 230 万亿次。

(3) 神威 · 太湖之光

2016 年 6 月，全球超级计算机 TOP500 榜单，国产处理器打造的神威 · 太湖之光(Sunway Taihu Light)登顶，天河 2 号居亚军。神威 · 太湖之光几乎是天河 2 号理论性能 54.9PFLOPS (1PFLOPS =1000 万亿次)的两倍，其 Linpack 峰值性能 125.436PFLOPS，持续性能 93.015PFLOPS，性能功耗比 6051MFLOPS/W，3 项指标均为全球第一。

更重要的是，2015 年，神威 · 太湖之光全部安装中国自主知识产权的芯片，采用了 40 960 个中国自主研发的“申威 26010”众核处理器，使中国成为继美、日之后全球第三个采用自主 CPU 研制千万亿超级计算机的国家。

申威 26010 众核处理器(简称 SW 处理器)采用 64 位 RISC 设计和自主申威指令系统，源自 DEC 的 Alpha 21164，生命周期被设计为至少 25 年。1992 年 2 月 25 日，日本东京的一次会议正式推出 Alpha 架构。申威处理器有 32 个 64bit 整数寄存器，执行 32 位固定长度指令，操作 43 位的虚拟地址(后来扩充到 64 位)。处理器还内建一个算术协处理器，32 个 64 位浮点寄存器，采用随机存取，不同于 Intel 80x86 协处理器上的堆栈存取。

7.4　多处理机操作系统和算法

7.4.1　多处理机操作系统

多处理机操作系统的功能如下。

- **进程管理**

多处理机系统中的进程管理包括进程同步、进程通信、进程调度。进程间的同步在多处理机系统中显得更为重要并更复杂。在紧密耦合多处理机中，多个处理机上的进程通过共享存储来实现同步。在松散耦合的多处理机中，进程间的同步方式较多且复杂，可分为集中式和分布式两大类。

- **存储器管理**

多处理机系统中的存储器系统结构十分复杂，管理存储器系统也变得非常复杂。除了单机多道程序系统中的地址变换机构及虚拟存储器功能外，相应的功能和机制还应增强和增加，包括地址变换机构、数据一致性机制、访问冲突仲裁机构。

- **文件管理**

单处理机系统往往采用一个(仅有一个)集中式文件系统，所有文件均存于磁盘上进行集中统一管理。而在多处理机系统中，可能采用多种文件系统管理方式：集中式、分布式、分散式。

- **系统重构和迁移**

在单处理机系统中，处理机一旦发生故障，将危及整个系统。但在多处理机系统中，有多个结构和功能相同的处理机(特别是对称多处理机系统中)，操作系统具有重构能力。当系统中某个处理机等资源发生故障时，系统会自动切换故障资源，并换上备份资源继续工作；如果无备份资源，则重构系统使系统降级运行。在故障的处理机上如果有进程等待执行，重构系统应能将其安全地迁移到其他处理机上继续运行，并安全迁移故障处的其他可利用资源。

多处理机操作系统的类型：

(1) 主从型(master-slave configuration)

主从型管理程序只在一个指定的主处理机上运行。主处理机可以是专门的控制处理机以负责执行管理功能；也可以是与从处理机一样的通用处理机，可执行管理功能以外的功能。

(2) 独立监督型(separate supervisor)

独立监督型将控制功能分散给每台处理机，每台处理机都有一个独立的管理程序，共同完成整个系统的监督控制工作。每台处理机都有一个操作系统内核的副本，根据自身及所分配的程序来执行各种管理功能。

(3) 浮动监督型(Floating Supervisor)

浮动监督式型是主从型和独立监督式型的一种折中，其管理程序能够在处理机之间浮动，可以指定某台处理机担任一段时间的控制处理机，但不固定哪台处理机和具体控制时间长度。这种方法最灵活但又最复杂，适用于对称紧耦合多处理机系统，容易实现系统的负载平衡，其他优缺点介于另两种方法之间。

7.4.2　并行处理机算法

(1) 矩阵加

最简单的是矩阵加(配比加)。假定两个 8×8 的矩阵 A、B 相加，结果矩阵 C 也是一个 8×8 的矩阵，A、B、C 的各分量分别存在 PEMi 的 Z、Z+1、Z+2 单元中。

以下三条指令可一次完成矩阵加(64 个处理单元并行，0≤i≤63):

```
LDA   Z        ；全部(Z)由 PEMi 送到 PE 的累加器 RGAi
ADRN  Z+1      ；全部(Z+1)与(RGAi)进行浮点加，结果送 RGAi
STA   Z+2      ；全部(RGAi)由 PE 送到 DEMi 的(Z+2)单元
```

(2) 矩阵乘

矩阵乘涉及二维数组运算，比矩阵加复杂得多。设 A、B、C 为 3 个 8×8 的二维矩阵，C 为 A 和 B 相乘结果矩阵，则为计算 C=A×B 的 64 个分量，可使用以下公式:

$$C_{ij} = \sum_{k=0}^{7} A_{ik} \cdot B_{kj} \tag{7.7}$$

【例 7.17】　假设每次加法操作、乘法操作分别需要 3 个、5 个时钟周期，沿双向环在相邻 PE 间移数需要 2 个时钟周期。在以下 2 种计算机系统中，计算下列求内积的表达式:

$$C = \sum_{i=0}^{n-1} A_i \cdot B_i$$

试问所用的时间分别为多少？(1) 含一个 PE 的 SISD 系统；(2) 含 n 个 PE 且连接成线性环的 SIMD 系统；并求 SIMD 系统相对于 SISD 系统的加速比 S 是多少？

解:

(1) 在 SISD 系统中，不需要移数，该内积表达式需要串行计算 n 次乘法和 $n-1$ 次加法。有:

$5\times n+3\times(n-1)=8n-3$

(2)　在 SIMD 机上，首先将 n 个乘法分配到 n 个处理机上，然后 $n/2$ 个处理机同时将乘法结果移数 1 次，在 $n/2$ 个处理机上执行 $n/2$ 次加法；然后 $n/4$ 个处理机同时将加法结果移数 1 次，再执行 $n/4$ 次加法；不断循环，最后再执行一次加法($n-1$ 次移数)，得到最终结果。有:

$5\times1+3\times\log_2 n+2\times(n-1)=3+3\log_2 n+2n$

加速比 $S=(8n-3)/(3+3\log_2 n+2n)$

7.5　从计算机到网络

7.5.1　计算机网络

计算机网络(computer network)是连接分散计算机设备及进行信息传递的系统，使用通信线路将地理位置不同的多台计算机及其外部设备连接起来，在网络通信协议、网络操作系统及网络管理软件的管理和协调下，实现资源共享和信息传递。小型机或微机通过计算机网络技术能连接成更高性能的计算机系统，具有解决更复杂问题的能力。

1969 年，美国国防部远景研究规划局(Advanced Research Projects Agency，ARPA)创建了第一个分组交换网 ARPAnet，所有主机都与就近的节点交换机直接联网。1983 年，TCP/IP 协议成为 ARPAnet 的标准协议。同年，ARPAnet 分解为两个网络：科研网 ARPAnet，和军用网 MILnet。1986 年，美国国家科学基金(National Science Foundation，NSF)围绕六个大型计算机中心建设三级网络 NSFnet(包括主干网、地区网、校园网)，代替 ARPAnet 成为 Internet 的主要部分。从逻辑功能看，计算机网络是以传输信息为目的，将多个计算机用通信线路连接起来的计算机系统，一个计算机网络包括通信设备和传输介质。从用户角度看，计算机网络通过一个能自动管理的网络操作系统，来调用所需的资源，整个网络对用户是透明的，类似于一个大型计算机系统。

局域网(Local Area Network，LAN)就是局部地理范围内的网络，覆盖的地理范围较小，一般在几米至 10 公里以内。其特点是：用户数少、连接速率高、连接范围窄、配置简单。IEEE 的 802 标准委员会定义了多种主要的 LAN 网：以太网、令牌环网、光纤分布式接口网络、异步传输模式网以及最新的无线局域网。

以太网(Ethernet)最早由 Xerox 公司创建，在 1980 年由 Xerox、DEC 和 Intel 三家公司联合开发为一个标准，成为应用最广泛的局域网。分为标准以太网(10Mbps)、快速以太网(100Mbps)、千兆以太网(1000 Mbps)和 10G 以太网，均遵守 IEEE802.3 系列标准规范。

令牌环网(Token Ring Network)于 20 世纪 70 年代由 IBM 公司创建，早期的数据传输速度为 4Mbps 或 16Mbps，新型的快速令牌环网可达 100Mbps。令牌环网在物理上是星形拓扑结构，但逻辑上仍是环形拓扑结构。

光纤分布式数据接口(Fiber Distributed Data Interface，FDDI)是 20 世纪 80 年代中期发展起来的。由 ANSI X3T9.5 标准委员会制订 FDDI 标准，类似于 IBM 的 Token Ring 技术，但具有 LAN 和 Token Ring 所没有的管理、控制和可靠性技术，支持 2km 长度的多模光纤。

异步传输模式(Asynchronous Transfer Mode，ATM)是 20 世纪 70 年代后期发展起来的单元交换技术，使用 53 字节固定长度的单元进行交换，而非以太网、令牌环网、FDDI 网等的可变长度包技术。ATM 没有包传递或共享介质带来的延时，非常适合传输音视频数据。

无线局域网(Wireless Local Area Network，WLAN)提供了移动接入的功能，可分为有固定基础设施和无固定基础设施(自组网络)两大类，但自组网络(Ad Hoc Network)没有基本服务集中的接入点(Access Point，AP)。WLAN 采用的 802.11 系列标准，包括 802.11a(5GHz)、802.11b(ISM 2.4GHz)、802.11g(ISM 2.4GHz)和 802.11z。Wi-Fi(Wireless-FIdelity) 通常使用 2.4G UHF 或 5G SHF ISM 射频频段，而蓝牙(Bluetooth)使用 2400～2483.5MHz 频段(包括防护频带)。

城域网(Metropolitan Area Network，MAN)一般是在一个城市范围内的网络互联，连接距离在 10~100 公里，采用 IEEE 802.6 标准，多使用 ATM 技术骨干网。

广域网(Wide Area Network，WAN)也称为远程网，覆盖范围更广，通常用于不同城市之间的网络互联，连接距离可从几百公里到几千公里。

7.5.2　物联网

物联网(Internet of Things，IoT)这个概念是 1999 年麻省理工学院(Massachusetts Institute of Technology，MIT)专家提出的。物联网至今还没有被各界广泛接受的定义，不同国家和地区对于物联网都有自己的定义。

美国的定义：将各种传感设备，如射频识别(Radio Frequency Identification，RFID)设备、红外传感器、全球定位系统等与互联网相结合而形成的一个大型网络，目的是将所有物品都通过网络连接起来，以便识别和管理。

欧盟的定义：将现在计算机互联的网络拓展到物品互联的网络。

国际电信联盟(International Telecommunication Union，ITU)的定义：我们在任何时间、任何地点都能与任何物品相连。

常见的物联网三层结构包括：

- 感知层

感知层主要用于采集现实世界中发生的物理事件和数据，包括各类物理量、标识、音频、视频数据等。感知层数据采集技术主要包括：传感器、RFID、多媒体信息采集、实时定位等。

- 网络层

网络层不单是互联网功能，还可实现更广泛的物品互联功能，将感知层感知到的信息无障碍、高可靠、高安全地传输。为此，需要融合传感器网络与移动通信、互联网等技术。

- 应用层

应用层主要包含两层：应用支撑平台子层用于实现跨系统、跨行业、跨应用的信息协同、共享和互通；应用服务子层用于智能家居、智能交通、智能电网、智能物流等行业应用。

在以上三层之外，还包括一些公共技术，如网络管理、有质量的服务(Quality of Service，QoS)管理、技术安全、解析标识等。物联网核心关键技术主要有 RFID 技术、传感器技术、无线网络技术、人工智能技术、云计算技术等。

(1) RFID 技术

是“让物品开口说话”的关键技术，物联网中 RFID 标签上保存着标准的、互通的物品信息，可由无线数据通信网络将其自动采集到计算机信息系统中，以识别不同物品。见图 7.28。

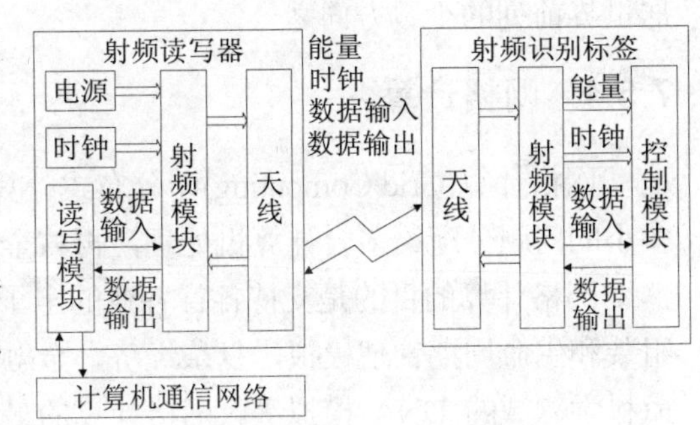

图 7.28　射频识别系统的基本模型

射频识别系统一般包含射频标签(tag)、读写器(reader)和数据管理系统三部分。射频标签又称为电子标签、数据载体、应答器，由芯片和天线构成，每个芯片都编有唯一的识别码，用于保存规定格式的电子数据；读写器又称为阅读器、扫描器、读出装置、通信器，能够非接触地读取和写入标签信息，通过数据管理系统通信，完成对射频标签的信息获取、解码、识别和管理，可分为固定式和手持式；数据管理系统主要用于存储和管理数据信息，及对标签进行读写控制。

(2) 传感器技术

传感器主要负责接收物品“说话”的内容，是从自然界获取信息、并对获取的信息进行识别、变换、处理的多学科交叉技术。

(3) 人工智能技术

人工智能技术主要用于自动分析物品“说话”的内容，借助计算机来模拟人的某些智能行为和思维活动(如学习、推理和规划等)的技术，以实现计算机对物品信息的自动处理。

7.5.3 无线传感器网络

无线传感器网络(Wireless Sensor Network，WSN)是一种由感知和检测外部世界的传感器组成的分布式网络。WSN 中的传感器通过无线方式通信以形成一个多跳自组织网络，所以设备位置能够随时更改，网络设置灵活，可与互联网进行无线或有线连接。

无线传感器网络的发展大致可分为三个阶段：传感器→无线传感器→无线传感器网络。

第一阶段：20 世纪 50 年代 ~ 70 年代，美军曾在战争中用飞机投放了 2 万多个由震动和声响传感器组成的装置，落地后插入泥土中，只露出伪装成树枝的无线电天线，所以被称为“热带树”传感器。只要有目标经过，传感器就能探测出震动和声响信号，并自动发送到作战指挥中心，从而提供精准的战场信息。

第二阶段：20 世纪 80 ~ 90 年代。主要是美军研制的分布式传感器网络系统、远程战场传感器系统、海军协同交战能力系统(Cooperative Engagement Capability，CEC)等，此类微型化传感器具备更强的感知能力、计算能力和通信能力。

第三阶段：21 世纪开始至今。此阶段的传感器网络技术有了长足进步，由大量微型、低功耗、低成本的传感器节点组成多跳无线自组织网络。使用的无线网络既包括远距离无线连接的全球语音和数据网络，也包括近距离的红外技术、蓝牙技术和 ZigBee 技术。无线传感器网络已被国际上认为是继互联网之后的第二大网络。

在无线传感网中，测量节点间距离常用的方法主要有超声波、RSSI(Received Signal Strength Indicator)、ToA(Time of Arrival)、TDoA(Time Difference of Arrival)和 ToF(Time of Light)等。中国在无线传感器网络研究及其应用方面几乎与发达国家基本同步，WSN 已成为我国信息领域位居世界前列的少数方向之一。

7.5.4 网格计算

网格计算(Grid Computing)即分布式计算，研究如何将一个非常巨大、复杂的问题分解成许多小的问题分配给多台计算机处理，再将全部计算结果综合起来得到最终结果。

网格计算的目的是支持各行各业的电子商务应用。例如，飞机和高铁等复杂产品的设计、组装和生命周期管理模拟，复杂经济、金融环境的蒙特 • 卡罗(Monte Carlo)方法模拟，以及生命科学领域的 DNA 模拟等。网格计算的最终目的是从简单的资源集中发展到数据共享，再到协作处理和 QoS。主要包括以下内容。

资源集中：使网格用户能将网格上的整个 IT 基础设施看成一台计算机，可根据需要寻找可被利用的资源。

数据共享：使远程数据接入网格。这对某些复杂项目尤为有用，如生命科学研究需要和其他组织共享基因数据。

通过网格计算来合作：使分散在各地的组织能整合业务流程，在某些项目上进行合作，共享从软件应用程序到工程蓝图等所有信息，协同处理项目中的问题。

有质量的服务(QoS)：指可为同一网络中的各节点提供质量有保障的服务，保证数据流的服务性能达到一定水准或满足用户的需求，不同数据或不同用户可采用不同的优先级。

7.5.5　云计算

云计算(Cloud Computing)使用互联网来提供动态的、易扩展的、虚拟化的资源，是一种互联网相关服务的增加、使用和交付模式。云计算是继 20 世纪 80 年代大型计算机转变为客户端-服务器模式后的又一巨变。云是网络、互联网的一种比喻说法，过去常用云来抽象描绘电信网和互联网。

云计算和网格计算都可提高 IT 资源的利用率。但网格计算是拥有计算能力的节点自发形成联盟，侧重于连接不同组织间的计算能力；而云计算更多的是业界主导发展的一套技术和标准，侧重于 IT 资源的整合，及按需提供整合后的 IT 资源。另外，网格计算致力于共同解决大规模计算问题，运用了基础 IT 资源联合共享模式；而云计算致力于解决 IT 资源供给的灵活性问题，创新了基础 IT 资源外包商业模式。因此，云计算是分布式计算(Distributed Computing)、并行计算(Parallel Computing)、效用计算(Utility Computing)、网络存储(Network Storage Technology)、虚拟化(Virtualization)、负载均衡(Load Balance)、热备份冗余(High Available)等传统计算机和网络技术发展融合的产物。

1983 年，Sun 公司提出“网络即计算机”(The Network is the Computer)，2006 年 3 月，Amazon 公司推出弹性计算云(Elastic Compute Cloud，EC^2)服务。2006 年 8 月 9 日，Google 首席执行官埃里克·施密特(Eric Schmidt)在搜索引擎大会首次提出“云端计算”(Cloud Computing)，该概念源于工程师克里斯托弗·比希利亚(Christophe Bisciglia)所做的 Google 101 项目。

2007 年 10 月，Google 与 IBM 开始在美国卡内基梅隆大学、麻省理工学院、斯坦福大学等大学校园推广云计算的计划，希望可以降低分布式计算在学术研究方面的成本，并为这些大学提供相关的软硬件设备及技术支持，而用户可以借此开发各类以大规模计算为基础的研究计划。2008 年 2 月 1 日，IBM 公司宣布将在中国无锡太湖新城为中国的软件公司建设全球第一个云计算中心。

云计算包括以下几个层次的服务：基础设施即服务(Infrastructure as a Service，IaaS)，消费者通过 Internet 可从云计算的基础设施获得服务，如租用硬件服务器、云存储；平台即服务(Platform as a Service，PaaS)是指将软件研发平台作为一种服务提交给用户，所以 PaaS 也是 SaaS 模式的一种应用；软件即服务(Software as a Service，SaaS)是指通过 Internet 提供软件作为一种服务模式，用户不再需要购买软件，而是向提供商租用基于 Web 的软件。

云存储(Cloud Storage)是在云计算基础上延伸和发展出来的一种网络存储技术，是指通过分布式文件系统、网络技术、集群技术和应用软件等，将网络中大量不同种类的存储设备集合起来协同工作，共同对外提供数据存储和数据访问功能。

7.6　普适计算和移动计算

7.6.1　普适计算

普适计算又称普存计算、普及计算(Pervasive Computing，Ubiquitous Computing)，强调和环境融为一体的计算模式，人们可在任何时间、任何地点，以任何方式进行信息的获取和处理，而计算机本身则不再出现在人们的视野里。

普适计算最早起源于1988年，Xerox PARC实验室的马克·维瑟(Mark Weiser)在一系列研究计划首先提出了普适计算的概念，并于1991年在Scientific American上发表文章The Computer for the 21st Century，正式提出了普适计算(Ubiquitous Computing)。1999年，IBM提出Pervasive Computing(可随时随地计算)概念。1999年欧洲研究团体ISTAG(Information Society Technology Advisory Group)提出了与普适计算类似的环境智能(Ambient Intelligence)概念。

普适计算的核心思想是小型化(尺寸缩小到毫米甚至纳米级)、低成本、网络化的计算设备广泛分布在各个场所，除了传统的命令行、图形界面等人机交互方式，计算设备将采用更自然的交互方式。

普适计算的出现带来了计算模式的变革，如表7.2所示。

表7.2　计算模式的变革

计算模式	特征
主机时代MC	多人共享一台计算机
个人计算机时代PC	每人一台计算机
Internet分布计算DC	每个人可以共享计算机
普适计算时代PVC	多台计算机共享给每一个人

普适计算具有以下特点：

- 动态性

普适计算最重要的两个特征是间断连接与轻量计算(即相对有限的计算资源)。用户和设备在普适计算环境中经常处于移动状态，导致空间内用户集合和计算系统的结构发生动态变化。

- 普适性

通过数量众多的嵌入环境中的计算设备，用户可以随时随地得到轻量级计算服务。

- 透明性

计算过程对于用户而言是透明的，用户可以把注意力最大限度地放在要完成的任务上。

- 自适应性

计算系统能够感知和推断用户需求，自发地提供用户需要的计算服务。

- 永恒性

计算系统永远不会关机或者重启，计算模块能够根据用户需求、系统故障或升级维护等情况加入或离开计算系统。

- 以人为本

不同于以计算为中心传统模式，计算资源不再稀缺而且计算能力有了提高。

7.6.2 分布式计算

分布式处理(Distributed Processing)和并行处理(Parallel Processing)是为了提高并行处理速度采用的两种不同的体系架构。并行处理是利用多个处理机或功能部件同时工作来提高系统性能或可靠性，至少包含指令级(或以上)的并行。分布式处理则将分布在不同地点的，或有不同功能不同数据的多台计算机通过通信网络连接起来，通过控制系统的统一管理和协调，共同完成大规模信息处理任务。图 7.29 显示了分布式处理。

分布式处理系统与并行处理系统有密切的关系，随着技术的发展，两者的界限变得越来越模糊。分布式处理也可看成是一种广义上的并行处理。通常认为，集中在同一个地理位置的、紧密耦合多处理机系统是(大规模)并行处理系统，而地理分布较广的、通过局域网或广域网连接的计算机系统是分布式处理系统。松散耦合并行计算机系统有时也称为分布式处理系统。

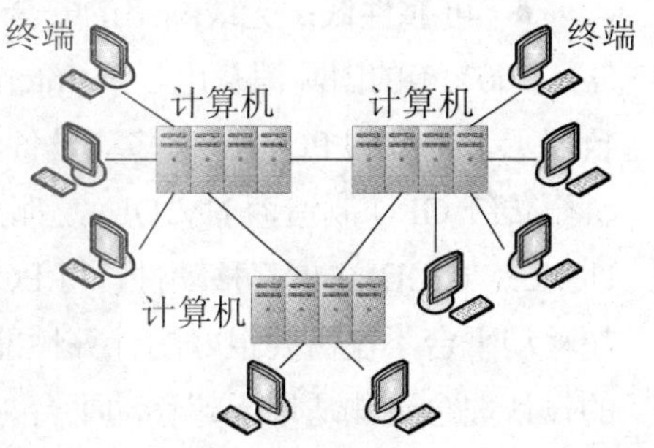

图 7.29　分布式处理示意图

分布式处理系统包含硬件、控制系统(包括分布式操作系统、分布式数据库以及通信协议等)、接口系统、应用程序、数据和人等六个要素。分布式计算环境是在多地址空间的多计算机系统上的计算环境；而分布式软件系统是支持分布式计算的软件系统，它包括分布式操作系统、分布式文件系统、分布式程序设计语言及其编译系统和分布式数据库系统等。

一般信息处理系统的硬件、控制系统和数据库有多种构成方式。从硬件组成来看有两种分布式系统：①多处理机系统，但有统一的 I/O 系统；②多计算机系统，有多个 I/O 系统。

从控制系统设置方式来看有 3 种分布式处理：①多个控制系统在子任务级协同执行同一任务；②多个相同的控制系统协同执行同一任务；③多个不同的控制系统协同执行同一任务。

从数据库来看有 3 种分布式处理：①只有部分数据库在主节点中有目录；②只有部分数据库在主节点中有副本；③数据库全部分散存放，没有主节点。

面向不同服务对象，分布式处理系统有能力在短时间内完成动态组合，各组成部分是自主的，由操作系统协调共同完成某个主任务。对用户来说，分布式处理系统是透明的，用户只需要指定系统做什么而不必关注哪个部件去做。操作系统能够不依赖完整的信息而完成分布式处理。

7.6.3 移动计算和超移动计算

移动计算(Mobile Computing)是随着分布式计算、移动通信、互联网等技术的发展而兴起的新技术。计算机或其他智能终端设备可在无线网络环境下实现计算服务和数据传输，并将所需信息准确、及时地提供给任何时间、任何地点的任何客户，大大改变人们的工作和生活方式。

新工作空间(New Workplace)模式指流动工作的人员为了业务需求而配套新型设备，加速了移动和嵌入式计算市场发展。新工作空间支持新的终端用户角色：数据挖掘者(Data Miner，即快速访问大量数据的人员)；作业拥有者(Job Owner，即控制作业单元的工程技术人员)；移动的和灵活机动的人员(Mobile and Flexible Employee，即频繁变动地点的人员)。

与固定网络上的分布计算相比，移动计算具有以下一些主要特点：

- **移动性**：可方便地移动，并与其他移动计算节点或固定网络节点连接。
- **频繁断接性**：一般主动或被动地间连、断接，很少采用持续连网的方式。
- **网络条件多样性**：所使用的网络在移动过程中经常变化。
- **移动计算机的电源能力有限**：移动计算机主要依靠容量有限的电池供电。
- **网络通信的非对称性**：上行链路和下行链路的通信带宽和代价有较大差异。
- **可靠性低**：无线网络的安全性和可靠性较差，移动计算环境易受干扰。

2007年的国际消费电子展(International Consumer Electronics Show，CES)，比尔·盖茨亲自展示了未来的PC——超移动设备，预言未来超移动设备将改变世界。2008年后，Intel、AMD、甚至传统GPU制造商NVIDIA，都推出了新处理器进军超便携市场。超移动设备(Ultra Mobile Device，UMD)注重其移动性，将PC、网络、通信、GPS等多种消费电子功能高度集成到一起。超移动平台不仅需要很好的计算性能，还要求体积更轻便、能耗低、续航能力强，传统处理器的设计理念无法适用于超移动平台。

(超)移动计算下的网元，包括终端侧的实体元素和终端侧基本应用环境元素。终端侧的实体元素主要是各种(超)移动终端设备(便携笔记本、掌上电脑、PDA、智能手机等)；终端侧基本应用环境元素主要是移动数据端的操作系统、应用管理环数字版权管理、接口规程等。(超)移动计算中的网络包括GSM、GPRS、CDMA、EDGE、3G网络、传统互联网、各种微网(如家庭网络、Ad hoc、P2P、Bluetooth等)，还包括以无线接入为主且支持游牧计算的WLAN、WiMax等。

7.6.4　迅驰技术

2003年3月12日，Intel推出的迅驰移动是面向笔记本电脑的无线移动计算技术，包括三部分：Pentium-M移动式处理器、Intel 855芯片组和Intel PRO(802.11)无线网络模块。迅驰(Centrino)是Centre(中心)与Neutrino(中微子)两个单词的缩写。

初期迅驰中Pentium M的核心代号为Bannis，采用130nm工艺，1MB二级高速缓存，400MHz前端总线。2004年5月，采用90nm工艺Dothan核心的Pentium M处理器问世，2MB二级高速缓存，400MHz前端总线，即Dothan迅驰。2005年1月19日，Intel发布基于Sonoma平台的迅驰，Dothan核心的Pentium M处理器升级为533MHz前端总线，主频1.60GHz ~ 2.13GHz。其中915GM/PM芯片组整合了Intel GMA900图形引擎，支持单通道DDR333或双通道DDR2内存，显著提高了非独立显卡笔记本计算机的多媒体性能，并降低了功耗，让迅驰进入了PCI-E时代。

7.6.5　智能手机

目前，手机已从功能性手机发展到以Android、IOS系统为代表的智能手机时代。智能手机(smartphone)是指像个人计算机一样的手机，具有独立的操作系统，能够实现无线网络接入，用户可以自行安装第三方程序来扩充手机功能。图7.30显示智能手机硬件结构框图。

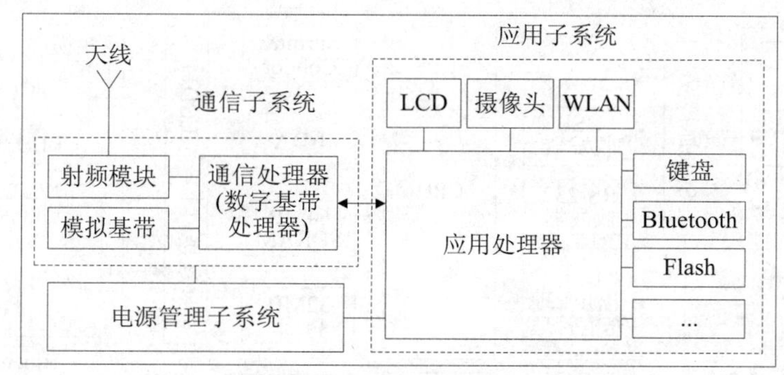

图 7.30　智能手机硬件结构框图

智能手机系统结构分为多个层次。最底层为硬件，主要包括应用子系统(应用处理器、LCD、键盘等)、通信子系统(通信处理器、射频模块、语音模块等)和电源管理子系统(电池和充放电模块等)三大部分，以应用子系统为核心，三部分各司其职。硬件层上方的系统软件层主要包括开放的操作系统、相应的硬件驱动程序等。顶层的应用软件层包括相应的 GUI(如高端设备 Qt/embedded，低端设备 MiniGUI 等)、应用程序，还包括 JVM 和 Brew 为第三方应用开发提供的手机开发环境。

7.6.6　笔记本电脑/平板电脑

笔记本电脑又被称为便携式计算机(laptop)，最大的特点就是机身小巧，携带方便。

平板电脑(Tablet Personal Computer、Tablet PC、Flat PC、Tablet、Slate)是一种小巧便携或功能完整的 PC，以触摸屏(或数位板)作为基本的交互设备(而非传统的键盘或鼠标)。平板电脑由比尔 · 盖茨提出，支持来自 Intel、AMD 和 ARM 的芯片架构，用户可以通过屏幕上的软键盘、内建的手写识别、语音识别或者一个真正的键盘进行交互。

7.6.7　PDA 智能终端

PDA(Personal Digital Assistant)智能终端又称为掌上电脑(palmtop)，能帮助用户在移动中工作、学习、娱乐等。按使用场合，可分为工业级 PDA 和消费品 PDA。工业级 PDA 主要用于工业领域，常见的有 POS 机、RFID 读写器、条码扫描器等。图 7.31 显示了 PDA 系统框图。

PDA 内置 CPU、内存、WINCE/Android 操作系统，支持 BT/GPRS/3G/WiFi 等无线网络通信，具备防水、防摔及抗压能力。Apple 公司的产品称为 iPad，使用 iOS 操作系统。选择不同的 CPU/MCU，裁剪不同的功能块或选择不同的操作系统，能够实现不同的应用方案。

CPU：PDA 产品常用的 CPU 有 StongARM(Intel)、XScale(Intel)、DragonBall(Motorola)，具有功耗低、周边集成等特点。此外还有 MIPS、TOSHIBA、Zilog 以及 MCS-51 系列的单片机。

Flash：用于存放系统程序和用户数据。如 Intel 的 StrataFlash 使用多值逻辑技术，工作电压 3.3V，单片容量为 128MB。

SDRAM：获得比 SRAM 更大的容量，可存放临时数据，满足多媒体使用需求。有些应用通过后备电池在 SDRAM 中保存用户数据以节约成本。

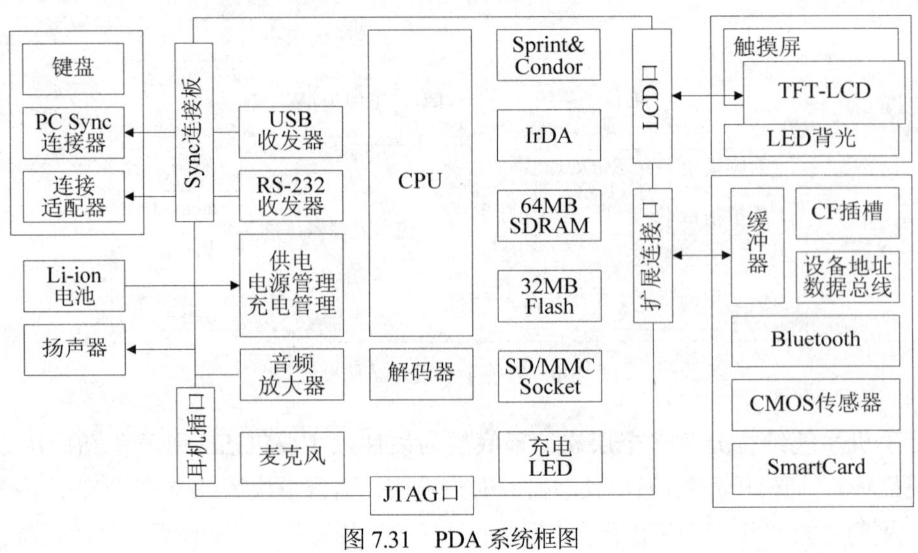

图 7.31　PDA 系统框图

JTAG 接口：PDA 提供 JTAG Interface 供程序开发、Flash 编程等功能，多数 JTAG 接口具有边界扫描能力，可以提高开发效率并降低开发成本。

7.6.8　车载智能终端

车载智能终端(Transmission Control Unit，TCU)，又称为 GPS 智能车载终端，或车辆调度监控终端，融合了计算机技术、GPS(Global Positioning System，全球定位系统)技术、无线定位技术及汽车黑匣技术，能实现运输车辆的现代化管理，包括：行车安全监控管理、智能集中调度管理、运营管理、电子站牌控制管理等。GPS 车载终端可依托卫星定位(Satellite Tracking)、地理信息系统(Geographic Information System，GIS)等技术手段，实时掌握车辆位置和状态，通常包括 GPS 模块、无线通信模块、显示模块、报警模块、语音模块等。

车载智能终端、车联网(Internet of Vehicles)、车载单元(On Board Unit，OBU)等可进一步组合成智能交通系统(Intelligent Transportation System，ITS)，这是一种融合传感器技术、通信技术、数据处理技术等，建立起来的实时、高效、准确的交通运输综合管理和控制系统。车联网系统利用先进传感技术、网络技术对道路和交通进行全面感知，对每一辆汽车、每条道路进行全程、全时空的交通控制，提高交通安全和效率。全自动电子收费(Electronic Toll Collection，ETC)又称为不停车收费，在车辆上安装车载单元(OBU)，在收费点安装路边设备(Road Side Unit，RSU)，采用专用短程通信(Dedicated Short Range Communication，DSRC)技术，在整个收费过程中允许车辆不停车而保持行驶状态。

习　题　7

7.1　设 a 是某向量机代码中可向量化部分的百分比，该机每次只能以一种模式工作：向量模式，执行速度 Rv＝100MFLOPS；或者标量模式，执行速度 Rs＝10MFLOPS。(1) 试推导出该机平均执行速度 Ra。(2) 要使 Ra＝70MFLOPS，问 a 为多少？(3) 若 Rs=20MFLOPS，a=0.8，要使 Ra＝60MFLOPS，问 Rv 为多少？

7.2　若用 200 个 CPU 达到 70 的加速比，求原程序中串行部分所占最大比例？

7.3　某机有 n 台处理器，a 为可以同时执行的代码的百分比，其余代码必须用单机顺序执行，单机节点的处理效率 x=20MIPS。当 a=0.9 时，要让系统的效率达到 100MIPS，求 n 的值。

7.4　假定某共享存储器多机系统有 p 台处理机，共执行 n 条指令，使用本地存储器的单处理机 MIPS 速率为 x，共享存储器的平均存储时间为 t，处理机每条指令访问全局存储器的平均次数为 m。假设 p=128，m=0.3，t=100ns，多机系统性能为 1000MIPS，求 x 的值。

7.5　假设执行加法需要 10ns，执行乘法需要 20ns。在 SISD 计算机中数据传送时间可以忽略不计；而在 SIMD 和 MIMD 计算机中，数据在两个计算单元 PE 间传送需要 5ns。在下列 3 种计算机系统中，求计算下列表达式所用的时间分别为多少？

$$S = \prod_{i=0}^{7}(A_i + B_i)$$

(1) 具有一个通用 PE 的 SISD 系统；(2) 具有一个加法器和一个乘法器的 SISD 系统；(3) 具有 8 个 PE 的 SIMD 系统，PE 间以线性环方式互联并单向传送数据。

7.6　某机有 16 个浮点向量寄存器，在 V0～V5 中分别存有长度均为 8 的向量 A～F。有两个单功能流水线，加法部件时间为 3 拍，乘法部件时间为 4 拍，寄存器入、出各需要 1 拍。采用类似 Cray1 的链接技术，先计算(A+B)×C，流水线不停流时接着计算(D+E)×F。求：(1) 该链接流水线的通过时间。(2) 若每拍时间为 0.5ns，计算完将结果存入寄存器，求实际吞吐率。

7.7　内存中有向量 X 和标量 c，从内存读一个数据到寄存器需要 2ns，一次加法需 4ns，一次乘法需要 8ns，忽略取指令、译码、读寄存器、写寄存器的时间。在下列 3 种类型处理机上计算下式，求最短执行时间。

$$S = \prod_{i}^{7}(X_i + c)$$

(1) 向量处理机：有访问存储器、加法、乘法三个独立的流水线结构操作部件，流水线周期为 2ns。最后 4 个数的乘积可用标量流水线方式求得。(2) 分布式存储器的 SIMD 并行处理机；8 个 PE 用移数网连接，向量 X 分布于各 PE 的本地存储器中，标量 c 存放于 CU 的存储器中，CU 广播一个数据到全部 PE 或在相邻 PE 间传送一个数据均为 1ns，结果 S 能放于任意 PE 的寄存器中。(3) 分布存储器的 MIMD 多处理机；8 个 PE 用立方体网连接，向量 X 分布存放于各个 PE 的本地存储器中，标量 a 存放于 0 号 PE 的存储器中，相邻 PE 间传送一个数据需要 1ns，结果 S 可放于任一 PE 的寄存器中。

第8章 生物计算机

内容提要：本章简要介绍生物计算机，具体内容包括基因调控开关和生物芯片、神经(元)计算机、DNA 计算机、细胞计算机、纳米机器人。

本章重点：神经(元)计算机、细胞计算机、纳米机器人。

8.1 生物计算机概述

8.1.1 生物计算机的特点

仿生学主要研究与模仿自然界生物的特性，以便更好地为人类社会服务。例如：研究和模仿蜻蜓的飞行发明了直升机；研究和模仿青蛙眼睛，发明了电子蛙眼；研究和模仿蝙蝠的超声波定向飞行，发明了雷达、超声波仪等；研究和模仿“变色龙”，发明了保护色及隐身科学。

生物计算机(Bio-Computer)也称**仿生计算机**，以生物工程技术生产的蛋白质分子为主要原材料制作生物芯片并替代半导体芯片，采用生物酶及生物操作进行信息处理，并用有机化合物(如核酸分子)存储数据。生物计算机又称为**湿计算机**(Wet Computer)，前述章节中的电子计算机均为**干计算机**(Dry Computer)。

1959 年，诺贝尔奖获得者、美国物理学家理查德 •菲利普斯 •费曼(Richard Phillips Feynman)提出在分子尺度研制计算机，这是比较早的生物计算的构想；20 世纪 70 年代，发现脱氧核糖核酸(DeoxyriboNucleic Acid，DNA)的不同状态可表示信息的有无。20 世纪 80 年代开始出现了生物集成电路(biochip)和生物计算(bio computing)。2007 年北京大学提出并行型 DNA 计算模型，求出了一个有 61 个顶点的 3-色图的所有 48 个 3-着色解，即使是当时最快的计算机也需要 13 217 年才能完成。

生物计算机的特征：

- 体积小，密集度高，功效高。

生物芯片的蛋白质分子远远小于硅芯片上的电子元件，且生物芯片天然具有独特的立体结构，比平面结构的硅集成电路密度要高五个数量级，每平方毫米可容纳几亿个电路。

- 极高的可靠性、永久性和自我修复性。

这是生物计算机最诱人的潜在优势之一。不同于芯片损坏后无法自动修复的电子计算机，生物计算机具有生物调节机能，可自动修复坏损芯片，具有一定的永久性。

- 速度快。

与目前的硅半导体逻辑元件相比，分子逻辑元件的开关速度要快一千倍以上。某种酶的作用下，几万亿个 DNA 分子能同时进行化学反应，相当于同时运算几十亿次，运算速度比当前硅芯片超级计算机快十万倍，能耗仅有普通硅芯片计算机的十亿分之一。

- 高存储容量与并行处理能力。

一克 DNA 存储的信息量相当于一万亿张 CD，存储密度相当于常用磁盘存储器的一万亿倍。生物计算机的数据传输与通信机制较为简单，一个狭小区域的生物化学反应能实现数百亿个 DNA 分子并行计算。生物神经计算机还具备并行分布式存储记忆、广义容错能力，适合处理玻尔兹曼(Boltzmann)自动机模型及非数值型问题。

- 无发热与信号干扰。

有机分子组成的生物化学元件只需要很少的能量，就能进行化学反应工作。生物芯片内流动电子间碰撞的可能极小，电阻忽略不计，电路能耗极小，且电路间无信号干扰。

- 数据错误率低。

在双螺旋结构 DNA 链中，A 碱基与 T 碱基、C 碱基与 G 碱基分别形成碱基对，每个 DNA 序列都有一个相当于计算机硬盘 RAID1 阵列的互补序列。因为生物计算机的互补性独特优势，一旦在 DNA 某一双螺旋序列中发生错误，修改酶参考互补序列就能修复错误。双螺旋镜像结构意味着生物计算机强大的纠错能力和极低的数据错误率。

- 拟人性。

生物计算机具有生物体的特征，蛋白质分子可以自我组合、再生新的微型电路，可模仿人脑的思考机制。生物计算机特有的生物活性，能与人体组织有机相连。特别生物计算机可与大脑和神经系统相连，从而接受大脑的直接指挥，并可在生物体内获取能量，不再需要外界能源。

由于生物计算机的巨大优势，往往被人们称为第 6 代计算机。

8.1.2　生物计算机种类

生物计算机目前主要有以下几类：

(1) 生物分子或超分子芯片

目前已经在寻找高效、超微的信息载体及信息传递体做了大量的研究与开发，包括小分子、大分子、超分子生物芯片。分子生物学的出现将生命现象分解成大量基因和蛋白质，生物化学电路的发现，为大规模生产生物芯片提供了可能。生物芯片基于蛋白质的开关特性，主要是蛋白质分子制作的生物电子元件和生物电路。天然立体化结构的生物芯片使用的元件比硅芯片晶体管要小很多，甚至只有几十亿分之一米。如血红素制成的生物芯片，每平方毫米可容纳 10 亿个门电路，开关速度达到 10 皮秒(十万亿分之一秒)。

(2) 自动机模型

基于自动理论，研究基本生物现象的类比和寻找新的计算机模式，如细胞自动机、神经网络、免疫网络等。不同自动机的基本特征是集体计算，只是网络内部连接有所不同，在非数值计算、智能模拟、模式识别方面极具潜力。

(3) 仿生算法

基于生物智能仿生，研究和寻找新的算法模式，与自动机思想类似，但立足于算法上，而不追求硬件变化。比如用生物计算机模拟人脑，在神经元与硅芯片之间寻找相似之处，从而研制基于人脑和神经网络的计算机。

(4) 生物化学反应算法

基于可控的生物化学反应系统，设计高度并行化的反应运算，发挥小容积内同类分子高拷贝数的优势，提高运算效率。经培养后制成的生物芯片同样能实现逻辑电路中的 0 或 1、晶体管的通导或截止、信号的有或无、电压的高或低等，可用于新型高速计算机的集成电路。

8.2　基因调控开关和生物芯片

生物芯片包括逻辑门线路和控制基因表达的基因开关。基因开关是最基本的基因表达调控部件，能通过添加或移除某种化学诱导物或外源刺激，控制基因处于两种可能状态之一。

8.2.1　转换开关

转换开关(inverter)的输出是输入的转换函数，如输入为低时输出是高，或反之。自然界存在许多天然的基因调控转换开关，比较成熟的技术有正控阻遏系统(即效应物分子能激活蛋白进入非活性状态，转录不进行)。即效应分子输入为 1 时，基因不表达，系统输出为 0；效应分子输入为 0 时，基因表达，系统输出为 1。

8.2.2　Riboswitch

生物体内有各种精巧的机制能够控制基因表达的时间和数量，如 2002 年发现的生物核糖开关(Riboswitch)。Riboswitch 在细菌中作为一种基于核糖核酸(RNA)的胞内维生素衍传感器，主要是通过 RNA 构象的改变来阻止或开启目的蛋白的生成，实现开关功能。大部分 Riboswitch 只有一个识别靶向配体的适配体(aptamer)或结合位点。位于基因表达区域附近的适配体与代谢产物进行结合时，其自身结构会改变。一种小片段调节 sRNA(一种非编码 RNA，用于真核和原核生物的调节)可以让 Riboswitch 打开、重新激活转录或翻译。

在进化上，Riboswitch 可视为 RNA 世界的分子化石，在革兰氏阳/阴性菌的代谢相关基因中广泛存在，也存在于真菌及植物中。Riboswitch 调节基因表达主要参与氨基酸、核苷酸和维生素等基础物质的代谢过程，不需要任何蛋白因子中介，可用于开发新型药物、研究基因功能及基因治疗。另外，还有许多其他的 RNA 水平的基因调控设计，如小段 RNA 调控、微 RNA 调控、反义 RNA 调控、与 RNA 酶结合的调控等。

8.2.3　双稳态开关

双稳态开关也称**拨动开关**，基因线路通过人为调控，可实现两种不同稳定状态间的切换。经典的转录水平双稳态开关包括两个启动子，每个启动子的开与关状态有明显区别，基因拨动开关切换至其中的一个稳态必须依赖瞬态的诱导因素变化，即使其输入激励被移除后仍可保持原有状态。

双稳态开关对输入信号扰动具有一定的鲁棒性，对信号在一个较宽范围内的变化不敏感。由一种状态转换到另一种状态时，通常需要一定时间来完成，不同的双稳态开关具有不同的响应曲线。该特性使双稳态开关具备记忆功能，可导致系统状态的不可逆转性。

利用合成生物学方法构建的人工双稳态开关很多，包括原核、真核及哺乳动物细胞。生物计算(Biocomputing)技术的迅速发展，研究者得以建立数学模型来模拟生物系统的行为。2000 年，Gardner 等人构造了最早的基因开关模型，主要包括两个启动子(Promoter)和一个抑制子(Repressor)，**启动子**可以诱导基因表达生成相应的抑制子，**抑制子**可以结合对方基因的启动子而抑制其表达，如图 8.1 所示。

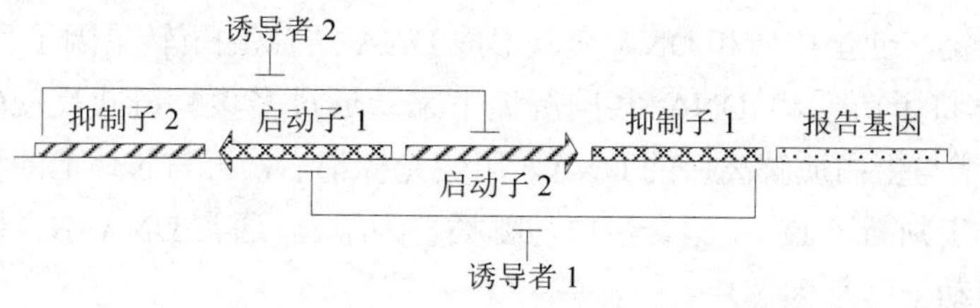

图 8.1　Gardner 等构造的基因开关模型

该数学模型包括一个微分方程组，如式(8.1)、式(8.2)。其中 U、V 分别表示两种阻遏蛋白的含量；α_1、α_2 为两种启动子在没有阻遏蛋白时的表达速率，包含核糖体结合位点共同作用；β、γ 为启动子的抑制参数，数值越大，表示阻遏蛋白对启动子的抑制作用越强；$-U$、$-V$ 表示两种阻遏蛋白的自然降解速率。

$$\frac{dU}{dt}=\frac{\alpha_1}{1+V^{\beta}}-U \tag{8.1}$$

$$\frac{dV}{dt}=\frac{\alpha_2}{1+U^{\gamma}}-V \tag{8.2}$$

当 U、V 的变化速率为 0 时，说明系统和两种阻遏蛋白的含量处于稳态。当 α_1 和 α_2 的数值比较接近时，说明两种启动子的启动能力比较接近，整个系统有两个稳定状态，即 V 含量较多的状态 1 和 U 含量较多的状态 2。两个状态的交点称为系统的相对稳态点，任何一个微小的扰动，都可能导致系统从一种状态切换到另一种状态；而在两个稳定的状态点，如发生微小的波动，系统仍然会恢复原来的状态。当两种启动子的能力(包括核糖体结合位点)相差比较大的时候(如 $\alpha_1>\alpha_2$)，系统不存在双稳态，只有一个稳定状态。

8.2.4　生物芯片

生物芯片(biochip 或 bioarray，见图 8.2)，又称**蛋白芯片**、**基因芯片**(Gene Chip)、**DNA 微阵列**(DNA Microarray)，将生物信息分子(如 DNA 片段、基因片段、蛋白质、多肽、糖分子、组织等)固定在互相支持介质上的高密度微阵列杂交芯片，每个分子在阵列中的序列及位置都是预先设定好的、已知的。之后还发展了微流控芯片(microfluidic chip)和液相生物芯片等新技术。

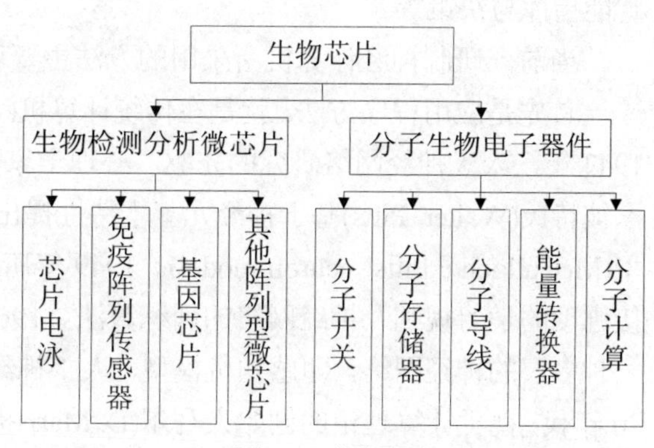

图 8.2　生物芯片

基因芯片工作的基本原理是杂交检测信息，由大量 DNA 或核苷酸探针形成的密集探针阵列，实质是核酸碱基的互补匹配。在一块基片上集成了大量已知序列探针，在芯片特定位置上的探针与经过标记的若干靶核酸序列进行杂交，获取基因芯片杂交检测图像，据此可在同一时间内对大量基因进行分析，完成对生物基因信息的大规模检测。

生物芯片常用染色质免疫共沉淀(Chromatin Immuno-Precipitation，ChIP)技术。主要方法是先用甲醛将细胞固定，使蛋白质和 DNA 交联形成 DNA 结合蛋白(转录因子和核酸结合酶类)，利用其特异性抗体将蛋白质和 DNA 共同沉淀下来，通过多聚酶链式反应(Polymerase Chain Reaction，PCR)扩增与蛋白质解离后的 DNA，用荧光标记后，再与芯片上的核酸探针杂交，并检测杂交信号进一步判断该 DNA 结合蛋白与哪类基因结合。通常 DNA 结合蛋白和基因启动子区结合，也称为**启动子区基因芯片**。

生物芯片的优势是高通量，能在同一时间内大规模检测生物基因信息，如全基因组表达芯片；敏感性和特异性高，差异显示法方便实用；可实现自动化检测，筛选技术较实用。

8.3　神经(元)计算机

8.3.1　神经(元)计算机的概述

神经计算机(Neural Computer，NC)，又称为**神经元计算机**或**神经电子计算机**，是第六代计算机的重要标志。神经计算机将信息存储在神经元之间的联络网中，而不是存在于存储器中，具有联想记忆能力，及视觉和声音识别能力。当节点断裂时，计算机仍能重建资料。

尽管冯·诺依曼是与经典计算机密切联系的，但实际上他也是人工神经网络(Neural Networks)的先驱之一。1948 年，冯·诺依曼在研究工作中比较了存储程序式计算机与人脑的区别，提出了采用简单神经元构建再生自动机网络结构的想法。1990 年，日本理光公司宣布研制出一种模仿人脑神经细胞的芯片“神经 LST”，在一块芯片上载有一个神经元，所有芯片能够连接起来形成神经网络，可模仿生物的神经信息传送方式，具有学习功能，处理信息的速度高达每秒 90 亿次。

神经电子计算机能识别文字、图形、符号、语言、雷达和声呐信号，应用广泛，包括模式识别、票据判读、市场预测、新产品分析、智能诊断、智能机器人、飞行器与汽车的自动驾驶、智能指挥与决策等。

当前，研制神经计算机所采用的方法主要可分为三类。

首先是应用程序方法。就是在传统计算机(常用个人计算机)上运行程序以模拟神经计算机。1943 年，人工神经网络研究的先驱，心理学家莫克罗(Warren Sturgis McCulloch)和数理逻辑学家彼特氏(Walter Pitts)基于神经元基本特性提出了神经元的数学模型，即莫克罗-彼特氏神经模型(McCulloch－Pitts’ neuron model)。1949 年唐纳德·赫布(Donald O. Hebb)提出了改变神经元连接强度的学习规则及神经网络的训练算法。1962 年弗兰克·罗森布莱特(Frank Rosenblatt)提出一种多层的神经网络，即感知机模型，人工神经网络从此由理论研究走向了工程实践。20 世纪 70 年代，视觉计算理论的创始人马尔(D. Marr)提出了计算神经理论、耗散结构理论和混沌理论。基于此，1982 年，美国的物理学家约翰·霍普菲尔德(John Hopfield)提出一种全新的 Hopfield 神经网络模型，引入能量函数和网络稳定性的判断依据，用 S 型曲线替代二值逻辑。1986 年，鲁姆哈特(Rumelhart)等提出误差反向传播法(Error Back Propagation，BP)和 BP 网络。

第二种是程序-设备方法。常用个人计算来实现，神经计算机作为双处理机。20 世纪 80 年代，在美、日和欧掀起了研究神经计算机和神经网络的热潮。1987 年 6 月，在美国召开了第一届神经网络国际会议，并发起成立了国际神经网络学会(International Neural Network Society，INNS)，各大公司(包括 IBM、Fujitsu 和 NEC 等)纷纷推出了各种硬件和软件产品。

第三种方法是设备方法。采用电子、光、光电型并列来模拟神经计算机。人脑有 140 亿个神经元和十亿多个神经键，每个神经元都与其他数千个神经元交叉相联，总体运行速度相当于每秒一千万亿次的计算机。用大量微处理机模仿人脑的神经元结构，构建类似的神经节点并与许多节点互连，组成并行分布式网络，并构成一种神经计算机。另外，美、日、德等国科学家还研制在微电子芯片上生长神经网络的技术，即具有生命力的智能神经网络。

8.3.2　神经网络的结构与算法

生物神经网络一般指生物的大脑神经元细胞体、树突、突触等组成的网络，能够产生生物的意识，进行思考和行动。神经元(神经细胞)是动物的重要特征之一，在人体内从大脑到全身存在大约有 10^{10} 个神经元。神经元的组成包括：

- **细胞体**：神经元的本体，内含细胞核和细胞质，是普通细胞的生存基础。
- **树突**：长度较短(一般不超过 1mm)，有大量的分枝(多达 10^3 数量级)，能够接收来自其他神经元的信号。
- **轴突**：有些较长(可达 1 米以上)，轴突远端也有分枝以连接多个神经元，可输出信号。
- **突触**：是两个神经元相联接的特殊部位，一般是一个神经元轴突的端部(靠化学接触或电接触)将信号传递给下一个神经元的树突或细胞体。

人工神经网络(Artificial Neural Networks，ANNs)也称为神经网络(Neural Networks，NNs)，或称为连接模型(Connection Model)，能够模仿生物神经网络的行为特征，进行分布式并行信息处理的一种算法数学模型。

处理单元(Processing Element，PE)就是人工神经元或神经节点，常用圆圈表示，基本结构由若干个输入信号和输出信号组成。

输入信号来自外部或其他处理单元的输出，可表示为行向量 x：

$$x = (x_1, x_2, \ldots, x_N) \tag{8.3}$$

其中，x_i 为第 i 个输入信号的激励电平，N 表示输入信号的个数。

连接到节点 j 的加权可表示为加权向量：

$$w_j=(w_{1j}, w_{2j}, \ldots, w_{Nj}) \tag{8.4}$$

其中，w_{ij} 表示从节点 i(或第 i 个输入点)到节点 j(或第 j 个输入点)的加权，或称节点 i 与 j 之间的连接强度。

转移函数 $f(\bullet)$也称**激励函数**、**传输函数**或**限幅函数**，类似于生物神经元具有的非线性转移特性，将可能的无限域变换到指定的有限域内输出。常用的转移函数有线性函数、符号函数、阶跃函数、斜坡函数、Sigmoid 函数、双曲正切函数。

根据神经网络的层次结构不同，还可以分成单层神经网络、多层神经网络。**前馈神经网络**(Feedforward Neural Network)是最简单的神经网络，所有神经元分层排列. 各层间没有反馈环节；每个神经元只与前一层的神经元相连，接收前一层神经元的输出，并输出给下一层神经元。**反馈神经网络(回归型网络**，Feedback Neural Network)指所有包含反馈环节的神经网络。

在神经网络中，**感知器**能对外部环境提供的模式样本进行学习和训练，并可存储该模式；**认知器**对外部环境有适应能力，可自动提取外部环境变化特征。在神经网络学习过程中，**导师**

(教师)信号是由外部提供的模式样本特征或统计规律。神经网络根据其学习过程中有无导师信号还可分为**有导师学习**(supervised learning)和**无导师学习**(unsupervised learning)两种。感知器、Hopfield 网络和 BP 网络采用有导师的学习，而认知器、ART 网络和 Kohonen 网络则采用无导师的学习。

感知器的学习是神经网络最典型的有导师的学习。如多层前馈网络(Multilayer Feed-Forward)就是一种感知器模型，属于有导师学习，各神经元分层排列，每个神经元只与前一层的神经元相连，常用 BP 训练法(如图 8.3 所示)。

此类学习系统包括输入部、训练部和输出部三个部分。输入部接收外部的输入样本 x，训练部调整网络的权系数 w，然后由输出部输出结果。期望的输出信号可作为导师信号输入，实际输出与该导师信号不断比较，根据比较误差相应调整权系数 w。

学习机构如图 8.4 所示。其中，输入样本信号为 x_1，x_2，…，x_n，可取离散值 0 或 1；权系数为 w_1，w_2，…，w_n。产生输出结果 $u=\Sigma w_i x_i$，即有：

$$u=\Sigma w_i x_i=w_1x_1+w_2x_2+\ldots+w_nx_n \tag{8.5}$$

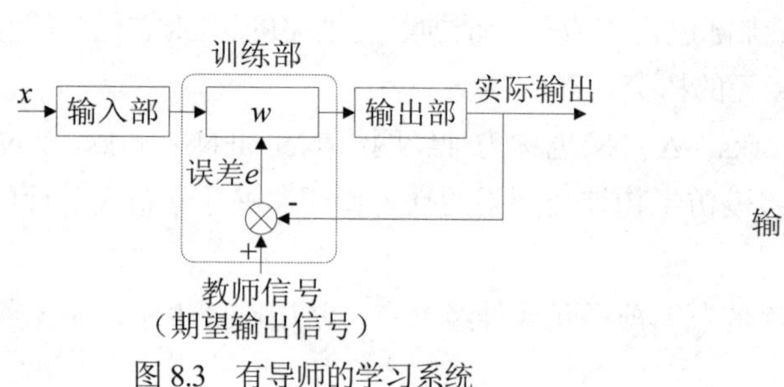

图 8.3　有导师的学习系统

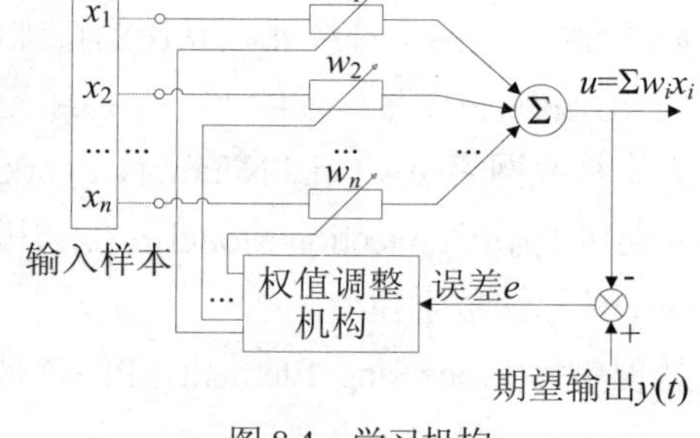

图 8.4　学习机构

再将期望输出信号(导师信号)$y(t)$和 u 进行比较，得到误差信号 e。权值调整机构根据误差 e 调整学习系统的权系数，以期减小误差 e。直至误差 e 为零时，实际输出值 u 才等于期望输出值 $y(t)$，学习过程结束。

8.3.3　神经网络的学习方式

(1) 感知器的学习

感知器是由线性元件及阈值元件组成的单层计算单元的神经网络，如图 8.5 所示。

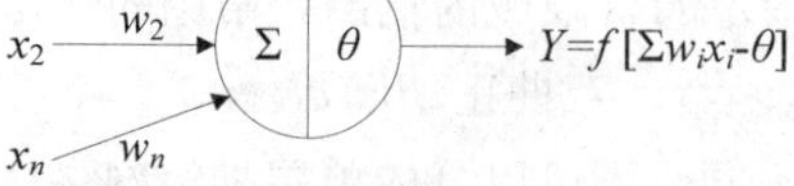

图 8.5　感知器

感知器的数学模型：

$$y=f\left(\sum_{i=1}^{n} w_i x_i-\theta\right) \tag{8.6}$$

其中：$f(\bullet)$是阶跃函数，θ 是阈值，并且有：

$$f(u)=\begin{cases}1, & u=\sum_{i=1}^{n}w_i x_i-\theta\geqslant 0\\ -1, & u=\sum_{i=1}^{n}w_i x_i-\theta<0\end{cases} \tag{8.7}$$

感知器的最大作用就是可用作分类器，完成对输入样本分类，其对输入信号的分类如下：

$$Y=\begin{cases}1, & A\text{类}\\ -1, & B\text{类}\end{cases} \tag{8.8}$$

即当感知器的输入样本为 A 类时，输出为 1；输入样本为 B 类时，输出为−1。则感知器的分类边界为：

$$\sum_{i=1}^{n}w_i x_i-\theta=0 \tag{8.9}$$

感知器学习的目的在于找寻合适的权系数 $w=(w_1, w_2, \dots, w_n)$，使系统对特定的输入样本 $x=(x_1, x_2, \dots, x_n)$能产生期望输出 d。当 x 分为 A 类时，期望值 d=1；x 分为 B 类时，d=−1。样本 x 也相应增加一个分量 x_{n+1}，并把阈值 θ 并入权系数 w 中。令：

$$w_{n+1}=-\theta,\ x_{n+1}=1 \tag{8.10}$$

则感知器的输出可表示为：

$$y=f\left(\sum_{i=1}^{n+1}w_i x_i\right) \tag{8.11}$$

感知器学习算法比较简单，当函数为线性可分时能保证算法的收敛性。但当函数不为线性可分时，算法不收敛，而且无法推广到一般前馈网络中。为此提出了梯度算法(Steepest Gradient Descent，SGD)，又称最速下降法，1847 年由著名数字家柯西提出。为实现梯度算法，神经元的激发函数不采用阶跃函数，而改为可微分函数，如对称 Sigmoid 函数 $f(x)=(1-e^{-x})/(1+e^{-x})$，非对称 Sigmoid 函数 $f(x)=1/(1+e^{-x})$等。

(2) 反向传播学习的 BP 算法

反向传播算法本质上是一种神经网络学习的数学模型，所以也称为 BP 模型。BP 算法是为了优化多层前向神经网络的权系数而提出来的，所以其拓扑结构也是一种无反馈的多层前向网络。因此，有时也称无反馈多层前向网络为 BP 模型。BP 网络结构一般如图 8.6 所示。

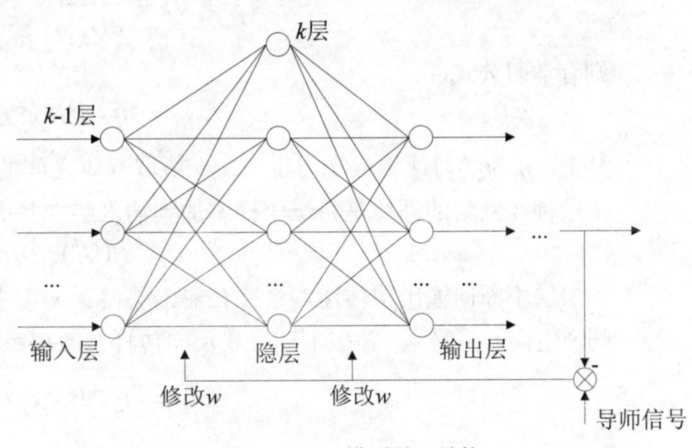

图 8.6　BP 模型学习结构

BP 网络包括输入层、输出层以及中间层。中间层处于输入层与输出层之间，有单层或多层，与外界无直接联系，也称为**隐层**。隐层中的神经元就是**隐单元**。虽然隐层和外界不连接，但隐层的状态影响输入与输出之间的关系。因此，修改隐层的权系数，能够修改整个多层神经网络的性能。

设有一个 m 层的神经网络，各神经元的激发函数为 f，输入样本 x；设第 k 层的神经元 i 的输入总和为 U_i^k，输出总和为 x_i^k；从第 k 层的第 i 个神经元到第 k−1 层的第 j 个神经元的权系数为 w_{ij}；则有：

$$x_i^k = f(U_i^k) \tag{8.12}$$

$$U_i^k = \sum_j w_{ij} x_j^{k-1} \tag{8.13}$$

反向传播算法分为两步，即正向传播和反向传播。

- **正向传播**

输入样本从输入层经过所有的隐层逐层处理，再传向输出层，每一层神经元的状态只影响下一层神经元的状态。输出层将期望输出与现行输出进行比较，若不等则进入反向传播过程。

- **反向传播**

反向传播时，按正向传播的通路把误差信号反方向传回，并修改每个隐层的各个神经元的权系数，以期减少误差信号。BP 算法的实质是求误差函数最小值的问题，采用非线性规划中的最速下降法。

取输出单元期望输出 y_i 和第 m 层实际输出 x_i^m 之差的平方和为误差函数，有：

$$e = \frac{1}{2}\sum_i (x_i^m - y_i)^2 \tag{8.14}$$

其中，y_i 也用作导师信号。由于 BP 算法按误差函数 e 的负梯度的方向修改权系数，则权系数 w_{ij} 的修改量 Δw_{ij} 与误差函数 e 有以下关系：

$$\Delta w_{ij} \propto -\frac{\partial e}{\partial w_{ij}} \tag{8.15}$$

根据 BP 算法原则，下面求 $\partial e / \partial w_{ij}$，有：

$$\frac{\partial e}{\partial w_{ij}} = \frac{\partial e_k}{\partial U_i^k} \bullet \frac{\partial U_i^k}{\partial w_{ij}} \tag{8.16}$$

令

$$d_i^k = \frac{\partial e}{\partial U_i^k} \tag{8.17}$$

则有学习公式：

$$\Delta w_{ij} = -\eta \bullet d_i^k \bullet x_j^{k-1} \tag{8.18}$$

其中，η 为学习速率或学习步长，一般取 0~1 之间的数。

多层神经网络的训练是将一个样本加到输入层，并根据前向传播的规则：

$$x_i^k = f(U_i^k) \tag{8.19}$$

一层层不断向输出层传递，最终在输出层得到 x_i^m。比较期望输出 y_i 与输出 x_i^m，若两者不等，则产生误差信号 e，并按下列公式反向传播修改权系数：

$$\Delta w_{ij} = -\eta \bullet d_i^k \bullet x_j^{k-1} \tag{8.20}$$

其中

$$d_i^m = x_i^m(1-x_i^m)(x_i^m - y_i)$$

$$d_i^k = x_i^k(1-x_i^k)\sum_l w_{li} d_l^{k+1} \tag{8.21}$$

其中，求解本层 d_i^k 时，要用到高一层的 d_i^{k+1}，因此误差函数的求解是从输出层到输入层的反向传播过程。在传播过程中需要不断进行递归求解误差，对多个样本反复训练，向减小误差的方向修正权系数，最终达到消除误差。

【例 8.1】 用感知器求解逻辑函数 $x_1 \vee x_2$ 的真值：x_1=0110B，x_2=1010B，$x_1 \vee x_2$=1110B。

解： 设 A 类为 $x_1 \vee x_2=1$，B 类为 $x_1 \vee x_2=0$，则有：

$$\begin{cases} w_1 \cdot 0 + w_2 \cdot 1 - \theta \geqslant 0 \\ w_1 \cdot 1 + w_2 \cdot 0 - \theta \geqslant 0 \\ w_1 \cdot 1 + w_2 \cdot 1 - \theta \geqslant 0 \\ w_1 \cdot 0 + w_2 \cdot 0 - \theta < 0 \end{cases}$$

即有：

$$\begin{cases} w_2 - \theta \geqslant 0 \\ w_1 - \theta \geqslant 0 \\ w_1 + w_2 - \theta \geqslant 0 \\ -\theta < 0 \end{cases}$$

图 8.7　感知器分类结果

得 $w_1 \geqslant \theta$，$w_2 \geqslant \theta$。可令 $w_1=1$，$w_2=2$，则有 $0<\theta\leqslant 1$，取 $\theta=0.5$。

则有 $x_1+x_2=0.5$。分类情况如图 8.7 所示。

8.4　DNA 计算机

8.4.1　DNA 计算机概述

科学研究发现，生物体的脱氧核糖核酸(DNA)能够携带大量基因物质。DNA 计算机的工作原理是借助与生物酶的相互作用，以瞬间发生的生物化学反应为基础，将二进制数编码成基因码片段，每一个片段为双螺旋结构的一个链，然后以新的 DNA 编码形式对问题进行解答。

1994 年 11 月，美国加利福尼亚大学伦纳德·阿德拉曼(Leonard Adleman)博士在《Science》杂志上公布了 DNA 计算机的工作原理：DNA 基因码相当于计算数据，反应前的基因码为输入数据，反应后的基因码为计算结果数据，通过某种酶的作用，DNA 分子间迅速完成生物化学反应，从一种基因码变为另一种基因码，可将经典计算机中的二进制数翻译成 DNA 片段上的基因码。首先需要挑选一些 DNA 片段(双螺旋结构中的一个链)代表不同变量，片段之间的拼接和断开代表逻辑判断是/非，利用生物技术分离出有指定判断功能的 DNA 片段，就能制成一种 DNA 逻辑判断计算机。1994 年，阿德拉曼在溶液试管中成功地演示了 DNA 运算过程。

1998 年 9 月，美国普林斯顿研究所的两位科学家获得了世界上首个 DNA 计算机专利，通过基因技术和发酵技术制作了 DNA 分子，能像经典计算机一样处理数据。目前，DNA 计算机已经能够求解亥姆霍兹(Helmholtz)等数学问题。

DNA 计算机的特点主要表现在 6 个方面。

(1) 工作的并行性(最大优点)

即在同一时间里计算所有可能的答案，而传统的电子计算机只能在同一时间里分析一个可能的答案。以两个 DNA 片段的连接操作为例，如果 4×10^{14} 条核苷酸链中有一半参加连接操作，则表示进行了 10^{14} 个计算。这步操作很容易迅速扩大至 10^{20} 个操作或更大规模，如将皮摩尔(pmol)的数量级改为毫摩尔(mmol)。因此，DNA 计算机能够完成超大规模并行运算，几天的运算量就相当于全世界所有计算机问世以来的全部运算量。

(2) 极低的能耗

DNA 计算机是基于生化反应工作的，消耗的能量很少。现有的超级计算机大概 1J 能量能进行 10^9 次操作。而 DNA 计算机每一个连接反应中，分子三磷酸腺苷(Adenosine triphosphate，ATP)水解为磷酸腺苷和焦磷酸盐的 Gibbs 自由能为−8k cal/mol，因此 1J 的能量就足够完成大约 2×10^{41} 个此类反应。分子计算的其他部分所消耗的能量，例如核苷酸的合成和 PCR(Polymerase Chain Reaction，聚合酶链式反应)扩增，也是微不足道的。

(3) 极高的集成度

DNA 分子存储信息密度可达每立方纳米一个字节，1 立方米 DNA 溶液的存储容量甚至超过全世界上所有计算机的存储容量总和。如磁带的存储密度只有每 10^{12} 立方纳米一个字节。

(4) 运算速度快

进行并行计算时，当前最快的超级电子计算机每秒的运算速度是 10^9IPS，虽然每年都有提升，但最原始的 DNA 计算机的运算速度都可轻松突破 10^{20}IPS。DNA 计算机还能实现现有计算机无法真正实现的模糊推理、神经网络计算和智能计算。

(5) 抗电磁干扰能力强

因 DNA 分子信息通路和逻辑开关不靠电信号来控制，因此不受电磁干扰的影响，并具有 DNA 双链纠错能力和生物分子固有的自我修复能力，可靠性高。

(6) 成本低廉

DNA 材料制造成本低廉，可重复使用。

8.4.2 DNA 计算机的模型

DNA 计算机的原始数据使用的是 DNA 分子碱基的不同排列次序，DNA 碱基在对应的酶作用下发生生物化学变化以进行基本运算操作，能够完成电子学计算机的全部功能。DNA 计算模型使用 DNA 片段和一些生物酶作为输入，运算过程是可控的生化反应，输出结果是新的 DNA 片段，也是所需问题的解。DNA 计算的基本原理其实是现实问题在 DNA 计算模式上的映射，可求解包括图论、组合优化问题、非线性问题等。

DNA 计算模型的提出对于 DNA 计算机的发展至关重要，许多具有计算完备性的 DNA 计算模型都已被证明与图灵机等价，如粘贴模型(sticker model)、剪接模型(splicing model)、等价检查模型(equality checking model)等。

(1) 粘贴模型

粘贴模型是一种被证明具有计算完备性的 DNA 检索模型，配对识别操作是按照 DNA 碱基互补特性完成的。在一条长的 DNA 单链(single-stranded DNA，ssDNA)上选取一些随机位点，并设计与之相应的配对 DNA 片段，形成了单、双链间隔的 DNA；然后通过合并、分离、设置和清除等运算操作完成求解。该模型的优势是运算过程不需要酶的参与。

1998 年，研究者基于阿德拉曼(Leonard Adleman)提出的 DNA 计算概念建立了具有计算完备性的粘贴模型。基于形式语言的方法，用一个四元组 γ=(V，ρ，A，D)表示粘贴系统，其中 V 为字母表，ρ 为 V 上的互补关系，A 和 D 都是有限子集。粘贴运算最终能得到完整的双链 DNA(double-stranded DNA，dsDNA)分子作为计算结果。迄今为止，基于该模型产生的所有语言都是正则语言。

(2) 剪接模型

剪接模型也是被证明具有计算完备性的系统，通过分子生物学操作完成 DNA 分子剪接过程。DNA 的切割、连接与扩增通过限制性内切酶(分离算子)、DNA 连接酶(连接算子)、DNA 聚合酶(复制算子)和外切酶(删除算子)等实现。2001 年，Benenson 等已经成功利用剪接系统模型构造了可编程的有穷自动机。另外，Paun 研究组还实现了利用剪接操作的试管系统，即分布式可编程 DNA 计算机。

也可以用一个四元组 r = (Σ，T，A，R)表示剪接系统，其中 Σ 是一个字符集，T 是终结字符集，A 是 Σ*上的多重集，R 是剪接规则的集合。与粘贴模型相比，尽管剪接模型的理论发展比较完善，但是运算过程需要酶的参与，因而提高了运算成本，而且酶反应的精确性也增加了运算出错的可能。

(3) 等价检查模型

等价检查模型将 DNA 双链序列组成的符号串视为两个记忆单元，并对这两个记忆单元进行等价性检查。该模型比较简单，适合分子计算。

8.4.3 DNA 计算机的体系结构

(1) DNA 分子结构

DNA 使用脱氧核糖核苷酸(deoxynucleotide，或脱氧核苷酸)为基本分子结构和功能单位，每个脱氧核苷酸由一分子含氮碱基、一分子磷酸和一分子脱氧核糖组成，单核苷酸端对端互相连接一起形成链。按所含碱基，脱氧核苷酸可分成 4 种：腺嘌呤(Adenine，A)、胞嘧啶(Cytosine，C)、鸟嘌呤(Guanine，G)、胸腺嘧啶(Thymine，T)。其中，核苷酸 A 和 T，C 和 G 分别作为碱基对互补，两个互补单链 DNA 序列互连起来组成螺旋双链。

(2) DNA 的代数结构

构成 DNA 的四个元素 A、C、G、T 天然形成了一个良好的代数结构，可以用含 4 个元素的字母表 Σ={A，C，G，T}对信息编码，形成域的代数结构，即由 4 个不同符号 A、C、G、T 连成的串可以表示一个 DNA 单链。

加法运算

+	*T*	*A*	*C*	*G*
T	*T*	*A*	*C*	*G*
A	*A*	*T*	*G*	*C*
C	*C*	*G*	*T*	*A*
G	*G*	*C*	*A*	*T*

乘法运算

×	*T*	*A*	*C*	*G*
T	*T*	*T*	*T*	*T*
A	*T*	*A*	*C*	*G*
C	*T*	*C*	*G*	*A*
G	*T*	*G*	*A*	*C*

图 8.8　DNA 四元域

四元素集 Σ={A，C，G，T}可以按两种代数运算：加法“+”和乘法“×”，分别构成不同的四元域(如图 8.8 所示)。加法运算表实际上是四元素 A，C，G，T 构成的双螺旋链阵列。进一步地，如给四元素集分别进行四进制编码：

$$A \equiv 11 \equiv 3_4,\ C \equiv 10 \equiv 2_4,\ G \equiv 01 \equiv 1_4,\ T \equiv 00 \equiv 0_4$$

该四进制码就能将一个 DNA 单链转换为人们熟悉的传统二进制编码。

(3) DNA 并行计算体系

电子计算机难以解决的许多计算问题都可以由 DNA 并行运算解决，如非多项式问题(Non-Polynomial Problem，NP 问题)。NP 问题的计算时间随变量数目增加呈指数增加，因此在变量数目较大时传统的电子计算机就无能为力了。

【例 8.2】 哈密尔顿路径(Hamiltonian Path，或 Traceable Path)问题是典型的 NP 问题，由爱尔兰数学家、物理学家、天文学家威廉·卢云·哈密顿(William Rowan Hamilton)提出。在一个有 n 个城市和 m 条路线的有向图中，寻找从某一城市出发到达另一个目的城市的一条路径，要求经过且仅经过其他所有城市一次。

1994 年，阿德拉曼(Leonard Adleman)利用 DNA 计算机解决了具有 7 个城市和 13 条路线的哈密尔顿路径问题。其解决方案如下：

① 首先，用长度为 20 个核苷酸的不同 DNA 序列，将 7 个城市编码为 O_i (i=0,1,2,⋯6)；再将 13 条 $i \to j$ 边编码为 $O_{i\to j}$，其中，$O_{i\to j}$ 的前 10 个核苷酸和后 10 个核苷酸，分别是 O_i 3′端的 10 个核苷酸和 O_j 5′端的 10 个核苷酸；再将等摩尔量的 O_i 互补链和 $O_{i\to j}$ 混合，并以 O_i 互补链为模板，使对应的边进行分子生物学反应，从而产生各种随机连接序列(路径)。

② 使用 O_0 序列和 O_6 的互补序列为引物，进行 PCR 扩增随机序列，但不扩增不满足条件的序列(路径)。

③ 使用电泳分离扩增产物，得到目的双链 DNA 序列，即通过 7 个城市的序列(路径)。

④ 该双链 DNA 变性后和磁颗粒固定的 O_1 互补链结合，得到通过城市 1 的路径；再依次用磁颗粒固定的 O_2，O_3，O_4，O_5 的互补链重复操作，可得到同时通过 $O_0 \sim O_6$ 所有城市的序列(路径)。

⑤ 通过聚合酶链式反应(PCR)扩增获取的 DNA 序列，并用电泳分离输出最终结果。

Adleman 通过该模型实验成功展示了 DNA 计算机解决哈密尔顿路径的可行性。由于 DNA 计算具有高度的并行性，其运算时间与有向图节点的数目呈线性关系，在求解变量数目巨大的 NP 问题时具有得天独厚的优势。

8.5 细胞计算机

8.5.1 细胞计算机概述

细胞计算机(Cellular Computer)利用系统遗传学(System Genetics)原理、合成生物技术，对细胞进行系统生物工程(System Bio-engineering)改造并重编程序，人工设计与合成基因(链)、信号传导网络等，完成复杂的计算与信息处理。图 8.9 显示了细胞计算机结构原理。

1994 年，中科院曾邦哲发表系统遗传学、系统生物工程、输卵管生物反应器等概念与原理。1999 年，又建立系统生物科学与工程网，提出将遗传信息系统视为基因组智能(Genomic Intelligence)进行人工编程，并公布了人工设计细胞内分子电路系统的概念图，使细胞成为人工生命系统(Artificial Bio-system)。2002 年，又提出细胞计算机模型。

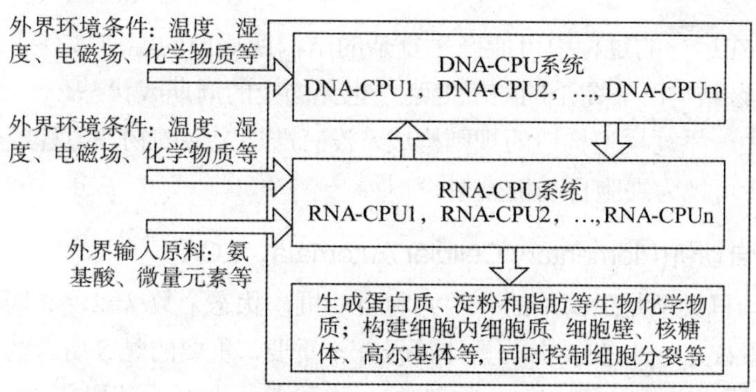

图 8.9　细胞计算机结构原理

生物计算机将具有智能，可从细胞中获取生物燃料，比如能设计在某种特殊情况下进行有效控制的智能药物。2008 年，美国加州理工学院斯默尔克指出可用新型生物计算机对细胞分子编程，让活细胞执行命令，通过蛋白质方式控制细胞，比如命令蛋白质杀死癌细胞。研究小组设计的不同 RNA 计算机组件可用混合匹配组装。2012 年，瑞士联邦理工学院的富塞内格尔等人在两套动物胚胎肾细胞内，成功制作了两种关键的生物数字电路：半加器和半减器，可分别完成加或减两个二进制数。

8.5.2　细胞自动机的结构

细胞自动机(Cellular Automata，CA)，也译为**元胞自动机**、**点格自动机**、**分子自动机**或**单元自动机**，是一种时间和空间都离散的动力系统。处于有限离散状态的每一个细胞或元胞(cell)散布在规则网格(lattice grid)中，遵循同样的作用规则进行同步更新。细胞自动机模型的基本思想是：虽然自然界里有许多复杂的结构和过程，都只是由大量简单的基本单元组成的，仅需简单的相互作用，大量细胞就可构成动态系统的演化。所以，各种细胞自动机理论上可模拟任何复杂事物的演化过程。

冯·诺依曼也是细胞计算机研究的先驱者，并在 20 世纪 50 年代发明细胞自动机。冯·诺伊曼细胞空间具有无限个数的细胞，所有细胞都处于整数网格的节点上，并满足下列条件：每个细胞都是确定的摩尔型有限自动机；所有细胞有同样形状的邻域，采取五邻域一致的连接模式；不带外部输入，不向外部输出；邻域不随时间改变，是静态的。一般的细胞空间可去除这些限制条件。在此基础上衍生了很多类型，如非确定型细胞空间、动态的细胞空间、连接模式非一致的细胞空间、米雷型细胞空间、带外部输入的细胞空间等。

1986 年，物理学家史蒂芬·沃尔弗拉姆(Stephen Wolfram)详细分析了一维元胞自动机的演化行为和实验，并将元胞自动机的所有动力学行为总结为四大类：

- **固定值型(平稳型)**：自任何初始状态开始，运行一定时间之后，细胞空间趋于一个空间平稳的构形(每一个细胞处于固定状态，不随时间而变化)。
- **周期型**：自任何初始状态开始，运行一段时间后，细胞空间趋于一系列简单的周期结构(periodical pattern)或固定结构(stable pattern)。此类结构可视为一种滤波器(filter)，能用于图像处理等领域。
- **混沌型**：自任何初始状态开始，运行一定时间后，细胞空间表现出非周期的混沌行为，其结构的统计特征不再变化，一般表现为分形分维特征。

- **复杂型**：在运行的过程中可能产生复杂的结构或局部的混沌，有些还会不断地传播，但此类复杂结构既非完全的随机混乱，也无固定的周期或状态。

细胞自动机由一系列模型构造的规则构成，没有严格定义的物理方程或数学函数。凡满足相关规则的模型皆可视为细胞自动机模型。

1. 初等细胞自动机(Elementary Cellular Automata，ECA)

初等细胞自动机模型是最简单的一维元胞自动机，状态个数 k=2，邻居半径 r=1，即状态集 S 只有两个元素{s_1，s_2}。在 S 中的具体符号并不重要，重要的是 S 所含的符号个数，通常记为{0，1}，也可以取{1，0}，{-1，1}，{静止，运动}等。此时，邻居集 N 的个数 2r=2，则可把局部映射 f：S_3→S 记为：

$$S_i^{t+1} = f(S_{i-1}^t, S_i^t, S_{i+1}^t) \tag{8.22}$$

其中，有 3 个变量，每个变量取两种状态值，共有 2×2×2=8 种组合，只要确定这八个自变量组合上的值，就可以得到 f。例如图 8.10 所示就是其中的一种映射规则。

t	111	110	101	100	011	010	001	000
t	■■■	■■□	■□■	■□□	□■■	□■□	□□■	□□□
	↓	↓	↓	↓	↓	↓	↓	↓
t+1	□	■	□	□	■	■	□	□
t+1	0	1	0	0	1	1	0	0

图 8.10　冯·诺依曼的初等细胞自动机

上述 8 种组合分别对应 0 或 1，则映射函数 f 共有 2^8=256 种状态，如表 8.1 所示。

表 8.1　256 种初等细胞自动机映射规则

t	111	110	101	100	011	010	001	000	规则
	0	0	0	0	0	0	0	0	rule 1
	0	0	0	0	0	0	0	1	rule 2
	0	0	0	0	0	0	1	0	rule 3
	0	0	0	0	0	0	1	1	rule 4
t+1	…	…	…	…	…	…	…	…	…
	1	1	1	1	0	0	0	0	rule 241
	…	…	…	…	…	…	…	…	…
	1	1	1	1	1	1	1	0	rule 255
	1	1	1	1	1	1	1	1	rule 256

对于给定初值和规则 f，就可得到 N 步以后的演化结果。Wolfram 逐一研究了这 256 种模型，结果表明，尽管初等元胞自动机的规则非常简单，却能表现出多种多样的高度复杂的空间形态。

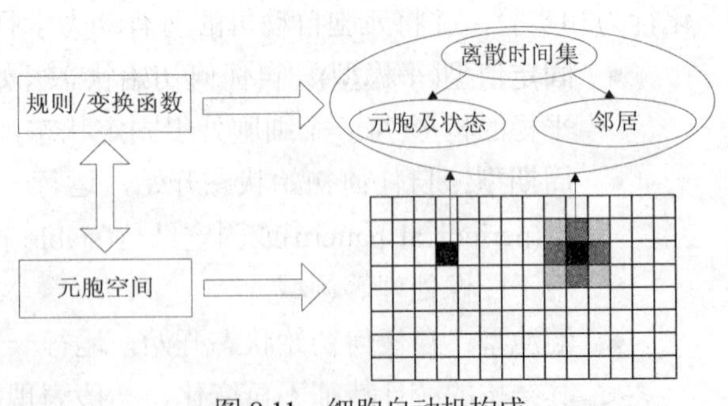

图 8.11　细胞自动机构成

2. 细胞自动机的基本组成

细胞自动机可以看作由一个细胞空间和该空间的变换函数组成(见图 8.11)，最基本的四个部分包括细胞(元胞)、邻居、细胞空间及规则，以及状态和时间参数。

- **细胞**(cell)

细胞是细胞自动机最基本的组成部分，又可称为**元胞**、**单元**或**基元**，分布在离散的一维、二维或多维欧几里德空间的晶格点上。细胞有记忆存储状态的功能，所有细胞状态都依照细胞规则不断更新。

- **邻居**

邻居细胞的行坐标和列坐标分别为 v_{ix}，v_{iy}，中心细胞的行坐标和列坐标分别为 v_{ox}，v_{oy}。则冯·诺依曼型(Von Neumann)邻居可定义如下：

$$N_{Neumann} = \{v_i = (v_{ix}, v_{iy}) \| v_{ix} - v_{ox} | + | v_{iy} - v_{oy} | \leqslant 1, (v_{ix}, v_{iy}) \in Z^2\} \tag{8.23}$$

邻居的数目=2×d。

摩尔(Moore)型邻居定义如下：

$$N_{Moore} = \{v_i = (v_{ix}, v_{iy}) \| v_{ix} - v_{ox} | \leqslant 1, \text{and} \, | v_{iy} - v_{oy} | \leqslant 1, (v_{ix}, v_{iy}) \in Z^2\} \tag{8.24}$$

邻居的数目=3^d-1。

- **细胞空间**(cell space)

细胞空间就是细胞在空间中分布的晶格点集合。理论上，细胞空间可以为任意维数欧几里德空间的规则划分。通常，一维细胞自动机的细胞空间几何划分只有一种；二维细胞自动机的细胞空间几何划分可以有三种：三角形、正方形、正六边形。

细胞空间理论上是无限的，实际应用中无法达到这一条件。常见的细胞空间边界条件如下：

周期型边界条件：是指相对边界连接起来的细胞空间。一维空间中，首尾相连形成一个圆环；二维空间中，上下相连，左右相连，形成一个圆环拓扑面。周期型空间最为近似无限空间，常作为理论研究对象。

定值型边界条件：所有边界外细胞取值均为某一固定常量。

固定边界：1 a

绝热型边界条件：边界外邻居的细胞状态保持和边界细胞的状态始终一致(状态的零梯度)。

绝热边界：a a

反射型边界条件：边界外邻居的细胞状态是以边界细胞为轴的细胞状态的镜面反射。

映射边界：b a b

- **规则**(cell rule)

元胞自动机的局部映射或局部规则，即状态转移函数或动力学函数 f。细胞自动机的规则是，某细胞下一时刻的状态只取决于自身的初始状态和邻居的状态。

$$f : S_i^{t+1} = f(S_i^t, S_N^t) \tag{8.25}$$

进而，细胞自动机可以概括为一个四元组。

$$A = (L_d, S, N, f) \tag{8.26}$$

其中，A 为一个细胞自动机；L_d 为细胞空间，d 为空间维数；S 为有限离散的细胞状态集合；N 表示邻域内包括中心细胞在内的所有细胞组合；f 是映射或规则。

- **细胞状态**(cell state)

细胞的状态常用二进制形式描述，如(0,1)、(生,死)、(黑,白)等；也可以用一个有限整数集 S 内的取值来描述，如在交通领域的细胞状态可在$[-(V_{max}+1)\sim V_{max}+1)]$内取值。严格意义上的细胞自动机只有一个状态参量。但在实际应用中，可能有多个状态参量。

3. 细胞行为

细胞自动机运动与波类似，细胞状态的变化依赖于自身状态和邻居的状态，局部变化引起全局变化。

【例 8.3】 生命游戏(Game of Life)是 20 世纪 60 年代末英国数学家约翰 •何顿 •康威(John Horton Conway)设计的一种单人计算机游戏。类似于现代的围棋游戏，有黑白两种棋子，也使用规则划分的网格，只是细胞采用国际象棋方式在网格内布子，而非像围棋方式在网格交叉点上布子。生命游戏中的细胞有{生，死}两个状态，生死由细胞的局部空间构形来决定，但规则也更简单。

解：生命游戏的构成及规则：细胞具有 0，1 两种状态，0 为死，1 为生；细胞分布在规则划分的网格上；采用 Moore 邻居形式，每个细胞以相邻的 8 个细胞为邻居；一个细胞的生死由该时刻本身的状态和周围 8 个邻居的状态共同决定。

若一个细胞当前时刻状态为生，且相邻细胞状态 8 个中有 2 个或 3 个为生，则该细胞下一时刻保持为生，否则为死。若一个细胞当前时刻状态为死，且相邻细胞状态 8 个中有 3 个为生，则该细胞在下一时刻为生，否则保持为死。则有演化规则：

(1) 若 $S(t)$=1，则 $S(t+1)=\begin{cases}1, S_{邻居=1}=2,3\\0, S_{邻居=1}\neq 2,3\end{cases}$

(2) 若 $S(t)$=0，则 $S(t+1)=\begin{cases}1, S_{邻居=1}=3\\0, S_{邻居=1}\neq 3\end{cases}$

8.6 纳米机器人

8.6.1 纳米机器人概述

纳米机器人(nanorobot，nanobot)属于分子仿生学和分子纳米技术，基于分子水平的生物学原理，是一种可在纳米空间操作的功能分子器件。纳米机器人的微粒尺寸略大于原子簇，一般为 $10^0\sim10^2$nm，又称分子机器人(molecular robot)。

2016 年，诺贝尔化学奖授予了法国科学家让 · 皮埃尔 · 绍瓦热(Jean Pierre Sauvage)、英国科学家詹姆斯 · 弗雷泽 · 斯托达特(James Fraser Stoddart)勋爵和荷兰科学家伯纳德 · 费林加(Bernard Lucas Feringa)三人，因他们发明了“行动可控、给予能源后可执行任务的分子机器”。1983 年，绍瓦热将两个环状分子连成链状，并命名为索烃，迈出了通往分子机器的第一步。1991 年，斯托达特成功制备了轮烷，包括一个环分子和一个链分子，环分子能够绕链分子转动。科学家在此基础上成功制成了分子肌肉、分子起重机和分子芯片。1999 年，费林加制备了第一个可以朝一个方向持续转动的分子发动机，并用其转动了比自身大一万倍的玻璃杯，成为发展分子发动机的第一人。2011 年，费林加研究组还制造了一个四轮驱动纳米车，用一个分子底盘连接了四个马达当车轮使用，如图 8.12 所示。

费林加的分子车包括轴承和四个分子轮，扫描隧道显微镜探针上的电子能够跃迁到分子轮上，导致该分子装置的构型变化，从而分子轮转动驱动车辆向前运动。

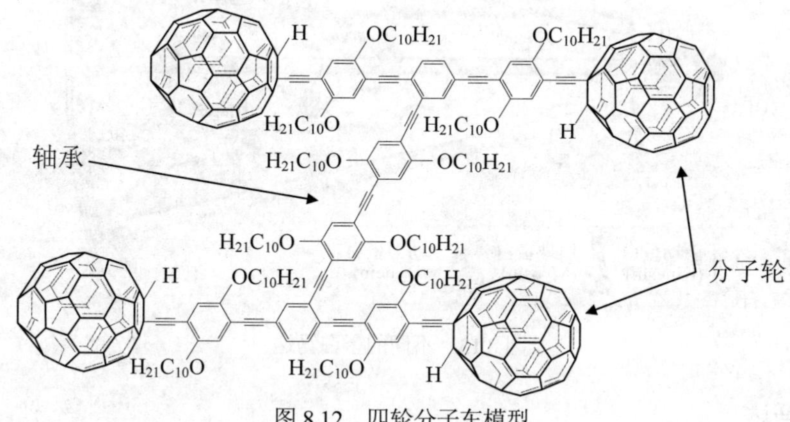

图 8.12　四轮分子车模型

8.6.2　纳米机器人结构

要设计全自动化或自主化的纳米机器人，包括以下几部分。

1. 导航系统

导航系统用于引导纳米机器人到达正确的位置，可以分为外部导航和内部(机载)导航两种。外部导航系统靠发送探测信号来定位，包括热量、X 射线、放射性染料、超声波、无线电波等。内部导航系统靠纳米机器人内部传感器来定位，如化学传感器能够探测和追踪特定的化学物质，光谱传感器能够探测周围物体发出的光谱。

2. 动力系统

包括能量供应系统和机械动力系统两个方面。

能量供应系统包括：核能，纳米尺度的电池，从周围环境获取能量等。例如，利用塞贝克效应(Seebeck Effect，又称为第一热电效应)和体温差产生的电压差获取热电能量，只需携带能与血液反应的化学燃料就可通过电极从血流中直接获取能量。

分子马达(分子发动机，分子驱动器)是纳米机器人的核心部件，按照组成物质和运动机理，又可分为几类：驱动蛋白(Kinesin)、肌球蛋白(Myosin)、动力蛋白(Dynein)、DNA、ATP、鞭毛马达、病毒蛋白等。其中驱动蛋白和动力蛋白的运行轨道是微管(microtublar)，而肌球蛋白的运行轨道是肌动蛋白纤维。病毒蛋白利用 PH 值变化时的构象变化进行运动，还有的分子发动机以中间纤维为运行轨道。图 8.13 显示不同的蛋白马达。

分子发动机引导的运输有两个主要特点：

- 单向性，一种发动机分子只能引导一种方向的运输。例如驱动蛋白引导的运输是沿微管的(−)端向(+)端，而动力蛋白引导的运输是则是从微管的(+)端向(−)端。
- 逐步性，分子发动机引导的运输是逐步行进的，而非汽车轮子的连续行进，原因是分子发动机每次行进要经过一系列构型变化来完成。

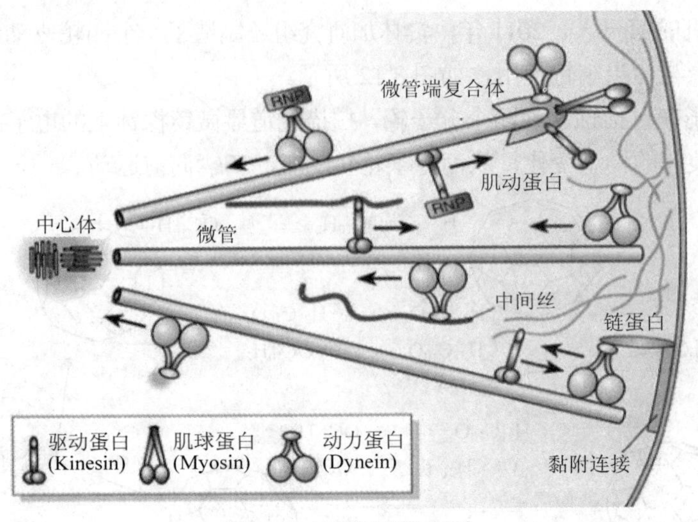

图 8.13　不同的蛋白马达

(1) 蛋白马达

- **驱动蛋白**(Kinesin)马达

驱动蛋白是一种由几个不同的结构域组成的大型复合蛋白，包括两条重链和一条轻链。产生动力的部位是一对球形的头，与货物结合的部位是一个扇形的尾。

体外实验证明驱动蛋白正端走向的微管发动机(plus end-directed microtublar motor)，从微管的(-)端移向微管的(+)端。在神经轴中所有的微管都是(+)端朝向轴突的末端，而(-)端朝向细胞体，因此驱动蛋白负责正向的运输任务。

驱动蛋白沿一条原纤维运输，并且移动速度与 ATP 浓度存在关联，高速时可达到每秒 900nm。驱动蛋白每跨一步的步长为 8nm，正好等于一个 αβ 微管二聚体的长度，每跨一步所消耗 6pN 的力。所以驱动蛋白在微管轨道上一次移动两个球形亚基。

- **肌球蛋白**(Myosins)马达

肌球蛋白存在于横纹肌和平滑肌中，是肌原纤维粗丝的组成单位，对肌肉运动有重要作用。所有肌球蛋白都包括一个重链和几个轻链，形成三个结构和功能不同的结构域。头部结构域负责产生力，含有与肌动蛋白、ATP 结合的位点，是最保守的结构域。与头部相邻的结构域是用于调节头部活性的 α 螺旋颈部(α-helical neck region)，通过同钙调素或类似钙调素的方式调节轻链亚基的结合。尾部结构域具有决定尾部是同膜结合或同其他尾部结合的位点。肌球蛋白属于 ATPase，即具有 ATP 酶活性及与肌动蛋白结合的能力，可催化 ATP 水解而产生位移。

肌动蛋白纤维是肌球蛋白的运行轨道，也是 ATPase，可通过 ATP 水解产生的构型变化实现在肌动蛋白丝上前进。体外实验证明了肌球蛋白的头能够沿着肌动蛋白纤维(microfilaments，微丝)行走，同时测定每一步的行走跨度为 11~15nm。已鉴定了三种主要类型肌球蛋白：肌球蛋白Ⅰ、肌球蛋白Ⅱ和肌球蛋白Ⅴ。

- **动力蛋白**(Dynein)马达

动力蛋白在微管上移动的方向与驱动蛋白相反，即从(+)端移向(-)端，一般包括单体和多聚体两种形式。单体的肌动蛋白又称球状肌动蛋白(Globular actin，G-actin)，是由一条多肽链构成的球状分子；多聚体的肌动蛋白形成肌动蛋白丝，又称为纤维状肌动蛋白(Fibros actin，F-actin)，

F-肌动蛋白在电子显微镜下呈双股螺旋状，直径为 8nm，螺旋间距离为 37nm。

(2) DNA 分子马达

DNA 比蛋白质结构更简单，且有天然的互补自装配特性。2004 年 5 月，纽约大学 Seeman 小组宣布制备出全球首个双足纳米生物机器人，由 36 个 DNA 碱基对构成的双腿通过 DNA 上的锚定链与 DNA 轨道结合，而非固定链 DNA 片段使得锚定链从轨道上脱离，则机器人沿着轨道向前寻找下一个结合锚定链，不断重复上述过程便可实现机器人行走。

1987 年，旅美学者郭培宣发现由 ATP 提供能量的包装核糖核酸(pRNA)，由排列为环状的 6 个 pRNA 组成的 Nanomotors 来自于噬菌体 phi29 的 motors，DNA 被挤入 pRNA 环的中心，如图 8.14 所示。

(3) ATP 分子马达

位于细胞双分子膜间的 ATP 合成酶，能够利用膜内外的离子梯度来驱动分子马达旋转，形成生物细胞赖以生存的 ATP；反之，若给它 ATP，则 ATP 合成酶的转子会反方向旋转。所以可通过 ATP 的添加速度及浓度来控制分子马达工作，图 8.15 显示 ATP 螺旋桨。1997 年，东京大学 Hiroyuki Noji 在读博士期间发现了 ATP 水解转动现象。同年，美国加利福尼亚大学的保罗·波耶尔(Paul D. Boyer)因为在 ATP 酶催化过程中的开创性贡献，而与英国剑桥医学研究委员会的约翰·沃克(John E. Walker)、丹麦奥尔胡斯大学的因斯·斯寇(Jens C. Skou)，共获 1997 年诺贝尔化学奖。

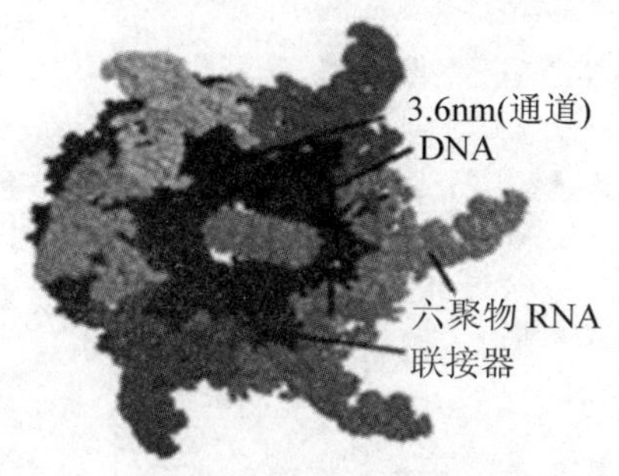

图 8.14　DNA 分子马达

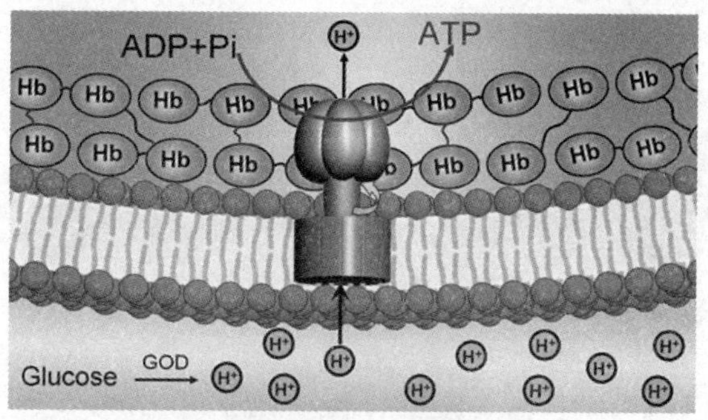

图 8.15　ATP 螺旋桨

(4) 鞭毛马达

纤毛和鞭毛(见图 8.16)都是某些细胞表面具有运动功能的特化结构。通常把少而长者(可达 150μm)称为鞭毛，多而短者(平均长度为 5~10μm)称为纤毛。鞭毛和纤毛在大小、数量和运动方式等方面有所不同。鞭毛是波浪式摆动，而纤毛运动的方式比较复杂，且没有规则。纤毛和鞭毛一方面帮助把细胞锚定在一个地方不轻易移动，另一方面帮助细胞在液体介质中运动。

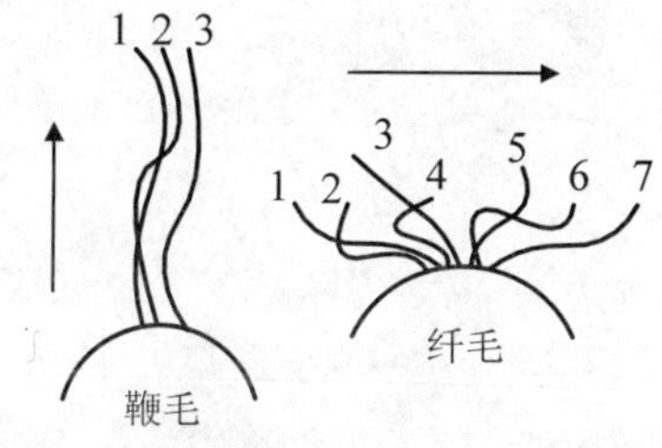

图 8.16　鞭毛和纤毛

1963 年发现的第一个与微管相关的发动机蛋白就是用于鞭(纤)毛的运动，是(-)端微管走向的发动机，由 9~10 个多肽链组成，产生力的部位是两个大的球形头部，相对分子质量超过 10 万道尔顿(1D=1g/mol，约为碳 12 原子质量的 1/12)。它用作有丝分裂中染色体的动力来源，也担负小泡与各种膜结合细胞器的运输任务。

鞭(纤)毛马达位于细胞的包膜上，内含 10 种以上的蛋白质群体，构成相应的定子、转子、轴承、万向接头等部件。研究发现，基因 MotA 用于产生力矩，MotB 用于将定子固定到细胞壁。不同于其他通过 ATP 水解来驱动的分子马达，鞭(纤)毛马达通过称为**质子推动力**(Proton Motive Force，PMF)的膜内外粒子电化梯度来驱动。

3. 自复制和自装配机制

更完善的纳米机器人不仅能执行分配的任务，还能自复制，即自行制造出自身完美的复制体。只要有一个纳米机器人，通过自复制很快就可以获得万亿个纳米机器人。

为了控制无限复制引起灾难，还需要设计一种自复制和自装配的抑制机制，包括设计软件代码使纳米机器人在复制数代后自我摧毁；或者设计有条件的自复制机制，比如只有出现较高浓度化学物质时才能复制，或者在指定的温度/湿度范围内才能复制。

习　题　8

8.1　请编程完成 BP 神经网络学习机制。

8.2　请编程完成细胞自动机，模拟森林火灾。

第9章　光计算机

内容提要：本章简要介绍光计算机，内容包括光计算机基本原理、激光通信、光量子计算机。

本章重点：光计算机基本原理、光纤通信、光量子计算机。

9.1　光计算机概述

光计算机(Optical Computer)，也叫**光子计算机**(Photon Computer)、**全光数字计算机**，是一种依赖光信号进行算术/逻辑运算、信息存储和处理的计算机。现代电子计算机之父冯·诺依曼也是光计算机的研究先驱之一，最早在20世纪40年代，就提出使用光学元件实现数字计算的构想，但受限于当时落后的光学技术而无法实现。

光计算机以集成光路为基本组成部件，以光子代替电子，光互连代替电导线，光路代替电路，光运算代替电运算，主要包括透镜、光学反射镜、滤波器等光学元件和设备。光子计算机在运算部件与存储部件间使用光连接，运算部件可通过光路对存储部件直接进行并行存取，突破了用电路总线连接运算器、存储器、I/O设备的传统体系结构。

20世纪60年代出现了激光技术，以及傅里叶光学为基础的模拟光学计算。1969年，美国麻省理工学院的科学家提出光计算机的概念。1982年，英国赫罗特·瓦特大学物理系教授德斯蒙德·史密斯(S. Desmond Smith)研制出光晶体管(optical transistor)。1983年，日本京都大学电气工程系佐木昭夫与腾田茂夫也独立地研制出光晶体管。

1990年1月29日，美国电话电报(AT&T)公司Bell实验室宣布，以美籍华裔科学家黄庚珏为首的小组成功研制出了第一代光计算机，其数据计算和数据处理使用激光光束而非电波，运算速度是传统的电子计算机的1000倍。1999年，科学家们在猫眼石晶体衬底上生长硅晶体，研制成功可有效捕获光的三维硅结构物质，所制造的光芯片可以有效地控制光子的运动。

光子计算机从调制方式来分，有模拟式与数字式两类。**模拟式光子计算机**(Analog Optical Computer)也称光模拟机，结构比较简单，直接利用二维光学图像进行运算。**数字式光子计算机**(Digital Optical Computer)也称光数字机，其结构方案比较多，其中被认为比较有前景的有两类：一类利用成熟的电子计算机结构，并用光学逻辑元件代替电子逻辑元件，用光子互连代替导线互连；另一类是20世纪80年代研制成功的、以全新的光学并行处理网络为基础的结构，包括激光器、透镜和棱镜等，由光导纤维与光学元件等构成集成光路，靠激光束进入透镜和反射镜组成的光学阵列进行数据运算、传输和存储。

光计算机具有以下特点：

- 光子不带电荷

光信号传输具有并行性，几束光在自由空间中平行传播、交叉传播时，彼此之间不存在干扰，光子间也不存在电磁场相互作用。一个$20\times20\text{cm}^2$的光学系统可以提供5×10^5条并行数据传输信息通道。光波导(optical waveguide)传输时也可以相互穿越，只要互相间交叉角大于 10°左右就没有明显的交叉耦合。

- 光子没有静止质量

光子可以在半真空中和介质中传播，传播速度($3×10^5$km/s)远快于电子在导线中的传播速度(593km/s)。在自由空间互连时，每平方毫米上的连接线数目可达 5 万条。使用光子为信息载体可制造出运算速度极高和存储量极大的计算机，理论上速度可达到每秒 1000 亿次，信息存储量达到 10^{18} 位。

- 光子并行运算速度高

电子计算机中的二进制运算只能使用电子的 0 或 1 状态，而在光子计算机中，不同波长、频率、偏振态及相位的光都能表示不同的数据，非常适合并行处理。另外，随着电子计算机硅电路加工密度的不断提高，导体之间的电磁作用也不断增强，散发的热量日益严重，但光计算机可以有效克服此类问题。

- 超大规模的信息存储容量

光子计算机使用的激光器是极理想的光辐射源，光子在自由空间传播时可不使用导线。无导线传递信息的光子平行通道几乎具有无限密度，一枚五分硬币大小的棱镜具备的光子信息通过能力超过了全世界所有电话电缆通道很多倍。

- 能量消耗小，散发热量低

驱动光子计算机所需要的能量，是驱动同类规格电子计算机的一小部分，是一种节能型产品，大幅降低了电能消耗和机器散发的热量，便于实现光计算机的微型化和便携化。

9.2　光计算机基本原理

9.2.1　数字光计算

数字光计算是指以光学处理手段进行数字运算的硬件及软件的总称，通常以列阵光学和非线性光学器件为基础，构建专用或通用的光学计算机。

光计算机的体系结构包括以下主要组成部分：

(1) 光学双稳和开关器件

光学计算机最基本的器件是光学双值逻辑器件，其工作原理是利用光双稳器件为存储器、非线性闭值器件为逻辑门。光双稳器件是纯光学器件，由非线性吸收/折射材料和标准具构成，其余器件则是电光效应器件。

(2) 光学数字处理器

可以利用具有非线性光学特性的器件构成光学逻辑门。光学逻辑门和由其构成的光学数字处理器要进行级联必须满足两个条件：光学逻辑门的 I/O 具有相同逻辑值的光学编码方式，而且单一门的损耗不应太大。

(3) 光学互连网络

光学互连网络可以实现处理器之间、存储器之间、处理器与存储器之间的通信。该技术发展很快，已经实现的有 Banyan 网络、Benes 网络、Clos 网络、洗牌网络和纵横制网络等多级规则网络，所用光学元件有反射镜、分束器和光栅等，使用空变操作的光学实施方案。

(4) 并行处理体系结构

从光学角度研究并行处理体系结构，早期的有基于双轨逻辑的函数逻辑块及互网络。之后又出现了符号替代逻辑，即用一个二维图案替代另一个像中的二维图案，采用不同替换规则并重复使用这种技术，则可实现双值运算、布尔逻辑、细胞逻辑。在该结构基础上，又出现了单一替代规则的通用符号替代系统。

(5) 数字光计算的支撑硬件

要实现全光学计算，不仅需要光学逻辑门、光学数字处理器和光学互连网络，还需要相关的支撑硬件和组装方式。关键性支撑硬件是列阵照明器，列照明为列阵逻辑门提供时钟信号或维持编置光束。传统的光学方案采用双值光学相位衍射光栅和用于高速运转的馈模激光器，新的方案包括微米级半导体激光列阵。光学组装方式主要有基本运算单元的模块化和微包装化。

(6) 并行光学变换逻辑

并行光学变换逻辑的实现主要有物理变换和图案变换两种方法。图案变换的原理有 Thera 调制空间滤波和阴影投影两种，不需要光学非线性器件，但要解决空间编码的实现问题。

(7) 光电混合信息处理

将光电相结合，充分发挥传统电子学的可编程性和控制性好的特长，也充分利用光学的空间巨并行性、高度空间柔性互连、无高频辐射和交叉干扰和大容量信息存储的优势，研制出结合两者优点的光电混合型并行高性能计算机。

9.2.2　光学傅里叶变换

利用透镜对叠加在激光束上的二维图像进行并行、快速地的光学傅里叶变换(Fourier Transformation)是实现光学计算的核心，并实现频率域内对图像的频谱处理。其中，广泛使用范德・拉格特(Vander Lugt)提出的匹配滤波相关识别和联合变换相关识别技术。

1. 透镜的傅里叶变换性质

夫琅禾费衍射是对一个平面透射物体进行傅里叶变换运算的物理手段。通常利用传统的光学透镜元件在较近的距离观察物体的远场衍射图，即透镜能够用于实现物体成像的傅里叶变换。透镜的该性质是相干光学信息处理和光学方法模拟计算机的基础。

原理如图 9.1 所示。输入平面和傅里叶变换平面分别为 P_0、P_1，坐标分别为(x_0, y_0)和(x_1, y_1)，透镜 L 位于物体后方相距 d_0 的位置。在单位振幅的平面光波垂直照射下，平面 P_0 上光场的复振幅分布函数 $f(x_0, y_0)$为：

$$f(x_0, y_0) = A(x_0, y_0)\exp[-j\Phi(x_0, y_0)] \tag{9.1}$$

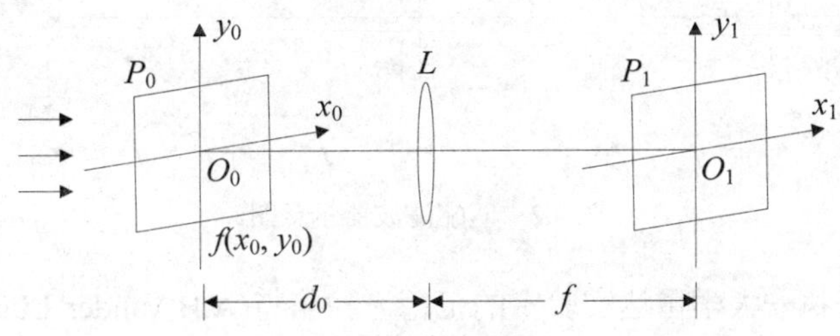

图 9.1　光学傅里叶变换实验装置示意图

其中，振幅 $A(x_0, y_0)$为一个确定的实数量，输入图像在光场中的相位为 $\Phi(x_0, y_0)$。经过透镜 L 变换之后，在平面 P_1 上光场的分布函数 $U_f(x_1, y_1)$为：

$$U_f(x_1, y_1) = \frac{1}{j\lambda f}\exp\left[j\frac{k}{2f}\left(1-\frac{d_0}{f}\right)\left(x_1^2+y_1^2\right)\right]F\left(\frac{x_1}{\lambda f}, \frac{y_1}{\lambda f}\right) \tag{9.2}$$

式中

$$F\left(\frac{x_1}{\lambda f}, \frac{y_1}{\lambda f}\right) = F(u, v) = \iint f(x_0, y_0)\exp[-j2\pi(x_0u + y_0v)]dx_0dy_0 \tag{9.3}$$

其中，平面 P_1 的空间频率坐标为 $u=x_1/\lambda f$ 和 $v=y_1/\lambda f$，照射光波的波长为 λ，变换透镜 L 的焦距为 f。因此，透镜 L 后焦平面上的复振幅分布函数与输入物体的傅里叶变换成正比，并且变换式中存在二次相位因子，意味着物体的频谱产生了相位弯曲。当物体位于透镜的前焦平面时，$d_0=f$，式(9.2)变为：

$$U_f(x_1, y_1) = \frac{1}{j\lambda f}F\left(\frac{x_1}{\lambda f}, \frac{y_1}{\lambda f}\right) \tag{9.4}$$

该变换式中不再包含二次相位因子，即后焦平面上光场的分布函数是物体准确的傅里叶变换。实际上，不管物体与透镜之间的距离 d_0 为多少，相位弯曲都不影响后焦平面上的强度分布，仍是物体的傅里叶变换功率谱。

2. Vander Lugt 匹配滤波相关识别

对于**匹配滤波器**的特征是，其输入信号 $f(x_0, y_0)$的频谱 $F(\xi, \eta)$与振幅透射系数 $T_H(\xi, \eta)$共轭，则振幅透射系数 $T_H(\xi, \eta)$为：

$$T_H(\xi, \eta)=F^*(\xi, \eta) \tag{9.5}$$

由式(9.5)可见，当匹配滤波器被原输入信号的频谱照射时，透过滤波器的光场分布是一个正比于 FF^*的实数，即透过滤波器后的光场是平面光波。通过透镜 L_2 之后，该平面光波将会在后焦面上聚成一个亮点。匹配滤波器的作用可以用图 9.2 加以说明。通过输入平面后，平面光波产生波面变形；经匹配滤波器后，由于相位共轭正好互相补偿，再次成为平面光波；经 L_1 后在焦平面上产生一亮点，如果产生一弥散的斑说明不匹配，从而达到识别的目的。

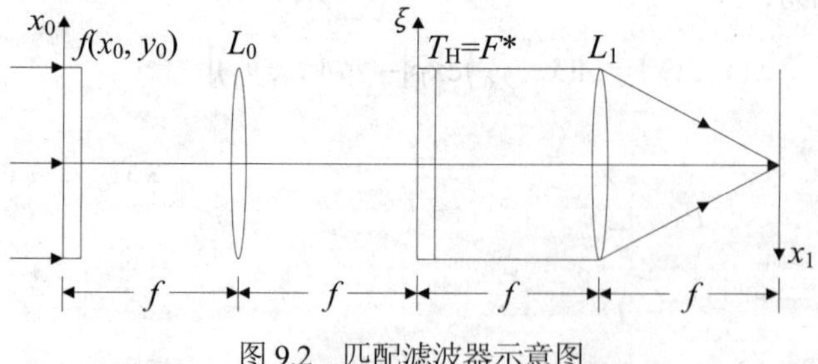

图 9.2　匹配滤波器示意图

1963 年，美国密执安大学雷达实验室的范德·拉格特(A.B.Vander Lugt)提出了一个合成相干光学处理器的频率平面掩膜新方法，称为 **Vander Lugt 相关器**(Vander Lugt Correlator，VLC)，或光学匹配滤波相关器。原理如图 9.3 所示，基于自相关理论和透镜、相干光学的傅里叶变换特性，Vander Lugt 相关器可以实现对目标图像 $g(x_0, y_0)$和参考图像 $r(x_0, y_0)$的相关运算。

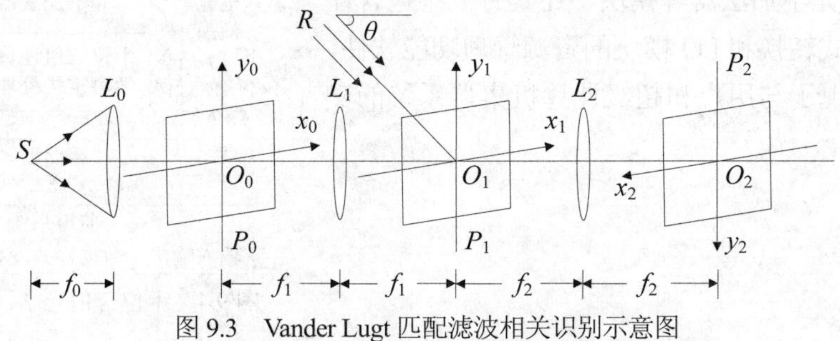

图 9.3　Vander Lugt 匹配滤波相关识别示意图

平面 P_0 和 P_1 的坐标分别为(x_0, y_0)和(x_1, y_1)，透镜 L_0 和 L_1 的焦距分别为 f_0 和 f_1。在平面 P_0 上综合参考图像 $r(x_0, y_0)$的匹配滤波器，点光源 S 发出的球面波经过透镜 L_0 后准直，参考图像 $r(x_0, y_0)$在平面 P_0 上，在平面 P_1 上的复振幅分布 $U_1(x_1, y_1)$正比于 $r(x_0, y_0)$的傅里叶变换：

$$U_1\left(x_1, y_1\right)=\frac{1}{\lambda f_1} F\left(\frac{x_1}{\lambda f_1}, \frac{y_1}{\lambda f_1}\right) \tag{9.6}$$

式中 $F\left(x_1 / \lambda f_1, y_1 / \lambda f_1\right)$ 为 $r(x_0, y_0)$的**傅里叶变换**。并且引入一个与光轴成θ角的相干平面参考光波 R，其在 P_1 平面上复振幅分布如下：

$$U_R\left(x_1, y_1\right)=R_0 \exp\left(-j 2\pi \alpha y_1\right) \tag{9.7}$$

式中 $\alpha=\sin\theta/\lambda$ 为平面光波的空间频率。

该平面参考光波入射在平面 P_1 上，并与式(9.6)所示的参考图像傅里叶变换谱产生干涉。可用全息干板记录下其强度分布图样，再将经过曝光的全息干板作显影处理后制得一张透明片，其振幅透过率 $t(x_1, y_1)$与干涉图样的光强度分布成正比。

9.2.3　光学计算机实现

目前，三值光学计算机系统是在该研究方向上最成功的实例之一，为光电混合型计算机体系结构，其传输稳定，易于用简单器件改变的物理状态实现光学计算机。三值光学计算机系统采用偏振方向正交的 2 个偏振光态和无光态共三个值来表示信息，光路由液晶改变偏振方向，由偏振片和感光管判断光状态，电路使用电子计算机控制系统，由电子器件存储信息和输入输出信息。

2007 年，上海大学建成了 360 位三值光学计算机实验系统，展示了光学计算机数据位数众多的独特优势。2009 年，上海大学建成千位三值光学计算机实验系统，实现了改进的符号数(Modified Signed-Digit，MSD)光学加法器结构，和把光学处理器重构成任意三值逻辑运算器的软件。该系统采用了所有像素并行控制的液晶阵列，光学处理器的 2 个输入数据均为光信号，成为“光信号-光信号输入，光信号输出”的运算器，并证实了像素全并行控制方式的可行性。另外，该系统还研究了光学的矢量乘矩阵算法、元胞自动机等内容。

由上海大学设计的千位三值光学计算机实验系统的结构简图如图 9.4 所示。关键模块包含光学处理器重构电路、MSD 光学加法器等模块，还具有一个包含任务调度、数据格式转换和 I/O 模块的资源管理功能软件，其 I/O 模块实现了与用户和超级计算机集群系统的交互。

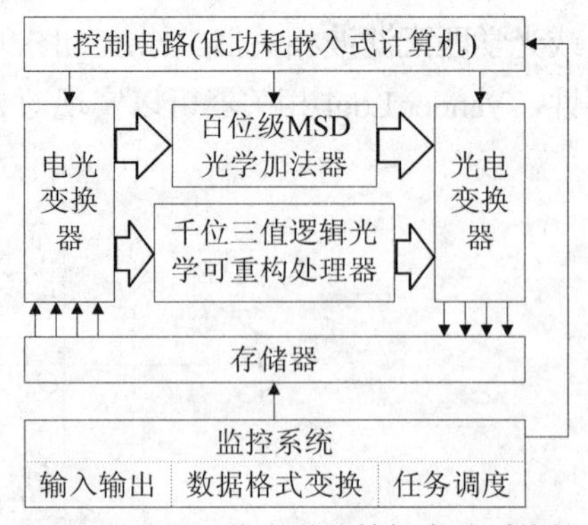

图 9.4 千位三值光学计算机实验系统的

9.3 激光通信

9.3.1 激光通信概述

激光通信是利用激光进行信息传输的通信方式，按不同传输媒介可分为自由空间激光通信和光纤激光通信。自由空间激光通信包括以大气作为传输媒介的大气激光通信，和大气层外空间激光通信。光纤激光通信则以光纤为光信号的传输媒介。

光纤通信的诞生是电信史上的革命性事件。早在 19 世纪就提出了利用光载波远距离传输信道的设想，但是受限于光源和传输介质而一直未能实现。1966 年，光纤之父美籍华人高琨等发表论文预见了低损耗的光纤能够用于通信，从而敲开了光纤通信的大门。2009 年，高琨因“开创性的研究与发展光纤通信系统中低损耗光纤”而获得诺贝尔物理学奖。

1970 年，美国康宁(Corning)公司首次研制成功损耗为 20dB/km 的光纤。同年，Bell 实验室研制成功可在室温下持续工作的铝镓砷(AlGaAs)半导体激光器，体积小，功耗低，效率高，从而成为光纤通信的理想光源。1977 年，美国芝加哥市两个相距 7 千米的电信局之间进行了数字光纤通信传输试验，采用铝镓砷半导体激光器光源和硅材料光电探测器，光纤工作波长 850nm，速率 44.736Mb/s，衰减为 2.54dB/km，成为第一代光纤通信的标志。

1980 年进入了第二代光纤通信时代，使用 1310nm 波长的多模光纤传输。该波段是石英光纤的第二个低损耗窗口，且有最低的色散，采用长波长铟镓砷磷/铟磷(InGaAsP/InP)半导体激光器光源和锗材料光电探测器，传输速率为 140Mb/s，中继距离 20~50 千米。

1983 年进入了第三代光纤通信时代，使用 1310nm 波长的单模光纤传输。单模光纤较多模光纤色散更低，损耗降至 0.3~0.5dB/km，中继距离为 50~100 千米。1986 年，连接英格兰和比利时的国际上第一条海底光缆在北海海底敷设。

20 世纪 80 年代后期进入了第四代光纤通信阶段，使用 1550nm 波长的单模光纤传输。1550nm 是石英光纤的最低损耗窗口(0.2dB/km)，传输速率达 2.5Gb/s，中继距离为 80~120 千米。1986 年，英国南安普敦大学研制成功最初的掺铒光纤放大器，是光纤通信发展史上的里程碑事件。同时，光纤通信系统开始采用波分复用(Wavelength Division Multiplexing，WDM)技术，即将一根光纤分割成多个光信道，从此进入了高速光纤通信阶段。

1995 年进入第五代光纤通信阶段，使用密集波分复用(Dense Wavelength Division Multiplexing，DWDM)技术扩充光纤系统传输容量。2017 年 8 月，中国电信、烽火通信、康宁等共同发布了全球首个商用量子密钥分发(Quantum Key Distribution，QKD)系统与商用 8Tbps(80×100Gbps)密集波分复用(DWDM)系统。

光纤通信技术具有如下优势：

● 频带极宽，传输容量大

单波长光纤通信系统的传输速率一般在 2.5Gbps 以上，甚至 10Gbps，采用密集波分复用技术的多波长传输系统传输速率可以达到单波长传输系统的数百倍。

● 损耗低，中继距离长

实用的光纤通信系统多使用石英光纤，光纤损耗可低于 0.20dB/km，所构成的光纤通信系统的中继距离也远远长于其他介质构成的系统。

● 抗电磁干扰能力强

光波导天然对电磁干扰免疫，不受自然界的雷电、电离层变化和太阳黑子活动等的干扰，也不受人为电磁干扰的影响，能够与高压输电线平行架设，甚至与电力导体复合。

● 光纤重量轻，节约有色金属

光纤的主要原材料是来源丰富的二氧化硅(SiO_2)。据测算，铺设北京至上海的一条电缆线路需要消耗 800 吨铜和 300 吨铅，而在同样的传输容量下，仅需要 10 千克石英。柔软的石英光纤非常便于铺设，极细的芯径(约为 0.1mm)大大减小了传输系统所占空间。

● 保密性能好

通信系统的重要指标之一就是保密性。由于光纤的特殊设计，光通信信号难以泄漏，而且也不会出现电通信中常见的线路串话现象。

9.3.2 激光通信的基本架构

自由空间激光通信系统主要包括大气信道(或自由空间)、光发送机/光接收机、光学天线(透镜或反射镜)、电发送机/电接收机、终端设备、电源等，有的系统还有遥控/遥测辅助设备。

光纤通信系统主要包括光发射机、光纤、光接收机三个基本单元。光发射机和光接收机也称为光端机，光纤在实际系统中往往以光缆的形式存在。光纤通信首先要在发射端将需传送的电报、电话、图像和数据等电信号进行光电转换变成光信号，再经光纤传输到接收端，接收端将接收到的光信号转换成电信号，并还原成消息。光纤通信系统如图 9.5 所示。

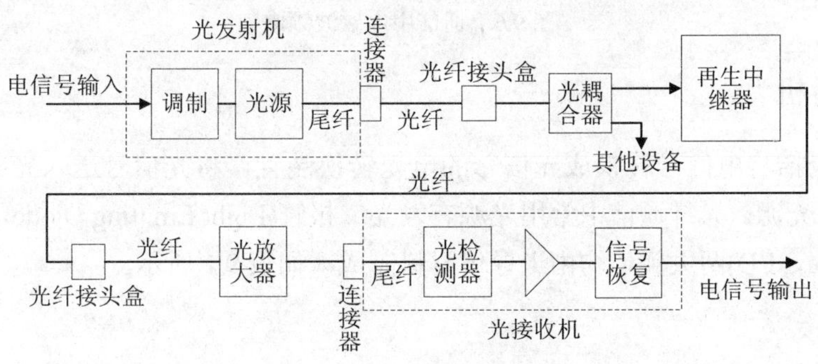

图 9.5　光纤通信系统

光纤通信系统还有大量的有源、无源光学器件，图 9.5 中所示光放大器用于放大光波信号，以弥补传输一定距离后光纤衰减导致的光功率减弱，连接器用于连接各种设备与光纤，光耦合器用于将传输的光分路或合路。

信道容量与信道带宽之间的关系通过香农-哈特利(Shannon-Hartley)定理确定：

$$C = B\log_2(1 + SNR) \tag{9.8}$$

式中，信道容量(单位为比特/秒，bps)为 C，信道带宽(单位为赫兹，Hz)为 B，信噪比(Signal Noise Ratio)为 SNR，即信号功率与噪声功率的比值。由式(9.8)可见，增加信道带宽可以直接提高信道容量。信道的带宽与载波频率成正比，载波频率越高，则信道带宽就越大，系统具有越强的信息传输能力。通常带宽大约为载波信号频率的十分之一。通信用电磁波频谱如图 9.6 所示。从图中可见，光纤通信所用光的频率范围为 100THz 至 1000THz，其带宽估计可达 50THz，而自由空间激光束的通信带宽还可更宽。

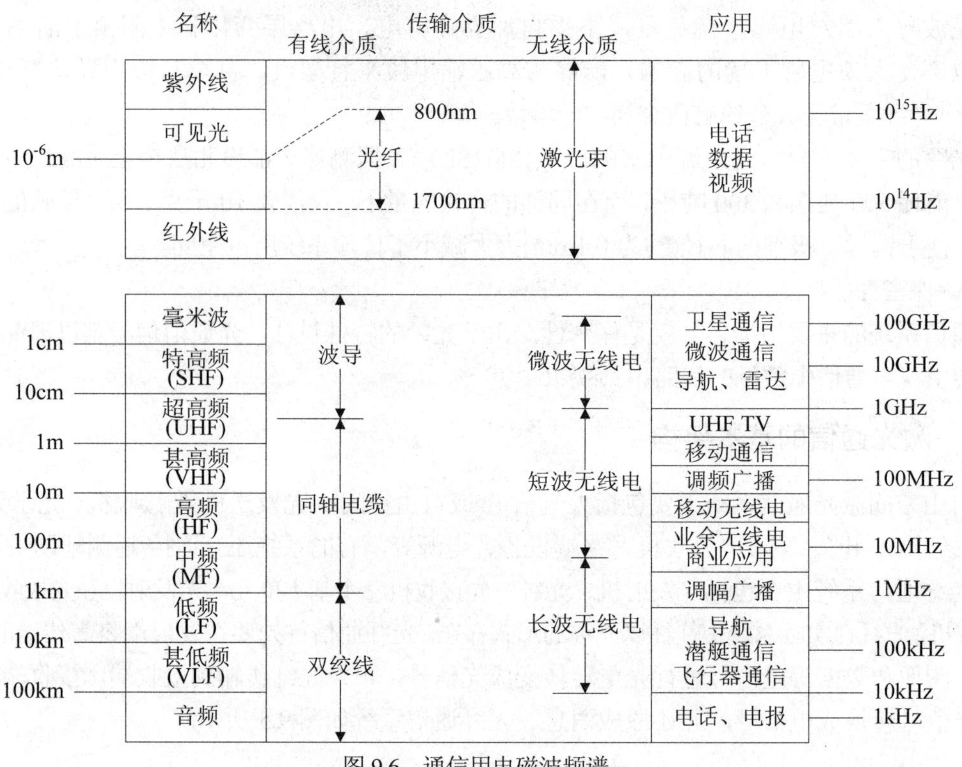

图 9.6　通信用电磁波频谱

9.3.3　光发射机

光发射机包括将电信号转换成光信号的电光转换装置，将光信号送入光纤的光学传输装置，和核心部件光源。光纤通信中常用光源有发光二极管(Light Emitting Diode，LED)和激光二极管(Laser Diode，LD)两大类，均由半导体材料制成，如表 9.1 所示。

表 9.1　LED 与 LD 的比较

项目	LED	LD
发光原理	自发辐射，荧光	有谐振腔，激光
调制速率	较低，兆赫级	较高，吉赫级
输出光功率	几毫瓦，光效较低	几十毫瓦，光效较高
光谱宽度	较宽，非相干光	较窄，色散小
驱动电路	较简单	较复杂
温度影响	较小，温度特性较好	较大，温度特性较差
寿命	较长，维修少	较短，易损坏
适用场合	低速，短距离	高速，长距离

电信号对光源的调制方式通常分为两种。一种是直接强度调制(intensity modulation)，用电信号调制光源的注入电流，并使输出光波的强度随调制信号而变化。另一种是外调制器(external modulation)，在产生光源光辐射后再加载调制信号，采用晶体的电光、磁光和声光等效应调制光辐射，外调制器放于光源输出端的光路上。

除光源外，光发射机还有相应的光隔离器(防止光从光纤返回)，监视光电二极管(监视光源发射功率)，直流偏置电路，阻抗匹配电路，自动功率控制电路，温度控制系统(保持光源恒温工作)等，如图 9.7 所示。

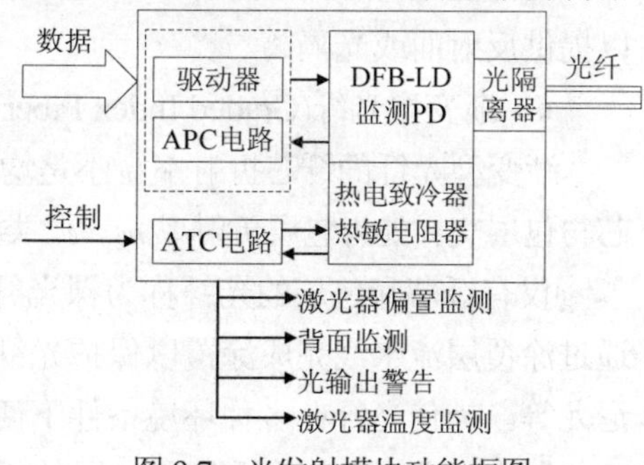

图 9.7　光发射模块功能框图

9.3.4　光纤

光纤由两种不同折射率的石英玻璃(SiO_2)在高温下拉制而成，通过光的全反射原理完成光信号传输，用作通信系统的传输介质，基本结构包括纤芯、包层、涂敷层，在纤芯和包层的界面必须实现光的全内反射，参见图 9.8。其中内层为纤芯，用于传输光信号；外层为包层，用于将光信号尽可能地封闭于纤芯中传输。

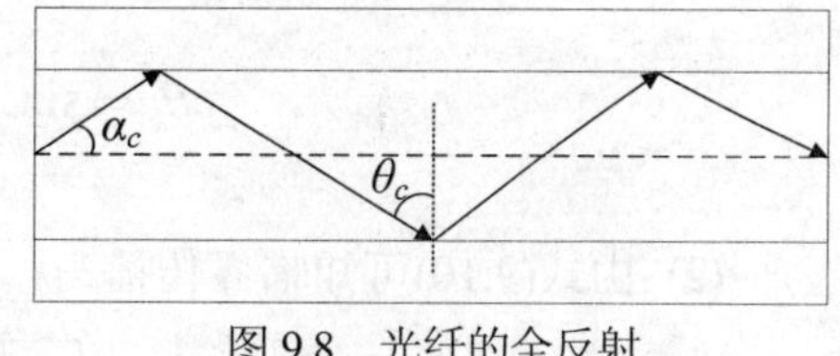

图 9.8　光纤的全反射

根据光的全反射原理，纤芯的折射率应略大于包层的折射率，一般在纤芯中掺入极少量的杂质(如 GeO_2)来实现。设全反射的临界入射角为 θ_c，临界传播角为 α_c，纤芯和包层的折射率分别为 n_1，n_2，则由光学计算公式知：

$$\sin\theta_c = \frac{n_2}{n_1} \tag{9.9}$$

图中 α_c 是光线发生全反射时与光纤纵向轴线之间的夹角。

$$\alpha_c = \sin^{-1}\sqrt{1-\left(\frac{n_2}{n_1}\right)^2} \tag{9.10}$$

为保证光在光纤内实现全反射，传播角必须满足：

$$\alpha \leqslant \alpha_c \tag{9.11}$$

按照光的传送模式的不同，可分为单模光纤和多模光纤。

- **单模光纤**(Single Mode Fiber，SMF)

光在单模光纤内传输时只有一种模式，外径 125μm，内径 9μm(用 B 表示)，用于长距离通信干路的信息传输，具体带宽和传输长度与设备有关。一般使用 1310nm 或 1550nm 波长的光进行传输。

- **多模光纤**(Multi Mode Fiber，MMF)

光在多模光纤内传输时有一种以上模式，常用的有两种多模光纤。一种外径 125μm，内径 50μm(用 A1a 来表示)；另一种外径 125μm，内径 62.5μm(用 A1b 来表示)。有效传输距离通常在 2 千米以内，传输波长一般为 850nm 或 1300nm。

根据纤芯折射率径向分布的不同，可分为突变型光纤和渐变型光纤。

- **突变型光纤**(Step Index Fiber，SIF)

突变型光纤的纤芯折射率 n_1 是一个常数，在纤芯与包层(折射率 n_2)的界面折射率发生突变，以提供反射面或光隔离。

- **渐变型光纤**(Graded Index Fiber，GIF)

渐变型光纤的纤芯折射率 n_1 不是均匀常数，而是随着半径的增加按一定规律逐渐减少，到纤芯与包层交界处为包层折射率 n_2。此类光纤频带较宽，适用于中容量中距离通信。

仅有纤芯和包层的光纤称为裸光纤。在光纤制造过程中，玻璃裸光纤从高温炉拉出后，要通过涂覆层流水线完成涂覆以保护光纤，涂覆层的主要成分有环氧树脂、丙烯酸酯、硅橡胶和尼龙等。为使光纤在多种环境条件下便于敷设施工，需要将光纤制成光缆。

【例 9.1】 某光纤纤芯和包层的折射率分别为 n_1=1.489 和 n_2=1.474，求(1) 临界入射角？(2) 临界传播角？

解：

(1) 由式(9.9)可知临界入射角：

$$\theta_c = \sin^{-1}\left(\frac{n_2}{n_1}\right) = \sin^{-1}\left(\frac{1.474}{1.489}\right) \approx 81.86°$$

(2) 由式(9.10)可知临界传播角：

$$\alpha_c = \sin^{-1}\sqrt{1-\left(\frac{n_2}{n_1}\right)^2} = \sin^{-1}\sqrt{1-\left(\frac{1.474}{1.489}\right)^2} \approx 8.14°$$

9.3.5　光接收机

光接收机的主要由光电检测器、放大器、信号恢复电路等组成，用于将接收到的微弱光信号转变为电信号，并经过放大和处理，恢复为原来的电信号形式。

根据信号不同，光接收机可分为模拟光接收机和数字光接收机。图 9.9 中示意了模拟光接收机的组成，

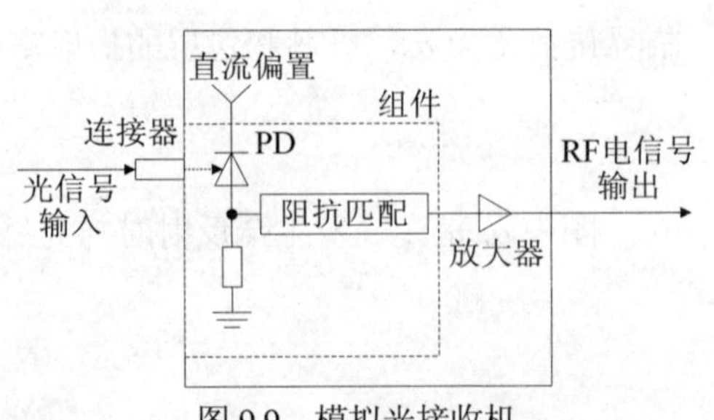

图 9.9　模拟光接收机

RF 表示模拟射频信号输出。其中，光接收机的核心是光电检测器(Photodiode，PD)，其工作机理基于德国物理学家海因里希・赫兹(Heinrich Rudolf Hertz)于 1887 年提出的半导体光电效应(Photoelectric Effect)，将光信号转变为电流信号。常用的光电检测器有两种：本征型光电二极管(Positive-Intrinsic- Negative，PIN 管)和雪崩型光电二极管(Avalanche Photo Diode，APD 管)。

光接收机的重要指标是灵敏度，指在满足给定信噪比或误码率的前提下，接收机接收最低微弱信号的能力，工程上常用指标是最低平均光功率 P_{min}，则灵敏度 S_r 表示为

$$S_r=10\lg P_{min} \tag{9.12}$$

式中，S_r 的单位为 dBm，P_{min} 的单位为 mW。

光接收机的另一重要指标是动态范围，指在满足给定信噪比或误码率的前提下，接收机的最低光功率 P_{min} 和最大允许光功率 P_{max} 之比，单位为 dB，则动态范围 D 表示为

$$D=10\lg\frac{P_{max}}{P_{min}} \tag{9.13}$$

9.3.6　光放大器

因为光纤的衰减特性，沿光纤传输一定距离后光信号会减弱，从而限制了光纤传输距离。通常，多模光纤无中继距离约为 20 千米，单模光纤无中继距离约 80 千米。为使信号传输更远的距离，就必须在传输中增强光信号。早期光纤通信中使用光-电-光再生中继器增强光信号，包括光电转换、电放大、再定时、脉冲整形和电光转换。

但当来自多个光发送器的光信号以不同比特率和不同格式发送到多个接收器时，传统中继器将无法使用，因此出现了光放大器。光放大器的原理如图 9.10 所示。相比传统中继器，光放大器可以放大任意比特率和任意格式的信号，并在一定波长范围内可同时放大多个不同信号。

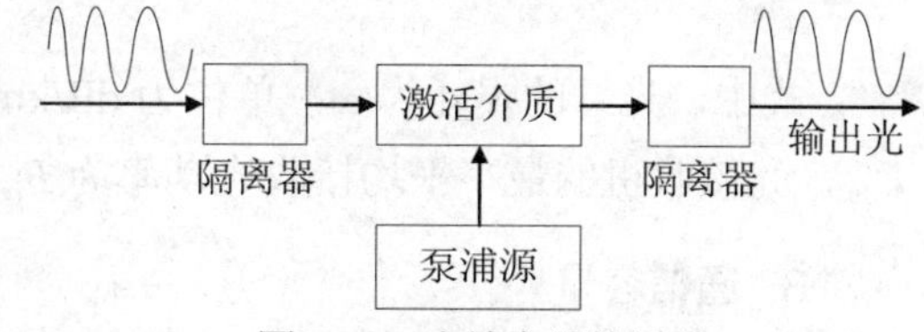

图 9.10　光放大器的原理

光放大器的工作机理是基于物理学家阿尔伯特・爱因斯坦(Albert Einstein)1917 年提出的受激辐射(Stimulated Emission)，可实现入射光功率放大。光放大器中存在着噪声积累，且无法消除色散对脉冲展宽，一般用于距离在 500~800 千米之间的信号传输，更远的距离则使用再生中继器。

9.3.7　光纤通信系统的主要性能指标

1. 比特率

比特率又称为信息速率，即每秒钟内信道上所传输的比特数，常用符号 B 表示，单位为比特/秒(b/s 或 bps)。假设输入光脉冲是宽度为 T 的矩形，到达接收端的延迟和展宽分别为 τ 和 $\Delta\tau$，为了识别相邻的两个脉冲，两个脉冲的间距应满足不小于 $2\Delta\tau$，输入光脉冲的间距也应不小于 $2\Delta\tau$。则最大比特率的计算式为

$$B_{max}=\frac{1}{2\Delta\tau} \tag{9.14}$$

多个不同光模式的存在而引起脉冲展宽称为模式色散(intermodal dispersion)或模间色散，设光纤的长度为 L，光在折射率为 n_1 的纤芯中传输速率为 v，包层的折射率为 n_2，真空中的光速

为 c，最低模式(或零级模式)沿光纤中心轴线到达输出端所需时间为：

$$t_0 = \frac{L}{v} \tag{9.15}$$

最高模式(光在光纤中以临界角传播)所需时间为：

$$t_c = \frac{L}{v\cos\alpha_c} \tag{9.16}$$

式中，$\cos\alpha_c = n_2/n_1$。

则脉冲展宽时间：

$$\Delta\tau = t_c - t_0 = \frac{L}{v}\left(\frac{1}{\cos\alpha_c} - 1\right) = \frac{Ln_1}{c}\left(\frac{n_1 - n_2}{n_2}\right) \tag{9.17}$$

光纤色散是影响比特率的主要原因。为此，提出了多种类型的光纤和色散补偿技术，如渐变折射率光纤、色散补偿光纤等。

2. 传输距离

光纤的传输距离指标常指中继距离。限制光纤传输距离的两大主因是光纤的衰减和色散，它们对传输距离的影响情况还与工作波长和比特率有关。若仅考虑光纤损耗，则光纤中光信号的最大传输距离 L 为：

$$L = -\frac{10}{\alpha_f}\lg\frac{P_{out}}{P_{rec}} \tag{9.18}$$

式中，光纤的损耗为 α_f，单位为 dB/km，包括熔接和连接损耗；光源最大平均输出功率为 P_{out}，光接收机的最小平均接收光功率为 P_{rec}，两者单位均为 mW。

3. 通信容量

光纤通信系统的通信容量通常表示为比特率-距离积 BL，单位是(Mbit/s)·km，其中系统传输信息的比特速率为 B，中继距离为 L。通信容量也可以表示为带宽-距离积，单位是 MHz·km。通信容量大小与光纤的类型、工作波长、激光器类型等因素都有关。波长 850nm 的阶跃折射率多模光纤 BL 积在 50(Mbit/s)·km 左右，适合短距离的低速率传输。波长 1550nm 的色散位移光纤系统的 BL 积则可高达 1600(Gbit/s)·km。

【例 9.2】 某阶跃折射率光纤的纤芯和包层的折射率分别为 n_1=1.483 和 n_2=1.468，若仅考虑模式色散，(1) 求每公里长度的脉冲展宽；(2) 若输入光的脉冲宽度 T 与模式色散产生的展宽 $\Delta\tau$ 相比可忽略不计，求可传输光脉冲的最大比特率。

解：

(1) 利用式(9.17)，光纤长度单位为 km，光速单位为 km/s，则有

$$\Delta\tau = \frac{Ln_1}{c}\cdot\frac{n_1 - n_2}{n_2} = \frac{1\times1.483}{3\times10^5}\cdot\frac{1.483-1.468}{1.468} \approx 5.05\times10^{-8}(\text{s}) = 50.5(\text{ns})$$

即每传输 1km 后光脉冲的宽度扩展了 50.5ns。

(2) 可求得最大比特率：

$$B_{\max}=\frac{1}{2\Delta\tau}=\frac{1}{2\times5.05\times10^{-8}}\approx9.9\times10^{6}\text{ bps}$$

9.3.8　FDDI 协议

光纤分布式数据接口(Fiber Distributed Data Interface，FDDI)是美国国家标准学会(American National Standards Institute，ANSI)制定的用于光缆中传输数字信号的一组协议。尽管 FDDI 逻辑上基于令牌环(Token Ring-Based)架构，但并非以 IEEE 802.5 协议为基础定义的，而是源自 IEEE 802.4 Token Bus 协议。

FDDI 以光缆作为传输介质，是 200km 内局域网的光缆数据传输标准，支持长距离传输，并且支持多用户，数据传输速率可达 100Mbit/s。FDDI 的技术规格有 FDDI-I 和 FDDI-II，通常 FDDI 指的是前者。采用五类双绞线为传输介质的 FDDI 称为铜线分布式数据接口(Copper Distributed Data Interface，CDDI)。FDDI 用于令牌传递的双环网络拓扑结构，两环方向相反(如一条发送用，一条接收用)，可在 100km 以上的距离支持 500 台计算机。

9.3.9　光纤传输的波动理论

光纤传输理论除前面章节提到的几何光学法，还有麦克斯韦波动方程法(Maxwell wave equations)。传统几何光学方法可提供光纤中光传播的直观图像，但只能提供近似的传输特性。如要更准确地获得光纤的传输特性，必须用电磁理论分析光纤传输的电磁场分布性质。表 9.2 比较了几何光学与波动理论。

表 9.2　几何光学与波动理论

	几何光学	波动理论
使用条件	$\lambda \ll d$	$\lambda \sim d$
适用光纤	多模光纤	单模和各种光纤
基本方程	射线方程，粒子性	波动方程，波动性
研究内容	光线轨迹	模式分布

基于麦克斯韦方程组并分离电矢量与磁矢量，可得到只与电场强度 $E(x,y,z,t)$有关的方程式，和只与磁场强度 $H(x,y,z,t)$有关的方程式。假设光纤为无损耗，在光纤中传播的单色光角频率为 ω，电磁场与时间 t 的关系为 $\exp(j\omega t)$，则波动方程为：

$$\nabla^2\vec{E}+n^2k_0^2\vec{E}=0 \tag{9.19}$$

$$\nabla^2\vec{H}+n^2k_0^2\vec{H}=0 \tag{9.20}$$

(9.19)、(9.20)两式为电磁矢量的亥姆霍兹方程(Helmholtz equation)，真空中的波数为 k_0：

$$k_0=\frac{\omega}{c}=\frac{2\pi}{\lambda}$$

从而可得到光纤波动理论的最基本方程，这是一个典型的本征方程：

$$\nabla_t^2 \begin{bmatrix} \vec{E}(x,y) \\ \vec{H}(x,y) \end{bmatrix} + (k_0^2 n^2 - \beta^2) \begin{bmatrix} \vec{E}(x,y) \\ \vec{H}(x,y) \end{bmatrix} = 0 \tag{9.21}$$

其中，相移常数(或传播常数)为 β。当波导的边界条件给定时，求解波导的场方程可得本征解 β 和相应的本征值。一般将本征解 β 称为**模式**，相应的场称为**模式场**。

9.4　光量子计算机

9.4.1　普朗克黑体辐射理论

光量子也称为**光子**(photon)，类似于牛顿力学“质点”概念，光子既有能量也有动量，频率为 υ、传播矢量为 $\vec{k}$ 单色光波，其能量 ε 和动量 $\vec{p}$ 是某一个值的整数倍，能量 ε 最小值正比于光频率 υ，动量 $\vec{p}$ 最小值正比于波矢 $\vec{k}$：

$$\varepsilon = h\upsilon \tag{9.22}$$

$$\vec{p} = \hbar\vec{k} \tag{9.23}$$

其中 h 为**普朗克常数**(Planck's constant)，2017 年美国国家标准技术研究所(National Institute of Standards and Technology，NIST)的研究者得出了普朗克常数的最新精确测定，h=6.626 069 934 ×10^{-34}J · s。$\hbar$ (h-bar)为**约化普朗克常量**或**合理化普朗克常量**(reduced Planck constant)，或者**狄拉克常数**(Dirac constant)，$\hbar = h/2\pi$ =1.054 571 800×10^{-34}J · s/rad，为角动量的最小衡量单位。

1900 年 12 月 14 日在柏林的物理学会上，德国著名物理学家、量子力学的重要创始人之一路德维希 · 普朗克(Max Karl Ernst Ludwig Planck)发表了论文《论正常光谱的能量分布定律的理论》，提出了著名的普朗克公式。国际上普遍认为这一天是量子物理学诞生的日子，黑体辐射也是光量子最早的实验证据。黑体(blank body)其实是一种假想的物体，可以完全吸收所有波长的电磁辐射。这样的物体现实中并不存在，相对于黑体，其他物体称为灰体(grey body)。**普朗克假设**：空腔中某模式(特定频率 υ)电磁波的能量为某一最小值的整数倍，如 $0\varepsilon, 1\varepsilon, 2\varepsilon, 3\varepsilon, \ldots, n\varepsilon, \ldots$，该最小值正比于光频率 υ，见式(9.22)。

根据玻耳兹曼分布(吉布斯分布)，在热平衡状态下该模式的电磁波具有 $n\varepsilon$ 能量概率：

$$P_n = C\exp\left(-\frac{n\varepsilon}{k_B T}\right) \tag{9.24}$$

所以平均能量为：

$$\overline{\varepsilon} = \sum_{n=0}^{\infty} \varepsilon P_n \tag{9.25}$$

在 $\upsilon \to \upsilon + d\upsilon$ 频率范围内的模式数目为 $\rho_\upsilon d\upsilon = (8\pi\upsilon^2 / c^3)d\upsilon$，则 $\upsilon \to \upsilon + d\upsilon$ 范围内的能量为：

$$\rho_\upsilon d\upsilon = (8\pi\upsilon^2 / c^3)d\upsilon\overline{\varepsilon} \tag{9.26}$$

由概率归一化条件 $\sum_{n=0}^{\infty} P_n = 1$ 求出常数 c。可得到单位频率间距内的能量频率分布：

$$\rho_{\upsilon}=\frac{8\pi\upsilon^3 h}{c^3}\frac{1}{\exp(h\upsilon/k_B T)-1} \tag{9.27}$$

如代入普朗克常数值，式(9.27)得到的频率分布函数和实验曲线正好符合。普朗克把能量不能再分的最小能量称为**量子**(quantum)。

9.4.2 爱因斯坦光电效应方程

普朗克假说与电磁场理论相差甚远，虽然能够很好解释空腔黑体辐射，但在当时极少有物理学家能接受如此一个假说。连普朗克本人也以为该假说只适用于空腔壁上原子振子。然而 1905 年，爱因斯坦(Albert Einstein)发表量子论和光量子假说，指出普朗克假说可以解释光电效应。

光电效应(Photoelectric Effect)指金属表面被光照射时能发射电子的现象。1887 年德国物理学家赫兹(Heinrich Rudolf Hertz)发现，金属表面被紫外光照射时有电子逸出。德国实验物理学家勒纳(Lenard Philipp)的实验表明，改变金属表面入射光的强度，而不改变光频率，则发射电子的动能不变。1905 年，勒纳由于对阴极射线的研究成果获得诺贝尔物理学奖。

实验发现，当入射光光强一定且频率一定时，光电流和两极间电压的关系如图 9.11 所示。实验中重要发现之一是光电流饱和现象，即光强一定时，光电流不再增加，而是达到一饱和值，说明此时单位时间内从阴极逸出的光电子已经被阳极全部接收了。而且，饱和电流正比于光强 I，即单位时间从阴极逸出的光电子数量与入射光强 I 成正比。实验中重要发现之二是截止电压现象，即当加速电压减小到零甚至变负时，光电流并不为零，只有当反向电压等于某个值时光电流才为零，该电压值 V_c 称为截止电压(遏止电压)，意味着此时从阴极逸出的最快的光电子也无法到达阳极了。所以电子最大初动能为：

$$\frac{1}{2}mv_m^2=eV_c \tag{9.28}$$

实验表明，截止电压 V_c 与入射光频率 υ 和阴极金属性质都有关(如图 9.12 所示)，其关系为：

$$V_c=K\upsilon-V_0 \tag{9.29}$$

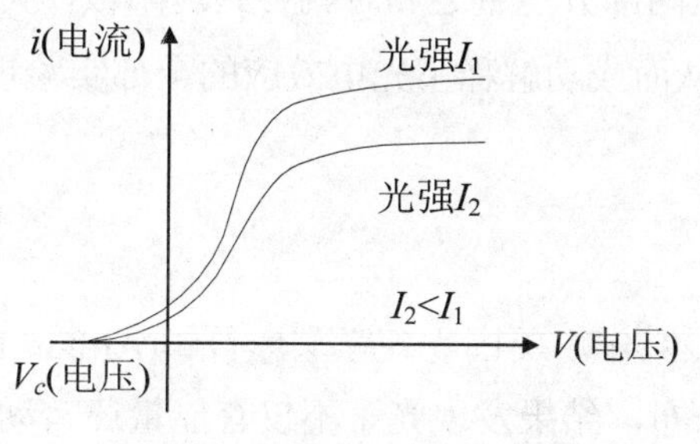

图 9.11　光电效应的 i-V 曲线

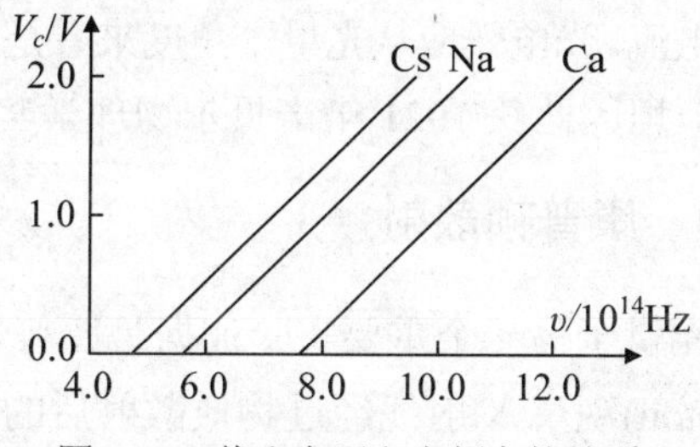

图 9.12　截止电压和光频率的关系

其中，K 是一个与金属种类无关的普适常数，V_0 决定于金属性质。电子最大动能：

$$\frac{1}{2}mv_m^2=eK\upsilon-eV_0 \tag{9.30}$$

图 9.12 中直线与横轴的交点用 υ_0 表示，称为光电效应的**极限频率**(threshold frequency)或**截止频率**，相应波长称为**极限波长**。当入射光频率大于 υ_0 时，$V_c \geqslant 0$，电子可以逸出金属表面并形成光电流。要使某金属产生光电效应，需要使入射光频率大于其相应的极限频率 υ_0。不同金属有不同的极限频率，几种金属的 υ_0 值如表 9.3 所示。

表 9.3　几种金属的极限频率

金属	钠 Na	钾 K	钙 Ca	锌 Zn	铷 Rb	铯 Cs	钨 W
极限频率 $\upsilon_0/10^{14}$Hz	5.53	5.44	7.73	8.065	5.15	4.69	10.95
逸出功 W_0/eV	2.29	2.25	3.20	3.34	2.13	1.94	4.54

由于红光频率较低，波长较长，而蓝绿光频率较高，波长较短，因此经常把频率较低、波长较长的情况冠以“红”(Red)字，而频率较高、波长较短的情况则冠以“蓝”(Blue)字。例如红移(Red Shift)和蓝移(Blue Shift)，分别表示波长向长波方向和短波长方向移动；原子与光相互作用时，光源的频率低于原子频率称为红失谐(Red Detune)，高于原子频率称为蓝失谐(Blue Detune)。

光电效应现象也不符合电磁场理论。按照电磁场理论，截止电压应该决定于入射光强，与光频率无关，即入射光强越强，金属表面电子吸收的光能量越强，越容易挣脱金属束缚跑出表面，初始动能也越大，越容易克服反向电压到达阳极。

为解释光电效应，爱因斯坦基于普朗克能量子假设进一步提出了**光量子假说**：假设一束光是以光速运动的粒子流，这些粒子称为光量子，光量子不能再分割，只能整个地被吸收或产生出来；频率为 υ 的每一个光量子所具有的能量为 $h\upsilon$。

按照光量子假说和能量守恒定律，当金属中一个电子从入射光中吸收一个光量子后，获得能量 $h\upsilon$，若 $h\upsilon$ 大于该金属的电子逸出功 W_0，该电子就可以从金属中逸出，有

$$E_k = h\upsilon - W_0 \tag{9.31}$$

这就是**爱因斯坦光电效应方程**，式中 $E_k = \frac{1}{2}m\upsilon_m{}^2$ 是光电子的最大初动能。爱因斯坦假设，金属表面的电子吸收一个光量子的能量 $h\upsilon$，一部分用于克服金属表面约束 eV_c，另一部分用于克服反向电场 $e\phi$。当电子动能大于或至少等于这两部分能量之和时就可到达阳极，从而产生光电流。光电效应从光量子角度来看是很自然的，从而成功解释了光电效应的全部实验现象，爱因斯坦因此获 1921 年诺贝尔物理学奖。

9.4.3　康普顿散射

光量子另一个重要实验证据是康普顿散射。1923 年，美国物理学家康普顿(Arthur Holly Compton)观察 X 射线经过物质散射后的光的角度分布，结果发现光子不仅有能量还有动量。康普顿效应的实验装置如图 9.13 所示，一束单色 X 射线经过光阑射出后被某种物质(如石墨体)所散射，通过布拉格晶体的反射来测量散射光波长，并用探测器(如电离室)来测量散射光的强度。

实验结果总结如下：波长为 λ_0 的入射光沿不同方向的散射光中，除原波长 λ_0 外都出现了波

长 $\lambda>\lambda_0$ 的谱线；当散射角 θ 增加，波长差 $\Delta\lambda=\lambda-\lambda_0$ 随之增加，波长 λ 的谱线强度随之增加，而原波长的谱线强度随之减小；在同一散射角 θ 下，$\Delta\lambda$ 与散射物质无关；当散射物质原子序数增加，原波长 λ_0 的谱线强度随之增加，而波长 λ 的谱线强度随之减小。

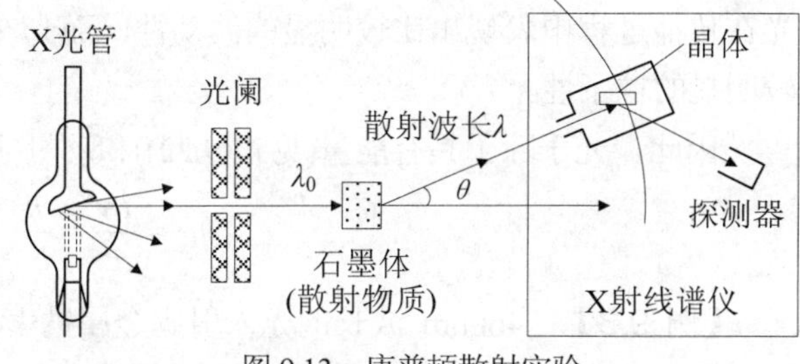

图 9.13　康普顿散射实验

上述现象称为**康普顿效应**(Compton Effect)，康普顿因此效应与英国的威尔逊一起获得 1927 年诺贝尔物理奖。这种 X 射线的散射效应完全不同于光学中的瑞利散射(Rayleigh Scattering，分子散射)。瑞利散射由 1904 年诺贝尔物理学奖得主、英国物理学家瑞利(John William Strutt)在 1900 年发现，是一种共振吸收和再发射的过程，散射波频率与入射波频率总是相同。但在康普顿散射中却出现了与入射波不同的频率。

假设散射原子中的电子是自由和静止的，康普顿散射则是 X 射线中的光子与自由电子间的弹性碰撞过程，其能量和动量守恒的方程为：

$$\begin{cases} h\upsilon_0 + m_0c^2 = h\upsilon + mc^2 \\ \vec{p}_0 = \vec{p} + m\vec{v} \end{cases} \tag{9.32}$$

式中，υ_0 和 υ 分别是碰撞前后光子频率，$\vec{p}_0$ 和 $\vec{p}$ 分别是碰撞前后光子动量。如果光波矢为 $\vec{k}$，则光子的动量为：$\vec{p}=\hbar\vec{k}$。式中 m_0 为电子静止质量，$m=m_0/\sqrt{1-v^2/c^2}$ 为相对论质量。动量守恒关系如图 9.14 所示。

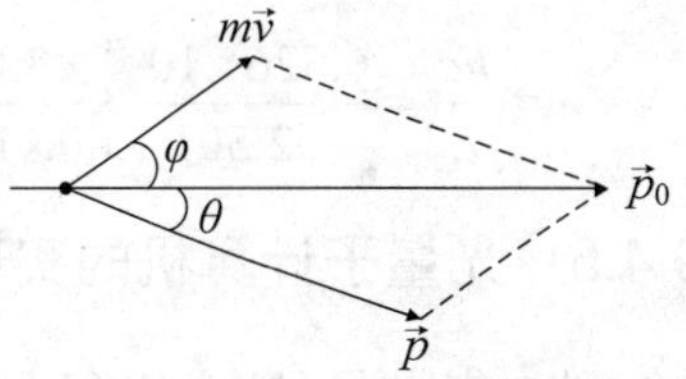

图 9.14　康普顿散射中的动量守恒关系

由动量和能量守恒公式，可得：

$$\Delta\lambda = 2\lambda_c \sin^2(\theta/2) \tag{9.33}$$

其中 $\lambda_c=h/m_0c=0.002426\text{nm}$，称为**康普顿波长**(Compton Wavelength)，是一个有长度量纲的物理量。式(9.33)表明，$\Delta\lambda$ 与物质和原波长 λ_0 都无关，它随散射角 θ 的增大而增大。光量子理论从定性和定量上都很好地解释了康普顿散射的所有实验结果。

9.4.4　光的波粒二象性

黑体辐射和光电效应揭示了光子能量与频率的关系，康普顿效应揭示了光子动量与波长的关系。但是随着量子力学和量子光学的发展，进一步揭示了光的量子学说和光的微粒学说的关系，即光具有波粒二象性(Wave-Particle Duality)。在量子力学双缝实验里，用光 a 照射一块内部刻出两条狭缝 b、c 的不透明挡板，在挡板的后面，设置了照相底片或侦测屏，如图 9.15 所示。

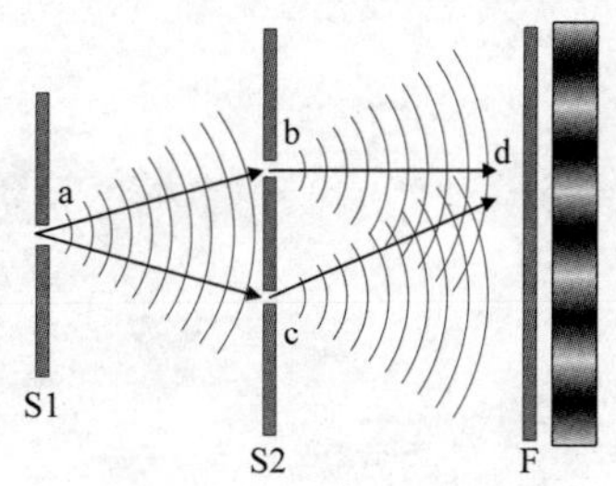

图 9.15　光的双缝实验

光波的波动性质使得通过两条狭缝 b、c 的光波互相干涉，在照相底片或侦测屏上显示出明暗交替的条纹，这就是著名的双缝实验干涉图案。然而，实验中又发现，光波总是以一颗颗粒子的形式抵达照相底片或侦测屏。

光在传播过程中表现出比较明显的波动性，而光在与物质相互作用时(如发射和吸收)表现出比较明显的粒子性。

因此，光子除了具有能量(见式(9.22))和动量(见式(9.23))，还具有质量：

$$m = \frac{h\nu}{c^2} = \frac{h}{c\lambda} \tag{9.34}$$

【例 9.3】 460nm 波长的光入射到金属钠表面。求：(1) 光子的能量和动量；(2) 光电子的逸出动能；(3) 若光子的能量为 2.50eV，求其波长为多少？

解：(1) 由式(9.22)，得光子能量为

$$\varepsilon = h\upsilon = \frac{hc}{\lambda} = \frac{6.626\times10^{-34}\times3\times10^{8}}{460\times10^{-9}} \approx 4.32\times10^{-19}\ \mathrm{J} = \frac{4.32\times10^{-19}}{1.60\times10^{-19}}\mathrm{eV} = 2.70\,\mathrm{eV}$$

由式(9.23)，得光子的动量为

$$\vec{p} = \frac{h}{\lambda} = \frac{\varepsilon}{c} = \frac{4.32\times10^{-19}}{3\times10^{8}} = 1.44\times10^{-27}\ \mathrm{kg\cdot m\cdot s^{-1}} = 2.70\,\mathrm{eV}/c$$

(2) 查表 9.3，金属钠的逸出功 W_0=2.29eV，由式(9.31)，得光电子的初动能为：

$$E_k = h\upsilon - W_0 = 2.70 - 2.29 = 0.41\,\mathrm{eV}$$

(3) 如果光子能量为 2.50eV，则波长为：

$$\lambda = \frac{hc}{E} = \frac{6.626\times10^{-34}\times3.00\times10^{8}}{2.50\times1.60\times10^{-19}} = 4.9695\times10^{-7}\ \mathrm{m} = 496.95\,\mathrm{nm}$$

9.4.5 光量子计算机的实现

光的某些量子特性与经典理论完全不同，包括测不准原理、非局域性、纠缠特性等。20 世纪初光量子特性的早期实验促进了量子力学的建立和发展，量子力学的发展又导致了激光技术的诞生，激光技术的发展进一步深化了量子科学的发展。

2017 年 5 月 3 日，中国科学技术大学潘建伟院士宣布中国科研团队成功构建了光量子计算机，首次成功实现了十个超导量子比特纠缠，演示了超越经典计算机的量子计算能力(见图 9.16)。光量子计算机是基于光量子效应而制成的计算机，其数值计算、逻辑门和体系结构完全不同于前面章节所述的经典计算机，详见下一章节介绍。

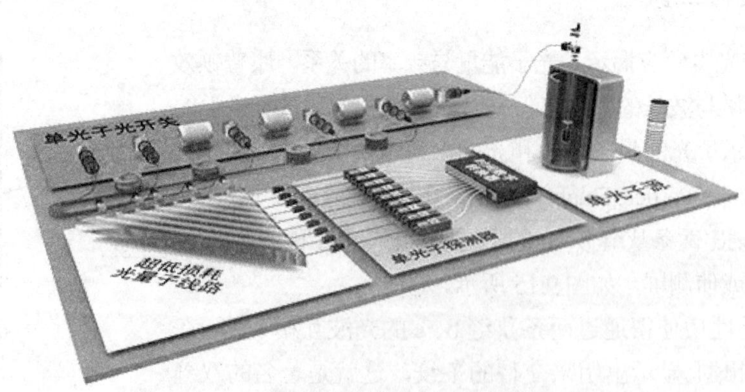

图 9.16　中科院研制的光量子计算原型机

习　题　9

9.1　某光纤在波长 1310nm 的损耗为 0.5dB/km，在波长 1550nm 的损耗为 0.3dB/km。若有两种光信号同时进入光纤：波长 1310nm 的 200μW 光信号，和波长 1550nm 的 150μW 光信号。试求该两种光信号在 10km 和 30km 处的功率各为多少？

9.2　钾的光电效应极限波长为 $\lambda_0 = 6.2\times10^{-7}$m，波长 4.0×10^{-7}m 的紫外线入射下，求：(1) 电子的逸出功？(2) 截止电压为多少？(3) 电子的初速度为多少？

第10章　量子计算机

内容提要：本章简要介绍量子计算机，内容包括量子态和量子编码非经典特性、量子位与量子逻辑门、量子算法、量子通信、量子加密、量子计算机的物理实现。

本章重点：量子位与量子逻辑门、量子算法、量子加密。

10.1　量子计算机概述

量子计算机(Quantum Computer)是遵循量子力学规律运行的物理装置，能够进行高速算术与逻辑运算、存储和处理量子信息。量子计算机的概念起源于对可逆计算机的研究。**可逆计算**(Reversible Computing)能够恢复和重新利用丢失的数据以减少计算机的能耗。20 世纪 60 年代，人们发现导致计算机芯片发热的原因是计算过程中的不可逆操作导致的能耗。计算过程是否必须要用不可逆操作才能进行呢？答案是否定的，所有经典计算机在不影响运算能力的前提下，都可以找到一种对应的可逆计算机。

如果每一步操作都可以改为可逆操作，就可以表示为量子力学中的一个幺正变换。**幺正变换**(Unitary Transformation)是使用幺正算符进行的变换，包括对表象的变换和对算符的变换。在量子力学中，用波函数表示一个物理体系的**状态**(state)，对波函数进行任意线性叠加仍然是该体系的可能状态。**算符**(operator)是一个作用于物理系统状态的函数，可以把一个物理态变换为另一个物理态。**表象**(representation)是状态和算符的不同表示形式。幺正变换具有两个重要性质：它不改变算符的本征值，也不改变矩阵的迹。设算符 $\hat{F}$ 在表象 A 和表象 B 中的本征值方程分别为 $F_A a = \lambda a$ 和 $F_B b = \lambda' b$，而本征值是在相应本征态中测量力学量 $\hat{F}$ 所得数值，与表象的选取及表象变换无关，即本征值 $\lambda = \lambda'$。矩阵 A 的对角线元素之和称为矩阵的迹，即 $SpA = \sum_n A_{nn}$，经过幺正变换后，矩阵 A 变为 A'，即 $A' = S^{-1}AS$，则矩阵的迹 $SpA' = SpA$。

美国物理物学家理查德·菲利普斯·费曼(Richard Phillips Feynman)不仅是生物计算机研究的先驱，也是量子计算机研究的先驱，他因在量子电动力学方面的贡献获得 1965 年诺贝尔物理学奖。费曼设想如果用量子系统建造计算机来模拟量子现象，则可大幅度减少运算时间。1982 年，他在一个公开的演讲中提出用量子体系来实现通用计算。1985 年，英国物理学家大卫·杜斯(David Deutsch)提出了量子图灵机(Turing Machine)模型。

1994 年，美国 Bell 实验室的彼得·秀尔(Peter Shor)提出量子质因子分解算法，可以破解和威胁银行、网络等领域常用的 RSA 加密算法，从而掀起了量子计算机研究热潮。Shor 还证明量子计算机能以比传统计算机快得多的速度完成对数运算，因为量子同时表示多种状态，而不像半导体只能记录 0 或 1。所以，1024 位元的电子计算机花数十年才能解决的问题，一台 40 位元的量子计算机只需要很短时间就能解开。1996 年，美国 Bell 实验室的格罗弗(Lov Grover)提出了一个搜索算法，能够把搜索步数从经典的 n 步减少到 $\sqrt{n}$ 步，仅需要 $O(\log N)$ 的存储空间，并以接近 1 的概率查找出来，可以破译 DES 密码体系。

10.2　量子态和量子编码非经典特性

10.2.1　量子态的描述——波函数和量子态叠加原理

20 世纪初物理学研究深入到微观领域，揭示了微观粒子不同于经典粒子，具有粒子和波的双重性质，即**波粒二象性**(Wave-Particle Duality)。用坐标和动量描述微观粒子运动的经典物理学方法不再适用。

“薛定谔的猫”(见图 10.1)是由奥地利物理学家埃尔温 •薛定谔(Erwin Schrödinger)于 1935 年提出的关于猫生死叠加的著名实验，把微观领域的量子行为推演到了宏观领域。实验过程如下：在一个盒子里有一只猫，设置了动作机关和少量放射性物质。放射性物质有 50%的概率会衰变并释放出毒气杀死这只猫，同时放射性物质有 50%的概率不会衰变而猫将活下来。

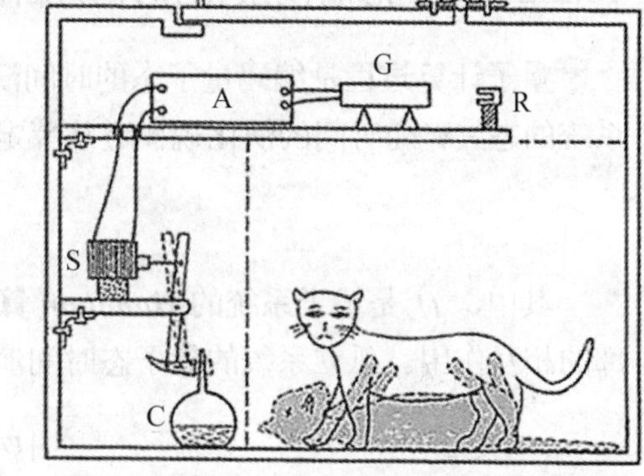

图 10.1　薛定谔的猫

在经典物理学中，在盒子里必然只能发生这两个结果之一，而只有打开盒子外部观测者才能知道这只猫是生是死。在量子物理学中，当盒子处于关闭状态时，整个系统一直保持猫生死叠加的不确定性波态，只有在外部观测者打开盒子观测时，物质以粒子形式表现后才能确定这只猫是生是死。

1926 年，薛定谔提出用波动方程描述微观粒子运动状态，即薛定谔方程(Schrödinger equation)，奠定了波动力学的基础，和狄拉克(Paul Dirac)共获 1933 年诺贝尔物理学奖。量子力学系统的运动状态使用波函数$\psi(\bar{x},t)$表达，量子计算机是用量子系统状态的波函数$\psi(\bar{x},t)$来编码信息的计算机。量子系统状态满足和经典物理态本质上完全不同的量子态叠加原理。若一个量子系统状态$|\psi\rangle$可能是$|\psi_1\rangle$或可能是$|\psi_2\rangle$，在态$|\psi\rangle$保持不被破坏的情况下，没有任何物理方法可以确定$|\psi\rangle$态究竟是$|\psi_1\rangle$还是$|\psi_2\rangle$，这时系统所处的态$|\psi\rangle$就是$|\psi_1\rangle$和$|\psi_2\rangle$这两个态的叠加态：

$$|\psi\rangle = \alpha|\psi_1\rangle + \beta|\psi_2\rangle \tag{10.1}$$

其中，$|\ \rangle$为用于表示量子态的 **Dirac** 符号，α、β是两个复常数。假设$|\psi_1\rangle$、$|\psi_2\rangle$互相正交，且都已均一化，则波函数$|\psi\rangle$满足归一化条件$|\alpha|^2+|\beta|^2=1$。

量子态叠加原理是量子计算机能够实现大规模并行计算的物理基础。在量子计算中，具有两个线性独立状态的量子系统称为一个量子位(qubit)。一个量子位的两个线性独立状态分别记为$|0\rangle$、$|1\rangle$，则量子位能够处于$|0\rangle$、$|1\rangle$的叠加态：

$$|\psi\rangle = \frac{1}{\sqrt{2}}(|0\rangle + |1\rangle) \tag{10.2}$$

在该叠加态中，$|0\rangle$、$|1\rangle$出现的概率是相等的，意味着态$|\psi\rangle$中既包含态$|0\rangle$的信息，也包含态$|1\rangle$的信息。若使用这两个量子位构成一个量子系统，那么该系统可以处于$|0\rangle|0\rangle$、$|0\rangle|1\rangle$、

$|1\rangle|0\rangle$、$|1\rangle|1\rangle$四个态的叠加态中，$\{|0\rangle|0\rangle, |0\rangle|1\rangle, |1\rangle|0\rangle, |1\rangle|1\rangle\}$四种不同的信息在叠加态中能各以一定概率同时存在。

类似推广到 n 个量子位系统态空间构成的 2^n 维 *Hilbert* 空间，取其 2^n 个基为 $\{|i\rangle\}$，其中 i 为一个 n 位二进制数串。可以在 n 个量子位的系统中制备出一般态：

$$|\psi\rangle = \sum_{i=0}^{2^n-1} c_i |i\rangle \tag{10.3}$$

其中，$|\psi\rangle$ 中同时包含 2^n 个基态的信息，能够同时编码 2^n 个二进制数。

10.2.2　量子态时间演化和计算操作

量子计算过程是编码量子态的时间演化过程，遵循量子力学的第三条基本假设：孤立量子系统的态矢 ψ 随时间的演化规律遵从薛定谔方程(Schrödinger equation)：

$$i\hbar\frac{\partial\psi}{\partial t} = \hat{H}\psi \tag{10.4}$$

其中，$\hat{H}$ 是量子系统的 ***Hamilton* 算子**(Hamilton operator)，在孤立系统中仅决定于系统内部的相互作用。孤立系统的量子态时间演化可用时间演化算子 $\hat{U}$ 来描述：

$$|\psi(t)\rangle = \hat{U}(t,t_0)|\psi(t_0)\rangle \tag{10.5}$$

时间演化算子 $\hat{U}(t,t_0)$ 将系统从 t_0 时刻的态 $|\psi(t_0)\rangle$ 变换为 t 时刻的态 $|\psi(t)\rangle$。将式(10.5)代入式(10.4)，可知时间演化算子满足以下方程：

$$i\hbar\frac{\partial\hat{U}}{\partial t} = \hat{H}\hat{U} \tag{10.6}$$

在算子不显式包含时间的情况下，利用初始条件 $\hat{U}(t,t_0)=1$，可得式(10.6)的解：

$$\hat{U}(t,t_0) = e^{-i\hat{H}(t-t_0)/\hbar} \tag{10.7}$$

由量子力学可知，$\hat{H}$ 是**线性 *Hamilton* 算子**(Hamilton operator)，即 $\hat{H}^+ = \hat{H}$，所以时间演化算子 $\hat{U}$ 满足**幺正算子(酉算子)**(Unitary operator)条件：

$$\hat{U}\hat{U}^+ = \hat{U}^+\hat{U} = \mathrm{I} \tag{10.8}$$

因此 *Hamilton* 算子与时间无关的孤立量子系统的时间演化为幺正变换。

10.2.3　量子纠缠现象

量子纠缠现象是量子态叠加原理引起的一个新的、经典物理没有的现象。1982 年，法国物理学家艾伦・爱斯派克特(Alain Aspect)的实验小组成功地通过实验证实了微观粒子的量子纠缠现象。

设电子自旋向上态为 $|0\rangle$，电子自旋向下态为 $|1\rangle$，有两个电子处于自旋单态：

$$|\psi\rangle = \frac{1}{\sqrt{2}}(|01\rangle - |10\rangle) \tag{10.9}$$

其中，电子 1 和电子 2 按从左到右位置顺序排列，不使用区分电子的编号。在量子力学中，

式(10.9)描述的态具有以下四个特征：①不确定性，在这个态$|\psi\rangle$中，电子 1 或电子 2 的自旋都不具有确定值；②纠缠性，若对态$|\psi\rangle$观测电子 1 的自旋，将有概率 50%测得自旋向上(向下)态，同时态$|\psi\rangle$坍缩为态$|01\rangle$或($|10\rangle$)，并在观测结束后，电子 2 立刻得到了与电子 1 相关的确定的自旋向上(向下)态；③对易性，若对态$|\psi\rangle$观测电子 2 的自旋，也会获得与②类似的结论；④超距性，上述结论和两个电子在空间的距离没有关系。

上述现象称为**量子纠缠**，式(10.9)中的态就是一个**纠缠态**(entangled state)。量子纠缠说明发生过相互作用的两个(以上)量子系统，可能构成一种具有特殊量子态的复合系统，并且复合系统的性质是完全确定的，但每个子系统都没有确定的性质。复合系统中的各个子系统性质存在与距离无关的、不可分割的联系，观测其中一个子系统会瞬时引起另一个子系统态的变化。

10.2.4　量子非克隆定理

克隆(clone，cloning)指原来系统的量子态没有改变时，而在另一个物理系统中复制出一个完全相同的量子态。在经典计算中是可以克隆经典编码态的，然而却无法严格复制一个未知的量子态。这就是**量子非克隆定理**(no-cloning theorem)：一个未知量子态不可能被完全复制。孤立量子系统的演化是幺正变换，而任意一个量子系统总是可以将与之相互作用的其他系统或环境都合并进来形成一个新的孤立系统。量子态非克隆定理表明，找出普适量子克隆机去完全拷贝未知量子态是不可能。

换个角度看，若有一个量子位处于未知态$|\psi\rangle$，并有一个量子克隆机可以得到该态$|\psi\rangle$足够多的完全拷贝，就能够对这些完全拷贝态进行足够的重复测量，以任意精度测出像$\hat{\sigma}_x$、$\hat{\sigma}_y$、$\hat{\sigma}_z$这类不对易力学量，而显然违反了量子力学不确定性原理。

10.3　量子位与量子逻辑门

10.3.1　量子位

1. 量子位的实现

一个物理系统要实现(充当)一个量子位，应当具备两个条件：①具有经典上互斥(互相正交)的两个态，能够编码为$|0\rangle$、$|1\rangle$；②能够制备处于这两个态的叠加态的系统。Feynman 的态叠加原理，在这个叠加态不被破坏的前提下，没有任何物理手段能够确定或区分该系统究竟处在$|0\rangle$态还是$|1\rangle$态。

在量子信息学中，常用来实现量子位编码的物理系统有：

(1) 自旋角动量等于(1/2)$\hbar$的粒子(如电子)。在恒定磁场$\vec{B}$中(通常$\vec{B}$沿 z 轴方向)，粒子自旋沿$\vec{B}$方向投影存在向上、向下两个线性独立状态，且两个状态能量取值均为：

$$E=-\vec{\mu}_s\bullet\vec{B}=\pm\frac{e\hbar}{2m}B_z \tag{10.10}$$

其中，m 是自旋粒子的质量，$\vec{\mu}_s$是粒子自旋磁矩。

(2) 用原子或离子内部的基态(能量记为E_0)和第一激发态(能量记为E_1)编码一个量子位，一般分别编码为$|0\rangle$和$|1\rangle$。原子在稳定情况下通常处在基态。选择圆频率为这两态能量差

$E_1 - E_0$，并除以$\hbar$的辐射光照射时间，能够制备出原子或离子处于这两个态的线性叠加态：$\alpha|0\rangle+\beta|1\rangle$，$|\alpha|^2+|\beta|^2=1$。

(3) 由一个光子(photon)组成的光场或一般辐射场，用光子的偏振态编码量子位。通过Planck常数，光子能量ε和动量$\vec{p}$分别和光场频率υ和波矢$\vec{k}$相联系(见章节9.4)。光子以光速c运动，静止质量为零。光子有整数倍自旋角动量$\hbar$，沿波矢方向投影可以取两个值$\pm\hbar$，分别对应着左旋、右旋偏振光子，这两个态分别记为$|L\rangle$、$|R\rangle$，通过线性光学器件容易制备处在$|L\rangle$和$|R\rangle$叠加态的光子：

$$|x\rangle=\frac{1}{\sqrt{2}}(|R\rangle-|L\rangle),\quad |y\rangle=\frac{1}{\sqrt{2}}(|R\rangle+|L\rangle) \tag{10.11}$$

能够分别表示光子沿x方向和y方向的两种线性偏振态。

2. 量子位态的表示

一个量子位的一般态通常用叠加形式表示为

$$|\psi\rangle=a|0\rangle+b|1\rangle \tag{10.12}$$

其中，a、b是两个复数。一般态要满足归一化条件$|a|^2+|b|^2=1$。因此，可以用三个实参数γ、θ、φ表示满足归一化条件的量子位态

$$|\psi|=e^{i\gamma}\left(\cos\frac{\theta}{2}|0\rangle+e^{i\varphi}\sin\frac{\theta}{2}|1\rangle\right)$$

可以略去态矢总相位(因其没有可观测的物理效应)，于是基矢选定后，只用两个实参数就可以描述一个量子位态：

$$|\psi|=\cos\frac{\theta}{2}|0\rangle+\mathrm{e}^{i\varphi}\sin\frac{\theta}{2}|1\rangle \tag{10.13}$$

两个实参数θ和φ共同确定单位半径球面上一个点，可分别取为球坐标系中的极角和方位角。所以可用单位球面上的点形象地表示一个量子位的一般纯态(Pure State)，表示量子位态的单位球称为***Bloch*球**(见图10.2)。

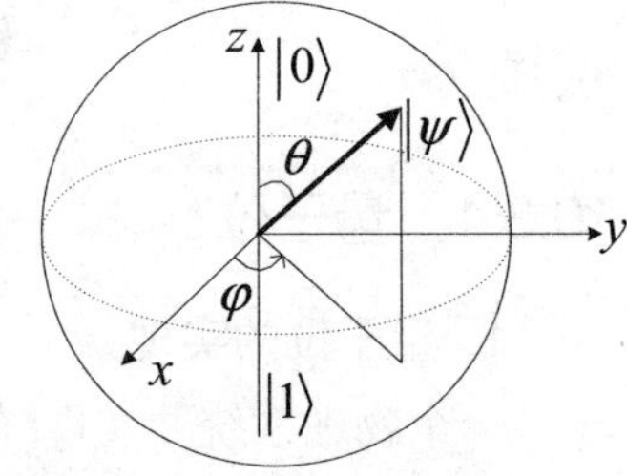

图10.2　*Bloch*球

在*Bloch*球两个基矢$\{|0\rangle,|1\rangle\}$上，量子位纯态分别投影为a、b，即

$$\begin{bmatrix}a\\b\end{bmatrix}=\begin{bmatrix}\cos\frac{\theta}{2}\\e^{j\varphi}\sin\frac{\theta}{2}\end{bmatrix} \tag{10.14}$$

*Bloch*球还能够用来描述一个量子位的混态(mixed state)。一般用2×2*Hermition*密度矩阵(算子)表示量子位混态，可用单位算子和三个*Pauli*算子组成的完全基展开：

$$\rho=\frac{1}{2}(1+\vec{P}\cdot\hat{\vec{\sigma}}) \tag{10.15}$$

其中，$\vec{P}$称为***Bloch*矢量**(*Bloch vector*)，是个实3维矢量，展开系数用其分量表示。式(10.15)还可以写成*Pauli*矩阵的表达形式：

$$\rho = \frac{1}{2}\begin{bmatrix} 1+p_3 & p_1 - ip_2 \\ p_1 + ip_2 & 1-p_3 \end{bmatrix} \tag{10.16}$$

一个经典位只有两个可能的态，即 *Bloch* 球的南、北两极；而一个量子位所具有的态却充满整个 *Bloch* 球，显然量子位能够比经典位编码更多信息。但也不表示所有这些编码全都是可行的。

3. 多量子状态

由多个量子位组成的系统可以进一步构成量子存储器。假设量子位间不存在相互作用，包含 n 个量子位的存储器的状态空间是 n 个量子位在 *Hilbert* 空间的直积，共有 2^n 个线性独立的相互正交态。一般取 2^n 个基态为 $\{|i\rangle\}$，其中 i 是一个 n 位 2 进制数串，则可用这组基态的线性叠加形式表示 n 个量子位的一般态：

$$|\psi\rangle = \sum_{i=0}^{2^n-1} c_i\,|i\rangle \tag{10.17}$$

其中，c_i 是叠加系数，按照 $|\psi\rangle$ 态的归一化条件，所有叠加系数模的平方之和等于 1。由于多量子位 *Hilbert* 空间维数随着量子位数目 n 呈指数增长，若使用这些彼此正交的基态编码信息，在式(10.17)的态中就同时包含所有 2^n 个计算基态上的不同编码信息。可见，量子存储器存储容量大大超过相同位数的经典存储器。例如，当 n=500 时，据估计 $2^n=2^{500}$ 已超过宇宙中所有原子的数目。

10.3.2　量子逻辑门

量子计算机也可由通用逻辑门组的操作组合或组合逻辑控制器实现，但是通用逻辑门组应当由幺正门组成。按作用量子位数目不同，可划分为一位门、二位门和多位门。

1. 量子一位门

一位门 U 作用到一个量子位态 $|\alpha\rangle$ 上，则输出态为 $U|\alpha\rangle$，在 *Deutsch* 的量子线性网络模型中，这一过程可用如图 10.3 所示线路图表示。

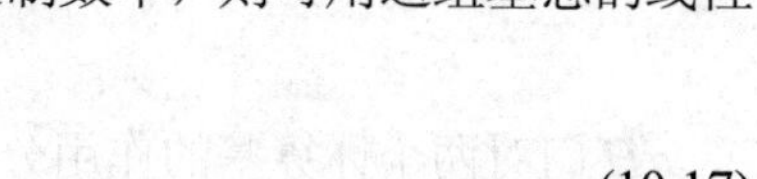

$|\alpha\rangle$ —[U]— $U|\alpha\rangle$

图 10.3　量子一位门

其中水平线表示一个量子位，线从左到右表示时间进行方向，方框(有时用圆圈)表示逻辑门操作，方框中的 U 表示执行 U 幺正变换。不同于经典计算只有一个非平凡一位非门，量子计算机允许同时有多个非平凡一位 U 门。一个量子位是一个二维 *Hilbert* 空间，取其两个线性独立态矢量为计算基：

$$|0\rangle = \begin{bmatrix} 1 \\ 0 \end{bmatrix},\ |1\rangle = \begin{bmatrix} 0 \\ 1 \end{bmatrix}$$

作用到该空间上的幺正变换 U 包括 2×2 的幺正矩阵及三个 *Pauli* 算子，共同构成二维 *Hilbert* 空间一组完备基，即二维复矢量空间幺正变换群的一组生成元。

$$\hat{\sigma}_0 \equiv I = \begin{bmatrix} 1 & 0 \\ 0 & 1 \end{bmatrix},\ \hat{\sigma}_1 = \begin{bmatrix} 0 & 1 \\ 1 & 0 \end{bmatrix},\ \hat{\sigma}_2 = \begin{bmatrix} 0 & -i \\ i & 0 \end{bmatrix},\ \hat{\sigma}_3 = \begin{bmatrix} 1 & 0 \\ 0 & -1 \end{bmatrix} \tag{10.18}$$

其中，$\hat{\sigma}_1$、$\hat{\sigma}_3$ 对两个基矢的作用分别为

$$\hat{\sigma}_1\,|\,0\rangle = |1\rangle,\quad \hat{\sigma}_1\,|\,1\rangle = |\,0\rangle \tag{10.19}$$

$$\hat{\sigma}_3\,|\,0\rangle = |\,0\rangle,\quad \hat{\sigma}_3\,|1\rangle = -\,|1\rangle \tag{10.20}$$

有时记 $X \equiv \hat{\sigma}_1$，$X \equiv \hat{\sigma}_3$ 分别表示**非门**(NOT)及**相位门**(Phase Gate)。

用 *Bloch* 球上的一个矢量可以表示 $|\,\alpha\rangle$ 态，也可以表示输出态 $U\,|\,\alpha\rangle$，因此一个量子位态的幺正变换 U 实际上就是 *Bloch* 球上某个矢量的转动。意味着分别绕 x、y、z 轴进行适当的转动，能够实现一个量子位态的任意幺正变换。

若先绕 y 轴转动 π/2，再对 x-y 平面反射，可得到一位门 ***Hadamard*** 门，简称 H 门，即

$$H = \frac{1}{\sqrt{2}}\begin{bmatrix}1 & 1\\ 1 & -1\end{bmatrix} \tag{10.21}$$

H 门对两个计算基的作用分别为

$$H|0\rangle = \frac{1}{\sqrt{2}}(|0\rangle + |1\rangle),\quad H|1\rangle = \frac{1}{\sqrt{2}}(|0\rangle - |1\rangle) \tag{10.22}$$

H 门是量子信息中最重要的一位门之一。进一步，可得到另一个常用的**相位门**：

$$P = \begin{bmatrix}1 & 0\\ 0 & i\end{bmatrix} \tag{10.23}$$

相位门在计算基 $\{|\,0\rangle, |1\rangle\}$ 之间产生 $i = e^{i\pi/2}$ 的相位差，对基 $|\,0\rangle = [1\quad 0]^{\mathrm{T}}$ 的作用是恒等变换，但对基 $|1\rangle = [0\quad 1]^T$ 的作用是 $i\,|1\rangle$。因为 $P^2 = \hat{\sigma}_3$，则相位门是 $\hat{\sigma}_3$ 的平方根门。

2. 量子二位门

两量子位态矢构成一个 4 维 *Hilbert* 空间，可用两量子位基矢的直积来构造其基矢：

$$|00\rangle = \begin{bmatrix}1\\0\\0\\0\end{bmatrix},\quad |01\rangle = \begin{bmatrix}0\\1\\0\\0\end{bmatrix},\quad |10\rangle = \begin{bmatrix}0\\0\\1\\0\end{bmatrix},\quad |11\rangle = \begin{bmatrix}0\\0\\0\\1\end{bmatrix} \tag{10.24}$$

可以用 4×4 的幺正矩阵表示两量子位态矢空间的幺正变换。其中一个重要的子集是控制 U 门操作：

$$CU = |\,0\rangle\langle 0\,| \otimes \hat{I} + |1\rangle\langle 1\,| \otimes \hat{U} \tag{10.25}$$

其中操作的第一量子位称为控制位(control qubit)，第二量子位称为靶位(target qubit)，即当且仅当第一量子位为态 $|1\rangle$ 时，才对第二量子位执行 U 门操作。图 10.4 给出了控制 U 门操作的图形表示。其中带有黑圆点的线表示控制位，被方框隔开的线表示靶位。

(1) 控制 Z 门

又称**控制相位门**(Controlled Phase Gate)(见图 10.5)。Z 门(相位门)对量子位基矢的作用如下：

$$Z|0\rangle = \begin{bmatrix}1 & 0\\ 0 & -1\end{bmatrix}\begin{bmatrix}1\\0\end{bmatrix} = \begin{bmatrix}1\\0\end{bmatrix} = |0\rangle \tag{10.26}$$

$$Z|1\rangle=\begin{bmatrix}1 & 0\\ 0 & -1\end{bmatrix}\begin{bmatrix}0\\ 1\end{bmatrix}=-\begin{bmatrix}0\\ 1\end{bmatrix}=-|1\rangle$$

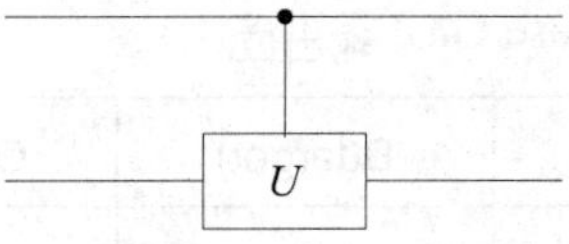

图 10.4　控制 U 门 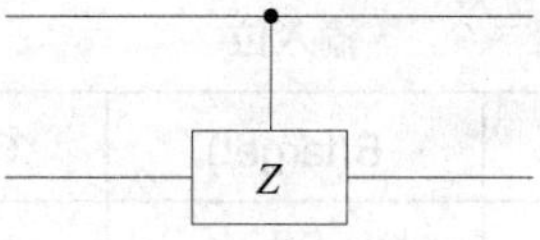　　　图 10.5　控制 Z 门

对于控制 Z 门，当且仅当变换控制位为态 $|1\rangle$ 时，才对靶位执行 Z 门操作。可得

$$\begin{aligned}&CZ|00\rangle=|00\rangle，\ CZ|01\rangle=|01\rangle\\&CZ|10\rangle=|10\rangle，\ CZ|11\rangle=-|11\rangle\end{aligned}\tag{10.27}$$

控制 Z 门还存在图 10.6(a)的恒等式，可见控制 Z 门对控制位和靶位作用结果相同。

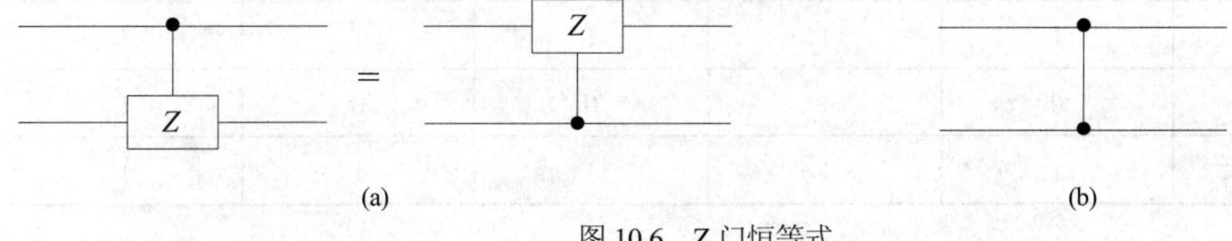

图 10.6　Z 门恒等式

由于控制相位门的恒等式，还可以用图 10.6(b)的图形表示控制相位门。

(2) 控制非门($CNOT$)

控制非门即**控制 *NOT* 门**，当且仅当控制位为态 $|1\rangle$ 时，才对靶位取逻辑非操作。即：

$$\begin{aligned}&CNOT|00\rangle=|00\rangle，\ CNOT|01\rangle=|01\rangle\\&CNOT|10\rangle=|11\rangle，\ CNOT|11\rangle=|10\rangle\end{aligned}\tag{10.28}$$

可以用图 10.7(a)表示控制非门。图 10.7(a)中 a、b 分别表示控制位和靶位态的逻辑值，运算符 $\oplus$ 表示模 2 加。对控制非门，有图 10.7(b)所示恒等式成立。

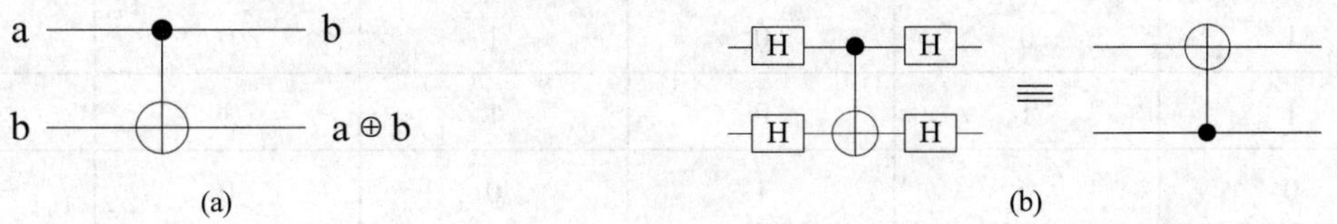

图 10.7　控制非门

(3) 交换门

交换门可完成两个量子位态的交换，实现电路如图 10.8 所示。

在计算基下，交换门的表示矩阵是：

$$SWAP=\begin{bmatrix}1 & 0 & 0 & 0\\ 0 & 0 & 1 & 0\\ 0 & 1 & 0 & 0\\ 0 & 0 & 0 & 1\end{bmatrix}\tag{10.29}$$

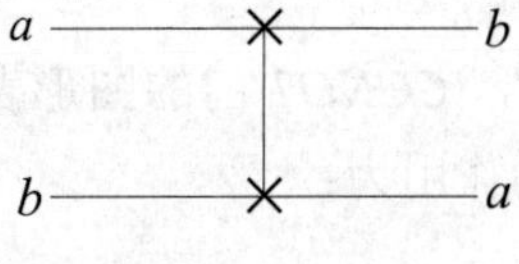

a —×— b

b —×— a

图 10.8　交换门

3. 量子多位门

量子并行计算实现的基石是量子多位门。可用于实现量子并行计算的通用三位逻辑门有

Fredkin 门和 *Toffoli* 门。*Fredkin* 门的真值表如表 10.1 所示。

表 10.1　*Fredkin* 门的真值表

输入位			输出位		
A(target)	B(target)	C(control)	A(target)	B(target)	C(control)
0	0	0	0	0	0
0	1	0	0	1	0
1	0	0	1	0	0
1	1	0	1	1	0
0	0	1	0	0	1
0	1	1	1	1	1
1	0	1	0	0	1
1	1	1	1	1	1

Toffoli 门，即三位控制非门(*CCNOT*)，当且仅当(第 1、2 位)控制位都处在态$|1\rangle$时，才对(第 3 位)靶位执行逻辑非操作。真值表如表 10.2 所示。

表 10.2　*Toffoli* 门的真值表

输入位			输出位		
A(control)	B(control)	C(target)	A(control)	B(control)	C(target)
0	0	0	0	0	0
0	1	0	0	1	0
1	0	0	1	0	0
1	1	0	1	1	1
0	0	1	0	0	1
0	1	1	0	1	1
1	0	1	1	0	1
1	1	1	1	1	0

CCNOT 门的图形表示如图 10.9 所示，它对三个量子位基态的作用为：

$$CCNOT(a,b,c) = (a,b,c \oplus ab) \tag{10.30}$$

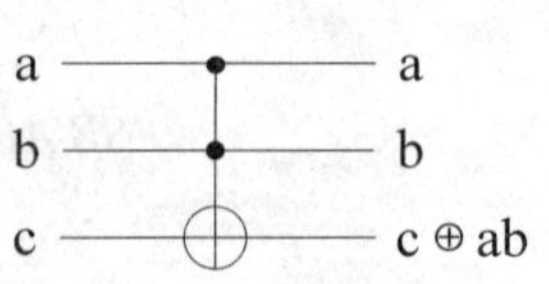

图 10.9　三位控制非门

即

$$
\begin{aligned}
&|000\rangle \to |000\rangle, |001\rangle \to |001\rangle \\
&|010\rangle \to |010\rangle, |011\rangle \to |011\rangle \\
&|100\rangle \to |100\rangle, |101\rangle \to |101\rangle \\
&|110\rangle \to |111\rangle, |111\rangle \to |110\rangle
\end{aligned} \tag{10.31}
$$

在量子容错计算中，一般稳定子码需要的容错通用逻辑门组往往使用 *Toffoli* 门完成变换。

【例 10.1】　由两个基本门操作实现量子傅里叶变换(Quantum Fourier Transformation)。

解：一个一位门：$H = \dfrac{1}{\sqrt{2}}\begin{bmatrix} 1 & 1 \\ 1 & -1 \end{bmatrix}$

另一个是两位控制 U 门 CU_{jk}，当且仅当控制位 $k=|1\rangle$ 时才对靶位 j 实施幺正变换 U_{jk}。在 k，j 两量子位 *Hilbert* 空间的计算基下，有：

$$
U_{jk} = \begin{bmatrix} 1 & 0 & 0 & 0 \\ 0 & 1 & 0 & 0 \\ 0 & 0 & 1 & 0 \\ 0 & 0 & 0 & e^{i\theta_{jk}} \end{bmatrix}
$$

其中，相移 $\theta_{jk} = 2\pi x_k / 2^{k-j+1}$。三量子位的傅里叶变换实现电路如图 10.10 所示。

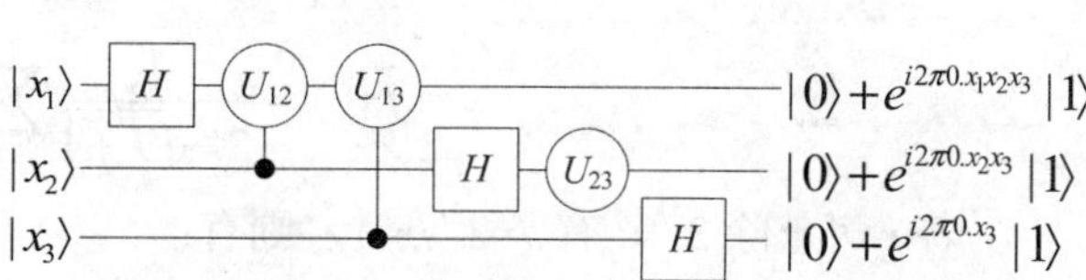

图 10.10　三量子位的傅里叶变换实现线路

10.4　量子算法

10.4.1　Shor 算法

1994 年，秀尔(Peter Shor)提出利用量子算法完成大数的素数因子分解，成功将该 NP 问题简化为 P 问题。Shor 算法使得 RSA 算法为代表的双密钥安全系统土崩瓦解，是量子计算理论的里程碑。

以分解数 N 为例，若数 N 在二进制中位数为 L，与 N 互质的数 $m<N$，则取输入寄存器宽度为 $2L$ 位装入 N 及 m，及输出寄存器宽度为 L 位，该两个寄存器初态均为 0 且总初始态为$|0\rangle$。通过转动门操作，设置输入寄存器为：

$$
\frac{1}{2^L}\sum_{x=0}^{2^{2L}-1} |\mathrm{x}\rangle |0\rangle \tag{10.32}
$$

对输出寄存器作用余因子函数 $f_{m,N}(x)$，则其变换为

$$
\frac{1}{2^L}\sum_{x=0}^{2^{2L}-1} |x\rangle |f_{m,N}(x)\rangle \tag{10.33}
$$

测量输出寄存器，假设有 s 种可能的测量结果，则测量后量子态坍塌，不存在与其他 $s-1$

种结果相关的态。设余因子函数 $f_{m,N}(x)=m^x \bmod N$ 是某个最小值 m 对应的测量结果，求数 N 的因子等效于求余因子函数的周期，设 r 是余因子函数的周期，则所有的测量结果可表示为 $f_{jr+m,N}(x)$，(j=0，1，2，…，J)，且 $J\approx 2^{2L}/r$。余因子函数周期如表 10.3 所示。

表 10.3　余因子函数周期

x	0	1	2	…	r-1	r	r+1	…
m^x	1	m	m^2	…	m^{r-1}	m^r	m^{r+1}	…
$f_{m,N}(x)$	1	m	m^2	…	m^{r-1}	1	m	…

经测量后，输入寄存器的状态变换为：

$$|\Phi_m\rangle=\frac{1}{\sqrt{J+1}}\sum_{j=0}^{J}|jr+m\rangle \tag{10.34}$$

按照测量周期 r，对输入寄存器的状态进行傅里叶变换：

$$\begin{aligned}DFT_{\mathrm{q}}|\Phi_m\rangle&=\sum_{c=0}^{2^{2L}-1}\widetilde{f}(c)|c\rangle\\ \widetilde{f}(c)&=\frac{1}{2^L\sqrt{J+1}}\sum_{j=0}^{J}e^{i2\pi(jr+m)c/2^{2L}}\end{aligned} \tag{10.35}$$

若 r 可整除 2^{2L}，有 $J=2^{2L}/r-1$，则有：

$$\widetilde{f}(c)=\frac{\sqrt{r}}{2^{2L}}\left[\sum_{j=0}^{\frac{2^{2L}}{r}-1}e^{i2\pi\frac{jrc}{2^{2L}}}\right]e^{i2\pi\frac{mc}{2^{2L}}} \tag{10.36}$$

当且仅当 c 为 $2^{2L}/r$ 的倍数时，方括号内的函数有非零值 $2^{2L}/r$。周期为 r 的状态函数经过傅里叶变换变为周期为 $2^{2L}/r$ 的状态函数。将式(10.36)中 $\widetilde{f}(c)$ 以及 $c=j\cdot 2^{2L}/r$ 代入式(10.35)得

$$DFT_q|\Phi_m\rangle=\frac{1}{\sqrt{r}}\sum_{j=0}^{r-1}e^{i2\pi mj/r}|j\frac{2^{2L}}{r}\rangle \tag{10.37}$$

测量此时的输入寄存器状态，可得到满足条件 $c/2^{2L}=k/r(k=0, 1, 2, \cdots)$的 c 值。将 $c/2^{2L}$ 进一步化简为一个不可约的分数，即得到 r 的值。已经证明该算法只需重复 $O(\log r)$便可得到最终结果。更一般情况下，r 不能整除 2^{2L}，此时可通过 $O(\log N)$次重复计算后得到 r 的值。Shor 算法是一种随机求解法，但得益于量子计算的超高并行能力，每次运算可同时进行 2^{2L} 个数据的处理，故通过重复计算能够以接近于 1 的高概率得到计算结果。

对于 L 位的傅里叶变换，有 $L(L+1)/2\leqslant L^2$，当 $L>5$，有 $2^L>L^2$。设 L=200，$2^{L/2}=2^{100}\approx 10^{30}=10^{60/2}$，即相当于对 60 位十进制进行因子分解，设经典计算机的运算速度约 10^{12} 次/秒，作 10^{30} 次运算需要 10^{18} 秒，超过了宇宙的寿命(约为 10^{17} 秒)；而在量子计算机上，所需的运算次数约为 $L^2\approx 4\times 10^4$，即使以经典计算机同样的运算速度 10^{12} 次/秒，也仅需 10^{-8} 秒可完成。

【例 10.2】　取 N=21，m=5，使用 Shor 算法分解。

解：N=21=10101B 使用 5 位二进制表示，则输入寄存器和输出寄存器分别设置为 10 位、5 位。设置寄存器的状态，并用余因子函数 $f_{m,N}(x)$实施操作，根据表 10.3 知余数共有 1、5、4、20、16、17 共六个，得到两个寄存器的总状态为：

(1/30)(|0〉 |1〉 +|1〉 |5〉 +|2〉 |4〉 +|3〉 |20〉 +|4〉 |16〉 +|5〉 |17〉 +|6〉 |1〉 +|7〉 |5〉
+|8〉 |4〉 +|9〉 |20〉 +|10〉 |16〉 +|11〉 |17〉 +|12〉 |1〉 +|13〉 |5〉 +|14〉 |4〉 +|15〉 |20〉

$+|16\rangle\ |16\rangle\ +|17\rangle\ |17\rangle\ +|18\rangle\ |1\rangle\ +|19\rangle\ |5\rangle\ +|20\rangle\ |4\rangle\ +|21\rangle\ |20\rangle\ +|22\rangle\ |16\rangle$
$+|23\rangle\ |17\rangle\ +|24\rangle\ |1\rangle\ +|25\rangle\ |5\rangle\ +|26\rangle\ |4\rangle\ +|27\rangle\ |20\rangle\ +|28\rangle\ |16\rangle\ +|29\rangle\ |17\rangle\ )$

测量输出寄存器状态，可随机得到 1、5、4、20、16、17 六个余数中的一个。以测得的 16 为例，则寄存器的状态为：

$(1/30)(|4\rangle\ |16\rangle\ +|10\rangle\ |16\rangle\ +|16\rangle\ |16\rangle\ +|22\rangle\ |16\rangle\ +|28\rangle\ |16\rangle\ )$
$=(1/30)(|4\rangle\ +|10\rangle\ +|16\rangle\ +|22\rangle\ +|28\rangle\ )|16\rangle$

对输入寄存器状态进行傅里叶变换，得到结果 r=4，由$(5^{4/2}-1)/21$ 得余数 3，即 Shor 算法分解因子的最小整数。进一步可得到 N=21 的质因子 3 和 7。

10.4.2　Grover 算法

数据库文件往往记录众多，每个记录都自己的索引值，索引值不同对应的记录也不同。如果有 2^n 个记录的一个数据库文件已按索引来记录，则在 n 次查找中一定能找到一个特定的记录。如果一个数据库文件是随机排列或没有索引的，查找就很复杂。设查找到第 i 个记录的概率为 p_i，第 i 个记录需要 i 次查找，则一个记录的平均查找次数为：

$$\overline{N}=\sum_{i=1}^{N}p_i i \tag{10.38}$$

由于查找每个记录的概率都是相同的(p_i=1/N)，因此一个记录的平均查找次数为

$$\overline{N}=\sum_{i=1}^{N}\frac{1}{N}i=\frac{1}{N}\sum_{i=1}^{N}i=\frac{N+1}{2}\approx\frac{N}{2} \tag{10.39}$$

意味着平均查找一个记录大约要查全部记录的一半。

Grover 搜索算法能够大大减少查找次数，甚至能够求解在经典计算中需要穷举法才可解决的问题。一个数据库文件可以用一个数学函数 $f(x)$表示，其中 x 为记录的关键字值，$f(x)$就是关键字值为 x 的记录所对应的内容。给定要查找的记录 a，一个量子黑盒能够与 a 比较并计算函数值 $f_a(x)$；当 $f_a(x)$是 a 时，置 $f_a(x)$=1；当 $f_a(x)$非 a 时，置 $f_a(x)$=0。查找记录 a 的问题可以描述成：输入一个关键字值 x，询问量子 Oracle，x 对应的记录是否为 a，若是则输出 1，否则输出 0。

量子 Oracle 接受输入的叠加态，执行幺正变换：

$$U_a:(|x\rangle|y\rangle)\rightarrow|x\rangle|y\oplus f_a(x)\rangle \tag{10.40}$$

其中，$|x\rangle$ 是 n 量子位态，$|y\rangle$ 是单量子位态。若取$|y\rangle=(|0\rangle-|1\rangle)/\sqrt{2}$，**量子 Oracle** 的作用是：

$$U_a:[|x\rangle\frac{1}{\sqrt{2}}(|0\rangle-|1\rangle)]\rightarrow(-1)^{f_a(x)}|x\rangle\frac{1}{\sqrt{2}}(|0\rangle-|1\rangle) \tag{10.41}$$

测量式(10.41)第一存储器的状态，若 x 标识的记录就是 a，则置 $f_a(x)$=1，式(10.41)右边$|x\rangle$态改变相位符号；若 x 标识的记录不是 a，则置 $f_a(x)$=0，式(10.41)右边$|x\rangle$态保持相位不变。因此U_a的作用就是改变$|a\rangle$状态的相位，但对与$|a\rangle$正交的状态则执行恒等操作。该变换用投影算子可写成：

$$U_a=I-2|a\rangle\langle a| \tag{10.42}$$

在 n 量子位的 *Hilbert* 空间构造所有计算基态的等权重的叠加态：

$$|s\rangle=\frac{1}{2^{n/2}}\sum_{i=0}^{2^n-1}|x\rangle \tag{10.43}$$

该状态以编码形式表示对数据库中所有记录关键字进行等权重的叠加，通过 $H^{\otimes n}$ 作用到 n 量子位态 $|0\rangle^{\otimes n}$ 上可以得到该态。尽管记录 a 的内容未知，但记录 a 关键字的态 $|a\rangle$ 是这个 2^n 维空间中的一个计算基态，即有：

$$\langle a|s\rangle = \frac{1}{\sqrt{N}} = \frac{1}{2^{n/2}} \tag{10.44}$$

可见若测量态 $|a\rangle$ 到计算基上的投影，找到 $|a\rangle$ 的概率仅为 1/N。Grover 算法反复执行这个过程，可以增大找到 $|a\rangle$ 的概率幅，并抑制其他态 $|x \neq a\rangle$ 的概率幅，使得最后测量计算基上的投影时，得到 a 的概率最大。

Grover 算法迭代过程中，首先构造一个变换：

$$U_s = 2|s\rangle\langle s| - I \tag{10.45}$$

该变换能保持态 $|s\rangle$ 不变，但会改变任何与 $|s\rangle$ 正交态的符号。在几何上，相当于任意矢量沿 $|s\rangle$ 的分量保持不变，但与 $|s\rangle$ 垂直的超平面上分量改变符号。结合式(10.42)和式(10.45)，可构造一个幺正变换：

$$U = U_s U_a \tag{10.46}$$

该变换作用于 $|a\rangle$、$|s\rangle$ 平面上任意矢量 $|s\rangle$，由式(10.44)可表示为：

$$\langle a|s\rangle = \frac{1}{\sqrt{N}} \equiv \sin\theta \tag{10.47}$$

即平面上与 $|a\rangle$ 垂直的矢量 $|a^{\perp}\rangle$，旋转个角度 θ 所得到的矢量就是 $|s\rangle$。

数据加密标准(Data Encryption Standard，DES)在加密和解密时都使用同一个通信双方都事先知道的 56 比特的密钥。若能获得加密文档及其原始资料，就可能找出该密钥。传统的穷举搜索必须搜索 2^{55} 个密钥才能找到正确解，即使每秒钟搜索 10 亿个密钥，也需要花费一年以上。同样情况下，Grover 的算法找到密钥只需要 185 次搜索。传统的 DES 在阻止电子计算机破解密码时，仅在密钥上增加额外的数字，就能使经典电子计算机查找次数呈指数增长。但是，这种办法对于量子 Grover 算法几乎没有影响。

【例 10.3】 从共有 100 个记录的数据库中搜索一个特定的记录 $|a\rangle$。

解： Grover 算法示例如图 10.11 所示。因为 N=100，则 $\sin\theta = \frac{1}{\sqrt{N}} = \frac{1}{10}$，$\theta = \sin^{-1}(0.1)$。

因此，输入矢量 $|s\rangle$ 与矢量 $|a^{\perp}\rangle$ 的夹角 $\theta = \sin^{-1}(0.1)$。在第一次迭代中，首先将输入矢量 $|s\rangle$ 通过变换 U_a 反射到图中矢量 $|s'\rangle$ 的位置，然后再被变换 U_s 变换到 $|s''\rangle$ 的位置。在几何上，即输入矢量 $|s\rangle$ 被 U 转动 2θ 到 $|s''\rangle$ 的位置。

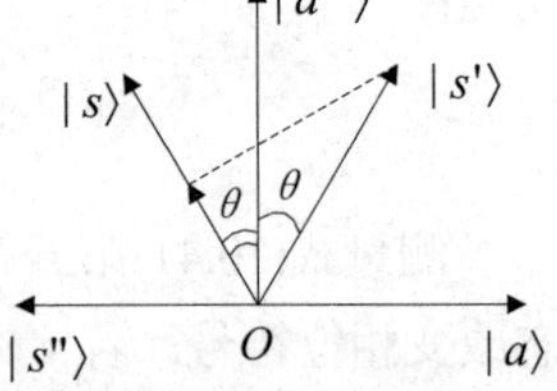

图 10.11　Grover 算法示例

$|s''\rangle$ 与 $|a\rangle$ 在同一直线上且方向相反，即二者相位差为 π，当测量计算基上的投影时，能以概率 1 找到 a 的值。量子黑盒只需要运行 $\sqrt{N}=10$ 次就能搜索到一个特定的记录 $|a\rangle$；而在经典搜索时，平均需要 50 次才能找到，在最坏情况下需要 N=100 次才能找到。

10.5 量子通信

1993 年，美国 IBM 科学家查尔斯·亨利·贝内特(Charles Henry Bennett) 基于量子纠缠理论提出了量子通信(Quantum Teleportation)的概念。同年，来自不同国家的 6 位科学家提出了量子隐形传送最初的实现方案，即利用经典与量子相结合的方法将某个粒子的未知量子态传送到另一个地方，而该粒子仍留在原处，但把另一个粒子制备到该量子态上，实现了最初的量子保密通信。**量子通信**(Quantum Teleportation)，又称**量子隐形传输**、**量子隐形传态**、**量子遥传**、**量子远传**，是使用量子态携带信息，并借助量子纠缠原理实现的保密通信方式。量子通信技术使爱因斯坦称为"幽灵(spooky)"的量子纠缠效应真正开始发挥其威力。

按其所传输的是经典信息还是量子信息，可将量子通信系统分为两类，即经典量子通信和纯量子通信。经典量子通信主要用于传输量子密钥，纯量子通信则用于量子隐形传态和量子纠缠分发。隐形传送实质上是脱离实物的一种纯信息传送。量子通信系统的主要部件包括量子态发生器、量子传输信道和量子测量装置。量子通信系统的基本框架如图 10.12 所示。

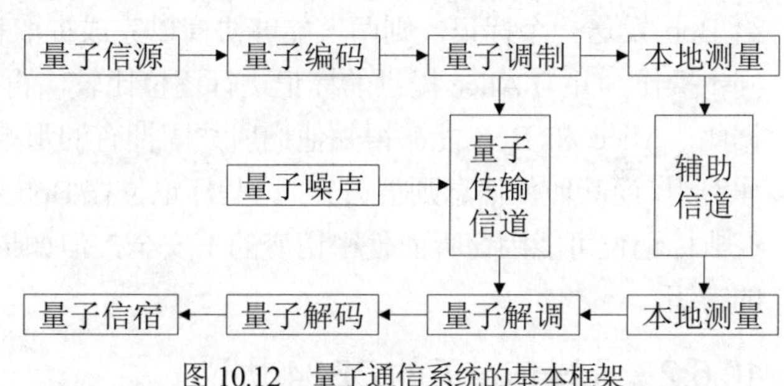

图 10.12 量子通信系统的基本框架

1997 年，在奥地利留学的中国学者潘建伟与荷兰学者波密斯特等人合作，实现了全球首次未知量子态的远程传输，实验中传输的只是量子态信息，并不传输信息载体的本身(光子)。实验证明，两个处于纠缠态的粒子不管相距多远，当一个粒子状态发生变化时，另一个粒子状态也会瞬间变化。光量子通信的实验过程如下：事先构建一对具有纠缠态的粒子(光子)分别放在通信双方；将发送方的粒子与具有未知量子态的粒子进行联合测量操作，在同一瞬间接收方的粒子坍塌为某种状态，该状态与发送方粒子测量坍塌后的状态是对称的；之后通过经典信道将联合测量的结果传送给接收方；根据接收到的信息，接收方对坍塌的粒子进行幺正变换操作，可获取与发送方完全相同的量子态。

2006 年夏，中国科学技术大学教授潘建伟小组、美国阿拉莫斯实验室(Los Alamos National Laboratory)、欧洲慕尼黑大学-维也纳大学联合研究小组分别独立实现了诱骗态量子密钥分发 QKD 实验，实验距离超过 100 公里。2008 年底，潘建伟小组研制成功基于诱骗态的光纤量子通信原型系统，在中国合肥组建了全球首个 3 节点链状光量子电话网。

2009 年 9 月，潘建伟小组建成了全球首个全通型量子通信网络，并实现了实时语音量子保密通信。2016 年 8 月 16 日凌晨，中国"墨子"号量子科学实验卫星成功发射升空，中国实现了全球首次千公里级星地间量子密钥分发 QKD 与隐形传态。

10.6　量子加密

10.6.1　量子密钥分配

1984 年，美国科学家贝内特(Charles Henry Bennett)与布拉萨德(Gilles Brassard)提出了第一个量子密钥分配方案，即 **BB84** 协议，开启了量子密码时代。该协议以量子不可克隆原理为基础，使用两组正交的量子基实现密钥分配。1992 年，贝内特又提出一种简化的、效率减半的方案，即 B92 协议。量子密码技术主要用于建立和传输密码本，而非传输密文。根据量子力学的不确定性原理和量子非克隆定理，量子通信能够发现任何窃听者，提供了密码本的绝对安全和加密信息的绝对安全。

假设 Alice 提供一个二进制标记系列(记号或者是 0 或者是 1)，并在 Alice 的位串中每一位给 Bob 发送一个标记，则两人能够协商以完成提取秘密的工作。Bob 的二进制位串上与 Alice 同步操作，并与 Alice 提供的标记进行逐位比较，再告诉 Alice 标记和他的二进制位是否相同。据此，Alice 和 Bob 能够得知他们所共同拥有的那些位。他们保留这些共同拥有的位信息并制作密钥，而其他位信息则被丢弃。这些标记位在 Bob 观测之前的传送阶段可能会被 Eve 的窃听，经典标记位可能因窃听而使密钥变的不安全，但如果是量子标记位的话，则可以提供一个安全的密钥。

10.6.2　无噪信道下的 BB84 协议

假设不考虑信道噪声的干扰，BB84 量子通信协议包括两个阶段。第一阶段使用量子信道进行量子密钥分发(Quantum Key Distribution，QKD)和密钥通信；第二阶段是使用经典信道进行密钥协商，检测是否存在窃听者，并确定最终密钥。量子通信过程图如图 10.13 所示。

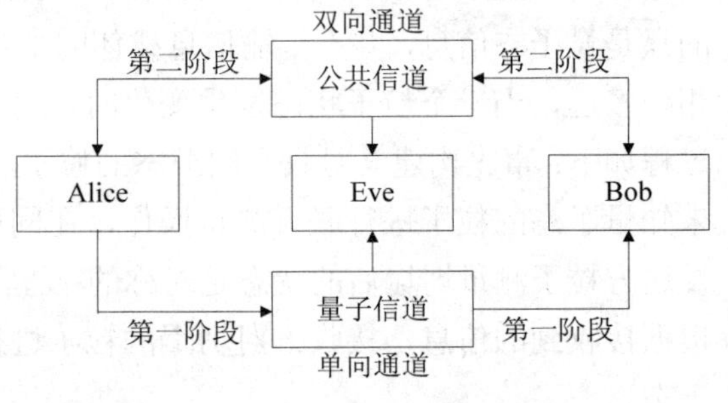

图 10.13　BB84 量子通信过程

BB84 协议使用了两套不同的正交基 A_0 和 A_1，分别是旋转偏振状态|45º〉和|135º〉(即左旋态和右旋态)，及线性偏振状态|90º〉和|0º〉(即垂直线性偏振态和水平线性偏振态)。*A* 是 *Hilbert* 空间，每个元素表示单个粒子(光子)的偏振状态。

旋转偏振量子字母表和线性偏振量子字母表如表 10.4 所示。

表 10.4　BB84 协议中两个字母表

	旋转偏振量子字母表 A_0		线性偏振量子字母表 A_1	
正交基	|45º〉	|135º〉	|90º〉	|0º〉
字	1	0	1	0

如果发送方 Alice 仅使用唯一的字母表，就无法发现窃听者 Eve 的存在。由于 Eve 完全能

够使用与 Alice 相同的字母表对 Alice 发送的粒子进行测量，并采用与 Alice 相同的基将粒子继续发送给接收者 Bob，从而窃听到 Alice 和 Bob 通信内容却不被通信双方探测到。

(1) 第一阶段：量子信道中的通信

第一阶段，Alice 随机产生一串量子二进制位作为初始密钥发送给 Bob，Alice 每次以相等的概率使用两种字母表来发送一个二进制位。正交基 A_0 和 A_1 不相容，根据海森堡测不准原理，不管是 Bob 还是 Eve，测量 Alice 发送的二进制位都无法超过 75%的准确率，因为 (1/2)×1+(1/2)×(1/2)=3/4。

假设 Eve 将以 $\lambda(0\leqslant\lambda\leqslant1)$的概率窃听 Alice 发送的每一个二进制位，$\lambda$=0 表示 Eve 没有窃听，$\lambda$ =1 表示 Eve 窃听到了 Alice 发送的每一个粒子。因为不知道 Alice 选择哪个字母表，即 Eve 对字母表的选择完全独立于 Alice，但是因为他的窃听导致量子态坍塌，Bob 的错误率变成：

$$\frac{1}{4}(1-\lambda)+(\frac{1}{2}\times\frac{1}{2}\times\frac{1}{2}\times1+\frac{1}{2}\times\frac{1}{2})\times\lambda=\frac{1}{4}+\frac{\lambda}{8} \tag{10.48}$$

若 Eve 进行了窃听，即 λ=1，则 Bob 的错误率将从 1/4 提高到 3/8，增加了 50%。

(2) 第二阶段：经典信道中的通信

第二阶段，Alice 和 Bob 在经典信道上通信，分析 Bob 的错误率并检测窃听者 Eve 是否存在，之后确定最终密钥。本阶段又包括两个子阶段。

- 第一子阶段：确定原始密钥

首先由 Bob 发信息告诉 Alice 在每个位上分别使用哪个字母表。Alice 收到 Bob 的信息便比较自己发送时的字母表，检查在哪些位上使用了相同的正交基，并将检查结果通过经典信道发送给 Bob。Alice 和 Bob 保留双方字母表相同的那些位，作为下一步双方协商的原始密码。

如果 Eve 没有窃听，则 Alice 和 Bob 的原始密钥是完全相同的。如果 Eve 以概率 λ 窃听了双方通信，则 Alice 与 Bob 的原始密钥以

$$0\bullet(1-\lambda)+\lambda\bullet\frac{1}{4}=\frac{\lambda}{4} \tag{10.49}$$

的概率出错。

- 第二子阶段：检测窃听者 Eve 的存在及确定最终密钥

因为不考虑信道噪声的干扰，Alice 和 Bob 协商结束后，随机从原始密钥中抽取小于原始密钥长度的 m 位，双方在经典信道上比较。如果双方在该 m 位的比较结果不一致，则确定窃听者 Eve 一定存在；反之该 m 位的比较结果相同，则进一步计算 Eve 存在的概率，为：

$$p_{false}=\left(1-\frac{1}{4}\right)^m \tag{10.50}$$

如果 p_{false} 足够大(大于约定的阈值)，则确定窃听者 Eve 存在，本次量子通信作废。否则，确定窃听者 Eve 不存在，本次量子通信是安全的，双方用原始密钥剩下的那些位制作最终密钥完成通信。

10.6.3 有噪信道下的 BB84 协议

如果考虑有噪声的环境，Alice 和 Bob 将难以区别错误是由噪声引起的还是由 Eve 窃听引

起的，所以需要调整通信的第二阶段。有噪声的量子通信协议依旧包括两个阶段，第一阶段与无噪声协议里量子信道中的通信完全一样，第二阶段仍然在公共经典信道上进行，但包括四个子阶段。下面仅介绍第二阶段的四个子阶段。第一子阶段，生成原始密钥。该第一子阶段与无噪声的 BB84 协议是一样的，Alice 与 Bob 初步确定原始密钥。

第二子阶段，对错误的估算。Alice 与 Bob 进行协商，随机从原始密钥中抽取小于原始密钥长度的 m 位，双方在经典信道上比较而得到一个关于错误的估计值 R，并从原始密钥中删除这些公开的 m 位。如果 R 超过了约定的阈值 R_{max}，则 Alice 和 Bob 将无法得到共同的密钥；反之 R 小于约定的阈值 R_{max}，则 Alice 和 Bob 进入第三子阶段。

第三子阶段，密钥的再协商。Alice 和 Bob 的从剩余的原始密钥中删除错误的位，确定一个无错误的公共密钥，主要包括两步。第一步，Alice 和 Bob 通过公共信道讨论对原始密钥进行重新排列，之后双方将剩余的原始密钥划分为长度为 L 的若干块(使该长度为 L 块中不要出现多个错误)。反复执行这一步，查找并删除错误，直到继续这样做效率已经不高为止。此时 Alice 和 Bob 进入第二步，双方随机选取剩下的原始密钥的子集，对奇偶校验位进行公开比较，并每次按照预先的约定丢弃一位。如果奇偶校验位不一致，则返回第一步继续查找和删除错误位；反之如果一致，则进入第四阶段。

第四子阶段，生成最终密钥。在第四阶段，Alice 和 Bob 认为剩余的原始密钥以很大概率不会出错，双方也知道剩余的原始密钥只有一部分没有被 Eve 窃听，所以双方采用“秘密放大”技术，从剩余的密钥中产生完全保留的密钥。根据错误率 R，Alice 和 Bob 可以确定 Eve 可能知道他们 n 位协商密钥中的某 k 位。设 Alice 和 Bob 认为理想的安全参数是 s，双方公开选取协商密钥的 n-k-s 个随机的子集作为最终密钥，但不透露其内容和奇偶校验位。能够证明，Eve 得到该最终密钥的程度小于 $2^{-s}/\ln 2$ 位。

10.7　量子计算机的物理实现

10.7.1　光学量子计算机

光学方法在量子信息研究中如此重要，以至于在量子信息研究的每一个领域几乎都有它的身影，如量子通信、量子加密、多量子纠缠、量子态重建、量子算法实现等。实际上，光学信息技术也几乎一直伴随着量子信息技术一起发展，光子非常适合作为量子比特的载体。光子的偏振态和光子的旋转态都可以用来编码量子比特；用各种光学器件(如半波片和半透镜等)就能够实现单个量子比特操作；目前的单光子探测技术已经成熟，测量精度也符合需要。一个通过事后选择实现的 *CONT* 门的光学方法如图 10.14 所示，通过光子

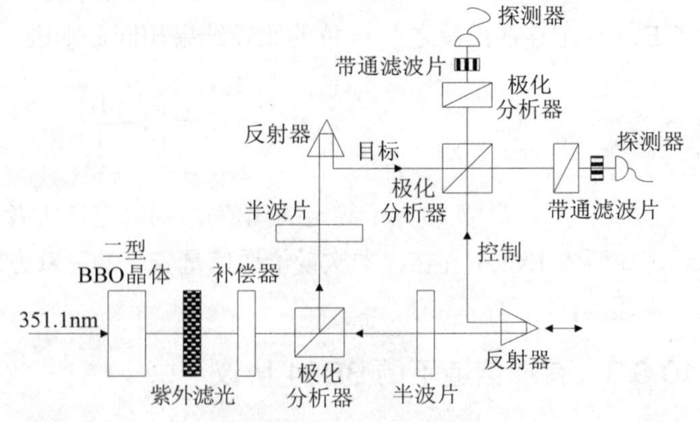

图 10.14　一个通过事后选择实现的 *CONT* 门的光学方法

的不同偏振态来编码量子比特，并由事先制备的量子纠缠提供光子间的相互作用。

光子具有很好的相干性并且与环境相互作用很小，但也同样没有办法直接实现两量子比特的逻辑门操作。尽管早在 2001 年就提出了基于单光子源及线性光学器件的量子计算方案，但直到 2003 年研究人员才首次使用光学方法实现了两量子比特的控制非门，该逻辑门利用了纠缠光子对，而且该实现仍然是概率性的。

光学方法制造光量子计算机有很多得天独厚的优势：精确的光子单比特操作；飞行比特的光子天然适合于分布式计算；光学处理技术已经相当成熟；直接兼容量子通信；容易实现量子纠缠，比如参量下转换过程(parametric down-conversion)所产生的纠缠光子源。

10.7.2　离子阱量子计算机

离子阱又称**离子陷阱**(ion trap)，是一种能够利用电极产生电场(或磁场)囚禁和俘获离子(带电原子或分子)的装置，经过超冷处理的离子被囚禁在真空中一定范围内实现量子比特，离子不与装置表面接触。应用比较多的离子阱有“保罗阱”和“Penning 阱”。1989 年，德国物理学家沃尔夫冈 · 保罗(Wolfgang Paul)因提出四极离子阱“保罗阱”而获得诺贝尔物理学奖。利用离子阱技术实现量子计算是德国物理学家伊格纳西奥 · 西拉克(Juan Ignacio Cirac Sasturain)和奥地利物理家彼得 · 佐勒(Peter Zoller)于 1995 年首次提出来的。离子阱技术有较高的制备和读出量子比特的效率，并具有较长的相干时间(可达 10min)。图 10.15 是一种双压线性离子阱。

离子阱技术起源于 20 世纪 80 年代。1980 年科学家首次观测到了阱中的单个离子。1986 年科学家做到了区分不同塞曼能级的离子，即拥有了制备一个量子比特的能力。1996 年实现了利用拉比振荡(Rabi flops)控制单个量子比特，以及选择性地对离子链中某个离子进行操作，能够以接近 1 的概率利用激光测量离子状态。2003 年，奥地利实验物理学家雷纳 · 布拉特(Rainer Blatt)研究小组利用离子阱技术成功地实现了 Cirac-Zoller 控制非门，并首次成功地演示了 Deutsch-Jozs 算法。2012 年，美国物理学家大卫 · 维因兰德(David Wineland)，因研究能够量度和操控个体量子系统的实验方法，与法国物理学家塞尔日 · 阿罗什(Serge Haroche)共获诺贝尔物理学奖。

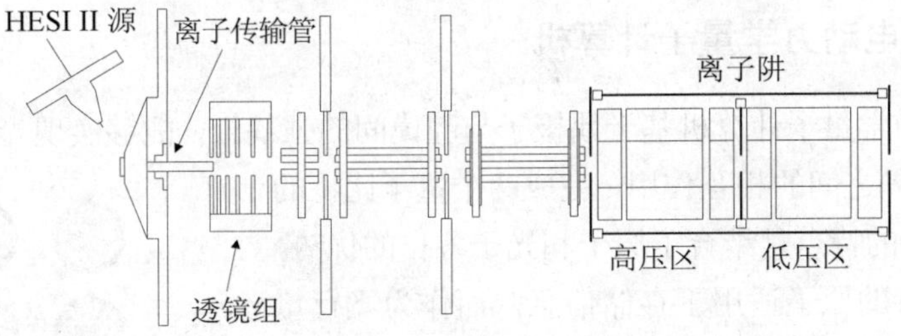

图 10.15　一种具有高压区和低压区的双压线性离子阱

10.7.3　中性原子量子计算机

1999 年，新墨西哥大学的伊凡 · 多伊奇(Ivan H. Deutsch)等人提出了利用光晶格子(optical lattice)中的中性原子进行量子计算。激光冷却技术可将原子冷却到运动基态，并将其俘获在光格子中。类似于离子阱技术，光格子中的中性原子具备多种内部状态(塞曼能级或精细能级)均能够用于编码量子比特。1998年，研究人员把大约100万个原子成功囚禁在一个三维光格子中。2002年，研究人员进一步做到了每个三维光格子中仅有一个原子。通过调节激光就能够使原子彼此靠近发生相互作用，进而实现两量子比特操作。图10.16显示了光格子中的冷原子。

10.7.4　超导量子计算机

约瑟夫森效应(Josephson effect)即超导隧道效应，以1973年诺贝尔物理学奖得主、英国物理学家布赖恩·约瑟夫森(Brian David Josephson)命名。在玻璃衬板表面镀一层超导金属膜，再在其上方形成一层厚度很薄的绝缘氧化层，再在绝缘氧化层上方镀上一层超导金属膜，形成一个超导-绝缘-超导结，即**约瑟夫森结**(Josephson junction)。理论和实验证明，当绝缘层厚度大约100nm时，绝缘层中出现少量超导电子而具备了弱超导电性，因为隧道效应导致电子以库柏对形式穿过势垒后仍可保持配对状态。图10.17是超导约瑟夫森结的原理图。

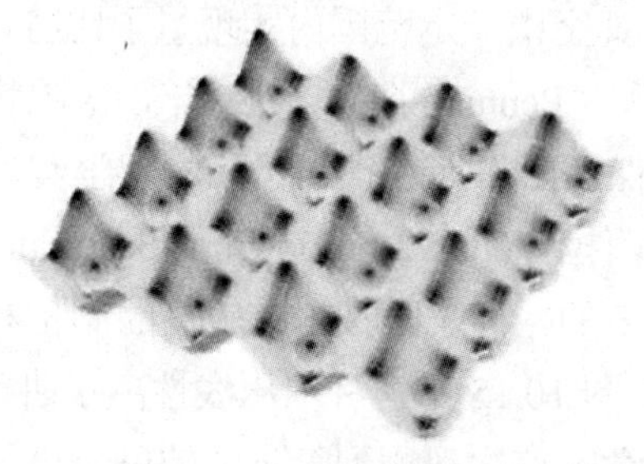

图10.16　光格子中的冷原子

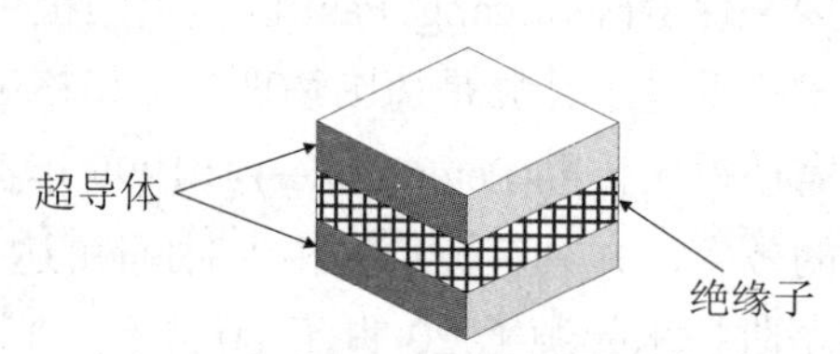

图10.17　超导约瑟夫森结

1999年，日本NEC基础研究实验室的中村(Nakamura Y.)等人在实验中观测到约瑟夫森结中相干的量子振荡(quantum oscillation)，也是首次观测到固体中的宏观量子相干。之后，研究人员利用射频/直流超导量子干涉器(Superconducting QUantum Interference Device，SQUID)中不同方向的电流和磁通(flux)等，分别成功完成了量子比特的编码。2003年，NEC基础研究实验室用两个约瑟夫森结间的电荷编码量子比特，首次实现了一个两比特的条件逻辑门操作。目前超导约瑟夫森结量子计算机是进展最快的固体量子计算机实现方法。

10.7.5　腔量子电动力学量子计算机

腔量子电动力学量子计算机基于偶极子与腔模间的强耦合，能够实现光子与两能级量子体系(原子、量子点等)之间的相互作用，完成两个量子比特的可控操作。该方案的特点是结合了原子和光子各自的优势，作为静止量子比特的原子适用于存储信息，而作为飞行量子比特的光子适于传输信息，并且能借助量子光学理论精确处理腔量子电动力学的问题。

光学微腔的快速发展及其与量子点的结合，有可能将固态微腔阵列集成于一块硅芯片上，并且每个微腔里面都有与微腔强耦合的原子(量子点等)作为量子比特，并且使用光波导和光子构成系统总线。一种基于回音壁模式微腔芯片如图10.18所示。

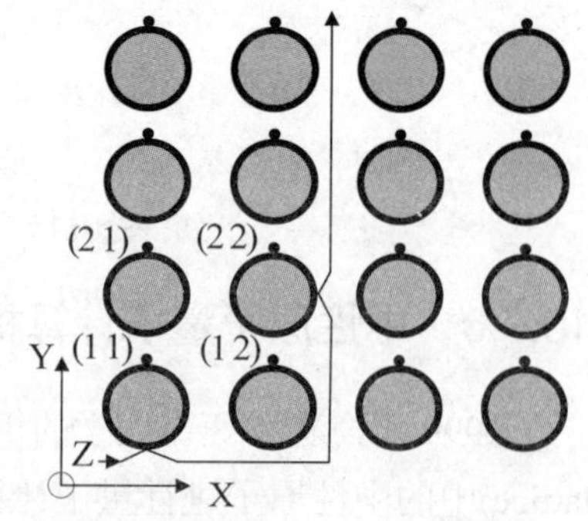

图10.18　回音壁模式微腔芯片

10.7.6　量子点体系的量子计算机

1997 年，瑞士巴塞尔大学的丹尼尔(Daniel Loss)和美国理论物理学家大卫·迪文森佐(David P. DiVincenzo)提出自旋量子比特量子计算机(Spin-Qubit Quantum Computer，或Loss–DiVincenzo Quantum Computer)，利用量子点中的电子自旋实现固态量子计算。**量子点**(quantum dot)是由少量原子构成的准零维(quasi-zero-dimensional)的纳米材料。粗略地说，量子点在三个维度上的尺寸均小于 100nm，外观如一极小的点状物，其内部电子的运动在各方向上都被限制，因此**量子限域效应**(Quantum Confinement Effect)比较显著。

量子点按其材料组成，可分为单元素半导体量子点、化合物半导体量子点和异质结量子点；按其几何形状，可分为球形量子点、柱形量子点、盘形量子点、四面体量子点、箱形量子点、立方量子点和外场(电场和磁场)诱导量子点；按其电子与空穴的量子封闭作用，可分为 1 型(type-Ⅰ)量子点和 2 型(type-Ⅱ)量子点。另外，原子及分子团簇、超微粒子、多孔硅等均可属于量子点范畴。

习　题　10

10.1　两量子位系统 *Hilbert* 空间的幺正变换分别如下，请设计其实现线路。

$$U=\begin{bmatrix} a & c & 0 & 0 \\ b & d & 0 & 0 \\ 0 & 0 & 1 & 0 \\ 0 & 0 & 0 & 1 \end{bmatrix} \qquad U=\begin{bmatrix} a & 0 & 0 & c \\ 0 & 1 & 0 & 0 \\ 0 & 0 & 1 & 0 \\ b & 0 & 0 & d \end{bmatrix}$$

(1)　　　　　　　　(2)

10.2　以 15 为例，请设计实现 Shor 算法的量子逻辑门组合。

主要参考文献

[1] Andrew S. Tanenbaum(著)，刘卫东(译). 计算机组成：结构化方法(第5版)[M]. 北京：人民邮电出版社，2006. 7.

[2] ARM Limited. Real View 编译工具 3.1 版汇编程序指南[D]. http://www.arm.com, 2002-2007.

[3] Brennen, Gavin K.; Caves, Carlton; Jessen, Poul S.; Deutsch, Ivan H. Quantum logic gates in optical lattices[J]. Phys. Rev. Lett. 1982 (5): 1060–1063.

[4] David D. Nolte(著)，王国琮(译). 光速思考：新一代光计算机与人工智能[M]. 北京：中信出版社；沈阳：辽宁教育出版社，2003. 7.

[5] Dominic Sweetman. See MIPS® Run(Second Edition)[M]. Elsevier Inc., 2007.

[6] G. Paun, G. Rozenberg, A.Salomaa(著)，许进，王淑栋，潘林强(译). DNA 计算——一种新的计算模式[M]. 北京：清华大学出版社，2004, 9. Springer 出版社，1998.

[7] Gardner, T.S., C.R. Cantor, and J.J. Collins. Construction of a genetic toggle switch in Escherichia coli[J]. Nature, 2000, 403: 339-342.

[8] Gerd Keiser(著)，李玉权(译). 光纤通信(第3版)[M]. 北京：电子工业出版社，2002. 7.

[9] Giuliano Benenti, Giulio Casati, Giuliano Strini(著)；王文阁，李保文(译). 量子计算与量子信息原理 第一卷，基本概念[M]. 北京：科学出版社，2011.

[10] Hesham El-Rewini, Mostafa Abd-El-Barr. Advanced Computer Architecture and Parallel Processing[M]. John Wiley & Sons, Inc., Hoboken, New Jersey. 2005.

[11] Imagination Technologies LTD. and/or its Affiliated Group Companies. MIPS® Architecture for Programmers Volume II-A: The MIPS32® Instruction Set Manual[D]. Revision 6.03, September 4, 2015.

[12] Intel Corporation. Intel® 64 and IA-32 Architectures Software Developer's Manual[D]. Order Number: 25462-043US, http://www.intel.com/design/literature.htm, May 2012.

[13] John D. Carpinelli(著)，李仁发，彭蔓蔓(译). 计算机系统组成与体系结构[M]. 北京：人民邮电出版社，2003. 8.

[14] John J. Craig. Introduction to Robotics Mechanics and Control(第3版)[M]. Pearson Prentice Hall, Pearson Education, Inc., Upper Saddle River, 2005.

[15] Joseph W. Goodman. Introduction to Fourier Optics(第2版)[M]. The McGraw-Hill Companies, Inc., 1996.

[16] Martin T. Hagan, Howard B. Demuth, Mark H. Beale(著)；戴葵(译). 神经网络设计[M]. 北京：机械工业出版社, 2007. 9.

[17] Michael A. Nielsen. Neural Networks and Deep Learning[M]. Determination Press, 2015.

[18] Nicholas Carter(著)，肖明，王永红(译). 计算机体系结构习题与解答[M]. 北京：机械工业出版社，2004. 9.

[19] Papamarcos, M. S.; Patel, J. H. A low-overhead coherence solution for multiprocessors with private cache memories[C]. Proceedings of the 11th annual International Symposium on Computer Architecture - ISCA '1984. p. 348.

[20] Patrick Juola(著)，吴为民，艾丽华，张大伟(译). 计算机组成及汇编语言原理[M]. 北京：机械工业出版社，2010. 1.

[21] Peter Abel(著)；沈美明，温冬婵(译). IBM PC 汇编语言程序设计[M]. 北京：人民邮电出版社，2002. 9.

[22] Peter M.A. Sloot. Cellular Automata[M]. 北京：北京燕山出版社，2004. 12.
[23] Stephanie Yanchinski(作)，唐作安(译). 当代生物集成电路芯片[J]. 微电子学与计算机，1983, 5: 31-36.
[24] William Stallings(著)，彭蔓蔓，吴强，任小西(译). 计算机组成与体系结构性能设计(第 8 版)[M]. 北京：机械工业出版社，2011.
[25] William Stallings(著)，张昆藏(译). 计算机组织与体系结构性能设计(第 6 版). 北京：清华大学出版社，2005. 1.
[26] 白中英，戴志涛，倪辉，覃健诚. 计算机组成原理解题指南(第四版)[M]. 北京：科学出版社，2008. 1.
[27] 白中英，王让定，覃健诚，戴志涛，张齐. 计算机组织与体系结构解题指南[M]. 北京：清华大学出版社，2009.
[28] 包九龙，金翊，蔡超. 三值光计算机百位量级编码器的实现[J]. 计算机技术与发展，2007, 17(2): 19-22.
[29] 褚华. 软件设计师教程(第 4 版)(修订版)[M]. 北京：清华大学出版社，2014. 9.
[30] 刁智华. ARMv7 的 Cortex 系列微处理器技术特点[J]. 单片机与嵌入式系统应用，2007, (4): 12-15.
[31] 董洁. 微型计算机原理及接口技术[M]. 北京：机械工业出版社，2013.
[32] 高辉，吴保荣，吴湘宁，陈南平，张玉萍，贺莲，陈云亮. 计算机系统结构学习辅导及习题解答[M]. 武汉: 武汉大学出版社，2006. 8.
[33] 高瑟. 体内机器人：从毫米级到纳米级[M]. 北京：机械工业出版社，2015. 5.
[34] 贺翔. 多机系统中 MESI 方案探讨[J]. 微型机与应用，1994,(7): 5-6.
[35] 黄钦胜. 计算机组成原理习题与题解[M]. 北京：电子工业出版社，2004. 3.
[36] 蒋本珊. 计算机组成原理[M]. 北京：清华大学出版社，2004. 3.
[37] 金翊. 走近光学计算机[J]. 上海大学学报(自然科学版). 2011, 17(4): 401-411.
[38] 乐树云，江寿平. DNA 序列组建的计算机处理[J]. 生物化学与生物物理学报，1984, 16(10): 425-431.
[39] 李承祖，陈平形，梁林梅，戴宏毅．量子计算机研究(上,下)[M]. 北京：科学出版社，2011. 8.
[40] 李春葆，肖忠付，杭小庆.计算机组成原理联考辅导教程[M]，北京：清华大学出版社，2012. 6.
[41] 理工科研究生入学考试试题精选——计算机组成原理、计算机系统结构与数字逻辑分册[M]. 长沙：国防科技大学出版社，2003. 7.
[42] 李驹光，聂雪媛，江泽明，王兆卫. ARM 应用系统开发详解——基于 S3C4510B 的系统设计[M]. 北京：清华大学出版社，2004. 12.
[43] 李学伟，吴今培，李雪岩. 实用元胞自动机导论[M]. 北京：北京交通大学出版社，2013. 8.
[44] 刘佩林，谭志明，刘嘉奠. MIPS 体系结构与编程[M]. 北京：科学出版社，2008. 6.
[45] 罗克露，雷航，廖建明，陆鑫，刘辉. 计算机组成原理[M]. 北京：高等教育出版社，2010.
[46] 毛骏健，顾牡. 大学物理学(第 2 版) (上,下)[M]. 北京：高等教育出版社，2013. 12.
[47] 裘雪红，李伯成，车向泉，刘凯.计算机组成与体系结构[M]. 北京：高等教育出版社，2009. 7.
[48] 全国计算机专业技术资格考试办公室，软件设计师 2009 至 2014 年试题分析与解答[M]. 北京：清华大学出版社，2015.
[49] 宋菲君，(美) S. Jutamulia 编著. 近代光学信息处理[M]. 北京：北京大学出版社，2014.
[50] 宋凯. 合成生物学导论[M]. 北京：科学出版社，2010.
[51] 孙德文，章鸣嬛. 计算机组成基础[M]. 北京：机械工业出版社，2016.
[52] 谭维翰. 量子光学导论[M]. 北京：科学出版社，2009.
[53] 唐朔飞. 计算机组成原理(第 2 版)[M]. 北京：高等教育出版社，2008. 1.
[54] 唐朔飞. 计算机组成原理——学习指导与习题解答[M]，北京：高等教育出版社，2008. 1.
[55] 王爱英. 计算机组成与结构[M]. 北京：清华大学出版社，2013.

[56] 王昌元. 计算机组成原理习题与解答[M]. 北京：冶金工业出版社，2004. 1.
[57] 王诚. 计算机组成与设计[M]. 北京：清华大学出版社，2002. 9.
[58] 王诚，宋佳兴. 计算机组成与体系结构[M]. 北京：清华大学出版社，2004. 1.
[59] 王成耀. 80x86 汇编语言程序设计[M]. 北京：人民邮电出版社，2002. 2.
[60] 王煦法，庄镇泉，王东生. 神经计算机[M]. 上海：上海科技教育出版社，1996. 9.
[61] 王元珍，曹忠升，韩宗芬. 80x86 汇编语言程序设计[M]. 武汉：华中科技大学出版社，2005. 4.
[62] 武伟，徐克奇，林捷.操作系统教程[M]. 北京：清华大学出版社，2010.
[63] 徐爱萍. 计算机组成原理考研指导[M]，北京：清华大学出版社，2003. 1.
[64] 徐爱萍. 计算机组成原理习题与解析(第 3 版) [M]，北京：清华大学出版社，2007. 3.
[65] 许进, 张雷. DNA 计算机原理、进展及难点(I): 生物计算机系统及其在图论中的应用[J]. 计算机学报, 2003, 26(1): 1-11.
[66] 姚玉霞，邓蕾蕾，曹丽英. 计算机组成与结构教程[M]. 北京：北京大学出版社，2012. 11.
[67] 尹朝庆. 计算机系统结构习题与解析[M]. 北京：清华大学出版社，2004. 2.
[68] 张晨曦. 计算机系统结构实践教程[M]. 北京：清华大学出版社，2010. 5.
[69] 张晨曦. 计算机组成与结构[M]. 北京：高等教育出版社，2009. 11.
[70] 张晨曦，刘依，沈立，孙太一，李江峰. 计算机系统结构学习指导与题解[M]. 北京：高等教育出版社，2009. 10.
[71] 张晨曦，刘依，张硕，李江峰. 计算机组成与结构[M]. 北京：高等教育出版社，2009. 11.
[72] 张晨曦，王志英，沈立，李江峰，刘依，王伟. 计算机系统结构教程(第 2 版)[M]. 北京：清华大学出版社，2009. 5.
[73] 张功萱，顾一禾，邹建伟，王晓峰. 计算机组成原理[M]. 北京：清华大学出版社，2005.
[74] 张明德，孙小菡. 光纤通信原理与系统(第 3 版)[M]. 南京：东南大学出版社，2003. 9.
[75] 张文利，邱轶兵. 计算机组成原理习题与真题解析[M]. 北京：中国水利水电出版社，2003. 10.
[76] 张银福，陈曙辉，赵振宇. 计算机专业硕士研究生入学考试——计算机组成原理分册[M]. 北京：中国水利水电出版社，2004.
[77] 郑纬民，汤志忠. 计算机系统结构[M]. 北京：清华大学出版社，1998. 9.
[78] 周怀梧. 关于脑的控制论研究[J]. 生理科学进展，1966, 8(1): 35-45.
[79] 周余，都思丹. ARM11 MPCore 性能分析与优化研究[J]. 南京大学学报(自然科学)，2009, 45(1): 5-10.
[80] 中国科学院计算技术研究所，意法半导体有限公司，北京龙芯中科技术服务中心有限公司. 龙芯 2F 数据手册(1.0 版) [D]. 2008. 8.
[81] 中国科学院自动化所控制论组. 国外神经控制论发展概况(上)[J]. 生物化学与生物物理进展，1977,12: 29-36.
[82] 驱动之家. (搜狐新闻)-Intel 公布 32nm Clarkdale 系统详细架构图. http://m.sohu.com/n/266267130/?v=3&_trans_=000014_baidu_ss, 08-27 10:04.
[83] https://en.wikipedia.org/wiki/ENIAC, edited on 3 November 2017, at 10:04.
[84] https://en.wikipedia.org/wiki/ Electroencephalogram, edited on 30 October 2017, at 14:35.
[85] https://en.wikipedia.org/wiki/ Planck_constant, edited on 2 November 2017, at 00:18.
[86] https://en.wikipedia.org/wiki/ Compton_wavelength, edited on 12 September 2017, at 14:57.
[87] https://en.wikipedia.org/wiki/Cray-1, edited on 8 March 2018, at 06:04.